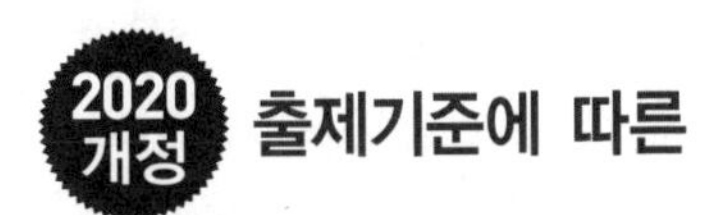

출제기준에 따른

공유압기능사 필기/실기 특강

공유압시험연구회 엮음

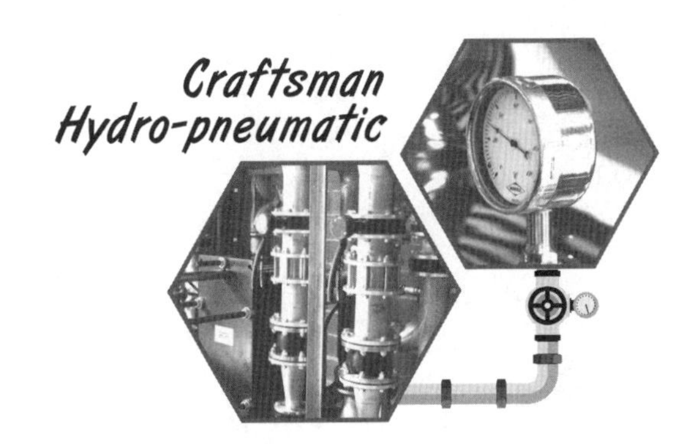

일진사

머리말

국내 산업 구조가 종래의 하드웨어(hardware)에서 산업 지식, 집약화를 촉진하는 소프트웨어(software)로 변천되고 있다. 또한 기존의 한두 가지 기술로부터 종합적인 복합 기술이 요구되는 것으로 변화되는 현재의 자동화 시스템에서 생산성 향상과 함께 고부가 가치 제품의 창출, 생산 원가 절감 및 노동력 감소는 필수 구비 조건이 되고 있다.

자동화 시스템은 기계적인 공압이나 유압의 기술에서 전기공유압 기술, PLC 기술, PC 기술로 지속적으로 발전하고 있으며, 이 기술들은 오늘날 산업 전반에 막대한 영향을 미치고 있다. 이러한 흐름에 따라 산업 현장의 자동화 분야, 즉 FA나 FMS, CIM은 물론이고 스마트 팩토링 시스템 등의 분야에서 공유압 관련 직무 수행 능력을 1차적으로 요구하고 있다. 실제로 자동화 시스템, 기계 정비, 설비 보전, SMT, 전기 · 전자 각 분야 등의 산업 현장 사원 채용 시 공유압기능사 취득자에게 가산점을 부여하는 등의 혜택을 주고 있다.

이 책은 공유압 관련 고등 교육 기관 및 직업 훈련 기관에서 공유압기능사 자격 취득을 준비하는 수험생들의 실력 배양 및 합격을 위하여 다음과 같은 부분에 중점을 두어 구성하였다.

첫째, 한국산업인력공단의 출제 기준에 따라 반드시 알아야 하는 기본 이론을 이해하기 쉽도록 일목요연하게 정리하였다.

둘째, 지금까지 출제된 과년도 문제를 철저히 분석하여 예상문제를 수록하였으며, 각 문제마다 상세한 해설을 곁들여 이해를 도왔다.

셋째, 최근에 시행된 기출문제와 CBT 복원문제를 수록하여 줌으로써 출제 경향을 파악할 수 있도록 하였다.

넷째, 큐넷(Q-net)에 공개된 국가기술자격 실기시험 문제를 답지와 함께 수록하여 실전에 충분히 대비할 수 있도록 하였다.

끝으로 본 교재로 공부하는 수험생 여러분들이 공유압기능사 자격 취득을 통하여 국가와 기업이 공인하는 기능 · 기술자로서 향후 공유압 기술 발전의 초석을 이루는 선구자적 역할을 다해 주길 바라며, 이 책을 출간하는 데 도움을 주신 도서출판 **일진사** 직원 여러분께 감사드리며, 앞으로 미비한 점은 더욱 연구 · 보완할 것을 약속드린다.

저자 씀

공유압기능사 출제기준(필기)

직무 분야	기계	중직무 분야	기계제작	자격 종목	공유압기능사	적용 기간	2019.1.1.~ 2021.12.31

○ 직무내용 : 공유압 회로도를 파악하여 공유압 장치의 공기 압축기와 유압 펌프, 각종 제어밸브, 공압 및 유압 실린더와 공압 및 유압 모터, 기타 부속기기 등을 점검, 정비 및 유지 관리 업무를 수행하는 직무

필기 검정방법	객관식	문제수	60	시험시간	1시간

필기 과목명	주요항목	세부항목	세세항목
공유압 일반, 기계제도(비절삭) 및 기계요소, 기초 전기 일반	1. 공유압 일반	(1) 공유압의 개요	① 기초 이론 ② 공유압의 이론 ③ 공유압의 특성
		(2) 공압기기	① 공기압 발생장치 ② 공기 청정화 기기 ③ 압축공기 조정기기 ④ 공압 방향제어밸브 ⑤ 공압 압력제어밸브 ⑥ 공압 유량제어밸브 ⑦ 공압 액추에이터 ⑧ 공압 부속기기
		(3) 유압기기	① 유압 발생장치 ② 유압 방향제어밸브 ③ 유압 압력제어밸브 ④ 유압 유량제어밸브 ⑤ 유압 액추에이터 ⑥ 유압 부속기기 ⑦ 유압 작동유
		(4) 공유압 기호	① 공압 기호 ② 유압 기호 ③ 전기 기호
		(5) 공유압 회로	① 공압 회로 ② 유압 회로 ③ 전기 공유압의 개요 ④ 시퀀스 회로의 설계 ⑤ 전기 공압 회로의 설계 ⑥ 전기 유압 회로의 설계

필기 과목명	주요항목	세부항목	세세항목
	2. 기계제도(비절삭) 및 기계요소	(1) 제도 통칙	① 일반사항(도면, 척도, 문자 등) ② 선의 종류 및 용도 표시법 ③ 투상법 ④ 도형의 표시방법 ⑤ 치수의 표시방법 ⑥ 기계요소 표시법 ⑦ 배관 도시 기호
		(2) 기계요소	① 기계 설계의 기초 ② 재료의 강도와 변형 ③ 나사, 리벳 ④ 키, 핀 ⑤ 축, 베어링 ⑥ 기어 ⑦ 벨트, 체인 ⑧ 스프링, 브레이크
	3. 기초 전기 일반	(1) 직 · 교류 회로	① 전기 회로의 전압, 전류, 저항 ② 전력과 열량 ③ 직 · 교류 회로의 기초 ④ 교류에 대한 R.L.C의 작용 ⑤ 단상, 3상 교류
		(2) 전기기기의 구조와 원리 및 운전	① 직류기 ② 유도 전동기 ③ 정류기
		(3) 시퀀스 제어	① 시퀀스 제어의 개요 ② 제어 요소와 논리 회로 ③ 시퀀스 제어의 기본 회로 및 이론 ④ 전동기 제어 일반 ⑤ 센서의 종류와 특성 ⑥ 릴레이, 타이머
		(4) 전기 측정	① 전류의 측정 ② 전압의 측정 ③ 저항의 측정

공유압기능사 출제기준(실기)

직무분야	기계	중직무분야	기계제작	자격종목	공유압기능사	적용기간	2019.1.1.~ 2021.12.31

○ 직무내용 : 공유압 회로도를 파악하여 공유압 장치의 공기 압축기와 유압 펌프, 각종 제어밸브, 공압 및 유압 실린더와 공압 및 유압 모터, 기타 부속기기 등을 점검, 정비, 및 유지 관리 업무를 수행

○ 수행준거 : 1. 공유압 도면을 파악할 수 있다.
2. 공유압기기를 이용하여 회로를 구성 및 작동할 수 있다.
3. 공유압 발생 및 조정장치를 유지 보수할 수 있다.
4. 압력, 방향, 유량제어밸브를 유지 보수할 수 있다.

실기 검정방법	작업형	시험시간	2시간 30분

실기과목명	주요항목	세부항목	세세항목
공유압 실무	1. 자료 수집, 도면 파악	(1) 도면 결정하기	① 작업 요구사항을 이해하고 필요한 자료를 결정하고 수집할 수 있다. ② 해당 도면의 개정, 설계변경사항 및 주기사항을 확인할 수 있다.
		(2) 도면 파악하기	① 회로도를 이해하고 관련 공유압부품의 동작상태를 파악할 수 있어야 한다. ② 작업 안전 절차에 따라 공유압 회로에 의한 점검을 수행할 수 있다.
	2. 공압 회로 구성 및 작동 (전기 공압 포함)	(1) 공압 회로 구성하기	① 공압 회로 기기를 선정할 수 있다. ② 공압 회로 기기를 고정할 수 있다. ③ 공압 회로 기기를 연결할 수 있다.
		(2) 공압 회로 작동하기	① 공압 회로 압력을 설정할 수 있다. ② 공압 회로 속도를 제어할 수 있다. ③ 공압 회로 작동 상태를 검사할 수 있다.
	3. 유압 회로의 구성 및 작동 (전기 유압 포함)	(1) 유압 회로 구성하기	① 유압 회로 기기를 선정할 수 있다. ② 유압 회로 기기를 고정할 수 있다. ③ 유압 회로 기기를 연결할 수 있다.
		(2) 유압 회로 작동하기	① 유압 회로 압력을 설정할 수 있다. ② 유압 회로 속도를 제어할 수 있다. ③ 유압 회로 작동 상태를 검사할 수 있다.
	4. 관리하기	(1) 공유압장치 유지 보수하기	① 단 · 연속 회로를 재구성할 수 있다. ② 타이머, 카운터 등 제어기기를 사용한 회로를 재구성할 수 있다.

차 례

제1편 공유압 일반

제1장 공유압의 개요 ······ 12

1-1 기초 이론 ······ 12
1-2 공유압의 이론 ······ 13
1-3 공유압의 특성 ······ 15
● 출제 예상 문제 ······ 17

제2장 공압기기 ······ 18

2-1 공기압 발생장치 ······ 18
2-2 공기 청정화기기 ······ 19
2-3 압축공기 조정기기(air control unit, service unit) ······ 20
2-4 공압 방향 제어 밸브 ······ 20
2-5 공압 압력 제어 밸브 ······ 21
2-6 공압 유량 제어 밸브 ······ 21
2-7 기타 공압 제어 밸브 ······ 22
2-8 공압 액추에이터 ······ 22
2-9 공압 부속기기 ······ 25
● 출제 예상 문제 ······ 26

제3장 유압기기 ······ 28

3-1 유압 발생장치 ······ 28
3-2 유압 방향 제어 밸브 ······ 32
3-3 유압 압력 제어 밸브 ······ 33
3-4 유압 유량 제어 밸브 ······ 35
3-5 기타 유압 제어 밸브 ······ 37
3-6 유압 액추에이터 ······ 37
3-7 유압 부속기기 ······ 38
3-8 유압 작동유 ······ 40
● 출제 예상 문제 ······ 41

제4장 공유압 기호 ········ 43

4-1 공압 기호와 유압 기호 ········ 43
4-2 전기 기호 ········ 51
● 출제 예상 문제 ········ 52

제5장 공유압 회로 ········ 55

5-1 공압 회로 ········ 55
5-2 유압 회로 ········ 58
5-3 전기 공유압의 개요 ········ 65
5-4 시퀀스 회로의 설계 ········ 70
● 출제 예상 문제 ········ 73

제2편 기계제도(비절삭) 및 기계요소

제1장 제도 통칙 ········ 76

1-1 일반사항(도면, 척도, 문자) ········ 76
1-2 선의 종류 및 용도 표시법 ········ 78
1-3 투상법 ········ 78
1-4 도형의 표시법 ········ 83
1-5 치수의 표시 방법 ········ 86
1-6 기계요소 표시법 ········ 89
1-7 배관 도시 기호 ········ 95
● 출제 예상 문제 ········ 100

제2장 기계요소 ········ 103

2-1 기계 설계의 기초 ········ 103
2-2 재료의 강도와 변형 ········ 106
2-3 나사, 볼트, 너트 ········ 110
2-4 키, 핀, 코터, 리벳 ········ 117
2-5 축과 베어링 ········ 121
2-6 전동 및 제어용 요소 ········ 129
● 출제 예상 문제 ········ 141

제3편 기초 전기 일반

제1장 직·교류 회로 ····· 146

1-1 전기 회로의 전압, 전류, 저항 ····· 146
1-2 전력(electric power)과 열량 ····· 149
1-3 직·교류 회로의 기초 ····· 150
1-4 교류 회로의 R.L.C 작용 ····· 152
1-5 단상 및 3상 교류 회로 ····· 155
● 출제 예상 문제 ····· 157

제2장 전기기기의 구조와 원리 및 운전 ····· 159

2-1 직류기 ····· 159
2-2 유도 전동기(induction motor) ····· 162
2-3 정류기 ····· 166
● 출제 예상 문제 ····· 167

제3장 시퀀스 제어 ····· 168

3-1 시퀀스(sequence) 제어의 개요 ····· 168
3-2 시퀀스 제어에 사용되는 제어 요소 ····· 169
● 출제 예상 문제 ····· 170

제4장 전기 측정 ····· 172

4-1 전기 측정의 기초 ····· 172
4-2 전기 요소의 측정 ····· 173
● 출제 예상 문제 ····· 176

공유압기능사 실기

- 국가기술자격 실기시험 문제 ① ··· 178
- 국가기술자격 실기시험 문제 ② ··· 190
- 국가기술자격 실기시험 문제 ③ ··· 197
- 국가기술자격 실기시험 문제 ④ ··· 204
- 국가기술자격 실기시험 문제 ⑤ ··· 211
- 국가기술자격 실기시험 문제 ⑥ ··· 218
- 국가기술자격 실기시험 문제 ⑦ ··· 225
- 국가기술자격 실기시험 문제 ⑧ ··· 232
- 국가기술자격 실기시험 문제 ⑨ ··· 239
- 국가기술자격 실기시험 문제 ⑩ ··· 246
- 국가기술자격 실기시험 문제 ⑪ ··· 253
- 국가기술자격 실기시험 문제 ⑫ ··· 261
- 국가기술자격 실기시험 문제 ⑬ ··· 268
- 국가기술자격 실기시험 문제 ⑭ ··· 275
- 국가기술자격 실기시험 문제 ⑮ ··· 282
- 국가기술자격 실기시험 문제 ⑯ ··· 289
- 국가기술자격 실기시험 문제 ⑰ ··· 296
- 국가기술자격 실기시험 문제 ⑱ ··· 303
- 공유압 작업 KEY POINT ··· 310

부 록 과년도 출제문제

- 2010년 시행문제 ··· 314
- 2011년 시행문제 ··· 324
- 2012년 시행문제 ··· 333
- 2013년 시행문제 ··· 350
- 2014년 시행문제 ··· 367
- 2015년 시행문제 ··· 388
- 2016년 시행문제 ··· 408
- 2017년 복원문제 ··· 429
- 2018년 복원문제 ··· 447
- 2019년 복원문제 ··· 465

제 1 편

공유압 일반

제1장 공유압의 개요
제2장 공압기기
제3장 유압기기
제4장 공유압 기호
제5장 공유압 회로

제 1 장 공유압의 개요

1-1 기초 이론

1 공압의 기초 이론

(1) 공기의 압력

① **절대압력(absolute pressure)** : 완전한 진공을 기준으로 측정한 압력

절대압력＝대기압＋게이지 압력

② **게이지 압력(gauge pressure)** : 대기압을 기준으로 측정한 압력

③ **진공압(vaccum pressure)** : 게이지 압력에서 대기압보다 낮은 압력은 부압(－) 또는 진공이라 한다.

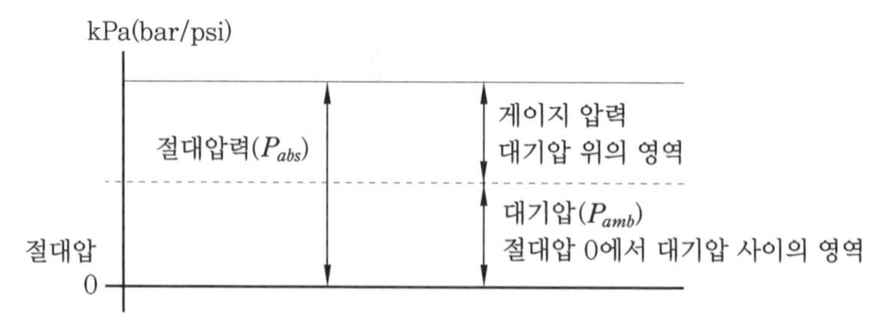

절대압력과 게이지 압력의 비교

(2) 공기 중의 수분

① **절대습도** : 습공기 중에 포함되어 있는 건조공기 1kg에 대한 수분의 양이다.

$$절대습도(x)=\frac{습공기\ 중의\ 수증기의\ 질량}{습공기\ 중의\ 건조공기의\ 질량}\times 100\%$$

② **상대습도** : 어떤 습공기 중의 수증기(수증기량) 분압(수증기압)과 같은 온도에서 포화공기의 수증기 분압과의 비이다.

$$상대습도(\phi)=\frac{습공기\ 중의\ 수증기의\ 분압(P_w)}{포화수증기압(P_s)}\times 100\%$$

$$= \frac{\text{습공기 중의 수증기량}(\gamma_w)}{\text{포화수증기압}(\gamma_s)} \times 100\%$$

③ **노점온도** : 이슬점이 생기는 온도로 어느 습공기의 수증기 분압에 대한 증기의 포화 온도를 말한다.

④ **포화수증기** : $1m^3$의 공기 중의 수증기량을 g으로 표시한 것으로 수증기가 응축되어 물방울이 되는 한계의 분압을 말한다.

(3) 공기의 상태 변화

① **보일의 법칙(Boyle's law)** : $P_1V_1 = P_2V_2 =$ 일정

② **샤를(Charle)의 법칙** : $\frac{T_2}{T_1} = \frac{V_2}{T_1}\left(\frac{V}{T} = \text{일정}\right)$

③ **보일 · 샤를의 법칙** : $PV = mRT$(완전기체 상태 방정식)

여기서, m : 기체 질량(kg), R : 기체 상수(N · m/kg · K)

1-2 공유압의 이론

1 유체의 정역학

(1) 파스칼의 원리

① 유체의 압력은 면(面)에 대해서 직각으로 작용한다.

② 각 점의 압력은 모든 방향에서 동일하다.

③ 밀폐된 용기 속의 유체의 일부에 가해진 압력은 유체의 각 부에 같은 세기를 가지고 전달된다.

(2) 압력과 힘의 관계

① **압력** : 물체의 단위면적당 작용하는 힘의 크기를 말한다.

② **관계식** : $P = \frac{F}{A}$[Pa]

여기서, F : 힘(N), P : 압력(Pa), A : 단면적(m^2)

2 유체의 동역학

(1) 연속의 법칙

$$Q = AV$$

여기서, Q : 유량(m^3/s), A : 단면적(m^2), V : 유속(m/s)

(2) 베르누이의 정리

압력수두+위치수두+속도수두=일정

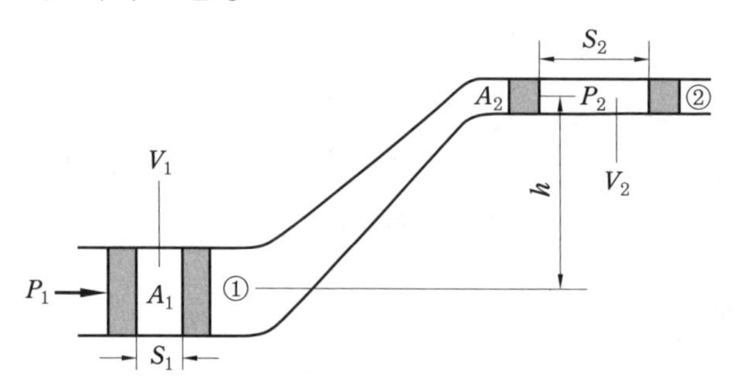

베르누이의 정리

(3) 층류와 난류

① **층류의 특징**

(가) 레이놀즈수가 작다.

(나) 유체의 동점도가 크다.

(다) 유속이 비교적 작다.

(라) 가는 관이나 좁은 틈새를 통과할 때 발생한다.

② **난류의 특징**

(가) 레이놀즈수가 크다.

(나) 유체의 점도가 작다(완전난류인 경우 점성계수는 거의 무시한다).

(다) 유속이 크고 굵은 관을 통과할 때 발생한다.

③ **레이놀즈수**

(가) 층류와 난류의 경계 레이놀즈수는 Re=2320 정도이다.

(나) $Re=\dfrac{VD}{\nu}$

여기서, V : 속도(m/s), D : 관의 지름(m), ν : 동점성계수(m^2/s)

(4) 유체의 교축(throttle)

① **오리피스(orifice)** : 관로 면적을 줄인 통로에서 길이가 단면치수에 비해 비교적 짧은 경우의 흐름의 교축기구

② **초크(choke)** : 관로 면적을 줄인 기구가 단면치수에 비해 비교적 긴 경우의 흐름의 교축기구

(5) 유체의 압축성

압축률이란 압력의 증가분에 대한 체적의 감소분을 말한다.

$$\beta=\frac{\Delta V}{V\Delta P} \text{ 또는 } \beta=\frac{1}{V_0}\cdot\frac{dV}{dp}[\mathrm{m^2/N}]$$

여기서, β : 압축률($\mathrm{m^2/N}$), V_0 : 압축 전의 체적($\mathrm{m^3}$)
V : 압축 후의 체적 $=V_0[1-\beta(P-P_0)][\mathrm{m^3}]$, ΔV : 체적변화량(감소량) $=V_0-V[\mathrm{m^3}]$
P_0 : 체적 V_0일 때의 압력(Pa), P : 체적 V일 때의 압력(Pa)
ΔP : 압력차 $=P-P_0[\mathrm{Pa}]$

β의 역수 K를 체적탄성계수라고 한다.

$$K=\frac{1}{\beta}=-\frac{\Delta P}{\frac{\Delta V}{V}}=-\frac{V\Delta P}{\Delta V}[\mathrm{Pa=N/m^2}]$$

3 공압장치의 구성

① **동력원** : 엔진, 전동기
② **공압 발생부** : 압축기, 탱크, 애프터 쿨러
③ **공압 청정부** : 필터, 에어 드라이어
④ **제어부** : 압력 제어, 방향 제어, 유량 제어, 기타
⑤ **작동부** : 실린더, 모터, 요동 모터

4 유압장치의 구성요소

① **유압펌프** : 유압 에너지의 발생원으로 오일을 공급하는 기능
② **유압 제어 밸브** : 압력(일의 크기), 방향(일의 방향), 유량(일의 속도) 제어 밸브 등으로 공급된 오일을 조절하는 기능
③ **액추에이터** : 유압 에너지를 기계적 에너지로 변환하는 작동기로 유압 실린더, 모터 등이 있다.
④ **부속기기** : 오일탱크, 여과기, 오일냉각기 및 가열기, 축압기, 배관 등이 있다.

1-3 공유압의 특성

1 공압의 특성

(1) 장점

① 공기의 양이 무한하므로 에너지로서 간단히 얻을 수 있다.
② 무단변속이 가능하다.

③ 힘의 전달이 간단하고 증폭이 용이하다.
④ 작업속도가 빠르다.
⑤ 인화의 위험이 없다.
⑥ 온도의 변화에 둔감하다.
⑦ 압축공기를 저장할 수 있다.
⑧ 배관이 간단하다.

(2) 단점

① 큰 힘을 전달할 수 없다(보통 30kN 이하).
② 균일한 속도를 얻을 수 없다.
③ 공기의 압축성으로 효율이 좋지 않다.
④ 응답속도가 늦다.
⑤ 구동비용이 고가이다.
⑥ 배기와 소음이 크다.

2 유압의 특징

(1) 장점

① 소형장치로 큰 힘을 발생한다.
② 일정한 힘과 토크를 낼 수 있다.
③ 무단변속이 가능하고 원격제어가 된다.
④ 과부하에 대한 안전장치가 간단하고 정확하다.
⑤ 정숙한 운전과 반전 및 열 방출성이 우수하다.
⑥ 전기, 전자의 조합으로 자동제어가 가능하다.

(2) 단점

① 유온의 영향(점도의 변화)으로 속도가 변동될 수 있다.
② 고압 사용으로 인한 위험성 및 배관이 까다롭다.
③ 이물질에 민감하다.
④ 기름 누설의 우려가 있다.

출제 예상 문제 EXERCISES

1. 완전한 진공을 '0'으로 표시한 압력은 무엇인가? (06/5)

① 게이지 압력 ② 최고압력
③ 평균압력 ④ 절대압력

해설 (1) 절대압력(absolute pressure) : 완전한 진공을 기준으로 측정한 압력
(2) 게이지 압력(gauge pressure) : 대기압을 기준으로 측정한 압력
(3) 진공압(vaccum pressure) : 게이지 압력에서 대기압보다 낮은 압력은 부압(−) 또는 진공이라 한다.

참고 절대압력＝대기압＋게이지 압력

2. 그림의 실린더는 피스톤 면적(A)이 8cm^{2}이고 행정거리(s)는 10cm이다. 이 실린더가 전진행정을 1분 동안에 마치려면 필요한 공급 유량은 얼마인가? (02/5, 07/5)

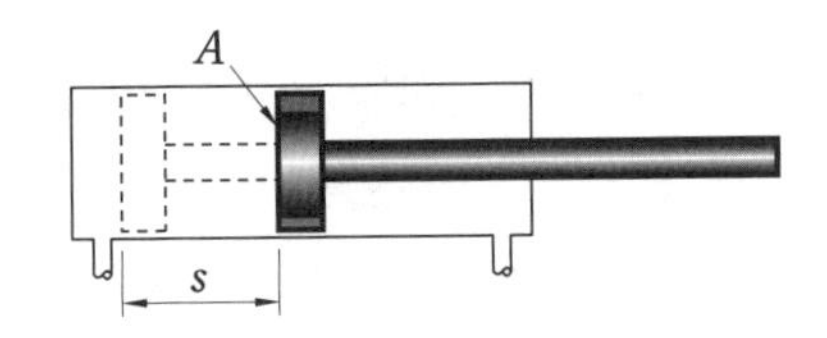

① 60cm^3/min ② 70cm^3/min
③ 80cm^3/min ④ 90cm^3/min

해설 $Q=AV=A\frac{s}{t}=8\times\left(\frac{10}{1분}\right)=80\text{cm}^3/\text{min}$

3. 밀폐된 용기 내의 압력을 동일한 힘으로 동시에 전달하는 것을 증명한 법칙을 무엇이라 하는가? (02/5)

① 뉴턴 법칙
② 베르누이 정리
③ 파스칼의 원리
④ 돌턴의 법칙

해설 파스칼의 원리
(1) 유체의 압력은 면(面)에 대해서 직각으로 작용한다.
(2) 각 점의 압력은 모든 방향에서 동일하다.
(3) 밀폐된 용기 속의 유체의 일부에 가해진 압력은 유체의 각 부에 같은 세기를 가지고 전달된다.

4. 유압 실린더에 작용하는 힘을 산출할 때 사용되는 것은? (08/5)

① 보일의 법칙
② 파스칼의 원리
③ 가속도의 법칙
④ 플레밍의 왼손 법칙

5. 다음 중 유압에 비하여 공기압의 장점이 아닌 것은? (08/5)

① 안전성이 우수하다.
② 에너지 효율성이 좋다.
③ 에너지 축적이 용이하다.
④ 신속성(동작속도)이 좋다.

해설 공압은 압축성 때문에 소비 동력에 비해 얻어지는 에너지가 적다. 즉, 효율에 있어서 유압보다 못하고, 구동 비용이 고가로 된다.

정답 1. ④ 2. ③ 3. ③ 4. ② 5. ②

제 2 장 공압기기

2-1 공기압 발생장치

(1) 공기압 발생장치

대기압의 공기를 흡입, 압축하여 98kPa 이상의 토출압력을 발생시키는 장치를 말한다.

(2) 공기 압축기의 분류

① **용적형** : 왕복식과 회전식

② **터보형** : 축류식과 원심식

(3) 공기 압축기의 종류

공기 압축기란 기계 에너지를 기체 에너지로 변환하는 기계를 말한다.

① **왕복 피스톤 압축기** : 전동기로부터 크랭크축을 회전시켜 피스톤을 왕복운동시켜 압력을 발생시킨다.

② **베인형 압축기** : 케이싱과 베인에 의해 둘러싸인 용적에 공기가 흡입되고 회전자의 회전에 의해 압축되어 토출된다.

③ **스크루형 압축기** : 나선형으로 된 암수 두 개의 로터가 한 쌍이 되어 이 로터가 서로 반대로 회전하여 축방향으로 들어온 공기를 서로 맞물려 회전시켜 공기를 압축한다.

④ **터보 압축기** : 공기의 유동 원리를 이용한 것으로 터보를 고속으로 회전시키면 공기도 고속으로 되어 질량×유속이 압력 에너지로 바뀌어 공기를 압축시킨다.

⑤ **루트 블로어** : 두 개의 회전자끼리 미소한 간격을 유지하면서 서로 반대방향으로 회전하면 체적 변화 없이 토출구 쪽으로 공기가 토출된다.

(4) 공기 압축기의 선정

① **공기 압축기의 용량** : 토출공기량으로 선정하여야 한다.

② **공기 압축기의 수량** : 일반적으로 두 대를 설치하여 사용한다.

③ **급유식, 무급유식의 선정** : 급유식으로 선정하되 무급유식은 도장, 계장, 식품 공업 등 압축공기 속에 기름이 있으면 작업에 영향이 있는 분야에서 사용된다.

④ **공기 압축기의 압력 제어 방법**

㈎ 무부하 조절 : 배기 조절, 차단 조절, 그립 암(grip arm) 조절

(나) ON-OFF 제어 : 압축기의 운전과 정지를 반복시키며 조절하는 방법

(5) 공기 탱크

압축공기의 공급을 안정화시키고 공기 소비 시 발생되는 압력 변화를 최소화시키며, 정전 시에도 탱크에 저장된 유량에 의해 짧은 시간 동안 운전이 가능하며, 또한 공기 압력의 맥동 현상을 없애는 역할을 한다.

2-2 공기 청정화기기

(1) 냉각기(after cooler)

① **사용 목적 :** 공기 압축기로부터 배출되는 고온의 압축공기(수증기 포함)를 강제적으로 냉각시켜 수분을 분리 제거하는 장치로 공기 압축기에서 나오는 120~1200℃의 압축공기 온도를 40℃ 이하로 낮추어 흡입 수증기의 63% 이상을 제거할 수 있도록 설계한다.

② **종류 :** 공랭식과 수랭식

(2) 공기 건조기(제습기)

① **사용 목적 :** 압축공기 속에 포함되어 있는 수분을 제거하여 건조한 공기로 만든다.

② **종류 :** 냉동식 건조기(저온식 건조기), 흡착식 건조기, 흡수식 건조기

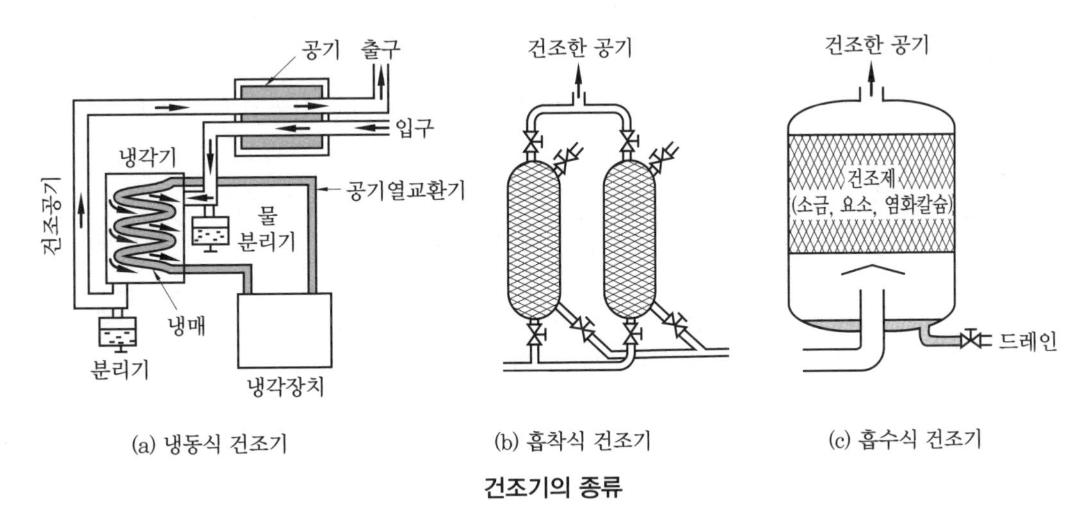

(a) 냉동식 건조기 (b) 흡착식 건조기 (c) 흡수식 건조기

건조기의 종류

(3) 공기 필터(공기 여과기)

공기압 발생장치에서 보내져 오는 공기 중에는 수분, 먼지 등이 포함되어 있다. 공기압 회로 중에 이러한 물질을 제거하기 위한 목적으로 사용되며, 입구부에 필터를 설치한다.

(4) 루브리케이터(윤활기) 및 윤활유

① 사용 목적

(가) 윤활기 : 공압기기인 공압 실린더나 밸브 등의 작동을 원활하게 하기 위함이다.

(나) 윤활제 : 기기의 마모를 적게 하고, 마찰력을 감소시키며, 장치의 부식을 방지하기 위함이다.

② 윤활기의 종류 : 고정 벤투리식, 가변 벤투리식, 윤활유 입자 선별식

③ 사용 시 주의 사항

(가) 분무식 윤활기는 윤활 대상물의 근처에 설치, 최대 5m를 초과하지 않도록 한다.

(나) 윤활기는 방향 제어 밸브 또는 액추에이터 등에 가능한 한 가깝게 설치한다.

(다) 윤활기는 기름을 보급하기 쉬운 장소에 설치한다. 기름 보급이 어려운 장소에 설치해야 할 때는 집중 급유식 윤활기를 사용한다.

(라) 입구측에는 공압 필터를 설치해야 한다.

2-3 압축공기 조정기기(air control unit, service unit)

기기 작동 시 선단부에 설치하여 기기의 윤활과 이물질 제거, 압력 조정, 드레인 제거를 행할 수 있도록 제작된 것이다.

[사용 시 주의 사항]

- 정기적인 점검이 필요하며, 필터에 드레인이 있으면 즉시 배출시킨다.
- 윤활기에는 적정한 오일을 유지한다.
- 기구 세척 시에는 가정용 중성세제 또는 광물성 기름(mineral oil)을 사용한다.

2-4 공압 방향 제어 밸브

공기압 회로에 있어서 실린더나 기타의 액추에이터로 공급하는 공기의 흐름 방향을 변환하는 밸브를 방향 제어 밸브라 하며 조작방식, 밸브의 구조, 포트 및 위치수의 기능에 의해 분류된다.

(1) 밸브의 표시법

① **작업 라인** : A, B, C 또는 2, 4, 6

② **압축공기 공급 라인(흡입구)** : P 또는 1

③ **배기구** : R, S, T 또는 3, 5, 7

④ **제어 라인** : Z, Y, X 또는 10, 12, 14

(2) 밸브의 구조에 의한 분류

① **포핏 밸브(poppet valve) :** 밸브 몸체가 밸브 시트로부터 직각방향으로 이동하는 형식이다.

② **스풀 밸브(spool valve) :** 원통형으로 된 슬리브나 밸브 몸체의 미끄럼면에 내접하여 축방향으로 이동하면서 관로를 개폐시키는 스풀을 사용한 밸브

(3) 포트(구멍)수 및 위치수에 의한 분류

① **포트수 :** 밸브 주관로를 연결하는 접속구를 말한다.

② **위치수 :** 밸브의 전환상태의 위치를 말한다.

(4) 솔레노이드 밸브(solenoid valve)

전자석의 힘을 이용하여 밸브를 개폐시켜 공기의 흐름 방향을 제어하는 전환 밸브이다.

2-5 공압 압력 제어 밸브

① **감압 밸브 :** 공기 압축기에서 공급되는 고압의 압축공기를 감압시켜 회로 내의 압축공기를 일정하게 유지시켜 주는 밸브를 말한다.

② **릴리프 밸브 :** 시스템의 최고 압력을 제한하거나 설정하는 밸브

② **시퀀스 밸브 :** 공기압 회로에서 액추에이터를 순차적으로 작동시키고 싶을 때 사용하는 밸브이다.

③ **압력 스위치 :** 회로 내의 압력이 일정압(설정압)보다 상승하거나 하강 시에 압력 스위치의 마이크로 스위치가 작동하여 전기회로를 열거나 닫도록 하는 기기이다. 압력 스위치는 압력신호를 전기신호로 변화시키므로 전공 변환기라 한다.

2-6 공압 유량 제어 밸브

(1) 양방향 유량 제어 밸브

① 작은 지름의 파이프에서 유량을 미세하게 조정하는 데 적합하다.

② 소형 밸브는 공기 압력신호 전송 제어에 사용한다.

③ 대형 밸브는 주 밸브에 설치하여 공급공기량 제어나 정지 밸브로 사용된다.

(2) 한방향 유량 제어 밸브

실린더 및 모터의 속도를 조정하는 밸브로 스로틀 밸브와 체크 밸브가 조합된 밸브이다.

2-7 기타 공압 제어 밸브

(1) 체크 밸브(check valve)

유체를 한쪽 방향으로만 흐르게 하고 역방향으로는 흐르지 못하게 하는 밸브이다.

(2) 셔틀 밸브(shuttle valve)

① 공기압 회로를 구성할 때 2개소 이상의 방향으로부터의 흐름을 1개소로 합칠 필요가 있을 때 사용된다.

② 고압 우선 셔틀 밸브 또는 OR 밸브라 한다.

(3) 2압 밸브(two pressure valve)

① 압축공기가 2개의 입구에 동시에 작용할 때만 출구 A에 압축공기가 흐르게 된다.

② 안전 제어, 검사 기능에 사용되며, 일명 저압 우선 셔틀 밸브, AND 밸브라 한다.

(4) 급속 배기 밸브(quick release valve)

① 액추에이터의 배출저항을 작게 하여 운동속도를 빠르게 하는 밸브이다.

② 실린더의 귀환행정 시 일을 하지 않을 경우 귀환속도를 빠르게 하여 시간을 단축시킬 필요가 있을 때 사용되는 밸브이다.

2-8 공압 액추에이터

유체 에너지를 이용하여 기계적인 힘이나 운동으로 변환시키는 기기로, 직선운동을 전달하는 실린더, 회전운동을 전달하는 모터, 요동운동을 전달하는 요동형 액추에이터가 있다.

1 공압 실린더

(1) 공압 실린더의 구조

① **실린더 튜브** : 실린더를 구성하여 그 내부를 피스톤이 왕복운동을 한다.

② **헤드 커버** : 급배출구멍 및 쿠션실이 내장되어 있다.

③ **피스톤 로드** : 피스톤의 출력 및 변위를 외부로 전달한다.

④ **피스톤 :** 실린더 내를 왕복운동하며, 실린더 내의 발생출력을 외부로 전달한다.
⑤ **타이로드 :** 커버를 실린더 튜브에 부착시키는 장치이다.
⑥ **밀봉장치 :** 고정용(개스킷) 및 이동용(패킹) 실(seal)로 구성된다.

(2) 공압 실린더의 종류

① **구조와 작동방식에 의한 분류 :** 공기 압력과 힘을 전달하는 피스톤부 및 피스톤 로드부의 형태와 공기압 공급방법에 따라 분류된다.
② **쿠션의 유무에 따른 분류 :** 실린더 행정의 끝에서 실린더가 커버에 충격적으로 닿지 않도록 설치한 쿠션장치의 유무에 따라서도 분류된다. 쿠션장치에는 공기의 압축성을 이용한 가변식과 탄성체를 이용한 고정식이 있다.
③ **지지형식에 의한 분류 :** 실린더 본체를 설치하는 방식에 따라 고정식과 요동식이 있다.
④ **실린더의 크기 :** 실린더 안지름, 실린더 행정의 길이, 로드 지름, 로드 나사의 호칭에 따라 분류된다.
⑤ **특수형 실린더**

㈎ 다위치형 공압 실린더 : 복수의 실린더를 직렬로 연결한 실린더로서 서로 행정거리가 다른 정지위치를 선정하여 제어할 수 있다.

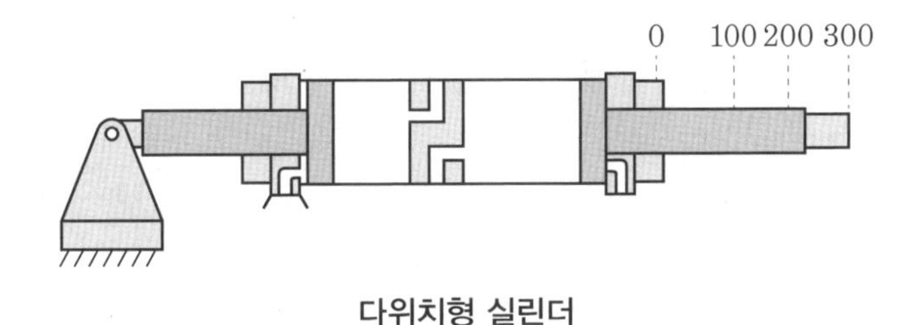

다위치형 실린더

㈏ 탠덤형 실린더 : 두 개의 복동 실린더가 1개의 실린더 형태로 조립되어 있어 2배의 큰 힘을 얻을 수 있다.
㈐ 텔레스코프형 실린더 : 다단 튜브형 피스톤 로드를 가지고 있으며, 로드의 전장에 비해 긴 스트로크(행정)를 얻을 수 있는 이점이 있다.

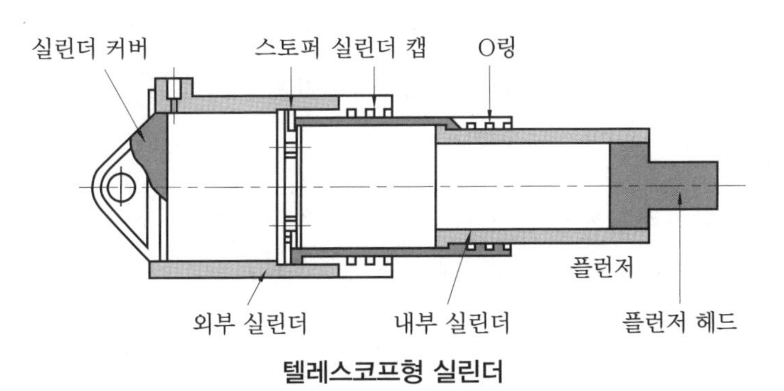

텔레스코프형 실린더

㈑ 충격 실린더(impact cylinder) : 속도 에너지를 이용한 실린더로서 피스톤에 공기를 급격하게 작동시켜 피스톤을 고속(7.5~10m/sec)으로 움직이게 한다.

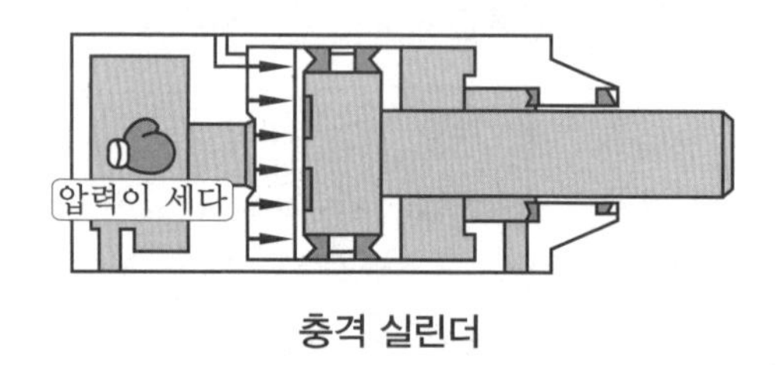

충격 실린더

2 공압 모터

공압 모터는 공기압 에너지를 기계적인 회전운동으로 변환하는 기기이다.

(1) 특징

① 장점

㈎ 회전속도, 토크(torque)를 자유롭게 조절할 수 있다.

㈏ 과부하 시 위험성이 없다.

㈐ 시동, 정지, 역회전 시 충격 발생이 없다.

㈑ 폭발성이 없다.

㈒ 에너지를 축적할 수 있어 정전 시 비상용으로 유효하다.

② 단점

㈎ 에너지의 변환 효율이 낮다.

㈏ 공기의 압축성 때문에 제어성이 좋지 않다.

㈐ 부하에 의한 회전속도의 변동이 크다.

㈑ 일정 회전 속도를 고 정도로 유지하기 어렵다.

㈒ 배기소음이 크다.

(2) 종류

공압 모터에는 피스톤형, 베인형, 기어형, 터빈형 등이 있으나 기어형, 터빈형 등은 잘 사용하지 않고 피스톤형과 베인형을 주로 사용한다. 출력은 공기의 압력과 피스톤의 개수, 피스톤의 크기, 행정속도에 따라 결정된다. 출력은 1.5~20kW이다.

(3) 공압 모터의 출력 계산

① 발생 토크는 회전속도에 반비례하고 공기소모량은 회전속도에 비례한다.

② 출력은 무부하 회전속도의 약 1/2에서 최대로 된다.

$$\text{출력}(L) = \frac{nT}{9.55}\,[\text{kW}]$$ 여기서, n : 회전수(rpm), T : 토크(kJ)

3 요동형 액추에이터(oscillating actuator)

(1) 특징

① 한정된 각도 내에서 반복 회전운동을 하는 기기이다.

② 공압 실린더와 링크를 조합하여 만들 수 있다.

(2) 종류

① **베인형** : 원통 케이스 내부에 고정벽을 설치해서 그 사이를 출력축에 장치한 베인에 직접 압력공기가 작용되어 회전력을 얻게 된다.

② **래크 피니언형** : 피스톤의 왕복운동을 래크와 피니언을 이용해서 회전운동으로 변환하며, 공기쿠션을 이용하는 특징이 있다.

③ **스크루형** : 피스톤의 왕복운동을 스크루에 의해서 회전운동으로 변환하며, 360° 이상의 요동각도를 얻는다.

2-9 공압 부속기기

1 공유압 조합기기

(1) 특징

① 정밀한 속도 제어나 다단 속도 제어를 한다.

② 정확한 다단 포지션(위치) 제어가 가능하다.

③ 저압의 압력을 이용하여 고압력을 얻을 수 있다.

④ 원활하고 충격 없는 정지를 한다.

(2) 종류

① **공유압 변환기(pneumatic hydraulic converter)** : 오일과 압축된 공기의 결합운동에 의해 기름과 공기를 매개체로 하여 압력을 서로 전달하는 기기이다.

② **하이드롤릭 체크 유닛(hydraulic check unit)** : 공압 실린더와 결합해서 그것에 있는 교축 밸브를 조정하여 실린더의 속도를 제어하는 데 사용한다.

③ **증압기(intensifier)** : 공기압을 이용하여 오일이 유입된 증압기를 작동시켜 수배에서 수십배의 유압으로 변환시키는 배력장치로 일종의 압력 변환기이다.

출제 예상 문제 EXERCISES

1. 에너지로서의 공기압을 만드는 기계는 어느 것인가? (04/5)

① 공기 냉각기 ② 공기 압축기
③ 공기 탱크 ④ 공기 건조기

해설 공기 압축기 : 공압 에너지를 만드는 기계로서 공압 장치는 이 압축기를 출발점으로 하여 구성된다.

2. 압축공기가 건조제를 통과할 때 물이나 증기가 건조제에 닿으면 화합물이 형성되어 건조제와 물의 혼합물로 용해되어 건조되는 것은? (04/5)

① 흡착식 에어 드라이어
② 흡수식 에어 드라이어
③ 냉동식 에어 드라이어
④ 혼합식 에어 드라이어

해설 흡수식 에어 드라이어는 화학적 건조방법으로서, 압축공기가 건조제를 통과하여 압축공기 중의 수분이 건조제에 닿으면 화합물이 형성되어 물이 혼합물로 용해되어 공기는 건조된다.

3. 공압 장치인 서비스 유닛의 구성품으로 맞는 것은? (04/5, 06/5)

① 윤활기, 필터, 감압 밸브
② 윤활기, 실린더, 압축기
③ 압축기, 탱크, 필터
④ 압축기, 필터, 모터

해설 서비스 유닛 : 공기 필터, 압축공기 조정기, 압력계, 윤활기가 한 조로 이루어진 것

4. 압력 제어 밸브가 아닌 것은? (04/5)

① 무부하 밸브
② 카운터 밸런스 밸브
③ 체크 밸브
④ 릴리프 밸브

5. 실린더 중 단동 실린더가 될 수 없는 것은 어느 것인가? (06/5)

① 피스톤 실린더 ② 격판 실린더
③ 탠덤 실린더 ④ 양 로드형 실린더

해설 양 로드형 실린더는 행정이 긴 실린더가 요구될 경우, 양쪽 로드가 필요한 경우에 사용된다. 이 실린더는 왕복 모두 피스톤 면적이 같기 때문에 왕복 모두 같은 운동상태를 얻기 쉽다.

6. 공유압 변환기의 사용상 주의점을 열거한 것 중 맞는 것은? (07/5)

① 공유압 변환기는 수직방향으로 설치한다.
② 공유압 변환기는 액추에이터보다 낮은 위치에 설치한다.
③ 열원에 근접시켜 사용한다.
④ 작동유가 통하는 배관에는 공기흡입이 잘 되어야 한다.

정답 1. ② 2. ② 3. ① 4. ③ 5. ④ 6. ①

7. **압력측과 출력측의 작용 면적비에 대응하는 증압비에 따라 압력을 변환하는 기기는 어느 것인가?** (06/5)

① 축압기　② 차동기
③ 여과기　④ 증압기

해설 증압기(intensifier, booster) : 입구쪽 압력과 거의 비례하는 높은 출구쪽 압력으로 교환하는 기기

8. **공기압 조정 유닛의 구성 기기로 적합하지 않은 것은?**

① 공압 필터　② 건조기
③ 압력 조절 밸브　④ 윤활기

해설 건조기는 공기 청정화 기구이다.

9. **다음 중 단위 면적에 작용하는 수직 방향의 힘을 무엇이라 하는가?**

① 압력　② 하중
③ 실린더　④ 피스톤

해설 $P=\frac{F}{A}$

10. **방향 제어 밸브를 기호로 표시할 때 필요하지 않은 것은?** (04/5)

① 작동 방법　② 밸브의 기능
③ 밸브의 구조　④ 귀환 방법

해설 방향 제어 밸브 기호를 보면 작동 방법, 밸브의 기능, 귀환 방법 등을 알 수 있다.

11. **밸브의 조작력이나 제어 신호를 가하지 않은 상태를 무엇이라 하는가?**

① 정상 상태　② 복귀 상태
③ 조작 상태　④ 누름 상태

해설 노멀 위치(normal position) : 조작력 또는 제어 신호가 걸리지 않을 때의 밸브 몸체의 위치

12. **공압 요동형 액추에이터 중 피스톤 로드에 기어의 형상이 있으며, 피스톤의 직선 운동을 피니언의 회전 운동으로 변화시키는 것은?**

① 베인 실린더
② 회전 실린더
③ 공압 모터
④ 터빈 모터

해설 회전 실린더 : 피스톤 로드가 기어의 형상을 하고 있으며 기어를 구동시켜 직선 운동을 회전 운동으로 변화시키는 실린더

13. **공기 압축기의 운전 방법 중 압력 릴리프 밸브를 사용하는 방법은?**

① 배기 조절
② 흡입 조절
③ 그립-암 조절
④ ON/OFF 조절

해설 배기 조절 방법 : 설정압력 이상이 공기 압축기에서 만들어지면 압력 릴리프 밸브를 사용하여 설정압력 이상을 모두 배기시킨다.

14. **공압에서 드레인이 발생하는 이유는?**

① 사용 압력의 과다
② 밸브의 가공공차
③ 수증기의 응축
④ 조작 오류

정답 7. ④　8. ②　9. ①　10. ③　11. ①　12. ②　13. ①　14. ③

제 3 장 유압기기

3-1 유압 발생장치

1 유압 펌프의 개요

(1) 유압 펌프의 특성 비교

분류	기어 펌프	베인 펌프	피스톤 펌프
베어링 수명	베어링에 큰 부하가 걸리므로 수명은 길지 않다.	압력평형식으로 베어링에 부하가 걸리지 않으므로 수명이 길다.	베어링에 큰 부하가 걸리므로 일반적으로 수개의 베어링을 사용한다.
먼지에 대한 예민성	틈새가 크므로 먼지의 영향은 적다.	틈새가 작으므로 미세한 먼지에도 예민하다.	고압으로 틈새가 작아 먼지에는 가장 예민하다.
부품과 그 보존	부품수가 적고 구조는 가장 간단하며 부품의 호환성은 나쁘다.	부품수가 많고 고정도의 가공을 요하며 부품의 호환성은 양호하다.	부품수가 많고 구조가 복잡하며 가공정도는 비교적 높고 부품의 호환성은 좋지 않다.
유점도의 영향	별로 예민하지 않고 적성범위는 넓다. 단, 효율에는 상당히 영향을 준다.	비교적 예민하고 적성범위는 좁다. 단, 효율에는 별로 영향을 끼치지 않는다.	예민하며 적성점도범위는 좁다. 단, 효율에 미치는 영향은 작다.
흡입 성능	허용진공도는 크고 흡입성능은 양호하다.	큰 진공도는 허용되지 않는다.	허용진공도는 작고 예압을 요하는 경우가 많다.
가격	일반적으로 값이 싸다.	기어 펌프보다 약간 높다.	매우 고가이다.

2 유압 펌프의 동력과 효율

(1) 동력 계산식

① **펌프동력 (L_p)** : 실제로 펌프에서 기름에 전달되는 동력

$$L_p = \frac{PQ}{1000}[\mathrm{kW}]$$

여기서, P : 압력(Pa), Q : 유량($\mathrm{m^3/s}$)

② **이론 유체동력(L_{th})** : 펌프 내부의 누설손실이 전혀 없을 때의 동력

$$L_{th} = PQ_{th}[\mathrm{N \cdot m/min}]$$

여기서, Q_{th} : 이론 토출량($\mathrm{m^3/s}$), P : 펌프 토출압(Pa)

③ **축동력(L_s)** : 원동기로부터 펌프축에 전달되는 동력

$$L_s = \frac{TN}{9.55} = \frac{PQ}{1000\eta_p}[\mathrm{kW}] \qquad T = 9.55\frac{L_s}{N}[\mathrm{kJ}]$$

여기서, T : 펌프를 회전시키는 데 필요한 회전력(kN · m(=kJ))
N : 펌프의 회전수(rpm)

(2) 효율 계산식

① **기계적 효율(η_m)** : 펌프의 회전부분의 마찰(베어링, 부품 간의 마찰)로 인한 동력손실을 고려한 효율

$$\eta_m = \frac{L_{th}}{L_s} \times 100\%$$

② **체적 효율(η_v)** : 이론적인 유량과 펌프가 실제 배출한 유량과의 비율

$$\eta_v = \frac{Q}{Q_{th}} \times 100\% \qquad \eta_v = \frac{L_p}{L_{th}} \times 100\%$$

③ **전효율(η)** : 펌프의 모든 에너지 손실을 고려한 전체 효율

$$\eta = \eta_v \eta_m \qquad \eta = \frac{L_p}{L_{th}} \cdot \frac{L_{th}}{L_s} \times 100\% = \frac{L_p}{L_s} \times 100\%$$

3 유압 펌프의 종류

(1) 기어 펌프(gear pump)

① **외접식 기어 펌프(external gear pump)** : 펌프축이 회전되면 두 개의 외접 기어가 케이싱 안에서 맞물려 회전하면서 오일을 흡입하여 토출구쪽으로 밀어낸다.

② **내접식 기어 펌프(internal gear pump)** : 케이싱 속에 내치기어와 외치기어가 맞물려 회전함으로써 펌프작업을 행하며, 초승달 모양의 칸막이가 있다.

③ **트로코이드 펌프(trochoide pump)** : 트로코이드 곡선을 사용한 내접식 펌프이며, 안쪽 기어 로터가 전동기에 의해 회전하면 외측 로터도 따라서 회전하게 된다.

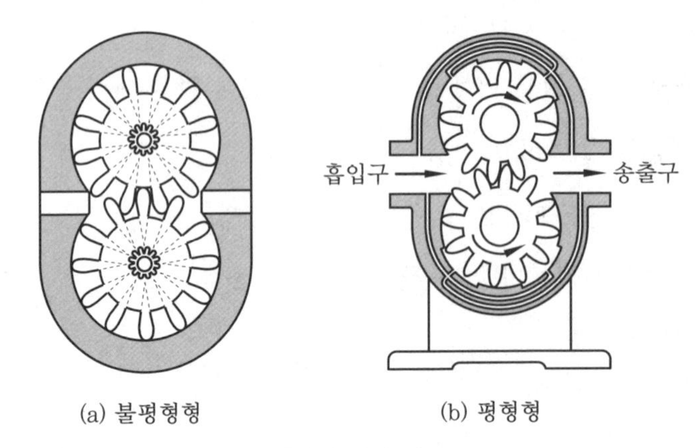

(a) 불평형형　　(b) 평형형

외접식 기어 펌프

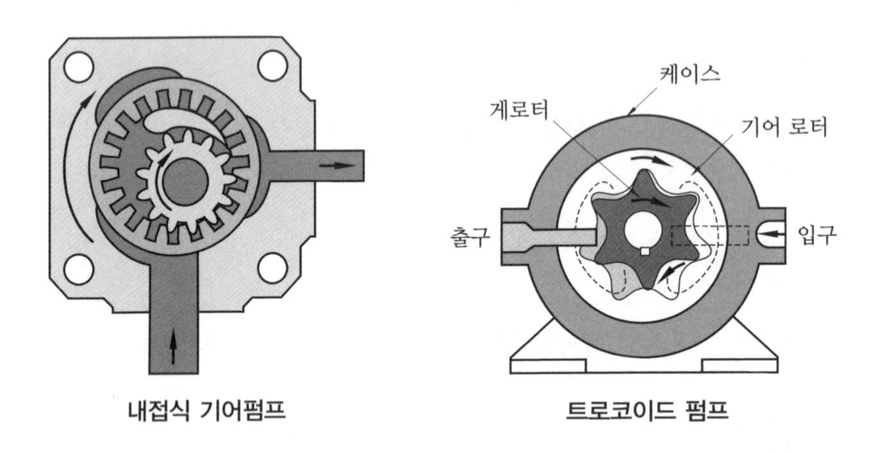

내접식 기어펌프　　**트로코이드 펌프**

(2) 베인 펌프(vane pump)

로터의 베인이 반지름 방향으로 홈 속에 끼여 있어서 캠링의 내면과 접하여 로터와 함께 회전하면서 오일을 토출한다.

① **1단(단단) 베인 펌프(single-stage vane pump)**

㈎ 베인 펌프의 기본형이다.

㈏ 최고 토출압력이 3.4~6.9 MPa, 최고 토출유량은 $3 \times 10^5 \text{cm}^3/\text{min}$으로 규정되어 있다.

㈐ 축 및 베어링에 편심하중이 걸리지 않으므로 수명이 길다.

② **2단 베인 펌프(two-stage vane pump)**

㈎ 2개의 카트리지를 1개의 본체 안에 직렬로 연결하여 2배의 압력을 낼 수 있는 펌프이다.

㈏ 최고압력은 13.7~20.58MPa이며, 부하분배 밸브(load dividing valve)가 부착되어 있다.

③ **이중(이연) 베인 펌프(double vane pump)**

㈎ 2개의 카트리지를 1개의 본체 내에 병렬로 연결하여 1개의 원동기로 구동되는 펌프로 설비비가 매우 경제적이다.

㈏ 1개의 펌프 유닛을 가지고 2개의 유압원을 얻고자 할 때 사용한다.

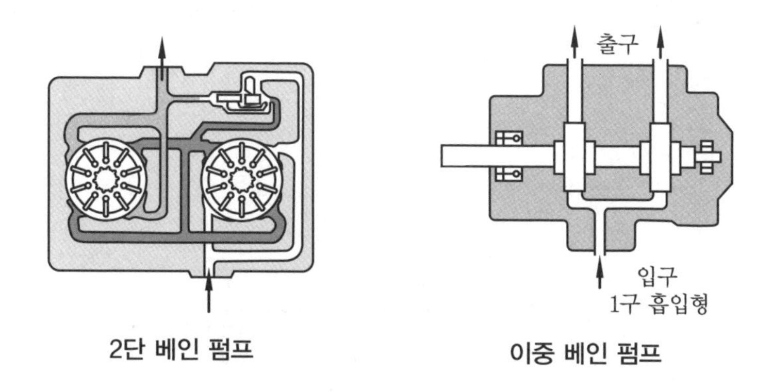

2단 베인 펌프　　　이중 베인 펌프

④ **복합 베인 펌프(combination vane pump)** : 하나의 펌프 본체 속에 2개의 카트리지 외에 릴리프 밸브, 무부하 밸브, 체크 밸브 등 회로에 필요한 밸브를 같이 짜 넣은 것이다.

⑤ **가변용량형 베인 펌프(variable displacement vane pump)** : 로터의 회전 중심 또는 원형 캠링을 기계적으로 조절하여 1회전당 이론 토출량을 조정할 수 있는 펌프이다.

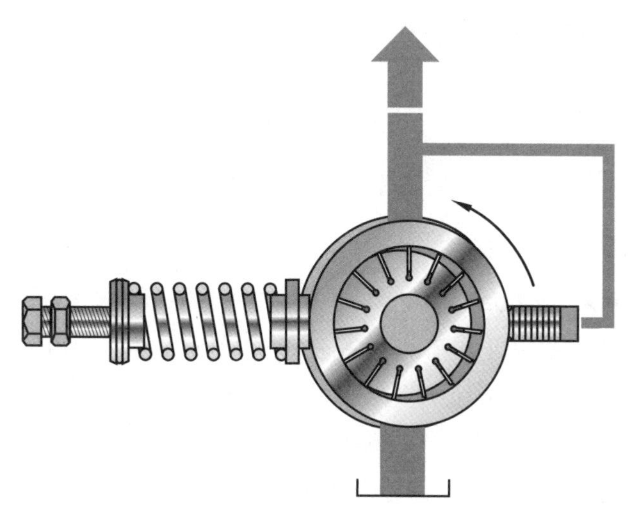

가변용량형 베인 펌프

(3) 피스톤 펌프(piston pump)

실린더 내부에서의 피스톤의 왕복운동에 의한 용적 변화를 이용하여 펌프 작용을 한다.

① **축방향 피스톤 펌프(axial piston pump)**

(가) 사축식 피스톤 펌프 : 실린더 블록축과 구동축의 각도를 바꾸는 방식

(나) 사판식 피스톤 펌프 : 실린더 블록축과 구동축을 동일축상에 배치하고 경사판(swash plate)의 각도를 바꾸어서 피스톤의 행정을 조정하는 방식

② **반지름 방향 피스톤 펌프(radial piston pump)** : 피스톤의 운동방향이 실린더 블록의 중심선에 직각인 평면 내에서 방사상으로 나열되어 있는 펌프

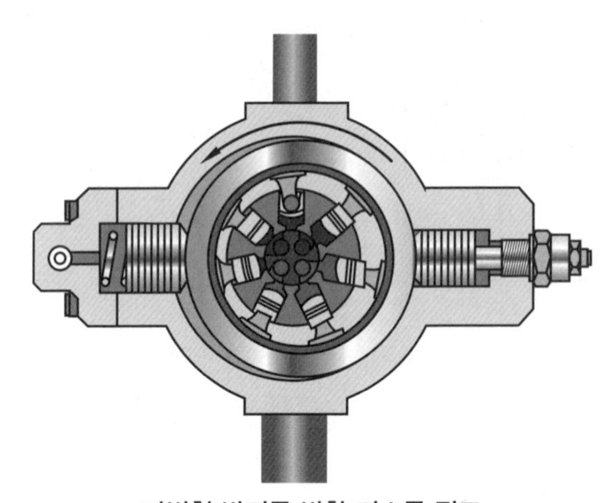

가변형 반지름 방향 피스톤 펌프

3-2 유압 방향 제어 밸브

유압 방향 제어 밸브는 압유의 흐름방향을 제어해 주는 밸브이다. 즉, 유압작동기의 시동, 정지, 운동의 방향을 제어해 주는 역할을 한다.

(1) 방향 제어 밸브의 분류

① **위치의 수(number of position)** : 회로 내의 흐름 유형을 결정하는 밸브 기구의 위치를 그 밸브의 전환 위치라 하고, 그 수를 그 밸브의 위치의 수라 한다.

(가) 정상 위치(normal position) : 조작력이 작용하고 있지 않은 상태의 위치

(나) 중립 위치(center position) : 밸브의 중앙 위치 상태의 위치로, 그 좌우의 양 위치를 오프셋 위치(offset position)라 한다.

(다) 스프링 센터형(spring center type) : 조작력이 없는 상태에서 스프링의 작용으로 중립 위치로 귀환하는 것을 말한다.

② **포트의 수(number of port)와 방향수(number of way)**

㈎ 포트수 : 밸브와 주관로를 접속하는 접속구의 수

㈏ 방향수 : 밸브 내부에서 생기는 유로(way) 수

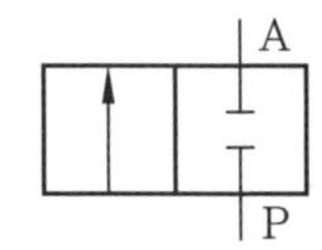

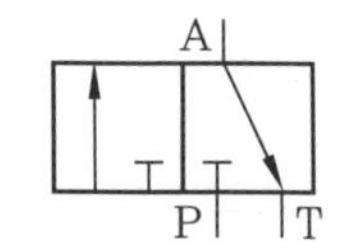

(a) 2위치 2포트 밸브 (b) 2위치 4포트 밸브 (c) 2위치 3포트 밸브

방향 전환 밸브의 포트수와 위치수

③ **밸브의 조작 형식** : 조작 방식은 수동 조작(인력 조작), 기계적 조작, 솔레노이드 조작, 파일럿 솔레노이드 조작 등이 있다.

(2) 전자 밸브(solenoide valve)

① **전자 조작 4포트 밸브(solenoide operated 4 port valve)**

㈎ 전자(solenoide) 조작으로 유로의 방향을 전환시키는 밸브이다.

㈏ 전자 밸브의 스풀 전환 시간은 0.2초 정도이고, 스풀의 반응속도는 0.05초이며, 전기 스위치와 조합해서 원격 조작을 할 수 있다.

㈐ 회로를 무부하할 수 있고, 시퀀스 작용을 자동적으로 행할 수 있다.

② **전자 파일럿 4포트 밸브(solenoide controlled pilot operated 4 port valve)** : 전자 조작 밸브를 파일럿 스풀을 사용하여 주 스풀을 파일럿압에 의해 이동시킴으로써 유로의 방향을 전환시키는 밸브이다.

3-3 유압 압력 제어 밸브

유압 압력 제어 밸브(pressure control valve)는 유압회로 내의 압력을 일정하게 유지시킬 때 사용하는 것으로 릴리프 밸브, 감압 밸브, 시퀀스 밸브, 카운터 밸런스 밸브, 압력 스위치, 유압 퓨즈 등이 있다.

(1) 릴리프 밸브(relief valve, pressure relief valve)

① 회로 내의 최고 압력을 한정하는 밸브로 실린더 내의 힘이나 토크를 제한하여 과부하를 방지한다.

② 직동형과 파일럿형이 있다.

③ 압력 오버라이드=설정 압력−크래킹 압력

(압력 오버라이드가 클수록 밸브의 성능 저하 및 밸브의 진동 증대)

(2) 감압 밸브(pressure reducing valve)

입력되는 주회로의 고압을 저압으로 감압, 출구 압력으로 사용하고자 할 때 사용되는 밸브이며, 출구측(2차측) 압력을 일정하게 유지시킨다.

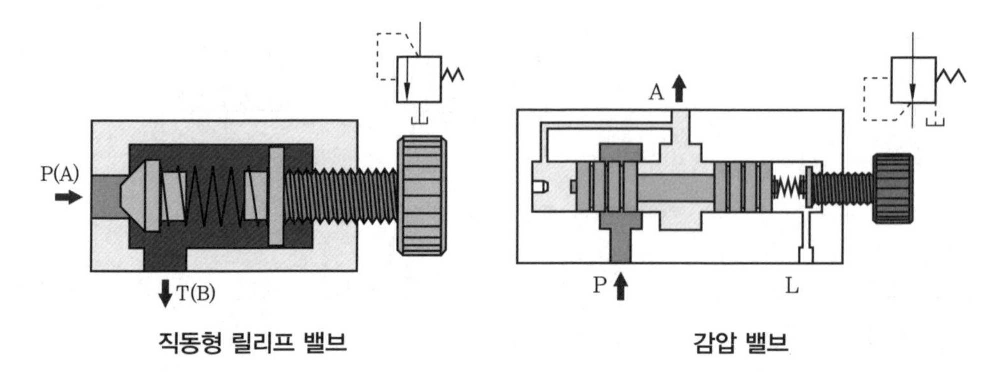

직동형 릴리프 밸브　　　감압 밸브

(3) 압력 시퀀스 밸브(pressure sequence valve)

① 주회로에서 복수의 실린더를 순차적으로 작동시켜 주는 밸브이다.

② 응답성이 좋아 저압용으로 많이 사용된다.

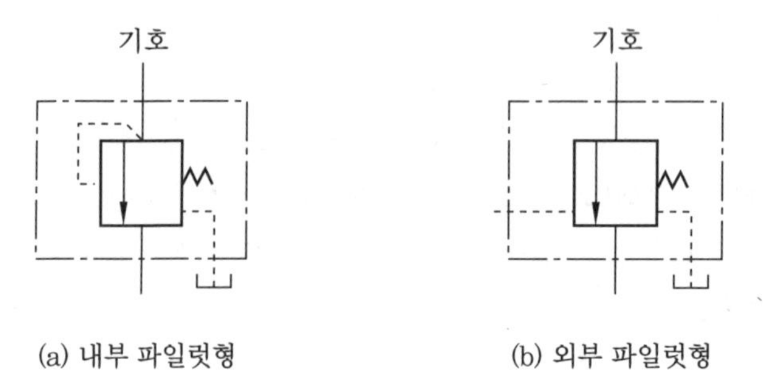

(a) 내부 파일럿형　　　(b) 외부 파일럿형

시퀀스 밸브의 기호

(4) 카운터 밸런스 밸브(counter valance valve)

① 회로의 일부에 배압(back pressure)을 발생시켜 실린더의 자중낙하를 방지하는 역할을 하는 밸브이다.

② 부하가 급격히 제거되어 관성에 의한 제어가 곤란할 때 사용한다.

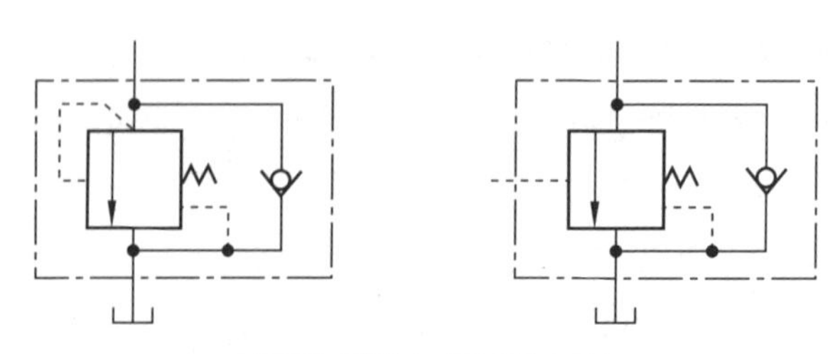

카운터 밸런스 밸브의 기호

(5) 무부하 밸브(unloading valve)

유압장치의 작동 중 펌프의 송출량을 필요로 하지 않을 때 펌프의 전유량을 직접 탱크로 되돌려보내 펌프를 무부하로 하여 동력을 절감하고 유온 상승을 방지할 수 있는 밸브이다.

(6) 압력 스위치(pressure switch)

① 회로 내의 압력이 어떤 설정압력에 도달하면 전기적 신호를 발생시켜 펌프를 기동, 정지하거나 솔레노이드 밸브를 개폐시키는 일종의 전환 스위치이다.

② 부르동(bourdon)관식, 다이어프램식, 피스톤식이 있다.

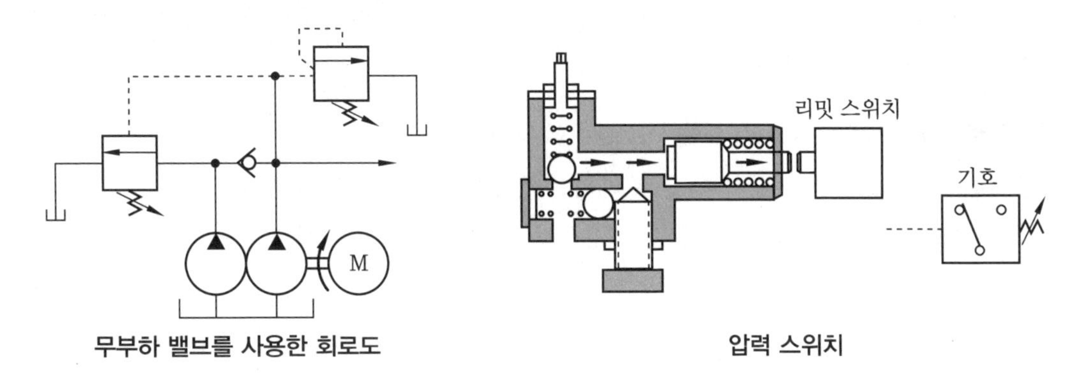

무부하 밸브를 사용한 회로도 　　　　 압력 스위치

(7) 유체 퓨즈(fluid fuse)

회로압이 설정압을 초과하면 막이 유체압에 의하여 파열되어 압유를 탱크로 귀환시킴과 동시에 압력 상승을 막아 기기를 보호한다.

3-4 유압 유량 제어 밸브

유압 실린더나 모터의 속도를 제어하기 위하여 유량을 조정하는 밸브이다.

(1) 압력 보상 유량 제어 밸브

일정한 단면적의 교축을 지나는 유량은 교축 전후의 압력차(차압)에 따라 변화하므로 출구측의 유량이 회로의 압력 변동에 영향을 받지 않고 일정하게 흐르도록 하기 위한 압력 보상장치가 달린 밸브를 말한다.

① **고정 오리피스 직렬형 유량 밸브** : 고정 오리피스 전후의 압력차(p_1-p_3)를 일정하게 한다.

② **바이패스형 유량 밸브** : 오리피스와 스프링을 사용하여 유량을 제어하며, 그림과 같이 유동량이 증가하면 바이패스로 오일을 방출하여 압력의 상승을 막는다.

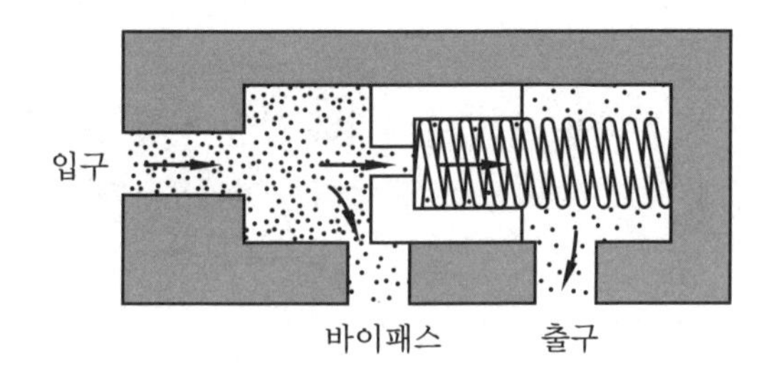

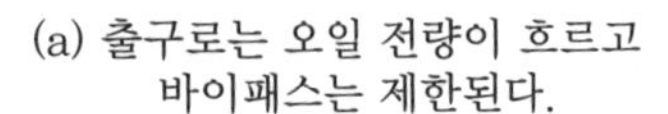
(a) 출구로는 오일 전량이 흐르고
바이패스는 제한된다.

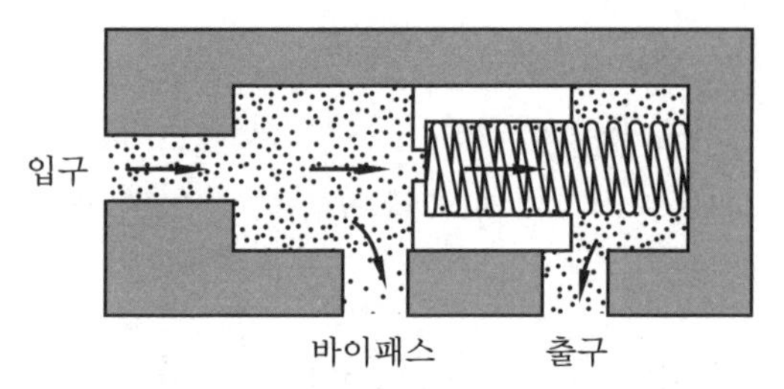

(b) 바이패스로는 오일 전량이 흐르고
출구는 제한된다.

바이패스 유량 제어 밸브

③ **유량 조정 밸브 :** 가변 오리피스와 압력보상기를 부착하여 부하의 변동에 관계 없이 일정한 유량을 조정한다.

(2) 교축 밸브(throttle valve 또는 needle valve)

① 작은 지름의 파이프에서 유량을 미세하게 조정하기에 적합하다.

② 부하의 변동(압력의 변화)에 따른 유량을 정확히 제어할 수 없다.

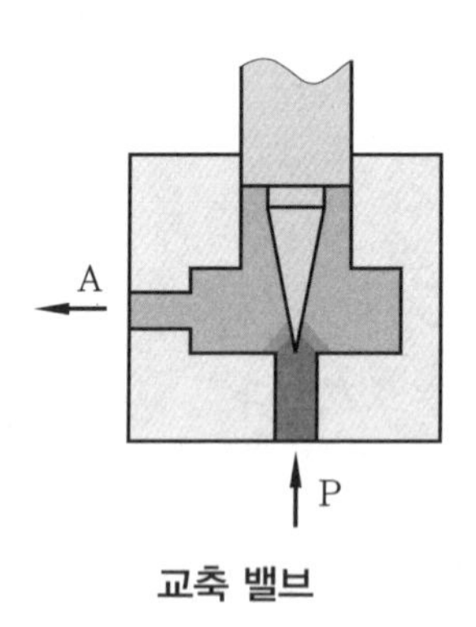

교축 밸브

(3) 유량 분류 밸브(flow divider valve)

① **사용 목적 :** 공급된 유량을 제어하고 분배하는 기능을 하며 2개의 실린더의 작동을 동조(싱크로나이징)시키는 데 사용한다.

② **종류**

㈎ 유량 순위 분류 밸브 : 몇 개의 회로에 오일 공급을 정해진 순서에 따라 하는 밸브이다.

㈏ 유량 조정 순위 밸브 : 레버나 솔레노이드 등으로 스프링의 장력을 변화시켜 1차 출구의 통과 유량을 조정하며, 2개의 작동회로에 오일을 공급한다.

㈐ 유량 비례 분류 밸브 : 한 입구에서 오일을 받아 두 회로에 분배하며, 분배 비율은 1 : 1에서 9 : 1이다.

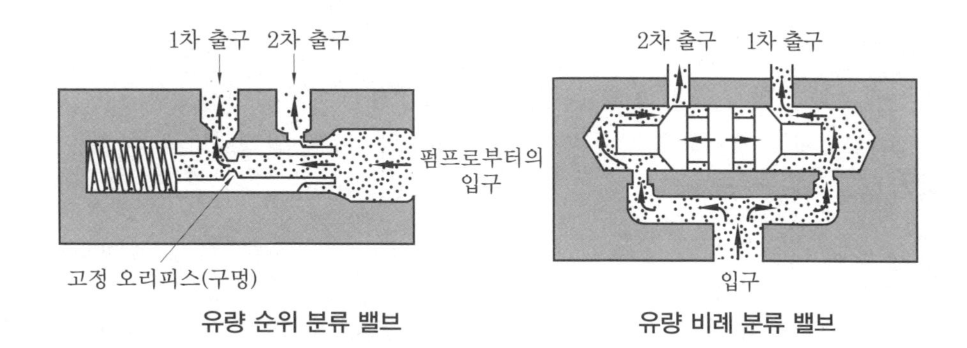

유량 순위 분류 밸브　　　　유량 비례 분류 밸브

3-5 기타 유압 제어 밸브

(1) 체크 밸브(check valve)

역류 방지 밸브로 흡입형, 스프링 부하형, 유량 제한형, 파일럿 조작형으로 나눈다.

(2) 감속 밸브(deceleration valve)

작동기의 움직임을 감속 또는 가속하기 위해 유량 제어 밸브와 함께 사용된다.

(3) 셔틀 밸브(shuttle valve)

항상 고압측의 압유만을 통과시키는 절환 밸브이다.

3-6 유압 액추에이터

1 유압 실린더(hydraulic cylinder)

(1) 작동 형식에 따른 분류

① **단동 실린더** : 공압 단동 실린더와 유사하다.

② **복동 실린더** : 공압 복동 실린더와 유사하다.

③ **다단 실린더** : 텔레스코프(telescopic)형과 디지털(digital)형이 있다.

㈎ 텔레스코프형 : 유압 실린더의 내부에 또 하나의 다른 실린더를 내장하고 유압이 유입하면 순차적으로 실린더가 이동하도록 되어 있다.

㈏ 디지털형 : 하나의 실린더 튜브 속에 몇 개의 피스톤을 삽입하고, 각 피스톤 사이에는 솔레노이드 전자 조작 3방면으로 유압을 걸거나 배유한다.

(2) 유압 실린더의 호칭

유압 실린더의 호칭은 규격 명칭 또는 규격 번호, 구조 형식, 지지 형식의 기호, 실린더 안지름, 로드경 기호, 최고 사용 압력, 쿠션의 구분, 행정의 길이, 외부 누출의 구분 및 패킹의 종류에 따르고 있다.

2 유압 모터

① **기어 모터(gear motor)** : 2개의 맞물린 기어에 압축공기를 공급하여 회전력을 얻는 것으로 고속회전 고토크형이며, 출력은 40 kW 정도이다.

② **베인 모터(vane motor)** : 케이싱 내 편심으로 부착된 로터에 날개가 끼워져 있고, 날개 간에 발생하는 수압 면적차에 공기압이 작용해서 회전력이 발생한다. 고속회전(400~10000 rpm), 저토크형이다.

③ **회전 피스톤 모터(rotary piston motor)** : 피스톤의 왕복운동을 기계적 회전운동으로 변환함으로써 회전력을 얻는 것으로 중저속회전(20~5000 rpm), 고토크형이며 출력은 1.5~20 kW이다.

④ **요동 모터(rotary actuator motor)** : 한정된 각도 내에서 반복 회전운동을 하는 기기로 베인형, 래크 피니언형, 스크루형 등이 있다.

3-7 유압 부속기기

(1) 오일 탱크

유압 장치는 모두 오일 탱크를 가지고 있다. 오일 탱크는 오일을 저장할 뿐만 아니라, 오일을 깨끗하게 하고, 공기의 영향을 받지 않게 하며, 가벼운 냉각 작용도 한다.

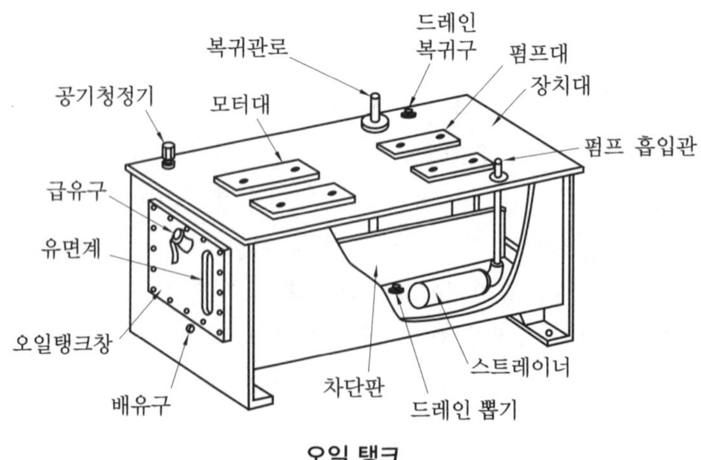

오일 탱크

(2) 여과기(filter)

① 오일 여과기의 형식에 따라 분류식(bypass type), 전류식(full-flow type)이 있다.

② 설치 위치에 따라 탱크용과 관로용으로 나누어진다. 또한 표면식, 적층식, 자기식으로 대별되기도 한다.

③ **여과 입도**

㈎ 보통의 유압 장치 : 20~25μm 정도의 여과

㈏ 미끄럼면에서의 정밀한 공차가 있는 곳 : 10μm까지 여과

㈐ 세밀하고 고감도의 서보 밸브를 사용하는 곳 : 5μm 정도 여과

㈑ 특수 경우 : 2μm까지 여과

④ **필터 성능 표시** : 통과 먼지 크기, 먼지의 정격 크기, 여과율(정격 크기), 여과 용량, 압력 손실, 먼지 분리성

(3) 축압기(accumulator)

축압기는 에너지의 저장, 충격 흡수, 압력의 점진적 증대 및 일정 압력의 유지에 이용된다. 축압기는 위의 네 가지 기능 가운데에서 어느 것이든 할 수 있으나, 실제의 사용에 있어서는 어느 한 가지 일만 하게 되어 있다.

(4) 오일 냉각기 및 가열기

① **오일 냉각기(oil cooler)** : 유압장치를 작동시키면 오일의 온도가 상승하며, 이는 점도의 저하, 윤활제의 분해 등을 초래하여 작동부가 녹아 붙는 등의 고장을 일으키게 된다. 또, 유압 펌프의 효율 저하와 오일 누출 등의 원인도 되어 이때 강제적으로 냉각할 필요가 있을 때 사용한다.

② **오일 가열기(heater)** : 온도가 너무 낮으면 점도 이상으로 인하여 트러블이 발생되므로 가열기를 사용하여 오일의 온도를 일정하게 유지하여야 한다.

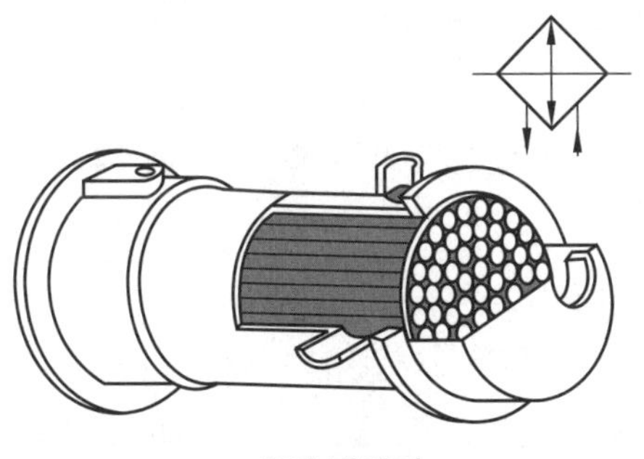

오일 냉각기

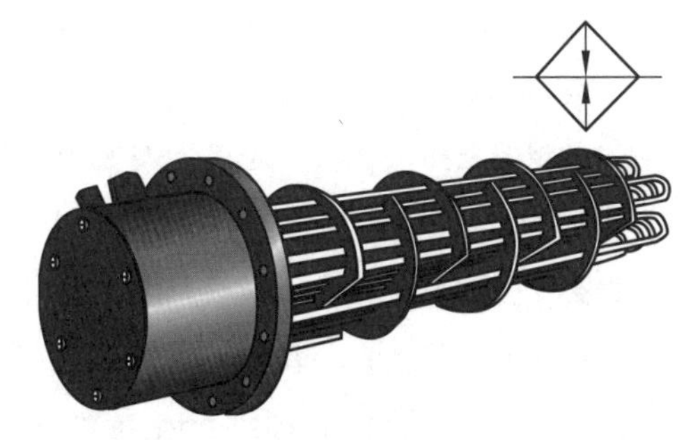

오일 가열기

3-8 유압 작동유

(1) 유압 작동유의 구비 조건

① 윤활성이 우수하고, 휘발성이 적을 것
② 점도 지수가 크고, 밀도가 작을 것
③ 화학적 안정성이 높고, 열전도율이 좋을 것
④ 장치와의 결합성이 좋을 것
⑤ 체적탄성계수가 클 것
⑥ 내연성이 크고, 독성이 적을 것
⑦ 거품성 기포가 잘 발생되지 않을 것
⑧ 가격이 저렴하고, 구하기 쉬울 것

(2) 유압 작동유의 물리적 성질

① 인화점과 연소성 ② 비압축성 ③ 잔류탄소의 색 ④ 유동성

(3) 유압 작동유의 실용적 성질

① 점도가 너무 높을 경우

(가) 내부 마찰의 증대와 온도 상승(캐비테이션 발생)
(나) 장치의 관내 저항에 의한 압력 증대(기계 효율 저하)
(다) 동력 손실의 증대(장치 전체의 효율 저하)
(라) 작동유의 비활성(응답성 저하)

② 점도가 너무 낮을 경우

(가) 내부 누설 및 외부 누설(용적 효율 저하)
(나) 펌프 효율 저하에 따른 온도 상승(누설에 따른 원인)
(다) 마찰 부분의 마모 증대(기계 수명 저하)
(라) 정밀한 조절과 제어 곤란 등의 현상이 발생한다.

③ **점도 지수(viscosity index)** : 작동유 점도의 온도에 대한 변화를 나타내는 값으로 점도 지수가 크면 클수록 온도 변화에 대한 점도 변화가 적다.

④ **중화수(中和數)** : 작동유의 산성을 나타내는 척도로, 양질의 작동유는 낮은 중화수를 갖는다.

⑤ **산화안정성** : 사용 중의 작동유가 공기 중의 산소와 반응하여 물리적 · 화학적으로 변질하는 것에 대해 저항하는 성질

⑥ **항유화성(抗乳化性)** : 작동유 중의 수분에 대한 저항하는 성질

⑦ **소포성(消泡性)** : 작동유 내의 공기 용해성으로 소포제로 실리콘유가 사용된다.

⑧ **방청 · 방식성(anti-rust and anti-corrosion properties)** : 공기나 수분 등의 접촉을 막아 방청 · 방식 작용하는 성질

출제 예상 문제

EXERCISES

1. 기계적 에너지를 유압 에너지로 변환하여 유압을 발생시키는 부분은? (08/5)

① 유압 펌프 ② 유량 밸브
③ 유압 모터 ④ 유압 액추에이터

해설 유압 펌프(hydraulic oil pump) : 기계적 에너지를 유압 에너지로 바꾸는 유압 기기

2. 송출압력이 200kg/cm²이며, 100L/min의 송출량을 갖는 레이디얼 플런저 펌프의 소요동력은 얼마인가?(단, 펌프효율은 90%이다.) (05/5)

① 39.48PS ② 49.38PS
③ 59.48PS ④ 69.38PS

해설 펌프동력$(L_p) = \dfrac{PQ}{75 \times 60 \times \eta_p}$

$$= \frac{200 \times 10^4 \times 100 \times 10^{-3}}{75 \times 60 \times 0.9} = 49.38\text{PS}$$

3. 유압 펌프에 관한 설명이다. 이들의 설명이 잘못된 것은? (06/5)

① 나사 펌프 : 운전이 동적이고 내구성이 작다.
② 치차 펌프 : 구조가 간단하고 소형이다.
③ 베인 펌프 : 장시간 사용하여도 성능 저하가 적다.
④ 피스톤 펌프 : 고압에 적당하고 누설이 적다.

해설 스크루 펌프 : 3개의 정밀한 스크루가 꼭 맞는 하우징 내에서 회전하며 매우 조용하고 효율적으로 유체를 배출한다. 안쪽 스크루가 회전하면 바깥쪽 로터는 같이 회전하면서 유체를 밀어내게 된다.

4. 주로 안전 밸브로 사용되며 시스템 내의 압력이 최대 허용 압력을 초과하는 것을 방지해주는 밸브로 가장 적합한 것은 어느 것인가? (06/5)

① 언로드 밸브 ② 시퀀스 밸브
③ 릴리프 밸브 ④ 입력 스위치

5. 시퀀스(sequence) 밸브의 정의로 맞는 것은? (08/5)

① 펌프를 무부하로 하는 밸브
② 동작을 순차적으로 하는 밸브
③ 배압을 방지하는 밸브
④ 감압시키는 밸브

해설 시퀀스 밸브(sequence valve)는 주회로의 압력을 일정하게 유지하면서 유압 회로에 순서적으로 유체를 흐르게 하는 역할을 하여 2개 이상의 실린더를 차례대로 동작시켜 한 동작이 끝나면 다른 동작을 하도록 하는 것이다.

6. 다음의 유량 제어 밸브 중에서 압력 보상이 되는 것은? (04/5)

① 스톱 밸브 ② 니들 밸브
③ 유량 조정 밸브 ④ 스로틀 밸브

정답 1. ① 2. ② 3. ① 4. ③ 5. ② 6. ③

7. 다음 그림은 어떤 실린더를 나타내는 기호인가? (02/5)

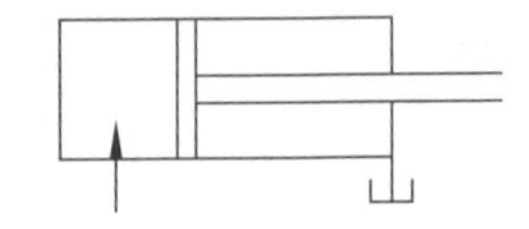

① 단동 실린더
② 복동 실린더
③ 쿠션 장착 실린더
④ 다이어프램형 실린더

8. 어큐뮬레이터(축압기)의 사용 목적이 아닌 것은? (08/5)

① 에너지의 보조 ② 유체의 누설 방지
③ 유체의 맥동 감쇄 ④ 충격 압력의 흡수

해설 어큐뮬레이터의 사용 목적
(1) 유압 에너지의 축적
(2) 2차 회로의 구동
(3) 압력 보상
(4) 맥동 제거
(5) 충격 완충
(6) 액체의 수송

9. 유압 작동유의 성질 중에서 가장 중요한 것은 무엇인가? (02/5, 05/5)

① 점도 ② 효율
③ 온도 ④ 산화안정성

해설 점도란 액체의 내부 마찰에 기인하는 점성의 정도이다.

10. 유압유에 수분이 혼입될 때 미치는 영향이 아닌 것은? (04/5)

① 작동유의 윤활성을 저하시킨다.
② 작동유의 방청성을 저하시킨다.
③ 캐비테이션이 발생한다.
④ 작동유의 압축성이 증가한다.

해설 유압에 수분이 혼입될 때 영향
(1) 작동유의 윤활성 저하
(2) 작동유의 방청성 저하
(3) 캐비테이션 발생
(4) 작동유 압축성 감소

11. 유압장치에 사용되는 관(pipe)이음 종류에 속하지 않는 것은? (05/5)

① 나사 이음(screw joint)
② 플랜지형 이음(flange joint)
③ 플레어형 이음(flare joint)
④ 개스킷 이음(gasket joint)

해설 관이음 종류에는 나사 이음, 플레어형 이음, 플랜지형 이음, 바이트형 이음, 용접 이음 등이 있다.

12. 유압 펌프의 흡입저항이 크면 캐비테이션이 일어나기 쉽다. 다음 중 캐비테이션을 방지하기 위하여 주의하여야 할 사항 중 틀린 것은?

① 오일 탱크의 오일 점도는 800cSt (40000SSU)를 넘지 않도록 한다.
② 흡입구의 양정을 1m 이하로 한다.
③ 흡입관의 굵기는 유압 펌프 본체의 연결구 크기보다 작은 것을 사용한다.
④ 펌프의 운전속도는 규정속도 이상으로 해서는 안 된다.

해설 흡입관의 굵기는 유압 펌프 본체의 연결구의 크기와 같은 것을 사용한다.

정답 7. ① 8. ② 9. ① 10. ④ 11. ④ 12. ③

제 4 장 공유압 기호

4-1 공압 기호와 유압 기호

(1) 동력원

명칭	기호	비고
유압(동력)원		• 일반 기호
공기압(동력)원		• 일반 기호
전동기	M	
원동기	M	(전동기 제외)

(2) 기호 요소

명칭	기호	용도	명칭	기호	용도
실선		주관로 및 전기 신호선	대원	l	에너지 변환기 (펌프, 압축기, 전동기 등)
파선		(1) 파일럿 조작 관로 • 내부 파일럿 • 외부 파일럿 (2) 드레인 관로, 필터	중간원	$\frac{1}{2}\sim\frac{3}{4}l$	계측기, 회전이음
1점 쇄선		포위선	소원	$\frac{1}{4}\sim\frac{1}{3}l$	체크 밸브, 링크, 롤러(중앙에 점을 찍는다. ⊙)
복선	D	기계적 결합(회전축, 레버, 피스톤로드)	점	$\frac{1}{8}\sim\frac{1}{5}l$	관로의 접속, 롤러의 축

(3) 조작 방식

명칭	기호	명칭	기호
인력 조작	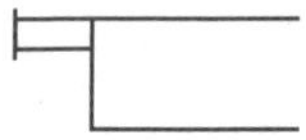	파일럿 조작 (1) 직접 파일럿 조작	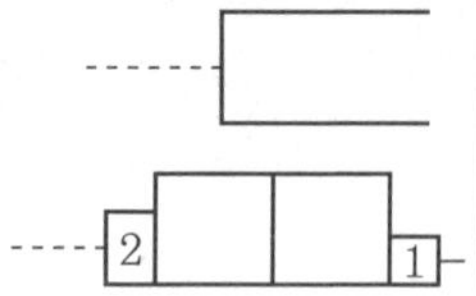 2 1
(1) 누름버튼	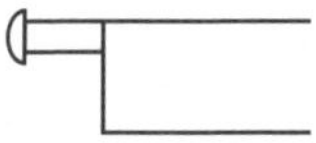	(a) 내부 파일럿	 45°
(2) 당김버튼	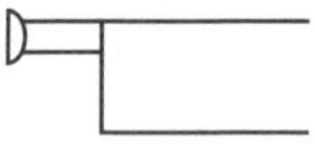	(b) 외부 파일럿	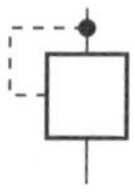
(3) 누름–당김버튼	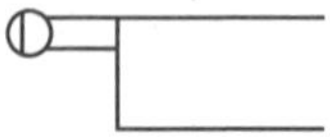	(2) 간접 파일럿 조작 : 압력을 가하여 조작하는 방식 (a) 공기압 파일럿	
(4) 레버	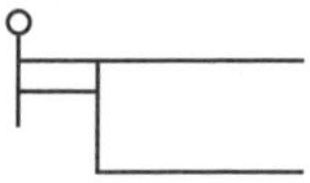	(b) 유압 파일럿	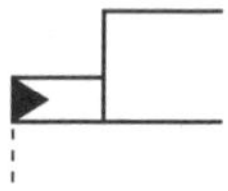
(5) 페달	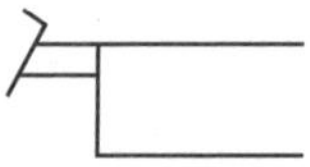	(c) 전자 · 공압 파일럿	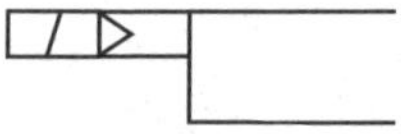
(6) 2방향 페달	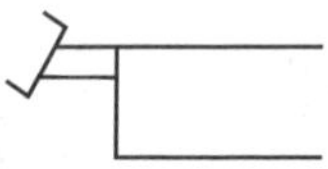	(d) 전자 · 유압 파일럿	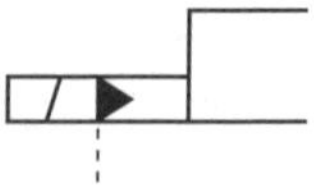
기계조작 (1) 플런저	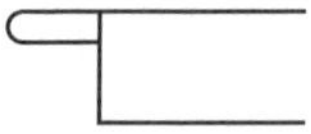	전기 조작 전기 액추에이터 (1) 단동 솔레노이드	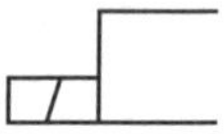
(2) 가변 행정 제한 기구	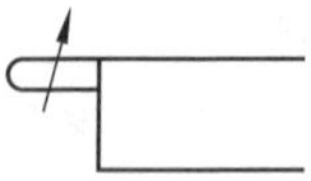	(2) 복동 솔레노이드	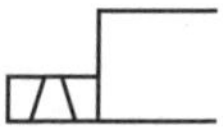
(3) 스프링	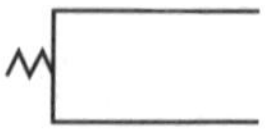	(3) 단동 가변식 전자 액추에이터	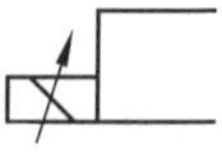
(4) 롤러	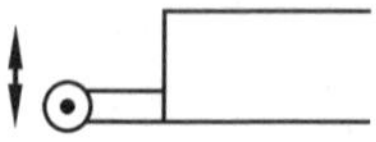	(4) 복동 가변식 전자 액추에이터	
(5) 편측 작동 롤러	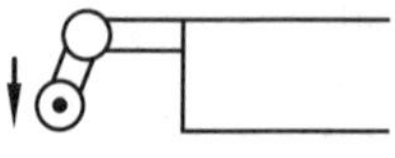	(5) 양방향 회전형 전기 액추에이터	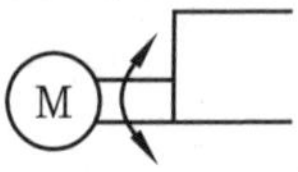 M

(4) 펌프 및 모터

명칭	기호	명칭	기호
펌프 및 모터	유압 펌프 공기압 모터	가변용량형 펌프 · 모터 (인력 조작)	1방향 가변용량형 (외부 드레인, 양축형)
진공 펌프			
유압 펌프	1방향 정용량형	요동형 액추에이터	공압 양방향 요동형
유압 모터	1방향 가변용량형 (외부 드레인, 양축형)	공압 모터	양방향 정용량형
정용량형 펌프 · 모터	1방향 가변용량형 (외부 드레인, 양축형)		

(5) 특수에너지-변환기기

명칭	기호	비고
공기 유압 변환기	단동형 연속형	
증압기	1 2 단동형 ※ 1 2 연속형	• 압력비 1 : 2 • 2종 유체용

(6) 실린더

명칭	기호	비고
단동 실린더	상세 기호 간략 기호 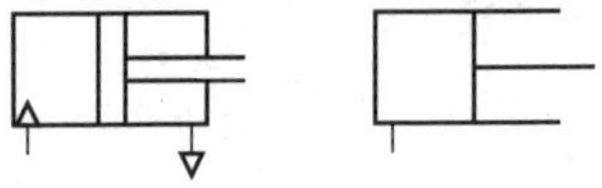	• 공압 편로드형 • 공압은 대기로 배기 • 유압은 드레인
단동 실린더(스프링 붙이)	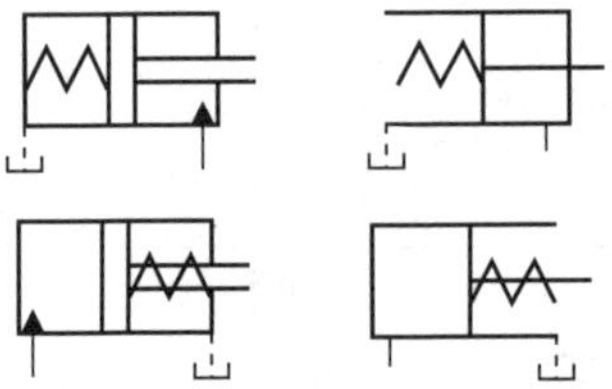	• 유압 편로드형 • 드레인측은 유압유 탱크에 개방
복동 실린더	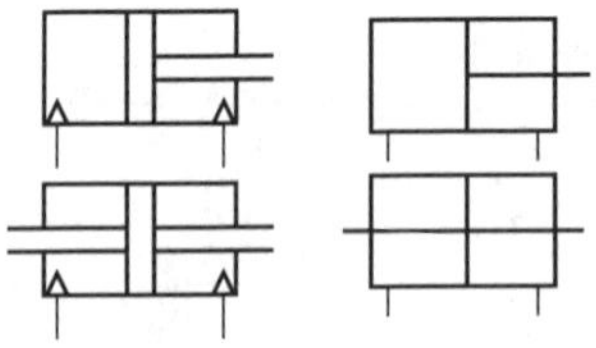 (1) (2)	(1) 편로드 공압 (2) 양로드 공압
복동 실린더(쿠션 붙이)	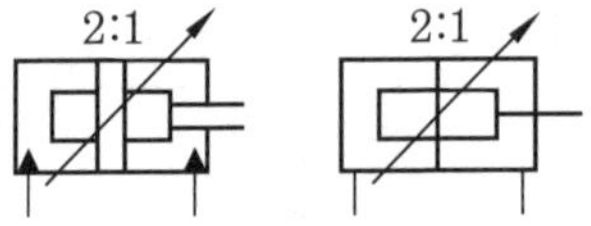 2:1 2:1	• 유압 편로드형, 양쿠션, 조정형 • 피스톤 면적비 2 : 1
단동 텔레스코프형 실린더	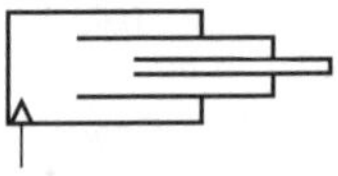	• 공압
복동 텔레스코프형 실린더	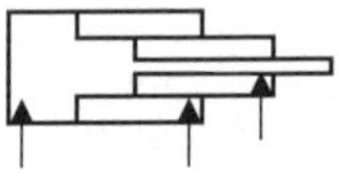	• 유압

(7) 에너지-용기

명칭	기호	비고
어큐뮬레이터		• 일반 기호(항상 세로형으로 표시) • 부하의 종류를 지시하지는 않는 경우
어큐뮬레이터	기체식 중량식 스프링식 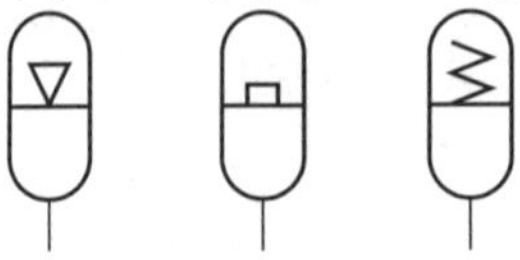	• 부하의 종류를 지시하는 경우

보조 가스 용기		• 항상 세로형으로 표시 • 어큐뮬레이터와 조합하여 사용하는 보급용 가스 용기
공기 탱크		

(8) 체크 밸브, 셔틀 밸브, 배기 밸브

명칭	기호	비고
체크 밸브	상세 기호 간략 기호 (1) (2)	(1) 스프링 없음 (2) 스프링 붙이
파일럿 조작 체크 밸브	상세 기호 간략 기호 (1) (2)	(1) 파일럿 조작에 의하여 밸브 폐쇄(스프링 없음) (2) 파일럿 조작에 의하여 밸브 열림(스프링 붙이)
고압 우선형 셔틀 밸브	상세 기호 간략 기호	• 고압쪽의 입구가 출구에 접속되고, 저압쪽의 입구가 폐쇄된다.
저압 우선형 셔틀 밸브	상세 기호 간략 기호	• 저압쪽의 입구가 출구에 접속되고, 고압쪽의 입구가 폐쇄된다.

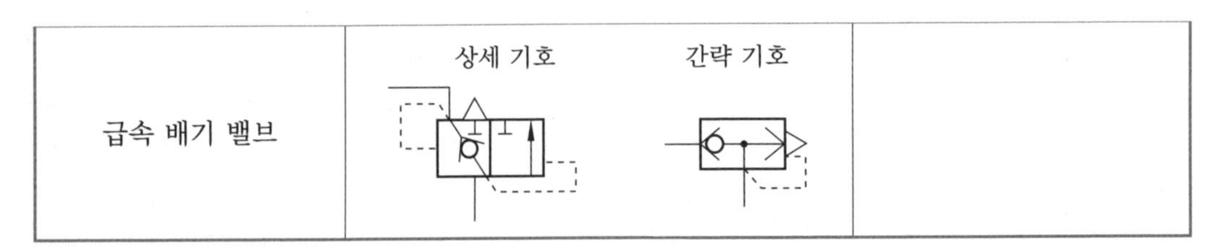

급속 배기 밸브	상세 기호 간략 기호	

(9) 압력 제어 밸브

명칭	기호	비고
릴리프 밸브		
파일럿 작동형 릴리프 밸브	상세 기호 간략 기호	• 원격 조작형 벤트포트 붙이
감압 밸브		• 직동형
파일럿 작동형 감압 밸브		• 외부 드레인
일정 비율 감압 밸브	3 1	• 감압비 : 1/3
시퀀스 밸브		• 직동형
무부하 밸브		• 직동형 • 내부 드레인
카운터 밸런스 밸브		

(10) 유량 제어 밸브

명칭	기호	명칭	기호
교축 밸브 가변 교축 밸브	상세 기호 간략 기호 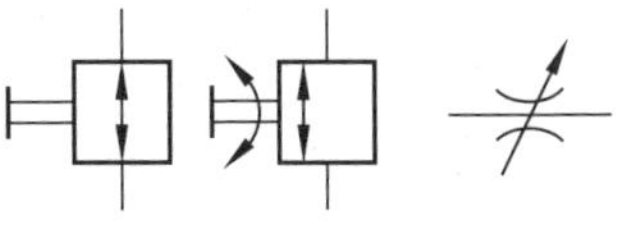	체크 밸브 붙이 유량 조정 밸브 (직렬형)	상세 기호 간략 기호 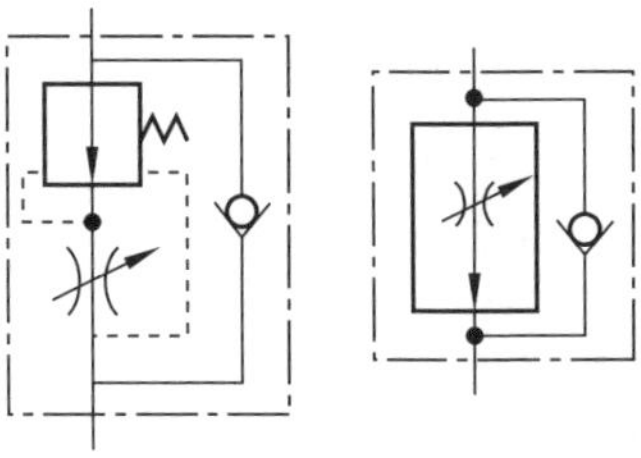
스톱 밸브		분류 밸브	
1방향 교축 밸브	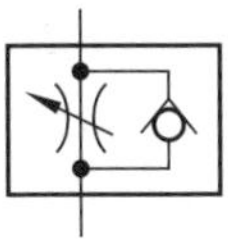	집류 밸브	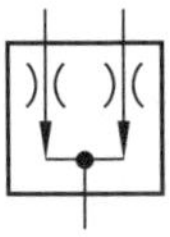

(11) 기름 탱크

명칭	기호	비고
기름 탱크 (통기식)	(1) 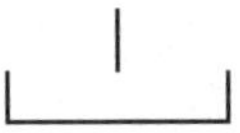	• 관 끝을 액체 속에 넣지 않는 경우
	(2) 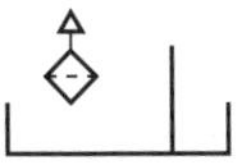	• 관 끝을 액체 속에 넣는 경우 • 통기용 필터가 있는 경우
	(3) 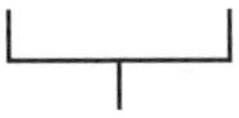	• 관 끝을 밑바닥에 접속하는 경우
	(4) 	• 국소 표시 기호
기름 탱크 (밀폐식)	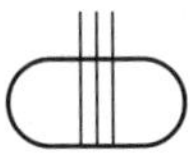	• 관로는 탱크의 긴 벽에 수직 • 3관로의 경우 • 가압 또는 밀폐된 것

(12) 유체 조정 기기

명칭	기호	명칭	기호
필터	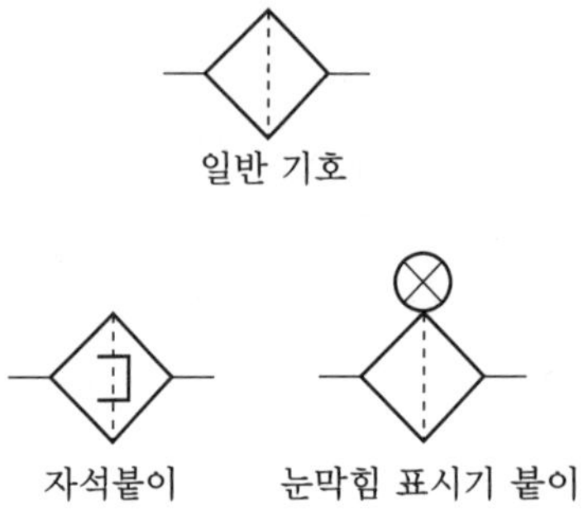 일반 기호 자석붙이 눈막힘 표시기 붙이	공기압 조정 유닛	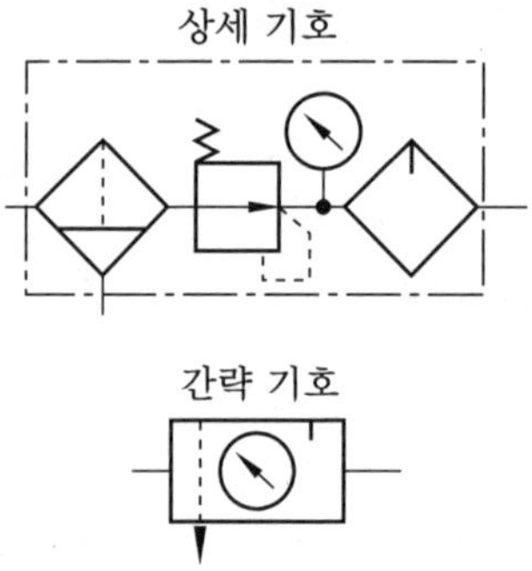 상세 기호 간략 기호
드레인배출기 붙이 필터	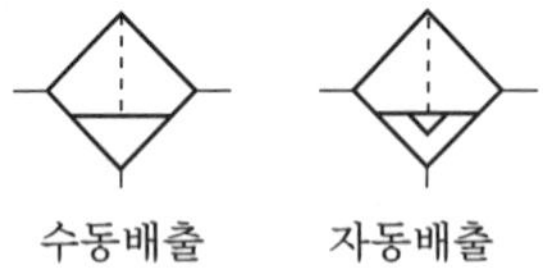 수동배출 자동배출	열교환기 냉각기	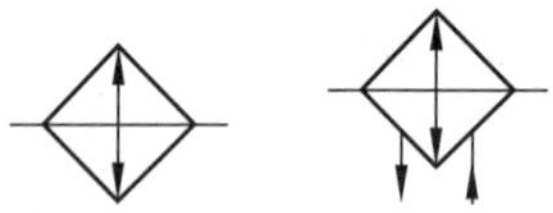
에어 드라이어	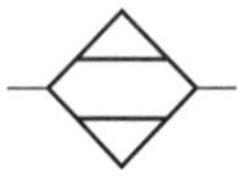	가열기	
루브리케이터	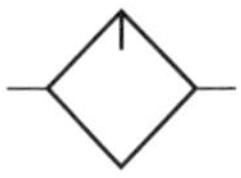	온도 조절기	 가열 및 냉각

(13) 보조기기

명칭	기호	명칭	기호
압력 계측기 압력 표시기		유량 계측계 검류기	
압력계		유량계	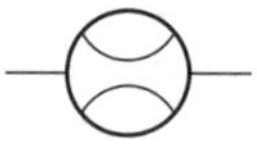
차압계		적산 유량계	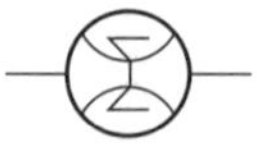
유면계	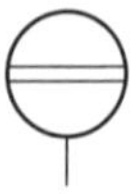	회전 속도계	
온도계		토크계	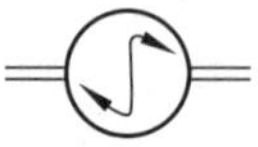

(14) 기타의 기기

명칭	기호	비고
압력 스위치	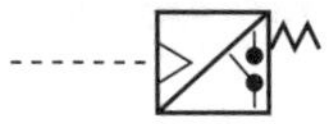	오해의 염려가 없는 경우 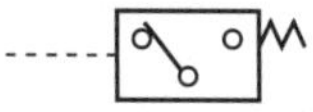
리밋 스위치	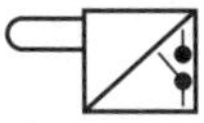	오해의 염려가 없는 경우 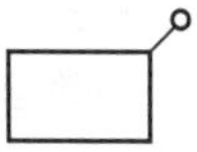
소음기	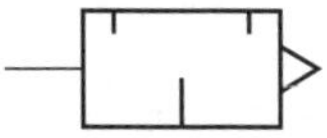	

4-2 전기 기호

전기 기호

명칭	기호		명칭	기호
	A 접점	B 접점		
누름 버튼 스위치	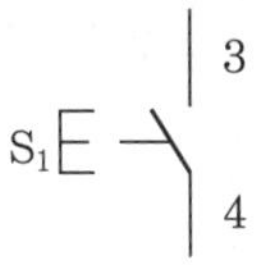 S_1 3 4	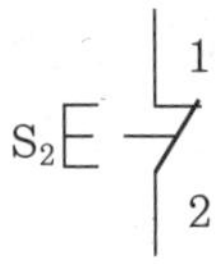 S_2 1 2	릴레이	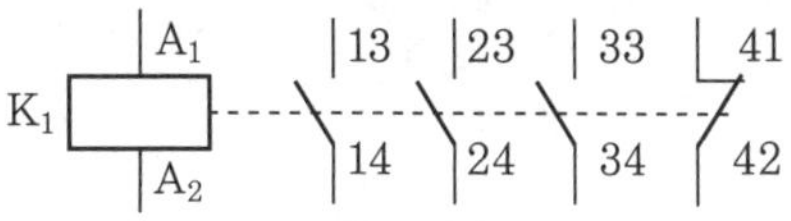 K_1 A_1 A_2 13 14 23 24 33 34 41 42 (3a-1b)
리밋 누름 스위치	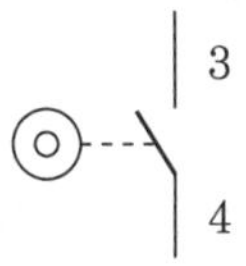 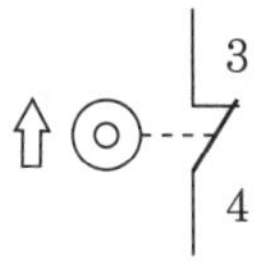 3 4 3 4	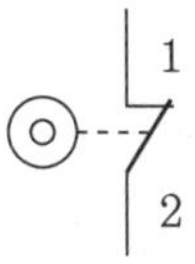 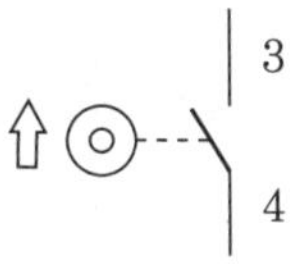 1 2 3 4	솔레노이드 밸브	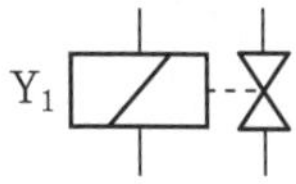 Y_1
릴레이 접점			타이머	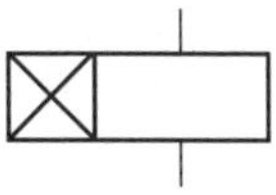 여자 지연 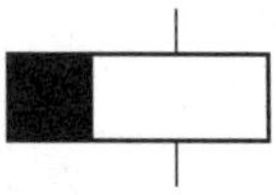 소자 지연

출제 예상 문제

EXERCISES

1. 유압 공기압 도면 기호(KS B 0054)의 기호 요소에서 기호로 사용되는 선의 종류 중 복선의 용도는? (06/5)

① 주관로 ② 파일럿 조작관로
③ 기계적 결합 ④ 포위선

해설 복선은 회전축, 레버, 피스톤 로드 등 기계적 결합을 의미한다.

2. 다음 공기압 회로 도면 기호의 명칭은 어느 것인가? (05/5)

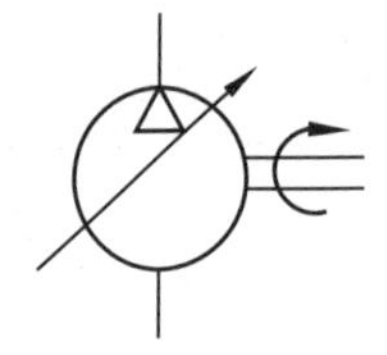

① 정용량형 공기압 모터
② 정용량형 공기 압축기
③ 가변용량형 공기압 모터
④ 가변용량형 공기 압축기

3. 다음 도면의 기호가 나타내는 것은 무엇인가? (02/5)

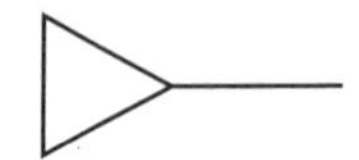

① 압력계
② 유량계
③ 공압 압력원
④ 유압 압력원

4. 다음의 유압 · 공기압 도면 기호는 무엇을 나타낸 것인가? (06/5)

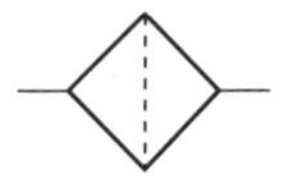

① 어큐뮬레이터 ② 필터
③ 윤활기 ④ 유량계

해설 공기 여과기(air filter)는 공압 발생장치로부터 보내진 공기 속에 수분, 먼지 등 이물질이 포함되어 들어가지 못하도록 하기 위해 입구부에 설치한다.

5. 다음 그림은 공유압 기호 중 무엇을 나타내는 것인가? (02/5)

① 기름 탱크 ② 공기 탱크
③ 전동기 ④ 압력 스위치

6. 다음과 같은 공압장치의 명칭은? (07/5)

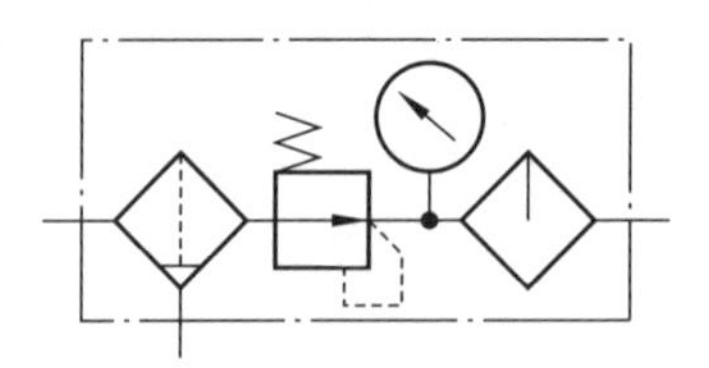

① NOT 밸브 ② 유량 조절 밸브
③ 공기 건조기 ④ 공기압 조정 유닛

정답 1. ③ 2. ④ 3. ③ 4. ② 5. ② 6. ④

해설 일명 서비스 유닛으로 공기 필터, 압축 공기 조정기, 윤활기, 압력계가 한 조로 이루어진 것이며, 기기 작동 시 선단부에 설치하여 기기의 윤활과 이물질 제거, 압력 조정, 드레인 제거를 행할 수 있도록 제작된 것이다.

7. 다음 중 3포트 2위치 변환 밸브를 나타내는 것은? (02/5)

①

②

③

④

해설 ①은 2포트 2위치, ③은 4포트 2위치, ④는 5포트 2위치

8. 보기에 설명되는 요소의 도면 기호는 어느 것인가? (06/5)

[보기]

"실린더의 속도를 증가시키는 목적으로 사용되는 공압 요소로서 효과적으로 사용하기 위해 실린더에 직접 설치하거나, 가능한 가깝게 설치한다."

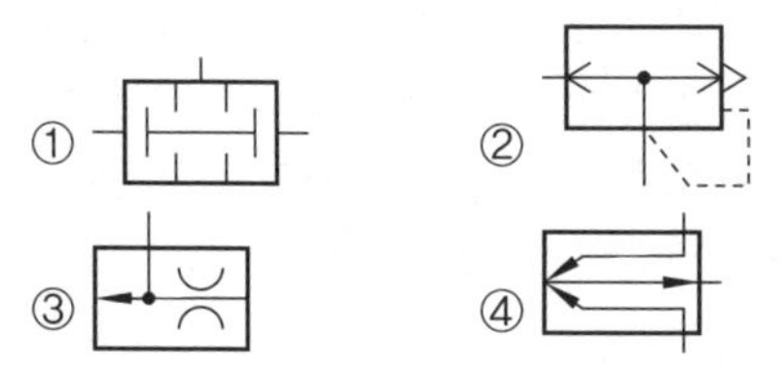

①

②

③

④

해설 ① : 이압 밸브, ② : 급속 배기 밸브, ③, ④ : 공압 센서

9. 다음 그림은 무슨 기호인가? (07/5)

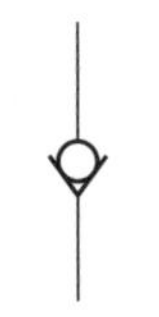

① 분류 밸브 ② 셔틀 밸브

③ 디셀러레이션 밸브 ④ 체크 밸브

해설 체크 밸브(check valve)는 유체를 한쪽 방향으로만 흐르게 하고, 다른 한쪽 방향으로 흐르지 않게 하는 기능을 가진 밸브이다.

10. 다음 그림은 공유압 기호 중 무엇을 나타내는 것인가? (03/5)

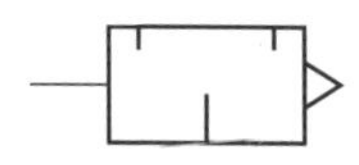

① 축압기 ② 증압기

③ 소음기 ④ 가열기

11. 그림의 기호가 나타내는 것은? (05/5)

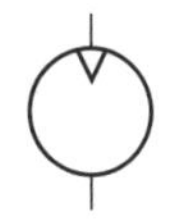

① 진공 펌프 ② 유압 펌프

③ 공기압 펌프 ④ 공기압 모터

해설 한방향 고정형 공압 모터이다.

12. 다음 그림의 유압 기호의 명칭은 어느 것인가? (04/5)

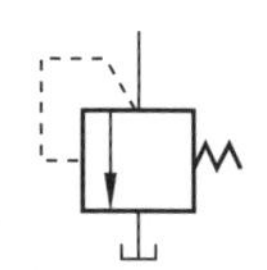

① 릴리프 밸브 ② 감압 밸브

③ 언로드 밸브 ④ 시퀀스 밸브

13. 다음 공유압 기호의 명칭은 무엇인가?

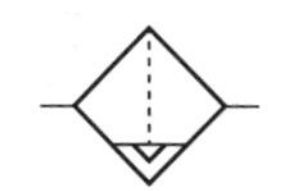

① 수동 배출 드레인 배출기

② 자동 배출 드레인 배출기

정답 7. ② 8. ② 9. ④ 10. ③ 11. ④ 12. ① 13. ②

③ 자동 배출 기름 분무 분리기
④ 수동 배출 기름 분무 분리기

14. 다음 공압기기의 KS 기호는?

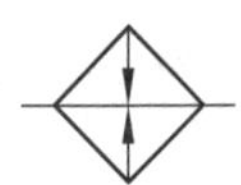

① 윤활기 ② 냉각기 ③ 가열기 ④ 필터

15. 다음 공압 밸브에서 해당되지 않는 항목은?

① 조작방식　② 조작력
③ 위치수　④ 포트수

해설 4포트 2위치 제어 올포트 블록 레버 조작 방식의 방향 제어 밸브 조작력은 밸브 기호에서 표기하지 않는다.

16. 다음 공유압 기호의 명칭은 무엇인가?

① 복동 실린더　② 진공 펌프
③ 차동 실린더　④ 공기 유압 변환기

17. 다음 그림의 밸브의 명칭은?

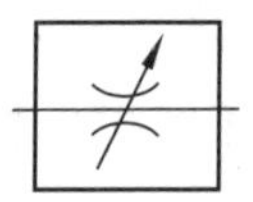

① 바이패스 유량 제어 밸브
② 유량 분류 밸브
③ 압력 보상 유량 제어 밸브
④ 교축 밸브

해설 교축 밸브(스로틀 밸브) : 유체의 출입구가 있는 본체에 끝 부분이 원추 형상을 한 조절나사가 설치되어 밸브 본체 통로와 원추체 간의 틈새를 변화시켜 양 방향으로 유량을 조절 가능하게 한 밸브

18. 다음과 같은 체크 밸브 붙이 유량 조절 밸브에 대한 설명 중 옳은 것은?

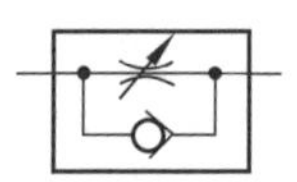

① 니들 밸브와 유량 조절 밸브를 조합하여 유량을 자유롭게 하는 밸브
② 압력 조절 밸브와 온도의 변화에 대응하기 위한 밸브
③ 압력 보상 밸브를 내부에 설치하여 부하의 변동에 관계없이 유량을 일정하게 하는 밸브
④ 압력, 온도에 관계없이 관로 내에 설정된 값으로 유지하는 밸브

해설 한 방향 유량 조절 밸브로 액추에이터의 부하나 제어 조건에 따라 각각 사용되는데, 유입 쪽이 스로틀되는 일이 없어서 충분한 양의 공기가 공급되므로 사용압력에 가까운 높은 압력이 확보되어 충분한 출력이 얻어지기 때문에 제어성이 우수하다.

19. 다음의 방향 제어 밸브의 작동 조작 방식으로 옳은 것은?

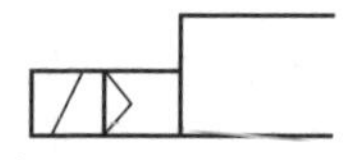

① 레버를 이용한 인력 조작 방식
② 플런저 방식
③ 파일럿을 이용한 전자 조작 방식
④ 디텐트 방식

정답 14. ③　15. ②　16. ④　17. ④　18. ③　19. ③

제 5 장 공유압 회로

5-1 공압 회로

1 공압 회로 설계

(1) 제어 회로의 구성 방법

① **직관적 설계 방법** : 축적된 경험을 바탕으로 설계하는 방법

② **조직적 설계 방법** : 미리 정해진 규칙에 의하여 설계하는 방법으로 설계자 개개인의 역량에 의한 영향이 적다.

(2) 도식 표현 형태

① **운동 도표**

(가) 변위 단계 도표 : 작업 요소의 순차적 작동 상태로 나타내는 것

(나) 변위 시간 도표 : 작업 요소의 변위를 시간의 기능으로 나타낸 도표

② **제어 도표** : 신호 입력 요소와 신호 진행 요소의 개폐 상태를 단계의 기능으로 나타내는 것으로 개폐 시간과는 무관하며, 제어 요소의 최초 상태가 중요하다.

(3) 제어 신호 간섭 현상

중첩 현상이란 세트(set) 신호와 리셋(reset)이 동시에 존재하는 것이다. 간섭 신호의 배제에는 작용 신호의 억제(suppression)와 제거(elimination)의 두 가지 방법이 있다.

① **신호 억제 회로** : 존재하는 제어 신호를 더 강력한 신호로 억압하는 것으로 차동 압력기를 갖는 방향 제어 밸브 이용 방법과 압력 조절 밸브를 이용하는 두 가지 방법이 있다.

② **신호 제거 회로** : 기계적인 방식을 사용하거나 제어 회로를 적절하게 구성하여 불필요한 신호를 제거하는 방법

(가) 기계적인 신호 제거 방법 : 오버센터장치(over center device)를 이용하는 것

(나) 방향성 리밋 스위치 사용

(다) 타이머에 의한 신호 제거 방법 : 정상 상태 열림형 시간 지연 밸브 사용

(4) 조직적 설계 방법

불필요한 신호를 제거함으써 단계별 독립적 제어 기능을 얻을 수 있는 간단한 방법은 각 운동 단계별로 하나의 제어 신호만을 추출하는 것으로 캐스케이드 회로가 그 대표적인 예이다.

2 공압 회로

(1) 복동 실린더의 속도 조절 회로

① **미터 인 회로 :** 실린더로 들어가는 공기를 교축시키는 회로

② **미터 아웃 회로 :** 실린더에서 나오는 공기를 교축시키는 회로

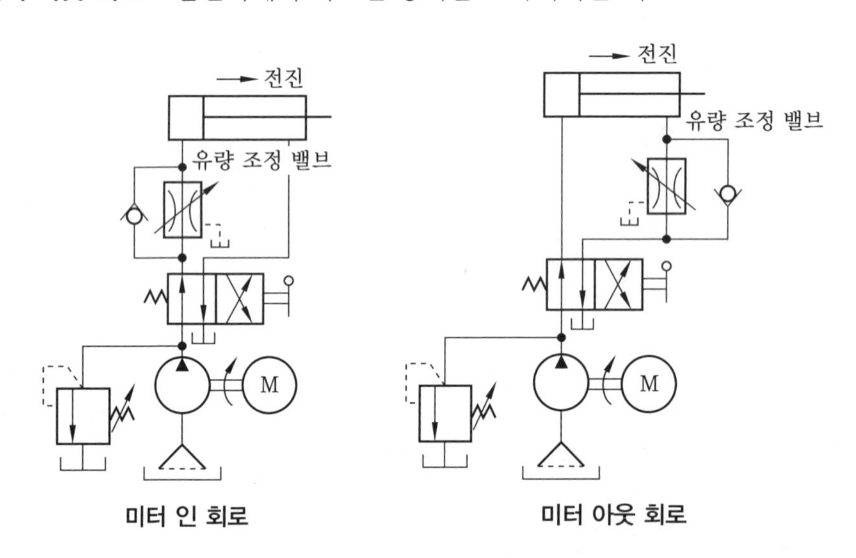

미터 인 회로　　　미터 아웃 회로

(2) 논리 제어 회로

① **AND 회로(AND circuit) :** 입력되는 복수의 조건이 모두 충족이 될 경우 출력이 나오는 회로를 말한다.

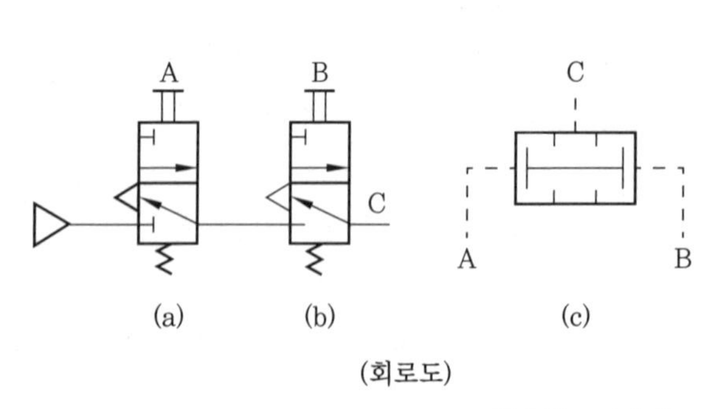

(회로도)

A·B=C

입력 신호		출력
A	B	C
0	0	0
0	1	0
1	0	0
1	1	1

(진리값)

AND 회로와 그 진리표

② **OR 회로(OR circuit)** : 입력되는 복수의 조건 중 어느 한 개라도 입력 조건이 충족되면 출력이 나오는 회로를 말한다.

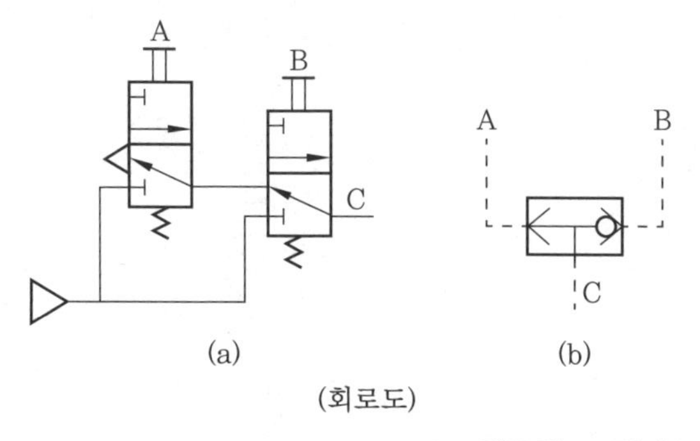

(a) (b)

(회로도)

$A+B=C$

입력 신호		출력
A	B	C
0	0	0
0	1	1
1	0	1
1	1	1

(진리값)

OR 회로와 그 진리표

③ **NOT 회로(NOT circuit)** : 신호 입력이 "1"이면 출력은 "0"이 되고, 신호 입력이 "0"이면 출력은 "1"이 되는 부정의 논리를 갖는 회로를 말한다.

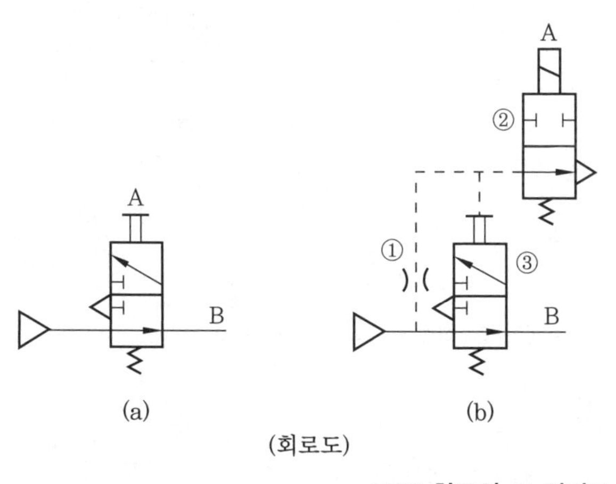

(a) (b)

(회로도)

$\overline{A}=B$

입력 신호	출력
A	B
0	1
1	0

(진리값)

NOT 회로와 그 진리표

④ **NOR 회로(NOR circuit)** : NOT OR 회로의 기능을 가지고 있다.

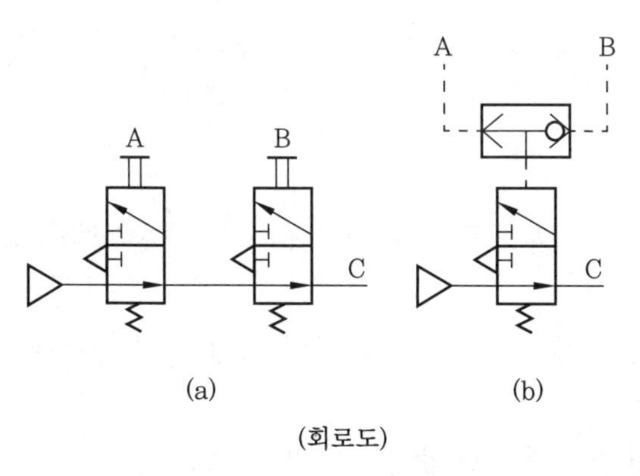

(a) (b)

(회로도)

$\overline{A+B}=C$

입력 신호		출력
A	B	C
0	0	1
0	1	0
1	0	0
1	1	0

(진리값)

NOR 회로와 그 진리표

⑤ **NAND 회로 :** AND 회로의 출력을 반대로 한 것

⑥ **플립 플롭 회로(flip-flop circuit) :** 주어진 입력 신호에 따라 정해진 출력을 내는 것으로, 기억(memory) 기능을 겸비한 것으로 되어 있다.

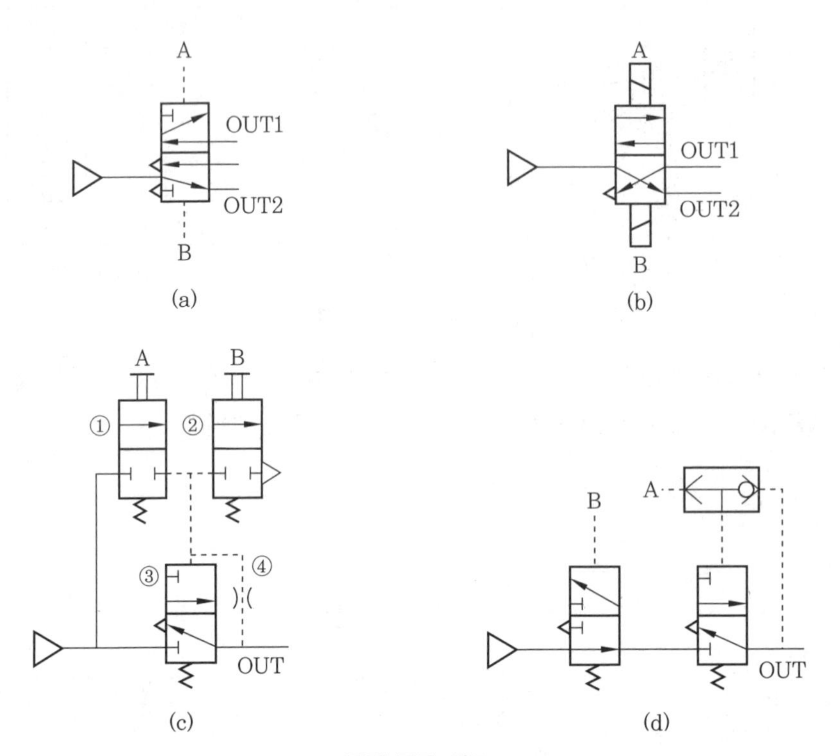

플립 플롭 회로

(3) 순차 작동 제어 회로(시퀀스 회로)

미리 몇 작동 순서를 정해 놓고 한 동작이 완료될 때마다 다음 동작으로 옮겨 가는 제어 방법이다.

5-2 유압 회로

(1) 압력 제어 회로

① **압력 설정 회로 :** 모든 유압 회로의 기본으로 회로 내의 압력을 설정 압력으로 조정하는 회로

② **압력 가변 회로 :** 릴리프 밸브의 설정 압력을 변화시키면 행정 중 실린더에 가해지는 압력을 변화시킬 수 있다.

③ **충격압 방지 회로 :** 대유량 · 고압유 충격압을 방지하기 위한 회로

④ **고저압 2압 회로**

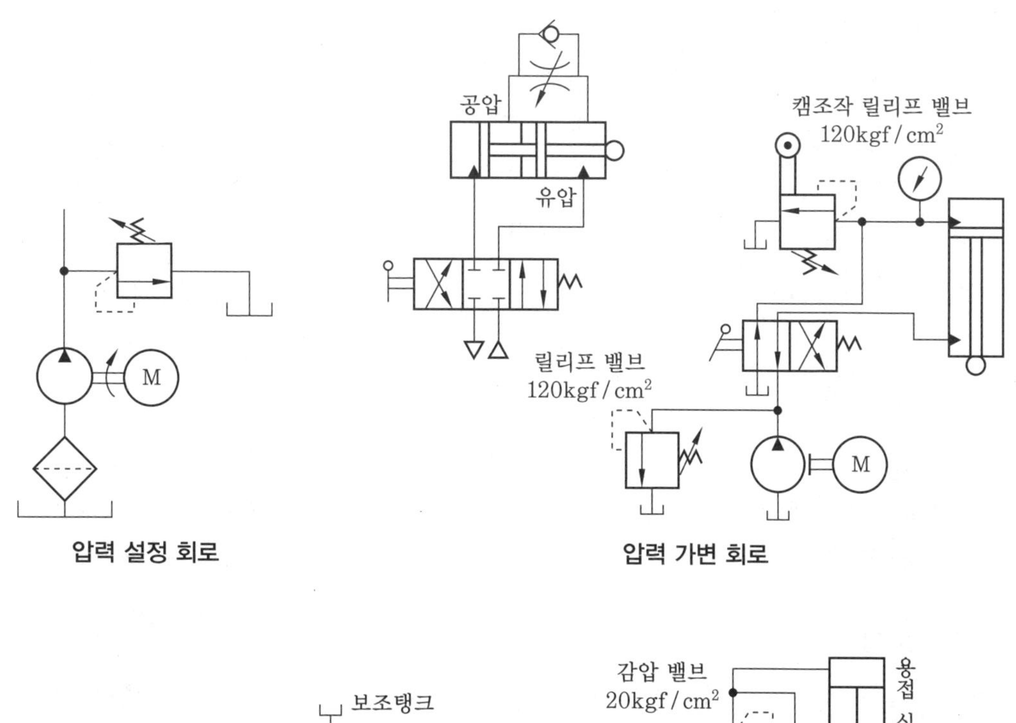

압력 설정 회로　　　　압력 가변 회로

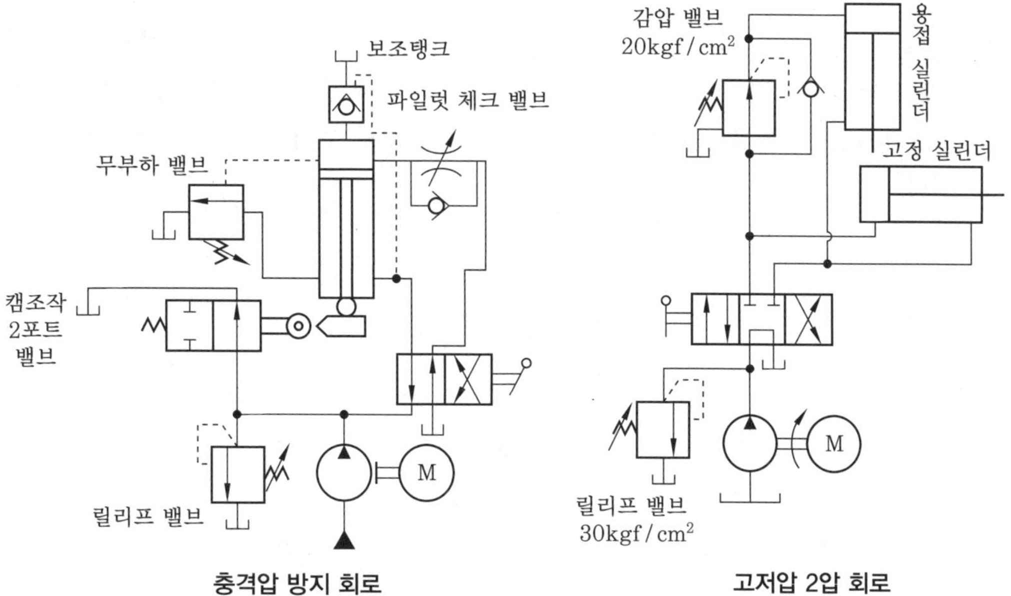

충격압 방지 회로　　　　고저압 2압 회로

(2) 무부하 회로(unloading circuit)

유압 펌프의 유량이 필요하지 않게 되었을 때, 즉 조작단의 일을 하지 않을 때 작동유를 저압으로 탱크에 귀환시켜 펌프를 무부하로 만드는 회로로 탠덤 센터형 4/3 방향 밸브에 의한 회로, 단락에 의한 회로, 압력 보상 가변 용량형 펌프에 의한 회로 등이 있다.

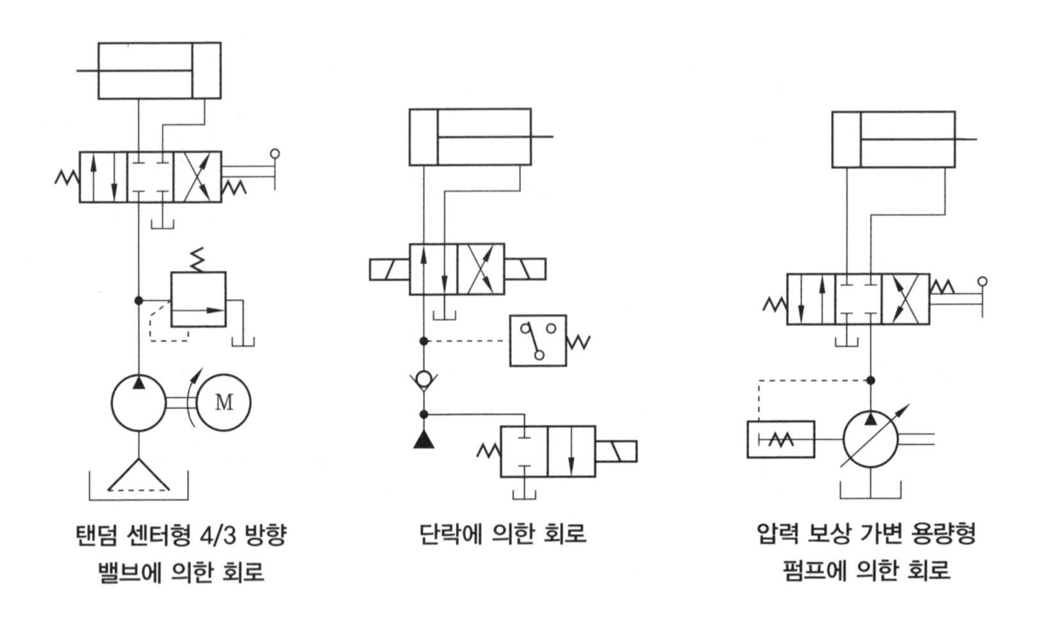

탠덤 센터형 4/3 방향 밸브에 의한 회로

단락에 의한 회로

압력 보상 가변 용량형 펌프에 의한 회로

(3) 축압기 회로

유압 회로에 축압기를 이용하면 축압기는 보조 유압원으로 사용되며, 이것에 의해 동력을 크게 절약할 수 있다. 또한 압력 유지, 회로의 안전, 사이클 시간 단축, 완충 작용은 물론, 보조 동력원으로 효율을 증진시킬 수 있고, 콘덴서 효과로 유압장치의 내구성을 향상시킨다.

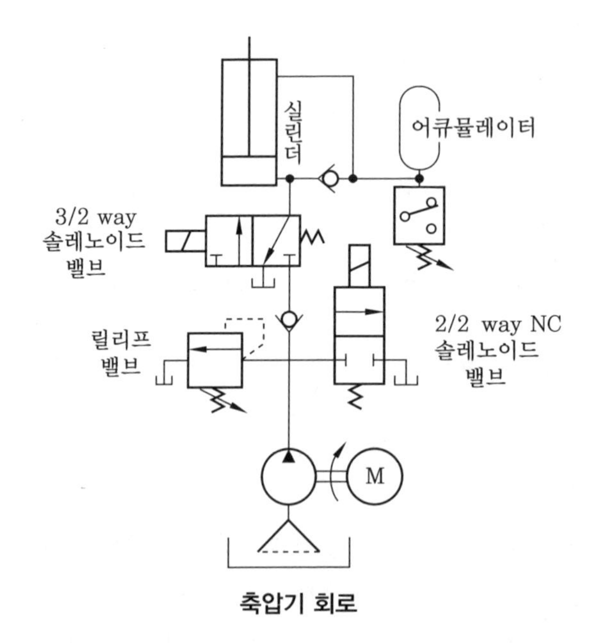

축압기 회로

(4) 속도 제어 회로

① **재생 회로**(regenerative circuit), **차동 회로**(differential circuit) : 전진할 때의 속도가 펌프의 배출 속도 이상으로 요구되는 것과 같은 특수한 경우에 사용된다.

② **카운터 밸런스 회로**(counter balance circuit) : 자중에 의한 자유 낙하를 방지하기 위해 회로의 일부에 배압을 발생시킨 회로

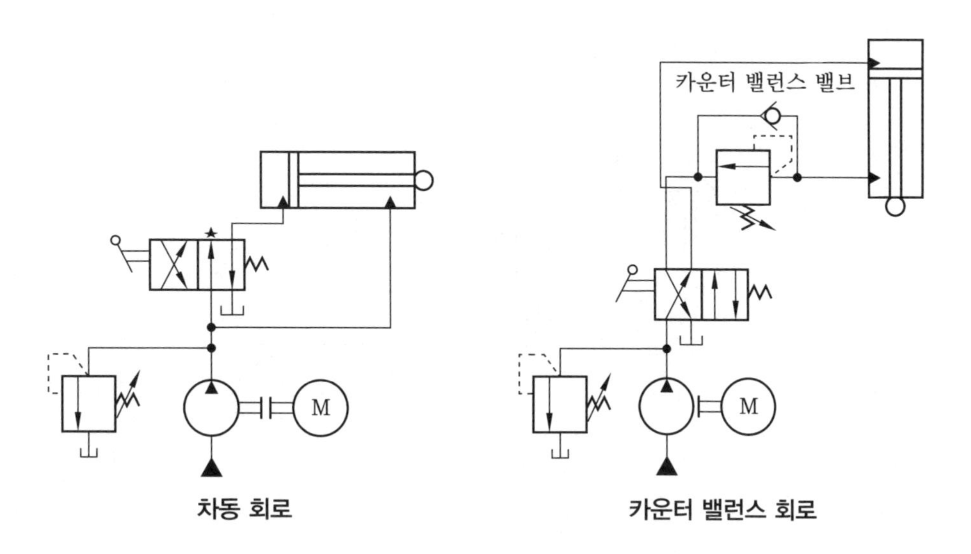

차동 회로 카운터 밸런스 회로

③ **감속 회로**(deceleration circuit)

④ **블리드 오프 회로**(bleed off circuit) : 작동 행정에서의 실린더 입구의 압력쪽 분기 회로에 유량 제어 밸브를 설치하여 실린더 입구측의 불필요한 압유를 배출시켜 일정량의 오일을 블리드 오프하고 있어 작동 효율을 증진시킨 회로이다.

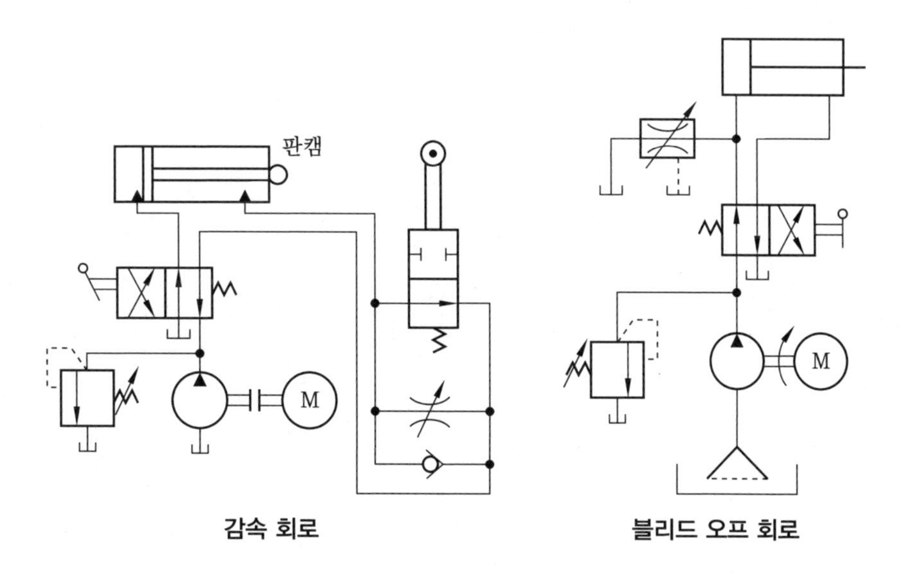

감속 회로 블리드 오프 회로

⑤ **유보충 밸브와 보조 실린더의 회로** : 큰 추력을 필요로 하는 대형 프레스에서는 램의 속도를 빠르게 작동시키기 위하여 키커 실린더(kicker cylinder)를 보조 실린더로 하는 회로이다.

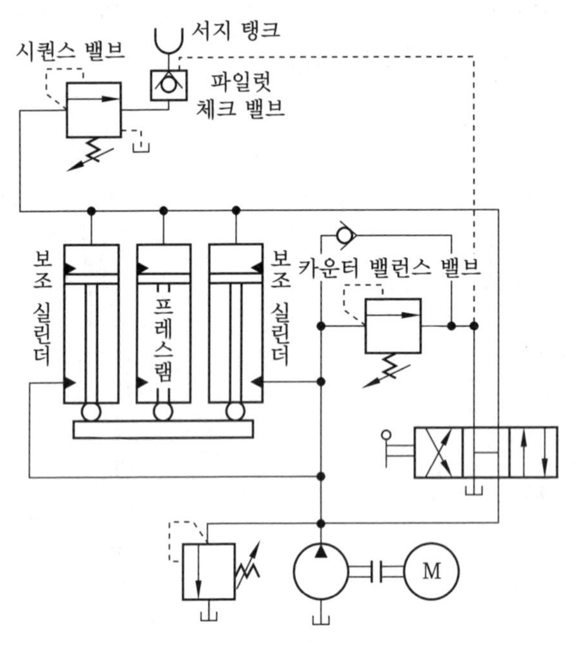

유보충 밸브와 보조 실린더의 회로

(5) 로크 회로

중간 정지가 필요할 때 사용되는 회로로 올 포트 블록형, 탠덤 센터형 4/3 방향 제어 밸브를 이용하거나 파일럿 체크 밸브를 이용한 회로가 있다.

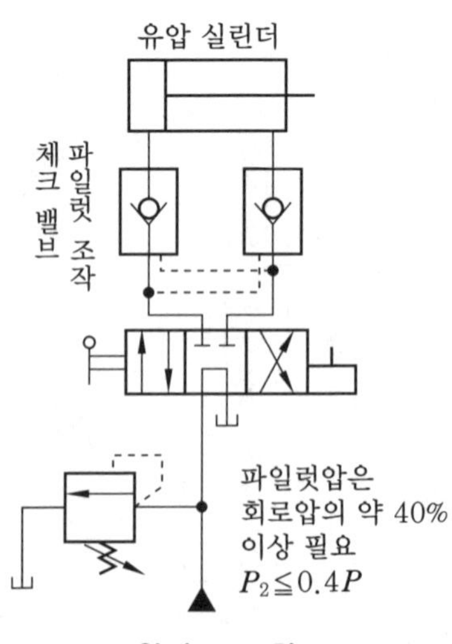

완전 로크 회로

(6) 시퀀스 회로(sequence circuit)

2개 이상의 실린더에서 정해진 순서에 의해 작업을 진행할 때 사용되는 회로

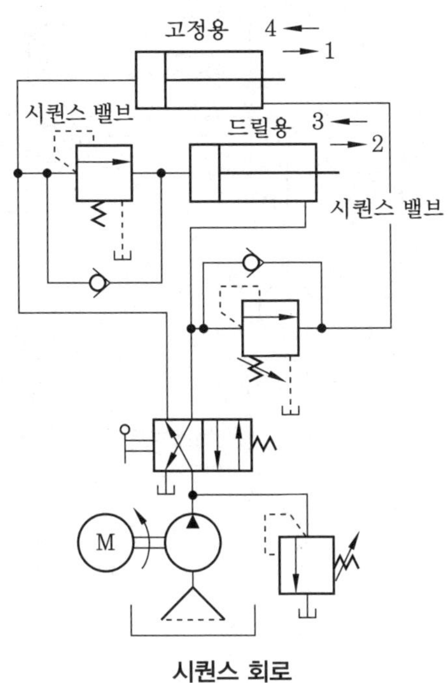

시퀀스 회로

(7) 증압 및 증강 회로(booster and intensifier circuit)

① **증압 회로** : 증압된 압유를 각 실린더에 공급시켜 큰 힘을 얻는 회로

② **증강 회로(force multiplication circuit)** : 유효 면적이 다른 2개의 탠덤 실린더를 사용하거나, 실린더를 탠덤(tandem)으로 접속하여 병렬 회로로 한 것

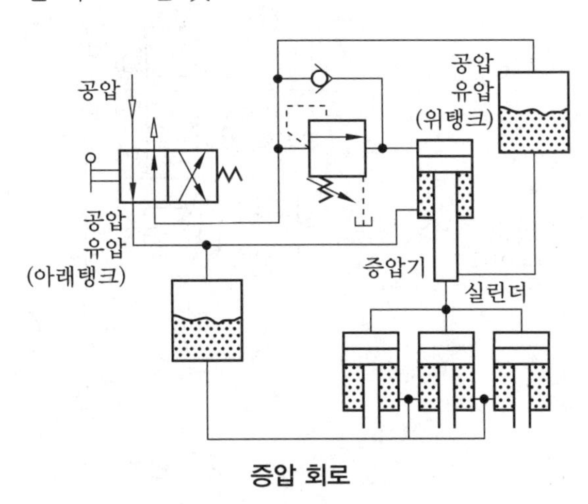

증압 회로

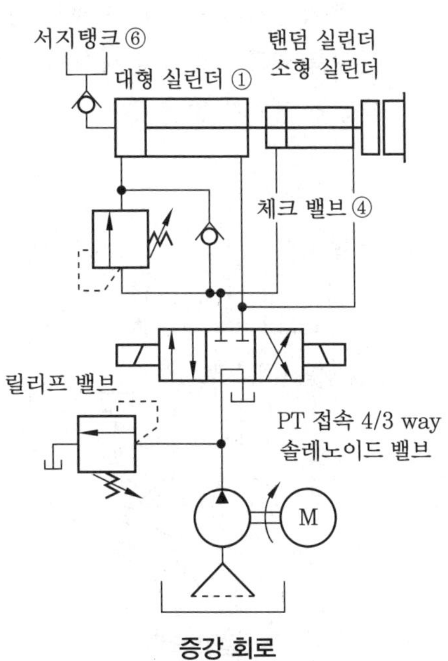

증강 회로

(8) 동조 회로

2개 이상의 액추에이터 운동이 전진 또는 후진 운동을 같이 하는 회로

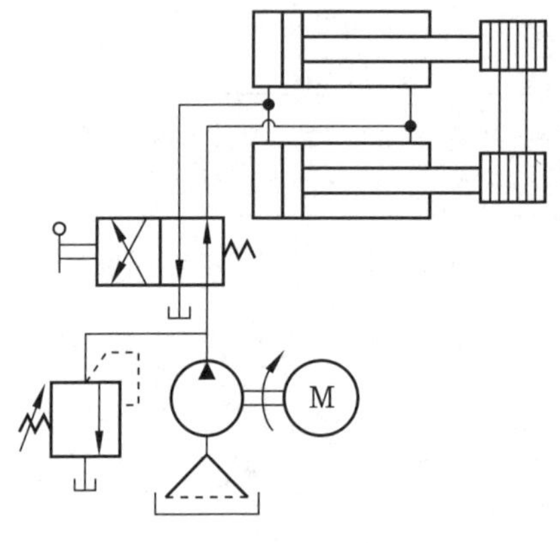

기어에 의한 동조 회로

(9) 유압 모터 회로

① **일정 출력 회로**

② **일정 토크 회로**

③ **유압 모터의 직렬 회로**

④ **유압 모터의 병렬 회로**

⑤ **제동 회로(brake circuit)** : 시동 시 서지압 방지나, 정지할 경우 유압적으로 제동을 부여하거나, 주된 구동 기계의 관성 때문에 이상 압력이 생기거나 이상음이 발생되어 유압장치가 파괴되는 것을 방지하기 위해 제동 회로를 둔다.

⑥ **유보충 회로** : 소형의 정용량형 펌프에 의하여 압유를 공급시키면 효율이 좋아지며, 공급용 펌프가 없을 경우에는 탱크로부터 직접 압유를 흡입시켜 보충한다.

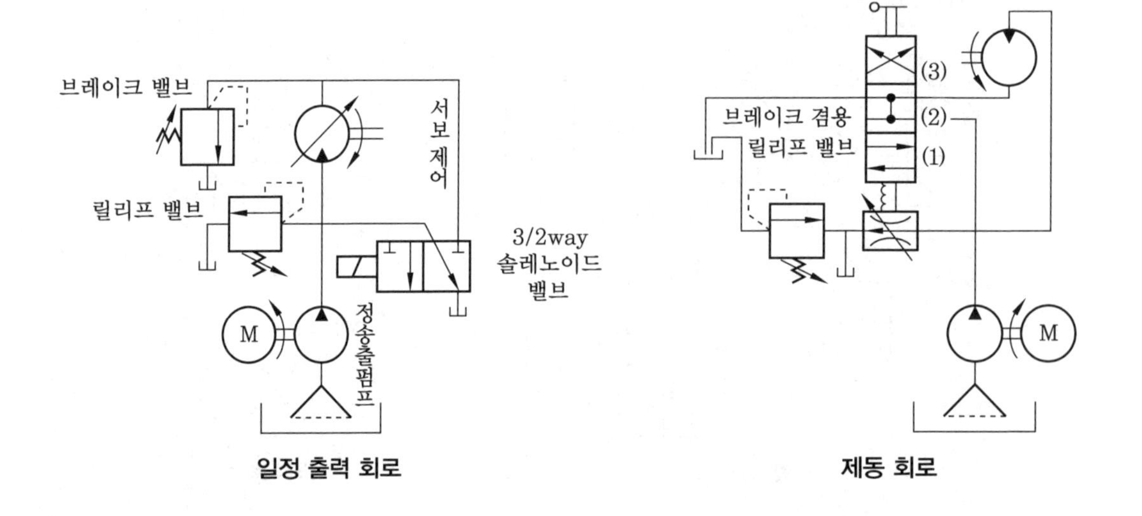

일정 출력 회로　　　　제동 회로

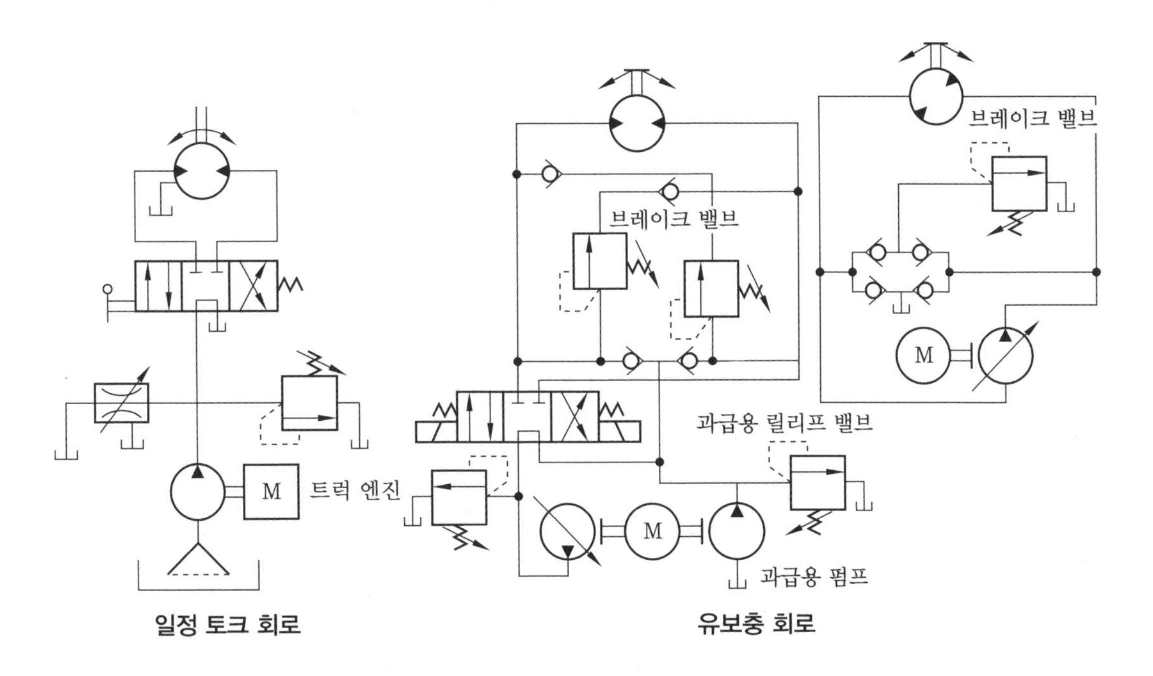

5-3 전기 공유압의 개요

1 정의

전기 공유압이란 기존의 공압을 이용한 제어에서 전기적인 작동 형태의 솔레노이드 밸브를 사용한 제어 방식이다.

2 작동 시퀀스 형태에 따른 제어 시스템의 분류

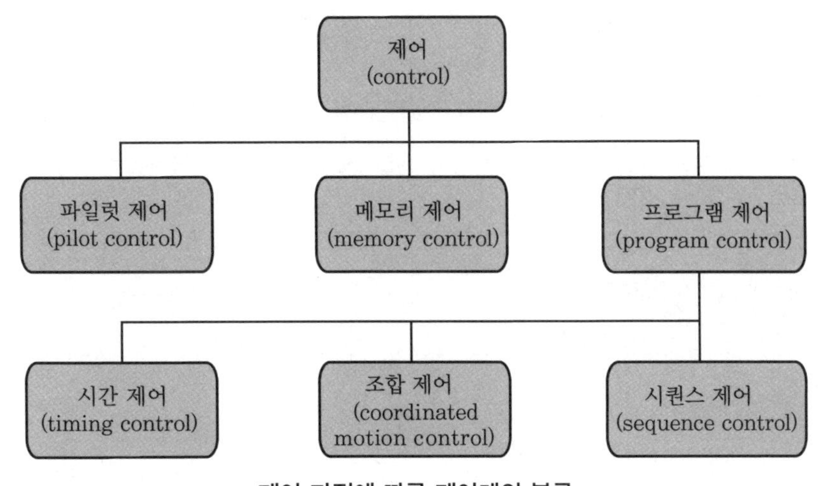

제어 과정에 따른 제어계의 분류

① **파일럿 제어** : 요구 입력 조건이 만족하면 그에 상응한 출력 신호 발생(입력과 출력

이 1 : 1 대응 관계)

② **메모리 제어 :** 입력 신호가 없어진 후에도 그 때의 출력 상태 유지

③ **시간에 따른 제어 :** 시간의 변화에 따른 제어

④ **조합 제어 :** 시간에 따른 제어 + 시퀀스 제어에 따른 명령 출력

⑤ **시퀀스 제어 :** 전 단계의 작업 완료 여부를 확인 한 후 다음 단계의 작업 수행

3 전기 제어 기초 지식

① **접점의 정의 :** 전기 제어의 목적은 제어 대상에 전류를 통전(ON)시키거나 단전(OFF)시켜 목적에 맞게 이용하는 것으로 이때 전류를 통전 또는 단전시키는 역할을 하는 것

② **a 접점 :** 외력이 작용하지 않는 평상시에는 접점이 열려져 있기 때문에 상시 열림형 접점(make contact, normally open contact, N.O형)이라고도 한다.

③ **b 접점 :** a 접점과 반대로 접점이 작동되지 않은 평상시에는 접점이 닫혀져 있기 때문에 상시 닫힘형 접점(normally closed contact, N.C형), 브레이크(break) 접점이라고 한다.

④ **c 접점 :** 하나의 몸체에 a 접점과 b 접점이 있는 것으로 이 접점은 작동되면 접점의 전환(change-over)이 일어나기 때문에 c 접점이라 한다.

ISO 방식과 ladder 방식의 비교

구분		ISO 방식		ladder 방식	
		a 접점	b 접점	a 접점	b 접점
버튼 스위치					
리밋 스위치	평상시				
	작동된 상태				
릴레이		K		R	
솔레노이드		Y		SOL	

4 제어용 전기 기기

(1) 전기 기기의 용어

① **여자** : 계전기 코일에 통전시켜 자화 성질을 갖게 되는 것

② **소자** : 계전기 코일에 전류를 차단시켜 자화 성질을 잃게 되는 것

③ **자기 유지** : 계전기가 여자된 후에도 동작 기능이 계속 유지되는 것

④ **조깅** : 기기의 미소 시간 동작을 위해 조작, 동작시키는 것

⑤ **인터록** : 두 계전기의 동작을 관련시키는 것으로, 한 계전기가 동작할 때에는 다른 계전기가 동작하지 않는 것

⑥ **스위치의 초기 상태** : 제어 회로도에서 모든 스위치는 초기 상태이다.

(2) 조작 · 검출 스위치

① **접촉 스위치(접촉 센서)**

(가) 푸시 버튼 스위치(push button switch) : 버튼을 누르는 것에 의하여 접점 기구부가 개폐되는 것으로 복귀형과 유지형인 디텐트형이 있다.

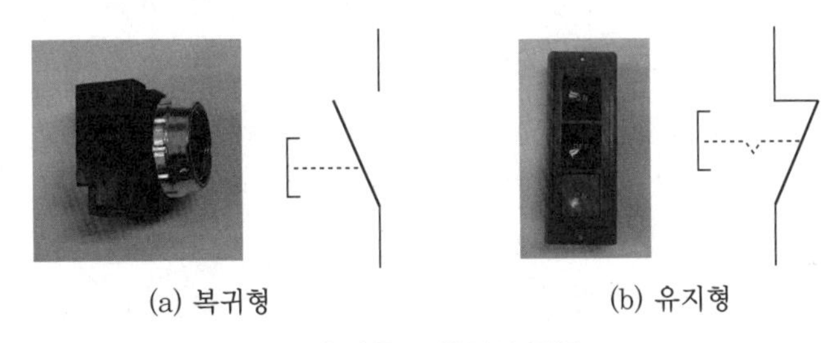

(a) 복귀형　　(b) 유지형

푸시 버튼 스위치의 종류

(나) 조광형 푸시 버튼 스위치 : 한 개의 제품으로 스위치 기능과 램프의 역할을 함께 가지고 있는 스위치

(다) 실렉터 스위치(selector switch) : 유지형 스위치로서 운전/정지, 자동/수동, 연동/단동 등과 같이 조작 방법의 절환 스위치로 사용한다.

(라) 토글 스위치(toggle switch) : 핸들 조작에 의해 회로의 개폐를 하는 스위치

(마) 비상 스위치 : 비상시 전 회로를 긴급히 차단할 때 사용하는 적색의 돌출형 스위치로서, 차단 시 눌러져 유지시키고, 복귀 시에는 우측으로 돌려 복귀한다.

(바) 마이크로 스위치와 리밋 스위치(LS : limit switch) : 기계적인 조작에 의해 접점이 개폐하는 스위치

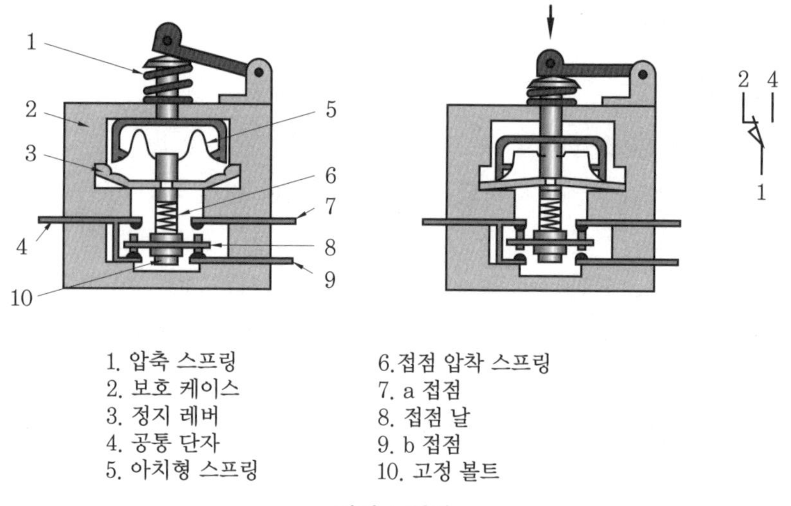

리밋 스위치

② 비접촉 스위치(비접촉 센서)

(가) 광전 스위치(PHS : photoelectric switch)

- 빛을 매체로 하는 검출기로서 포트 트랜지스터 등을 이용한 투광기, 수광기, 앰프, 비교회로 및 출력회로를 갖추었다.
- 비금속도 검출이 가능하고, 비교적 원거리의 검출도 가능하다.
- 투과형, 확산형, 미러 반사형이 있다.

(나) 근접 스위치(PROS : proximity switch)

- 리드 스위치 : 스위치에 영구 자석으로 된 피스톤 마그넷이 접근하면 리드편(片)이 자화(磁化)되므로 양자가 서로 끌어서 접촉하여 스위치가 ON-OFF 되는 것이다.

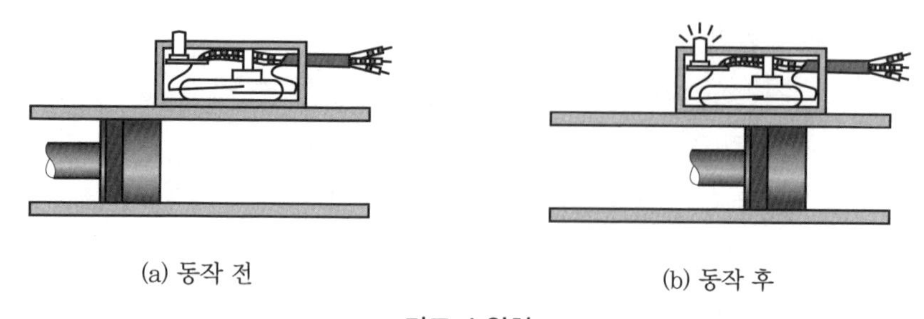

(a) 동작 전 (b) 동작 후

리드 스위치

- 유도형 근접 센서 : 전자 유도 현상에 의한 와전류가 검출 물체에 발생되어 센서의 발진 진폭 변화로 금속만 감지한다.
- 용량형 근접 센서 : 검출 물체 표면에 분극이 발생함으로써 정전 용량이 변화하여 센서의 발진 진폭 변화로 모든 물체를 감지한다.

(3) 전자 릴레이(전자 계전기)

전자석의 힘으로 스위치의 개폐 조작을 하는 것으로, 전압이 코일에 공급되면 전류는 코일이 감겨있는 데로 흘러 자장이 형성되고 전기자가 코일의 중심으로 당겨진다.

① **종류** : 일반용(소형의 전자 접촉기), 미니어처 릴레이, 파워 릴레이, 기타 특수 동작용 등이 있고, 접점은 a 접점, b 접점, c 접점이 있다.

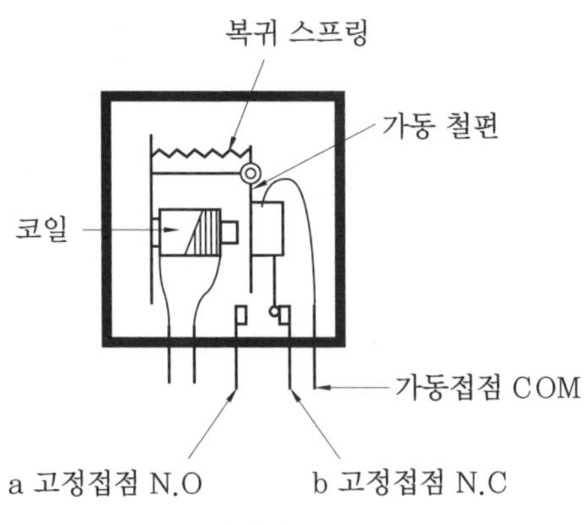

릴레이의 구조

② **사용상의 주의사항**

㈎ IEC 방식은 K, 래더는 CR 또는 R의 약호로 표시한다.

㈏ 제어하는 솔레노이드 밸브의 부하 전류에 적합한 접점 전류 용량의 릴레이를 사용한다.

(4) 타이머(TR : time-lag relay)

릴레이의 일종으로 입력 신호를 받은 후 설정 시간이 경과된 후에 회로를 개폐하는 기기이다. 종류에는 전기 신호를 주게 되면 일정 시간 후에 출력 신호(접점)를 내는 여자 지연(delay ON type)과 전기 신호를 차단한 후 출력 신호(접점)를 내는 소자 지연(delay OFF type)이 있다.

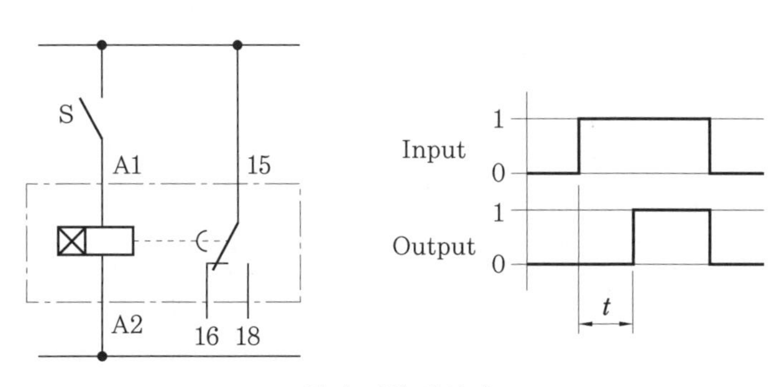

여자 지연 타이머

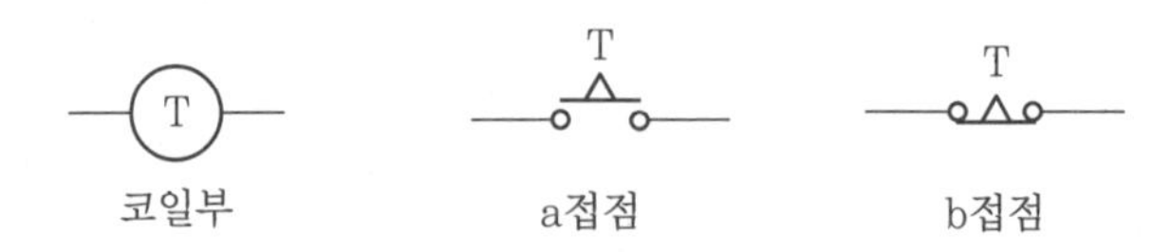

여자 지연 타이머의 래더 기호

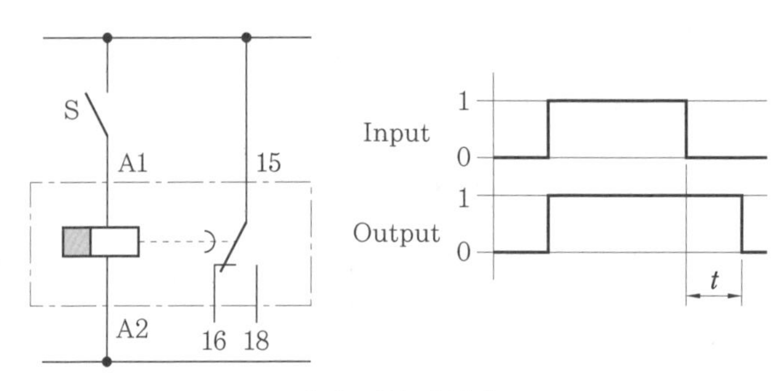

소자 지연 타이머

T
T
T
코일부
a접점
b접점

소자 지연 타이머의 래더 기호

(5) 계수기(counter)

물체의 위치나 상태를 감지하여 코일에 전류를 통과하면 전자석에 의해 휠을 1개씩 회전시켜 계수를 표시하는 기기이다.

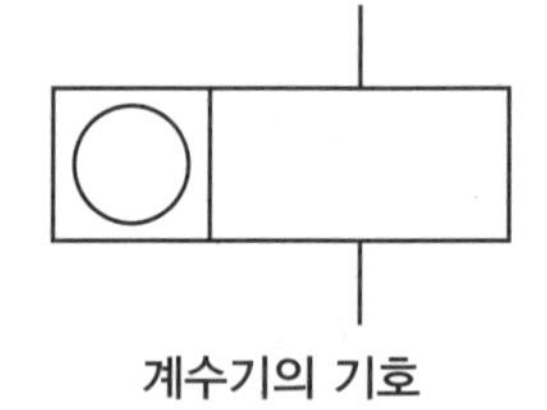

계수기의 기호

5-4 시퀀스 회로의 설계

공압 및 유압 시스템은 각종 공유압 기기와 전기 기기의 조합으로 구성되며, 회로도는 ISO 방식과 수직 방식인 ladder(사다리) 방식을 각각 또는 병행하여 사용한다.

(1) 시퀀스도의 표시법

시퀀스 제어란 미리 정해진 순서에 따라 제어의 각 단계를 순서적으로 진행해 나가는 것으로 전개 접속도라고도 한다. 시퀀스도 작성 시 주의할 점은 다음과 같다.

① 일일이 모선을 표시하지 않고, 전원 도선으로서 다음과 같이 표시한다.

㈎ 제어 모선(제어 전원)을 수평으로 상하로 나누어 그리고, 그 사이에 접점, 코일, 램프 등의 전기 기기의 심벌을 왼쪽에서 오른쪽으로 쓰는 방식(제어 전원 수평 누름 버튼 스위치 방식)

(나) 제어 모선을 수직으로 좌우로 나누어 그리고, 그 사이에 전기 기기의 심벌을 위에서 아래로 사다리 모양으로 그리는 방식(제어 전원 수직 방식)

② 제어 기기를 잇는 접속선은 상하 모선일 경우에는 종선으로, 좌우 모선일 경우에는 횡선으로 표시한다.

③ 접속선은 동작 순서별로 좌에서 우로 또는 위에서 아래로 순서적으로 표시한다.

④ 개폐 접점을 가진 제어 기기는 그 기구 부분이나 지지 보호 부분 등의 기구적 관련은 생략하고 접점 코일 등으로 표시하며, 각 접속선은 분리한다.

⑤ 제어 기기를 나타내는 문자 등을 병기한다(접점에도 제어 기기의 문자를 기입한다).

⑥ 개폐 접점을 가지는 기기를 나타낼 때에 수동 조작일 때는 접점부가 닿지 않은 상태, 즉 손이 닿지 않은 상태로 하고, 전기 등의 에너지로 작동시키는 것일 때는 구동부의 전원이 모두 차단된 상태로 한다.

⑦ 검출기는 용량이 적으므로 일반적으로 증폭하여 사용한다.

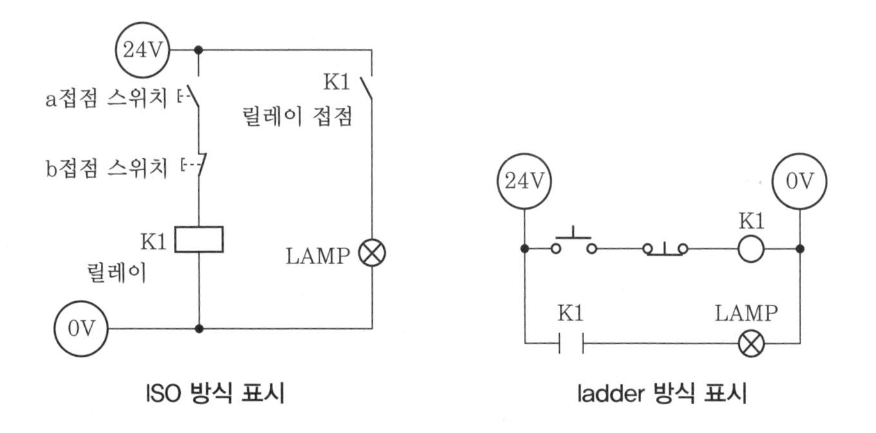

ISO 방식 표시 ladder 방식 표시

(2) 기본 회로

① 복동 실린더 제어 회로

② 간접 양방향 제어 회로(indirect, bidirectional control)

③ 실린더의 자동 복귀 회로

④ 복동 실린더 자동 왕복 회로

⑤ **자기 유지 회로(기억 회로, latching circuit)** : 릴레이를 작동시키기 위한 전기 신호가 짧은 기간 동안만 존재하다가 없어지거나 또는 스위치를 작동하는 시간보다 오랫동안 릴레이를 동작시키기 위해 필요한 자기 유지 회로는 ON 우선 회로와 OFF 우선 회로가 있다.

(가) ON 우선 자기 유지 회로 : ON 스위치와 OFF 스위치를 같이 작동시킬 때 릴레이가 OFF 스위치와는 관계없이 ON 스위치에 의해 작동되는 회로이다.

㈏ OFF 우선 자기 유지 회로 : ON 스위치와 OFF 스위치를 같이 작동시킬 때 릴레이가 ON 스위치와는 관계없이 OFF 스위치에 의해 릴레이가 작동될 수 없는 회로로 OFF 신호가 ON 신호보다 우선되어야 하며, 자기 유지 회로로 이 방식이 많이 사용된다.

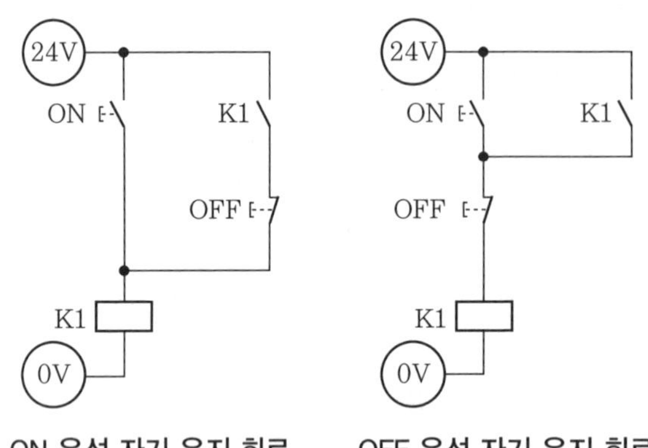

ON 우선 자기 유지 회로 OFF 우선 자기 유지 회로

⑥ **인터록 회로** : 복수의 작동일 때 어떤 조건이 구비될 때까지 작동을 저지시키는 회로로 기기를 안전하고 확실하게 운전시키기 위한 판단 회로이다.

(3) 시간 지연 회로

① **ON DELAY 회로** : 신호가 입력된 후 일정 시간 경과 후에 출력을 ON시키는 회로이다.

② **OFF DELAY 회로** : 신호가 입력됨과 동시에 출력이 나오지만, 입력 신호가 차단되면 일정 시간 경과 후에 출력이 소멸되는 회로로서, 신호 A가 1일 때 출력 B도 1이며, 신호 A가 0으로 되면 일정 시간 후에 출력 B가 0으로 된다.

타이머 기호

출제 예상 문제

EXERCISES

1. **다음 진리값과 일치하는 로직 회로의 명칭은?** (07/5)

$\overline{A}=B$

입력 신호	출력
A	B
0	1
1	0

① AND 회로　② OR 회로
③ NOT 회로　④ NAND 회로

해설 NOT 회로 : 입력 i가 들어가면 출력 O가 없게 된다. 입력 i가 없게 되면 출력 O가 있다.

(1) 논리 기호

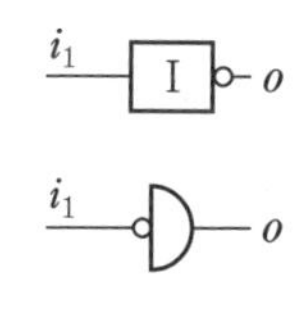

(2) 유체소자 회로

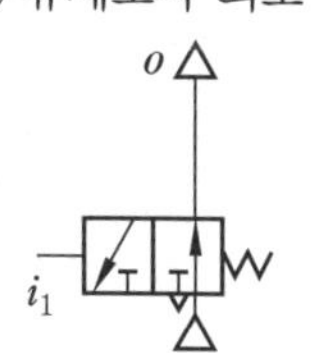

(3) 전기 회로

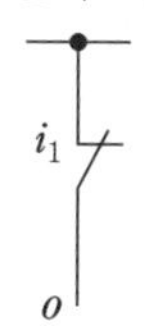

(4) 논리식 : $\overline{i}=0$

2. **다음 그림에 대한 설명으로 맞는 것은 어느 것인가?** (03/5)

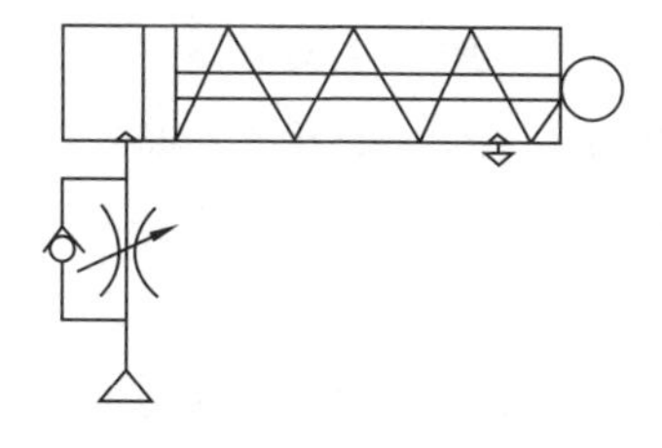

① 전진 속도를 조절한다.
② 후진 속도를 조절한다.
③ 급속 귀환 운동을 한다.
④ 전진과 후진 출력을 높인다.

해설 이 회로는 단동 실린더 미터 인 전진 속도 제어로 실린더의 공급 공기를 교축하여 속도 조절하는 방식이며, 실린더의 초기 속도에서는 배기 조절 방법에 비해 안정되는 장점은 있으나, 실린더의 속도가 부하 상태에 따라 크게 변하는 단점이 있어 단동 실린더에서만 일부 적용하고 공압 속도 제어에서는 사용하지 않는다.

3. **블리드 오프 회로에서 유량 제어 밸브는 어떻게 하는가?** (07/5)

① 실린더 입구의 분기 회로에 설치한다.
② 방향 제어 밸브의 드레인 포트에 연결한다.
③ 실린더에 공급되는 유량을 교축한다.
④ 펌프에 직접 연결하여 사용한다.

해설 블리드 오프 회로(bleed off circuit) : 작동 행정의 실린더 입구의 압력쪽 분기회로에 유량 제어 밸브를 설치하여 실린더 입구측의 불필요한 압유를 배출시켜 일정량의 오일을 블리드 오프하고 있어 작동 효율을 증진시킨 회로이다.

4. **다음의 공압 회로도는 공압 복동 실린더의 자동 복귀 회로이다. 1.2 스위치가 계속 작동되어 있을 경우, 복동 실린더의 작동 상태를 올바르게 설명하고 있는 것은?** (05/5)

정답 1. ③　2. ①　3. ①　4. ③

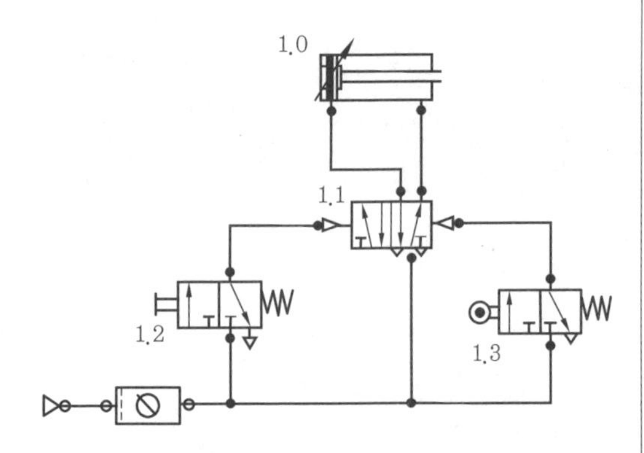

① 전진 위치에 있는 1.3 공압 리밋 스위치가 작동되면 복동 실린더는 후진하여 정지한다.

② 전진 위치에 있는 1.3 공압 리밋 스위치가 작동되면 복동 실린더는 후진한 후 동일한 작동을 반복한다.

③ 전진 위치에 있는 1.3 공압 리밋 스위치가 작동된 후 복동 실린더는 정지한다.

④ 전진 위치에 있는 1.3 공압 리밋 스위치가 작동된 후 일정 시간 경과 후 후진한다.

해설 이 회로는 자동 귀환 회로인데 전진 신호가 계속 유효하면 후진 신호인 1.3이 동작되어도 실린더는 움직이지 않게 된다.

5. 신호 중복 방지 대책으로 부적당한 것은?

① 방향성 롤러 레버 밸브를 사용한다.

② 시간 지연 밸브를 사용한다.

③ 공압 제어 체인을 구성하여 사용한다.

④ 푸시 버튼을 적절하게 사용한다.

6. 다음과 같은 복동 실린더의 설명으로 잘못된 것은?

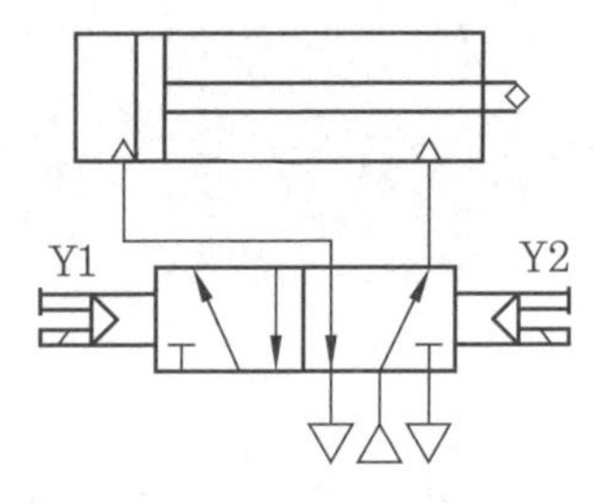

① 솔레노이드 Y1에 전기가 공급되면 실린더는 전진한다.

② 전후진 시 모두 작업이 진행될 수 있다.

③ 전진 시보다 후진 시 속도가 빠르다.

④ 전진 행정보다 후진 행정 시 추력이 더 크다.

해설 복동 실린더는 $P=\dfrac{F}{A}$에서 후진 행정일 때 추력이 더 작다.

7. 다음 회로에 대한 설명으로 옳지 않은 것은 어느 것인가?

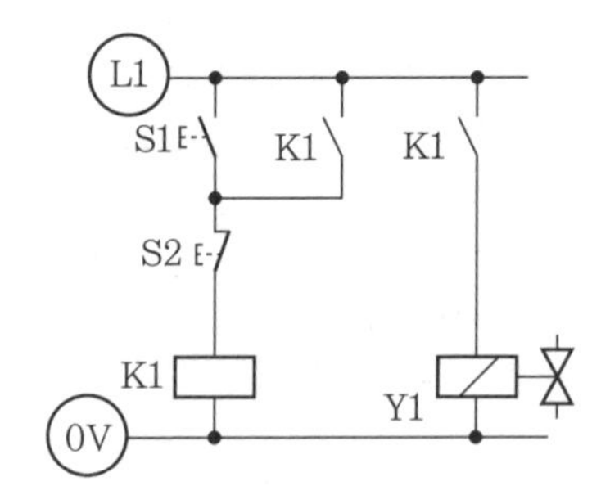

① 라인 2와 3의 접점 K1은 동일한 릴레이의 동일한 접점이다.

② 라인 3의 Y1은 솔레노이드 밸브이다.

③ 리셋(reset) 우선 자기 유지 회로 이다.

④ 스위치 S1은 자기 유지 회로를 구성하기 위한 셋(set) 스위치이다.

해설 라인 2와 3의 접점은 동일한 릴레이의 서로 다른 접점이다.

정답 5. ④ 6. ④ 7. ①

공유압기능사 ▶▶

제 2 편

기계제도(비절삭) 및 기계요소

제1장 제도 통칙

제2장 기계요소

제 1 장 제도 통칙

1-1 일반사항(도면, 척도, 문자)

(1) 도면의 크기

도면의 크기는 폭과 길이로 나타내는데, 그 비는 1 : $\sqrt{2}$가 되며 A0~A4를 사용한다. 큰 도면을 접을 때에는 A4의 크기로 접는 것을 원칙으로 한다.

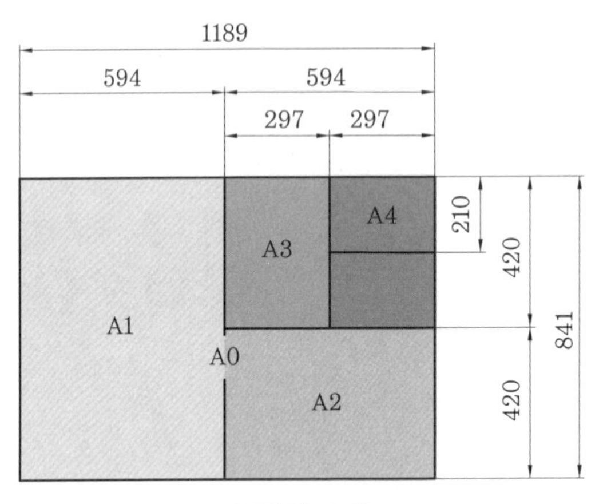

도면의 크기

(2) 도면의 양식

도면에는 반드시 도면의 윤곽, 표제란 및 중심 마크를 마련해야 한다.

① **중심 마크** : 윤곽선으로부터 도면의 가장자리에 이르는 굵기 0.5mm의 직선으로 표시한다. 이것은 도면을 마이크로 필름에 촬영, 복사할 때의 편의를 위하여 마련하는 것으로, 도면의 4변 각 중앙에 표시하며, 그 허용차는 ±0.5mm로 한다.

② **윤곽선, 표제란 및 부품란** : 제작도에서는 윤곽선을 긋고 그 안에 표제란과 부품란을 그려 넣는다.

㈎ 윤곽선 : 도면에 담아 넣는 내용을 기재하는 영역을 명확히 하고, 또 용지의 가장자리에서 생기는 손상으로 기재사항을 해치지 않도록 그리는 테두리선을 말한다. 일반적으로 도면의 크기에 따라 0.5mm 이상의 굵기인 실선으로 윤곽선을 긋는다.

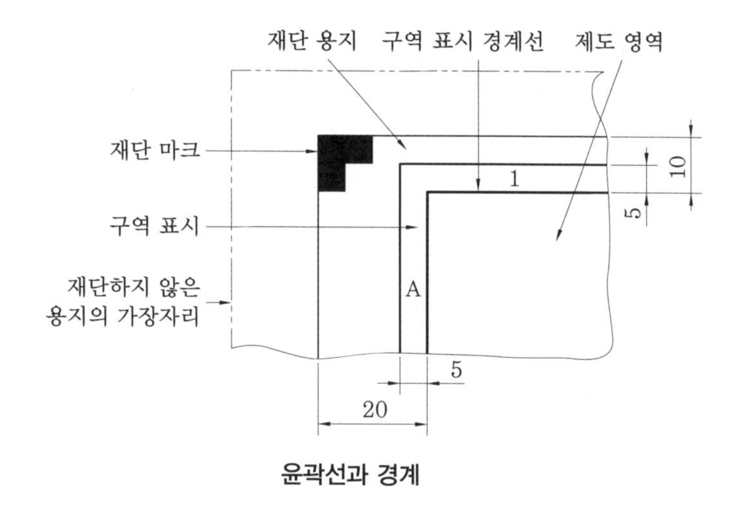

윤곽선과 경계

(나) 표제란 : 도면의 오른쪽 아래에 표제란을 두어 여기에 도면 번호, 도명, 척도, 투상법, 제도한 곳, 도면 작성 연월일, 제도자 이름 등을 기입하도록 한다.

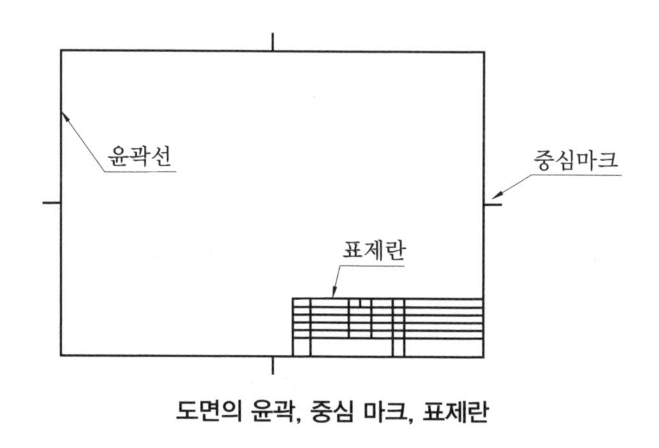

도면의 윤곽, 중심 마크, 표제란

(다) 부품란 : 부품란의 위치는 도면의 오른쪽 위의 부분, 또는 도면의 오른쪽 아래일 경우에는 표제란의 위에 위치하며, 품번, 품명, 재질, 수량, 무게, 공정, 비고란 등을 기입한다.

(3) 척도

척도는 도면에 그려진 길이와 대상물의 실제 길이와의 비율로 나타낸다. 도면에 그려진 길이와 대상물의 실제 길이가 같은 현척이 가장 보편적으로 사용되고 실물보다 축소하여 그린 축척, 실물보다 확대하여 그린 배척이 있다.

척도는 표제란에 기입하는 것이 원칙이나, 표제란이 없는 경우에는 도명이나 품번의 가까운 곳에 기입한다. 그림의 형태가 치수와 비례하지 않을 때에는 치수 밑에 밑줄을 긋거나 '비례가 아님' 또는 'NS(Non Scale)' 등의 문자를 기입하여야 한다.

1-2 선의 종류 및 용도 표시법

(1) 선의 종류

선은 모양과 굵기에 따라 다른 기능을 갖게 된다. 따라서 제도에서는 선의 모양과 굵기를 규정하여 사용하고 있다.

① 모양에 따른 선의 종류

㈎ 실선(continuous line) ──── : 연속적으로 그어진 선

㈏ 파선(dashed line) - - - - - - - : 일정한 길이로 반복되게 그어진 선(선의 길이 3~5mm, 선과 선의 간격 0.5~1mm 정도)

㈐ 1점 쇄선(chain line) -·-·-·- : 길고 짧은 길이로 반복되게 그어진 선(긴 선의 길이 10~30mm, 짧은 선의 길이 1~3mm, 선과 선의 간격 0.5~1mm)

㈑ 2점 쇄선(chain double-dashed line) ─··─··─ : 긴 길이, 짧은 길이 두 개로 반복되게 그어진 선(긴 선의 길이 10~30mm, 짧은 선의 길이 1~3mm, 선과 선의 간격 0.5~1mm)

② 굵기에 따른 선의 종류

㈎ 가는 선 ──── : 굵기가 0.18~0.5mm인 선

㈏ 굵은 선 ━━━━ : 굵기가 0.35~1mm인 선(가는 선의 2배 정도)

㈐ 아주 굵은 선 ▬▬▬▬ : 굵기가 0.7~2mm인 선(가는 선의 4배 정도)

(2) 선 긋는 법

① **수평선** : 왼쪽에서 오른쪽으로 단 한번에 긋는다.

② **수직선** : 아래에서 위로 긋는다.

③ **사선**

㈎ 오른쪽 위로 향한 것 : 아래에서 위로 긋는다.

㈏ 왼쪽 위로 향한 것 : 위에서 아래로 긋는다.

1-3 투상법

1 투상법의 종류

공간에 있는 입체물의 위치, 크기, 모양 등을 평면 위에 나타내는 것을 투상법이라 한다. 이때 평면을 투상면이라 하고 투상면에 투상된 물건의 모양을 투상도(projection)라고 한다.

(1) 정투상법

투상선이 투상면에 대하여 수직으로 되어 투상하는 것을 정투상법(orthographic projection)이라 한다. 물체를 정면에서 투상하여 그린 그림을 정면도(front view), 위에서 투상하여 그린 그림을 평면도(top view), 옆에서 투상하여 그린 그림을 측면도(side view)라 한다.

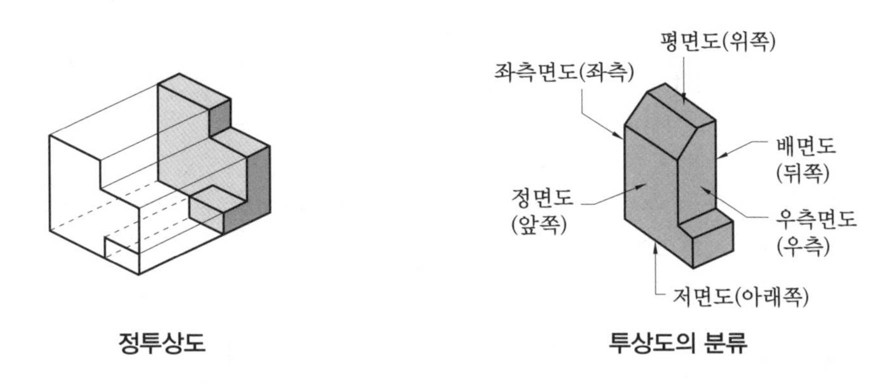

정투상도　　　투상도의 분류

(2) 축측 투상법

정투상도로 나타내면 평행 광선에 의해 투상이 되기 때문에 경우에 따라서는 선이 겹쳐서 이해하기가 곤란할 때가 있다. 이를 보완하기 위해 경사진 광선에 의해 투상하는 것을 축측 투상법이라 한다. 축측 투상법의 종류에는 등각 투상도, 부등각 투상도가 있다.

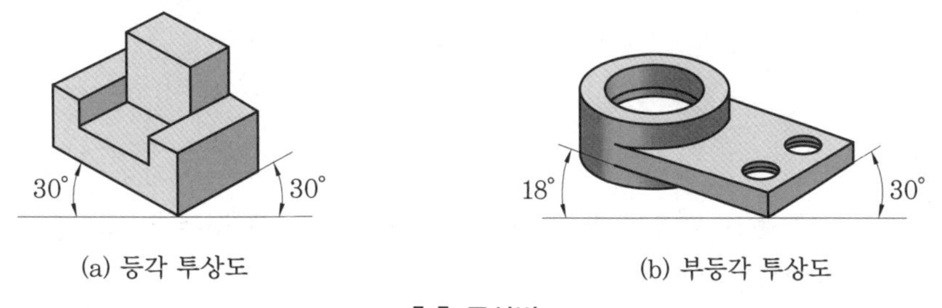

(a) 등각 투상도　　　(b) 부등각 투상도

축측 투상법

(3) 사투상법

정투상도에서 정면도의 크기와 모양은 그대로 사용하고, 평면도와 우측면도를 경사시켜 그리는 투상법을 사투상법이라 한다. 사투상법의 종류에는 캐비닛도와 카발리에도가 있다.

(4) 투시도법

시점과 물체의 각 점을 연결하는 방사선에 의하여 그리는 것으로 원근감이 있어 건축 조감도 등 건축 제도에 널리 쓰인다.

2 투상각

서로 직교하는 투상면의 공간을 그림과 같이 4등분한 것을 투상각이라 한다. 기계제도에서는 3각법에 의한 정투상법을 사용함을 원칙으로 한다. 다만, 필요한 경우에는 제1각법에 따를 수도 있다. 그때 투상법의 기호를 표제란 또는 그 근처에 나타낸다.

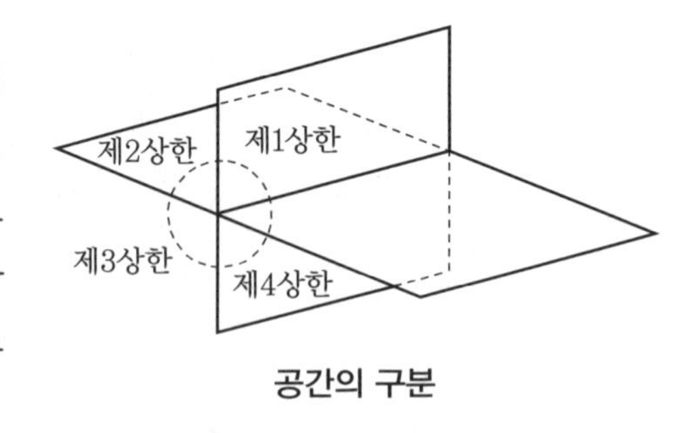

공간의 구분

(1) 제1각법

물체를 제1상한에 놓고 투상하며 투상면의 앞쪽에 물체를 놓는다. 즉, 순서는 그림과 같이 눈 → 물체 → 화면이다.

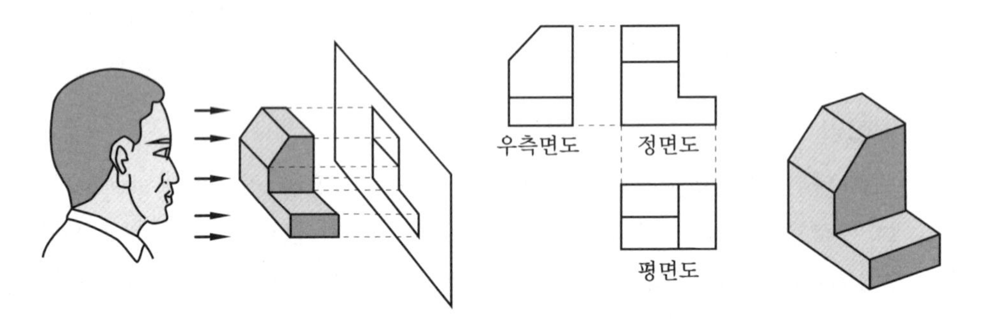

투상 순서 : 눈 → 물체 → 투상면

제1각법

(2) 제3각법

물체를 제3상한에 놓고 투상하며, 투상면의 뒤쪽에 물체를 놓는다. 즉, 순서는 그림과 같이 눈 → 화면 → 물체이다.

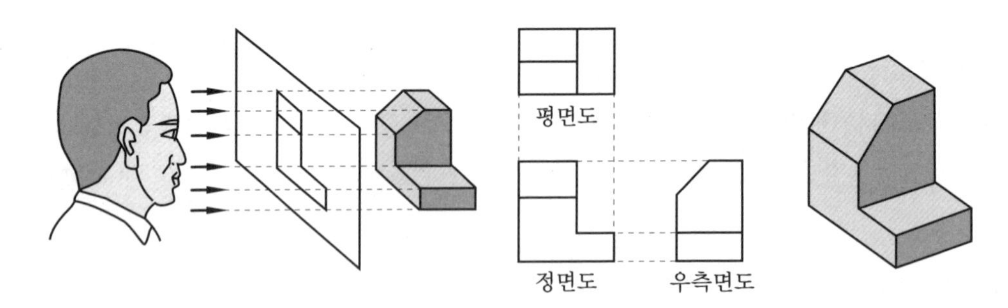

투상 순서 : 눈 → 투상면 → 물체

제3각법

(3) 제1각법과 제3각법의 도면의 기준 배치

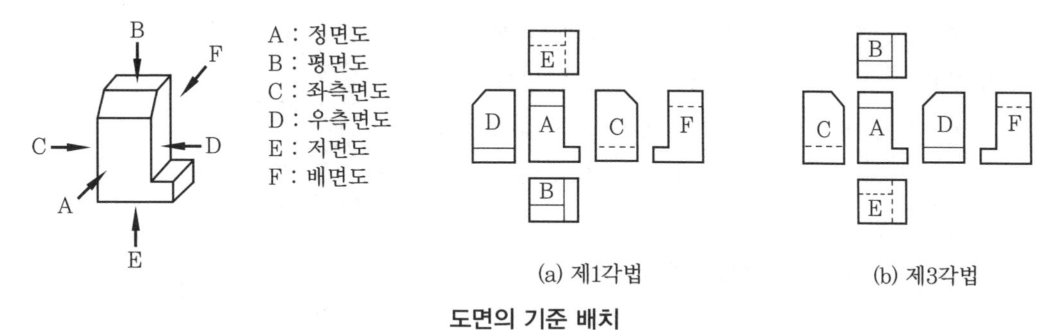

(a) 제1각법 (b) 제3각법

도면의 기준 배치

3 투상도 그리기

(1) 필요 투상도 선정 방법

① **1면도 :** 정면도 한 면으로 충분히 도시할 수 있을 때는 1면도로 나타낸다.

② **2면도 :** 원통형 또는 평면형인 간단한 물체는 정면도와 평면도, 정면도와 우측면도의 2도면으로 완전하게 도시할 수 있는 것을 2면도라 한다.

③ **3면도 :** 3개의 투상도로 완전하게 도시할 수 있는 것을 3면도라 한다.

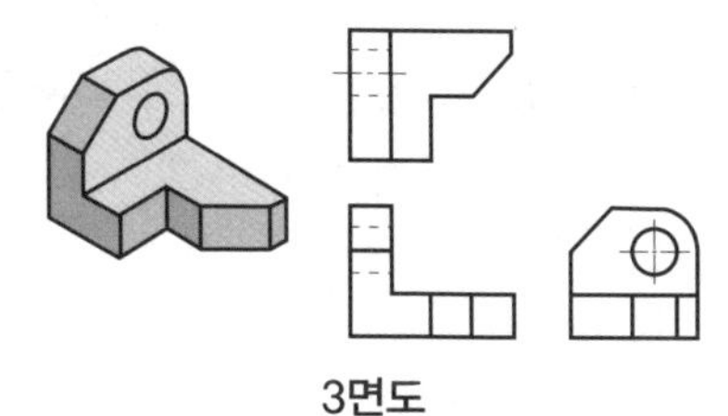

3면도

(2) 투상도의 선택 방법

① 주투상도에는 대상물의 모양, 기능을 가장 명확하게 표시하는 면을 그린다.

② 주투상도를 보충하는 다른 투상도는 되도록 작게 하고 주투상도만으로 표시할 수 있는 것에 대하여는 다른 투상도를 그리지 않는다.

③ 서로 관련되는 그림의 배치는 되도록 숨은선을 쓰지 않도록 한다. 다만, 비교 · 대조하기 불편할 경우에는 예외로 한다.

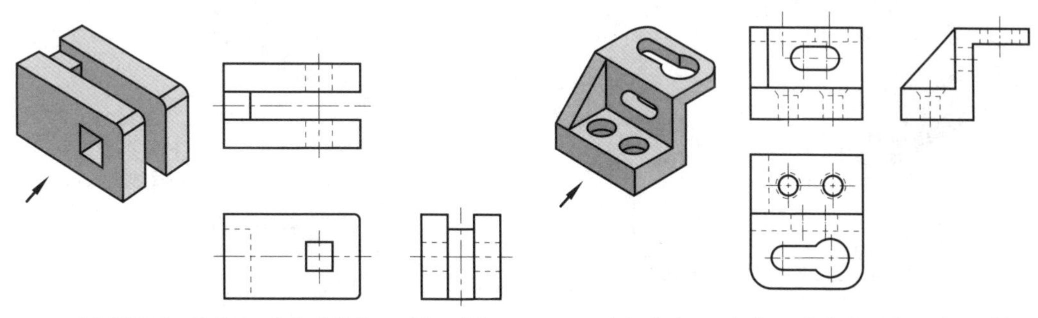

(a) 정면도, 평면도, 우측면도를 그리는 경우 (b) 정면도, 저면도, 우측면도를 그리는 경우

주투상도

(3) 기타 보조적인 투상도

① **보조 투상도 :** 경사면부가 있는 물체는 정투상도로 그리면 그 물체의 실형을 나타낼 수가 없으므로 그 경사면과 맞서는 위치에 보조 투상도를 그려 경사면의 실형을 나타낸다. 도면의 관계 등으로 보조 투상도를 경사면에 맞서는 위치에 배치할 수 없는 경우에는 그 뜻을 화살표와 영자의 대문자로 나타낸다.

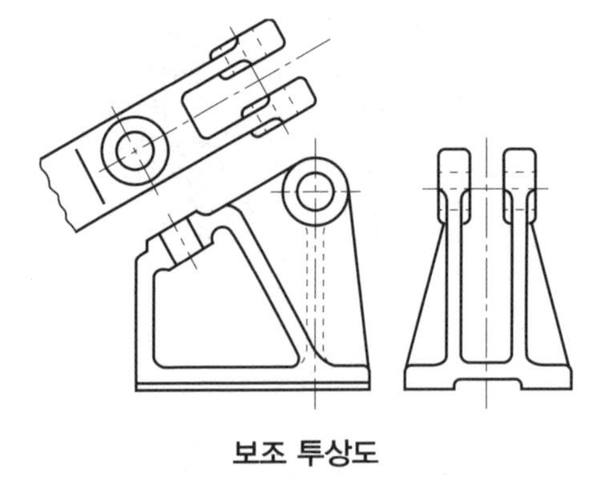

보조 투상도

② **회전 투상도 :** 투상면이 어느 각도를 가지고 있기 때문에 그 실형을 표시하지 못할 때에는 그 부분을 회전해서 그 실형을 도시할 수 있다.

③ **부분 투상도 :** 그림의 일부를 도시하는 것으로, 충분한 경우에는 그 필요 부분만을 투상도로써 표시한다.

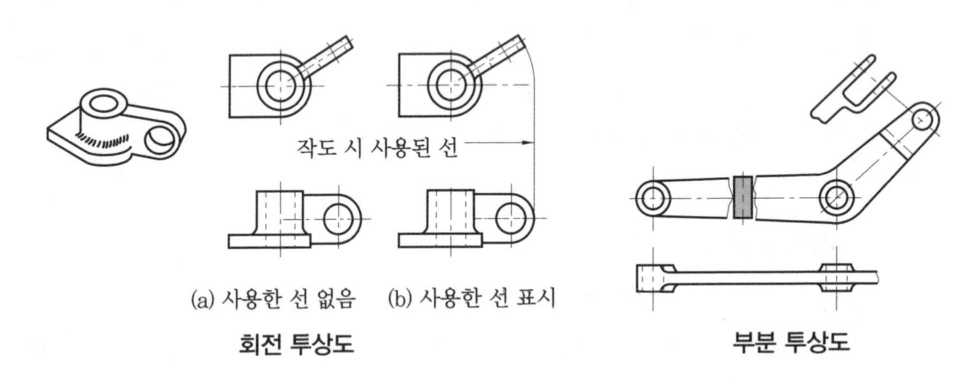

(a) 사용한 선 없음 (b) 사용한 선 표시

회전 투상도 **부분 투상도**

④ **국부 투상도 :** 대상물의 구멍, 홈 등 한 국부만의 모양을 도시하는 것

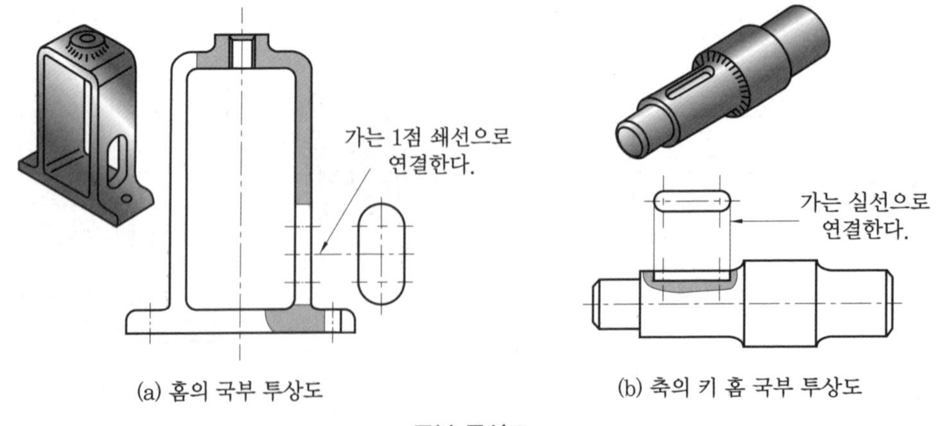

(a) 홈의 국부 투상도 (b) 축의 키 홈 국부 투상도

국부 투상도

⑤ **부분 확대도 :** 특정 부분의 도형이 작아서 그 부분의 상세한 도시나 치수 기입을 할 수 없을 때에는 그 부분을 가는 실선으로 에워싸고, 영자의 대문자로 표시함과 동시에 그 해당 부분을 다른 장소에 확대하여 그리고, 표시하는 글자 및 척도를 기입한다.

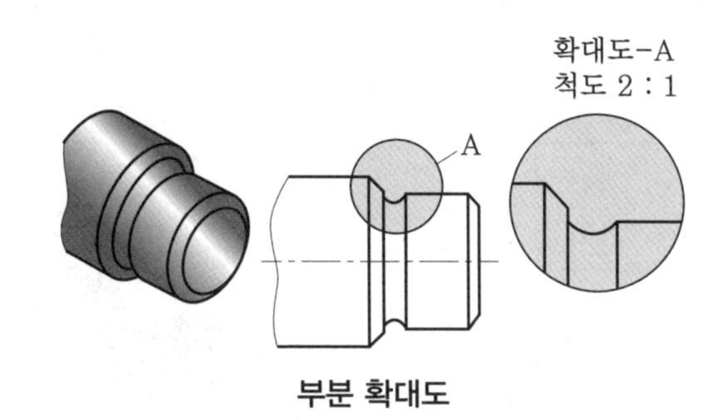

부분 확대도

⑥ **전개 투상도 :** 구부러진 판재를 만들 때는 공작상 불편하므로 실물을 정면도에 그리고 평면도에 전개도를 그린다.

⑦ **가상선에 의한 도형의 도시 :** 상상을 암시하기 위하여 그리는 것으로, 도시된 물품의 인접부, 어느 부품과 연결된 부품, 또는 물품의 운동범위, 가공변화 등을 도면상에 표시할 필요가 있을 경우에 가상선을 사용하여 표시한다.

1-4 도형의 표시법

1 단면도법

(1) 단면도의 표시 방법

물체 내부와 같이 볼 수 없는 것을 절단하여 도시하는 것을 단면도(sectional view)라고 하며 다음 법칙에 따른다.

① 단면도와 다른 도면과의 관계는 정투상법에 따른다.

② 절단면은 기본 중심선을 지나고 투상면에 평행한 면을 선택하되, 같은 직선상에 있지 않아도 된다.

③ 투상도는 전부 또는 일부를 단면으로 도시할 수 있다.

④ 단면에는 절단하지 않은 면과 구별하기 위하여 해칭(hatching)이나 스머징(smudging)을 한다. 또한 단면도에 재료 등을 표시하기 위해 특수한 해칭 또는 스머징을 할 수 있다.

⑤ 단면 뒤에 있는 숨은선은 물체가 이해되는 범위 내에서 되도록 생략한다.

⑥ 절단면의 위치는 다른 관계도에 절단선으로 나타낸다. 다만, 절단 위치가 명백할

경우에는 생략해도 좋다.

(2) 단면도의 종류

① **온단면도(full sectional view)** : 물체를 기본 중심선에서 전부 절단해서 도시한 것

② **한쪽 단면도(half sectional view)** : 기본 중심선에 대칭인 물체의 1/4만 잘라내어 절반은 단면도로, 다른 절반은 외형도로 나타내는 단면법

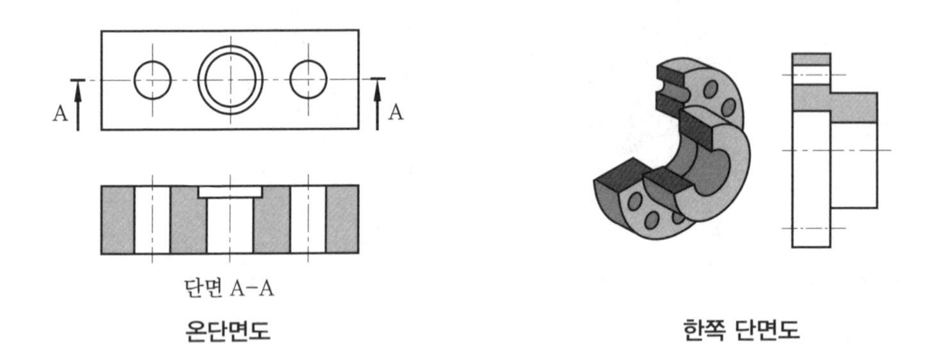

온단면도　　　　한쪽 단면도

③ **부분 단면도(local sectional view)** : 외형도에 있어서 필요로 하는 요소의 일부분만을 부분 단면도로 표시할 수 있다.

④ **회전 도시 단면도(revolved section)** : 핸들이나 바퀴 등의 암 및 림, 리브, 훅, 축, 구조물의 부재 등의 절단면은 90° 회전하여 표시한다.

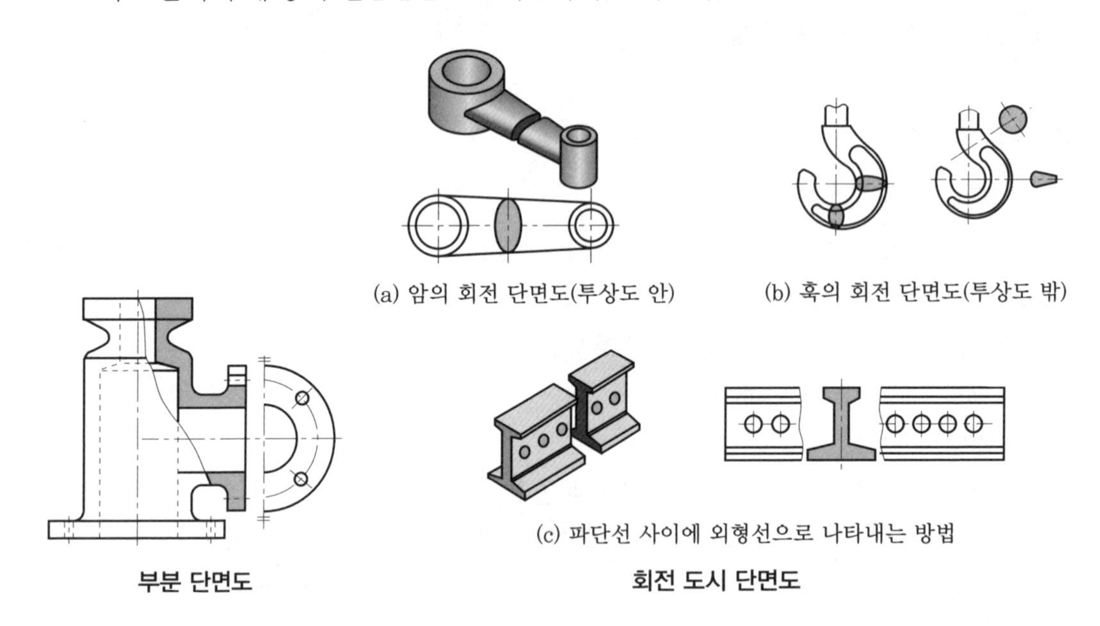

(a) 암의 회전 단면도(투상도 안)　(b) 훅의 회전 단면도(투상도 밖)

(c) 파단선 사이에 외형선으로 나타내는 방법

부분 단면도　　　　회전 도시 단면도

⑤ **조합에 의한 단면도**

㈎ 계단 단면(offset section) : 2개 이상의 평면을 계단 모양으로 절단한 단면이다.

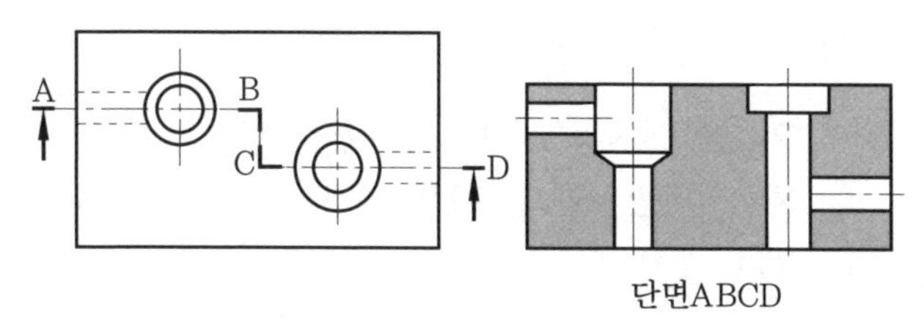

계단 단면

(나) 구부러진 관의 단면 : 구부러진 관 등의 단면을 표시하는 경우에는 구부러진 중심선에 따라 절단하고 그대로 투상할 수 있다.

⑥ **다수의 단면도 :** 복잡한 모양의 대상물을 표시하는 경우, 필요에 따라 다수의 단면도를 그려도 좋다.

⑦ **얇은 두께 부분의 단면도 :** 개스킷, 박판, 형강 등과 같이 절단면이 얇은 경우에는 절단면을 검게 칠하거나, 실제 치수와 관계없이 1개의 굵은 실선으로 표시한다.

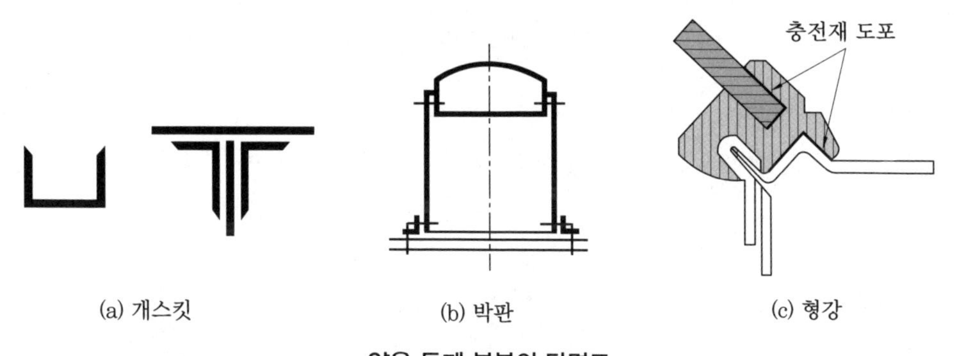

(a) 개스킷 (b) 박판 (c) 형강

얇은 두께 부분의 단면도

2 기타 도시법

(1) 해칭과 스머징

해칭(hatching)이란 단면 부분에 가는 실선으로 빗금선을 긋는 방법이며, 스머징(smudging)이란 단면 주위를 색연필로 엷게 칠하는 방법이다.

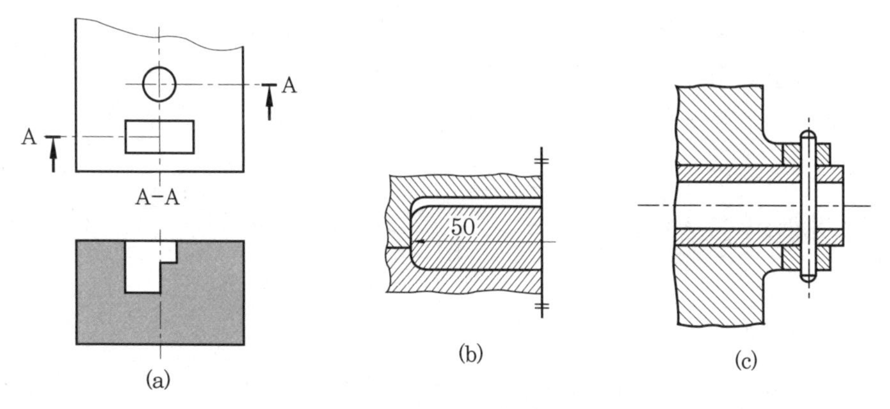

(a) (b) (c)

해칭과 스머징 방법

(2) 절단하지 않은 부품

절단함으로써 이해에 지장이 있는 것(리브, 바퀴의 암, 기어의 이), 또는 절단하여도 의미가 없는 것(축, 핀, 볼트, 너트, 와셔, 작은 나사, 키, 강구, 원통 롤러)은 긴 쪽 방향으로 절단하여 도시하지 않는다.

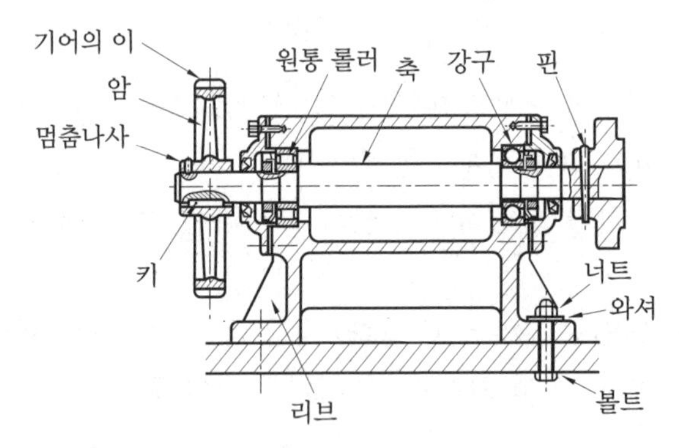

길이 방향으로 단면하지 않는 제품

(3) 특수 모양의 도시법

① 일부분에 특정한 모양을 가진 것은 그 부분이 그림의 위쪽에 나타나도록 그리는 것이 좋다.

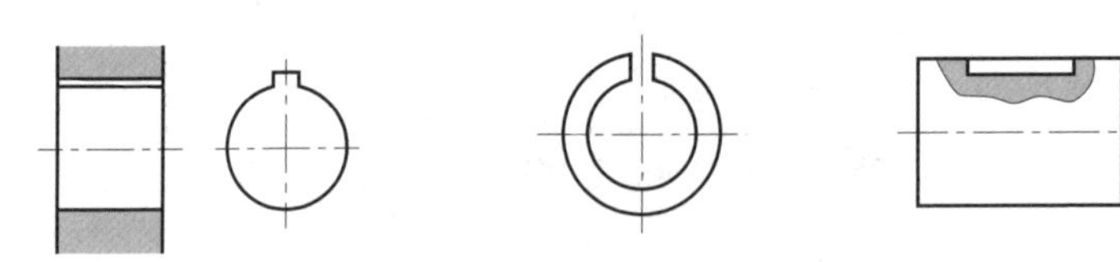

특정 모양 부분의 도시

② **평면의 표시** : 도형 내의 특정한 부분이 평면이란 것을 표시할 필요가 있을 경우에는 가는 실선으로 대각선을 기입한다.

③ **무늬 등의 표시** : 널링 가공 부분, 철망, 줄무늬 있는 강판 등은 그 일부분에만 무늬나 모양을 넣어서 도시한다.

④ **특수한 가공 부분의 표시** : 대상물의 면의 일부에 특수한 가공을 하는 경우에는 그 범위를 외형선에 평행하게 약간 떼어서 굵은 1점 쇄선으로 나타낼 수 있다.

1-5 치수의 표시 방법

(1) 치수 기입의 원칙

① 대상물의 기능 · 제작 · 조립 등을 고려하여 필요하다고 생각되는 치수를 명료하게

도면에 지시한다.

② 치수는 대상물의 크기, 자세 및 위치를 가장 명확하게 표시하는 데 필요하고 충분한 것을 기입한다.

③ 도면에 나타내는 치수는 특별히 명시하지 않는 한, 그 도면에 도시한 대상물의 다듬질 치수를 표시한다.

④ 치수에 기능상 필요한 경우 치수의 허용 한계를 기입한다. 다만, 이론적으로 정확한 치수는 제외한다.

⑤ 치수는 되도록 주투상도에 기입한다.

⑥ 치수는 중복 기입을 피한다.

⑦ 치수는 되도록 계산해서 구할 필요가 없도록 기입한다.

⑧ 치수는 필요에 따라 기준으로 하는 점, 선 또는 면을 기준으로 하여 기입한다.

⑨ 관련되는 치수는 되도록 한곳에 모아서 기입한다.

⑩ 치수는 되도록 공정마다 배열을 분리하여 기입한다.

⑪ 치수 중 참고 치수에 대하여는 치수 수치에 괄호를 붙인다.

(2) 치수 기입 방법

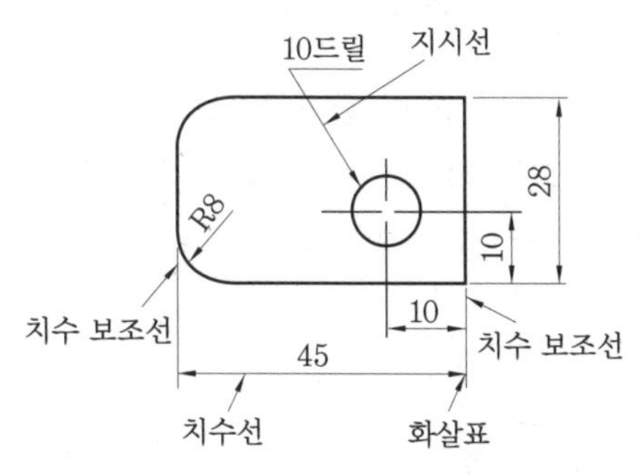

치수 기입에 관한 용어

① **치수선 :** 0.25 mm 이하의 가는 실선으로 그어 외형선과 구별하고 끝부분 기호를 붙인다.

㈎ 외형선으로부터 치수선은 약 10~15 mm 띄어서 긋고, 계속될 때는 같은 간격으로 긋는다.

㈏ 원호를 나타내는 치수선은 호쪽에만 화살표를 붙인다.

㈐ 원호의 지름을 나타내는 치수선은 수평선에 대해 45°의 직선으로 한다.

② **화살표 :** 치수나 각도를 기입하는 치수선의 끝에 화살표를 붙여 그 한계를 표시한다. 화살표를 그릴 때는 길이와 폭의 비율이 조화를 이루게 한다(90°를 포함한다). 한 도면에서는 될 수 있는 대로 화살표의 크기를 같게 한다.

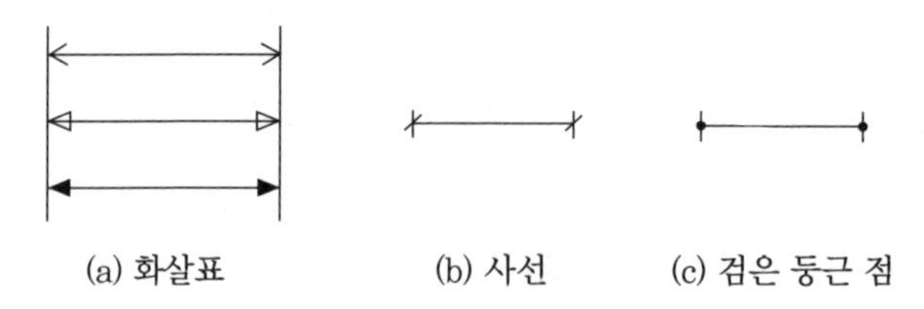

치수선의 양단을 표시하는 방법

③ **치수 보조선 :** 0.2 mm 이하의 가는 실선으로 치수선에 직각되게 긋고, 치수선의 위치보다 약간 길게 긋는다. 치수 보조선이 다른 선과 교차되어 복잡하게 될 경우, 또는 치수를 도형 안에 기입하는 것이 더 뚜렷할 경우에는 외형선을 치수 보조선으로 사용할 수 있다.

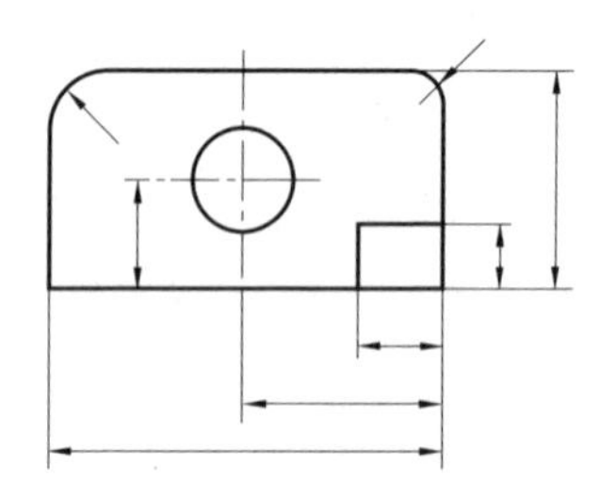

치수 보조선 긋는 방법

④ **지시선 :** 구멍의 치수, 가공법 또는 품번 등을 기입하는 데 사용한다. 지시선은 수평선에 60°가 되도록 그으며, 지시되는 쪽에 화살표를 하고, 반대쪽은 수평으로 꺾어 그 위에 지시사항이나 치수를 기입한다.

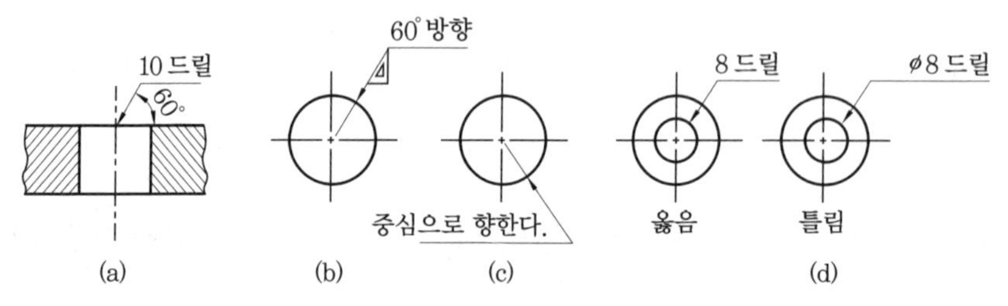

지시선 긋는 방법

⑤ **치수 숫자 :** 치수 숫자는 다음과 같은 원칙에 따라 기입한다.

(가) 치수 숫자의 크기는 도면의 크기와 조화되도록 작은 도면에는 2.24 mm, 보통 도면에는 3.5 mm, 큰 도면에는 4.5 mm의 크기로 쓴다.

(나) 치수 숫자의 방향은 수평 방향의 치수선에서는 위쪽으로 향하게 하고, 수직 방향의 치수선은 왼쪽으로 향하게 한다.

(다) 경사 방향의 치수 기입도 (나)항에 준하나, 수직선에서 시계의 반대방향으로 30°

범위 내에는 가능한 한 치수 기입을 피한다.

㈑ 도형이 치수 비례대로 그려져 있지 않을 때는 치수 밑에 밑줄을 친다.

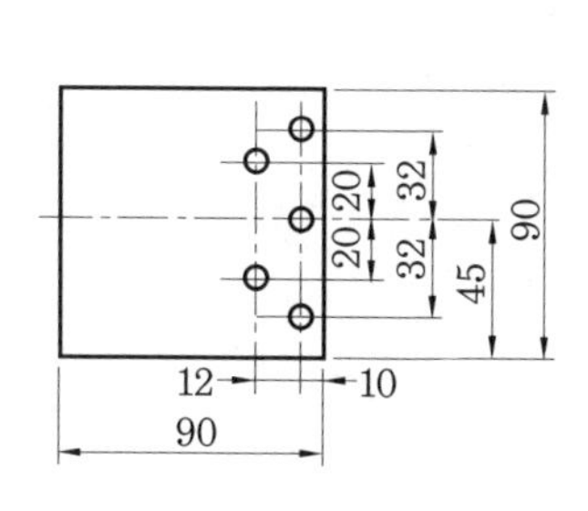

치수 숫자의 방향

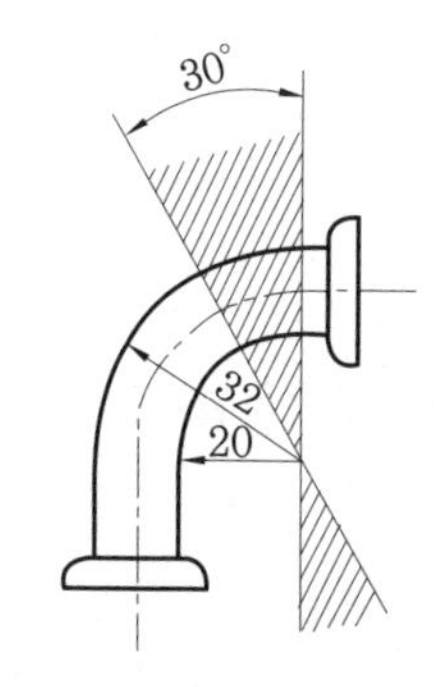

치수선 기입을 금하는 구역

⑥ **치수에 사용되는 기호** : 치수 숫자와 같이 쓰는 기호는 다음과 같다.

치수에 사용되는 기호

기호	설명	기호	설명
ø	지름	Sø	구면의 지름
R	반지름	SR	구면의 반지름
C	45° 모따기	□	정사각형
P	피치	t	두께

가공 방법의 간략 지시

가공 방법	간략 지시
주조한 대로	코어
프레스 펀칭	펀칭
드릴로 구멍 뚫기	드릴
리머 다듬질	리머

㈎ 치수 숫자와 같은 크기로 치수 숫자 앞에 기입한다.

㈏ 형태를 알 수 있는 것은 기호를 생략할 수 있다.

㈐ 평면을 나타낼 때는 가는 실선으로 대각선을 그어 표시한다.

㈑ 실형을 나타내지 않는 투상도에서 실제의 반지름 또는 전개한 상태의 반지름을 지시할 때는 치수 숫자 앞에 '실 R', '전개 R'의 글자 기호를 기입한다.

1-6 기계요소 표시법

1 나사

(1) 나사의 표시 방법

나사산의 감김 방향 | 나사산의 줄 수 | 나사의 호칭 | 나사의 등급

(2) 나사의 호칭

① 미터계 나사(피치를 mm로 표시하는 경우)

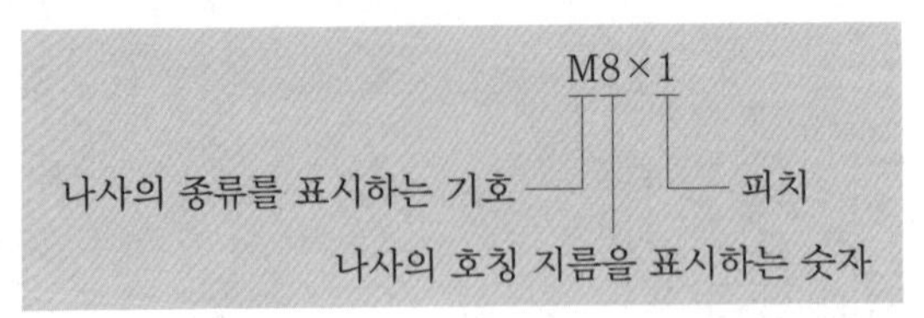

② 인치계 나사(유니파이 나사의 경우)

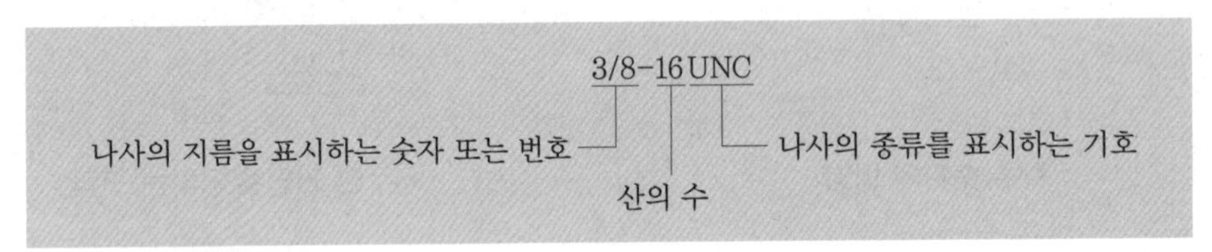

(3) 작은 지름의 나사의 표기

지름(도면상의)이 6mm 이하이거나 규칙적으로 배열된 같은 모양 및 치수의 구멍 또는 나사의 도시 및 치수 지시는 간략히 하여도 좋다.

2 키, 핀, 코터

(1) 키

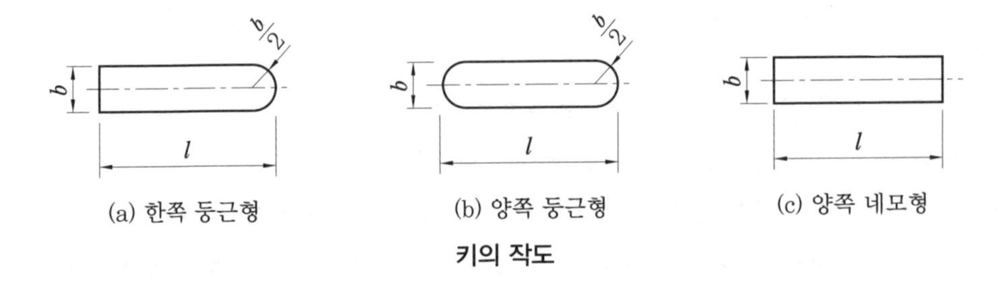

키의 작도

(2) 핀

① 핀의 종류

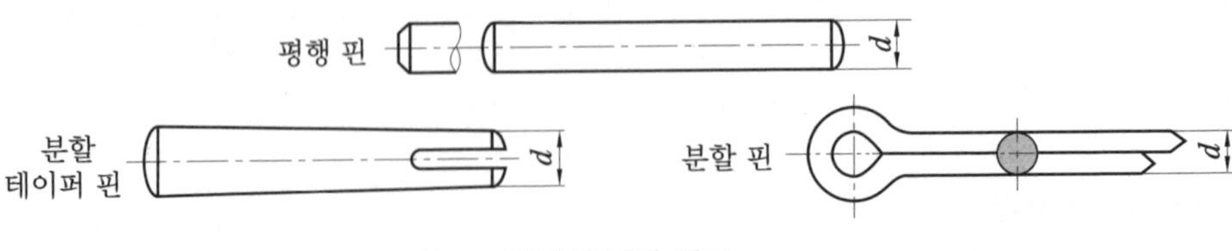

핀의 종류와 작도

② 핀의 호칭법

명칭	호칭법	보기
평행 핀	규격 번호 또는 명칭, 종류, 형식, 호칭 지름, 공차×호칭 길이, 재료	KS B 2338 6m6×30-St
분할 테이퍼 핀	규격 번호 또는 명칭, 호칭 지름×호칭 길이, 재료, 지정사항	분할 테이퍼 핀 6×70-St 갈라짐 깊이 10
분할 핀	규격 번호 또는 명칭, 호칭 지름×길이, 재료	분할 핀 5×50-St

3 축계 요소 제도

(1) 축의 제도

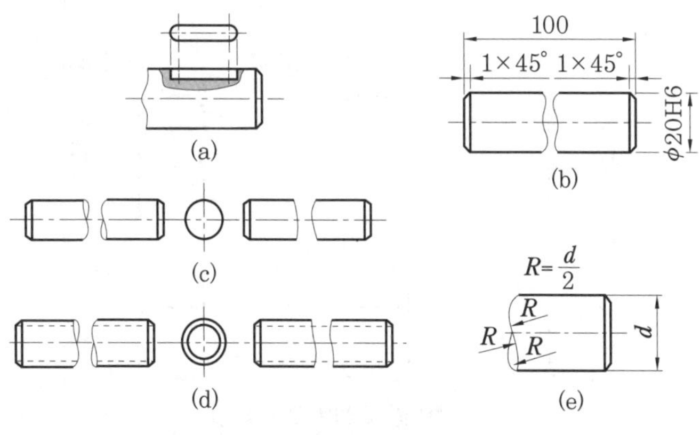

축의 도시 방법

(2) 베어링의 제도

① 베어링 호칭법

구름 베어링의 호칭배열

기본기호				보조기호					
베어링 형식기호	베어링 계열기호	안지름 번호	접촉각 기호	리테이너 기호	밀봉기호 또는 실드 번호	레이스 형상기호	복합표시 기호	틈새 기호	등급 기호

(가) 형식기호

형식번호	베어링 명칭	형식번호	베어링 명칭
1, 2	자동조심 볼, 롤러 베어링	7	단열 앵귤러 콘택트 볼 베어링
3	테이퍼 롤러 베어링	8	스러스트 롤러 베어링
5	스러스트 볼 베어링	N	원통 롤러형
6	단열 홈형 볼베어링		

㈏ 계열기호(치수기호)

계열기호	하중	계열기호	하중
0, 1	특별 경하중	3	중간 하중
2	경하중	4	중 하중

㈐ 안지름 번호

- 안지름 1~9 mm, 500 mm 이상 : 번호가 안지름
- 안지름 10 mm : 00, 12 mm : 01, 15 mm : 02, 17 mm : 03, 20 mm : 04
- 안지름이 20~495 mm : 5 mm 간격으로 안지름을 5로 나눈 숫자로 표시

㈑ 네 번째 기호 : 접촉각 기호

② 베어링 도시법

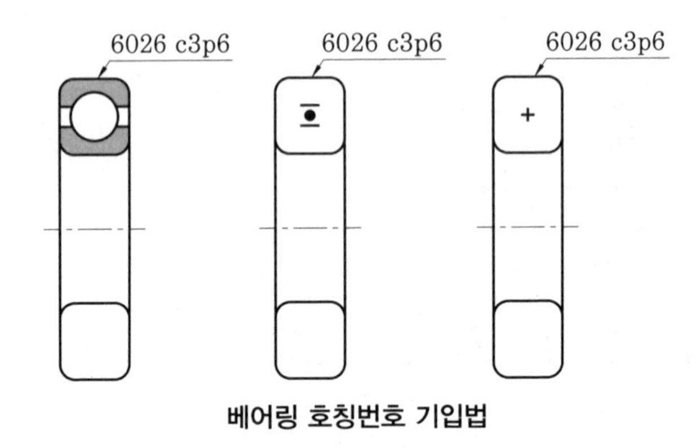

베어링 호칭번호 기입법

4 전동용 요소 제도

(1) 기어의 제도

① 기어의 각부 명칭

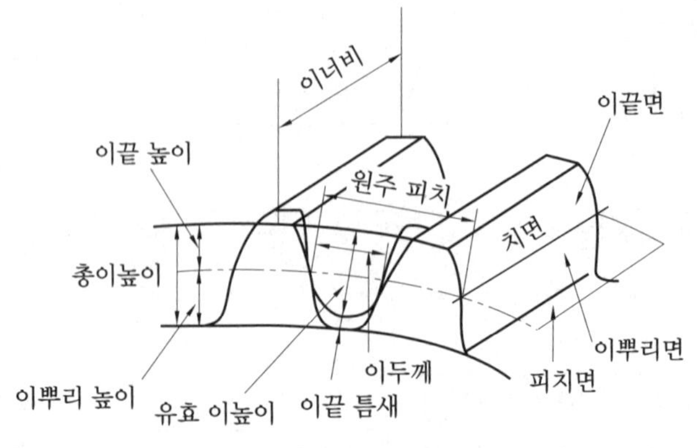

스퍼 기어의 각부 명칭

② 기어의 도시 방법

(가) 이끝원은 굵은 실선으로 표시한다.

(나) 피치원은 가는 1점 쇄선으로 표시한다.

(다) 이뿌리원은 가는 실선으로 표시한다. 다만, 주투상도를 단면으로 도시할 때에는 굵은 실선으로 도시하며, 생략할 수도 있다.

(라) 기어와 피니언이 맞물릴 때 맞물림부의 이끝원은 모두 굵은 실선으로 표시한다.

(마) 주투영도를 단면으로 도시할 때는 맞물림부의 한쪽 이끝원을 도시하는 선은 가는 파선 또는 굵은 파선으로 그린다.

(바) 맞물리는 1쌍의 기어의 간략도는 기어의 윤곽을 나타내는 선은 굵은 실선으로 그리고, 중심선, 피치선, 이줄 방향을 간략하게 도시하여 어떤 기어가 서로 맞물려 있는지를 이해할 수 있도록 그린다.

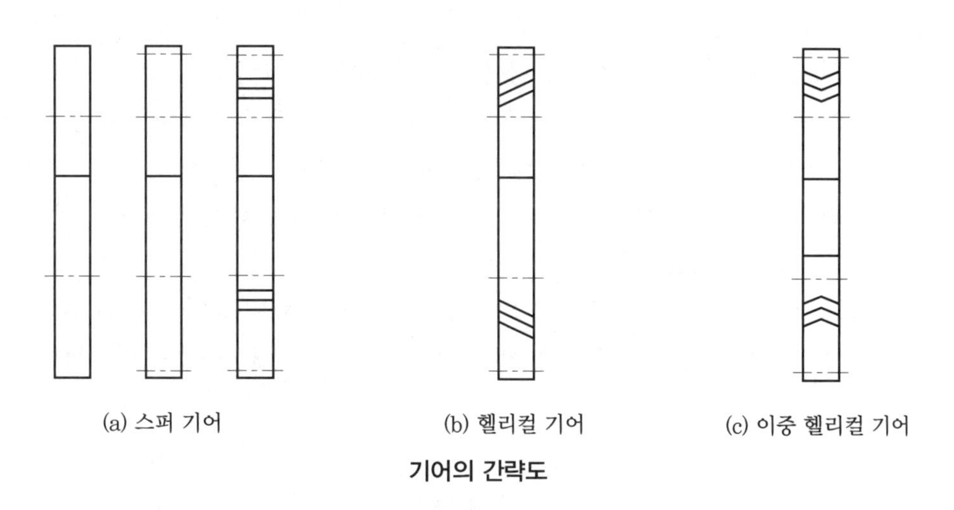

(a) 스퍼 기어 (b) 헬리컬 기어 (c) 이중 헬리컬 기어

기어의 간략도

(2) 벨트 전동장치의 제도

① 벨트 풀리는 축 직각 방향의 투상을 정면도로 한다.

② 모양이 대칭형인 벨트 풀리는 그 일부분만을 도시한다.

③ 방사형으로 되어 있는 암(arm)은 수직 중심선 또는 수평 중심선까지 회전하여 투상한다.

④ 암은 길이 방향으로 절단하여 도시하지 않는다.

⑤ 암의 단면형은 도형의 안이나 밖에 회전 단면을 도시한다. 도형의 안에 표현할 때는 가는 실선으로, 도형의 밖에 표현할 때는 굵은 실선으로 그린다. 단면의 모양은 대부분 타원이며, 타원을 그릴 때는 근사 화법으로 원호를 그린다.

⑥ 암의 테이퍼 부분 치수를 기입할 때 치수 보조선은 30° 또는 60°의 경사선을 긋는다.

⑦ 벨트 풀리의 홈 부분 치수는 해당되는 형별, 호칭 지름에 따라 결정된다.

(3) 체인 전동장치의 제도

① 바깥지름은 굵은 실선, 피치원은 가는 1점 쇄선, 이뿌리원은 가는 실선 또는 굵은 파선으로 표시한다. 이뿌리원은 기입을 생략해도 좋다.

② 축에 직각인 방향에서 본 그림을 단면으로 도시할 때는 톱니를 단면으로 하지 않고, 이뿌리선은 굵은 실선으로 그린다.

③ 그림에는 주로 스프로킷 소재를 제작하는 데 필요한 치수를 기입한다.

④ 요목표에는 원칙적으로 이의 특성을 나타내는 사항과 이의 절삭에 필요한 치수를 기입한다.

5 스프링 제도

① 스프링의 종류 및 모양만을 간략하게 그릴 때에는 스프링 소선의 중심선을 굵은 실선으로 그리며, 정면도만 그리면 된다.

② 조립도나 설명도 등에는 단면만을 나타낼 수도 있다.

③ 코일 스프링의 코일 부분은 나선의 투상이 되고, 또 시트에 근접한 부분은 피치 및 각도가 연속적으로 변하므로 간단한 직선으로 표시한다.

④ 스프링 소재 가공에 필요한 사항 중 부품도에 기입하기 곤란한 사항을 일괄하여 표시하여 요목표에 기입한다.

⑤ 코일 스프링은 같은 모양이 중복되므로 양끝을 제외한 동일 모양 부분의 일부를 (a)와 같이 생략하여 그릴 수 있다. 생략된 부분은 가는 1점 쇄선 또는 가는 2점 쇄선으로 표시한다.

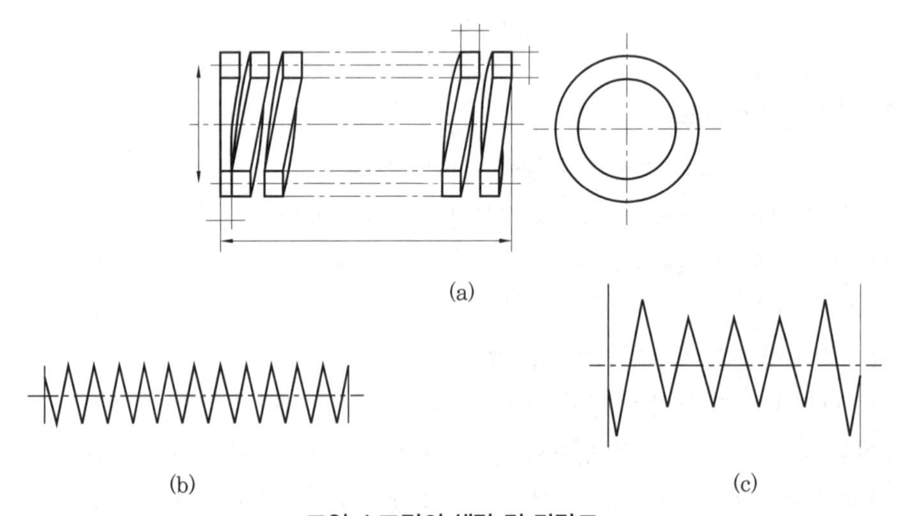

코일 스프링의 생략 및 간략도

1-7 배관 도시 기호

1 배관 제도

(1) 배관의 단선 표시

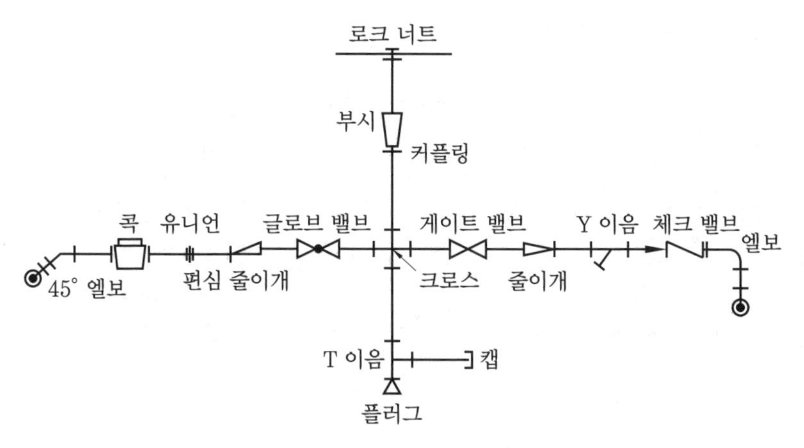

코일 스프링의 생략 및 간략도

(2) 관의 접속 표시

접속 상태	실제 모양	도시 기호	굽은 상태	실제 모양	도시 기호
접속하지 않을 때			관 A가 화면에 직각으로 바로 올라가 있는 경우		
접속하고 있을 때			관 B가 화면에 직각으로 뒤쪽으로 내려가 있는 경우		
분기하고 있을 때			관 C가 화면에 직각으로 바로 앞쪽으로 올라가 있고 관 D와 접속할 때		

(3) 배관의 결합 표시

연결 상태	(일반) 이음	용접식 이음	플랜지식 이음	턱걸이식 이음	유니언식 이음
도시 기호					

(4) 관의 상태 표시

유체의 표시 항목은 원칙적으로 다음의 순서에 따라 나타낸다.

① 관의 호칭 지름

② 유체의 종류, 상태, 배관계의 식별

③ 배관계의 시방(관의 종류, 두께, 배관계의 압력 구분 등)

④ 관의 외면에 실시하는 설비 재료

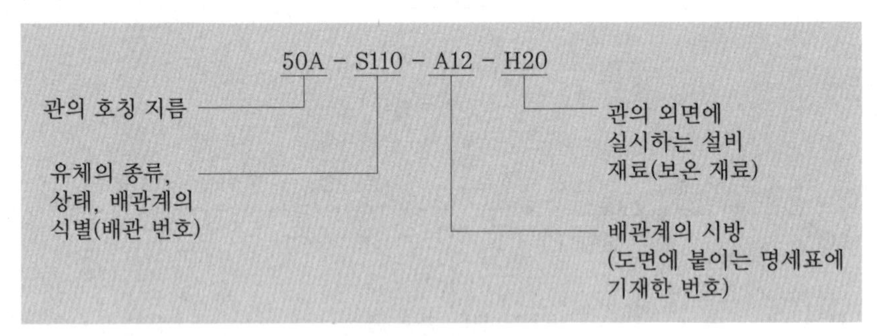

관의 호칭법

유체 종류에 따른 기호

유체의 종류	문자 기호	표시
공기	A(air)	S 과열 / 보일러 급수 / A / O (a)
가스	G(gas)	
유류	O(oil)	
수증기	S(steam)	W / W / G / G (b)
물	W(water)	

(5) 관 이음쇠의 기호

부품 명칭	그림 기호		부품 명칭	그림 기호	
	플랜지 이음	나사 이음		플랜지 이음	나사 이음
엘보			와이		
45° 엘보			이음		

오는 엘보			신축 이음		
가는 엘보			줄이개		
티			유니언		
가는 티			캡		
오는 티			부시		
크로스			플러그		

(6) 밸브 및 콕의 표시 기호

종류	기호	종류	기호	종류	기호
글로브 밸브		슬루스 밸브		앵글 밸브	
체크 밸브 (게이트 밸브)		안전 밸브 (스프링식)		안전 밸브 (추식)	
콕 일반		밸브 일반		전자 밸브	

(7) 밸브 및 콕의 이음 기호

부품 명칭	그림 기호		부품 명칭	그림 기호	
	플랜지 이음	나사 이음		플랜지 이음	나사 이음
글로브 호스 밸브			글로브 밸브		
앵글 밸브			콕		
체크 밸브			전동 슬루스 밸브		
게이트 밸브			슬루스 밸브		
안전 밸브			플로트 밸브		
다이어프램 밸브			자동 밸브		

2 용접 제도

(1) 용접부의 기호 표시 방법

① 화살표 및 기준선에 모든 관련 기호를 붙인다.

② 용접부에 관한 화살표의 위치는 일반적으로 특별한 의미가 없으며, 기준선에 대하여 일정한 각도를 유지하여 기준선의 한쪽 끝에 연결한다.

③ 기준선은 도면의 이음부를 표시하는 선에 평행으로 그리되, 불가능한 경우에는 수직으로 기입한다.

④ 용접부(용접면)가 화살표 쪽에 있을 때는 용접 기호를 기준선(실선)에 기입하고, 용접부가 화살표 반대쪽에 있을 때는 용접 기호를 동일선(파선)에 기입한다.

⑤ 부재의 양쪽을 용접하는 경우 용접 기호를 기준선 상하(좌우) 대칭으로 조합시켜 사용할 수 있다.

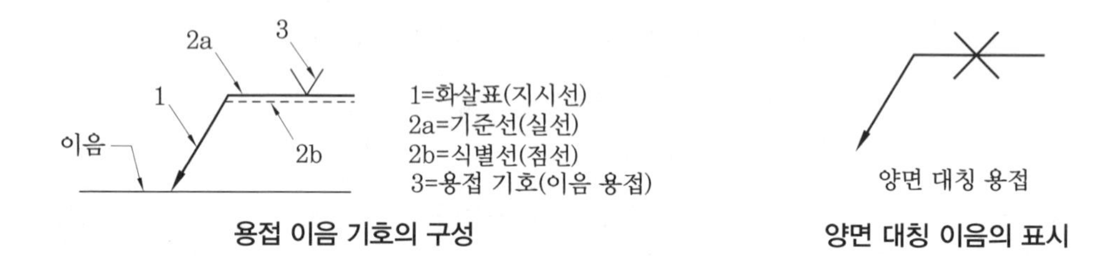

용접 이음 기호의 구성　　　　양면 대칭 이음의 표시

⑥ 부재의 온 둘레를 용접하는 경우에는 원으로 표시한다.

⑦ 현장 용접의 경우 깃발 기호로 표시한다.

⑧ 용접 방법의 표시가 필요할 경우 기준선 끝의 2개의 꼬리 사이에 숫자로 표시할 수 있다.

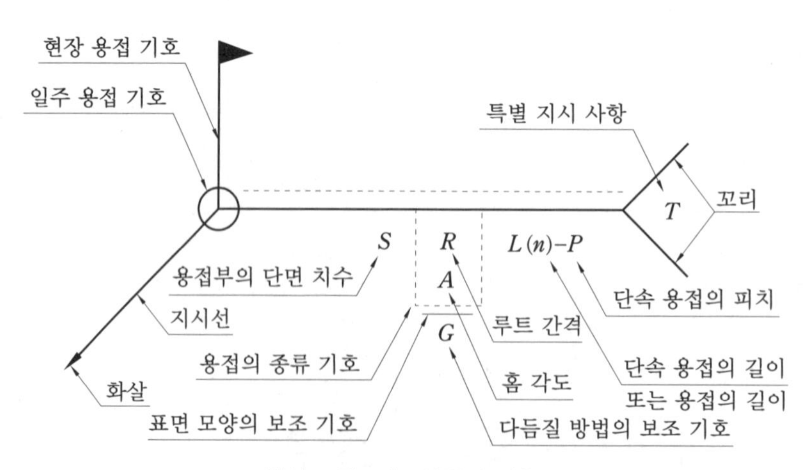

화살표 쪽 또는 안쪽의 경우

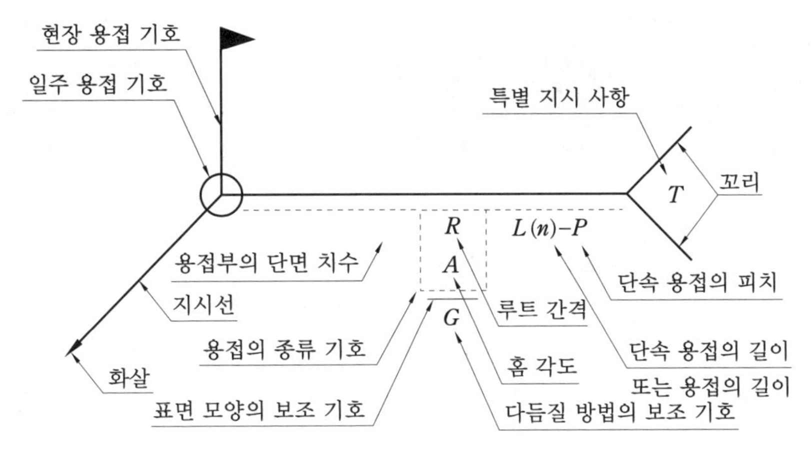

화살표 반대쪽

(2) 용접 기본 기호

명칭	기호	명칭	기호
돌출된 모서리를 가진 평판 사이의 맞대기 용접		넓은 루트면이 있는 한 면 개선형 맞대기 용접	
평행(I형) 맞대기 이음 용접		U형 맞대기 용접 (평행면 또는 경사면)	
V형 홈 맞대기 용접		J형 맞대기 이음 용접	
일면 개선형 맞대기 용접		이면 용접	
넓은 루트면이 있는 V형 맞대기 이음 용접		필릿 용접	
플러그 용접 또는 슬롯 용접		가장자리(edge) 용접	
점 용접		표면 육성	
심(seam) 용접		표면(surface) 접합부	
개선 각이 급격한 V형 맞대기 용접		경사 접합부	
개선 각이 급격한 일면 개선형 맞대기 용접		겹침 접합부	

출제 예상 문제 EXERCISES

1. 도면에서 척도란에 NS로 표시된 것은 무엇을 뜻하는가? (05/5)

① 축척
② 나사를 표시
③ 배척
④ 비례척이 아닌 것을 표시

해설 NS란 non scale를 말한다.

2. 다음 그림에서 지시선이 가리키는 선의 명칭은? (02/5)

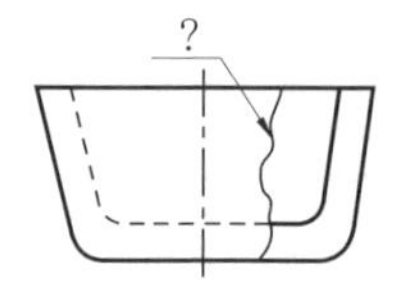

① 외형선　② 중심선
③ 파단선　④ 절단선

해설 파단선 : 불규칙한 파형의 가는 실선 또는 지그재그선으로 대상물의 일부를 파단한 경계를 표시한다.

3. 절단된 면을 다른 부분과 구분하기 위하여 가는 실선으로 규칙적으로 빗줄을 그은 선의 명칭은? (06/5)

① 해칭선　② 피치선
③ 파단선　④ 기준선

해설 단면 표시는 스머징이나 해칭으로 표현한다.

4. 평면, 측면, 정면을 하나의 투상면 위에 동시에 볼 수 있도록 같은 기울기로 그려진 도법은? (03/5)

① 등각 투상법　② 국부 투상법
③ 정투상법　④ 경사 투상법

해설 투상법 중 같은 각도로 기선에서 그려진 것은 등각 투상도이다.

5. 표제란에 다음 그림과 같은 투상법 기호로 표시되는 경우는 다음 중 무슨 각법일 때인가? (04/5)

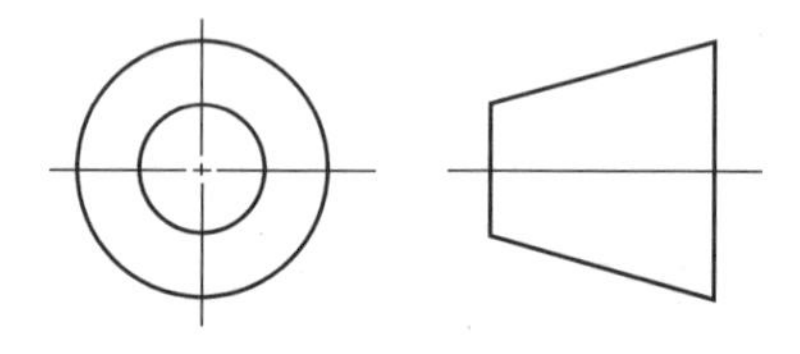

① 1각법　② 2각법
③ 3각법　④ 4각법

6. 보기 입체도의 화살표 방향 투상도로 가장 적합한 것은? (02/5)

[보기]

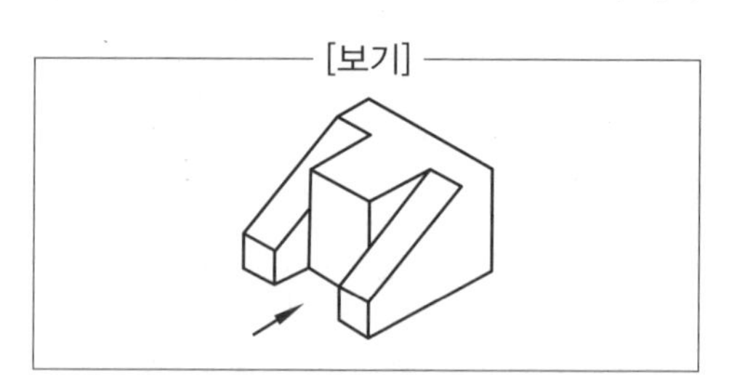

① 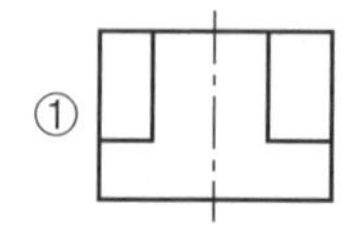　② 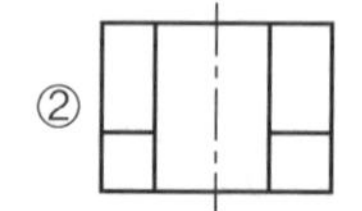

③ 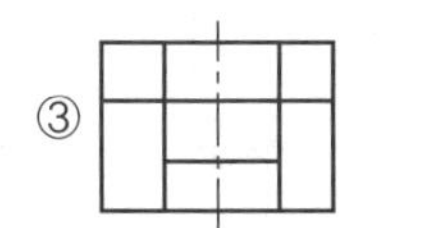 ④ 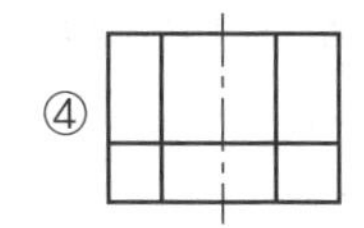

7. **보기와 같은 입체도를 3각법으로 투상한 것으로 가장 적합한 것은?** (05/5)

[보기]

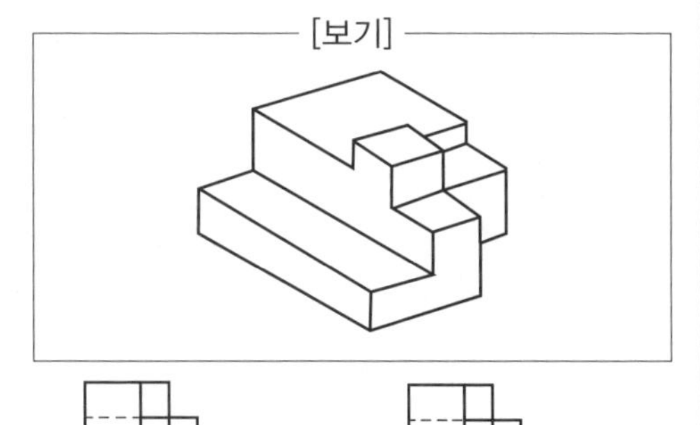

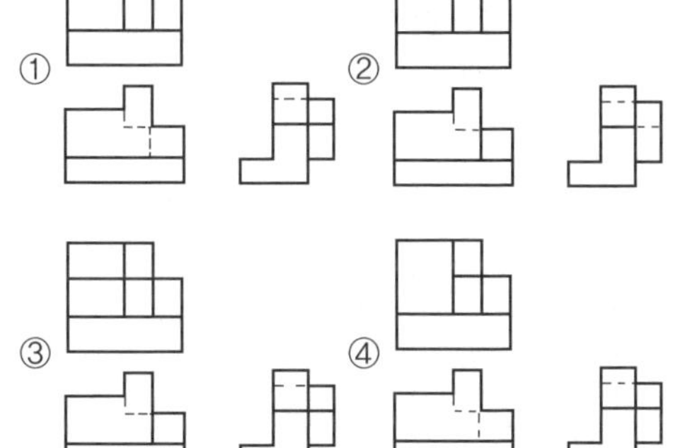

8. **보기 입체도의 화살표 방향이 정면일 때, 좌측면도로 적합한 것은?** (05/5)

[보기]

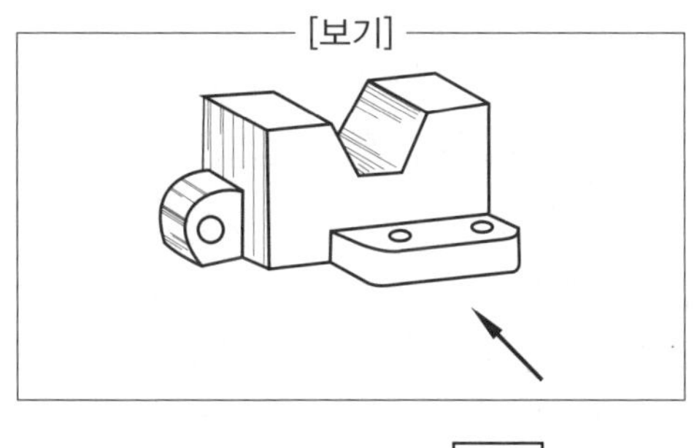

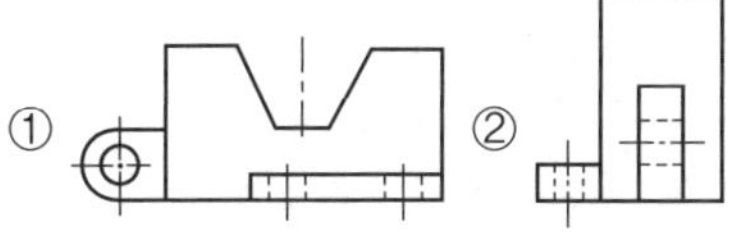

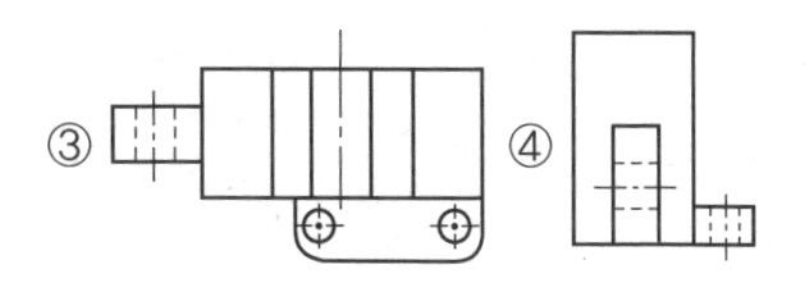

9. **보기와 같이 화살표 방향을 정면도로 선택하였을 때 평면도의 모양은?** (08/5)

[보기]

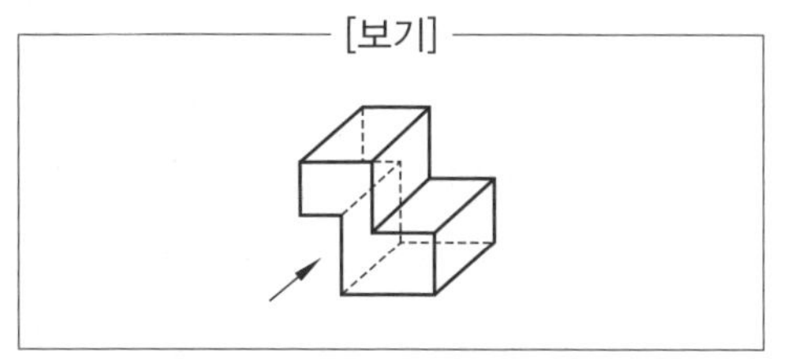

① 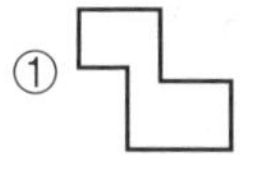 ② 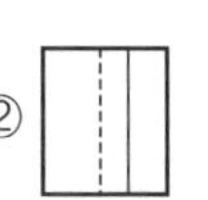

③ 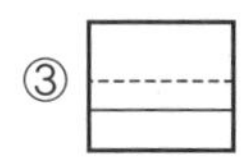 ④ 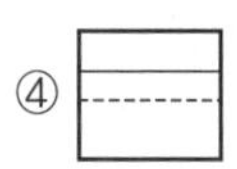

해설 평면도는 물체를 위에서 보았을 때를 나타낸 것이다.

10. **보기와 같은 물체의 한쪽 단면도로 가장 적합한 것은?** (06/5)

[보기]

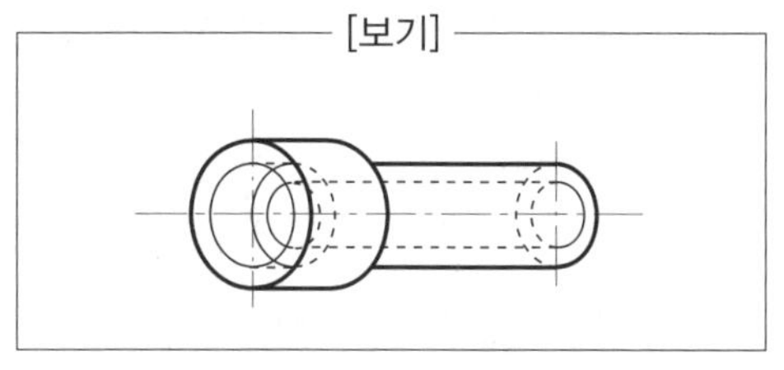

① 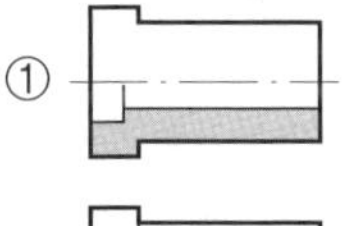 ② 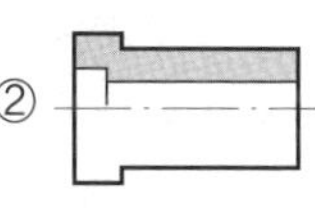

③ 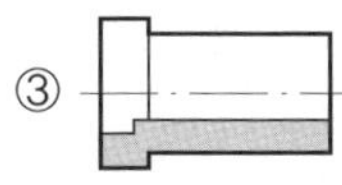 ④ 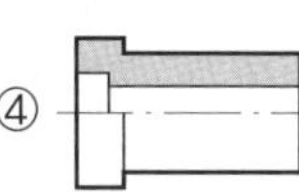

해설 한쪽 단면도는 물체의 $\frac{1}{4}$은 단면 표시, 물체의 $\frac{1}{4}$은 외형을 삼각법으로 도시한다.

정답 7. ① 8. ④ 9. ② 10. ④

11. 다음 나사 기호 중 KS 관용 평행 나사 기호는? (05/5)

① PT ② PF ③ PS ④ SM

해설 PT는 관용 테이퍼 나사를 말한다.

12. 스퍼 기어의 제도에서 요목표에 없어도 되는 항목은?

① 기어의 치형 ② 기어의 모듈
③ 기어의 재질 ④ 기어의 압력각

해설 기어의 재질은 부품표에 기입된다.

13. 헬리컬 기어의 정면도에서 이의 비틀림 방향을 나타내는 선의 종류는?

① 일점 쇄선 ② 이점 쇄선
③ 가는 실선 ④ 굵은 실선

14. 베벨 기어의 제도 방법에 관하여 틀린 것은?

① 정면도 잇봉우리선과 이골선 : 굵은 실선
② 정면도 피치선 : 가는 이점 쇄선
③ 측면도 피치원 : 가는 일점 쇄선
④ 측면도 잇봉우리원 내단부와 외단부 : 굵은 실선

15. 다음 그림과 같은 배관 도시 기호에 계기 표시 기호로 유량계일 때 사용하는 글자 기호는? (02/5)

① A ② P ③ T ④ F

16. 배관 도면에서 글로브 밸브에서 나사 이음을 할 때의 도시 기호는? (07/5)

① ② ③ ④

해설 ① : 슬루스 밸브, ③ : 밸브 일반, ④ : 체크 밸브

17. 배관의 간략 도시 방법 중 체크 밸브 도시 기호는? (08/5)

① ② ③ ④

해설 ① : 밸브 일반, ② : 콕, ④ : 볼 밸브

18. 보기와 같은 용접 도시 기호의 설명으로 올바른 것은? (06/5)

[보기]

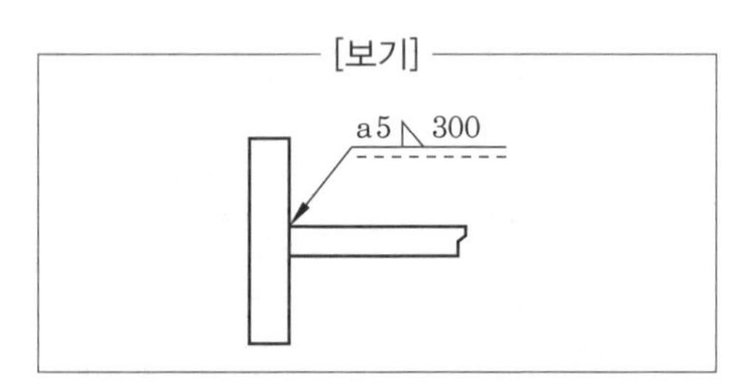

① 총 길이 5mm ② 목 길이 5mm
③ 목 두께 5mm ④ 루트 간격 5mm

해설 전체 길이는 300mm

19. 기계구조물의 용접부 등에 비파괴검사 시험 기호에서 RT로 표시된 기호가 뜻하는 것은? (03/5)

① 방사선 투과 시험 ② 자분 탐상 시험
③ 초음파 탐상 시험 ④ 침투 탐상 시험

해설 ① 방사선 투과 시험 : RT
② 자분 탐상 시험 : MT
③ 초음파 탐상 시험 : UT
④ 침투 탐상 시험 : PT

정답 11. ② 12. ③ 13. ③ 14. ② 15. ④ 16. ② 17. ③ 18. ③ 19. ①

제 2 장 기계요소

2-1 기계 설계의 기초

1 기계요소의 종류

여러 가지 계에 사용되는 부품과 비교적 간단한 기계 구성 부품을 기계요소(machine element)라 하며, 사용 목적에 따라 다음과 같이 분류한다.

(1) 결합용 기계요소

2개 이상의 기계 부품을 결합시키는 기계요소

① **볼트, 너트 :** 기계 부품을 일시적으로 체결하거나 또는 운동을 전달할 때 사용

② **키, 핀, 코터 :** 벨트 풀리, 기어, 핸들 등의 회전체를 축에 연결하거나, 두 개의 축을 연결할 때 사용

③ **리벳 :** 분해를 하지 않는 판의 연결에 사용

(2) 축계 기계요소

① **축 :** 축은 회전력을 전달하는 데에 사용되며, 보통 2개 이상의 베어링으로 지지

② **베어링(bearing) :** 회전축을 지지하는 부품

③ **클러치(clutch) :** 운전 중에 축의 연결을 잇거나 끊는 것을 자유롭게 할 수 있는 축 이음

④ **커플링(coupling) :** 운전 중에는 축의 연결을 끊을 수 없는 축 이음

(3) 전동용 기계요소

전동장치에 필요한 기계요소

① **직접 전동장치 :** 마찰차, 기어와 같이 2개의 바퀴가 직접 접촉을 하면서 동력을 전달하는 장치

② **간접 전동장치 :** 벨트, 체인, 로프와 같이 2개의 바퀴 사이에 매개물이 있어 간접 접촉을 하면서 동력을 전달하는 장치

(4) 관계 기계요소

① **파이프 :** 유체를 수송하는 요소

② **파이프 이음** : 파이프와 파이프를 용접하는 영구 이음과 플랜지 이음, 소켓 이음 등이 있다.

(5) 제어용 기계요소

완충용 기계요소로는 스프링, 제동용 기계요소로는 브레이크를 사용한다.

① **스프링** : 물체의 탄성을 이용한 기계요소로서, 기계적 에너지를 흡수하여 축적하거나 변형 에너지를 기계적 에너지로 이용한다.

② **브레이크** : 기계 운동 부분의 속도를 제어, 감소 또는 정지시키는 장치

2 표준 규격

기계요소는 모양, 품질, 치수 등의 규격을 통일, 표준화시켜 인건비 절약, 기술 향상, 생산 합리화, 작업의 단순 공정화 등에 매우 편리하여, 품질 향상, 원가 절감 및 대량 생산을 할 수 있다. 또한 호환성이 우수하여 부품 교환이 필요할 경우 매우 편리하다.

이를 위하여 우리나라에서는 한국 산업 규격(KS : Korean Industrial Standard), 국제적 표준화 사업으로 국제 표준화 기구(ISO : International Standardization Organization)가 있다.

각국의 규격

국가 규격 명칭	기호	명칭	설정연도
국제 표준화 기구	ISO	International Standardization Organization	1928
한국 산업 규격	KS	Korean Industrial Standard	1962
일본 공업 규격	JIS	Japan Industrial Standard	1921
미국 공업 규격	ANSI	American National Standards Institute	1918
영국 공업 규격	BS	British Standard	1901
독일 공업 규격	DIN	Deutsche Industrie Norman	1917
스위스 공업 규격	VSM	Norman des Vereins Scheweirerischer Machinendustieller	1918

3 SI 단위

국제 도량형 총회에서 SI 단위(International System of Units)를 채택하여 국제 표준화 기구가 그 사용을 결정하고, 세계의 여러 국가들이 SI 단위를 채택하고 있다.

단위계의 비교

단위 비교			길이(L)	질량(M)	시간(T)	힘(F)
미터법	절대단위	SI	m	kg	s	N
		MKS	m	kg	s	N, kg · m/s^2
		CGS	cm	g	s	dyn, g · cm/s^2
	중력단위		m	kgf · m/s^2	s	kgf

SI 기본 단위

양	측정 단위	단위 기호	양	측정 단위	단위 기호
길이	미터	m	열역학온도	켈빈	K
질량	킬로그램	kg	물질량	몰	mol
시간	초	s	광도	칸델라	cd
전류	암페어	A			

SI 보조 단위

양	측정 단위	단위 기호
평면각	라디안	rad
입체각	스테라디안	sr

기계 설계 관련 주요 SI 단위

양	단위 기호	양	단위 기호
면적	m^2	운동량의 모멘트	kg · m^2/s
체적	m^3	관성 모멘트	kg · m^2
속도	m/s	힘	N
가속도	m/s^2	힘의 모멘트	N · m
각속도	rad/s	압력	Pa
각가속도	rad/s^2	응력	Pa, N/m^2
진동수, 주파수	Hz	표면장력	N/m
회전속도	s^{-1}	에너지 · 일량	J
밀도	kg/m^3	작업률(공률, 전력)	W
운동량	kg · m/s		

2-2 재료의 강도와 변형

1 하중

(1) 하중의 개요

물체에 작용하는 외력을 하중(load)이라고 한다.

(2) 하중의 종류

① **하중이 물체에 작용하는 상태에 따른 분류**

(가) 인장 하중(tensile load, P_t) : 재료를 축 방향으로 잡아당기도록 작용하는 하중

(나) 압축 하중(compressive load, P_c) : 재료를 축 방향으로 누르도록 작용하는 하중

(다) 전단 하중(shearing load, P_s) : 재료를 가로 방향으로 미끄러뜨려서 자르도록 작용하는 하중

이밖에 재료가 휘도록 작용하는 휨 하중, 또 재료가 비틀려지도록 작용하는 비틀림 하중 등이 있다.

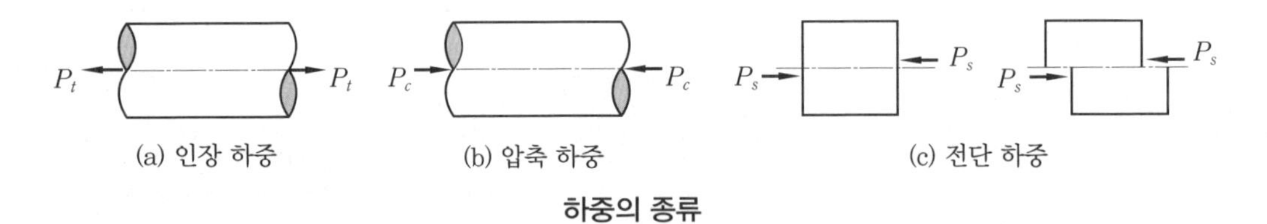

(a) 인장 하중 (b) 압축 하중 (c) 전단 하중

하중의 종류

② **하중이 물체에 작용하는 속도에 따른 분류**

(가) 정하중 : 정지하고 변화하지 않는 하중, 또는 아주 조금씩 증가하면서 작용하는 하중

(나) 동하중 : 비교적 짧은 시간 내에 변화하면서 작용하는 하중

- 반복 하중 : 그 크기는 변화하나 같은 방향에서 반복하여 작용하는 하중
- 교번 하중 : 인장 하중과 압축 하중이 교대로 반복하여 작용하는 하중으로 크기 및 방향이 동시에 변화하는 하중
- 충격 하중 : 비교적 짧은 시간 내에 급격히 작용하는 하중

③ **작용하는 하중의 분포 상태에 따른 분류**

(가) 집중 하중 : 재료의 한 점에 모여서 작용하는 하중

(나) 분포 하중 : 재료의 어느 넓이 또는 어느 길이에 걸쳐서 작용하는 하중으로 같은 크기로 분포하는 균일 분포 하중과 위치에 따라 크기를 달리하는 불균일 분포 하중이 있다.

2 응력과 변형률

(1) 응력(stress)

외력에 저항하는 저항력을 내력(internal force), 또는 응력이라 한다.

① **응력의 종류**

(가) 인장 응력(tensile stress) : 인장 하중이 작용할 때 그 내부에 생기는 응력

(나) 압축 응력(compressive stress) : 압축 하중이 작용할 때 그 내부에 생기는 응력

(다) 전단 응력(shearing stress) : 전단 하중이 작용할 때 그 내부에 생기는 응력

② **응력의 크기** : 단면적 A[cm^2]인 재료에 W[N]인 인장 하중 또는 압축 하중이 작용하여 내력이 단면 전체에 균일하게 분포한다고 하면, 인장 응력 또는 압축 응력 σ는 다음과 같다.

$$\sigma=\frac{W}{A}[\mathrm{N/cm^2}]$$

전단 응력은 접선 응력(tangential stress)이라고도 하며, 기호는 τ로 표시한다.

(2) 변형률(strain)

① **인장 및 압축에 의한 변형률** : 재료에 하중이 작용하면 그 내부에 응력이 생기는 동시에 재료는 변형된다. 그림 (a)와 같이 봉에 인장 하중이 작용하면 봉은 늘어나고, 그림 (b)와 같이 압축 하중이 작용하면 줄어든다. 이 변형량(늘어난 길이 또는 줄어든 길이)과 처음 길이와의 비를 변형률이라 하고, 인장 하중에 의한 변형률을 인장 변형률(tensile strain), 압축 하중에 의한 변형률을 압축 변형률(compressive strain)이라 한다. 또, 이 두 변형률을 세로 변형률(longitudinal strain)이라 하며, l을 하중을 받기 전의 처음 길이, l'를 변형 후의 길이, λ를 길이의 변형량이라 하면, 세로 변형률 ε은 다음과 같다.

$$\varepsilon=\frac{l'-l}{l}=\frac{\lambda}{l}$$

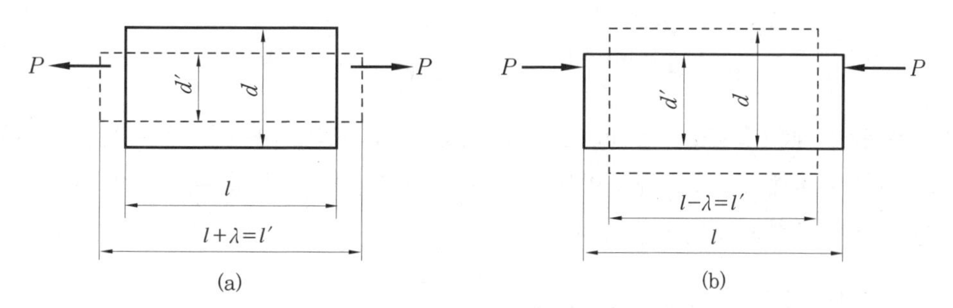

세로 변형과 가로 변형

굵기의 변형량을 처음 굵기로 나눈 것을 가로 변형률(lateral strain)이라 하며, 하중을 받기 전의 처음 굵기를 d, 변형 후의 굵기를 d', 굵기의 변형량을 δ라 하면, 가로 변형률 ε'는 다음과 같다.

$$\varepsilon' = \frac{d'-d}{d} = \frac{\delta}{d}$$

3 탄성 법칙

(1) 훅의 법칙

비례 한도 이내에서는 응력과 변형률은 정비례한다. 이것을 훅의 법칙(Hooke's law)이라 한다.

$$\frac{\text{응력}}{\text{변형률}} = \text{비례 상수(일정)}$$

여기서, 비례 상수를 탄성 계수라 하는데, 재료에 따라 일정한 값을 가지며 탄성 계수의 단위는 응력의 단위와 같다.

(2) 탄성 계수

탄성 계수(modulus of elasticity)는 응력과 변형률의 종류에 따라 다음과 같은 것들이 있다.

① **세로 탄성 계수(modulus of longitudinal elasticity)** : 축하중을 받은 재료에 생기는 수직 응력을 σ[N/cm^2], 그 방향의 세로 변형률을 ε이라 하면, 훅의 법칙에 의하여

$$\frac{\delta}{\varepsilon} = E\,[\text{N/cm}^2]$$

여기서, 비례 상수 E를 세로 탄성 계수 또는 영률(Young's modulus)이라 한다.

길이 l[cm], 단면적 A[cm^2]인 재료가 하중 W[N]에 의하여 λ[cm]만큼 인장 또는 수축되었다고 하면,

$$E = \frac{\sigma}{\varepsilon} = \frac{W/A}{\lambda/l} = \frac{Wl}{A\lambda}\,[\text{N/cm}^2] \qquad \lambda = \frac{Wl}{AE} = \frac{\sigma l}{E}\,[\text{cm}]$$

② **가로 탄성 계수(modulus of transverse elasticity)** : 전단 하중을 받는 재료에 대해서도 응력이 비례 한도 이내에 있을 때에는 인장이나 압축의 경우와 같이 훅의 법칙이 성립되며, 응력과 변형률은 정비례한다.

$$\frac{\text{전단 응력}}{\text{전단 변형률}} = \text{비례 상수(일정)}$$

여기서, 비례 상수를 가로 탄성 계수 또는 전단 탄성 계수(shearing modulus)라 하며, 보통 G로 나타낸다. 전단 응력을 τ[N/cm^2], 전단 변형률을 γ로 표시하면, 가로 탄성 계수 G는 다음과 같다.

$$G=\frac{\tau}{\gamma}[\mathrm{N/cm^2}] \qquad \gamma=\frac{\tau}{G}=\frac{W}{AG}$$

4 재료의 강도

(1) 하중 변형 선도(load deformation diagram)

인장 시험을 하여 하중과 변형의 관계를 나타낸 것

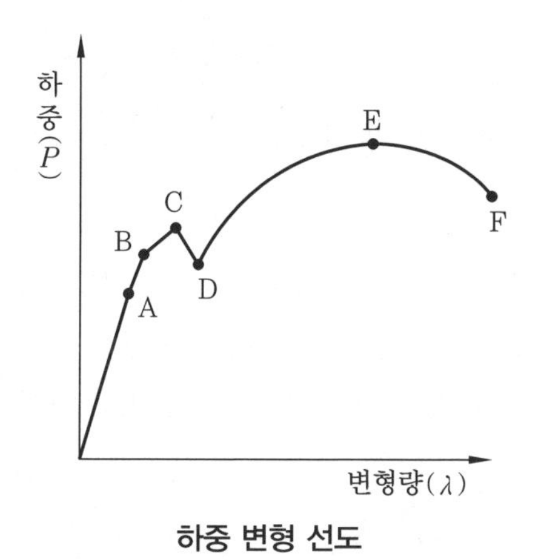

하중 변형 선도

① **탄성(elasticity)** : 하중을 제거하면 변형도 제거되어 완전히 처음 상태로 되돌아오는 성질

② **탄성 변형률(elastic strain)** : B점까지의 변형을 탄성 변형(elasticity deformation), B까지의 변형률을 탄성 변형률(elastic strain)이라 한다.

③ **탄성 한도(elastic limit)** : B점의 응력

④ **항복(yield)** : 응력이 B점을 지나 C점에 도달하면 하중을 증가시키지 않아도 변형률이 갑자기 커지며 D점에 도달하는 현상

⑤ **항복점(yield point) 또는 상항복점(upper yield point)** : C점의 응력

⑥ **하항복점(lower yield point)** : D점의 응력

⑦ **영구 변형률(permanent strain)** : 응력이 0이 되어도 없어지지 않고 남아 있는 변형률

⑧ **소성(plasticity)** : 영구 변형이 생기는 재료의 성질

(2) 응력 변형률 선도(stress strain diagram)

세로축을 응력으로 나타내고 가로축을 변형률로 나타낼 때, 실선 부분과 같은 변화의 선도

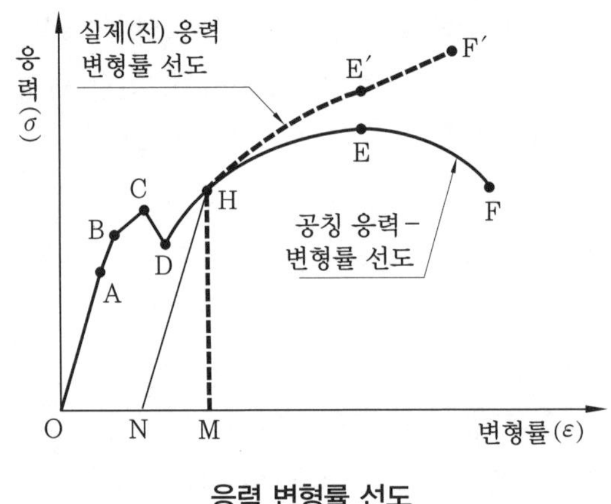

응력 변형률 선도

(3) 공칭 응력 변형률 선도(nominal stressstrain diagram)

단면적이 변화하지 않는다고 생각할 때의 응력 변형률 선도

(4) 열응력

온도 변화에 의하여 생기는 응력으로 길이 l[cm]인 봉의 선팽창 계수를 α라 하면, 온도 1℃의 변화에 따라 봉은 αl[cm]만큼 늘어가거나 줄어든다. 그러므로 t_1[℃]에서 길이 l인 봉을 t_1[℃]에서 t_2[℃]까지 온도를 내렸다면, 줄어드는 길이 $\lambda=\alpha l(t_1-t_2)$[cm]이고, 이 봉의 길이는 $l-\lambda$로 된다.

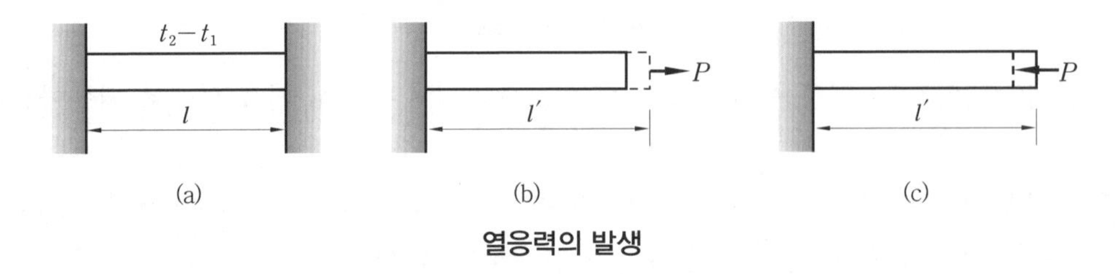

열응력의 발생

2-3 나사, 볼트, 너트

1 나사 곡선(helix)과 각부의 명칭

(1) 나사 곡선(helix)

원통면에 직각 삼각형을 감을 때 원통면에 나타나는 삼각형의 빗면이 만드는 선을 나사 곡선(helix)이라 하며, 이때의 나사 곡선의 각 α는 다음 식과 같다.

$$\tan\alpha=\frac{p(l)}{\pi d} \qquad \alpha=\tan^{-1}\left(\frac{l}{\pi d}\right)$$

여기서, α : 나사 곡선의 각(helix angle), p : 피치(pitch),
d : 원통의 지름, l : 리드(lead)

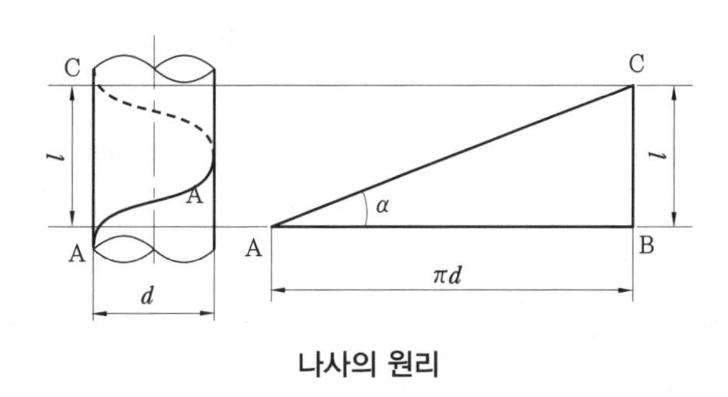

나사의 원리

(2) 나사 각부의 명칭

① **피치(pitch)** : 인접하는 나사산과 나사산의 거리를 피치라 한다.

② **리드(lead)** : 나사가 1회전하여 진행한 거리를 말하며, 1줄 나사의 경우는 리드와 피치가 같지만 2줄 나사인 경우 1리드는 피치의 2배가 된다.

리드(l)=줄수(n)×피치(p)

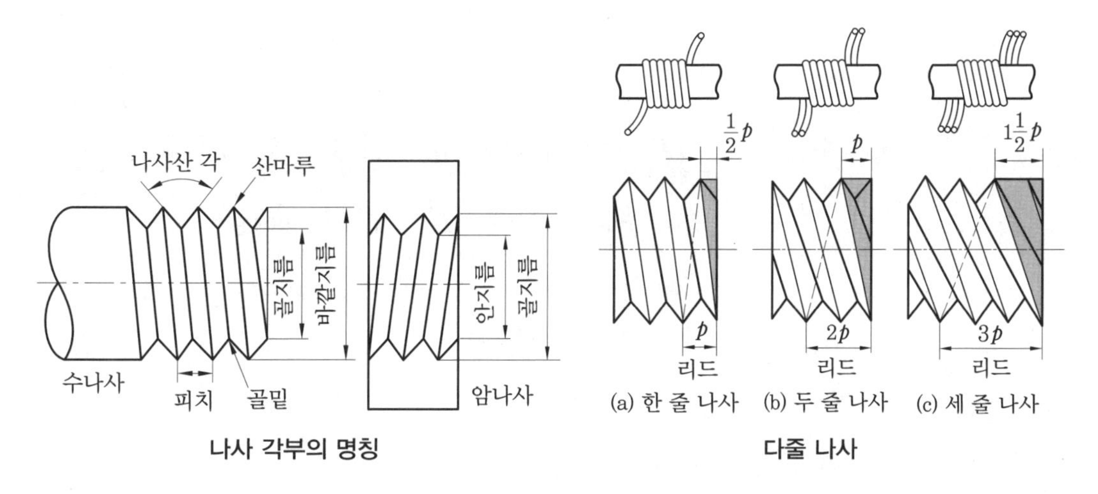

나사 각부의 명칭　　　다줄 나사

③ **유효 지름(effective diameter)** : 수나사와 암나사가 접촉하고 있는 부분의 평균지름을 말하며, 바깥지름이 같은 나사에서는 피치가 작은 쪽의 유효 지름이 크다.

④ **호칭 지름(normal diameter)** : 수나사는 바깥지름으로 나타내고, 암나사는 상대 수나사의 바깥지름으로 나타낸다.

⑤ **비틀림각(angle of torsion)** : 직각에서 리드각을 뺀 나머지 값을 비틀림각이라 한다.

(3) 나사의 종류

① **삼각 나사(triangular thread)** : 체결용으로 가장 많이 쓰이는 나사로, ISO 미터 나사와 ISO 인치 나사가 있으며, 인치 나사인 유니파이 나사는 미국, 영국, 캐나다의 세

나라 협정에 의하여 만들었기 때문에 ABC 나사 또는 협정 나사라고도 한다.

② **사각 나사(square thread)** : 나사산의 모양이 4각이며, 3각 나사에 비하여 풀어지긴 쉬우나 저항이 작은 이점으로 동력 전달용 잭(jack), 나사 프레스, 선반의 피드(feed)에 쓰인다.

③ **사다리꼴 나사(trapezoidal thread)** : 애크미 나사(acme thread)라고도 하며, 삼각 나사보다 강력한 동력 전달용에 쓰인다. 나사산의 각도는 미터 계열(TM)은 30°, 인치 계열(TW)은 29°이다. ISO 규정에는 기호 Tr로 되어 있다.

④ **톱니 나사(buttress thread)** : 축선의 한쪽에만 힘을 받는 곳에 사용(잭, 프레스, 바이스)되며, 힘을 받는 면은 축에 직각이고, 힘을 받지 않는 면은 30°의 각도로 경사져 있다.

⑤ **둥근 나사(round thread)** : 너클 나사라고도 하며, 나사산과 골이 다같이 둥글기 때문에 먼지, 모래가 끼기 쉬운 전구, 호수 연결부 등에 쓰인다.

⑥ **볼 나사(ball thread)** : 수나사와 암나사의 홈에 강구(steel ball)가 들어 있어서 일반 나사보다 매우 마찰계수가 작고 운동 전달이 가볍기 때문에 NC 공작기계(수치제어 공작기계)나 자동차용 스테어링 장치에 쓰인다.

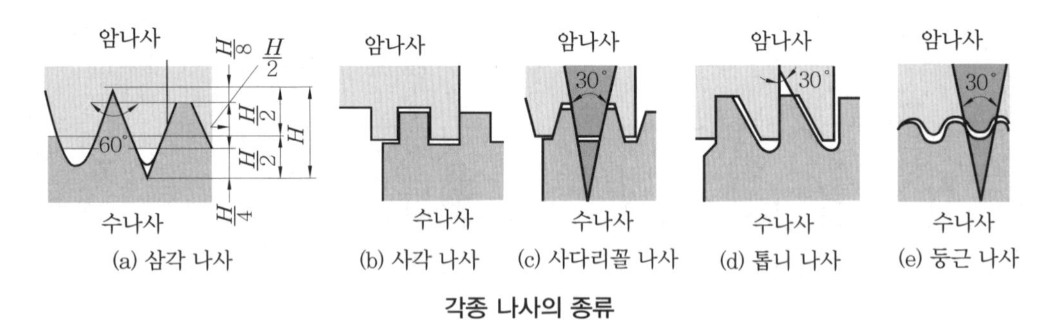

각종 나사의 종류

(4) 나사의 등급

다음은 각종 나사의 등급 표시법을 나타낸다.

나사의 종류	미터 나사			유니파이 나사						관용 평행 나사	
				수나사			암나사				
등급 표시법	1	2	3	3A	2A	1A	3B	2B	1B	A	B
비고	급수의 숫자가 작을수록 등급의 정도가 높다.			수나사는 A, 암나사는 B로 표시되며, 급수의 숫자가 클수록 등급의 정도가 높다.						A급과 B급으로 구분된다.	

2 볼트와 너트

(1) 볼트의 종류

① **다듬질 정도에 따른 분류 :** 흑피 볼트, 반다듬질 볼트, 다듬질 볼트로 분류한다.

② **보통 볼트의 종류**

(가) 관통 볼트(through bolt)

(나) 탭 볼트(tap bolt)

(다) 스터드 볼트(stud bolt)

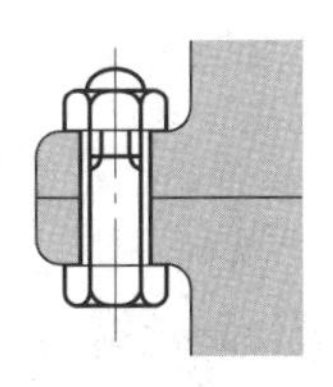
(a) 관통 볼트

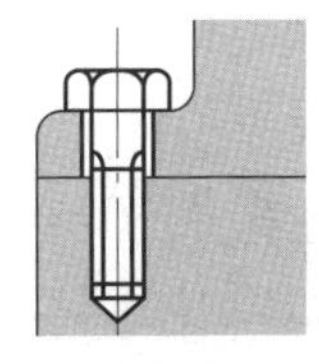
(b) 탭 볼트

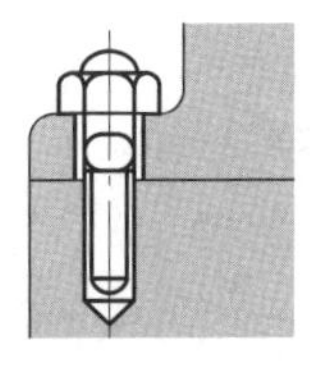
(c) 스터드 볼트

보통 볼트의 종류

③ **특수 볼트의 종류**

(가) 스테이 볼트(stay bolt)
(나) 기초 볼트(foundation bolt)
(다) T 볼트(T−bolt)
(라) 아이 볼트(eye bolt)
(마) 충격 볼트(shock bolt)
(바) 전단 볼트(shear bolt)
(사) 리머 볼트(reamer bolt)

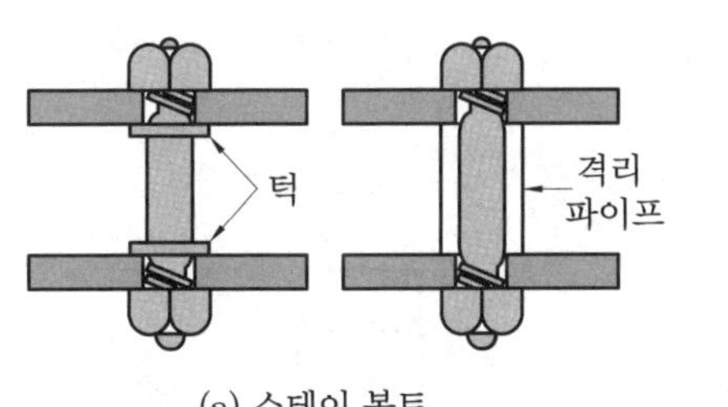

(a) 스테이 볼트

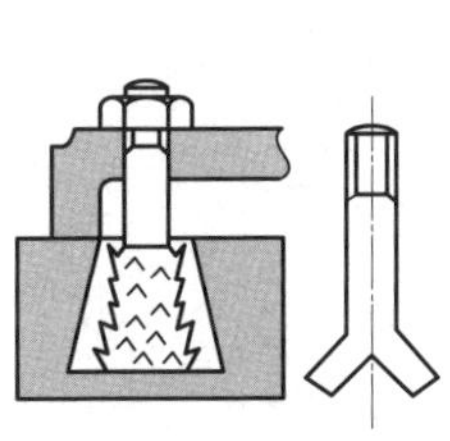
(b) 기초 볼트

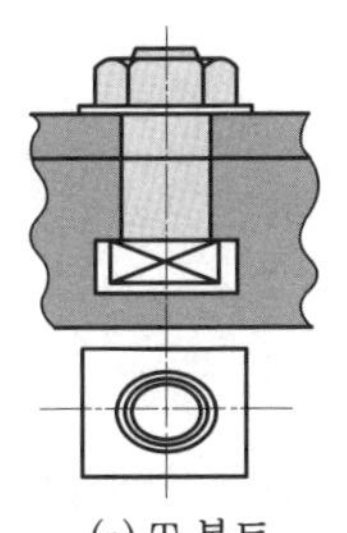
(c) T 볼트

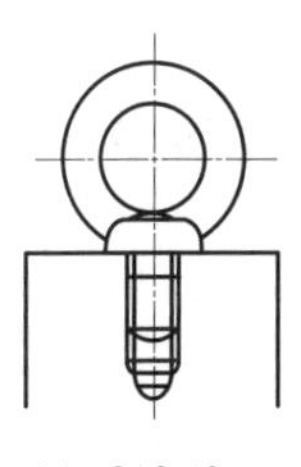
(d) 아이 볼트

특수 볼트의 종류

(2) 너트의 종류

① **보통 너트 :** 머리 모양에 따라 4각, 6각, 8각이 있으며, 6각이 가장 많이 쓰인다.

② **특수 너트의 종류**

(가) 사각 너트(square nut) : 외형이 4각으로서 주로 목재에 쓰이며, 기계에서는 간단하고 조잡한 것에 사용된다.

(나) 둥근 너트(circular nut) : 자리가 좁아서 6각 너트를 사용하지 못하는 경우나 너트의 높이를 작게 했을 때 쓴다.

(다) 모따기 너트(chamfering nut) : 중심 위치를 정하기 쉽게 축선이 조절되어 있으며, 밑면인 경우는 볼트에 휨 작용을 주지 않는다.

(라) 캡 너트(cap nut) : 유체의 누설을 막기 위하여 위가 막힌 것이다.

(마) 아이 너트(eye nut) : 물건을 들어올리는 고리가 달려 있다.

(바) 홈붙이 너트(castle nut) : 너트의 풀림을 막기 위하여 분할 핀을 꽂을 수 있게 홈이 6개 또는 10개 정도 있는 것이다.

(사) T 너트(T−nut) : 공작 기계 테이블의 T 홈에 끼워지도록 모양이 T형이며, 공작물 고정에 쓰인다.

(아) 나비 너트(fly nut) : 손으로 돌릴 수 있는 손잡이가 있다.

(자) 턴 버클(turn buckle) : 오른나사와 왼나사가 양 끝에 달려 있어서 막대나 로프를 당겨서 조이는 데 쓰인다.

(차) 플랜지 너트(flange nut) : 볼트 구멍이 클 때, 접촉면이 거칠거나 큰 면압을 피하려 할 때 쓰인다. 일명 와셔붙이 너트라고도 한다.

(카) 슬리브 너트(sleeve nut) : 머리밑에 슬리브가 달린 너트로서 수나사의 편심을 방지하는 데 사용한다.

(타) 플레이트 너트(plate nut) : 암나사를 깎을 수 없는 얇은 판에 리벳으로 설치하여 사용한다.

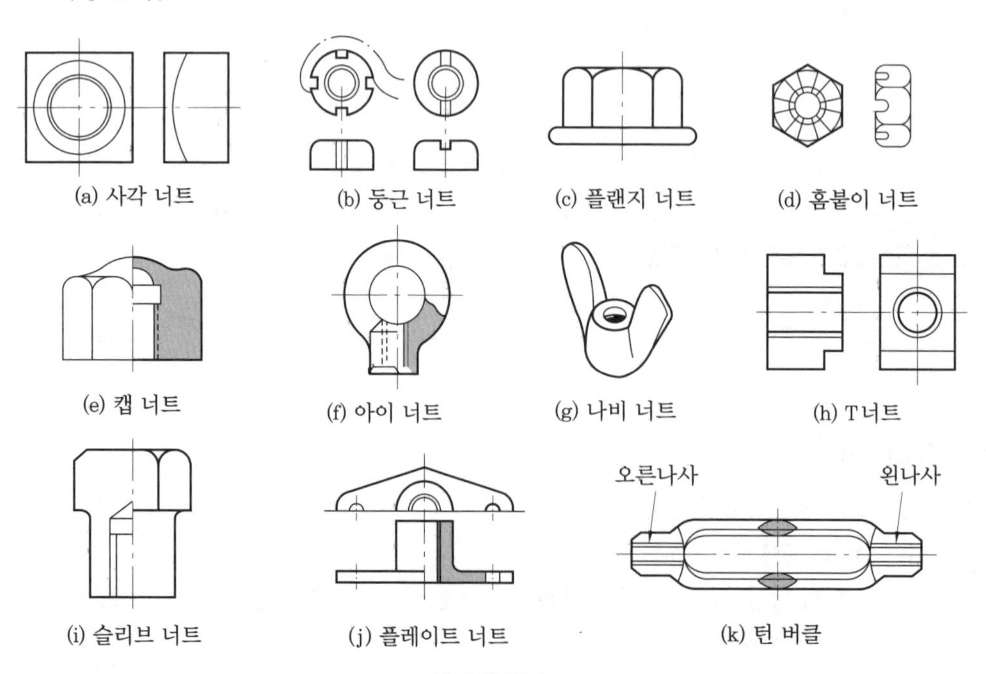

너트의 종류

(3) 작은 나사와 세트 스크루

① **작은 나사(machine screw)** : 일명 기계 나사, 태핑 나사라고도 하며, 호칭 지름 8 mm 이하에서 사용된다. 머리부의 형상에 따라 다르게도 불리운다.

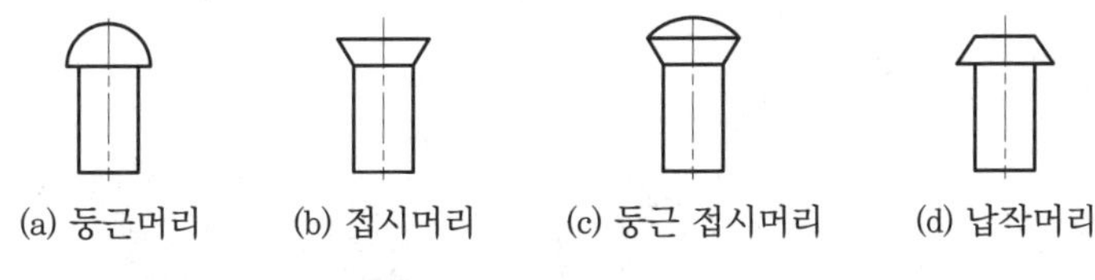

작은 나사의 종류

② **세트 스크루(set screw : 멈춤나사)** : 나사의 끝을 이용하여 축에 바퀴를 고정시키거나 위치를 조정할 때 쓰이는 작은 나사로 홈형, 6각 구멍형, 머리형 등이 있다. 키(key)의 대용으로도 쓰이며, 끝의 마찰, 걸림 등에 의하여 정지 작용을 한다.

세트 스크루

(4) 와셔(washer)

와셔가 사용되는 경우는 다음과 같다.

① 볼트 머리의 지름보다 구멍이 클 때
② 접촉면이 바르지 못하고 경사졌을 때
③ 자리가 다듬어지지 않았을 때
④ 너트가 재료를 파고 들어갈 염려가 있을 때
⑤ 너트의 풀림 방지를 위할 때

와셔의 재료로서는 연강이 널리 쓰이지만 경강, 황동, 인청동도 쓰이며, 스프링 와셔, 이붙이 와셔, 갈퀴붙이 와셔, 혀붙이 와셔 등이 있다.

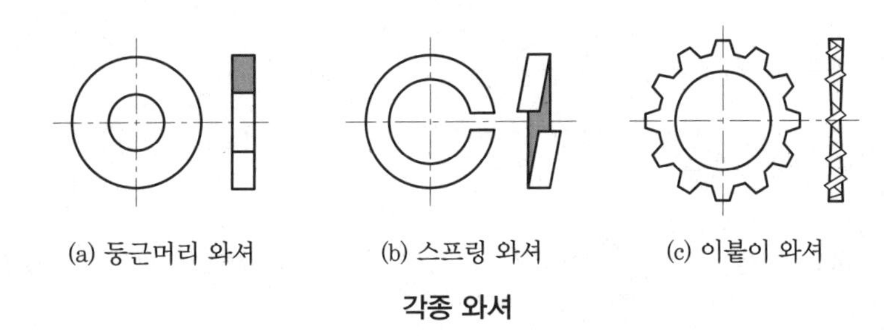

각종 와셔

(5) 너트의 풀림 방지법

① 탄성 와셔에 의한 법 ② 로크 너트(lock nut)에 의한 법
③ 핀 또는 작은 나사를 쓰는 법 ④ 철사에 의한 법
⑤ 너트의 회전 방향에 의한 법 ⑥ 자동 죔 너트에 의한 법
⑦ 세트 스크루에 의한 법

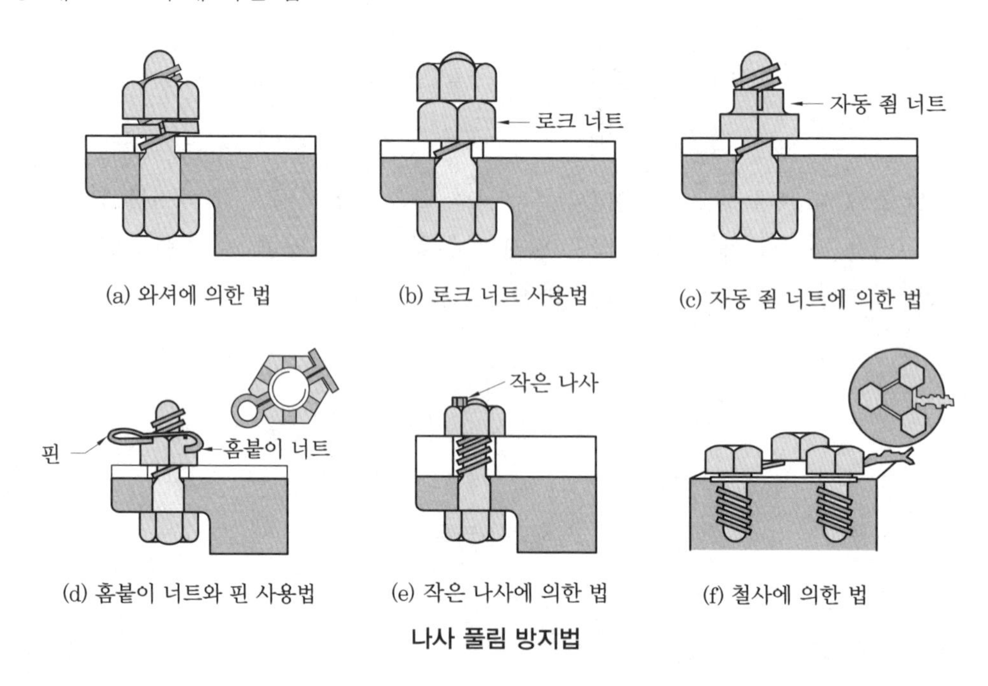

(a) 와셔에 의한 법 (b) 로크 너트 사용법 (c) 자동 죔 너트에 의한 법
(d) 홈붙이 너트와 핀 사용법 (e) 작은 나사에 의한 법 (f) 철사에 의한 법

나사 풀림 방지법

3 나사의 강도

(1) 볼트의 지름

① 축방향 하중(W)만을 받는 경우

호칭 지름(외경) $d=\sqrt{\dfrac{2W}{\sigma_t}}$ [mm] 여기서, W : 하중(N), σ_t : 허용인장응력(MPa)

② 축방향 하중과 비틀림 모멘트를 동시에 받는 경우

호칭 지름(외경) $d=\sqrt{\dfrac{8W}{3\sigma_t}}$ [mm]

③ 전단 하중을 받는 경우

호칭 지름(외경) $d=\sqrt{\dfrac{4W}{\pi\tau}}$ [mm] 여기서, W : 전단 하중(N), τ : 허용전단응력(MPa)

2-4 키, 핀, 코터, 리벳

1 키(key)

(1) 키의 종류

키는 벨트차나 기어, 차륜을 고정시킬 때 홈을 파고 홈에 끼우는 것으로서 종류에 따른 특성은 다음 표와 같다.

키의 종류와 특성

키의 명칭		형상	특징
묻힘 키 (sunk key)	때려박음 키		• 축과 보스에 다같이 홈을 파는 가장 많이 쓰이는 종류이다. • 머리붙이와 머리 없는 것이 있으며, 해머로 때려 박는다. • 테이퍼(1/100)가 있다.
	평행 키		• 축과 보스에 다같이 홈을 파는 가장 많이 쓰이는 종류이다. • 키는 축심에 평행으로 끼우고 보스를 밀어 넣는다. • 키의 양쪽 면에 조임 여유를 붙여 상하 면은 약간 간격이 있다.
평 키(flat key)			• 축은 자리만 편편하게 다듬고 보스에 홈을 판다. • 경하중에 쓰이며, 키에 테이퍼(1/100)가 있다. • 안장 키보다는 강하다.
안장 키(saddle key)			• 축은 절삭하지 않고 보스에만 홈을 판다. • 마찰력으로 고정시키며 축의 임의의 부분에 설치 가능하다. • 극 경하중용으로 키에 테이퍼(1/100)가 있다.
반달 키(woodruff key)			• 축에 원호상의 홈을 판다. • 홈에 키를 끼워 넣은 다음 보스를 밀어 넣는다. • 축이 약해지는 결점이 있으나 공작기계 핸들축과 같은 테이퍼 축에 사용된다.

페더 키(feather key)		• 묻힘 키의 일종으로 테이퍼가 없이 길다. • 축방향으로 보스의 이동이 가능하며 보스와의 간격이 있어 회전 중 이탈을 막기 위해 고정하는 수가 많다. • 미끄럼 키라고도 한다.
접선 키 (tangential key)	120°	• 축과 보스에 축의 접선 방향으로 홈을 파서 서로 반대의 테이퍼(1/60~1/100)를 가진 2개의 키를 조합하여 끼워 넣는다. • 중하중용이며 역전하는 경우는 120° 각도로 두 군데 홈을 판다. • 정사각형 단면의 키를 90°로 배치한 것을 케네디 키(kennedy key)라고 한다.
원뿔 키(cone key)	테이퍼 1/25	• 축과 보스에 홈을 파지 않는다. • 한 군데가 갈라진 원뿔통을 끼워 넣어 마찰력으로 고정시킨다. • 축의 어느 곳에도 장치 가능하며 바퀴가 편심되지 않는다.
둥근 키 (round key, pin key)	d D	• 축과 보스에 드릴로 구멍을 내어 홈을 만든다. • 구멍에 테이퍼 핀을 끼워 넣어 축 끝에 고정시킨다. • 경하중에 사용되며 핸들에 널리 쓰인다.
스플라인(spline)	보스 축	• 축의 둘레에 4~20개의 턱을 만들어 큰 회전력을 전달할 경우에 쓰인다.
세레이션(serration)		• 축에 작은 삼각형의 작은 이를 만들어 축과 보스를 고정시킨 것으로 같은 지름의 스플라인에 비해 많은 이가 있으므로 전동력이 크다. • 주로 자동차의 핸들 고정용, 전동기나 발전기의 전기자 축 등에 이용된다.

(2) 키의 호칭법

종류, 호칭 치수(폭×높이×길이), 끝모양의 지정, 재료

예 묻힘 키 10×6×50 한쪽 둥근 SM 45C

2 핀(pin)

(1) 핀의 종류

① 테이퍼 핀(tapered pin) ② 평행 핀(dowel pin)
③ 분할 핀(split pin) ④ 코터 핀(cotter pin)
⑤ 스프링 핀(spring pin)

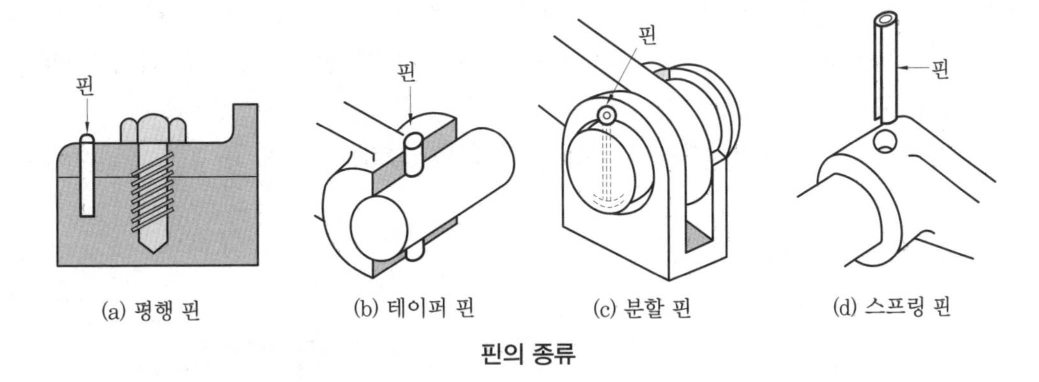

핀의 종류

(2) 핀의 호칭법

명칭, 등급, [지름(d)×길이(l)], 재료

예 평행 핀 2급 8×80 SM 20C

3 코터(cotter)

축방향으로 인장 또는 압축이 작용하는 두 축을 연결하는 데 쓴다(분해 가능). 테이퍼는 한쪽이 경사진 것을 많이 쓰며, 종종 분해하는 것에는 1/5~1/10, 반영구적 결합일 경우는 1/50~1/100의 테이퍼를 주지만 보통의 경우는 1/20이다.

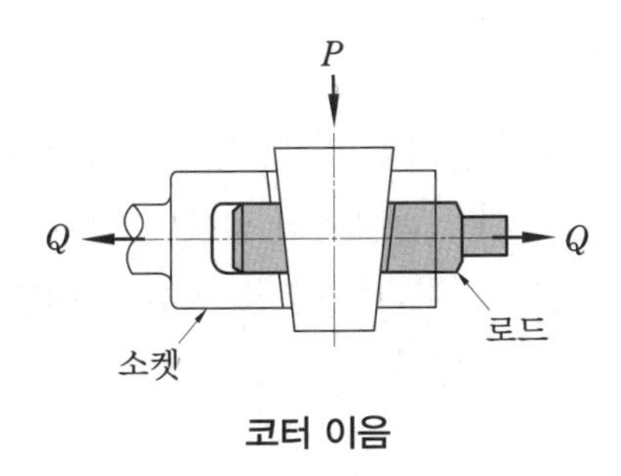

코터 이음

4 리벳(rivet)

(1) 리벳 이음 작업

보일러, 철교, 구조물, 탱크와 같은 영구 결합에 널리 쓰인다. 리벳 이음 작업 시 주의

사항은 다음과 같다.

① 리벳 이음할 구멍은 20 mm까지 대개 펀치로 뚫는다. (단, 정밀을 요할 때는 드릴을 사용한다.)

② 리벳 구멍의 지름(d_1)은 리벳 지름(d)보다 약간(1~1.5 mm) 크다.

③ 구멍을 지나 빠져나온 리벳의 여유 길이는 지름의 1.3~1.6배이다.

④ 지름 10 mm 이하는 상온에서, 10 mm 이상의 것은 열간 리베팅한다.

⑤ 지름 25 mm까지는 해머로 치고, 그 이상은 리베터(rivetting machine)를 쓴다.

⑥ 유체의 누설을 막기 위하여 코킹(caulking)이나 풀러링(fullering)을 하며, 이때의 판 끝은 75~85°로 깎아준다.

⑦ 코킹이나 풀러링은 판재 두께 5 mm 이상에서 행한다.

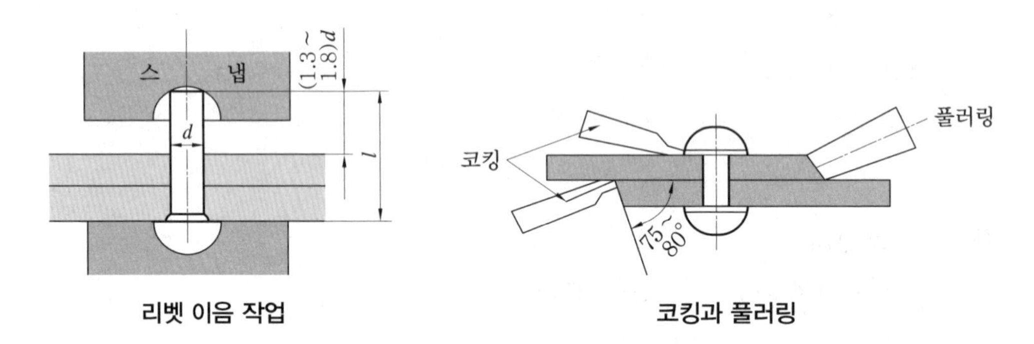

리벳 이음 작업 코킹과 풀러링

(2) 리벳 이음의 특징

① 초응력에 의한 잔류 변형률이 생기지 않으므로 취약 파괴가 일어나지 않는다.

② 구조물 등에서 현지 조립할 때는 용접 이음보다 쉽다.

③ 경합금과 같이 용접이 곤란한 재료에는 신뢰성이 있다.

④ 강판의 두께에 한계가 있으며, 이음 효율이 낮다.

(3) 리벳의 크기 표시

① 머리 부분을 제외한 길이 : 둥근머리 리벳, 납작머리 리벳, 냄비머리 리벳

② 머리 부분을 포함한 전체 길이 : 접시머리 리벳

③ 리벳의 길이 : 리벳을 끼운 후 머리 부분을 만들기 위한 리벳 길이(l)는 리벳 지름(d)에 대해 $l=(1.3\sim1.6)d$[mm]이다.

(4) 리벳 이음의 종류

① **겹침 이음(lap joint)** : 2개의 판을 겹쳐서 리베팅하는 방법으로 리벳의 배열은 리벳의 열수에 따라 1열, 2열, 3열이 있으며, 지그재그형과 평행형 이음이 있다.

② **맞대기 이음(butt joint)** : 겹판(strap)을 대고 리베팅하는 방법이다.

2-5 축과 베어링

1 축(shaft)

(1) 축의 종류

① 작용하는 힘에 의한 분류

(가) 차축(axle) : 휨을 주로 받는 회전축 또는 정지축을 말하며, 철도 차량의 차축, 자동차축에 사용된다.

(나) 스핀들(spindle) : 비틀림을 주로 받는 축으로 모양과 치수가 정밀하고, 변형량이 작은 짧은 회전축이며, 공작기계의 주축에 사용된다.

(다) 전동축(transmission shaft) : 굽힘과 비틀림을 동시에 받는 축으로 동력 전달용으로 사용되며, 주축(main shaft), 선축(line shaft), 중간축(counter shaft)으로 구성된다.

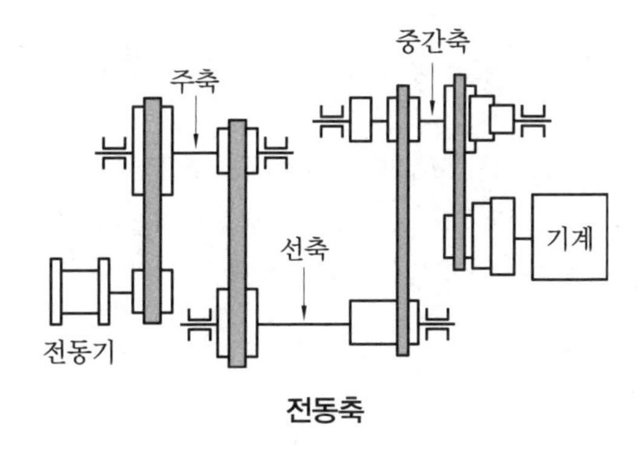

전동축

② 모양에 의한 분류

(가) 직선축(straight shaft) : 흔히 쓰이는 곧은 축을 말한다.

(나) 크랭크 축(crank shaft) : 왕복운동을 회전운동으로 전환시키고, 크랭크 핀에 편심륜이 끼워져 있다.

(다) 플렉시블 축(flexible shaft) : 가요축이라고도 하며, 전동축에 가요성(휨성)을 주어서 축의 방향을 자유롭게 변경할 수 있는 축을 말한다.

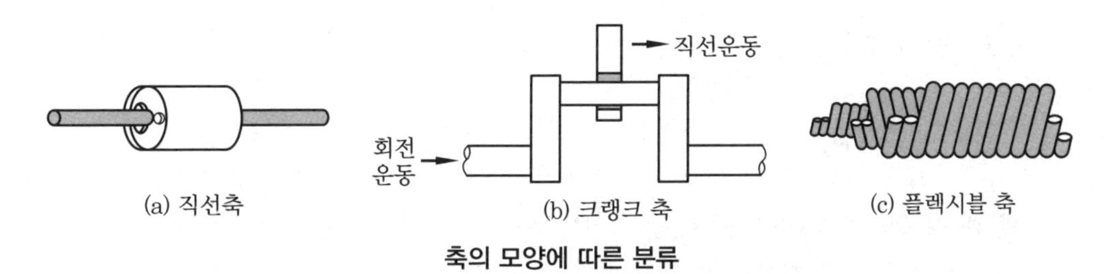

(a) 직선축 (b) 크랭크 축 (c) 플렉시블 축

축의 모양에 따른 분류

(2) 축의 재료 및 강도

① 축의 재료

(가) 탄소 성분 : C 0.1~0.4%

(나) 중하중 및 고속 회전용 : 니켈, 니켈 크롬강

(다) 마모에 견디는 곳 : 표면 경화강

(라) 크랭크 축 : 단조강, 미하나이트 주철

② 축의 강도

(가) 휨만이 작용하는 축

- 둥근 축의 경우

$$M=\sigma_b Z=\sigma_b \frac{\pi d^3}{32}[\mathrm{N \cdot m}] \qquad \therefore d=\sqrt[3]{\frac{32M}{\pi\sigma_b}} \fallingdotseq \sqrt[3]{\frac{10.2M}{\sigma_b}}[\mathrm{mm}]$$

- 중공축의 경우 : $\frac{d_1}{d_2}=x$라 하면,

$$\therefore d_2=\sqrt[3]{\frac{10.2M}{\sigma_b(1-x^4)}}[\mathrm{mm}] \text{ 또는 } d_1=\sqrt[4]{d_2^4-\frac{10.2Md_2}{\sigma_b}}[\mathrm{mm}]$$

여기서, d : 둥근 축의 지름, M : 축에 작용하는 휨 모멘트(N · m)
d_1 : 중공축의 안지름(mm), d_2 : 중공축의 바깥지름(mm)
σ_b : 축에 생기는 휨 응력(MPa), Z : 축의 단면계수(m^3)

(나) 비틀림이 작용하는 축

- 둥근 축의 경우

$$T=\tau Z_p=\tau\frac{\pi d^3}{16}=\tau\frac{d^3}{5.1} \qquad \therefore d \fallingdotseq \sqrt[3]{\frac{5T}{\tau}}[\mathrm{mm}]$$

$$T=974\frac{H_{kW}}{N}[\mathrm{kgf \cdot m}]=9545.2\frac{H_{kW}}{N}[\mathrm{N \cdot m}]$$

여기서, T : 축에 작용하는 토크(N · m), Z_p : 축의 극단면 계수(cm^3),
τ : 축에 생기는 전단응력(MPa), N : 축의 매분 회전수(rpm),
H_{kW} : 전달 동력(kW)

- 중공축의 경우

$$d_2 \fallingdotseq \sqrt[3]{\frac{5.1T}{\tau(1-x^4)}}[\mathrm{mm}] \qquad \text{여기서, } x\text{(내외경비)}=\frac{d_1}{d_2}$$

(다) 휨과 비틀림을 동시에 받는 축 : 상당 휨 모멘트 M_e 또는 상당 비틀림 모멘트 T_e를 생각하여 축의 지름을 계산하여 큰 쪽의 값을 취한다.

$$T_e=\sqrt{T^2+M^2} \qquad M_e=\frac{1}{2}(M+\sqrt{M^2+T^2})=\frac{1}{2}(M+T_e)$$

$$d=\sqrt[3]{\frac{5.1T_e}{\tau_a}} \text{ 또는 } d=\sqrt[3]{\frac{10.2M_e}{\sigma_a}}$$

㈑ 전동축

$$T=\tau Z_p=\tau\frac{\pi d^3}{16}=9545.2\frac{H_{kW}}{N}[\text{N}\cdot\text{m}]$$

$$d=\sqrt[3]{\frac{16\times 9545.2H_{kW}}{\pi\tau N}}=36.5\sqrt[3]{\frac{H_{kW}}{\tau N}}[\text{m}]$$

여기서, τ[Pa], N[rpm]

③ 축 설계상의 고려할 사항

㈎ 강도(strength) : 여러 가지 하중의 작용에 충분히 견딜 수 있는 강함의 크기

㈏ 강성도(stiffiness) : 충분한 강도 이외에 처짐이나 비틀림의 작용에 견딜 수 있는 능력

㈐ 진동 : 회전 시 고유진동과 강제진동으로 인하여 현상이 생길 때 축이 파괴된다. 이때 축의 회전속도를 임계속도라 한다.

㈑ 부식(corrosion) : 방식(防蝕) 처리 또는 굵게 설계한다.

㈒ 온도 : 고온의 열을 받은 축은 크리프와 열팽창을 고려해야 한다.

2 축 이음(shaft coupling)

(1) 축 이음의 종류

형식		형상	특징
고정식 이음	플랜지 커플링 (flange coupling)	키, 축	• 가장 널리 쓰이며 주철, 주강, 단조강재의 플랜지를 이용한다. • 플랜지의 연결은 볼트 또는 리머 볼트로 조인다. • 축지름 50~150mm에서 사용되며 강력 전달용이다. • 플랜지 지름이 커져서 축심이 어긋나면 원심력으로 진동되기 쉽다.
	원통 커플링 (cylindrical coupling)	보스(원통), 키	• 제일 간단한 방법으로 주철제의 원통 또는 분할 원통 속에 양축을 끼워 넣고 키로 고정한다. • 30mm 이하의 작은 축에 사용한다. • 축 방향으로 인장이 걸리는 것에는 부적당하다.

플렉시블 커플링 (flexible coupling)		• 두 축의 중심선을 완전히 일치시키기 어려운 경우, 고속 회전으로 진동을 일으키는 경우, 내연기관 등에 사용된다. • 가죽, 고무, 연철금속 등을 플랜지 중간에 끼워 넣는다. • 탄성체에 의해 진동, 충격을 완화시킨다. • 양축의 중심이 다소 엇갈려도 상관없다.
올덤 커플링 (oldham's coupling)		• 두 축의 거리가 짧고 평행이며 중심이 어긋나 있을 때 사용한다. • 진동과 마찰이 많아서 고속에는 부적당하며 윤활이 필요하다.
유니버설 조인트 (universal joint)	A W_A 원동축 B W_B 종동축 θ	• 두 축이 서로 만나거나 평행해도 그 거리가 멀 때 사용한다. • 회전하면서 그 축의 중심선의 위치가 달라지는 것에 동력을 전달하는 데 사용한다. • 원동축이 등속 회전해도 종동축은 부등속 회전한다. • 축 각도는 30° 이내이다.

(2) 클러치의 종류

① **맞물림 클러치(claw clutch)** : 서로 물리는 턱을 가진 한 쌍의 플랜지를 원동축과 종동축의 끝에 붙여서 만든 것으로, 종동축의 플랜지를 축 방향으로 이동시켜 단속하는 클러치이다.

② **마찰 클러치(friction clutch)** : 원동축과 종동축에 설치된 마찰면을 서로 밀어 그 마찰력으로 회전을 전달시키는 클러치로서, 축 방향 클러치와 원주 방향 클러치로 크게 나누고, 마찰면의 모양에 따라 원판 클러치, 원뿔 클러치, 원통 클러치, 밴드 클러치 등으로 나눈다.

③ **유체 클러치(fluid clutch)** : 원동축의 회전에 따라 중간 매체인 유체가 회전하여 그 유압에 의하여 종동축이 회전하는 클러치이다.

(3) 축 이음 설계 시 유의 사항

① 센터의 맞춤이 완전히 이루어질 것
② 회전 균형이 완전하도록 할 것
③ 설치 분해가 용이하도록 할 것
④ 전동에 의해 이완되지 않을 것

⑤ 토크 전달에 충분한 강도를 가질 것

⑥ 회전부에 돌기물이 없도록 할 것

3 저널(journal)과 베어링(bearing)

회전축 또는 왕복 운동하는 축을 지지하여 축에 작용하는 하중을 부담하는 요소를 베어링(bearing)이라 하고, 베어링에 접촉된 축 부분을 저널(journal)이라 한다.

(1) 저널의 종류

① **레이디얼 저널(radial journal) :** 끝 저널(end journal), 중간 저널(neck journal)

② **스러스트 저널(thrust journal) :** 피벗 저널(pivot journal), 칼라 저널(collar journal)

③ **원뿔 저널(cone journal)과 구면 저널(spherical journal)**

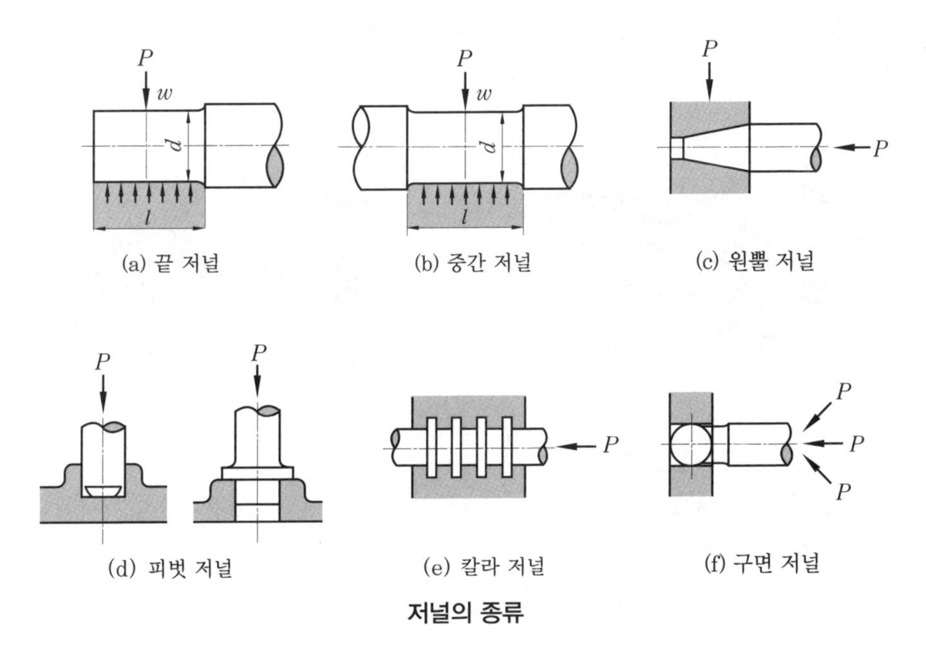

(a) 끝 저널 (b) 중간 저널 (c) 원뿔 저널

(d) 피벗 저널 (e) 칼라 저널 (f) 구면 저널

저널의 종류

(2) 베어링의 종류

① **하중의 작용에 따른 분류**

(가) 레이디얼 베어링(radial bearing)

(나) 스러스트 베어링(thrust bearing)

(다) 원뿔 베어링(cone bearing)

② **접촉면에 따른 분류**

(가) 미끄럼 베어링(sliding bearing) : 저널 부분과 베어링이 미끄럼 접촉을 하는 것으로 슬라이딩 베어링이라고도 한다.

㈏ 구름 베어링(rolling bearing) : 저널과 베어링 사이에 볼이나 롤러를 넣어서 구름 마찰을 하게 한 베어링으로 롤링 베어링이라고도 한다.

(3) 슬라이딩 베어링(sliding bearing)

① 저널 베어링(journal bearing)

㈎ 일체 베어링(solid bearing) : 주철제 한 덩어리로서 베어링 면에 부시를 끼운다.

㈏ 분할 베어링(split bearing) : 본체와 캡으로 되어 있다.

② 스러스트 베어링(thrust bearing)

㈎ 피벗 베어링(pivot bearing) : 절구 베어링(foot step bearing)이라고도 하며, 축 끝이 원추형으로 그 끝이 약간 둥글게 되어 있다.

㈏ 칼라 스러스트 베어링(collar thrust bearing) : 칼라는 여러 장 겹쳐 있으며, 칼라 저널을 만드는 베어링으로서 베어링의 길이가 길다.

㈐ 킹스버리 베어링(kingsbury bearing) : 미첼 베어링(michell bearing)이라고도 하며, 가동편형의 베어링으로 큰 스러스트를 받는다.

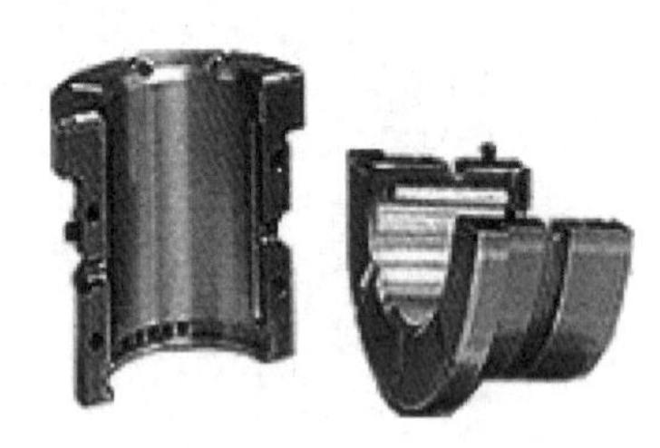

슬라이딩 베어링

③ 슬라이딩 베어링의 재료

㈎ 베어링 메탈의 구비 조건

- 축의 재료보다 연하면서 마모에 견딜 것
- 축과의 마찰계수가 작을 것
- 내식성이 클 것
- 마찰열의 발산이 잘 되도록 열전도가 좋을 것
- 가공성이 좋으며 유지 및 수리가 쉬울 것

㈏ 베어링 메탈

- 화이트 메탈(white metal) : 가장 널리 쓰이는 것으로 주석계와 납계 그리고 아연계 화이트 메탈이 있다.
- 구리 합금 : 화이트 메탈에 비하여 강도가 크며 청동, 납청동, 인청동, 켈밋 등이 쓰인다.

- 트리 메탈(tri-metal) : 디젤 기관의 메인 베어링으로 쓰이며, 연강의 백 메탈의 안쪽에 켈밋이나 화이트 메탈을 입혀 세 층으로 만든 것이다.
- 비금속 재료 : 함유 베어링(oilless bearing)을 만드는 것으로서 목재, 합성수지 등의 다공질 물질이다.

④ 슬라이딩 베어링의 특징

㈎ 회전속도가 비교적 느린 경우에 사용한다.

㈏ 베어링에 작용하는 하중이 큰 경우에 사용한다.

㈐ 베어링에 충격 하중이 걸리는 경우에 사용한다.

㈑ 진동, 소음이 작다.

㈒ 구조가 간단하며, 값이 싸고 수리가 쉽다.

㈓ 구름 베어링보다 정밀도가 높은 가공법이다.

㈔ 시동 시 마찰저항이 큰 결점이 있다.

㈕ 윤활유 급유에 신경을 써야 한다.

(4) 롤링 베어링(rolling bearing)

전동체에 따라 볼 베어링과 롤러 베어링으로 나눈다.

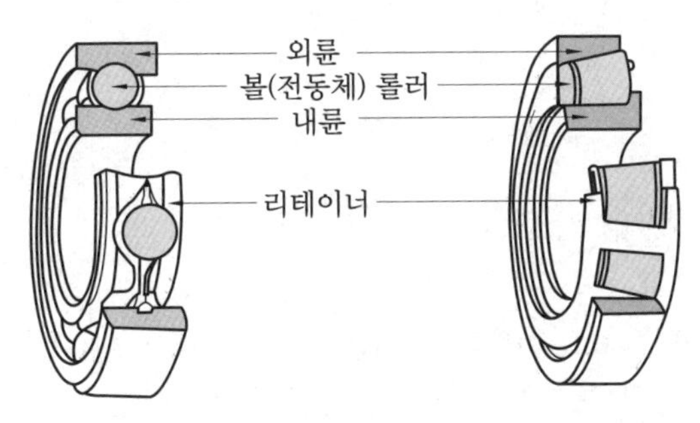

롤링 베어링의 구조

① 볼 베어링(ball bearing)

㈎ 단열 깊은 홈형 레이디얼 볼 베어링 : 레이디얼 하중과 스러스트 하중을 받으며, 구조가 간단하다.

㈏ 단열 볼 베어링 : 고속용에는 작은 것이 쓰이며, 스러스트 하중에도 견딜 수 있다.

㈐ 복렬 자동 조심형 레이디얼 볼 베어링 : 전동장치에 많이 사용하며 외륜의 내면이 구면이므로 축심이 자동 조절되며, 무리한 힘이 걸리지 않는다.

㈑ 단식 스러스트 볼 베어링 : 스러스트 하중만 받으며, 고속에 곤란하고, 충격에 약하다.

② 롤러 베어링(roller bearing)

㈎ 원통 롤러 베어링 : 레이디얼 부하 용량이 매우 크다. 중하중용, 충격에 강하다.

(나) 니들 볼 베어링 : 롤러 길이가 길고 가늘며 내륜 없이 사용이 가능하고 마찰저항이 크며, 중하중용이고 충격 하중에 강하다.

(다) 원뿔 롤러 베어링 : 스러스트 하중과 레이디얼 하중에도 분력이 생긴다. 내 · 외륜 분리가 가능하며, 공작기계 주축에 쓰인다.

(라) 구면 롤러 베어링 : 고속 회전은 곤란하며, 자동 조심형으로 쓸 경우 복력으로 쓴다.

③ 볼 베어링과 롤러 베어링의 비교

비교 항목 \ 종류	볼 베어링	롤러 베어링
하중	비교적 작은 하중에 적당하다.	비교적 큰 하중에 적당하다.
마찰	작다.	비교적 크다.
회전수	고속 회전에 적당하다.	비교적 저속 회전에 적당하다.
충격성	작다.	작지만 볼 베어링보다는 크다.

④ 롤링 베어링 수명 계산식

(가) $L_n = \left(\frac{C}{P}\right)^r \times 10^6$[rev]

(나) $L_n = N \times 60 \times L_h$

(다) $L_h = 500\left(\frac{C}{P}\right)^r \frac{33.3}{N}$[시간]

여기서, L_n : 베어링 수명(10^6 회전단위)

L_h : 베어링 수명 시간(hr)

P : 베어링 하중(N)

C : 기본 동정격하중(N)

N : 회전수 (rpm)

r : 베어링 내외륜과 전동체와의 접촉 상태에서 결정되는 정수

(볼 베어링인 경우 $r=3$, 롤러 베어링인 경우 $r=\frac{10}{3}$ 이다.)

2-6 전동 및 제어용 요소

1 전동장치

전동장치(transmission gear)란 회전하는 두 축 사이에서 동력을 전달해 주는 장치를 말한다.

(1) 전동장치의 종류

① **직접 전달장치** : 기어나 마찰차와 같이 직접 접촉으로 전달하는 것으로 축 사이가 비교적 짧은 경우에 쓰인다.

② **간접 전달장치** : 벨트, 체인, 로프 등을 매개로 한 전달장치로 축간 사이가 클 경우에 쓰인다.

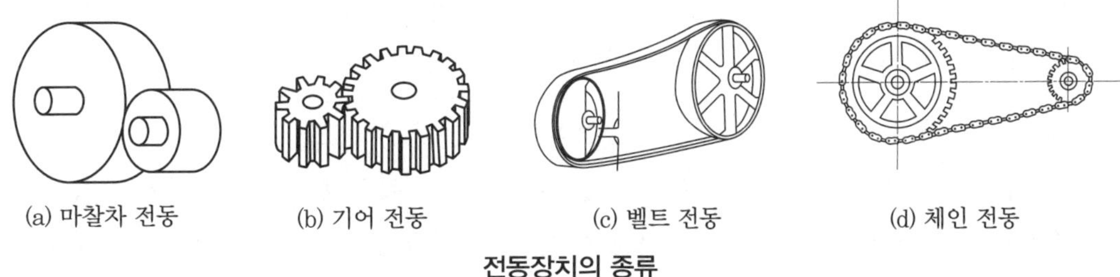

(a) 마찰차 전동 (b) 기어 전동 (c) 벨트 전동 (d) 체인 전동

전동장치의 종류

(2) 마찰차 전동

① **마찰차 종류**

㈎ 원통 마찰차 : 두 축이 평행하며, 마찰차 지름에 따라 속도비가 다르다. 외접하는 경우와 내접하는 경우가 있다.

㈏ 원뿔 마찰차 : 두 축이 서로 교차하며, 동력을 전달할 때 사용된다.

㈐ 홈붙이 마찰차 : 마찰차에 홈을 붙인 것이며, 두 축이 평행하다.

㈑ 변속 마찰차 : 속도 변환을 위한 특별한 마찰차로서 원판 마찰차, 원뿔 마찰차, 구면 마찰차 등이 있다.

② **마찰차의 응용 범위**

㈎ 속도비가 중요하지 않은 경우

㈏ 회전속도가 커서 보통의 기어를 사용하지 못하는 경우

㈐ 전달 힘이 크지 않아도 되는 경우

㈑ 두 축 사이를 단속할 필요가 있는 경우

③ **마찰차의 전달력**

㈎ 2개의 마찰차를 Q 힘으로 누르면 접촉점에는 $F=\mu Q$의 마찰력이 생기며, 힘 F로

써 피동차를 회전시킬 수 있다. (μQ의 힘이 접선력보다 클 때)

전달동력 $H_{kW} = \dfrac{\mu PV}{1000}$ [kW]

여기서, μ : 마찰계수, P : 마찰차에서 밀어붙이는 힘(N), V : 원주속도(m/s)

- 속도비(i) $= \dfrac{n_2}{n_1} = \dfrac{D_1}{D_2}$
- 2축간 중심 거리(C) $= \dfrac{D_1 \pm D_2}{2}$ (+는 외접, −는 내접)
- 원주속도(V) $= \dfrac{\pi D_1 N_1}{60 \times 1000} = \dfrac{\pi D_2 N_2}{60 \times 1000}$ [m/s]
- 전동 효율 : 원통 마찰차의 전동 효율은 주철 마찰차와 비금속 마찰차에서는 90%, 2개가 주철 마찰차일 경우에는 80%가 된다.

(나) μ값을 크게 하기 위해 피동차에는 금속을, 원동차에는 나무, 생가죽, 파이버(fiber), 고무, 베이클라이트 등을 쓴다.

(3) 기어(gear) 전동

① **기어** : 마찰면을 피치원으로 하여 여기에 이(tooth)를 만들어 미끄럼 없이 일정한 속도비로 큰 동력을 전달하는 것으로 한 쌍의 회전비는 1/1~1/10 정도이며, 잇수가 많은 것을 기어(gear), 적은 것을 피니언(pinion)이라 한다.

(가) 큰 동력을 일정한 속도비로 전할 수 있다.

(나) 사용 범위가 넓다.

(다) 전동 효율이 좋고 감속비가 크다.

(라) 충격에 약하고 소음과 진동이 발생한다.

② **기어의 종류**

(가) 두 축이 만나는 경우

- 베벨 기어(bevel gear) : 원뿔면에 이를 만든 것으로 이가 직선인 것을 베벨 기어라고 한다.

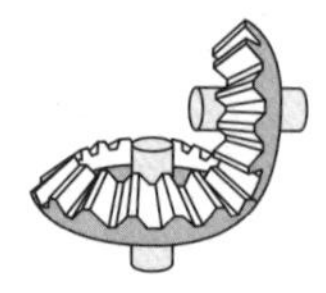
(a) 직선 베벨 기어

(b) 스파이럴 베벨 기어

(c) 헬리컬 베벨 기어

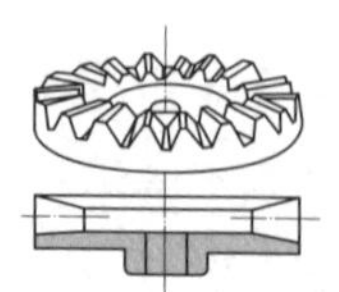
(d) 크라운 기어

두 축이 만나는 경우

- 스큐 베벨 기어(skew bevel gear) : 이가 원뿔면의 모선에 경사진 기어이다.
- 스파이럴 베벨 기어(spiral bevel gear) : 이가 구부러진 기어이다.

(나) 두 축이 서로 평행한 경우

- 스퍼 기어(spur gear)
- 헬리컬 기어(helical gear)
- 더블 헬리컬 기어(double helical gear)
- 인터널 기어(internal gear)
- 래크(rack)

(a) 스퍼 기어

(b) 헬리컬 기어

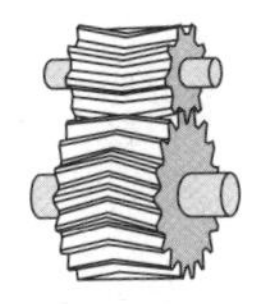
(c) 더블 헬리컬 기어

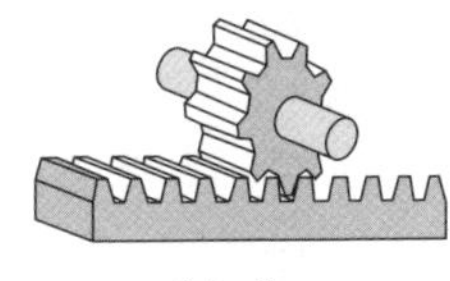
(d) 래크

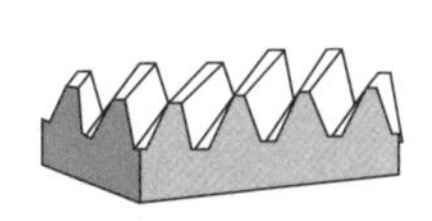
(e) 헬리컬 래크

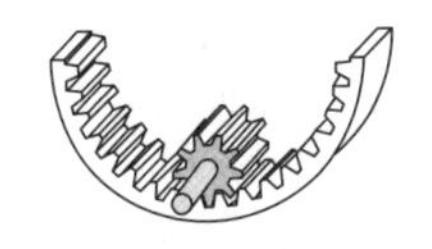
(f) 인터널 기어

두 축이 서로 평행한 경우

(다) 두 축이 만나지도 않고 평행하지도 않은 경우

- 하이포이드 기어(hypoid gear)
- 스크루 기어(screw gear)
- 웜 기어(worm gear)

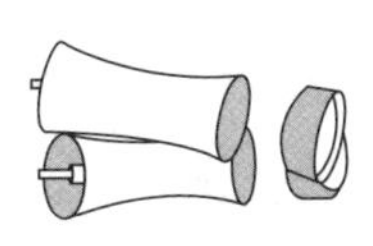
(a) 스큐 기어

(b) 하이포이드 기어

(c) 웜 기어

두 축이 만나지도 않고 평행하지도 않은 경우

③ 기어의 각부 명칭과 이의 크기

(가) 기어의 각부 명칭

- 피치원(pitch circle) : 피치면의 축에 수직한 단면상의 원
- 원주 피치(circle pitch) : 피치원 주위에서 측정한 2개의 이웃에 대응하는 부분 간의 거리
- 이끝원(addendum circle) : 이 끝을 지나는 원
- 이뿌리원(dedendum circle) : 이 밑을 지나는 원
- 이 폭 : 축 단면에서의 이의 길이

- 이의 두께 : 피치상에서 측정한 이의 두께
- 총 이 높이 : 이끝 높이와 이뿌리 높이의 합, 즉 이의 총 높이
- 이끝 높이(addendum) : 피치원에서 이끝원까지의 거리
- 이뿌리 높이(dedendum) : 피치원에서 이뿌리원까지의 거리

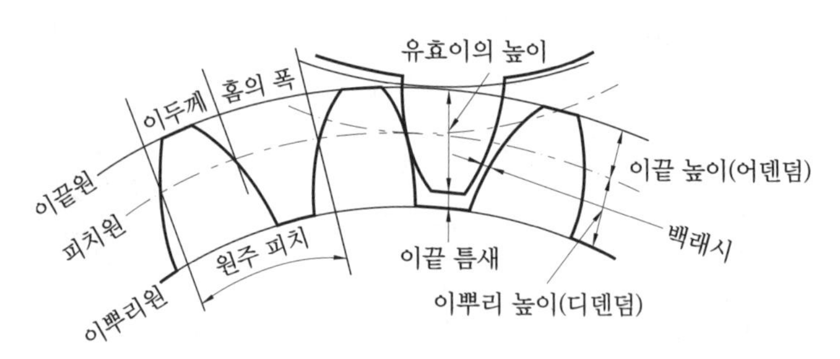

기어의 각부 명칭

(나) 이의 크기

모듈(m)	지름 피치(P_d)	원주 피치(p)
피치원 지름 D[mm]를 잇수로 나눈 값(미터 단위 사용) $m=\frac{\text{피치원의 지름}}{\text{잇수}}=\frac{D}{Z}$	잇수를 피치원 지름 D[inch]로 나눈 값(인치 단위 사용) $P_d=\frac{\text{잇수}}{\text{피치원의 지름}}=\frac{Z}{D}$	피치원의 원주를 잇수로 나눈 값(근래 사용하지 않음) $p=\pi m=\frac{\pi D}{Z}$

④ **기어 열(gear train)과 속도비**

(가) 기어 열(gear train) : 기어의 속도비가 6 : 1 이상 되면 전동 능력이 저하되므로 원동차와 피동차 사이에 1개 이상의 기어를 넣는다. 이와 같은 것을 기어 열(gear train)이라고 한다.

- 아이들 기어(idle gear) : 두 기어 사이에 있는 기어로 속도비에 관계없이 회전 방향만 변한다.
- 중간 기어 : 3개 이상의 기어 사이에 있는 기어로 회전 방향과 속도비가 변한다.

(나) 기어의 속도비 : 원동차, 종동차의 회전수를 각각 n_A, n_B[rpm], 잇수를 Z_A, Z_B, 피치원의 지름을 D_A, D_B, 기초원 지름을 D_{gA}, D_{gB}라고 하고 압력각을 α라고 하면,

- 속도비$(i)=\frac{n_B}{n_A}=\frac{D_A}{D_B}=\frac{mZ_A}{mZ_B}=\frac{Z_A}{Z_B}$
- 중심거리$(C)=\frac{D_A+D_B}{2}=\frac{m(Z_A+Z_B)}{2}=\frac{D_{gA}+D_{gB}}{2\cos\alpha}$[mm]

단, m은 모듈이며, $D=mZ$가 된다.

⑤ 치형 곡선

㈎ 인벌류트(involute) 곡선

- 원 기둥에 감은 실을 풀 때 실의 1점이 그리는 원의 일부 곡선으로 일반적으로 많이 사용한다.
- 압력각이 일정하고 중심거리가 다소 어긋나도 속도비는 불변한다.
- 맞물림이 원활하며 공작이 쉽다.
- 호환성이 있고 이뿌리가 튼튼하다.
- 마멸이 큰 결점이 있다.

㈏ 사이클로이드(cycloid) 곡선

- 기준 원 위에 원판을 굴릴 때 원판상의 1점이 그리는 궤적으로 외전 및 내전 사이클로이드 곡선으로 구분한다.
- 피치원이 완전히 일치해야 바르게 물린다.
- 기어 중심거리가 맞지 않으면 물림이 나쁘다. 이뿌리가 약하다.
- 효율이 높고 소음 및 마멸이 작다.

⑥ 이의 간섭과 언더 컷, 압력각

㈎ 이의 간섭(interference of tooth) : 2개의 기어가 맞물려 회전 시에 한쪽의 이끝 부분이 다른 쪽 이뿌리 부분을 파고 들어 걸리는 현상이다.

㈏ 언더 컷(under cut) : 이의 간섭에 의하여 이뿌리가 파여진 현상으로 잇수가 몹시 적은 경우나 잇수비가 매우 클 경우에 생기기 쉽다.

언더 컷의 한계 잇수

압력각	14.5°	15°	20°
이론적 잇수	32	30	17
실용적 잇수	26	25	14

㈐ 압력각(pressure angle) : 피치원 상에서 치형의 접선과 기어의 변경선이 이루는 각으로 14.5°, 15°, 17.5°, 20°, 22.5°가 있으며 14.5°와 20°가 가장 많이 사용된다.

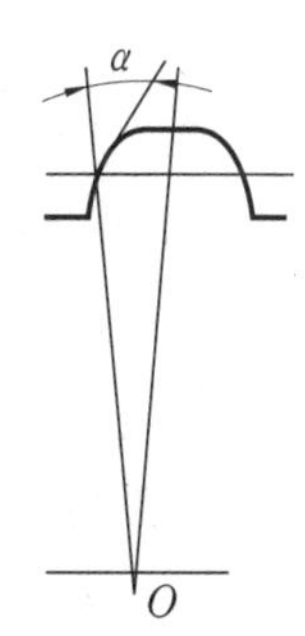

압력각

㈑ 이의 간섭을 막는 법

- 이의 높이를 줄인다.
- 압력각을 증가시킨다. (20° 또는 그 이상으로 크게 한다)
- 피니언의 반지름 방향의 이뿌리면을 파낸다.
- 치형의 이끝면을 깎아낸다.

⑦ 표준 기어와 전위 기어

㈎ 표준 기어 : 피치원에 따라 측정한 이의 두께가 기준 피치의 1/2인 경우이다.

㈏ 전위 기어 : 잇수가 적은 경우나 잇수비가 큰 경우 이뿌리에 접촉하여 회전할 수 없는 간섭 현상이 발생한다.

⑧ 기어의 설계

㈎ 스퍼 기어의 설계 순서

- 축의 지름을 정한다.
- 사용할 재료를 선택한다.
- 이의 크기, 즉 모듈, 이의 너비를 정한다.
- 기어 각 부분의 치수를 결정한다.

㈏ 헬리컬 기어의 설계

- 헬리컬 기어의 치형 : 이 직각 방식에 의한 치형과 축 직각 방식에 의한 치형이 있다.
- 상당 스퍼 기어(Z_e) $= \dfrac{Z}{\cos^3\beta}$

  여기서, Z : 실제 잇수, Z_e : 상당 잇수
- 헬리컬 기어의 강도 : $P=\sigma_b b m_n y$[N]

  여기서, b : 이의 너비, m_n : 이 직각 모듈, y : 상당 치형 계수

㈐ 베벨 기어의 설계

- 상당 스퍼 기어(Z_e) $= \dfrac{Z}{\cos\delta}$

  여기서, δ : 피치 원뿔각
- 헬리컬 베벨 기어의 강도 : $P=\sigma_b bmy \cdot \dfrac{R_e-b}{R_e}$

  여기서, R_e : 바깥 끝 원뿔 거리

(4) 벨트 전동장치

축간 거리가 10 m 이하이고 속도비는 1 : 6 정도, 속도는 10~30 m/s이다. 벨트의 전동 효율은 96~98%이며, 충격 하중에 대한 안전장치의 역할이 되어 원활한 전동이 가능하다.

① 평 벨트

㈎ 벨트의 재질 : 가죽 벨트, 고무 벨트, 천 벨트, 띠강 벨트 등이 있다. 가죽 벨트는 마찰계수가 크며 마멸에 강하고 질기며(가격이 비쌈), 고무 벨트는 인장강도가 크고 늘어남이 작으며 수명이 길고 두께가 고르고 기름에 약하다.

(나) 벨트 거는 법

• 두 축이 평행한 경우

– 평행 걸기(open belting) : 동일 방향으로 회전한다.

– 엇 걸기(cross belting) : 반대 방향으로 회전하며, 십자걸기라고도 한다.

(a) 평행 걸기 (b) 엇 걸기

두 축이 평행한 경우의 벨트 걸기

• 두 축이 수직인 경우 : 이 경우는 역회전이 불가능하다. 역회전을 가능하게 하기 위해서는 안내 풀리(guide pulley)를 사용하면 된다.

(다) 벨트의 접촉 중심각 : 벨트의 미끄러짐을 작게 하려면 풀리와 벨트의 접촉각을 크게 하면 된다. 접촉각을 크게 하는 방법은 이완쪽이 원동차의 위가 되게 하거나 인장 풀리(tension pulley)를 사용하면 된다.

(라) 벨트의 길이 : 두 풀리의 지름을 D_1, D_2[cm], 중심거리(축간거리)를 C[cm], 벨트의 길이를 L[cm]라 하면,

• 평행 걸기의 경우 : $L \fallingdotseq 2C + \dfrac{\pi(D_2+D_1)}{2} + \dfrac{(D_2-D_1)^2}{4C}$[mm]

• 엇 걸기의 경우 : $L \fallingdotseq 2C + \dfrac{\pi(D_2+D_1)}{2} + \dfrac{(D_2+D_1)^2}{4C}$[mm]

(마) 벨트 풀리(belt pulley) : 보통 주철제(원주 속도 20 m/s 이하)로 하며, 암의 수는 4~8개를 달지만 지름 18 cm 이하에서나 고속용은 원판으로 한다. 벨트 풀리의 외주의 중앙부는 벨트의 벗겨짐을 막기 위하여 볼록하게 되어 있다.

(바) 벨트 풀리에 의한 변속장치

• 단차에 의한 변속 : 지름이 다른 벨트 풀리 몇 개를 한 몸으로 묶은 것을 단차(cone pulley)라 하며, 서로 반대 방향으로 놓아서 평 벨트를 건다.

• 원뿔 벨트 풀리에 의한 방법

② **V 벨트** : 속도 10~15 m/s에 사용되며, 단면이 V형, 이음매가 없다. 전동 효율은 95~99% 정도이며, 홈밑에 접촉하지 않게 되어 있으므로 홈의 빗변으로 벨트가 먹혀 들어가기 때문에 마찰력이 큰데, 이것을 쐐기 작용이라 한다.

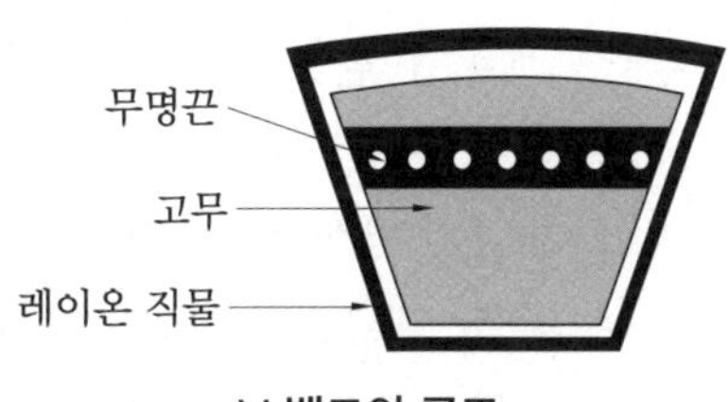

V 벨트의 구조

㈎ V 벨트의 형상 : V 벨트의 단면은 고무를 입힌 면포로 싸주고 있다.

㈏ V 벨트의 표준 치수 : V 벨트의 표준 치수는 M, A, B, C, D, E의 6종류가 있으며, M에서 E쪽으로 가면 단면이 커진다.

㈐ V 벨트의 특징

- 허용 인장응력은 약 1.764 MPa이다.
- 풀리의 지름이 작아지면 풀리의 홈 각도는 40°보다 작게 한다. (34°, 36°, 38°의 3종류가 있다.)
- 속도비는 1 : 7이다.
- 미끄럼이 작고 전동 회전비가 크다.
- 수명이 길다.
- 운전이 조용하고 진동, 충격의 흡수 효과가 있다.
- 축간 거리가 짧은 데(5 m 이하) 쓴다.

(5) 체인(chain) 전동

① 체인의 종류

㈎ 롤러 체인(roller chain) : 강철제의 링크를 핀으로 연결하고 핀에는 부시와 롤러를 끼워서 만든 것이다. 고속에서 소음이 나는 결점이 있다.

㈏ 사일런트 체인(silent chain) : 링크의 바깥면이 스프로킷(sprocket : 사슬 톱니바퀴)의 이에 접촉하여 물리며 다소 마모가 생겨도 체인과 바퀴 사이에 틈이 없어서 조용한 전동이 된다.

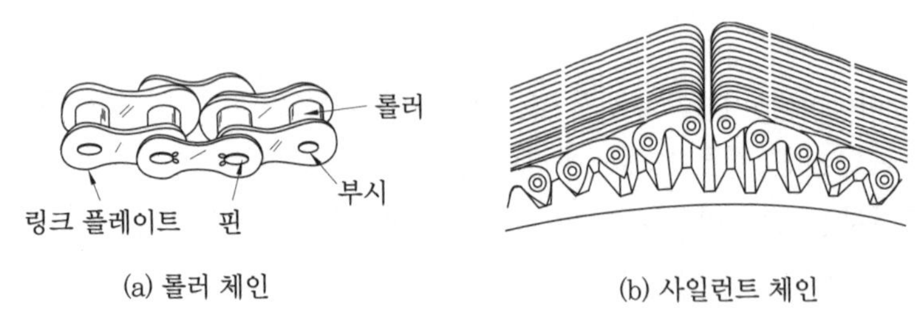

(a) 롤러 체인　　(b) 사일런트 체인

체인의 종류

② 체인 전동의 특징

㈎ 미끄럼이 없고, 속도비가 정확하다.

㈏ 큰 동력(효율 95 % 이상)이 전달된다.

㈐ 수리 및 유지가 쉽다.

㈑ 체인의 탄성으로 어느 정도 충격이 흡수된다.

㈒ 내열, 내유, 내습성이 있다.

㈓ 진동, 소음이 심하며, 고속 회전에는 부적당하다.

③ **체인의 평균속도** V[m/s]

$$V=\frac{N_1PZ_1}{60\times1000}=\frac{N_2PZ_2}{60\times1000}\text{[m/s]}$$

여기서, P : 체인의 피치(mm), N_1 : 원동축 회전수, N_2 : 종동축 회전수
Z_1 : 원동축 잇수, Z_2 : 종동축 잇수

2 제어용 요소

(1) 스프링(spring)

① **스프링의 용도**

(가) 진동 흡수, 충격 완화(철도, 차량)

(나) 에너지 저축 및 측정(시계 태엽, 저울)

(다) 압력의 제한(안전 밸브) 및 침의 측정(압력 게이지)

(라) 기계 부품의 운동 제한 및 운동 전달(내연 기관의 밸브 스프링)

② **스프링의 종류**

(가) 재료에 의한 분류 : 금속 스프링, 비금속 스프링, 유체 스프링

(나) 하중에 의한 분류 : 인장 스프링, 압축 스프링, 토션 바 스프링, 구부림을 받는 스프링

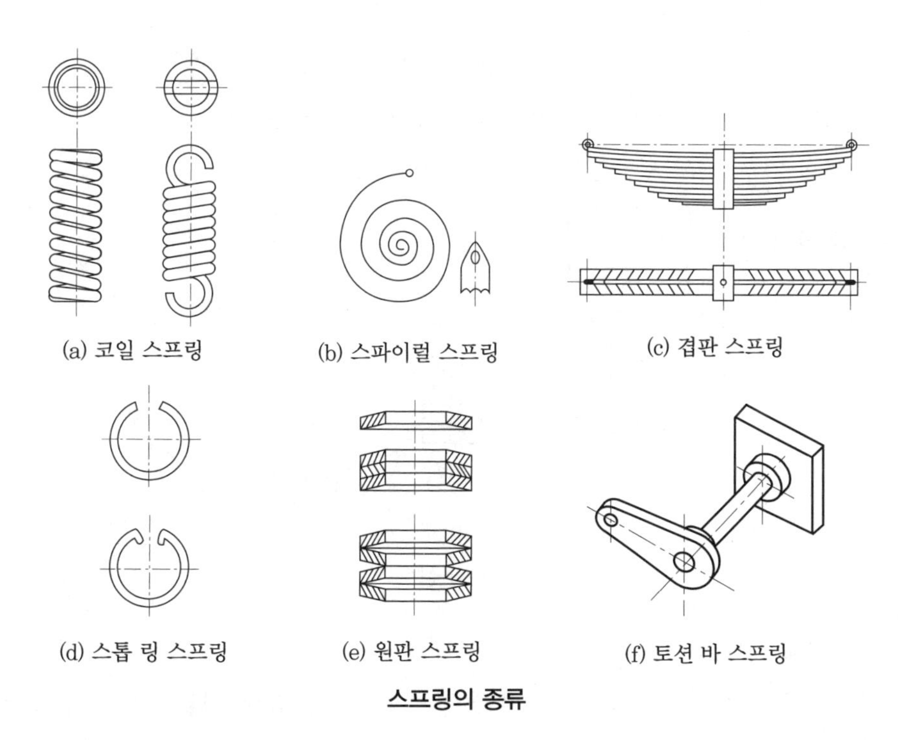

스프링의 종류

(다) 용도에 의한 분류 : 완충 스프링, 가압 스프링, 측정용 스프링, 동력 스프링

(라) 모양에 의한 분류 : 코일 스프링(coil spring), 태엽 스프링(spiral spring), 겹판 스프링(leaf spring), 스톱링 스프링(stop ring spring), 원판 스프링(disc spring), 토션 바 스프링(torsion bar spring) 등이 있다. 스프링 단면의 형상에는 원형, 직사각형, 사다리꼴 등이 널리 쓰인다.

③ **스프링의 재료** : 탄성계수가 크고 탄성한계나 피로, 크리프 한도가 높아야 하며, 내식성, 내열성 또는 비자성이나 비전도성 등이 좋아야 한다.

(가) 금속 재료 : 스프링강, 피아노선, 인청동선, 황동선이 널리 쓰이며 특수용으로 스테인리스강, 고속도강이 쓰인다.

(나) 비금속 재료 : 고무, 공기, 기름 등이 완충 스프링에 쓰인다.

④ **스프링의 휨과 하중**

(가) 스프링에 하중을 걸면 하중에 비례하여 인장 또는 압축, 휨 등이 일어난다.

$$W=K\delta[\mathrm{N}]$$

(나) 하중에 의해 이루어진 일 $U[\mathrm{N\cdot m}]$은 $W=K\delta$의 직선과 가로축 사이의 면적으로 표시한다.

$$U=\frac{1}{2}W\delta=\frac{1}{2}K\delta^2[\mathrm{N\cdot m}]$$

여기서, W : 하중, δ : 늘어난 변위량, K : 스프링 상수, U : 일량

(다) 스프링 상수 K_1, K_2의 2개를 접속시켰을 때 스프링 상수는,

- 병렬의 경우 : $K=K_1+K_2$[그림 (a), (b)]
- 직렬의 경우 : $\frac{1}{K}=\frac{1}{K_1}+\frac{1}{K_2}$[그림 (c)]

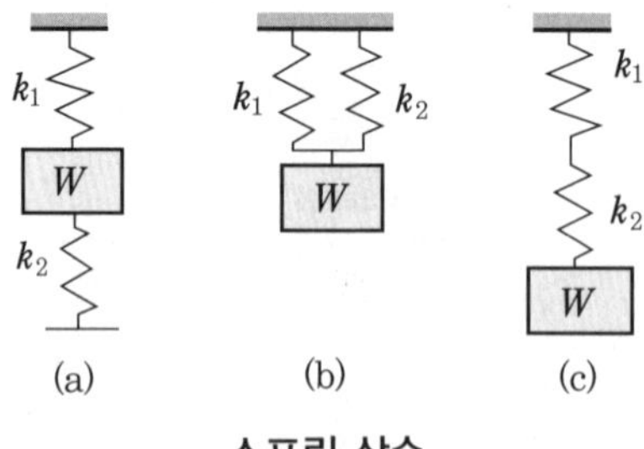

스프링 상수

⑤ **코일 스프링의 용어**

(가) 지름 : 재료의 지름(=소선의 지름 : d), 코일의 평균 지름(D), 코일의 안지름(D_1), 코일의 바깥지름(D_2)이 있다.

(나) 스프링의 종횡비(λ) : 하중이 없을 때의 스프링의 높이를 자유 높이(H)라 하는데, 그 자유 높이와 코일의 평균 지름의 비이다.

$$종횡비(\lambda)=\frac{D}{H}(보통\ 0.8\sim4)$$

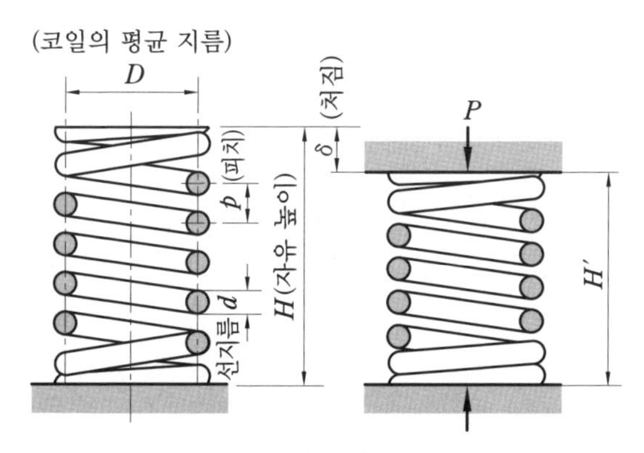

코일 스프링의 각부 명칭

(다) 피치(p) : 서로 이웃하는 소선의 중심간 거리

(라) 코일의 감김 수

- 총 감김 수 : 코일 끝에서 끝까지의 감김 수
- 유효 감김 수 : 스프링의 기능을 가진 부분의 감김 수
- 자유 감김 수 : 무하중일 때 압축 코일 스프링의 소선이 서로 접하지 않는 부분의 감김 수

(마) 스프링 지수(C)$=\dfrac{D}{d}$(보통 4~10)

(바) 스프링 상수(k)$=\dfrac{작용\ 하중(N)}{변위량(mm)}=\dfrac{W}{\delta}$[N/mm]

(2) 브레이크(brake)

브레이크는 기계 운동 부분의 에너지를 흡수해서 속도를 낮게 하거나 정지시키는 장치이다.

① 브레이크의 종류

(가) 반지름 방향으로 밀어 붙이는 형식 : 블록 브레이크, 밴드 브레이크, 팽창 브레이크

(나) 축 방향으로 밀어 붙이는 형식 : 원판 브레이크, 원추 브레이크, 다판식 브레이크

(다) 자동 브레이크 : 웜 브레이크 , 나사 브레이크, 캠 브레이크, 원심력 브레이크

(라) 밴드 브레이크 : 브레이크 드럼의 둘레에 강철 밴드를 감아 놓고, 레버로 밴드를 잡아당겼을 때 생기는 접촉면 사이의 마찰력에 의하여 제동하는 장치

(마) 원판 브레이크 : 브레이크의 평균 지름 위에 작용하는 힘을 f, 접촉면의 수를 n, 제동 토크를 T_f라 하면,

$$\text{제동력}(f)=n\mu F=n\mu\frac{\pi}{4}(d_2^2-d_1^2)p\,[\mathrm{N}]$$

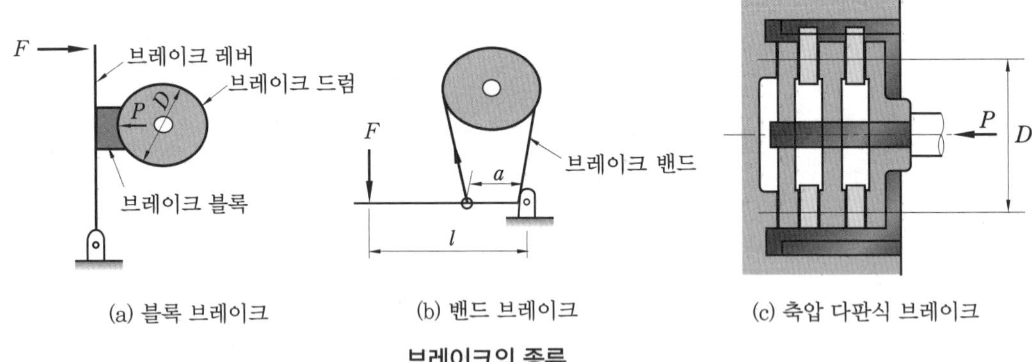

(a) 블록 브레이크 (b) 밴드 브레이크 (c) 축압 다판식 브레이크

브레이크의 종류

② 마찰 브레이크의 역학

(가) 마찰 브레이크는 마찰 계수 μ인 마찰면에 수직으로 작용하는 브레이크 작동력 P[N]에 의하여 생기는 마찰력 f[N]가 브레이크 작용을 하는 것이다.

(나) 이때, f를 브레이크 힘(brake force)이라 하면, $f=\mu P$

(다) 브레이크 용량 : 브레이크 드럼의 원주 속도를 v[m/s], 미는 힘을 W[N], 블록의 접촉 면적을 A[mm^2]라 하면, 브레이크의 단위 면적당의 마찰일 w_f는 다음과 같다.

$$w_f=\frac{\mu Wv}{A}=\mu pv\,[\mathrm{MPa\cdot m/s}]$$

$$\text{제동 압력 } p=\frac{W}{A}=\frac{W}{eb}[\mathrm{MPa}]$$

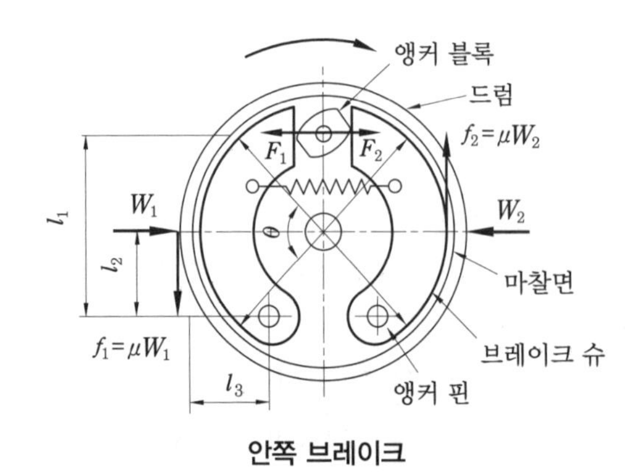

안쪽 브레이크

블록 브레이크의 용량

출제 예상 문제

EXERCISES

1. 응력에 대한 설명 중 가장 올바른 것은 어느 것인가? (03/5)

① 단위 면적에 대한 변형의 크기로 나타낸다.
② 외력에 대하여 물체 내부에서 대응하는 저항력을 말한다.
③ 전단응력은 경사응력과 같은 의미이다.
④ 물체에 하중을 작용시켰을 때 하중방향에 발생한 응력을 전단응력이라 한다.

해설 응력 : 물체에 외력이 작용하였을 때, 그 외력에 저항하여 물체의 형태를 그대로 유지하려고 물체 내에 생기는 내력

2. 온도의 변화에 따라 재료 내부에 생기는 응력은? (05/5)

① 경사 응력 ② 크리프 응력
③ 압축 응력 ④ 열응력

해설 열응력 : 온도의 변화에 따른 신축 현상으로 재료 내부에 생기는 응력

3. 다음 중 훅의 법칙(Hooke's law)이 성립되는 범위는? (04/5)

① 최대 강도점 ② 탄성 한도
③ 비례 한도 ④ 항복점

해설 훅의 법칙(Hooke's law)은 비례 한도 내에서 응력과 변형률은 정비례한다는 법칙이다. $\sigma=E\varepsilon$(응력=비례상수×변형률)

4. 다음 식에서 (   ) 안에 들어갈 적합한 용어는? (05/5)

$$\frac{\text{극한강도}}{\text{허용응력}}=(\qquad)$$

① 안전율 ② 파괴강도
③ 영률 ④ 사용강도

해설 안전율$=\frac{\text{극한강도}}{\text{허용응력}}=\frac{\text{인장강도}}{\text{허용응력}}$

5. 다음 중 가로 탄성계수를 바르게 나타낸 것은 어느 것인가? (07/5)

① $\frac{\text{굽힘응력}}{\text{전단 변형률}}$ ② $\frac{\text{전단응력}}{\text{수직 변형률}}$
③ $\frac{\text{전단응력}}{\text{전단 변형률}}$ ④ $\frac{\text{수직응력}}{\text{전단 변형률}}$

해설 가로 탄성 계수(modulus of transverse elasticity) : 전단하중을 받는 재료에 대해서도 응력이 비례 한도 이내에 있을 때에는 인장이나 압축의 경우와 같이 훅의 법칙이 성립되며, 응력과 변형률은 정비례한다.

가로 탄성 계수$(G)=\frac{\text{전단응력}(\tau)}{\text{전단 변형률}(\gamma)}$[GPa]

여기서, 비례 상수를 가로 탄성 계수 또는 전단 탄성 계수(shearing modulus)라 한다.

6. 다음 중 운동용 나사가 아닌 것은 어느 것인가? (02/5, 07/5)

① 관용 나사 ② 사각 나사
③ 사다리꼴 나사 ④ 볼 나사

해설 관용 나사는 체결용 나사이다.

정답 1. ② 2. ④ 3. ③ 4. ① 5. ③ 6. ①

7. 막대의 양끝에 나사를 깎은 머리 없는 볼트로서 볼트를 끼우기 어려운 곳에 미리 볼트를 심어 놓고 너트를 조일 수 있도록 한 볼트는? (03/5)

① 기초 볼트 ② 스테이 볼트
③ 스터드 볼트 ④ 충격 볼트

해설 스터드 볼트 : 환봉의 양끝에 나사를 낸 것으로 기계 부품의 한쪽 끝을 영구 결합시키고 너트를 풀어 기계를 분해하는 데 쓰인다.

8. 다음 중 가장 큰 하중이 걸리는 데 사용되는 키는? (04/5)

① 새들 키 ② 묻힘 키
③ 둥근 키 ④ 평 키

해설 동력 전달 순서 : 세레이션 > 스플라인 > 접선 키 > 묻힘 키 > 반달 키 > 평 키 > 안장 키 > 새들 키

9. 핀의 용도 중 틀린 것은? (04/5)

① 2개 이상의 부품을 결합하는 데 사용
② 나사 및 너트의 이완 방지
③ 분해 조립할 부품의 위치 결정
④ 분해가 필요 없는 곳의 영구 결합

해설 핀의 용도
(1) 부품을 결합할 때 사용한다.
(2) 나사, 너트의 이완 방지 시 사용한다.
(3) 부품의 위치 결정 시 사용한다.
(4) 분해가 필요한 곳에 적합하다.

10. 축을 작용하는 힘에 의해 분류했을 때, 전동축에 관한 설명으로 가장 옳은 것은 어느 것인가? (03/5)

① 주로 휨 하중을 받는다.
② 주로 인장과 휨 하중을 받는다.
③ 주로 압축 하중을 받는다.
④ 주로 휨과 비틀림 하중을 받는다.

해설 작용하는 힘에 의한 축의 분류
(1) 차축 : 휨 하중을 받는다.
(2) 스핀들 : 비틀림 하중을 받는다.
(3) 전동축 : 휨과 비틀림 하중을 받는다.

11. 다음 중 베어링의 설명으로 틀린 것은 어느 것인가? (02/5)

① 슬라이딩 베어링은 미끄럼 접촉이다.
② 레이디얼 베어링은 축 방향의 하중을 받는다.
③ 구름 마찰이 미끄럼 마찰보다 마찰 계수가 작다.
④ 롤링 베어링은 구름 접촉이다.

해설 레이디얼 베어링은 축 직각방향, 즉 반지름 방향 하중을 받는다.

12. 베어링 호칭 번호 6203의 안지름 치수는 어느 것인가? (05/5)

① 10mm ② 12mm
③ 15mm ④ 17mm

해설 안지름 번호
- 00 : 안지름 10mm, 01 : 안지름 12mm, 02 : 안지름 15mm, 03 : 안지름 17mm
- 안지름 9mm 이하의 한 자리 숫자와 안지름 500mm 이상은 안지름을 그대로 표시
- 안지름이 10mm 이상 500mm 미만 : 안지름의 1/5을 두 자리 숫자로 표시

13. 피치 원지름 165mm, 잇수 55인 표준형 기어의 모듈은? (06/5)

① 2.85 ② 30
③ 3 ④ 2.54

정답 7. ③ 8. ② 9. ④ 10. ④ 11. ② 12. ④ 13. ③

해설 $m=\frac{D}{Z}=\frac{165}{55}=3$

14. **두 축이 평행하지도 않고 만나지도 않으며 큰 감속을 얻고자 할 때 사용하는 기어는?** (06/5)

① 스퍼 기어 ② 베벨 기어
③ 웜 기어 ④ 헬리컬 기어

해설 ①와 ④는 두 축이 평행한 경우, ②는 두 축이 서로 럭(ruck)할 경우 사용하는 기어이다.

15. **동력 전달에 필요한 마찰력을 주기 위하여 정지하고 있을 때 벨트에 장력을 준 상태에서 벨트 풀리에 끼워 접촉면에 알맞은 장력이 작용하도록 하는데 이 장력을 무엇이라 하는가?** (08/5)

① 말기 장력 ② 유효 장력
③ 피치 장력 ④ 초기 장력

해설 전동에 필요한 마찰력을 주기 위하여 벨트에 주는 장력을 초기 장력(initial tension)이라 하며, 인장 쪽의 장력과 이완 쪽의 장력과의 차이를 유효 장력(effective tension)이라 한다.

16. **링크가 스프로킷 휠에 비스듬히 미끄러져 들어가는 구조로 되어 있어 고속 운전 또는 정숙하고 원활한 운전이 필요할 때 사용하는 체인은?** (08/5)

① 롤러 체인 ② 핀틀 체인
③ 사일런트 체인 ④ 블록 체인

해설 사일런트 체인(silent chain) : 삼각형 모양의 다리를 가지는 특수한 형태의 강판을 여러 장 연결한 체인

(1) 체인과 스프로킷 휠 사이의 접촉면적이 크므로 운전이 원활하고 전동 효율이 높다.
(2) 장시간을 사용해도 물림 상태가 나빠지지 않는다.
(3) 소음이 작아 고속 정숙 회전이 필요할 때 사용된다.
(4) 높은 정밀도가 요구되는 가공이 필요하므로 가공비가 비싸다.
(5) 체인이 옆으로 밀려서 스프로킷 휠로부터 벗겨지는 것을 방지하기 위하여 안내 링크를 중앙 또는 양쪽에 끼워 사용한다.
(6) 안내 링크 종류에는 센터 가이드형(center guide type), 사이드 가이드형(side guide type)이 있다.

17. **다음 중 수도, 가스, 배수 등의 매설용으로 쓰이며, 값이 싸고 내식성이 좋은 관은 어느 것인가?** (02/5)

① 강관 ② 주철관
③ 비철관 ④ 비금속관

18. **코일 스프링의 평균 지름이 20mm, 소선의 지름이 2mm라면 스프링 지수는 얼마인가?** (06/5)

① 40 ② 0.1
③ 18 ④ 10

해설 스프링 지수$(C)=\frac{\text{코일 평균 지름}(D)}{\text{소선 지름}(d)}$

$=\frac{20}{2}=10$

19. **다음 중 브레이크의 종류가 아닌 것은 어느 것인가?** (07/5)

① 블록 ② 밴드
③ 원판 ④ 토션 바

해설 토션 바는 완충용 요소이다.

정답 14. ③ 15. ④ 16. ③ 17. ② 18. ④ 19. ④

20. **미터 나사에 대한 설명 중 틀린 것은?**

① 나사산의 각도는 60°이다.
② 애크미 나사보다 피치가 크다.
③ 산 끝은 판판하다.
④ 피치는 mm로 표시한다.

해설 애크미 나사보다 피치가 작다.

21. **체결용 기계요소 중 와셔(washer)의 용도로 틀린 것은?**

① 볼트 지름보다 구멍이 클 때
② 접촉면이 바르지 못하고 경사졌을 때
③ 기계 부품의 위치를 고정할 때
④ 자리가 다듬어지지 않았을 때

해설 기계 부품의 위치를 고정할 때에는 볼트나 평행 핀 등을 사용한다.

22. **분할 핀의 호칭 방법에 포함되지 않는 것은?**

① 규격 번호 ② 호칭 지름 x 길이
③ 재료 ④ 형식

해설 핀이 들어가는 핀 구멍의 지름을 호칭 지름으로 하고 호칭 길이는 짧은 쪽으로 한다.

23. **미끄럼 베어링과 구름 베어링을 비교했을 때 구름 베어링에 대한 설명으로 옳지 않은 것은?**

① 설치가 간편하다.
② 기동 토크가 작다.
③ 표준형 양산품으로 호환성이 좋다.
④ 감쇠력이 우수하고 충격 흡수력이 크다.

해설 구름 베어링은 미끄럼 베어링보다 충격에 약하다.

24. **전동용 기어에 사용하고 있는 치형 곡선 중 가장 많이 사용하고 있는 것은 어느 것인가?**

① 사이클로이드 치형 곡선
② 인벌류트 치형 곡선
③ 노비고프 치형 곡선
④ 에피사이클로이드 치형 곡선

25. **2개의 기어가 맞물려 있을 때, 각각의 잇수를 Z_1, Z_2라 하고, 모듈을 m이라 할 때, 두 기어의 중심거리(C)를 구하는 식은 어느 것인가?**

① $C=(Z_1+Z_2)m$ ② $C=\frac{(Z_1+Z_2)m}{2}$
③ $C=\frac{m}{Z_1+Z_2}$ ④ $C=(Z_1+Z_2)\div m$

26. **배관을 분기하지 않고 방향만 90°로 바꿔주는 배관용 이음쇠는?**

① 티(T)
② 와이(Y)
③ 크로스(cross)
④ 엘보

27. **제동장치에서 작동부분의 구조에 따라 분류하였을 때 해당되지 않는 것은?**

① 밴드 브레이크
② 전자 브레이크
③ 블록 브레이크
④ 디스크 브레이크

정답 20. ② 21. ③ 22. ④ 23. ④ 24. ② 25. ② 26. ④ 27. ②

제 3 편

공유압기능사 ▶▶

기초 전기 일반

제1장 직 · 교류 회로

제2장 전기기기의 구조와 원리 및 운전

제3장 시퀀스 제어

제4장 전기 측정

제 1 장 직 · 교류 회로

1-1 전기 회로의 전압, 전류, 저항

1 전압(voltage)

(1) 전압

도체에 전기를 흐르게 하는 능력을 기전력(electromotive force, emf)이라 하는데, 도체를 통하여 흐르는 전류는 전기적인 위치가 높은 곳에서 낮은 곳으로 흐른다. 이 전기적인 높이를 전위(electric potential)라 하고, 그 전위의 차를 전위차(electric potential difference) 또는 전압(voltage)이라 한다.

이들의 단위는 볼트(volt, 기호 V)이며, 그 크기는 1C(coulomb)의 전기량이 이동할 때 얼마만큼의 일을 할 수 있는가에 따라 결정된다.

어떤 도체에 Q[C]의 전기량이 이동하여 W[J]의 일을 했다면, 이때의 전압 E는 다음과 같다.

$$E=\frac{W}{Q}[\mathrm{V}], \quad \text{즉 } W=EQ[\mathrm{J}]$$

(2) 전압 강하(voltage drop)

① 일반적으로 두 점 사이에는 저항 R과 전류 I의 곱 IR만큼 전위차가 생기게 되는데, 이것을 저항 R에서의 전압 강하라 한다.

$$IR=IR_1+IR_2+IR_3=I(R_1+R_2+R_3)=E$$

② 전원 내부에는 내부 저항(internal resistance)이 생긴다.

$$I=\frac{E}{R+r}$$

$$\therefore E=I(R+r)=IR(\text{외부 전압 강하})+Ir(\text{내부 전압 강하})$$

③ **전원의 단자 전압 :** 전원의 기전력에서 내부 전압 강하를 뺀 전압을 말한다.

2 전류(electric current)

전기는 양극에서 음극으로 흐르며, 이와 같은 전기의 이동을 전류라 한다. 전류의 단위는 암페어(ampere, 기호 A)이며, 그 크기는 1초 동안에 도체를 이동한 전기의 양으로 나타낸다.

① **1A** : 1초 동안에 1C의 전기량이 이동한 것을 말한다.

② **전류 계산** : $I=\frac{Q}{t}$[A]　여기서, Q : 전기량(C), t : 시간(s)

3 저항

(1) 저항

① **전기 저항(electric resistance, R)** : 도체가 전기의 이동에 대하여 방해하는 성질로, 보통 저항이라고 한다.

② **고유 저항(specific resistance, ρ)** : 길이 1m, 단면적 1m^{2}인 도체의 두 맞은 면 사이의 저항을 말하는 것으로 단위는 [Ω · m]를 사용한다.

$$R=\rho\frac{l}{A}[\Omega] \qquad \rho=\frac{RA}{l}[\Omega \cdot m]$$

③ **도전율(conductivity, λ)** : 고유 저항의 역수$\left(\frac{1}{\rho}\right)$로 단위는 [℧/m]이다.

(2) 옴의 법칙(Ohm's law)

전류의 세기는 전위차에 비례하고, 전기 저항에 반비례한다는 법칙으로, 두 점 사이의 전압을 E[V], 그 사이를 흐르는 전류를 I[A], 저항을 R[Ω]이라 하면 다음과 같은 식이 성립되며, 저항의 단위는 옴(ohm, 기호 Ω)이다.

$$I=\frac{E}{R}[A] \qquad 즉,\ E=IR[V]$$

(3) 키르히호프의 법칙(Kirchhoff's law)

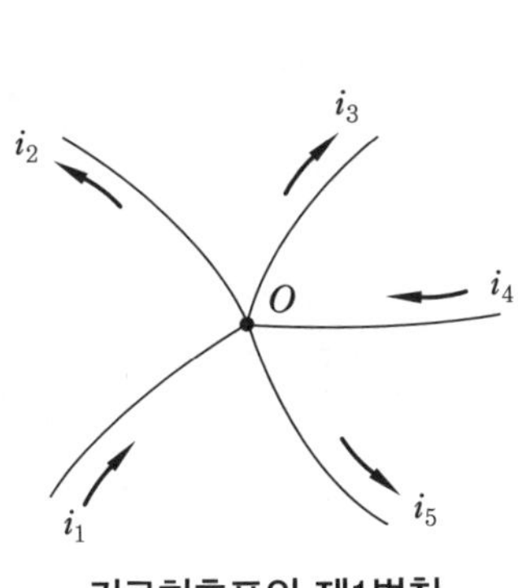

키르히호프의 제1법칙

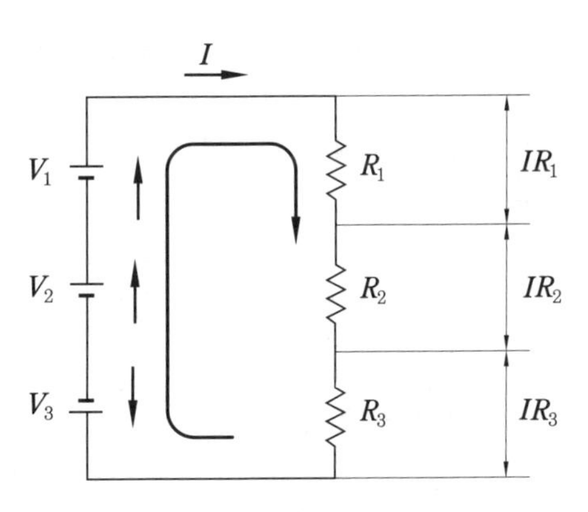

키르히호프의 제2법칙

① **키르히호프의 제1법칙(전류 법칙)** : 어느 회로의 연결점에 흘러 들어오는 전류는 나가는 전류의 크기와 같다. 즉, 입 · 출력 전류의 대수합은 0이다.

$\Sigma I=0$ ∴ 그림에서 $i_1-i_2-i_3+i_4-i_5=0$

② **키르히호프의 제2법칙(전압 법칙)** : 어느 폐회로에서 각 저항에 걸리는 전압의 합은 그 회로의 기전력의 합과 같다.

$\Sigma IR=\Sigma E$ ∴ 그림의 폐회로에서는 $V_1+V_2-V_3=IR_1+IR_2+IR_3$

(4) 합성 저항(resultant resistance)

① **직렬 접속(series connection)** : 3개의 저항이 직렬로 접속된 그림에서 각 저항의 양끝 전압은 옴의 법칙에 의하여

$E_1=IR_1,\ E_2=IR_2,\ E_3=IR_3$

AB 사이의 전 전압 E[V]는,

$E=E_1+E_2+E_3=IR_1+IR_2+IR_3=I(R_1+R_2+R_3)$

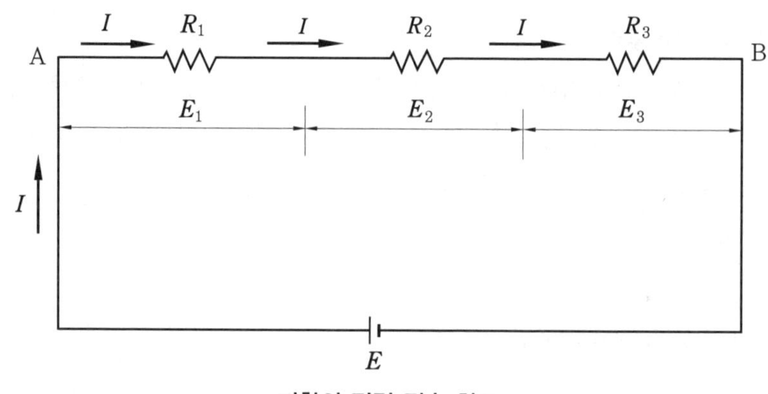

저항의 직렬 접속 회로

② **병렬 접속(parallel connection)** : 3개의 저항이 병렬로 접속된 그림에서 각 저항에 흐르는 전류는,

$I_1=\frac{E}{R_1},\ I_2=\frac{E}{R_2},\ I_3=\frac{E}{R_3}$이며,

전 전류 I는 다음과 같다.

$$I=I_1+I_2+I_3=\frac{E}{R_1}+\frac{E}{R_2}+\frac{E}{R_3}=E\left(\frac{1}{R_1}+\frac{1}{R_2}+\frac{1}{R_3}\right)$$

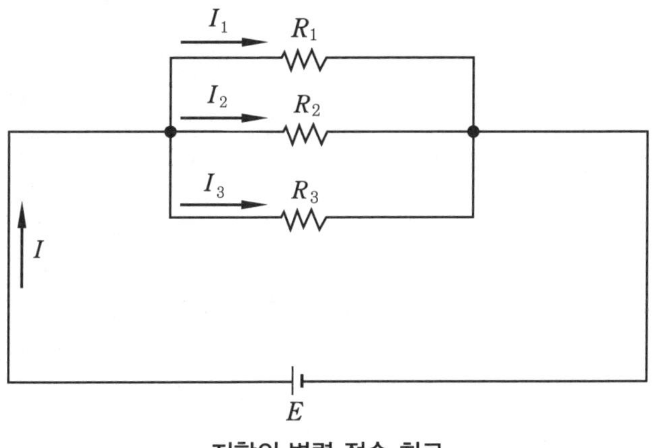

저항의 병렬 접속 회로

(5) 도체와 부도체

① **도체(conductor)** : 전기를 잘 통하는 물체 예 금속, 전해용액, 숯, 동물체 등

② **부도체(non-conductor)** : 절연체(insulator)라고도 하며, 전기가 거의 흐르지 않는 물체 예 운모, 도자기, 고무, 에보나이트, 합성수지, 파라핀, 황 등

③ **반도체(semi-conductor)** : 도체와 부도체의 중간 성질을 가지는 물체 예 산화제일구리, 셀렌(Se), 게르마늄(Ge), 실리콘(Si) 등

1-2 전력(electric power)과 열량

1 전력

(1) 전력

전력은 1초 동안에 운반되는 전기 에너지로서 단위는 와트(watt, W)로 표시한다. 저항 R[Ω]에 전류 I[A]가 흐르고, 전압이 E[V]이면 저항에서 소비되는 전력 P[W]는,

$$P = EI = I^2R = \frac{W}{t} = \frac{E^2}{R}\,[\mathrm{W}]$$

(2) 전력량

P[W]의 전력에 의하여 t[s] 동안에 전달되는 전기 에너지를 전력량이라 하며, 단위는 Ws, Wh, kWh 등이 쓰인다.

$$1\,\mathrm{kWh} = 10^3\,\mathrm{Wh} = 3.6 \times 10^6\,\mathrm{J},\quad 1\,\mathrm{HP} = 746\,\mathrm{W} \fallingdotseq \frac{3}{4}\,\mathrm{kW}$$

2 열량

(1) 줄의 법칙

$$H = I^2Rt\,[\mathrm{J}] = 0.24I^2Rt\,[\mathrm{cal}]$$

(2) 전열의 발생

P[kW]의 전력을 t[h]를 써서 발생하는 열량 Q[kcal]는 1kWh=860kcal이므로,

$$Q = 860Pt\,[\mathrm{kcal}]$$

(3) 열 절연체와 전기 절연체

전열기의 절연 재료는 고온에서 잘 견디고, 고온에서도 전기 저항이 커야 한다. 석면(800℃), 유리(400℃), 운모(500~900℃), 사기, 내화 벽돌 등은 열 절연체이면서 전기 절연체이다.

1-3 직·교류 회로의 기초

1 직류(direct current)

전류의 흐름에서 전류가 전지나 충전기의 양극에서 전구를 지나 전지의 음극 방향으로 일정하게 흐르는 전류를 말하며, 이와 같은 전기의 회로를 직류 회로(DC circuit)라 한다.

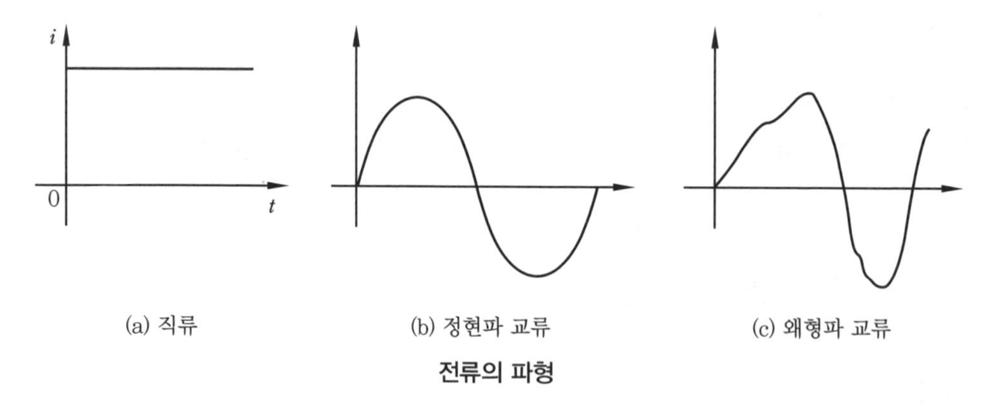

전류의 파형

2 교류

(1) 교류(alternating current : AC)

시간의 변화에 따라 크기와 방향이 주기적으로 변화하는 전류, 전압을 교류 전류, 교류 전압이라 한다. 반대로 크기와 방향이 변화하지 않고, 흐르는 방향이 일정한 것을 직

류 전류, 직류 전압이라 한다.

(2) 주파수와 주기

① **주파수(frequency) :** 교류가 그 파형에 따라 완전히 한 번 변화하기까지를 1주파라 하고, 1초 동안의 주파의 수를 주파수라 하며, 헤르츠(hertz, Hz)의 단위로 표시한다. 주파수 f[Hz]와 각속도 ω[rad/s]와의 관계는 다음과 같다.

$$\omega = 2\pi f\,[\text{rad/s}] \qquad f = \frac{\omega}{2\pi}\,[\text{Hz}]$$

② **주기(period) :** 1주파에 걸리는 시간 T[s]

$$T = \frac{1}{f}\,[\text{s}]$$

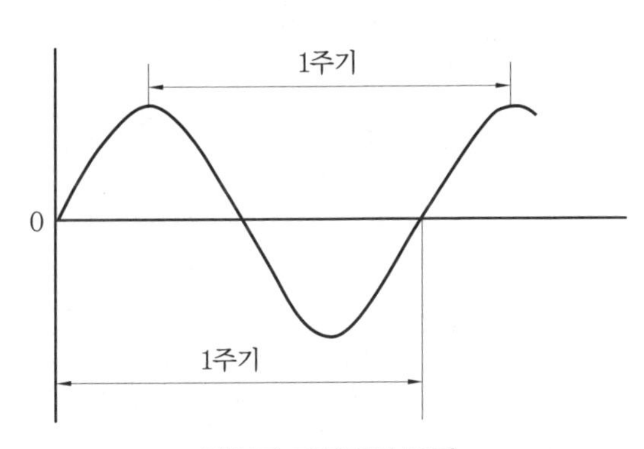

정현파 기전력의 주기

(3) 파장 λ[m]와 주파수 f[Hz] 사이의 관계

$$f\lambda = C,\quad \lambda = \frac{C}{f} = \frac{3\times 10^8}{f}\,[\text{m}]$$

(4) 교류의 크기

① **순시값 :** 교류는 시간에 따라 변하고 있으므로 임의의 순간에 있어서의 크기를 교류의 순시값이라고 한다.

② **최댓값(E_m) :** 순시값 중에서 가장 큰 값

③ **실효값 :** 교류의 크기를 그것과 같은 일을 하는 직류의 크기로 바꿔 놓은 값을 실효값이라 하며 사인파의 실효값 E는 최댓값 E_m의 $\frac{1}{\sqrt{2}}$배이다. 즉, $E = \frac{1}{\sqrt{2}}E_m$[V]이다.

④ **평균값 :** 교류의 순시값이 0이 되는 순간에서 다음 0으로 되기까지의 양(+)의 반주기에 대한 순시값의 평균을 평균값이라고 하며, 평균값 E_{av}와 최댓값 E_m과의 사이에는 $E_{av} = \frac{2}{\pi}E_m \fallingdotseq 0.637E_m$[V]의 관계가 있다.

(5) 정현파 교류 기전력의 발생

① 유기 기전력

㈎ 도체에 발생되는 유기 기전력은 $e=2Blv\sin\theta$[V]

㈏ 도체가 회전을 시작하여 t[s] 동안에 각도 θ만큼 회전했다면 $\theta=\omega t$[rad]이므로

$$e=2Blv\sin\theta\,[\mathrm{V}]$$

㈐ $2Blv$를 정현파의 진폭(amplitude) 또는 최댓값(maximum value)이라 한다.

㈑ $2Blv$를 V_m이라 하면 V_m은 유기 기전력 e의 최댓값이 된다.

$$e=2Blv\sin\theta\omega t=V_m\sin\theta\omega t=V_m\sin\theta$$

여기서, B : 자속밀도(Wb/m^2)　l : 도체의 길이(m)
v : 선속도(m/s)　ω : 각속도(rad/s)
t : 시간(s)　θ : 회전각

② 주파수와 회전수

㈎ 주파수 : 1초 동안의 사이클의 수 $f=\dfrac{PN}{120}$[Hz]

㈏ 회전수 : $N=\dfrac{120f}{P}$[rpm]

③ 파형의 실효값, 파형률 및 파고율

종류	파형	실효값	파형률	파고율
정현파		$\dfrac{A_m}{\sqrt{2}}=0.707A_m$	$\dfrac{\pi}{2\sqrt{2}}=1.11$	$\sqrt{2}=1.414$
반파 정류		$\dfrac{A_m}{2}=0.5A_m$	$\dfrac{\pi}{2}=1.571$	2
전파 정류		$\dfrac{A_m}{\sqrt{2}}=0.707A_m$	$\dfrac{\pi}{2\sqrt{2}}=1.11$	$\sqrt{2}=1.414$

참고 파고율$=\dfrac{\text{최댓값}}{\text{실효값}}$, 파형률$=\dfrac{\text{실효값}}{\text{평균값}}$

1-4 교류 회로의 R.L.C 작용

(1) 저항(R)만의 회로

교류 전압 $e=E_m\sin\omega t$를 가하였을 때 $I=\dfrac{E}{R}$이며, 전압과 전류는 위상이 같다.

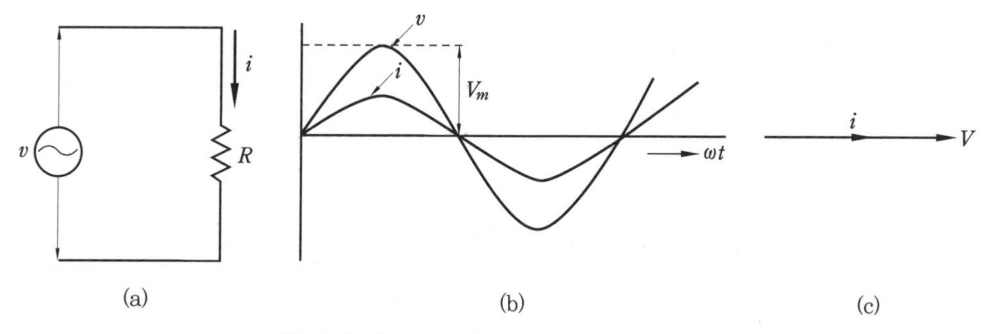

저항만의 회로와 전압과 전류 사이의 위상 관계

(2) 인덕턴스(L)만의 회로

인덕턴스 L[H]의 코일만의 회로에서 교류 전류 i를 흐르게 하면 역기전력 e_L이 발생한다.

$$\text{역기전력 } e_L = -L\frac{\Delta i}{\Delta t}$$

$$\text{전원 전압 } e = -e_L = L\frac{\Delta i}{\Delta t}$$

$$\therefore\ i = \frac{E_m}{\omega L}\ \sin\left(\omega t - \frac{\pi}{2}\right)$$

이 관계를 실효치로 표시하면,

$$I = \frac{E}{\omega L} = \frac{E}{2\pi fL} = \frac{E}{X_L}$$

여기서, $X_L = 2\pi fL$을 유도 리액턴스(Ω)라 한다. 코일에 흐르는 전류는 전압보다 $\frac{\pi}{2}$만큼 늦는다.

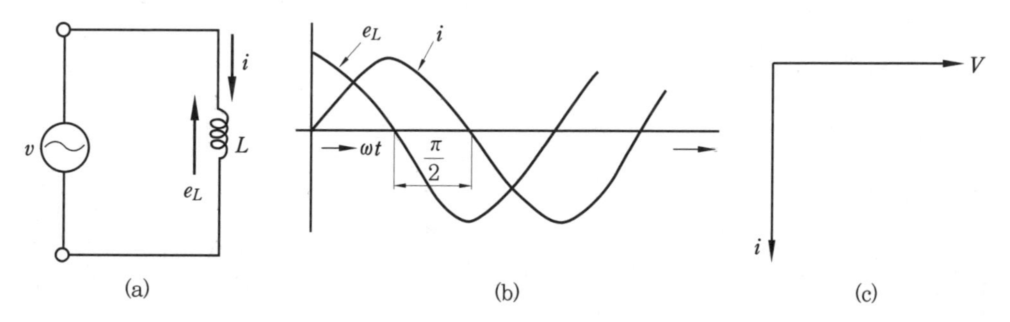

인덕턴스만의 회로와 전압과 전류 사이의 위상 관계

(3) 커패시턴스(C)만의 회로

콘덴서 C에 충전하는 전기량 $q = Ce = CE_m\sin\omega t$, $i = \frac{\Delta q}{\Delta t}$이므로,

$$i=\omega CE_m \sin\left(\omega t+\frac{\pi}{2}\right)$$

$$I=\omega CE=\frac{E}{\frac{1}{\omega C}}=\frac{E}{X_c}$$

여기서, $X_c=\frac{1}{\omega C}$을 용량 리액턴스(Ω)라 한다. 콘덴서에 흐르는 전류는 전압보다 $\frac{\pi}{2}$ 만큼 앞선다.

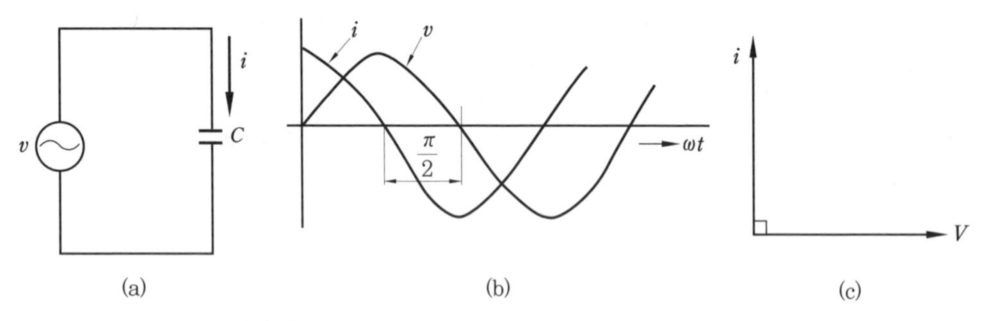

커패시턴스만의 회로와 전압과 전류 사이의 위상 관계

(4) R.L.C의 직렬 회로

① $X_L>X_C$일 때, 유도성 리액턴스(전류가 전압보다 위상이 늦는다.)

② $X_L<X_C$일 때, 용량성 리액턴스(전류가 전압보다 위상이 앞선다.)

③ $X_L=X_C$일 때, 리액턴스는 0이고 R만 존재하게 된다(직렬 공진).
이때의 주파수를 공진 주파수라 한다.

$$f_0=\frac{1}{2\sqrt{LC}}$$

$$I=\frac{E}{\sqrt{R^2+\left(\omega L-\frac{1}{\omega L}\right)^2}}=\frac{E}{Z},\ Z=\sqrt{R^2+\left(\omega L-\frac{1}{\omega C}\right)^2}$$ 을 임피던스(Ω)라 한다.

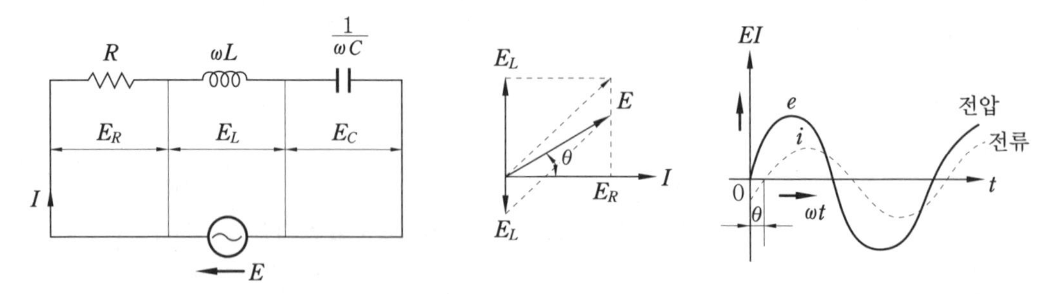

R.L.C 직렬 회로와 전압과 전류 사이의 위상 관계

1-5 단상 및 3상 교류 회로

1 단상 교류 회로

시간의 변화에 관계없이 그 크기와 방향이 일정한 전류를 직류(DC : direct current)라 하고, 시간의 변화에 따라 그 크기와 방향이 주기적으로 변화하는 전류를 교류(AC : alternating current)라 한다.

2 3상 교류 회로

전류의 흐름에 있어서 서로 다른 위상의 기전력을 가질 수 있으며, 이들이 동시에 존재하는 경우를 다상 교류(polyphase current)라 한다. 실용화되는 것으로는 2상, 3상, 6상, 12상이 있는데 그 중 3상 교류가 가장 많이 쓰인다.

(1) 평형 3상 회로

3상 교류 회로는 위상이 다른 3개의 단상 교류 회로를 1조로 사용하는 것으로 왕복 6개 전선을 필요로 하며, 전선은 3개만 있어도 된다. 3상 교류 회로에서 각 상의 기전력과 전류의 크기가 같고 위상만 $\frac{2\pi}{3}$일 때 평형 3상 회로(blanced three phase circuit)라 하며, 그렇지 않을 때를 불평형 3상 회로(unbalanced three phase circuit)라 한다.

(2) 대칭 3상 교류

3상 교류 중 기전력의 크기 및 주파수가 같고, 상의 차가 $\frac{2\pi}{3}$rad씩 간격을 가진 교류이다. 여기서 기전력, 주파수, 위상 중에서 한 가지 이상 다른 교류를 비대칭 교류라 한다.

3 전력과 역률

각 상전압, 상전류를 각각 E_p, I_p, 그 위상차를 θ라 하면 3상 전력은 $P=3E_p \cdot I_p \cos\theta$이고, 이 관계를 선간 전압, 선전류로 나타내면 $P=\sqrt{3}E_i \cdot I_t \cos\theta$이며, 보통 전압 및 전류라 말할 때는 선간 전압과 선전류를 나타내는 것이다.

(1) 전력

① **유효 전력 :** $P=EI\cos\theta=I^2R$[W]

② **무효 전력 :** $P_r=EI\sin\theta=I^2X$[Var]

③ **피상 전력 :** $P_a=EI=I^2Z=\sqrt{P^2+P_r^2}$[VA]

(2) 역률

$$\cos\theta=\frac{P}{P_a}=\frac{R}{Z}$$

4 3상 교류의 결선

① 3상식에서 각 부하가 평행인 경우 3상 전류의 합은 0이므로 3상 4선식이 된다.

② 3개의 코일에 유기되는 기전력을 단독으로 사용하면 3개의 단상이 된다(3상 6선식 회로).

③ 전류가 흐르지 않는 중심선을 없앤 회로를 3상 3선식이라 하며, 송전선 · 배전선에 주로 쓰인다.

㈎ Δ 결선 : 환상 결선(delta connection)이라고도 한다.

㈏ Y 결선 : 3상 성형 결선(three phase star connection)이라고도 한다.

㈐ V 결선 회로 : 대칭 3상 기전력을 얻을 수 있다.

- V 결선 변압기의 이용률 : 단상 변압기 3대를 V 결선하면 3상 부하의 전력을 공급하는 경우 $3EI$[kVA]의 출력을 얻을 수 있다.
- 변압기 1대의 이용률(U) : 86.7% 정도

$$U = \frac{V\ \text{결선으로의 용량}}{2\text{대의 허용 용량}} = \frac{\sqrt{3}EI}{2EI} = 0.867$$

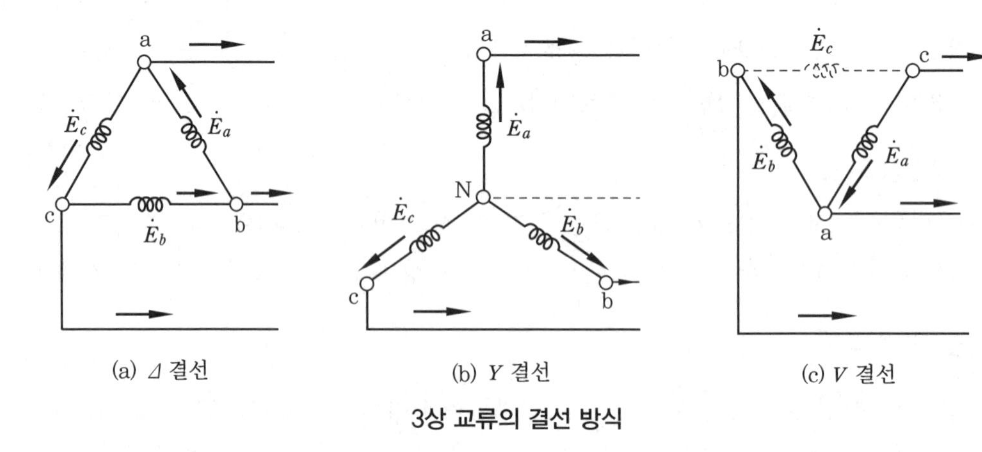

(a) Δ 결선 (b) Y 결선 (c) V 결선

3상 교류의 결선 방식

출제 예상 문제

EXERCISES

1. **절연 전선에서는 온도가 높게 되면 절연물이 열화되어 절연 전선으로서 사용할 수 없게 되므로 전선에 안전하게 흘릴 수 있는 최대 전류를 규정해 놓고 있다. 이것을 무엇이라 하는가?** (08/5)

① 허용 전류 ② 합성 전류
③ 단락 전류 ④ 내부 전류

해설 허용 한도 이내의 전류를 안전 전류라고 한다. 전선에 전류를 흐르게 하면 전기저항 때문에 발열하여 전선 재료가 약화되거나, 전선의 피복 재료가 변질되어 절연 성능이 열화(劣化)할 우려가 있으므로, 그 전선에 따른 안전 전류를 지켜야 한다. 그러나 단면적이 같다고 할지라도 나선(裸線)이냐 피복선이냐에 따라 허용 전류가 달라진다.

2. **전류가 하는 일이 아닌 것은?** (05/5)

① 발열 작용 ② 자기 작용
③ 화학 작용 ④ 증폭 작용

해설 전류가 하는 일은 발열 작용, 화학 작용, 자기 작용 등이다.

3. **직류 회로에서 옴(Ohm)의 법칙을 설명한 내용 중 맞는 것은?** (07/5)

① 전류는 전압의 크기에 비례하고 저항값의 크기에 비례한다.
② 전류는 전압의 크기에 반비례하고 저항값의 크기에 반비례한다.
③ 전류는 전압의 크기에 비례하고 저항값의 크기에 반비례한다.
④ 전류는 전압의 크기에 반비례하고 저항값의 크기에 비례한다.

해설 옴의 법칙은 $I=\frac{V}{R}$[A]이므로 도체에 흐르는 전류(I)는 전압(V)에 비례하고 저항(R)에 반비례한다.

4. **그림과 같은 회로에서 I_T=10A일 때 4Ω에 흐르는 전류(A)는?** (03/5)

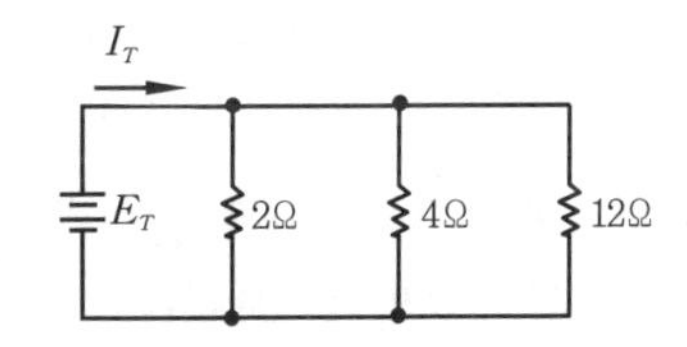

① 3 ② 4 ③ 5 ④ 6

해설 합성저항 $R=\frac{1}{\frac{1}{2}+\frac{1}{4}+\frac{1}{12}}$

$=\frac{1}{\frac{6+3+1}{12}}=\frac{12}{10}$ Ω

전압 $V=I_TR=10\times\frac{12}{10}=12$V

4Ω에 흐르는 전류 $I_4=\frac{V}{R_4}=\frac{12}{4}=3$A가 된다.

5. **다음 중 줄의 법칙을 설명한 것 중 맞는 것은? (단, 여기서 H는 열량)** (03/5)

① $H=I^2Rt$[J] ② $H=0.24IRt$[cal]
③ 1 kWh=860 cal ④ 1 J=$\frac{1}{9.186}$cal

해설 줄의 법칙 : 도선에 전류가 흐르면 열이 발생하게 되는데, 이 열은 저항과 전류의 제

정답 1. ① 2. ④ 3. ③ 4. ① 5. ①

곱 및 흐른 시간에 비례한다.

6. 주파수 60kHz, 인덕턴스 20μH인 회로에 교류 전류 $I=I_m\sin\omega t$[A]를 인가했을 때 유도 리액턴스 X_L[Ω]은? (05/5)

① 1.2π ② $2.4\pi\times10^{-3}$
③ 36π ④ $1.2\times10^{3}\pi$

해설 유도 리액턴스$(X_L)=\omega L=2\pi fL$
$=2\pi\times60\times20\times10^{-6}=2.4\pi\times10^{-3}$ Ω

7. 어떤 도체에 10초 간 5A의 전류가 흐를 때 이동한 전기량은 몇 C인가?

① 0.5C ② 2.0C
③ 15C ④ 50C

해설 $Q=I\times t=5\times10=50$C

8. 2개의 저항 R_1과 R_2를 병렬로 접속하면 합성 저항은 어떻게 되는가?

① $\dfrac{R_1+R_2}{2}$ ② $\dfrac{R_1+R_2}{R_1\cdot R_2}$
③ R_1+R_2 ④ $\dfrac{R_1\cdot R_2}{R_1+R_2}$

해설 합성 저항을 R이라 하면
$\dfrac{1}{R}=\dfrac{1}{R_1}+\dfrac{1}{R_2}=\dfrac{R_1+R_2}{R_1\cdot R_2}$
$\therefore R=\dfrac{R_1\cdot R_2}{R_1+R_2}$

9. 다음 설명 중 옳지 않은 것은?

① 직류는 크기와 방향이 일정하다.
② 일반적으로 왜형파와 정현파는 같은 의미이다.
③ 일반적으로 교류라 함은 정현파를 의미한다.
④ 교류는 시간에 따라서 크기와 방향이 주기적으로 변화한다.

해설 교류 중에서도 그 변화가 정현적일 때 정현파(sinusoidal wave) 교류, 정현파가 일그러진 모양의 파형을 왜형파(distorted wave) 또는 비정현파(nonsinusoidal wave) 교류라 한다. 일반적으로 교류라 함은 정현파를 의미한다.

10. 다음 그림과 같은 R_1=140kΩ, R_2=10kΩ인 회로에 V=150V를 인가하면 R_2 양단에 걸리는 전압 V_2는?

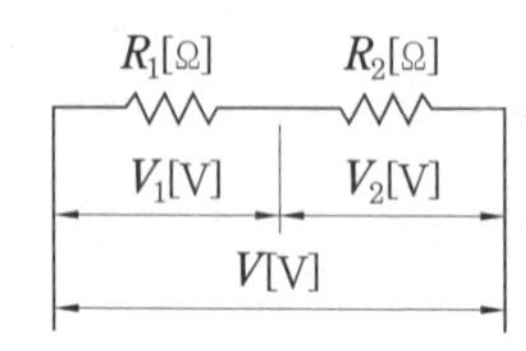

① 10V ② 20V
③ 30V ④ 40V

해설 $V_2=150\times\dfrac{10}{140+10}=10$V

11. 2μF의 콘덴서에 1000V를 가할 때 저장되는 에너지(J)는 얼마인가?

① 0.1 ② 1
③ 10 ④ 100

해설 충전 에너지(W)$=\dfrac{1}{2}CV^2$
$=\dfrac{1}{2}\times2\times10^{-6}\times1000^2=1$J

12. 4μF와 6μF의 콘덴서를 직렬로 접속했을 때 합성 정전용량(μF)은 얼마인가?

① 2 ② 2.4
③ 10 ④ 24

해설 $C_s=\dfrac{C_1\cdot C_2}{C_1+C_2}=\dfrac{24}{10}=2.4$

정답 6. ② 7. ④ 8. ④ 9. ② 10. ① 11. ② 12. ②

제 2 장 전기기기의 구조와 원리 및 운전

2-1 직류기

1 직류 발전기(direct current generator)

(1) 직류 발전기의 원리

자장 속에 코일을 놓고 전류를 흐르게 하면 전자력에 의해 코일이 회전하게 되나 전류 흐름 방향이 일정하면 중심부에서 정지하게 된다. 따라서, 코일이 반회전한 후 전류 방향을 바꾸게 하여 회전력을 계속 유지시키도록 한 것이 직류 발전기이다.

(2) 직류 발전기의 구조

① **브러시(brush)** : 외부 회로와 내부 회로를 접속하는 장치

② **전기자(armature)** : 회전하는 부분

③ **정류자(commutator)** : 코일의 반회전마다 전류의 방향을 바꾸는 장치

④ **계자(field magnet)** : 자장을 만드는 부분(전자석으로 만든다)

(3) 직류 발전기의 특성

① **부하 특성 곡선** : 부하 전류의 변화에 대한 단자 전압의 변화를 곡선으로 표시한 것이다.

② **분권 발전기** : 대체로 어느 일정한 전압을 필요로 할 때에 사용된다.

③ **직권 발전기** : 부하 저항이 작아져서 부하 전류가 커지면 단자 전압이 커지는 성질이 있다.

④ **복권 발전기** : 직권, 분권 두 계자 권선을 자속이 합해지도록 접속한 가동 복권과 서로 지워지도록 접속한 차동 복권이 있다. 또 접속 방법에 따라 내분권과 외분권이 있는데 복권 발전기는 내분권이 표준이다.

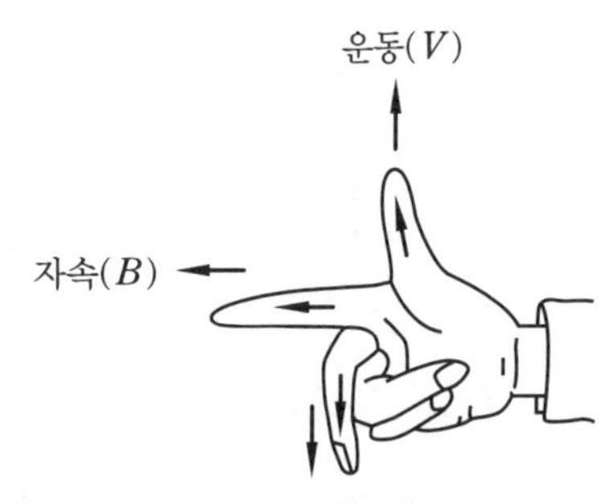

플레밍의 오른손 법칙

⑤ **플레밍의 오른손 법칙(Fleming's right-hand rule)** : 오른손 세 손가락을 각각 직각으로 펼치고, 집게손가락을 자속의 방향, 엄지손가락을 운동 방향

으로 정하면 가운데 손가락이 유도기전력의 방향이 되는 것으로, 이 원리를 이용한 것이 발전기이다.

(4) 직류 발전기의 종류

① **자여자 발전기** : 발전기 자체에서 생기는 기전력에 의하여 여자(excite) 전류를 흐르게 하는 발전기를 말한다.

(가) 분권 발전기 : 계자 권선과 전기자 권선이 병렬로 접속된 것

(나) 직권 발전기 : 계자 권선과 전기자 권선이 직렬로 접속된 것

(다) 복권 발전기 : 분권 계자와 직권 계자를 조합한 발전기이다. 이들 두 권선의 자속이 같은 방향으로 접속한 가동 복권 발전기와 서로 반대 방향으로 접속한 차동 복권 발전기가 있다.

② **타여자 발전기** : 여자 전류를 다른 독립된 직류 전원에서 얻는 발전기를 말한다.

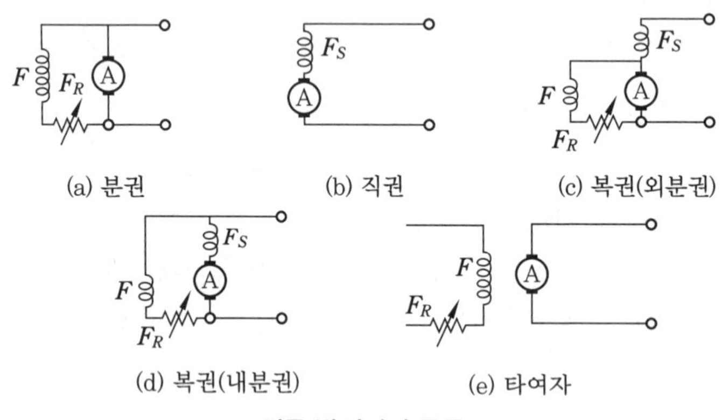

직류 발전기의 종류

(5) 기계 동력과 회전력

① **기계 동력**

(가) $P=\omega T=2\pi nT$[W]

(나) $EI=2\pi nT$[W] (공급 전력이 손실 없이 기계 동력으로 바뀐 경우)

여기서, P : 동력(W), n : 회전수, ω : 도선 각속도, T : 회전력

② **회전력** $T=I_a \cdot B \cdot L \cdot Z \cdot r$[N·m]

여기서, r : 전기자의 반지름, I_a : 도선 1개에 흐르는 전류(A), Z : 도선수
B : 자속 밀도, L : 도체 길이

2 직류 전동기(direct current motor)

(1) 직류 전동기의 종류

① **분권 전동기** : 일정 속도 및 가변 속도를 다같이 필요로 하는 펌프, 송풍기, 선반 등

에 적당하다.

② **직권 전동기** : 토크의 변화에 비하면 출력의 변화가 적다. 전차, 전기 기관차, 기중기 등에 적당하다.

③ **복권 전동기** : 기중기, 윈치, 분쇄기 등에 사용한다.

(2) 직류 전동기의 구조

직류 전동기는 플레밍의 왼손 법칙을 이용한 것으로, 그 구조는 다음과 같다.

① **계자(field magnet)** : 자속을 얻기 위한 자장을 만들어 주는 부분으로 자극, 계자 권선, 계철로 되어 있다.

② **전기자(armature)** : 회전하는 부분으로 철심과 전기자 권선으로 되어 있다.

③ **정류자(commutator)** : 전기자 권선에 발생한 교류 전류를 직류로 바꾸어 주는 부분이다.

④ **브러시(brush)** : 회전하는 정류자 표면에 접촉하면서, 전기자 권선과 외부 회로를 연결하여 주는 부분이다.

(3) 전동기의 특성

① **토크와 회전수** : 직류 전동기의 토크 T와 회전수 N과의 계산은 다음과 같다.

(가) $T=k_1 \cdot \phi \cdot I$[N·m]

(나) $N=k_3 \cdot \dfrac{V-IR}{\phi}$[rpm]

여기서, T : 토크(N · m), ϕ : 한 자극에서 나오는 자속(Wb)

N : 회전수, R : 전기자 회로의 저항(Ω), I : 전기자 전류

② **속도 제어** : 계자, 저항, 전압 제어가 있다.

③ **정격과 효율**

(가) 정격 : 전기 기계는 부하가 커지면 손실로 된 열에 의하여 기계의 온도가 높아지고, 절연물이 열화되어 권선의 소손 등이 발생한다. 그러므로, 기계를 안전하게 운전할 수 있는 최대한도의 부하를 요구하는데, 이것을 정격(rating)이라 한다.

(나) $\text{효율}=\dfrac{\text{출력}}{\text{입력}}\times 100\%=\dfrac{\text{출력}}{\text{출력}+\text{손실}}\times 100\%$

④ **기전력**

$$E=V-I_aR_a[\text{V}]$$

여기서, I_a : 전기자 전류(A), R_a : 전기자 저항(Ω)

2-2 유도 전동기(induction motor)

1 3상 유도 전동기

(1) 원리

고정자 권선에 교류를 흘리면, 회전 자계가 형성되어 회전자 코일에는 유도 전류가 흐르고, 전자력에 의하여 회전하게 된다.

① **동기 속도** : 회전 자계의 속도

$$N_s = \frac{120f}{P}[\text{rpm}]$$

여기서, N_s : 동기 속도[rpm], P : 고정자 권선에 의한 자극수, f : 전원 주파수(Hz)

② **슬립(slip)** : 전동기의 실제 속도는 동기 속도보다 다소 뒤지게 되는데, 이 비율을 말한다.

$$S = \frac{N_s - N}{N_s} \times 100\%$$

여기서, S : 슬립, N : 전동기의 회전수(rpm)

(2) 3상 유도 전동기의 구조

① **고정자(stator)** : 규소, 강판을 성층한 철심의 안쪽에 설치된 슬롯(slot)에 코일을 끼우고 Y 또는 Δ 결선한 것이다.

② **회전자(rotor)** : 규소, 강판을 성층한 원통 철심 바깥 둘레에 축방향의 슬롯을 만들고 코일을 넣은 것이다.

(가) 농형 회전자 : 회전자 슬롯에 도체 봉을 끼우고, 양끝을 단락환(end ring)으로 단락시킨 것이다.

(나) 권선형 회전자 : 회전자 슬롯에 권선을 넣고 Y결선한 것이다.

2 단상 유도 전동기

(1) 원리

단상에서는 회전 자장이 생기지 않으므로 기동을 시켜주어야 회전하게 된다.

(2) 종류

기동 방법에 따라 다음과 같이 분류된다.

① **콘덴서 기동형 전동기** : 보조 권선에 콘덴서를 직렬로 연결하여 주권선 전류보다 90° 앞서게 한다. 기동 토크가 크고, 기동 전류가 작다.

② **쌍 콘덴서 전동기** : 기동용 콘덴서와 운전용 콘덴서를 설치한다. 기동 토크가 크고, 운전 중 토크도 크며 역률이 좋다.

③ **영구 콘덴서 전동기** : 보조 권선에 콘덴서가 고정되어 있다. 기동 토크는 작으나 운전 중 역률이 좋다.

④ **반발 기동형** : 회전자에도 권선을 가지며, 반발 전동기로 기동하고, 기동 후에 회전자의 정류자를 단락시킨다. 기동 토크가 가장 크며, 브러시 접촉에 의한 소음이 발생하고 값이 비싸다.

⑤ **셰이딩 코일형** : 주권선 자극의 일부에 끼운 단락 코일(셰이딩 코일) 부분의 자속은 주자속보다 늦은 자속이 되므로, 이동 자계가 형성된다. 구조가 간단하고 견고하나 효율이 낮다.

⑥ **분상 기동형** : 주권선 외에 보조 권선을 설치하는데, 보조 권선은 주권선과 90°의 전기각을 가진다.

3 변압기

(1) 변압기의 원리

변압기의 원리는 상호 유도 작용을 이용한 것으로, 1차, 2차의 권수비에 의해 전압을 변동시킬 수 있는 것이다.

$$\frac{E_1}{E_2} = \frac{N_1}{N_2}$$

여기서, E_1 : 1차 전압, E_2 : 2차 전압
N_1 : 1차 권수, N_2 : 2차 권수

즉, 1차 및 2차 권선의 전압은 권수비에 비례한다.

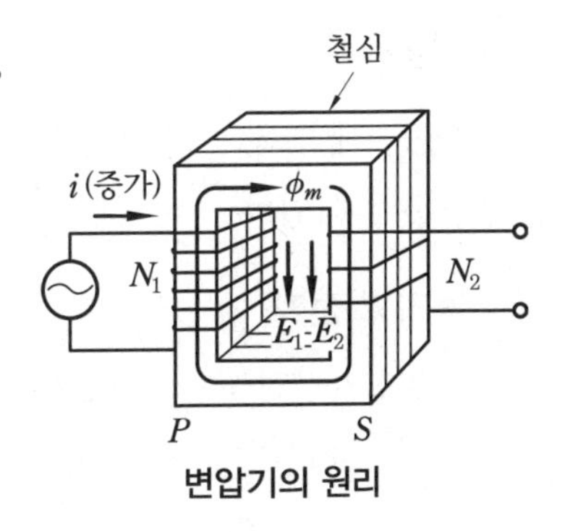

변압기의 원리

(2) 변압기의 종류

① **누설 변압기** : 2차측에 큰 전류가 흐르면 전압이 떨어져 전력 소모가 일정하게 된다.

② **단권 변압기** : 권선의 일부가 1차와 2차를 겸한 것이다.

③ **3상 변압기** : 3개의 철심에 각각 1차와 2차의 권선을 감은 것이다.

(3) 변압기의 결선

단상 변압기 3대 또는 2대를 사용하여 3상 교류를 변압할 때의 결선 방법은 다음과 같다.

① **$\Delta-\Delta$ 결선** : 3대의 단상 변압기의 1차와 2차 권선을 각각 Δ 결선한 것이다. 배전반용으로 많이 쓰이며, 전체 용량은 변압기 1대의 용량의 3배이다.

② **$\Delta-Y$ 결선** : 1차를 Δ 결선, 2차를 Y 결선한 것이다. 특별 고압 송전선의 송전측에 쓰인다.

③ **V–V 결선** : 단상 변압기 2대로 3상 교류를 변압하는 방법이다. 전용량은 변압기 1대 용량의 $\sqrt{3}$배이다.

(4) 변압기 효율과 전압 변동률

① **변압기 효율** : 변압기의 입력에 대한 출력량의 비를 말하며, 출력이 클수록 효율이 좋다.

$$\text{변압기 효율}(\eta) = \frac{\text{출력}}{\text{입력}} \times 100\% = \frac{\text{출력}}{\text{출력}+\text{철손}+\text{동손}} \times 100\%$$

$$= \frac{E_2 I_2 \cos\theta_2}{E_2 I_2 \cos\theta_2 + P_i + P_c} \times 100\%$$

② **전압 변동률** : 변압기에 부하를 걸어 줄 때 2차 단자 전압이 떨어지는 비율을 말한다.

$$\text{전압 변동률} = \frac{E_0 - E}{E} \times 100\%$$

여기서, E_0 : 무부하 단자 전압, E : 전부하 단자 전압

4 동기기

정상 상태에서 동기 속도 $N_s = \frac{120f}{P}$[rpm]으로 회전하는 교류기로서 동기 발전기와 동기 전동기가 있다.

(1) 동기 발전기

① 유도기전력$(E) = 4.44kfn\phi$[V]

여기서, f : 주파수(Hz), P : 극수, ϕ : 1극의 자속(Wb)

n : 직렬로 접속된 코일의 권수, k : 권선 계수(0.9~0.95)

② **분류**

㈎ 회전자형에 의한 분류 : 회전계자형(고전압, 대전류용), 회전전기자형(저전압, 소용량의 특수 발전기용), 유도자형(고주파 전기로용)

㈏ 원동기에 의한 분류 : 수차 발전기, 터빈 발전기, 기관 발전기

(2) 동기 전동기

① **동기 전동기의 토크**

$$\tau = \frac{V_l E_l}{\omega x_s} \sin\delta_m [\text{N}\cdot\text{m}] \quad \tau' = \frac{\tau}{9.8} [\text{kgf}\cdot\text{m}]$$

여기서, V_l : 선간 전압, E_l : 선간 기전력, ω : 각속도$\left(= \frac{2\pi N_s}{\omega x_s}\right)$, δ_m : 부하각

② **위상 특선 곡선(V 곡선) :** 부하를 일정하게 하고, 계자 전류의 변화에 대한 전기자 전류의 변화를 나타낸 곡선으로, V 곡선이라고도 한다.

③ **동기 전동기의 특징**

㈎ 장점

- 정속도 전동기로 효율이 좋다(특히 저속도에서).
- 역률을 1 또는 앞서는 역률로 운전할 수 있다.
- 공극이 넓으므로 기계적으로 튼튼하고 보수가 용이하다.

㈏ 단점

- 기동 토크가 작고, 기동하는 데 손이 많이 간다.
- 직류 여자가 필요하고, 난조가 일어나기 쉽다.

④ **동기기의 정격 출력**

㈎ 3상 동기 발전기의 정격 출력(피상전력)

$$P=\sqrt{3}V_nI_n\times10^{-3}[\text{kVA}]$$

여기서, V_n : 정격 전압(V), I_n : 정격 전류(A)

㈏ 3상 동기 발전기가 낼 수 있는 전력(유효전력)

$$P=\sqrt{3}V_nI_n\cos\theta\times10^{-3}[\text{kW}]$$

여기서, $\cos\theta$: 부하 역률

(3) 특수 동기기

① **단상 동기 발전기 :** 소용량은 신호용, 실험실용, 대용량은 전기 철도

② **사인파 발전기 :** 사인파 교류 기전력 유도

③ **고주파 발전기 :** 전기로의 전원용, 기기의 층간 절연 시험용

④ **동기 주파수 변환기 :** 동기 전동기와 동기 발전기를 직결하여 주파수 변환

$$N_s=\frac{120f_1}{p_1}=\frac{120f_2}{p_2} \qquad \therefore \frac{f_1}{p_1}=\frac{f_2}{p_2}$$

여기서, p_1, p_2 : 주파수 f_1, f_2의 전력 계통에 접속된 두 동기기의 극수

⑤ **반동 전동기 :** 전기 시계, 사이클 카운터, 기계적 정류기로 사용

2-3 정류기

(1) 정류 기기

교류를 직류로 변환하는 장치이다.

(2) 정류 기기의 종류

① **정류기** : 수은 정류기, 반도체 정류기(셀렌 정류기, 산화동 정류기, 실리콘 정류기, 게르마늄 정류기)

② **전동 발전기** : 교류 전동기로 직류 발전기를 운전하여 직류를 얻는다.

③ **회전 변류기** : 교류 전동기와 직류 발전기가 고정자, 회전자를 공통으로 이용해 교류를 직류로 바꾼다.

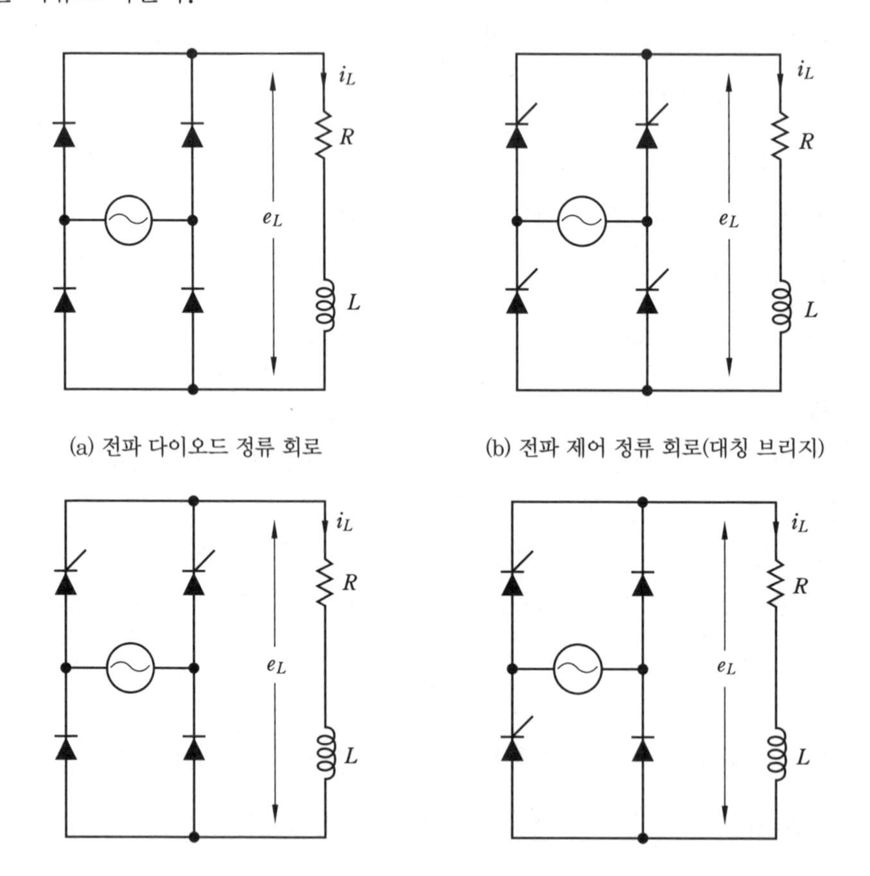

(a) 전파 다이오드 정류 회로 (b) 전파 제어 정류 회로(대칭 브리지)

(c) 전파 제어 정류 회로(혼합 브리지 Ⅰ) (d) 전파 제어 정류 회로(혼합 브리지 Ⅱ)

정류기의 기본 회로

출제 예상 문제

EXERCISES

1. 직류 전동기를 기동할 때에 전기자 직렬로 연결하여 기동 전류를 억제시켜, 속도가 증가함에 따라 저항을 천천히 감소시키는 것을 무엇이라 하는가? (07/5)

① 기동기 ② 정류자
③ 브러시 ④ 제어기

해설 기동기는 시작할 때 최대, 가속이 되면 점차 저항을 감소시킨다.

2. 전동기의 전자력은 어떤 법칙으로 설명하는가? (04/5)

① 플레밍의 오른손 법칙
② 플레밍의 왼손 법칙
③ 렌츠의 법칙
④ 비오-사바르의 법칙

해설 플레밍의 왼손 법칙 : 왼손 세 손가락을 서로 직각으로 펼치고 가운데 손가락을 전류, 집게손가락을 자장의 방향으로 하면 엄지손가락의 방향은 힘의 방향이 된다.

3. 다음 중 3상 유도 전동기는 어느 것인가? (05/5)

① 권선형
② 콘덴서 기동형
③ 분상 기동형
④ 셰이딩 코일형

해설 콘덴서 기동형, 셰이딩 코일형, 분상 기동형은 단상 유도 전동기이다.

4. 농형 유도 전동기의 각 기동 방식에 따른 특성상 회로 구성이 가장 복잡한 기동 방식은? (02/5)

① 정전압 기동
② $Y-\Delta$ 기동법
③ 기동 보상기법
④ 리액터 기동법

5. 변압기의 용도가 아닌 것은? (02/5)

① 교류 전압의 변환
② 교류 전류의 변환
③ 주파수의 변환
④ 임피던스의 변환

6. 송전선의 전압 조정 및 역률 개선용으로 사용할 수 있는 전동기는? (02/5)

① 타여자 전동기
② 직류 분권 전동기
③ 동기 전동기
④ 유도 전동기

해설 동기 전동기는 동기 속도로 운전하는 교류 전동기로 회전속도가 전원주파수에 비례하고 슬립이 없다. 주파수가 일정하면 회전속도가 일정하고 역률로 운전할 수 있으며, 저속일 경우 유도 전동기보다 효율이 높다.

정답 1. ① 2. ② 3. ① 4. ② 5. ③ 6. ③

제 3 장 시퀀스 제어

3-1 시퀀스(sequence) 제어의 개요

(1) 접속도의 종류

접속도는 장치 및 기구, 부품 간의 상호 전기적인 접속 관계를 나타낸 도면을 말한다.

① **배선도** : 장치의 제작, 시험, 점검 등을 위하여 부품의 배치, 배선 상태 등을 실제의 구성에 맞도록 그린 것이다.

② **시퀀스도(전개 접속도)** : 동작 순서대로 알기 쉽게 전개하여 그린 접속도를 말한다.

③ **상호 접속도** : 기기 상호간 및 외부와의 전기적인 접속 관계를 나타낸 접속도를 말한다.

④ **논리 회로도** : OR, AND, NOT, NOR, NAND, EX-OR gate 등을 사용하여 나타낸 회로도로서, 전자 계전기 회로 또는 무접점 회로에 사용된다.

⑤ **단선 접속도** : 전기 전반에 관한 계통과 전기적인 접속 관계를 단선으로 나타낸 접속도이다.

⑥ **복선 접속도** : 단선 접속도에서 단선으로 된 것을 3상이면 실제 배선과 같이 3가닥의 선으로 나타낸 접속도이다.

⑦ **플로 차트(flow chart)** : 동작과 관련된 작업의 순서를 그림으로 표시하여 동작되고 있는 상태를 한눈에 알아볼 수 있도록 나타낸 접속도이다.

⑧ **타임 차트(time chart)** : 시간의 변화에 따른 각 계전기나 접점 등의 변화 상태를 시간적 순서에 의해서 출력 상태 ON, OFF, H, L, 1, 0 등으로 나타낸 접속도이다.

(2) 동작 상태에 관한 용어

① **여자(부세)** : 계전기 코일에 전류를 흘려서 자기를 띠게 하는 것

② **소자(무여자, 소세)** : 계전기 코일에 전류를 차단시키면 자화 성질을 잃게 되는 것

③ **자기 유지(self holding)** : 계전기가 여자된 후에도 동작 기능이 계속해서 유지되는 것

④ **촌동(jogging, inching)** : 기기의 미소 시간 동작을 위해 조작 동작되는 것

⑤ **인터로크(interlock)** : 두 계전기의 동작을 관련시키는 것으로 한 계전기가 동작할 때에는 다른 계전기는 동작하지 않도록 하는 것

3-2 시퀀스 제어에 사용되는 제어 요소

(1) 수동 스위치

수동 스위치는 사람이 손으로 조작하여 제어 장치에 신호를 넣어주는 기구로서 복귀형 수동 스위치와 유지형 수동 스위치로 나눌 수 있다.

① **복귀형 수동 스위치** : 사람이 누르고 있는 동안만 회로가 닫히고, 놓으면 즉시 본래 대로 돌아오는 스위치, 즉 푸시 버튼 스위치(PBS)가 그 대표적 예이다.

② **유지형 수동 스위치** : 사람이 수동으로 조작을 하면 반대로 조작할 때까지 접점의 개폐 상태가 그대로 유지되는 스위치로서, 양쪽 푸시 버튼 스위치, 실렉터 스위치(selector switch), 나이프 스위치(knife switch) 등이 대표적이다.

(2) 검출 스위치

검출 스위치는 제어 대상의 상태 또는 변화를 검출하기 위한 것으로 위치, 액면, 압력, 온도, 전압, 그 밖의 여러 가지 제어량을 검출하는 것이다.

(3) 릴레이(electro magnetic relay : 전자 계전기)

전자력에 의해서 접점을 개폐하는 기능을 가진 것이 전자 계전기이다.

(4) 타이머(timer)

타이머는 입력 신호를 받아서 정해진 시간만큼 지난 후에 출력 신호를 나타나게 하는 계전기를 말한다.

① **모터식 타이머** : 동기 전동기, 클러치, 감속 기어 등을 조합하여 동작하는 것으로, 비교적 동작이 안정되고 긴 시간 동안 설정할 수 있는 타이머이다.

② **전자식 타이머** : 콘덴서 C와 저항 R의 충전 방전 시정수 특성을 이용하여 시간 지연을 취하여 릴레이 접점을 개폐하는 것을 말하며, 동작 시간 정정은 가변 저항기의 저항치를 변화시켜 콘덴서의 충전 시간을 바꿈으로써 행하여진다. CR 타이머라고도 한다.

(5) 전자 접촉기(magnet contact)

고정 철심에 감겨져 있는 코일에 전원이 걸리면 전자력이 발생하여 가동 철심을 흡인하면 접점이 닫히고, 전원이 끊어지면 스프링의 힘으로 접점은 원위치에 복귀한다.

출제 예상 문제

EXERCISES

1. **다음 논리 시퀀스의 논리식은?** (02/5)

① AA+BC　　② AB+BC
③ AB+AC　　④ B+CA

해설 AND 회로는 직렬 회로(논리적 회로)이고, OR 회로는 병렬 회로(논리합 회로)로서 AND 회로와 OR 회로의 조합이다. 논리식 =AB+AC

2. **논리 기호에서 입력이 있으면 출력이 없고, 입력이 없으면 출력이 있는 게이트는 어느 것인가?** (05/5)

① OR　　② AND
③ NOR　　④ NOT

해설 NOT(인버터) 게이트 회로의 동작사항이다.

3. **그림과 같은 회로의 명칭은?** (04/5)

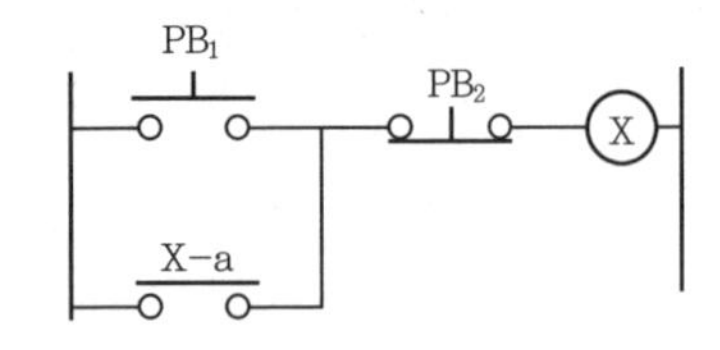

① 자기 유지 회로　　② 카운터 회로
③ 타이머 회로　　④ 플리커 회로

해설 간단히 릴레이를 사용한 시퀀스로 자기 유지 회로를 구성한 것이다.

4. **다음 불대수 $Y=AC+\overline{A}C+\overline{B}C$를 간소화하면?** (05/5)

① C　　② $\overline{A}B$
③ AC　　④ B

해설 $Y=AC+\overline{A}C+\overline{B}C=C(A+\overline{A}+\overline{B})$
$=C(1+\overline{B})=C$

5. **유접점 시퀀스 제어 회로의 특징으로 맞지 않는 것은?** (05/5)

① 수명은 반영구적이다.
② 진동, 충격에 약하다.
③ 전기적 소음이 크다.
④ 주 회로와 동일한 전원을 사용한다.

해설 유접점 시퀀스 회로에서 접점이 쉽게 마모되기 때문에 수명이 반영구적이 되지 못한다.

6. **코일이 여자될 때마다 숫자가 하나씩 증가하며 계수 표시를 하는 것은?** (07/5)

① 기계식 카운터
② 전자식 카운터
③ 적산 카운터
④ 프리셋 카운터

해설 적산 카운터는 릴레이가 여자될 때마다 한 숫자씩 증가하는 것을 표시하는 것이다.

7. **시퀀스 제어의 작동 상태를 나타내는 방식이 아닌 것은?**

정답 1. ③　2. ④　3. ①　4. ①　5. ①　6. ③　7. ④

① 릴레이 회로도　② 타임 차트
③ 플로 차트　④ 나이퀴스트 선도

8. 목표값이 미리 정해진 시간적인 변화를 하는 경우 제어량을 그것에 추종시키기 위한 제어는?

① 정치 제어
② 추종 제어
③ 비율 제어
④ 프로그램 제어

해설 (1) 정치 제어 : 목표값이 시간적으로 변화하지 않고 일정 값일 때의 제어
(2) 추종 제어 : 목표값이 시간적으로 임의로 변하는 경우의 제어
(3) 프로그램 제어 : 목표값의 변화가 미리 정해져 있어 그 정하여진 대로 변화하는 제어

9. 다음 심벌 중 수동 복귀 접점을 나타낸 것은?

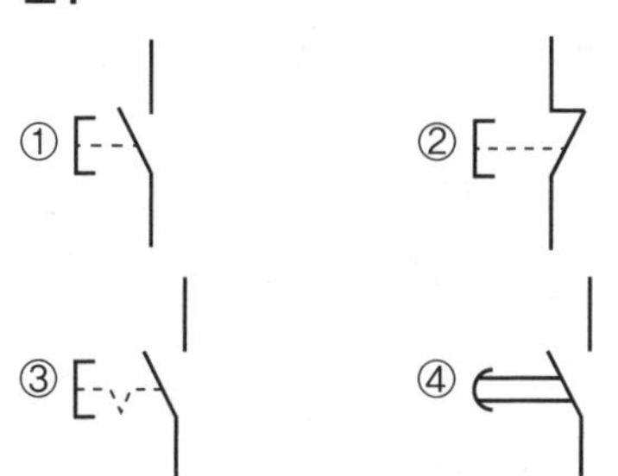

해설 ①은 자동 복귀 a 접점, ②는 자동 복귀 b 접점, ④는 여자 지연 타이머 a 접점이다.

10. 비접촉 검출 스위치의 종류에 해당되지 않는 것은?

① 광전 스위치　② 마이크로 스위치
③ 초음파 스위치　④ 근접 스위치

해설 마이크로 스위치는 접촉 스위치이다.

11. 시퀀스 제어에 사용되는 기기이다. 조작 · 출력 기기에 해당되지 않는 것은 어느 것인가 ?

① 전자 접촉기　② 전자 릴레이
③ 전자 클러치　④ 전동기

해설 릴레이는 제어 전류를 개폐하는 스위치의 조작을 전자석의 힘으로 하는 것이다.

12. 자기장의 에너지를 이용하여 검출 헤드에 접근하는 금속재를 기계적으로 접촉시키지 않고 검출하는 스위치는?

① 근접 스위치
② 플로트리스 스위치
③ 푸시 버튼 스위치
④ 리밋 스위치

13. 다음 중 전자 계전기의 기능이 아닌 것은 어느 것인가?

① 증폭 기능　② 전달 기능
③ 연산 기능　④ 충전 기능

정답 8. ④　9. ③　10. ②　11. ②　12. ①　13. ④

제 4 장 전기 측정

4-1 전기 측정의 기초

1 전기표준기

(1) 표준저항기

① **합금 성분 :** 구리(Cu) 84%+망간(Mn) 12%+니켈(Ni) 3.5%의 합금

② **고유 저항 :** 34~50μΩ · cm

③ **온도계수 :** 1℃당 10^{-5}

(2) 표준전지(웨스턴 표준전지)

① **기전력 :** 1.01830V

② **내부저항 :** 약 500Ω

2 오차와 정도

(1) 측정 오차

① 오차=지시값(M)−참값(T)

② 오차율(ε)$=\dfrac{M-T}{T}\times 100\%$

③ 보정률(α)$=\dfrac{T-M}{M}\times 100\%$

(2) 오차의 종류

① **과오오차**

② **계통오차 :** 이론오차, 기계적 오차, 개인오차 등

③ **우연오차**

(3) 오차의 원인

① **구조적 오차 :** 0점 세팅 오차, 눈금의 부정확, 주파수 및 파형의 영향 등

② **외부적 오차 :** 환경의 온도 변화, 외부 자장의 변화, 정전계의 영향 등

4-2 전기 요소의 측정

1 전압 측정

(1) 전압계

전압을 측정하는 계기로, 병렬로 회로에 접속하며, 가동 코일형은 직류 측정에 사용된다.

(2) 배율기

전압의 측정 범위를 넓히기 위해 전압계에 직렬로 저항을 접속한다.

$$V_v = r_v I = \frac{r_v V}{r_v + R_m}$$

$$\therefore V = \left(\frac{r_v + R_m}{r_v}\right) V_v$$

$$= \left(1 + \frac{R_m}{r_v}\right) V_v = m V_v$$

이때 R_m을 배율기 저항, m을 배율기의 배율이라 한다.

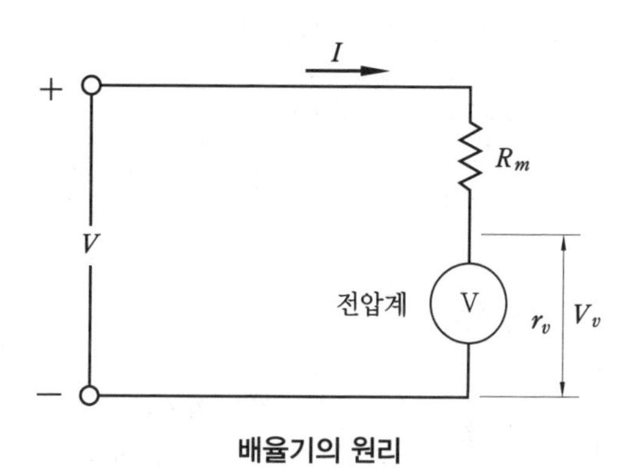

배율기의 원리

(3) 직류와 교류의 전압 측정

전압 범위	직류	교류
미소 전압	가동 코일형 검류계 검류계 증폭기 전자식 직류 증폭기	진동 검류계 정류형 검류계 전자식 교류 증폭기
보통 전압	지시 계기(주로 가동 코일형) 직류 전위차계(정밀 측정용) 디지털 전압계	지시 계기(주로 가동 철편형) 교류 전위차계(전압 벡터 측정용) 직 · 교류 비교기(정밀 측정용)
고전압	지시 계기(분압기 사용) 정전 전압계	지시 계기(계기용 변압기 사용) 정전 전압계

2 전류 측정

(1) 전류계

전류의 세기를 측정하는 계기로, 직렬로 회로에 접속하며 내부저항이 전압계보다 작다.

(2) 분류기

전류계의 측정 범위를 넓히기 위해 전류계에 병렬로 저항을 접속한다.

$$I_a = \frac{R_s}{R_s + r_a} I$$

$$\therefore I = \left(\frac{R_s + r_a}{R_s}\right) I_a = \left(1 + \frac{r_a}{R_s}\right) I_a = nI_a$$

이때 R_s를 분류기 저항, n을 분류기의 배율이라 한다.

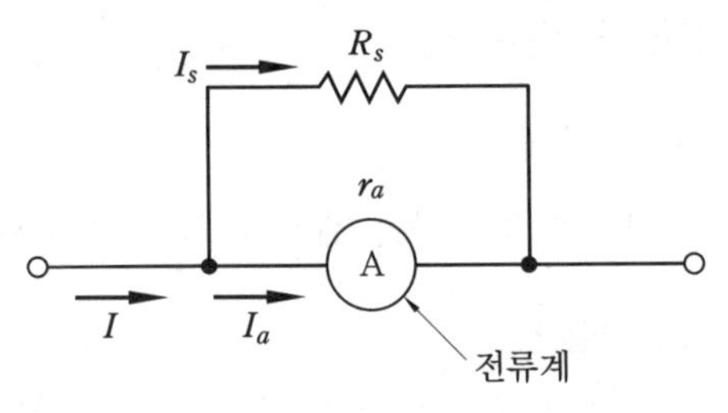

분류기의 원리

(3) 직류와 교류의 전류 측정

전류 범위	직류	교류
미소 전류	미소 전압 측정과 같음. 자기 증폭기	미소 전압 측정과 같음.
보통 전류	지시 계기(주로 가동 코일형) 직류 전위차계(표준 저항기 사용)	지시 계기(주로 가동 코일형) 직 · 교류 비교기
대전류	지시 계기(분류기 사용) 직류 변류기	지시 계기(계기용 변류기 사용)

3 저항 측정

(1) 저저항(1Ω 이하) 측정법

① 전압강하법

② 전위차계법

③ **휘트스톤 브리지법** : $X = \frac{P}{Q} R[\Omega]$

④ **켈빈더블 브리지법** : $X = \frac{N}{M} R[\Omega]$

(2) 중저항(1Ω~1MΩ) 측정법

① 전압강하법

② 휘트스톤 브리지법

(3) 고저항(1MΩ 이상) 측정법

① 직접 편위법

② 전압계법

③ 콘덴서의 충 · 방전에 의한 측정

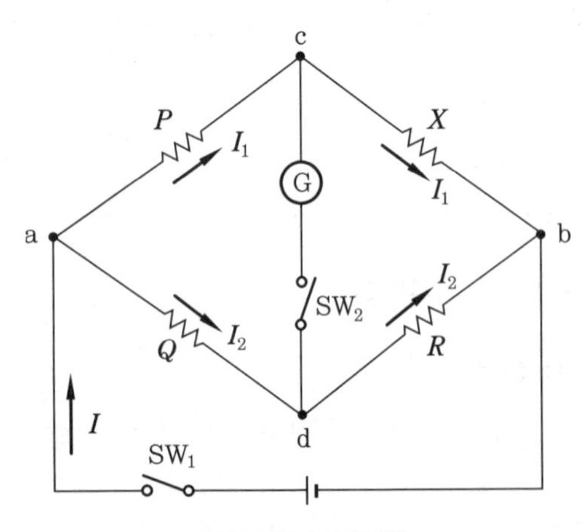

휘트스톤 브리지법

4 전력 측정

(1) 직류 전력

$P=VI$[W] 또는 $P=I^2R$[W]

전력손실을 고려하면

① 그림 (a)에서 $P=VI-I^2R_a$[W]

② 그림 (b)에서 $P=VI-V^2/R_V$[W]

여기서, V : 전압(V), I : 전류(A), R_V : 전압 내부저항(Ω), R_a : 전압 내부저항(Ω)

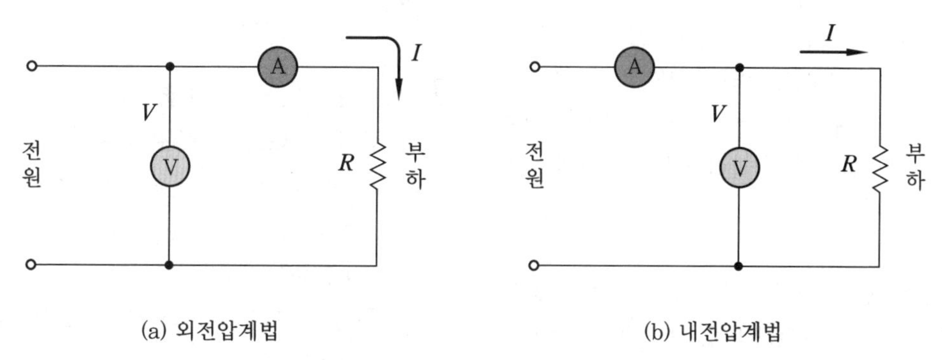

(a) 외전압계법　　(b) 내전압계법

전압, 전류계에 의한 전력 측정

(2) 교류 전력

① **유효 전력** : $P_e=VI\cos\theta$[W]

② **피상 전력** : $P_a=VI$[W]

③ **무효 전력** : $P_r=VI\sin\theta$[VAR]

(3) 역률

역률은 유효 전력과 피상 전력의 비로써 나타낸다.

$$\cos\theta=\frac{P_e}{VI}$$

5 전력량 측정

전력량(W)=$P \cdot t$

여기서, P : 전력(W), t : 시간(s)

출제 예상 문제

EXERCISES

1. 전류계와 전압계를 회로에 동시에 연결할 때 접속 방법이 맞는 것은? (02/5, 05/5)

① 전류계 - 병렬, 전압계 - 직렬
② 전류계 - 병렬, 전압계 - 병렬
③ 전류계 - 직렬, 전압계 - 직렬
④ 전류계 - 직렬, 전압계 - 병렬

해설 전압계와 전류계를 동시에 연결할 때에는 전류계는 직렬로 접속하고, 전압계는 병렬로 접속한다.

2. 분류기를 사용하여 전류를 측정하는 경우 전류계의 내부저항이 0.12Ω, 분류기의 저항이 0.03Ω이면 그 배율은? (08/5)

① 6 ② 5 ③ 4 ④ 3

해설 $n=1+\frac{r_a}{R_s}=1+\frac{0.12}{0.03}=5$

3. 다음 중 직류의 대전류 측정에 알맞은 것은 어느 것인가? (05/5)

① 회로 시험기 ② 반조 검류계
③ 전자석 검류계 ④ 직류 변류기

4. 다음 중 직류 전류 측정에 가장 적당한 계기는? (03/5)

① 전류력계형 계기 ② 가동 철편형 계기
③ 가동 코일형 계기 ④ 유도형 계기

해설 가동 코일형 계기는 직류 전용 계기이다.

5. 100Ω의 부하가 연결된 회로에 10V의 직류 전압을 가하고 전류를 측정하면 계기에 나타나는 값은? (06/5)

① 10A ② 1A ③ 0.1A ④ 0.01A

해설 $I=\frac{V}{R}=\frac{10}{100}=0.1\text{A}$

6. 다음 중 회로 시험기를 사용하여 측정할 때 주의할 점으로 잘못된 것은?

① 측정할 양에 알맞는 계기를 사용한다.
② 직류용 계기의 단자에 표시되어 있는 극성과 전원의 극성에 주의한다.
③ 측정 시 지침은 최대 측정 범위를 넘도록 조정한다.
④ 배율 선택 스위치는 측정값에 알맞게 조절한다.

해설 측정 시 지침은 최대 눈금의 1/3 이상 움직이도록 하고, 최대 측정 범위를 넘지 않도록 주의한다.

7. 다음 중 지시 계기의 3대 요소와 거리가 먼 것은?

① 제어장치 ② 제동장치
③ 지지장치 ④ 구동장치

8. 지시 전기 계기의 일반적인 특징이 아닌 것은?

① 기계적으로 강할 것
② 지침의 흔들림이 빨리 정지할 것
③ 내전압이 낮을 것
④ 과부하에 강할 것

정답 1. ④ 2. ② 3. ④ 4. ③ 5. ③ 6. ③ 7. ③ 8. ③

공유압기능사 실기

- 국가기술자격 실기시험 문제
- 공유압 작업 KEY POINT

국가기술자격 실기시험 문제 ①

자격종목	공유압기능사	과제명	공압회로 구성 및 조립작업

※ 시험시간 : 1시간 20분
- 제1과제(공압회로 도면제작) : 20분
- 제2과제(공압회로 구성 및 조립작업) : 1시간

1 요구사항

■ 제1과제 : 공압회로 도면제작

① 주어진 제어조건을 만족하는 공압회로도 및 전기회로도의 빈 부분(㉮, ㉯, ㉰)에 들어갈 기호를 제시된 [보기(공압)]에서 찾아 답지(1)에 번호로 기입하고, 도면 중 ㉱ 부분의 용도 및 ㉲ 부분의 명칭을 답지(1)에 작성하여 제출하시오. (단, ㉱, ㉲가 지칭하는 부분은 관로, 스프링, 드레인 등의 세부 부속품이 아닌 독립적으로 역할을 하는 전체 부품임을 고려하여 답지를 작성합니다.)

② 주어진 공압회로도를 참조하여 제어조건에 따른 변위단계선도를 답지(2)에 완성하여 제출하시오.

※ 실린더가 대기 중일 때는 반드시 수평선으로 표시합니다. 변위단계선도에 나타내는 선은 굵게(진하게) 표시합니다.

■ 제2과제 : 공압회로 구성 및 조립작업

(1) 기본과제

① 제1과제에서 작성한 공압도면과 같이 주어진 공압기기를 선정하여 고정판에 배치하시오. (단, 공압회로도 중 도면에 있는 차단밸브 이전 기기와 장치는 수험자가 구성하지 않습니다.)

② 공압호스를 적절한 길이로 절단 사용하여 배치된 기기를 연결 · 완성하시오.

③ 전기회로도를 보고 전기회로작업을 완성하시오. (전기연결선 +는 적색으로, −는 청색 또는 흑색으로 연결하시오.)

④ 작업압력(서비스 유닛)을 (0.5±0.05) MPa로 설정하시오.

(2) 응용과제

① 감독위원이 지정한 압력(0.2~0.5 MPa 범위에서 지정)으로 변경하시오.

② 실린더 A 전진 시 일방향 유량조절밸브(모듈형)를 사용하여 meter-out 회로가 되도록 하고, 실린더 B 후진 시 급속배기밸브를 사용하여 실린더의 속도를 제어하시오.
③ 리밋 스위치를 이용하여 작업대에 제품이 없을 경우 실린더 A에 의한 벤딩 작업이 진행되지 않도록 하고, 이 경우 전기 램프가 점등되어 그 상태를 표시할 수 있도록 전기회로를 구성한 후 동작시키시오. (리밋 스위치는 전기 선택 스위치로 대용)

2 수험자 유의사항

① 수험자는 성실하게 감독위원의 지시에 따라야 합니다.
② 공압, 유압 배관의 제거는 압력 공급을 차단한 후 실시하여야 합니다.
③ 제반 안전수칙을 준수하여 사고 예방에 노력해야 합니다.
④ 수험에 필요한 기기 이외에는 함부로 손대면 안 됩니다.
⑤ 전기 연결의 합선 시에는 즉시 전원공급 장치의 전원을 차단해야 합니다.
⑥ 답안을 정정할 때에는 반드시 정정 부분을 두 줄로 그어 표시하여야 하며, 두 줄로 긋지 않은 답안은 정정하지 않은 것으로 간주합니다.
⑦ 흑 · 청색 필기구(연필 제외)로 작성하지 아니한 답항은 채점하지 아니합니다.
⑧ 시험 도중 타인과의 대화나 타인의 것을 훔쳐보았을 때 부정행위로 처리됩니다.
⑨ 수험자는 시험 시작 후 종료까지 시험위원의 지시가 없는 한 시험장을 임의로 이탈할 수 없습니다.
⑩ 변위단계선도의 작성 및 제출은 반드시 제1과제 시험시간 이내에 이루어져야 합니다.
⑪ 실린더의 작동 부분에는 전선 및 호스가 접촉되지 않도록 주의하여야 합니다.
⑫ 2과제 평가는 먼저 기본과제(①~④)를 수행한 후 감독위원에게 평가받고, 그 이후에 응용과제(①~③)를 별도로 감독위원에게 평가받습니다.
⑬ 2과제 평가는 감독위원 확인하에 한 번만 평가받을 수 있으며 재평가하지 않습니다. (단, 평가 시에는 전원이 유지된 상태에서 2회 동작 시도하여 동일하게 정상 동작이 되어야 하며, 1회만 동작하고 2회째 시도 시 정상적으로 동작하지 않으면 인정하지 않음)
⑭ 다음 사항에 대해서는 채점 대상에서 제외하니 특히 유의하시기 바랍니다.

㈎ 기권
- 수험자 본인이 수험 도중 시험에 대한 포기 의사를 표시하는 경우
- 실기시험 과정 중 1개 과정이라도 불참한 경우

㈏ 실격
- 기능이 해당 등급 수준에 전혀 도달하지 못한 것으로 감독위원이 판단할 경우

- 수험자가 기계조작 미숙 등으로 계속 작업 진행 시 본인 또는 타인의 인명이나 재산에 큰 피해를 가져올 수 있다고 감독위원이 판단할 경우
- 부정행위를 한 경우

㈐ 미완성

- 주어진 시험시간을 초과하거나 시험시간 내에 완성하지 못한 경우
- 주어진 시간 내에 제출하였으나 기본과제가 작동하지 않은 경우 (전원 유지 상태에서 동작 시험 시 2회 이상 정상 동작해야 함)

㈑ 오작

- 회로 구성 결과가 제어조건(기본과제)과 일치하지 않는 작품
- 문제지의 공압회로도와 전기회로도의 구성부품과 실제 회로작업에서 사용한 구성부품이 상이한 경우(단, 수험자가 1과제에서 선택하는 부분은 오작대상에서 제외)

3 도면(공압회로)

① 제어조건 : START 스위치를 ON-OFF하면 실린더 A가 전진하고 실린더 A의 전진으로 제품이 캡모양으로 벤딩이 되고, 실린더 A가 후진하면 실린더 B가 전진하여 제품을 자르게 된다. 제품을 절단한 후에 실린더 B가 후진하면 제품을 수작업으로 꺼낸다.

- 위치도

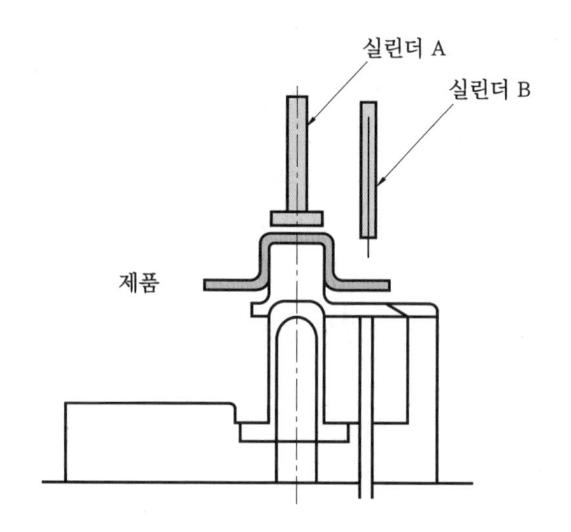

• 공압회로도

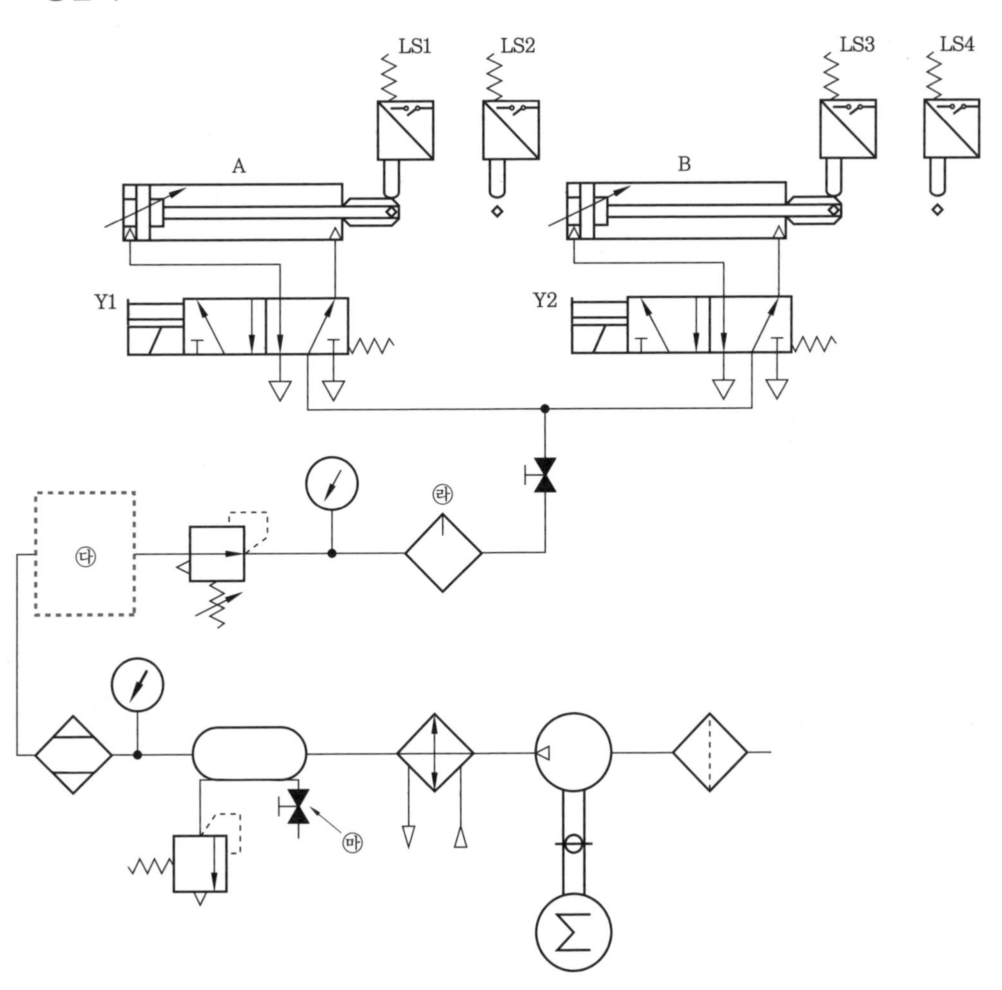
LS1
LS2
LS3
LS4
A
B
Y1
Y2
㉰
㉱
㉲

• 전기회로도

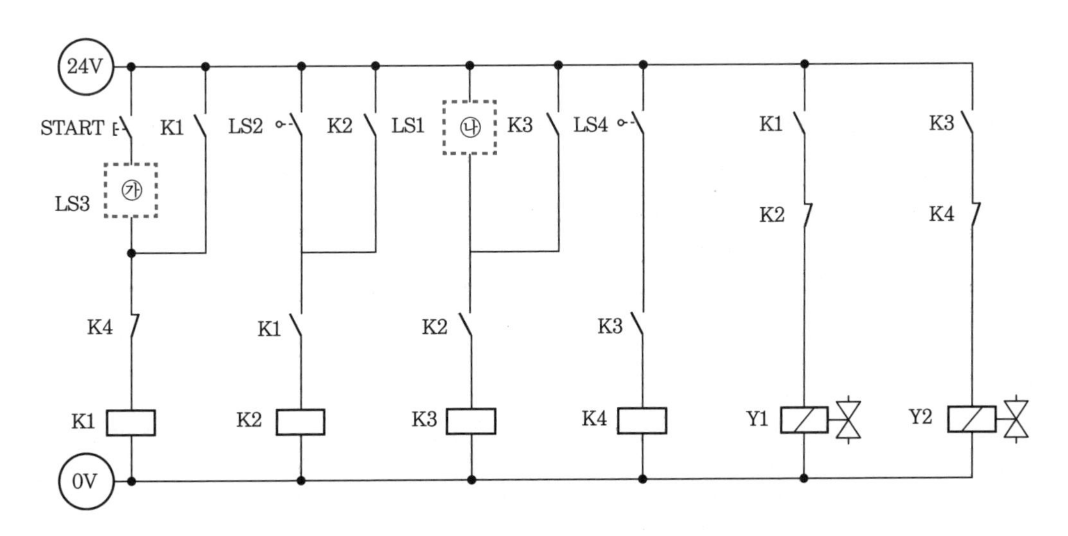
24V
START
K1
LS2
K2
LS1
㉯
K3
LS4
LS3
㉮
K4
Y1
Y2
0V

[보기(공압)]

①		②		③	
④		⑤		⑥	
⑦		⑧		⑨	
⑩		⑪		⑫	
⑬		⑭		⑮	
⑯		⑰		⑱	
⑲		⑳		㉑	
㉒		㉓		㉔	
㉕		㉖		㉗	
㉘		㉙		㉚	K1
㉛	K2	㉜	K3	㉝	K4
㉞	K1	㉟	K2	㊱	K3
㊲	K4	㊳	P	㊴	Y1
㊵	Y2	㊶	Y3	㊷	Y4

답지(1)

1. 전기회로도 중 빈칸 ㉮에 들어갈 적절한 기호를 [보기(공압)]에서 골라 그 번호를 쓰시오.
2. 전기회로도 중 빈칸 ㉯에 들어갈 적절한 기호를 [보기(공압)]에서 골라 그 번호를 쓰시오.
3. 공압회로도 중 빈칸 ㉰에 들어갈 적절한 기호를 [보기(공압)]에서 골라 그 번호를 쓰시오.
4. 공압회로도 중 ㉱의 명칭을 쓰시오.
5. 공압회로도 중 ㉲의 용도를 쓰시오.

정답 **1.** ㉙ **2.** ㉙ **3.** ⑥ **4.** 윤활기 **5.** 드레인 배출

답지(2)

공압 변위단계선도

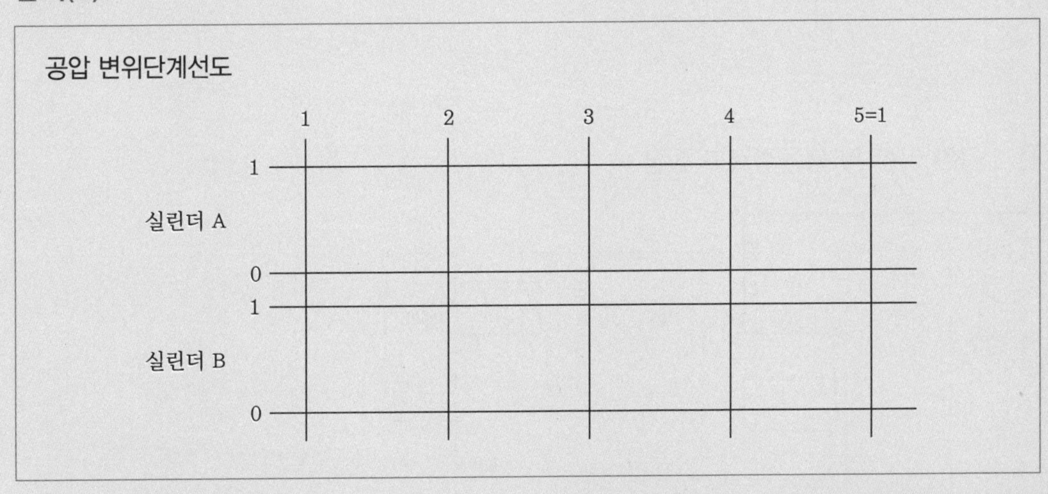

정답 공압 변위단계선도

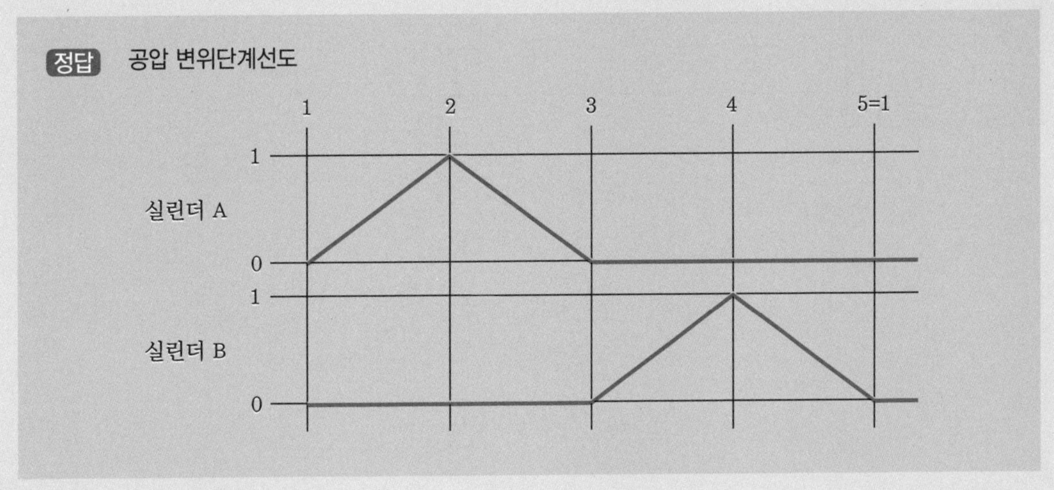

공압 응용회로도 정답

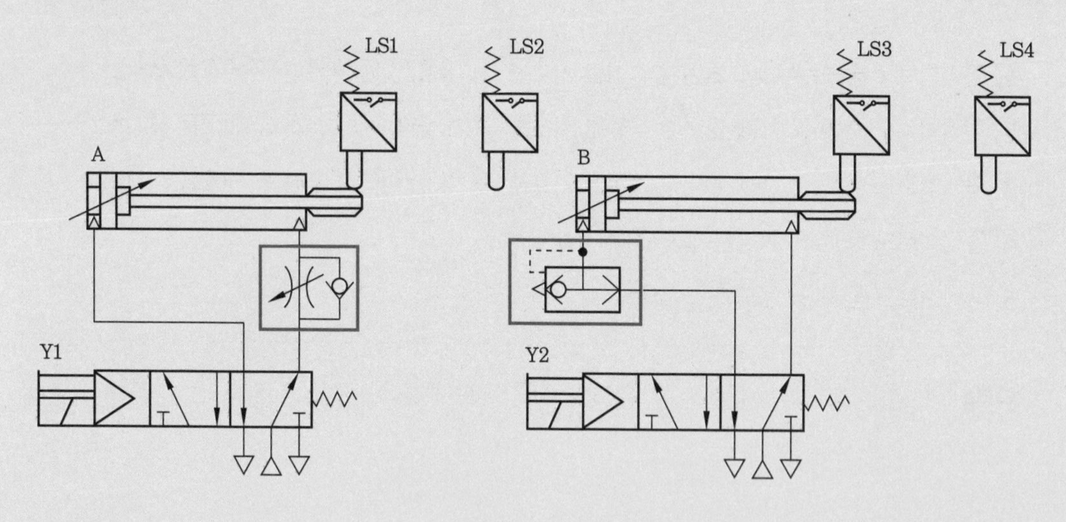

전기 공압 기본 및 응용회로도 정답

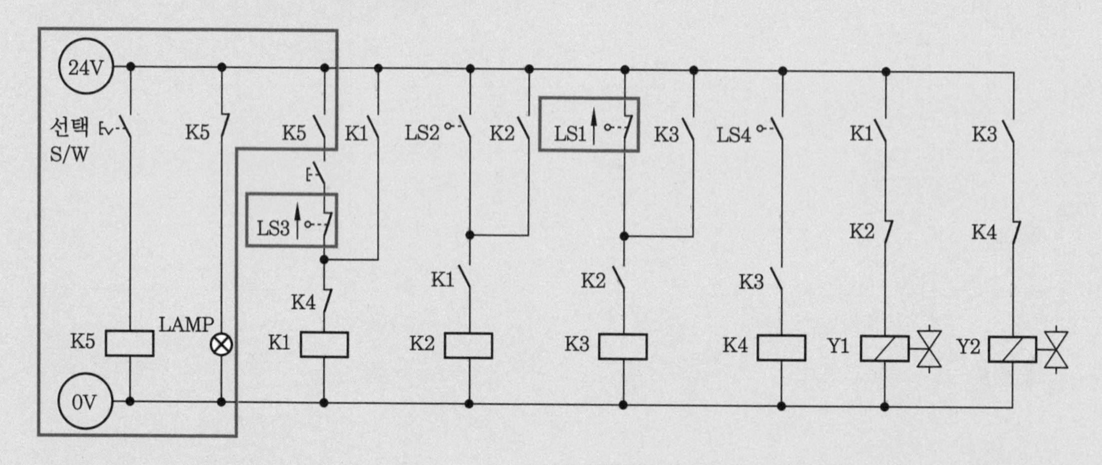

자격종목	공유압기능사	과제명	유압회로 구성 및 조립작업

※ 시험시간 : 1시간 10분
- 제3과제(유압회로 도면제작) : 10분
- 제4과제(유압회로 구성 및 조립작업) : 1시간

1 요구사항

■ 제3과제 : 유압회로 도면제작

① 주어진 제어조건을 만족하는 유압회로도 및 전기회로도의 빈 부분(㉮, ㉯, ㉰)에 들어갈 기호를 제시된 [보기(유압)]에서 찾아 답지(3)에 번호로 기입하고, 도면 중 ㉱, ㉲부분의 명칭 및 부분의 용도를 답지(3)에 작성하여 제출하시오. (단, ㉱, ㉲가 지칭하는 부분은 관로, 스프링, 드레인 등의 세부 부속품이 아닌 독립적으로 역할을 하는 전체 부품임을 고려하여 답지를 작성합니다.)

■ 제4과제 : 유압회로 구성 및 조립작업

(1) 기본과제

① 제3과제에서 작성한 유압도면과 같이 주어진 유압기기를 선정하여 고정판에 배치하시오. (단, 도면에 일점쇄선 부분은 수험자가 구성하지 않습니다.)
② 유압호스를 사용하여 배치된 기기를 연결·완성하시오.
③ 전기회로도를 보고 전기회로작업을 완성하시오. (전기연결선 +는 적색으로, -는 청색 또는 흑색으로 연결하시오.)
④ 유압회로 내의 최고압력을 (4±0.2)MPa로 설정하시오.

(2) 응용과제

① 실린더의 전진 시 과도한 압력에 의하여 공작물이 파손되는 것을 방지하기 위하여 감압밸브와 압력게이지를 사용하여 압력을 (2±0.2)MPa로 변경하시오.
② 전기타이머를 사용하여 실린더가 전진 완료 후 3초간 정지한 후에 후진하도록 전기회로를 구성하고 동작시키시오.

2 수험자 유의사항

① 수험자는 성실하게 감독위원의 지시에 따라야 합니다.
② 공압, 유압 배관의 제거는 압력 공급을 차단한 후 실시하여야 합니다.
③ 제반 안전수칙을 준수하여 사고 예방에 노력해야 합니다.

④ 수험에 필요한 기기 이외에는 함부로 손대면 안 됩니다.
⑤ 전기 연결의 합선 시에는 즉시 전원공급 장치의 전원을 차단해야 합니다.
⑥ 답안을 정정할 때에는 반드시 정정 부분을 두 줄로 그어 표시하여야 하며, 두 줄로 긋지 않은 답안은 정정하지 않은 것으로 간주합니다.
⑦ 흑 · 청색 필기구(연필 제외)로 작성하지 아니한 답항은 채점하지 아니합니다.
⑧ 시험 도중 타인과의 대화나 타인의 것을 훔쳐보았을 때 부정행위로 처리됩니다.
⑨ 수험자는 시험 시작 후 종료까지 시험위원의 지시가 없는 한 시험장을 임의로 이탈할 수 없습니다.
⑩ 실린더의 작동 부분에는 전선 및 호스가 접촉되지 않도록 주의하여야 합니다.
⑪ 4과제 평가는 먼저 기본과제(①~④)를 수행한 후 감독위원에게 평가받고, 그 이후에 응용과제(①~②)를 별도로 감독위원에게 평가받습니다.
⑫ 4과제 평가는 감독위원 확인하에 한 번만 평가받을 수 있으며 재평가하지 않습니다.(단, 평가 시에는 전원이 유지된 상태에서 2회 동작 시도하여 동일하게 정상 동작이 되어야 하며, 1회만 동작하고 2회째 시도 시 정상적으로 동작하지 않으면 인정하지 않음)
⑬ 다음 사항에 대해서는 채점 대상에서 제외하니 특히 유의하시기 바랍니다.
㈎ 기권
- 수험자 본인이 수험 도중 시험에 대한 포기 의사를 표시하는 경우
- 실기시험 과정 중 1개 과정이라도 불참한 경우

㈏ 실격
- 기능이 해당 등급 수준에 전혀 도달하지 못한 것으로 감독위원이 판단할 경우
- 수험자가 기계조작 미숙 등으로 계속 작업 진행 시 본인 또는 타인의 인명이나 재산에 큰 피해를 가져올 수 있다고 감독위원이 판단할 경우
- 부정행위를 한 경우

㈐ 미완성
- 주어진 시험시간을 초과하거나 시험시간 내에 완성하지 못한 경우
- 주어진 시간 내에 제출하였으나 기본과제가 작동하지 않은 경우
(전원 유지 상태에서 동작 시험 시 2회 이상 정상 동작해야 함)

㈑ 오작
- 회로 구성 결과가 제어조건(기본과제)과 일치하지 않는 작품
- 문제지의 유압회로도와 전기회로도의 구성부품과 실제 회로작업에서 사용한 구성부품이 상이한 경우(단, 수험자가 3과제에서 선택하는 부분은 오작대상에서 제외)

3 도면(유압회로)

① 제어조건 : START 스위치를 ON−OFF하면 실린더 A가 전진하여 펀칭작업을 하고, 전진을 완료하면 리밋 스위치에 의하여 후진을 한다. 재작업은 RESET 스위치를 ON−OFF한 후 작업하도록 한다. (단, 중립 위치 밸브를 사용한다.)

• 위치도 • 유압회로도

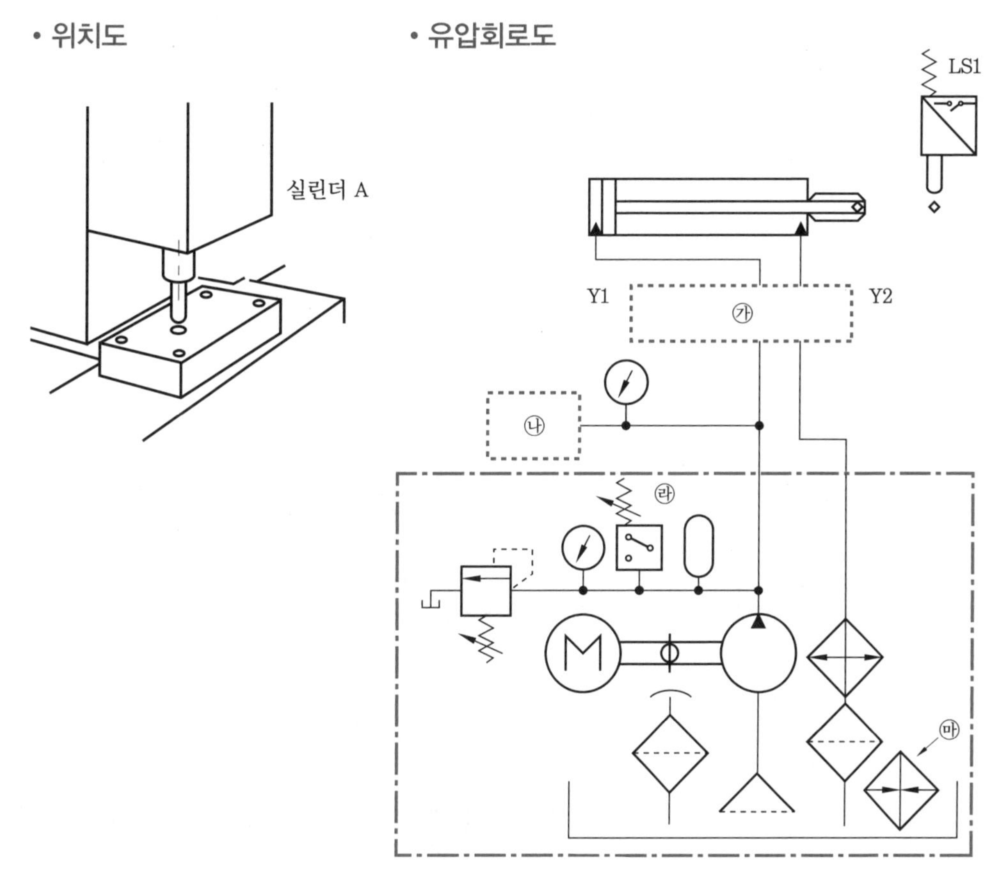

• 전기회로도

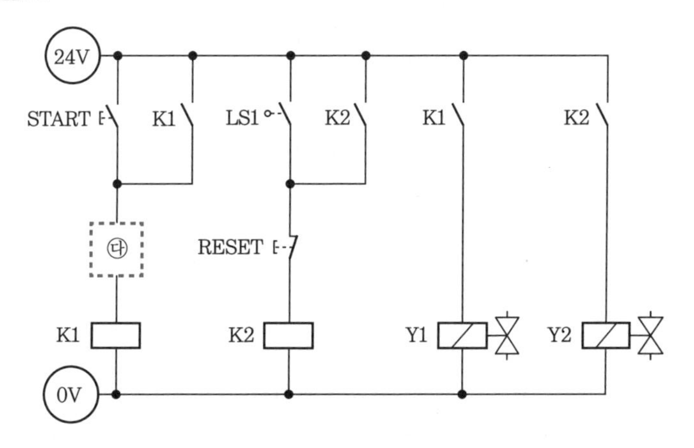

[보기(유압)]

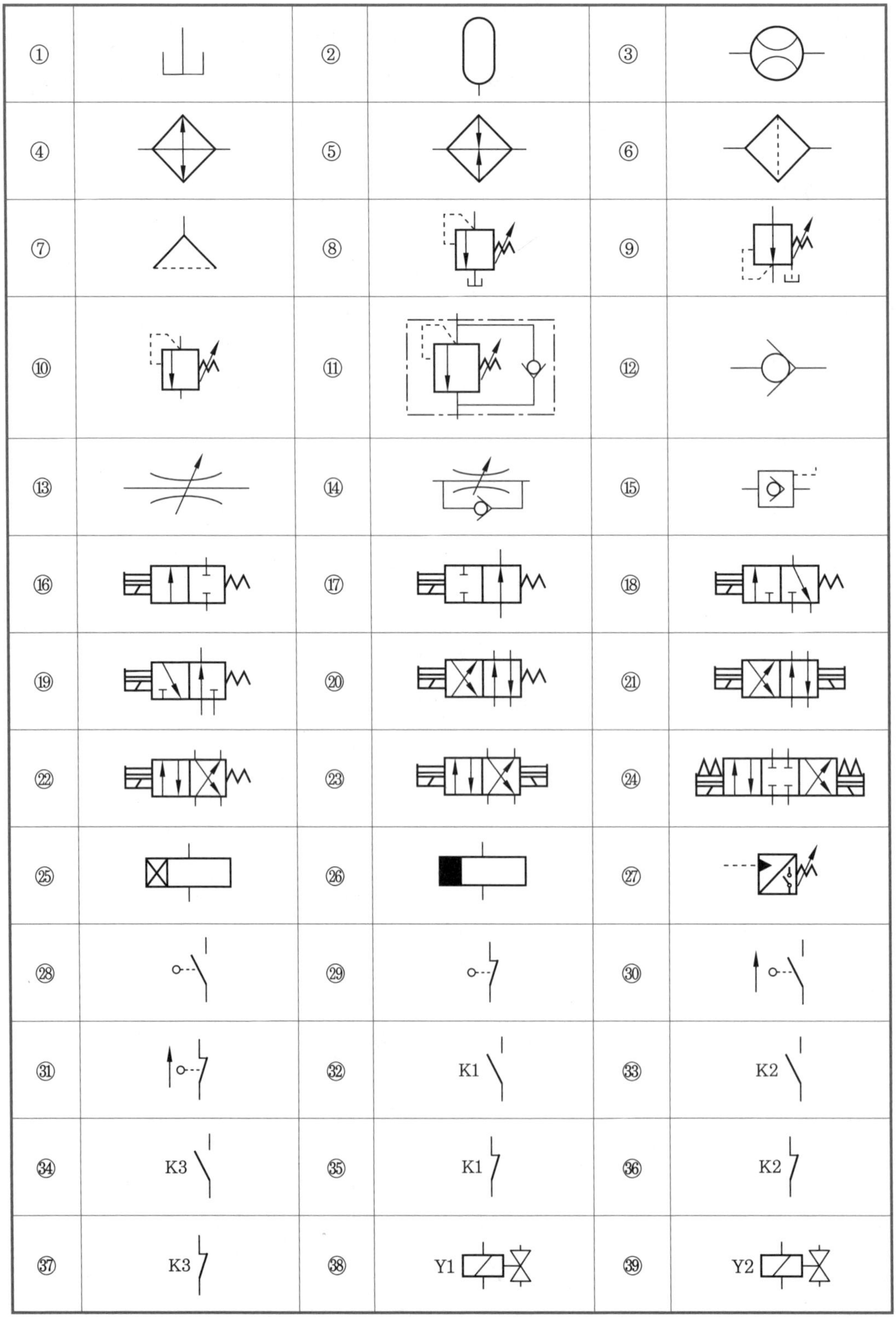

①		②		③	
④		⑤		⑥	
⑦		⑧		⑨	
⑩		⑪		⑫	
⑬		⑭		⑮	
⑯		⑰		⑱	
⑲		⑳		㉑	
㉒		㉓		㉔	
㉕		㉖		㉗	
㉘		㉙		㉚	
㉛		㉜	K1	㉝	K2
㉞	K3	㉟	K1	㊱	K2
㊲	K3	㊳	Y1	㊴	Y2

답지(3)

1. 유압회로도 중 빈칸 ㉮에 들어갈 적절한 기호를 [보기(유압)]에서 골라 그 번호를 쓰시오.
2. 유압회로도 중 빈칸 ㉯에 들어갈 적절한 기호를 [보기(유압)]에서 골라 그 번호를 쓰시오.
3. 전기회로도 중 빈칸 ㉰에 들어갈 적절한 기호를 [보기(유압)]에서 골라 그 번호를 쓰시오.
4. 유압회로도 중 ㉱의 명칭을 쓰시오.
5. 유압회로도 중 ㉲의 용도를 쓰시오.

정답 **1.** ㉔ **2.** ⑧ **3.** ㊱ **4.** 압력 스위치 **5.** 유압 작동유 가열

유압 기본 및 응용회로도 정답

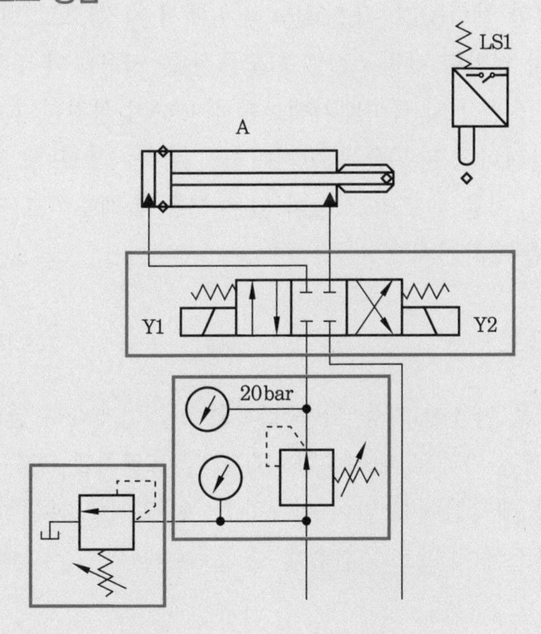

전기 유압 기본 및 응용회로도 정답

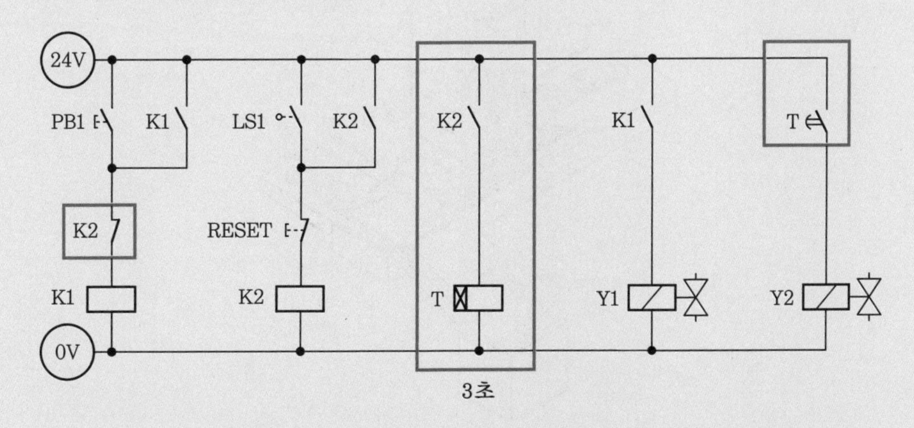

국가기술자격 실기시험 문제 ②

자격종목	공유압기능사	과제명	공압회로 구성 및 조립작업

※ 1과제와 2과제의 시험시간, 요구사항 및 수험자 유의사항 등은 국가기술자격 실기시험 문제 ①과 공통되므로 생략한다.

■ 제2과제 : 공압회로 구성 및 조립작업

(2) 응용과제

① 감독위원이 지정한 압력(0.2~0.5MPa 범위에서 지정)으로 변경하시오.

② 실린더 A 전진 시 일방향 유량조절밸브(모듈형)를 사용하여 meter-out 회로가 되도록 하고, 실린더 B 후진 시 급속배기밸브를 사용하여 실린더의 속도를 제어하시오.

③ 회로도에서 A 실린더의 왕복운동을 제어하기 위하여 스프링 복귀형 솔레노이드 밸브를 사용하였다. 이를 메모리 기능이 있는 복동 솔레노이드 밸브를 사용하여 회로를 재구성한 후 동작시키시오.

3 도면(공압회로)

① 제어조건 : 공압을 이용한 자동 이송장치 회로를 설계하려 한다. 공작물은 자유 낙하에 의하여 매거진 아래로 내려온다. START 스위치를 ON-OFF하면, 이송 실린더 A가 공작물을 매거진에서 밀어 이송하고, 원 위치로 복귀한 후 추출 실린더 B가 공작물을 포장박스에 보내고 귀환한다.

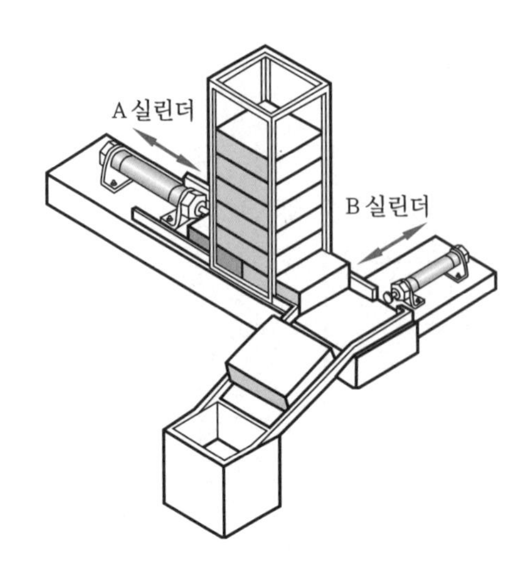

• 공압회로도

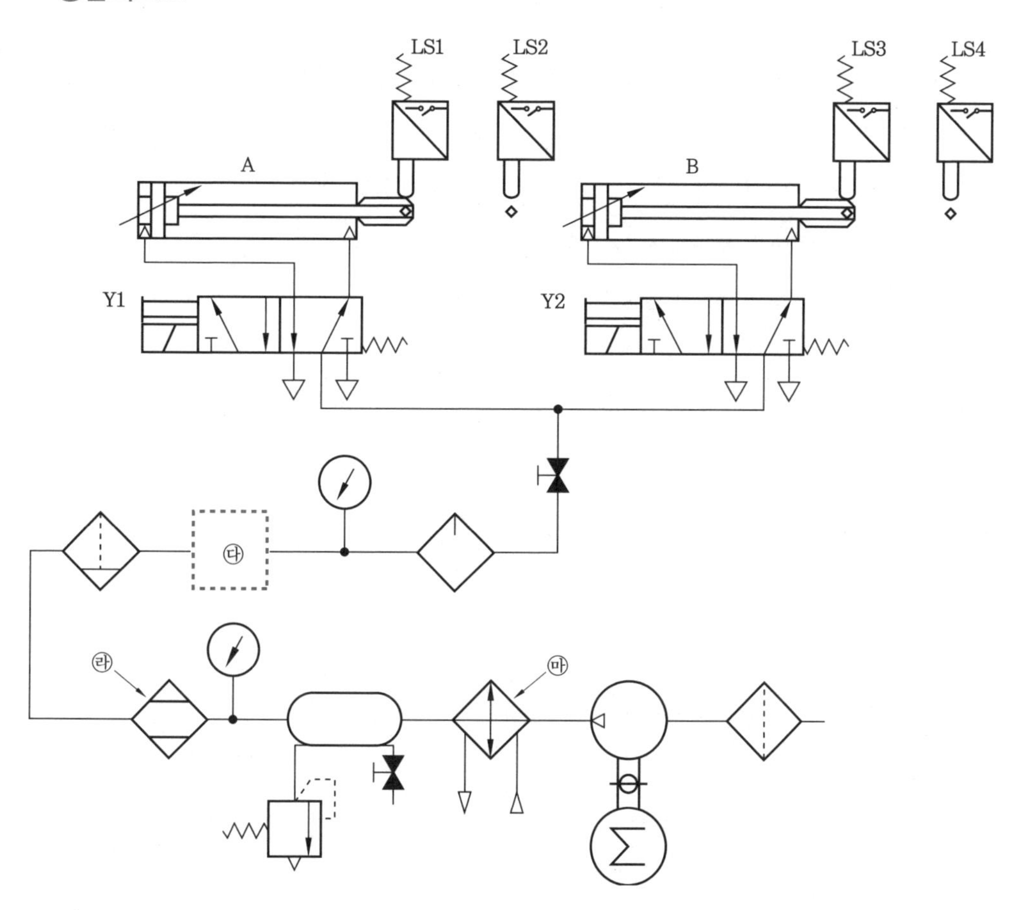
LS1
LS2
LS3
LS4
A
B
Y1
Y2
㉰
㉱
㉲

• 전기회로도

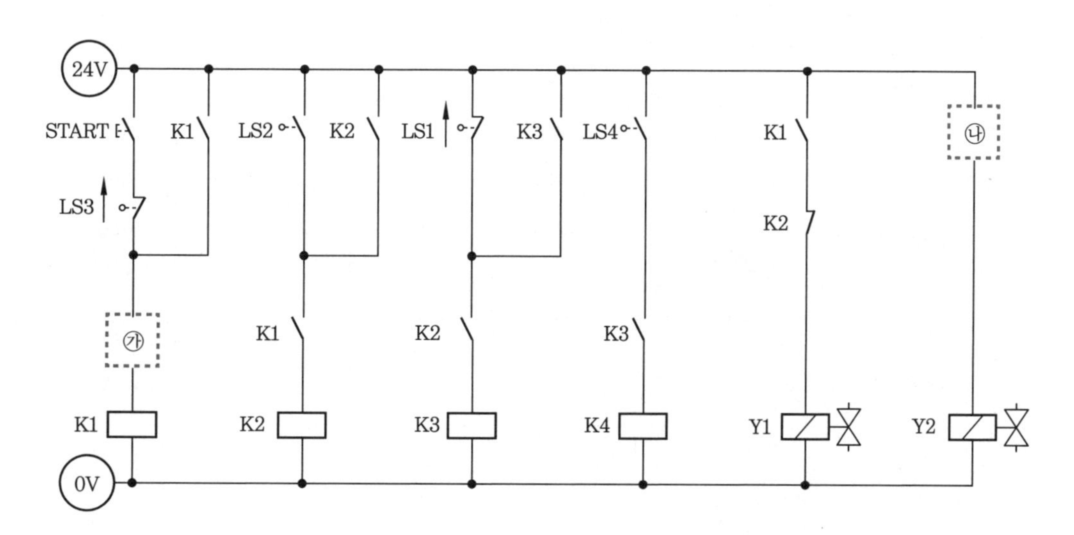
24V
START
K1
LS2
K2
LS1
K3
LS4
K1
㉯
LS3
K2
㉮
K1
K2
K3
K1
K2
K3
K4
Y1
Y2
0V

답지(1)

1. 전기회로도 중 빈칸 ㉮에 들어갈 적절한 기호를 [보기(공압)]에서 골라 그 번호를 쓰시오.

2. 전기회로도 중 빈칸 ㉯에 들어갈 적절한 기호를 [보기(공압)]에서 골라 그 번호를 쓰시오.

3. 공압회로도 중 빈칸 ㉰에 들어갈 적절한 기호를 [보기(공압)]에서 골라 그 번호를 쓰시오.

4. 공압회로도 중 ㉱의 용도를 쓰시오.

5. 공압회로도 중 ㉲의 명칭을 쓰시오.

정답 **1.** ㊲ **2.** ㉜ **3.** ⑧ **4.** 공기 건조 **5.** 애프터 쿨러(냉각기)

답지(2)

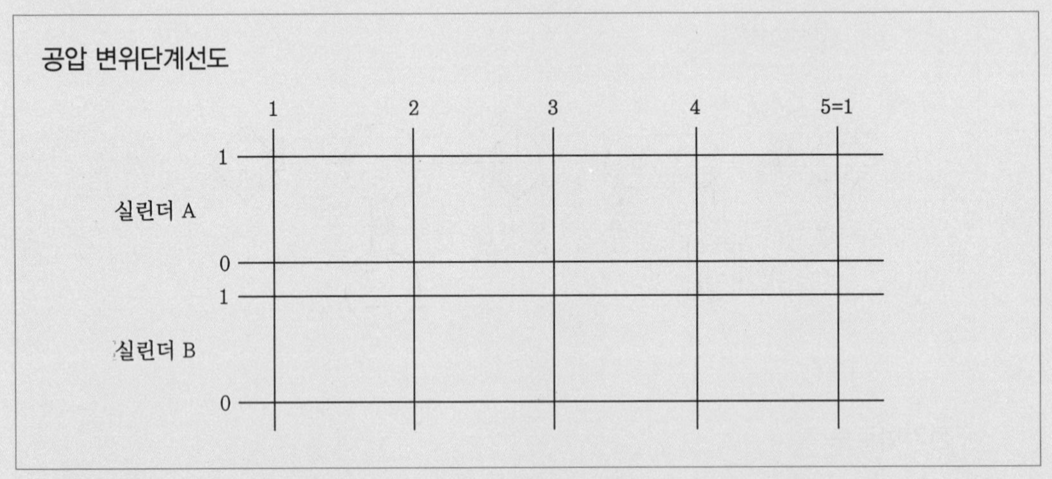

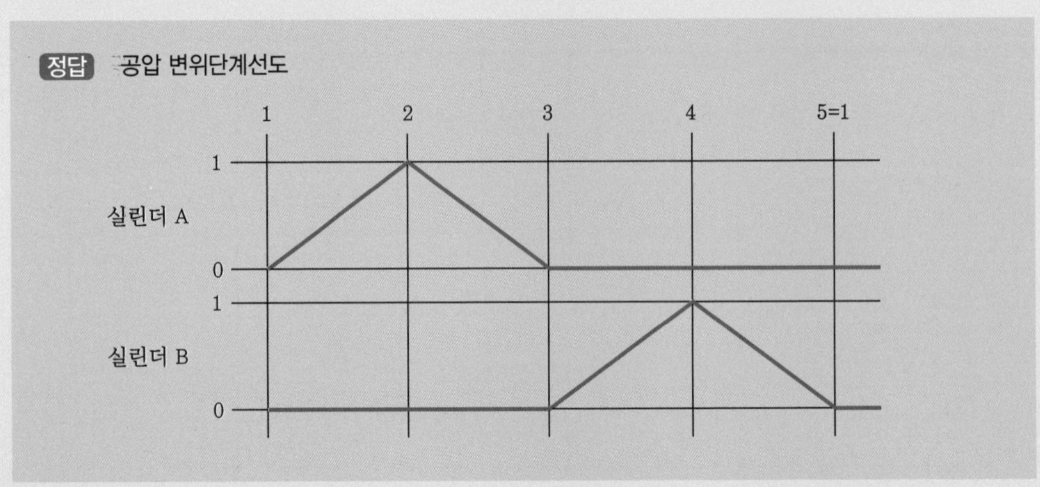

공압 응용회로도 정답

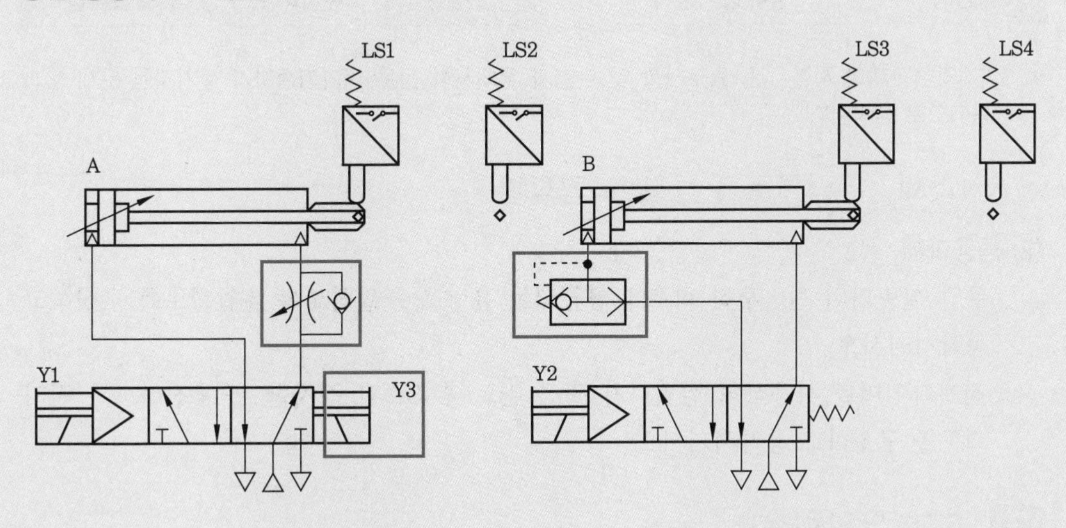

전기 공압 기본 및 응용회로도 정답

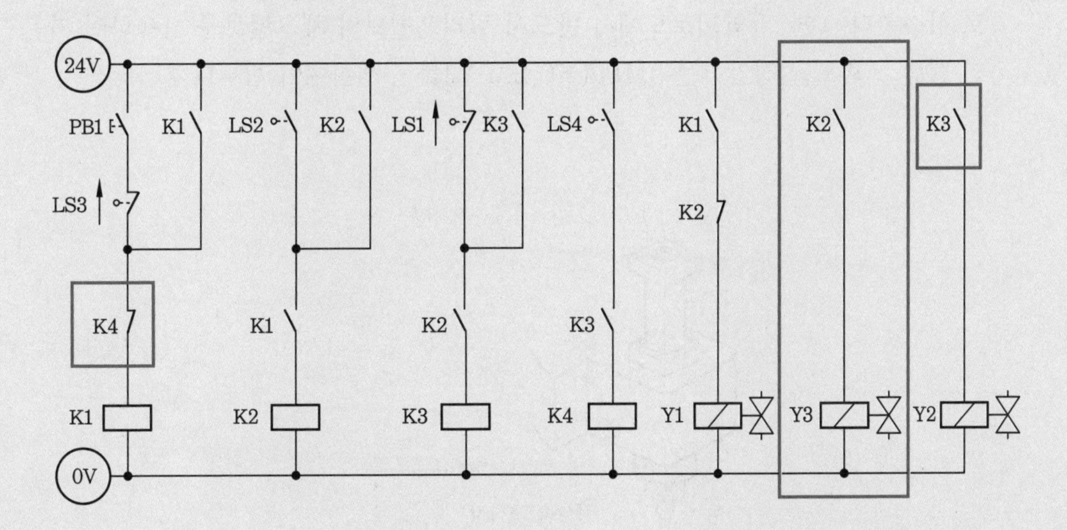

자격종목	공유압기능사	과제명	유압회로 구성 및 조립작업

※ 3과제와 4과제의 시험시간, 요구사항 및 수험자 유의사항 등은 국가기술자격 실기시험 문제 ①과 공통되므로 생략한다.

■ 제4과제 : 유압회로 구성 및 조립작업

(2) 응용과제

① 유압 실린더의 전 · 후진 회로에 공급되는 유량을 조절하도록 유압회로를 구성하고 동작시키시오.

② 전기타이머를 사용하여 실린더가 전진 완료 후 3초간 정지한 후 후진하도록 전기회로를 구성하고 동작시키시오.

3 도면(유압회로)

① 제어조건 : 자동차 엔진 실린더 블록을 드릴 가공하려 한다. 가공물의 이송 및 고정은 수작업으로 하고 START 스위치를 ON-OFF하면 드릴 이송용 유압 복동 실린더가 가공물 직전까지 정상속도로 하강한다. 드릴이 공작물에 접근하면(LS2 위치) 저속으로 드릴날이 하강 완료하고(LS3 위치) 작업이 완료되면 실린더는 정상속도로 상승한다. (단, 유압회로도에서 반드시 릴리프밸브와 체크밸브를 사용하여 카운터 밸런스 회로(설정압력은 3MPa(±0.2MPa)를 구성하여야 합니다.)

• 위치도

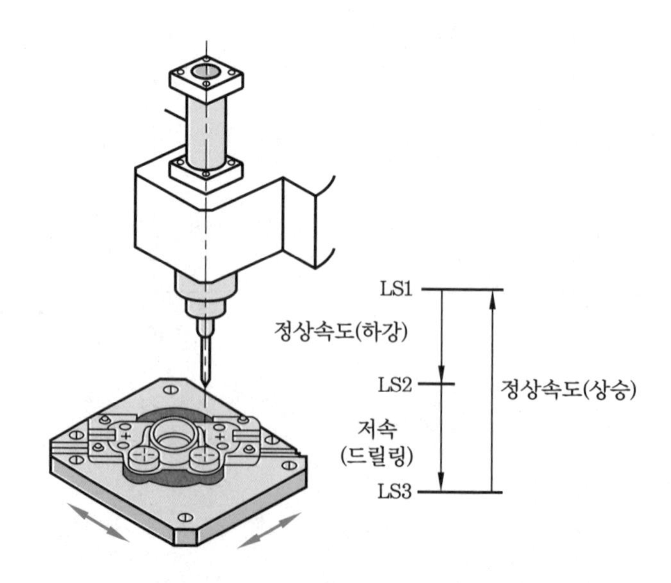

• 유압회로도

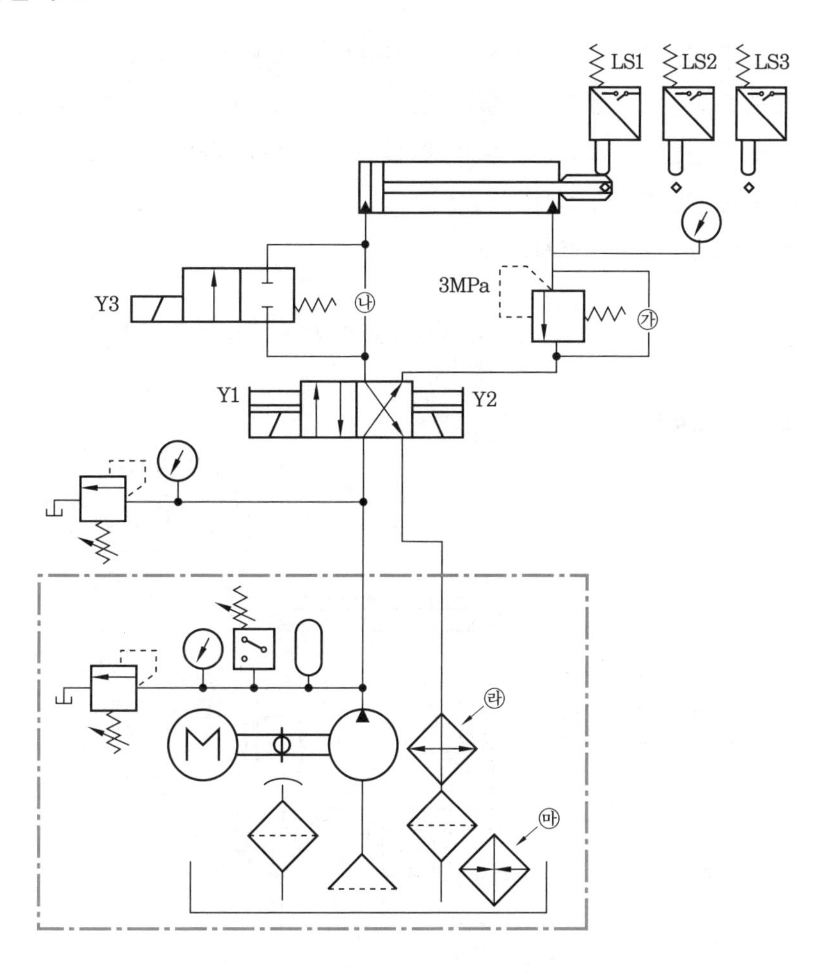
LS1
LS2
LS3
Y3
㉯
3MPa
㉮
Y1
Y2
㉱
㉲

• 전기회로도

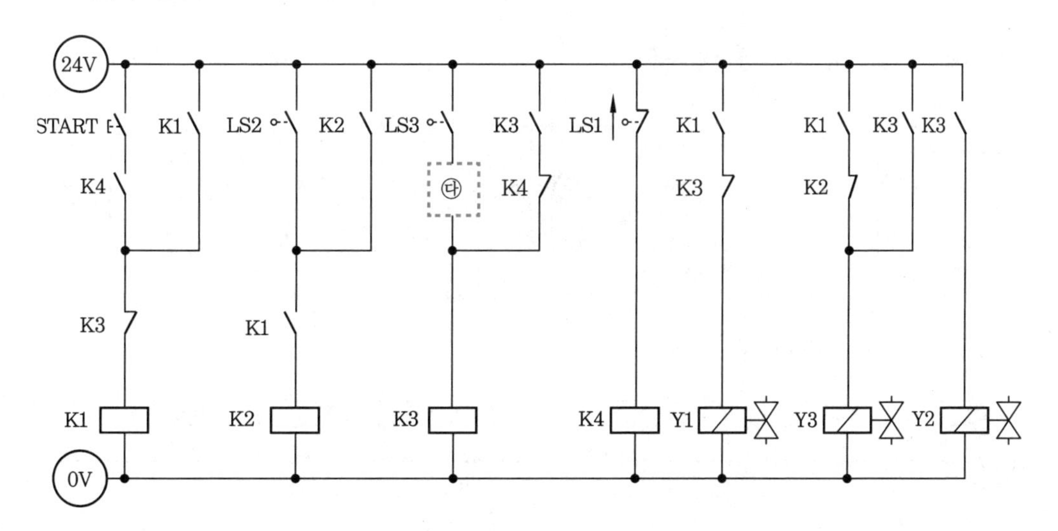
24V
START
K1
LS2
K2
LS3
K3
LS1
K1
K1
K3
K3
K4
㉰
K4
K3
K2
K3
K1
K1
K2
K3
K4
Y1
Y3
Y2
0V

답지(3)

1. 유압회로도 중 빈칸 ㉮에 들어갈 적절한 기호를 [보기(유압)]에서 골라 그 번호를 쓰시오.
2. 유압회로도 중 빈칸 ㉯에 들어갈 적절한 기호를 [보기(유압)]에서 골라 그 번호를 쓰시오.
3. 전기회로도 중 빈칸 ㉰에 들어갈 적절한 기호를 [보기(유압)]에서 골라 그 번호를 쓰시오.
4. 유압회로도 중 ㉱의 명칭을 쓰시오.
5. 유압회로도 중 ㉲의 용도를 쓰시오.

정답 1. ⑫ 2. ⑬ 3. ㊱ 4. 냉각기 5. 유압 작동유 가열

유압 기본 및 응용회로도 정답

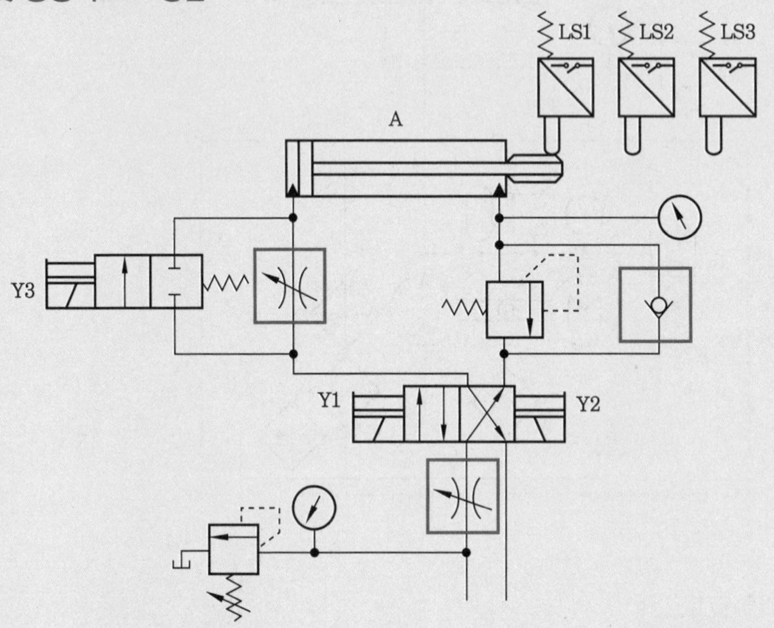

전기 유압 기본 및 응용회로도 정답

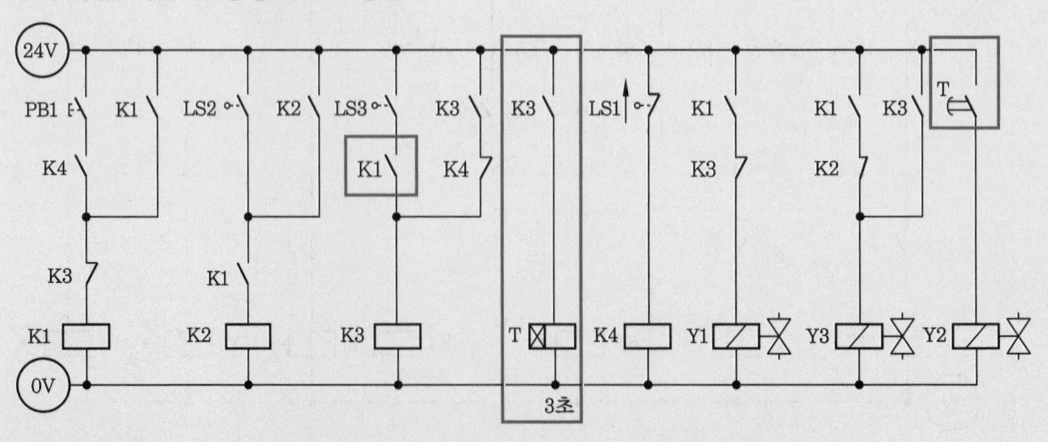

국가기술자격 실기시험 문제 ③

자격종목	공유압기능사	과제명	공압회로 구성 및 조립작업

※ 1과제와 2과제의 시험시간, 요구사항 및 수험자 유의사항 등은 국가기술자격 실기시험 문제 ①과 공통되므로 생략한다.

■ 제2과제 : 공압회로 구성 및 조립작업

(2) 응용과제

① 감독위원이 지정한 압력(0.2~0.5MPa 범위에서 지정)으로 변경하시오.

② 실린더 A 전진 시 일방향 유량조절밸브(모듈형)를 사용하여 meter-out 회로가 되도록 하고, 실린더 B 후진 시 급속배기밸브를 사용하여 실린더의 속도를 제어하시오.

③ 전기타이머를 사용하여 A 실린더가 전진 완료 후 3초간 정지한 후에 후진하도록 전기회로를 구성하고 동작시키시오.

3 도면(공압회로)

① 제어조건 : 공압을 이용한 프레스 작업기 회로를 설계하려 한다. 금속판은 수동으로 성형 프레스에 삽입된다. 시동 스위치(PBS1)를 ON-OFF하면, 성형 실린더 A가 금속판을 성형한 후 복귀하게 되고, 추출 실린더 B가 전 · 후진하여 성형된 금속 부품을 추출시킨다.

• 위치도

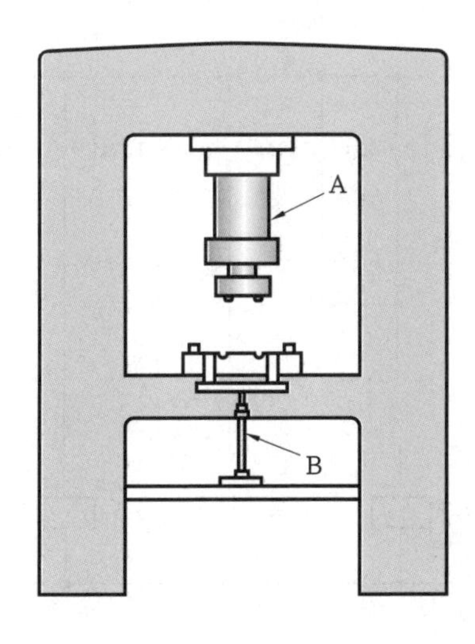

• 공압회로도

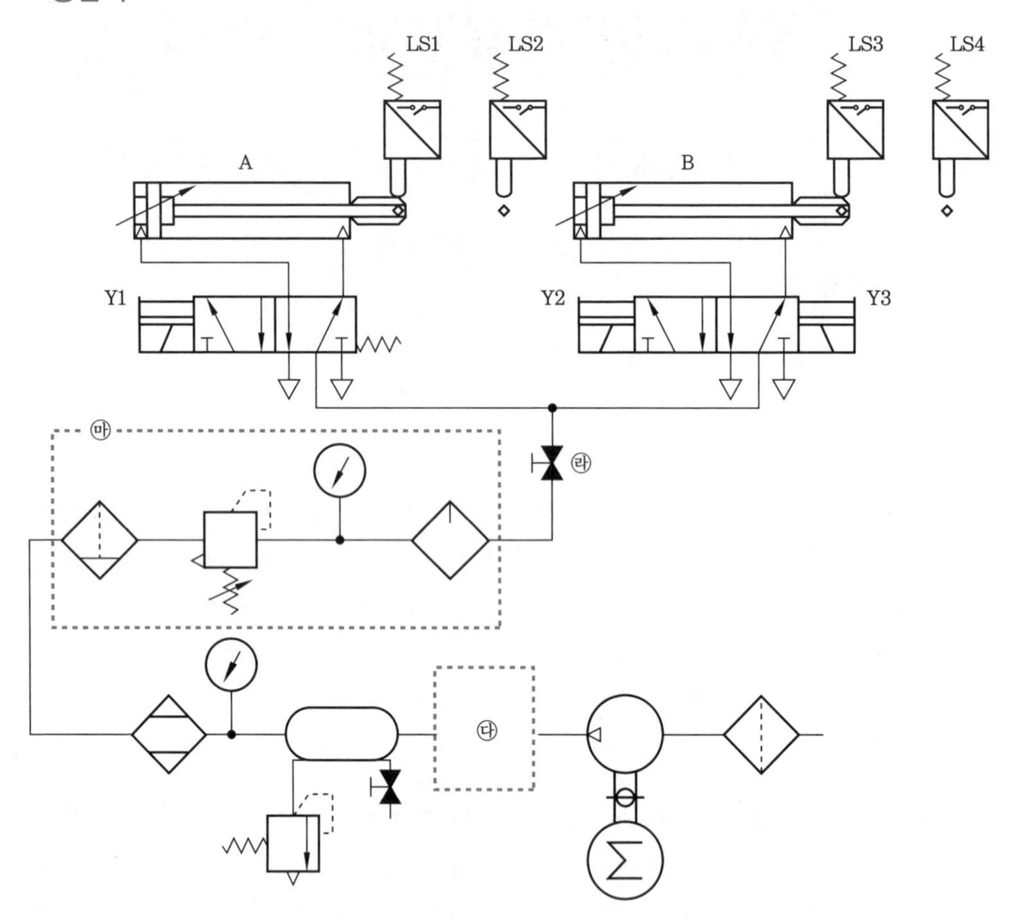
LS1
LS2
LS3
LS4
A
B
Y1
Y2
Y3
㉮
㉱
㉯

• 전기회로도

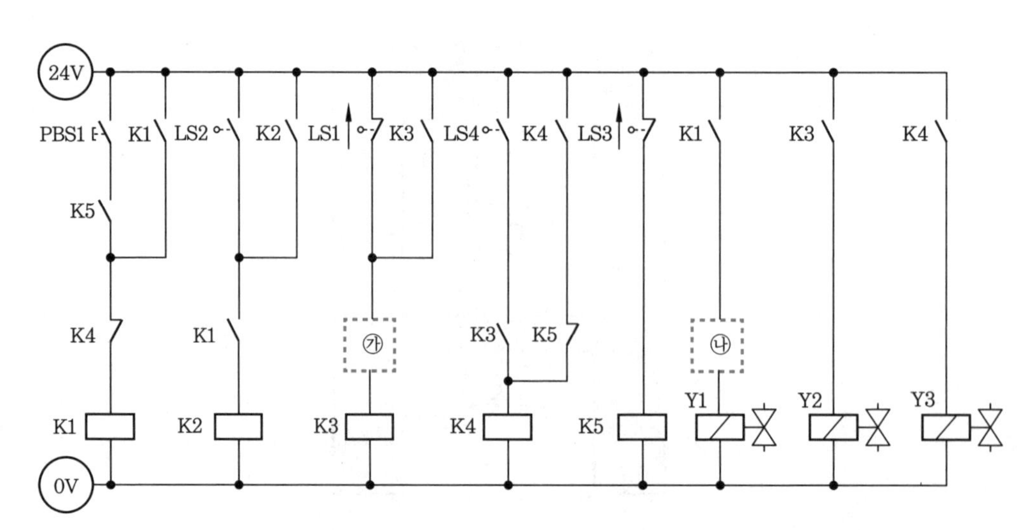
24V
PBS1
K1
LS2
K2
LS1
K3
LS4
K4
LS3
K1
K3
K4
K5
K4
K1
㉮
K3
K5
㉯
Y1
Y2
Y3
K1
K2
K3
K4
K5
0V

답지(1)

1. 전기회로도 중 빈칸 ㉮에 들어갈 적절한 기호를 [보기(공압)]에서 골라 그 번호를 쓰시오.
2. 전기회로도 중 빈칸 ㉯에 들어갈 적절한 기호를 [보기(공압)]에서 골라 그 번호를 쓰시오.
3. 공압회로도 중 빈칸 ㉰에 들어갈 적절한 기호를 [보기(공압)]에서 골라 그 번호를 쓰시오.
4. 공압회로도 중 ㉱의 용도를 쓰시오.
5. 공압회로도 중 ㉲의 명칭을 쓰시오.

정답 **1.** ㉛ **2.** ㉟ **3.** ④ **4.** 공기압 공급 차단용 **5.** 서비스 유닛

답지(2)

공압 변위단계선도

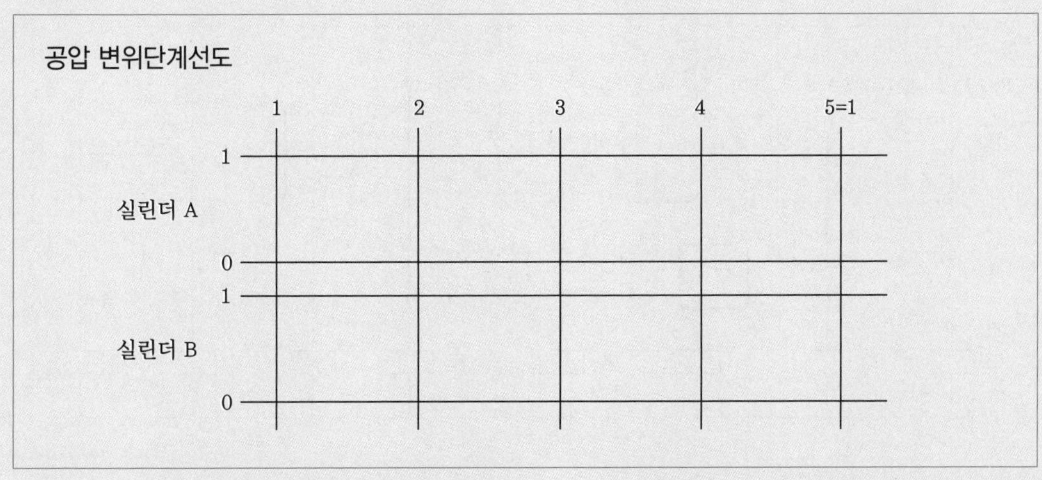

정답 공압 변위단계선도

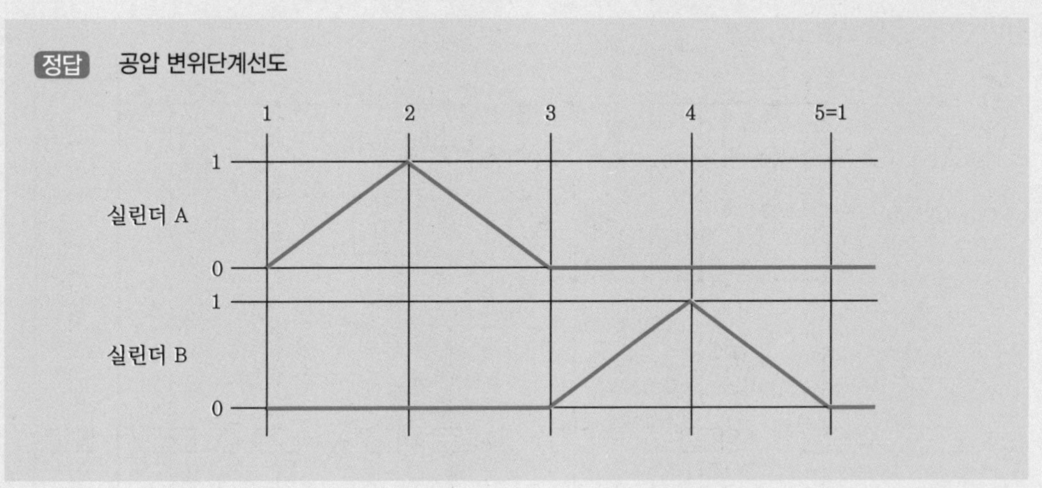

공압 응용회로도 정답

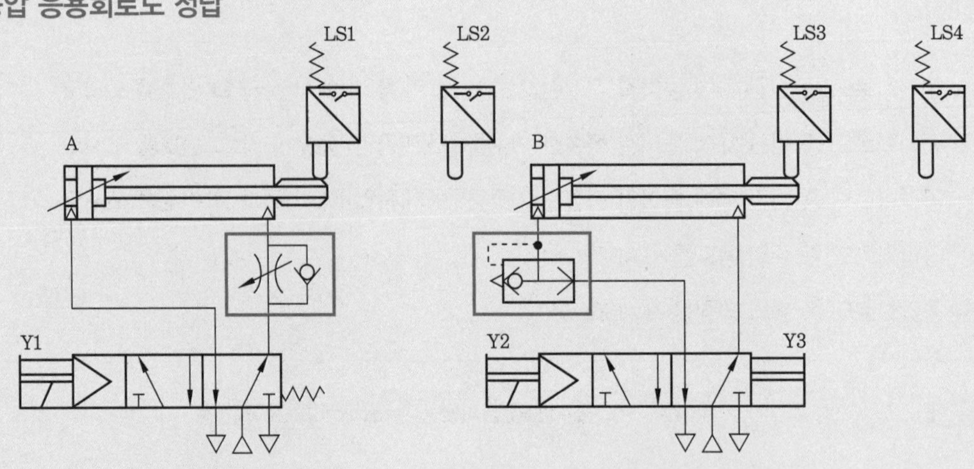

전기 공압 기본회로도 정답

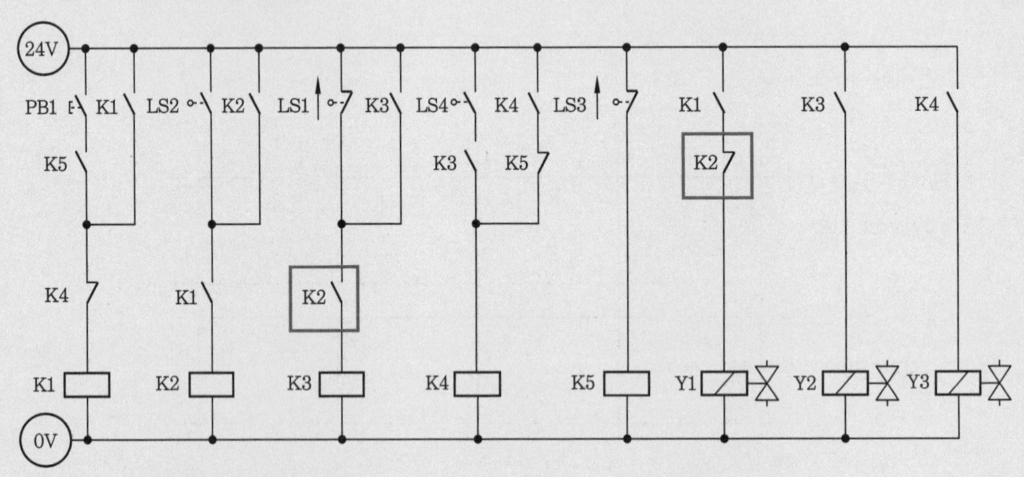

전기 공압 응용회로도 정답

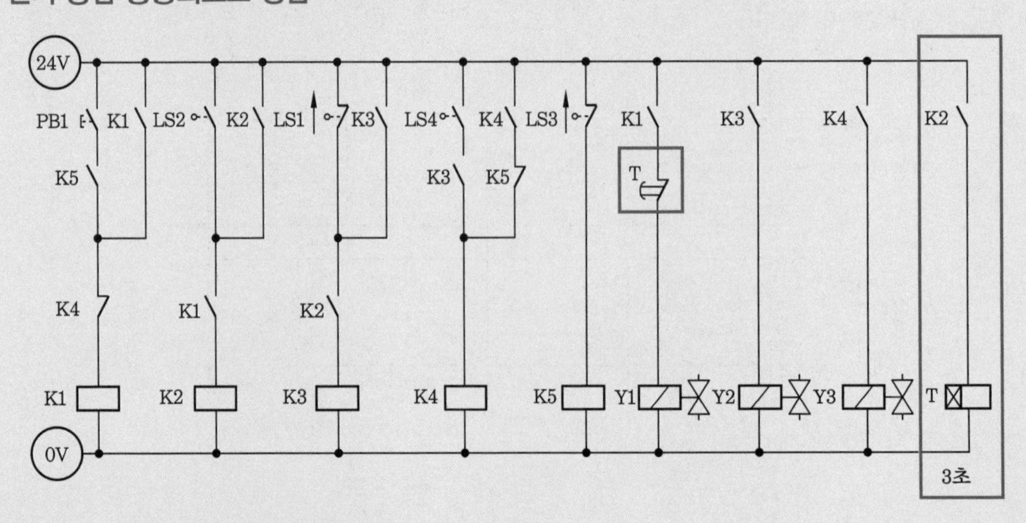

자격종목	공유압기능사	과제명	유압회로 구성 및 조립작업

※ 3과제와 4과제의 시험시간, 요구사항 및 수험자 유의사항 등은 국가기술자격 실기시험 문제 ①과 공통되므로 생략한다.

■ 제4과제 : 유압회로 구성 및 조립작업

(2) 응용과제

① 압력보상형 유량조절밸브를 사용하여 부하변동에 관계없이 실린더의 전진속도가 일정하도록 제어하시오.

② 회로도에서 실린더의 왕복운동을 제어하기 위하여 4/2way 스프링 복귀형 솔레노이드 밸브를 사용하였다. 이를 메모리 기능이 있는 4/2way 복동 솔레노이드 밸브를 사용하여 회로를 재구성한 후 동작시키시오.

3 도면(유압회로)

① 제어조건 : 드릴 작업이 끝난 가공물에 대해 리밍 작업을 하려고 한다. 리밍 작업은 유압 복동 실린더가 후진 위치에 있고, 시동 스위치(PBS)를 ON-OFF하면 실린더가 전 · 후진하여 리밍 작업을 수행한다.

• 위치도

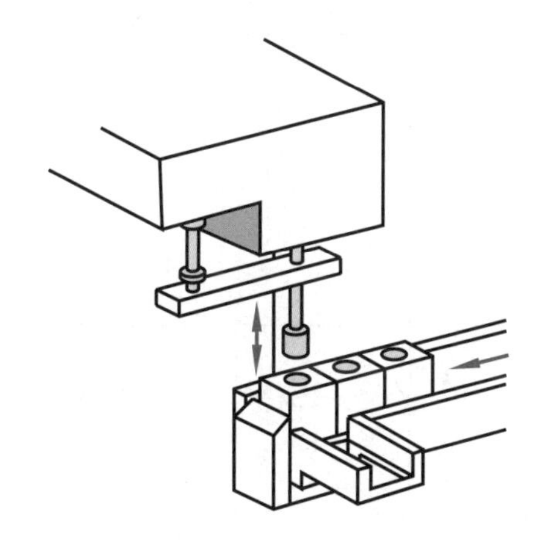

• 유압회로도

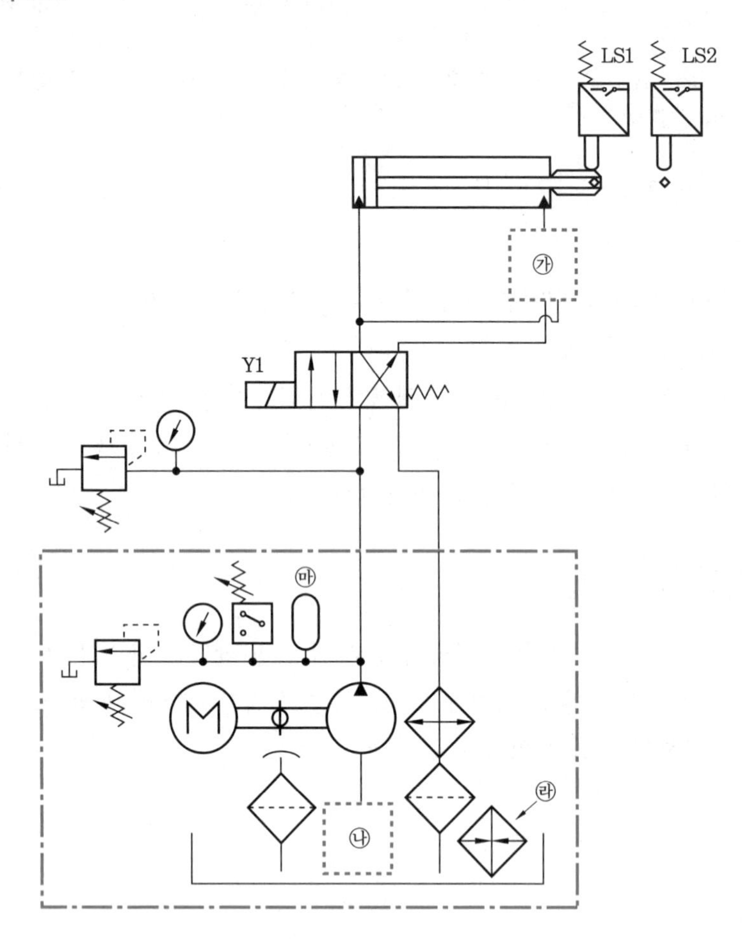

• 전기회로도

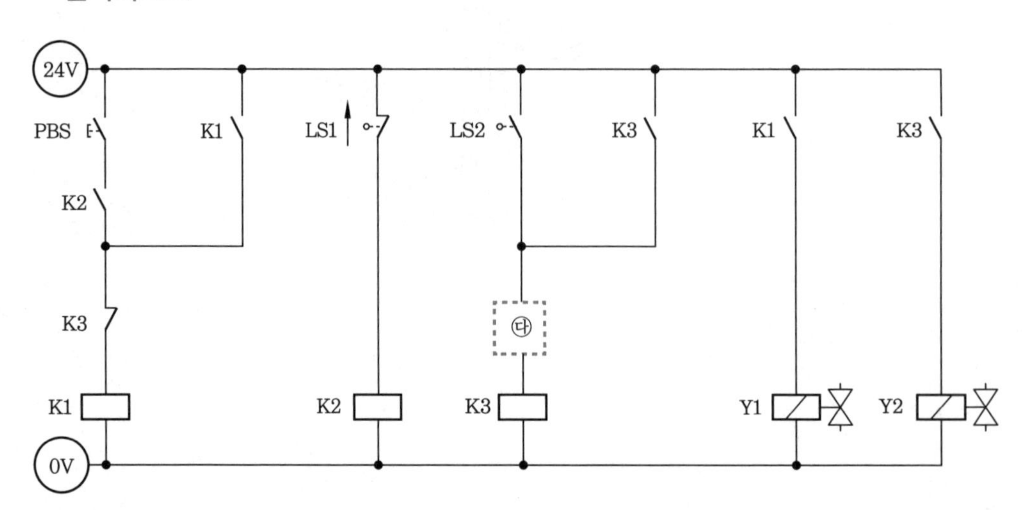

답지(3)

1. 유압회로도 중 빈칸 ㉮에 들어갈 적절한 기호를 [보기(유압)]에서 골라 그 번호를 쓰시오.
2. 유압회로도 중 빈칸 ㉯에 들어갈 적절한 기호를 [보기(유압)]에서 골라 그 번호를 쓰시오.
3. 전기회로도 중 빈칸 ㉰에 들어갈 적절한 기호를 [보기(유압)]에서 골라 그 번호를 쓰시오.
4. 유압회로도 중 ㉱의 명칭을 쓰시오.
5. 유압회로도 중 ㉲의 용도를 쓰시오.

정답 **1.** ⑱ **2.** ⑦ **3.** ㊱ **4.** 가열기 **5.** 에너지 저장

유압 기본 및 응용회로도 정답

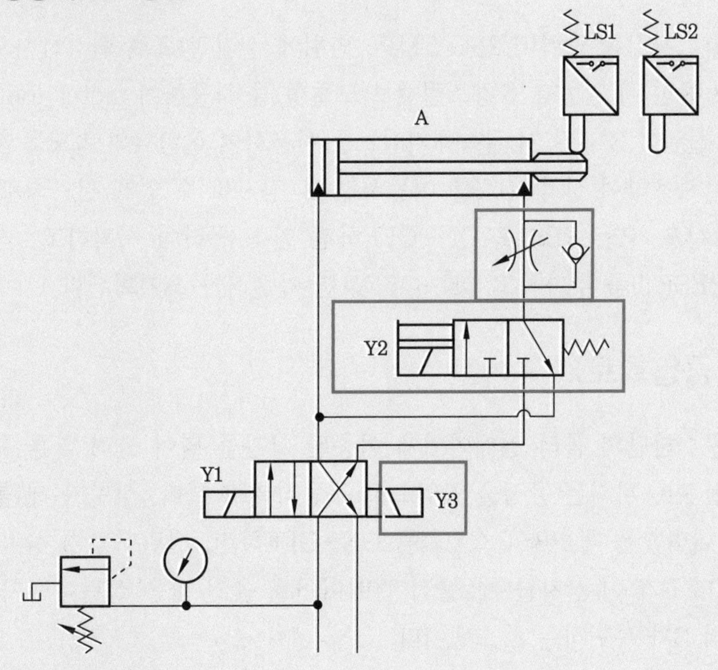

전기 유압 기본 및 응용회로도 정답

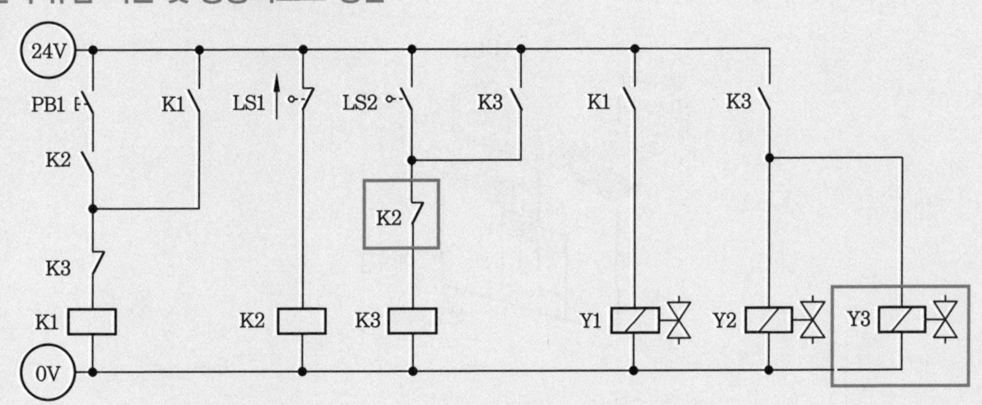

국가기술자격 실기시험 문제 ④

자격종목	공유압기능사	과제명	공압회로 구성 및 조립작업

※ 1과제와 2과제의 시험시간, 요구사항 및 수험자 유의사항 등은 국가기술자격 실기시험 문제 ①과 공통되므로 생략한다.

■ 제2과제 : 공압회로 구성 및 조립작업

(2) 응용과제

① 감독위원이 지정한 압력(0.2~0.5MPa 범위에서 지정)으로 변경하시오.

② 실린더 B 전진 시 일방향 유량조절밸브(모듈형)를 사용하여 meter-out 회로가 되도록 하고, 실린더 B 후진 시 급속배기밸브를 사용하여 실린더의 속도를 제어하시오.

③ 카운터를 사용하여 상자 10개를 이동시킨 후 정지할 수 있게 전기회로를 구성한 후 동작시키시오. (단, PBS1을 ON-OFF하면 연속 동작이 시작하고, 카운터 초기화 스위치(RESET)를 추가하고 ON-OFF하면 카운터가 초기화된다.)

3 도면(공압회로)

① 제어조건 : 하단의 롤러 컨베이어에 이송된 상자를 밀어 올려 다른 롤러 컨베이어로 상자를 이송시키는 공정을 공압으로 구동하려고 한다. 상자가 제1롤러 컨베이어를 타고 내려왔을 때 PBS1 스위치를 ON-OFF하면, 실린더 A가 상자를 밀어 올리고, 실린더 B가 이 상자를 제2롤러 컨베이어로 옮긴 다음 실린더 A가 후진 완료한 후 실린더 B가 복귀하는 시스템이다.

• 위치도

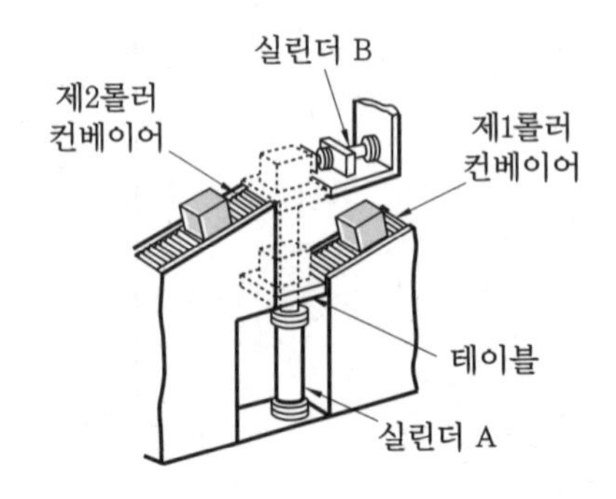

• 공압회로도

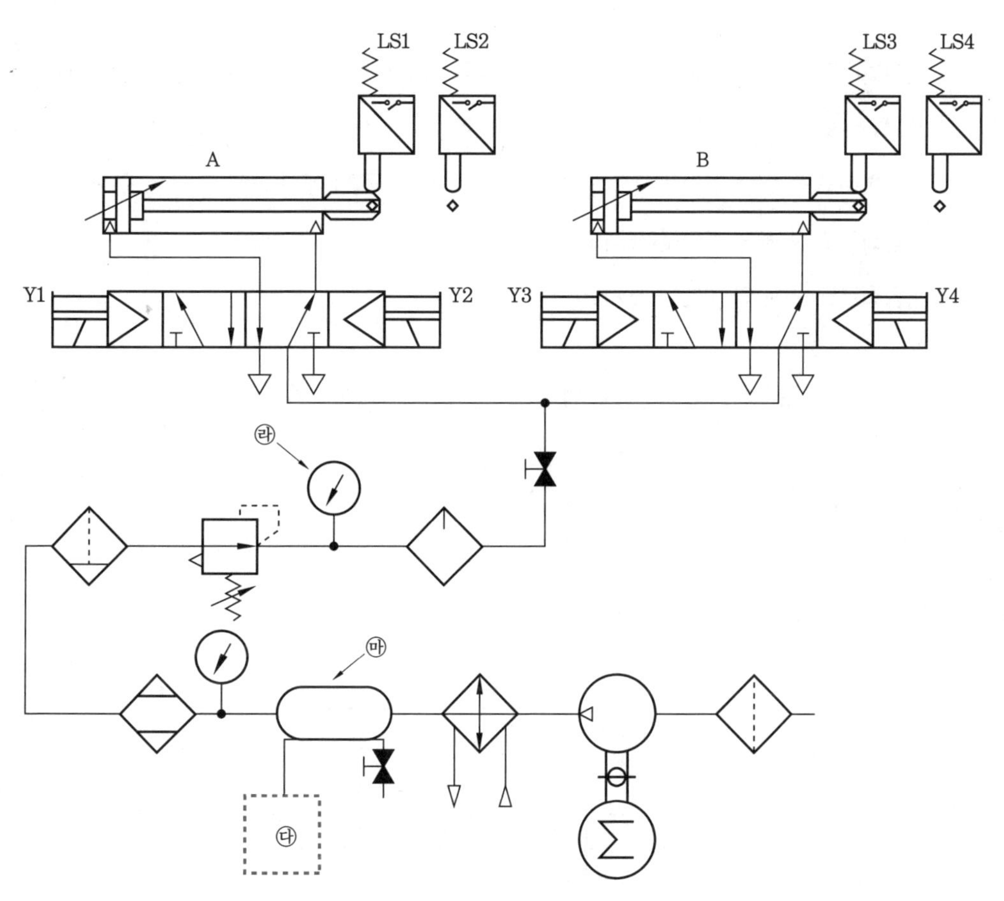
LS1
LS2
LS3
LS4
A
B
Y1
Y2
Y3
Y4
㉣
㉤
㉢

• 전기회로도

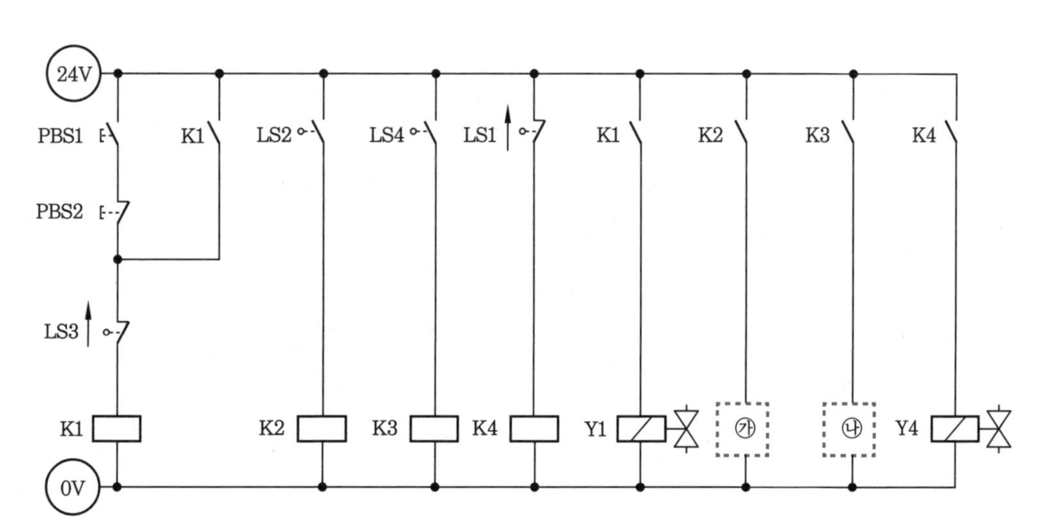
24V
PBS1
K1
LS2
LS4
LS1
K1
K2
K3
K4
PBS2
LS3
K1
K2
K3
K4
Y1
㉮
㉯
Y4
0V

답지(1)

1. 전기회로도 중 빈칸 ㉮에 들어갈 적절한 기호를 [보기(공압)]에서 골라 그 번호를 쓰시오.
2. 전기회로도 중 빈칸 ㉯에 들어갈 적절한 기호를 [보기(공압)]에서 골라 그 번호를 쓰시오.
3. 공압회로도 중 빈칸 ㉰에 들어갈 적절한 기호를 [보기(공압)]에서 골라 그 번호를 쓰시오.
4. 공압회로도 중 ㉱의 용도를 쓰시오.
5. 공압회로도 중 ㉲의 명칭을 쓰시오.

정답 **1.** ㊶ **2.** ㊵ **3.** ⑨ **4.** 압력 체크 **5.** 공기 탱크

답지(2)

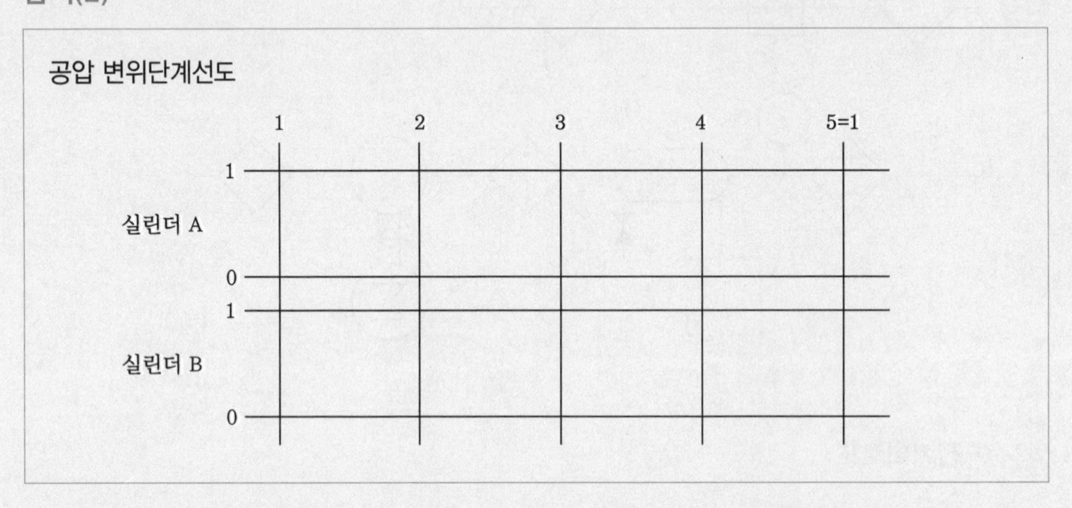

정답 공압 변위단계선도

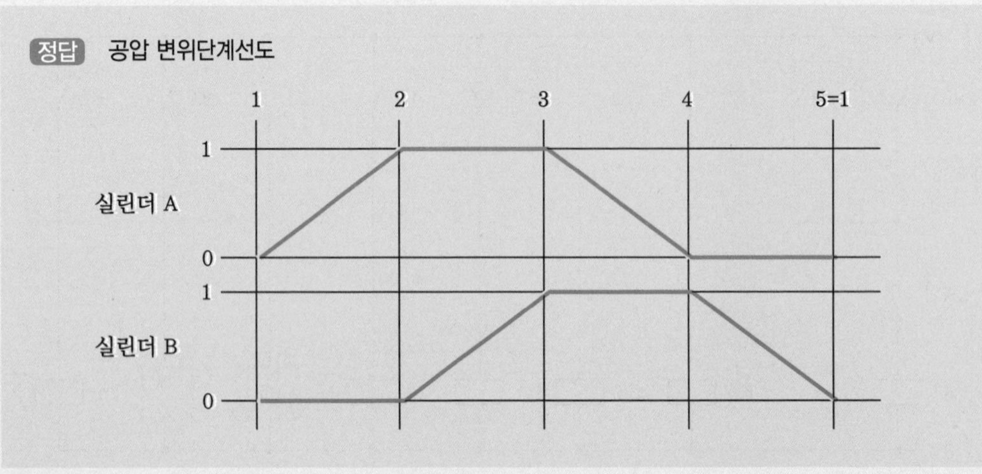

공압 응용회로도 정답

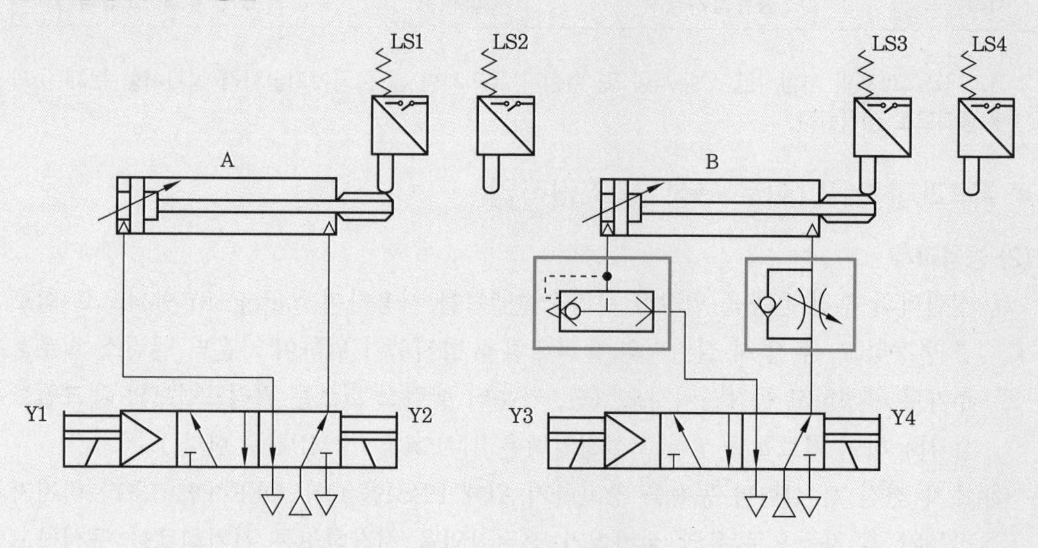

전기 공압 기본 및 응용회로도 정답

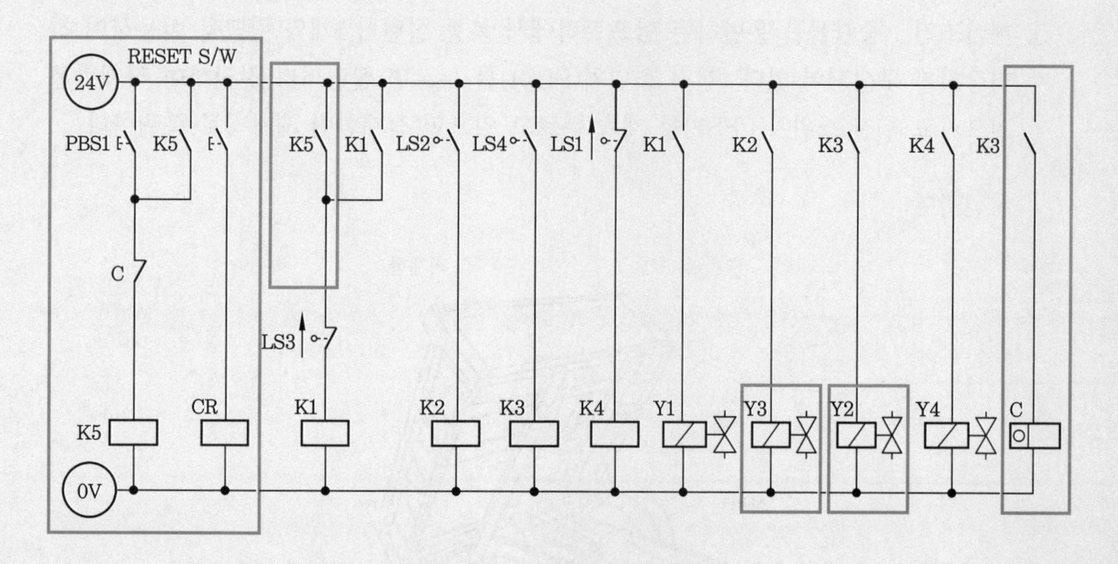

자격종목	공유압기능사	과제명	유압회로 구성 및 조립작업

※ 3과제와 4과제의 시험시간, 요구사항 및 수험자 유의사항 등은 국가기술자격 실기시험 문제 ①과 공통되므로 생략한다.

■ 제4과제 : 유압회로 구성 및 조립작업

(2) 응용과제

① 실린더의 후진 운동을 일방향 유량조절밸브를 사용하여 meter-in 방식으로 회로를 변경하고, 후진 시 실린더의 흘러내림을 방지하기 위하여 카운터 밸런스 회로를 추가로 구성하고 동작시키시오. (단, 카운터 밸런스 회로는 릴리프밸브와 체크밸브를 사용하여 회로를 구성하고 설정압력은 3MPa(±0.2MPa)로 한다.)

② 초기 전진 시 실린더 동작을 경고하기 위해 PBS1을 ON-OFF하면 3초간 버저가 작동된 후 자동으로 유압 실린더가 전진작업을 시작하도록 전기회로를 구성하고 동작시키시오.

3 도면(유압회로)

① 제어조건 : 중량물을 운반하는 덤프트럭에서 복동 실린더 1개와 링크를 이용하여 하역장치가 구성되어 있다. 전진 스위치(PBS1)를 누르면 실린더가 전진하여 적재함을 일으키고 후진 스위치(PBS2)를 계속 누르고 있으면 적재함이 제자리로 복귀한다.

• 위치도

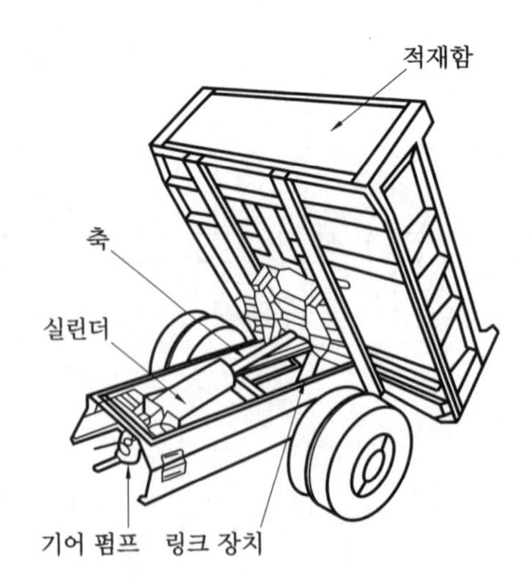

• 유압회로도

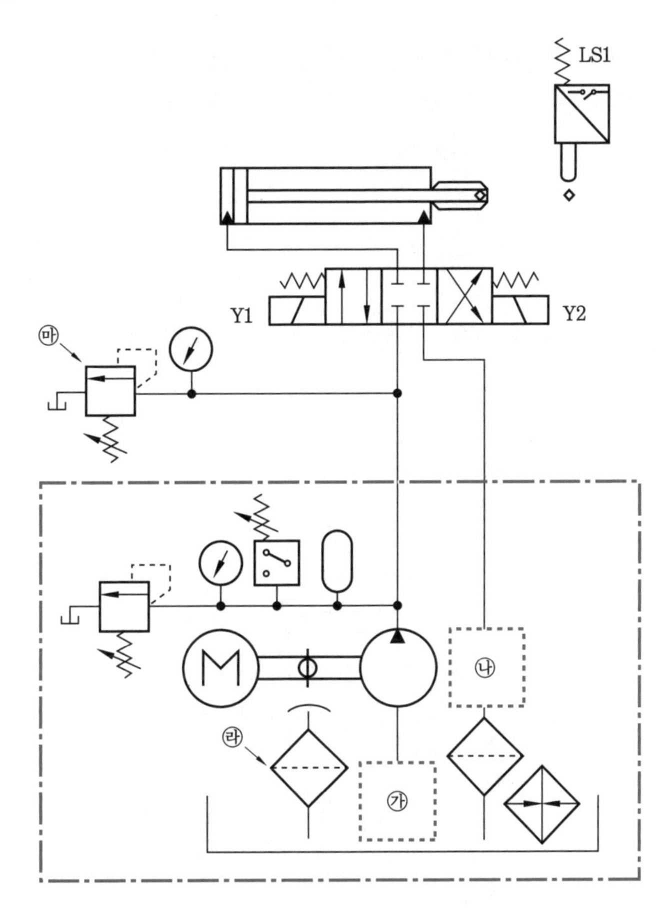

• 전기회로도

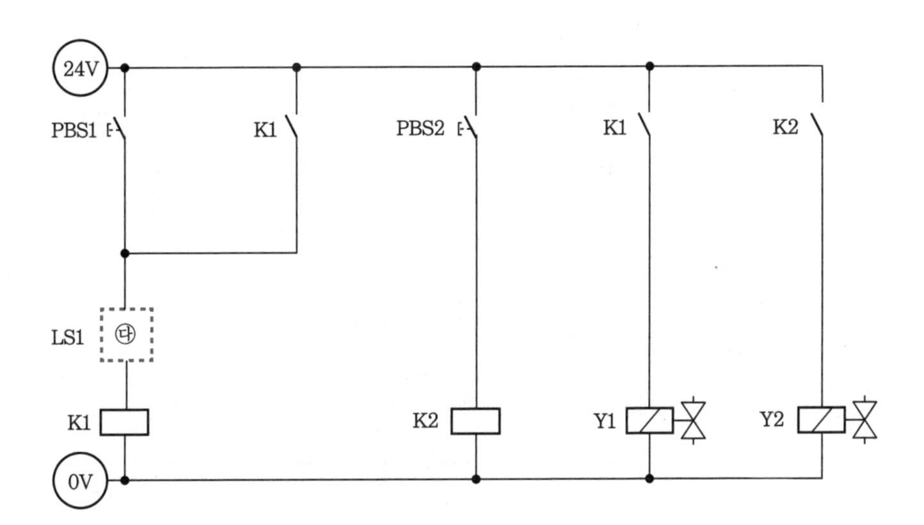

답지(3)

1. 유압회로도 중 빈칸 ㉮에 들어갈 적절한 기호를 [보기(유압)]에서 골라 그 번호를 쓰시오.
2. 유압회로도 중 빈칸 ㉯에 들어갈 적절한 기호를 [보기(유압)]에서 골라 그 번호를 쓰시오.
3. 전기회로도 중 빈칸 ㉰에 들어갈 적절한 기호를 [보기(유압)]에서 골라 그 번호를 쓰시오.
4. 유압회로도 중 ㉱의 명칭을 쓰시오.
5. 유압회로도 중 ㉲의 용도를 쓰시오.

정답 **1.** ⑦ **2.** ④ **3.** ㉙ **4.** 에어브리더 **5.** 시스템 압력 설정

유압 응용회로도 정답

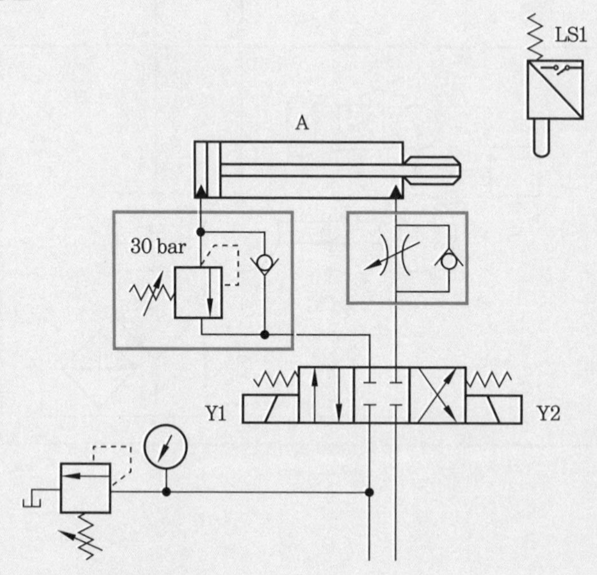

전기 유압 기본 및 응용회로도 정답

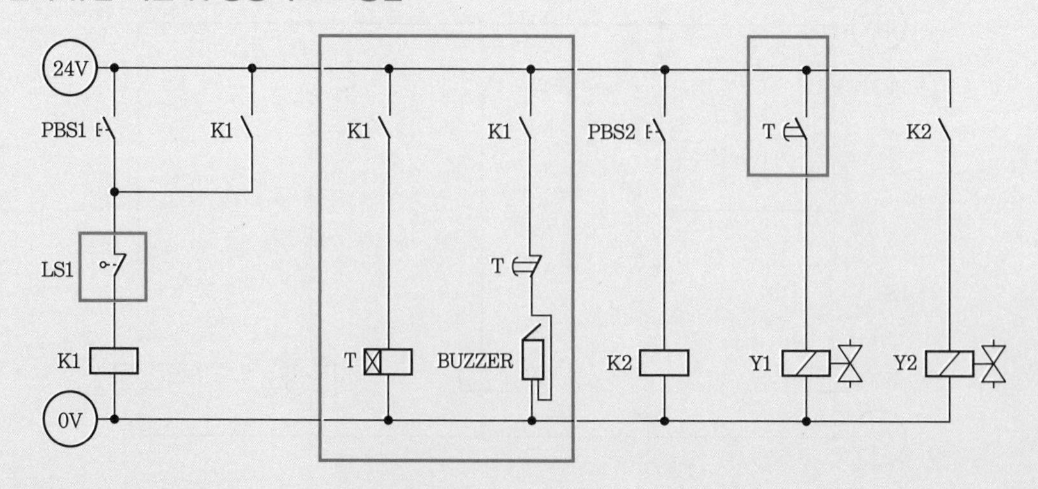

국가기술자격 실기시험 문제 ⑤

자격종목	공유압기능사	과제명	공압회로 구성 및 조립작업

※ 1과제와 2과제의 시험시간, 요구사항 및 수험자 유의사항 등은 국가기술자격 실기시험 문제 ①과 공통되므로 생략한다.

■ 제2과제 : 공압회로 구성 및 조립작업

(2) 응용과제

① 감독위원이 지정한 압력(0.2~0.5MPa 범위에서 지정)으로 변경하시오.

② 실린더 B 전진 시 일방향 유량조절밸브(모듈형)를 사용하여 meter-out 회로가 되도록하고, 실린더 A 후진 시 급속배기밸브를 사용하여 실린더의 속도를 제어하시오.

③ 리밋 스위치를 이용하여 저장소에 블록이 없을 경우 새로운 작업 사이클이 진행되지 않도록 하고, 이 경우 전기 램프가 점등되어 그 상태를 표시할 수 있도록 회로를 구성한 후 동작시키시오. (리밋 스위치는 전기 선택 스위치로 대용)

3 도면(공압회로)

① 제어조건 : 이송장치를 이용하여 블록을 저장소에서 이송하려 한다. PBS1을 ON-OFF하면 실린더 A에 의해 저장소에서 블록이 추출되고 실린더 B에 의해 블록을 상자로 이송한다. 단, 실린더 B는 실린더 A가 후진 위치에 도착한 후, 후진하여야 한다.

• 위치도

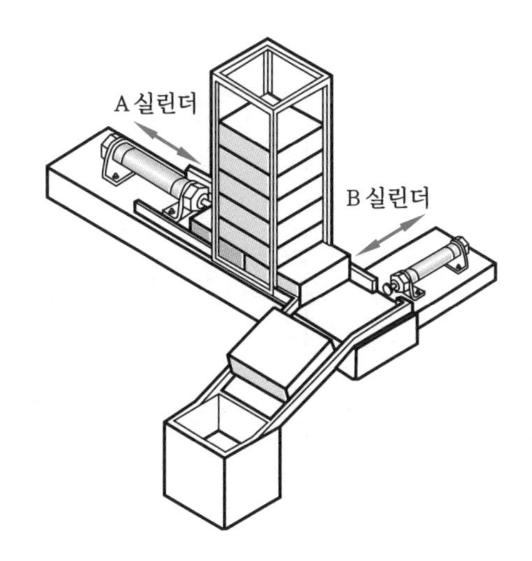

• 공압회로도

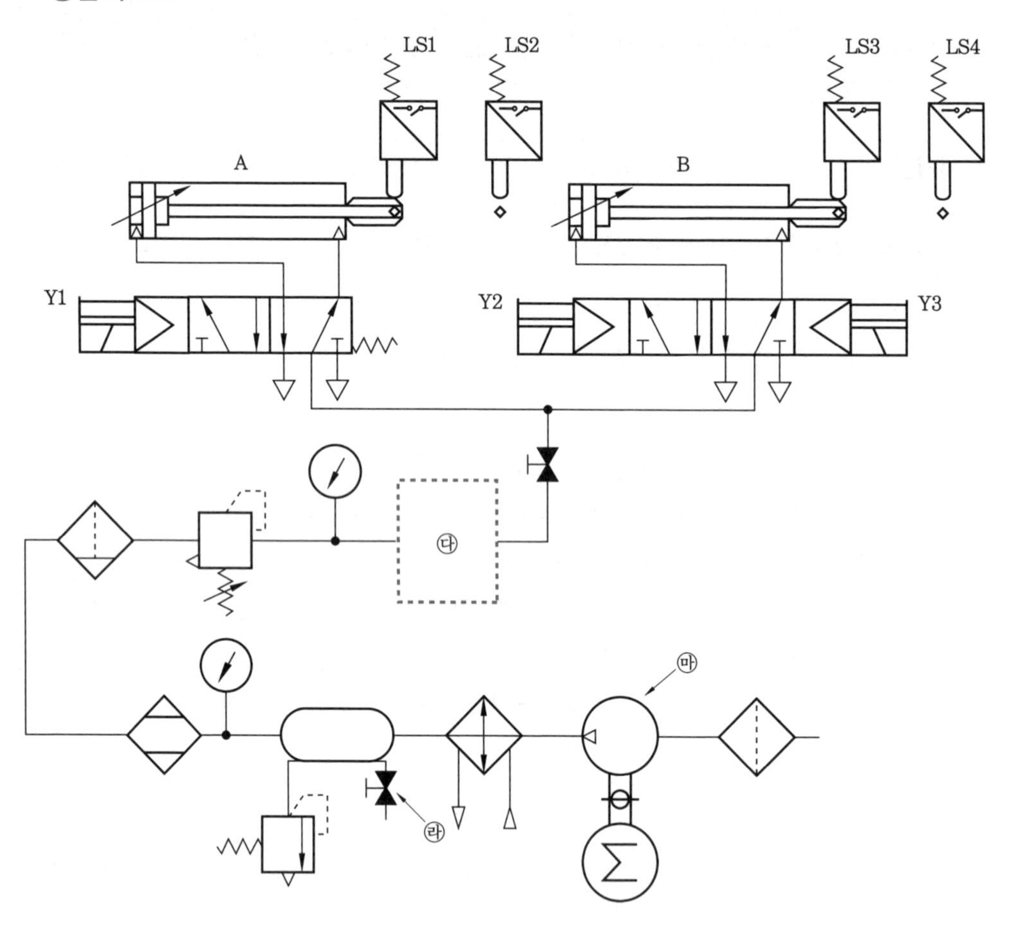
LS1
LS2
LS3
LS4
A
B
Y1
Y2
Y3
㉰
㉱
㉲

• 전기회로도

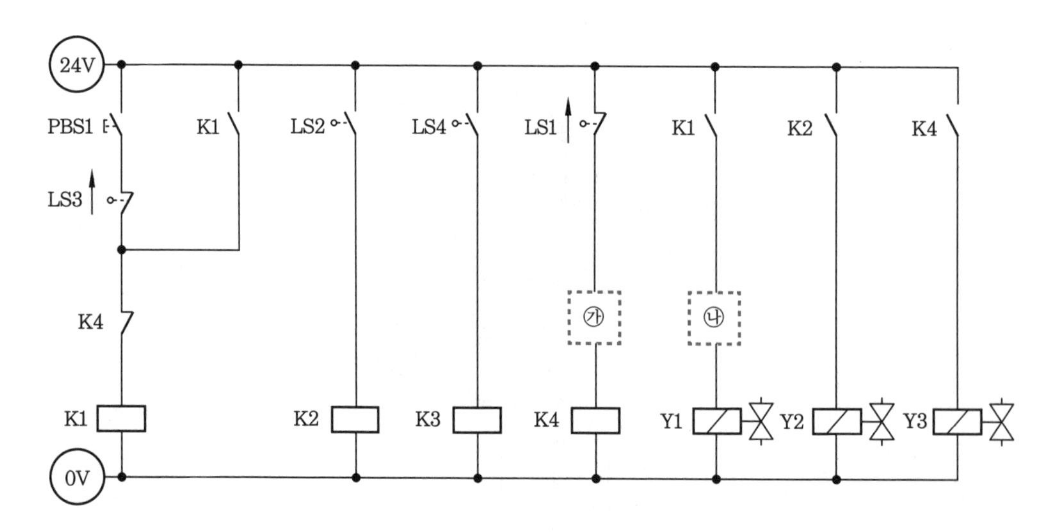
24V
0V
PBS1
LS3
K1
K4
LS2
LS4
LS1
K2
㉮
㉯
K3
Y1
Y2
Y3

답지(1)

1. 전기회로도 중 빈칸 ㉮에 들어갈 적절한 기호를 [보기(공압)]에서 골라 그 번호를 쓰시오.
2. 전기회로도 중 빈칸 ㉯에 들어갈 적절한 기호를 [보기(공압)]에서 골라 그 번호를 쓰시오.
3. 공압회로도 중 빈칸 ㉰에 들어갈 적절한 기호를 [보기(공압)]에서 골라 그 번호를 쓰시오.
4. 공압회로도 중 ㉱의 용도를 쓰시오.
5. 공압회로도 중 ㉲의 명칭을 쓰시오.

정답 **1.** ㉜ 또는 ㉝ **2.** ㊲ **3.** ⑤ **4.** 드레인 배출 **5.** 압축기(컴프레서)

답지(2)

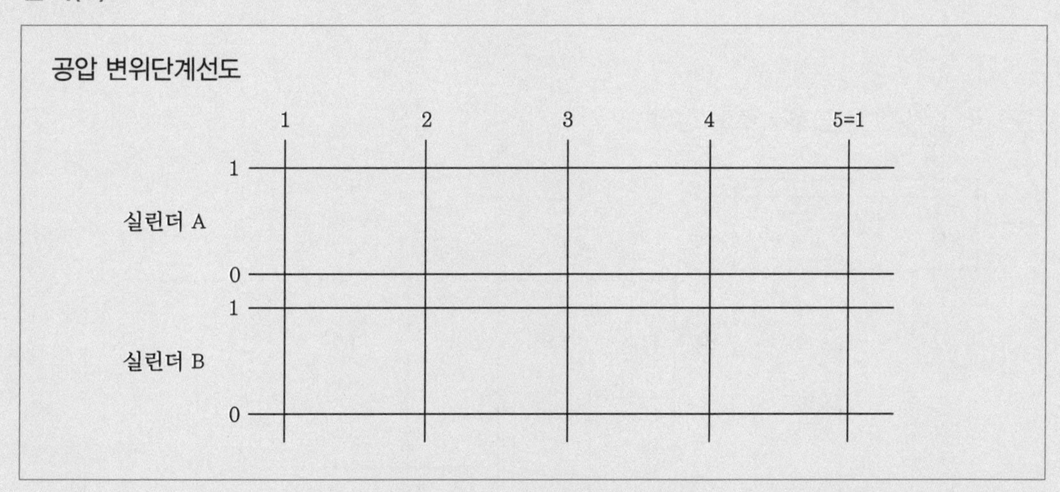

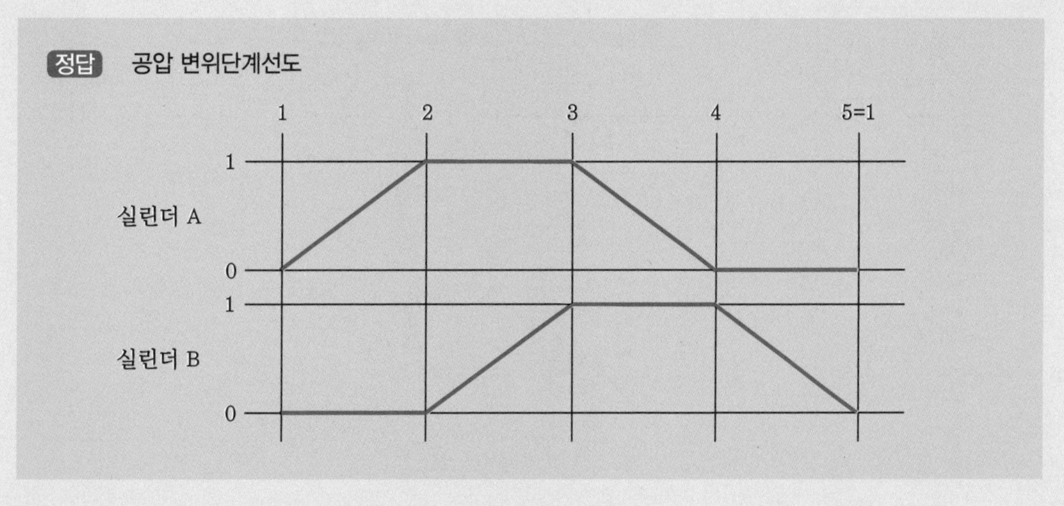

공압 응용회로도 정답

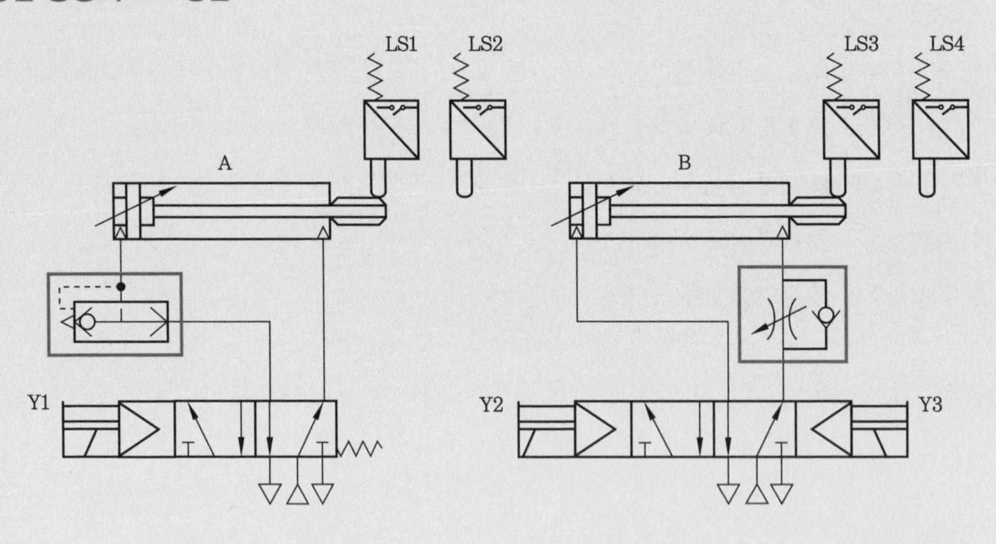

전기 공압 기본 및 응용회로도 정답

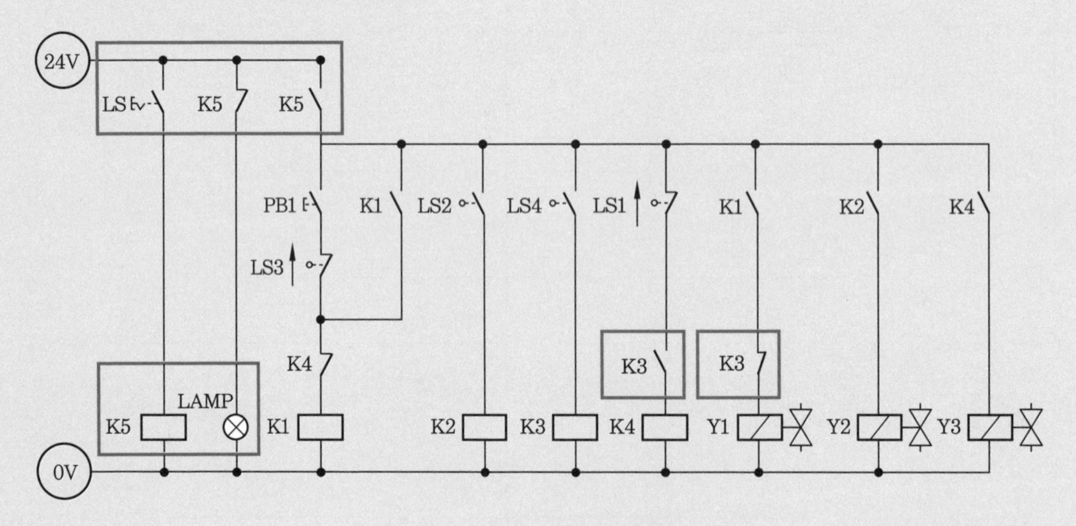

자격종목	공유압기능사	과제명	유압회로 구성 및 조립작업

※ 3과제와 4과제의 시험시간, 요구사항 및 수험자 유의사항 등은 국가기술자격 실기시험 문제 ①과 공통되므로 생략한다.

■ 제4과제 : 유압회로 구성 및 조립작업

(2) 응용과제

① 실린더의 후진 운동을 일방향 유량조절밸브를 사용하여 meter-in 방식으로 회로를 변경하여 실린더의 속도를 제어하시오.

② 차단밸브의 열림 상태와 닫힘 상태를 확인하기 위한 각각의 램프가 점등되도록 전기회로를 구성한 후 동작시키시오.

3 도면(유압회로)

① 제어조건 : 파이프 라인의 차단밸브를 유압 복동 실린더를 이용하여 제어하려 한다. 차단밸브는 저항을 최소화하기 위해서 처음 위치부터 중간 위치까지는 조정할 수 있는 속도로 천천히 운동하다가 나머지 구간은 빠르게 운동한다. 차단밸브의 열림 위치는 리밋 스위치(LS1, LS2, LS3)를 사용하여 측정하고, 차단밸브의 개폐를 위한 유압 복동 실린더는 항시 전진, 후진 위치에 있을 경우에만 방향이 전환될 수 있어야 한다.

• 위치도

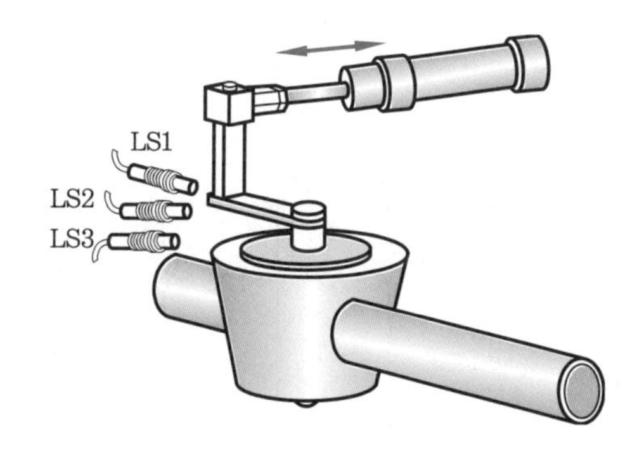

• 유압회로도

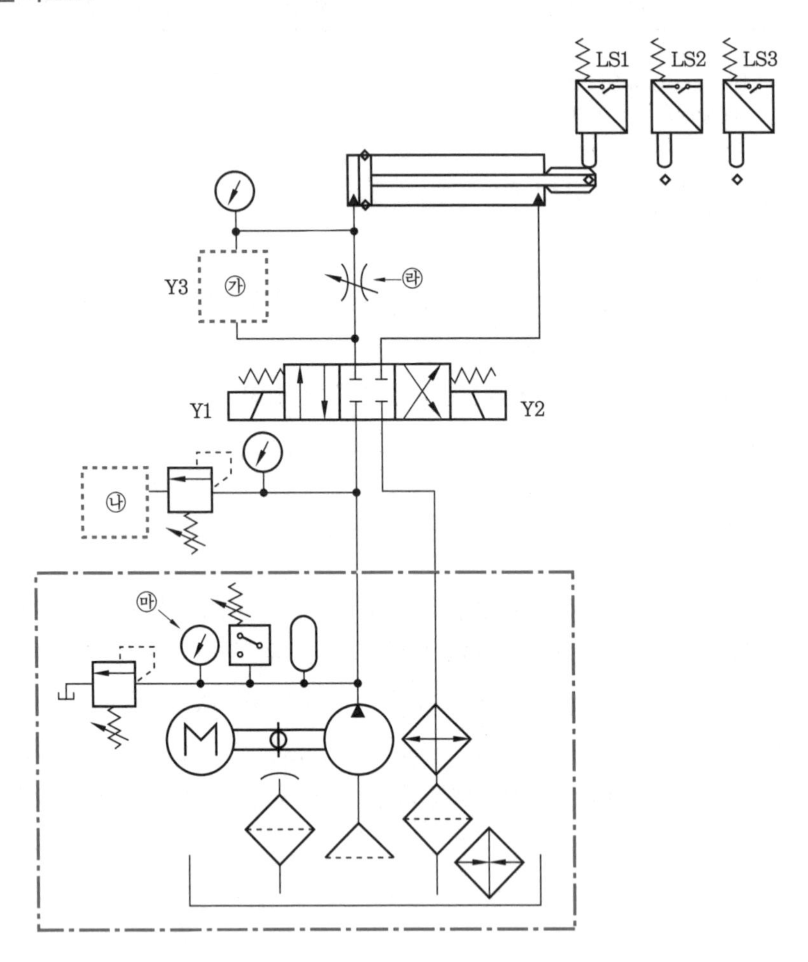
LS1
LS2
LS3
Y3
㉮
㉱
Y1
Y2
㉯
㉰

• 전기회로도

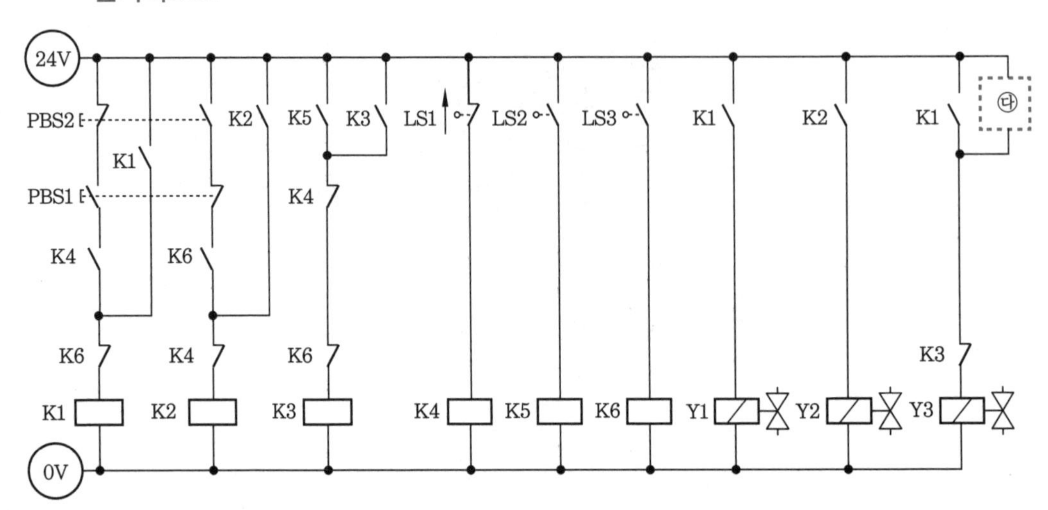
24V
PBS2
K2
K5
K3
LS1
LS2
LS3
K1
K2
K1
㉰
K1
PBS1
K4
K4
K6
K6
K4
K6
K3
K1
K2
K3
K4
K5
K6
Y1
Y2
Y3
0V

답지(3)

1. 유압회로도 중 빈칸 ㉮에 들어갈 적절한 기호를 [보기(유압)]에서 골라 그 번호를 쓰시오.
2. 유압회로도 중 빈칸 ㉯에 들어갈 적절한 기호를 [보기(유압)]에서 골라 그 번호를 쓰시오.
3. 전기회로도 중 빈칸 ㉰에 들어갈 적절한 기호를 [보기(유압)]에서 골라 그 번호를 쓰시오.
4. 유압회로도 중 ㉱의 명칭을 쓰시오.
5. 유압회로도 중 ㉲의 용도를 쓰시오.

정답 **1.** ⑰ **2.** ① **3.** ㉝ **4.** 양방향 유량제어밸브(스로틀밸브) **5.** 압력 체크

유압 기본 및 응용회로도 정답

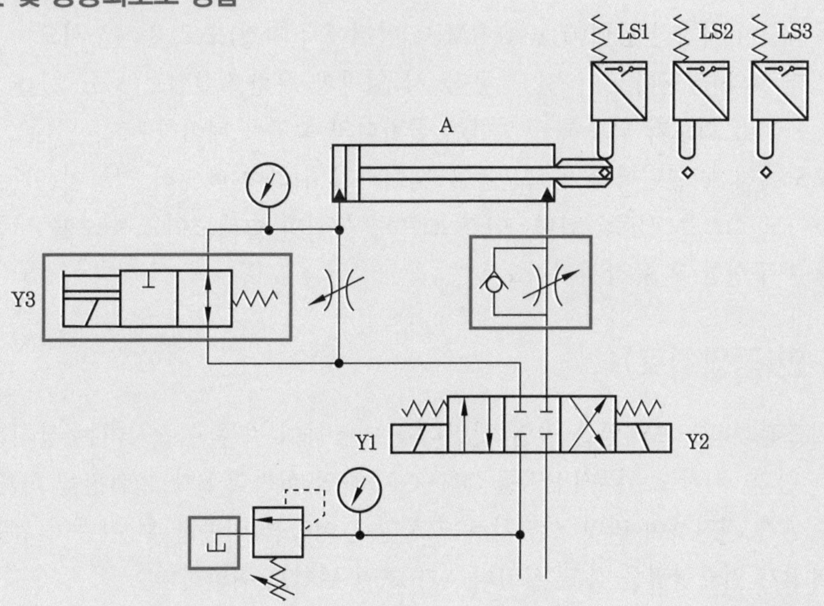

전기 유압 기본 및 응용회로도 정답

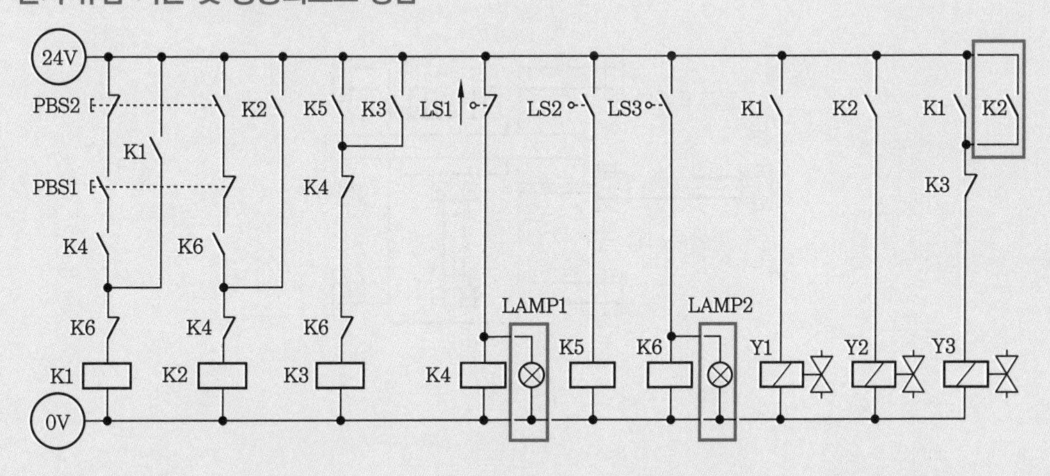

국가기술자격 실기시험 문제 ⑥

자격종목	공유압기능사	과제명	공압회로 구성 및 조립작업

※ 1과제와 2과제의 시험시간, 요구사항 및 수험자 유의사항 등은 국가기술자격 실기시험 문제 ①과 공통되므로 생략한다.

■ 제2과제 : 공압회로 구성 및 조립작업

(2) 응용과제

① 감독위원이 지정한 압력(0.2~0.5MPa 범위에서 지정)으로 변경하시오.

② 실린더 A와 실린더 B가 전진 동작 시 일방향 유량조절밸브(모듈형)를 사용하여 meter-out 회로가 되도록 구성하여 실린더의 속도를 제어하시오.

③ 회로도에서 A 실린더의 왕복운동을 제어하기 위하여 메모리 기능이 있는 복동 솔레노이드 밸브를 사용하였다. 이를 스프링 복귀형 솔레노이드 밸브를 사용하여 회로를 재구성한 후 동작시키시오.

3 도면(공압회로)

① 제어조건 : 리드프레임을 공압 실린더를 이용하여 자동 이송시키는 장치를 제작하고자 한다. 시작 스위치(PBS)를 ON-OFF하면 실린더 B가 클램핑을 하게 되고 실린더 A가 전진하여 리밋 스위치로 조정된 길이만큼 이송한 후 이송이 완료되면 실린더 B가 언클램핑을 하고 실린더 A가 초기 위치로 귀환한다.

• 위치도

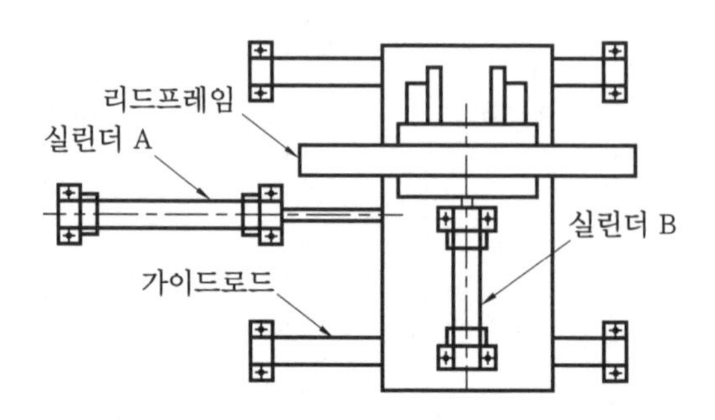

• 공압회로도

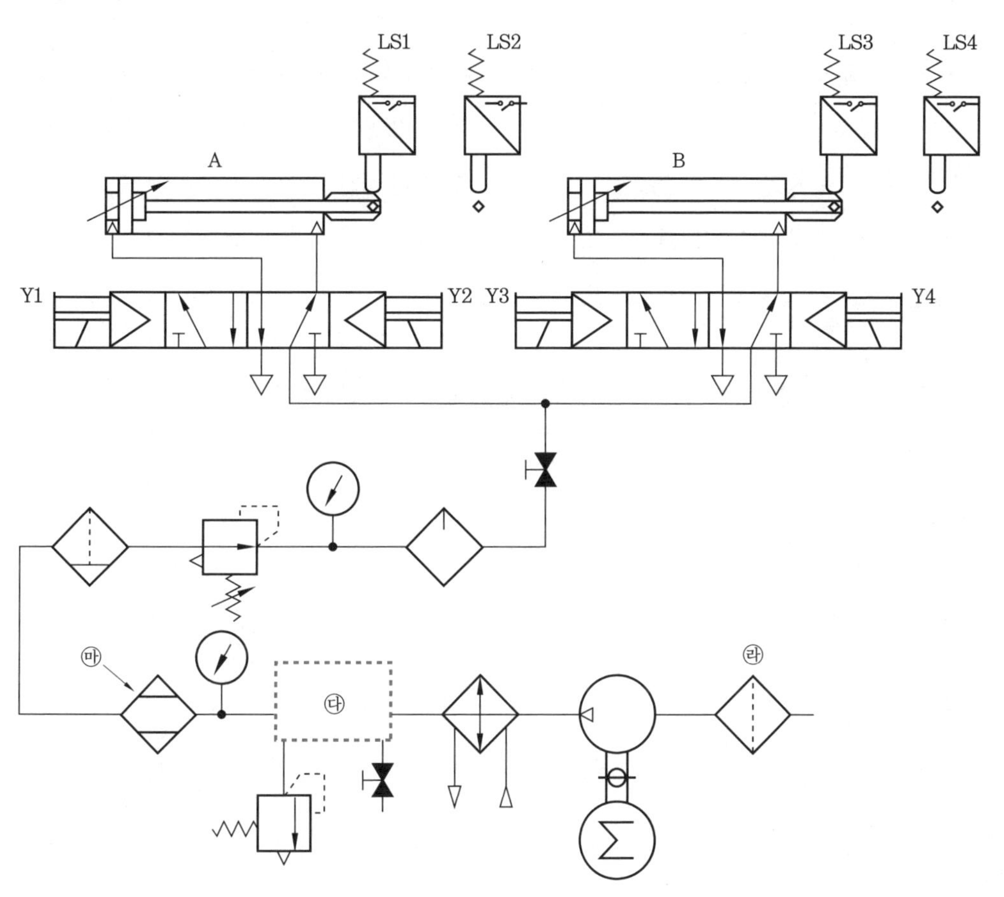
LS1
LS2
LS3
LS4
A
B
Y1
Y2
Y3
Y4
㉮
㉯
㉰
㉱
㉲

• 전기회로도

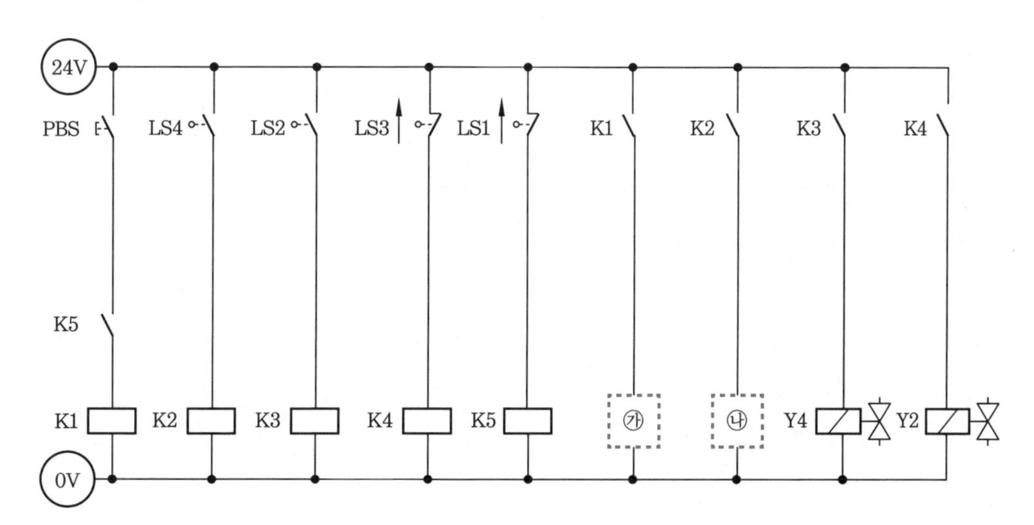
24V
PBS
LS4
LS2
LS3
LS1
K1
K2
K3
K4
K5
㉮
㉯
Y4
Y2
0V

답지(1)

1. 전기회로도 중 빈칸 ㉮에 들어갈 적절한 기호를 [보기(공압)]에서 골라 그 번호를 쓰시오.
2. 전기회로도 중 빈칸 ㉯에 들어갈 적절한 기호를 [보기(공압)]에서 골라 그 번호를 쓰시오.
3. 공압회로도 중 빈칸 ㉰에 들어갈 적절한 기호를 [보기(공압)]에서 골라 그 번호를 쓰시오.
4. 공압회로도 중 ㉱의 용도를 쓰시오.
5. 공압회로도 중 ㉲의 명칭을 쓰시오.

정답 **1.** ㊶ **2.** ㊴ **3.** ① **4.** 이물질 흡입 방지 **5.** 드라이어(건조기)

답지(2)

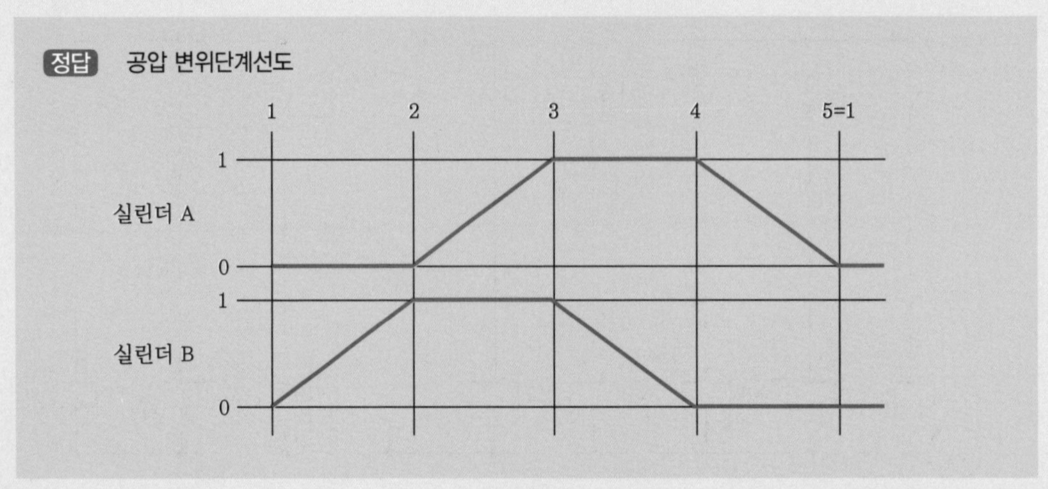

공압 응용회로도 정답

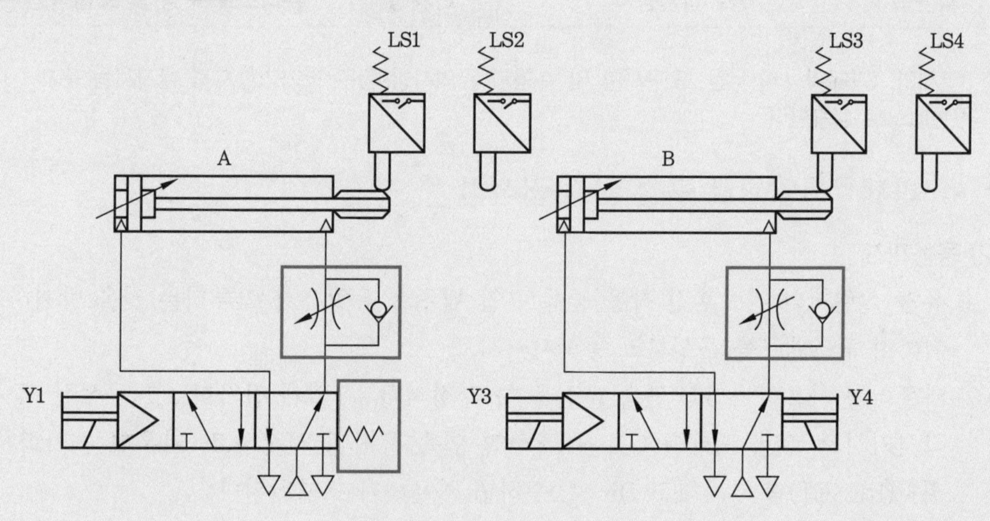

전기 공압 기본 및 응용회로도 정답

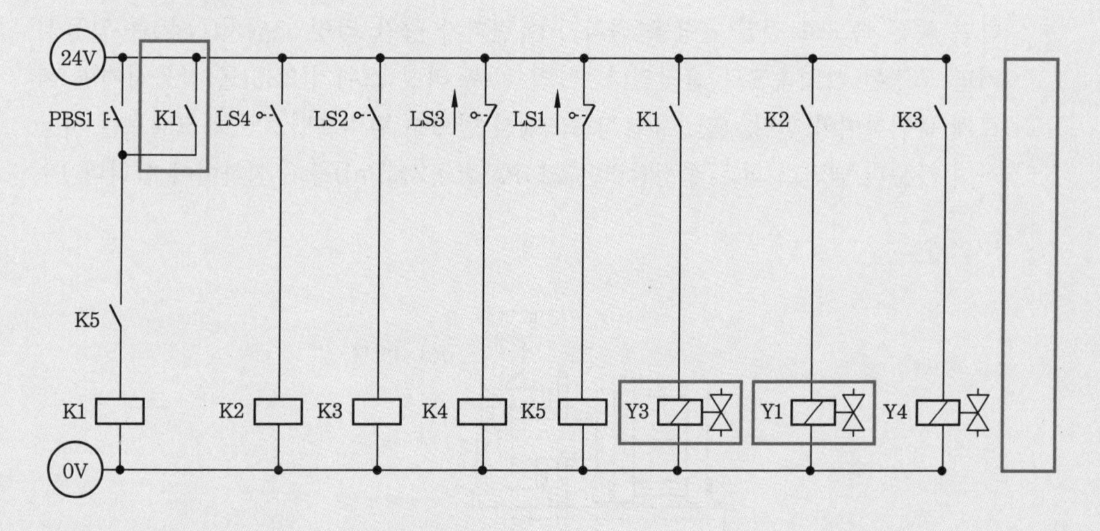

자격종목	공유압기능사	과제명	유압회로 구성 및 조립작업

※ 3과제와 4과제의 시험시간, 요구사항 및 수험자 유의사항 등은 국가기술자격 실기시험 문제 ①과 공통되므로 생략한다.

■ 제4과제 : 유압회로 구성 및 조립작업

(2) 응용과제

① 유압 실린더의 전 · 후진 작동 중에 유압 펌프로 유압유가 역류되는 것을 방지하기 위하여 체크밸브를 구성하고 동작시키시오.

② 카운터를 사용하여 3회 연속 운전을 하고 정지할 수 있게 전기회로를 구성한 후 동작시키시오. (단, PBS를 ON-OFF하면 연속 동작이 시작하고, 카운터 초기화 스위치(RESET)를 추가하고 ON-OFF하면 카운터가 초기화된다.)

3 도면(유압회로)

① 제어조건 : 탁상 유압 프레스를 제작하려고 한다. 시작 스위치(PBS1)를 ON-OFF 하면 빠른 속도로 전진 운동을 하다가 실린더가 중간 리밋 스위치(LS2)를 작동시키면 조정된 작업속도로 움직인다. 작업 완료 리밋 스위치(LS3)를 작동시키면 빠르게 복귀하여야 한다. (단, 유압회로도에서 반드시 릴리프밸브와 체크밸브를 사용하여 카운터 밸런스 회로(설정압력은 2 MPa(±0.2 MPa))를 구성하여야 합니다.)

• 위치도

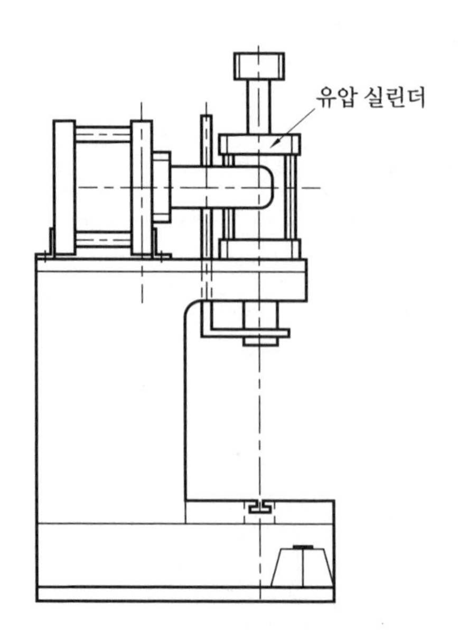

• 유압회로도

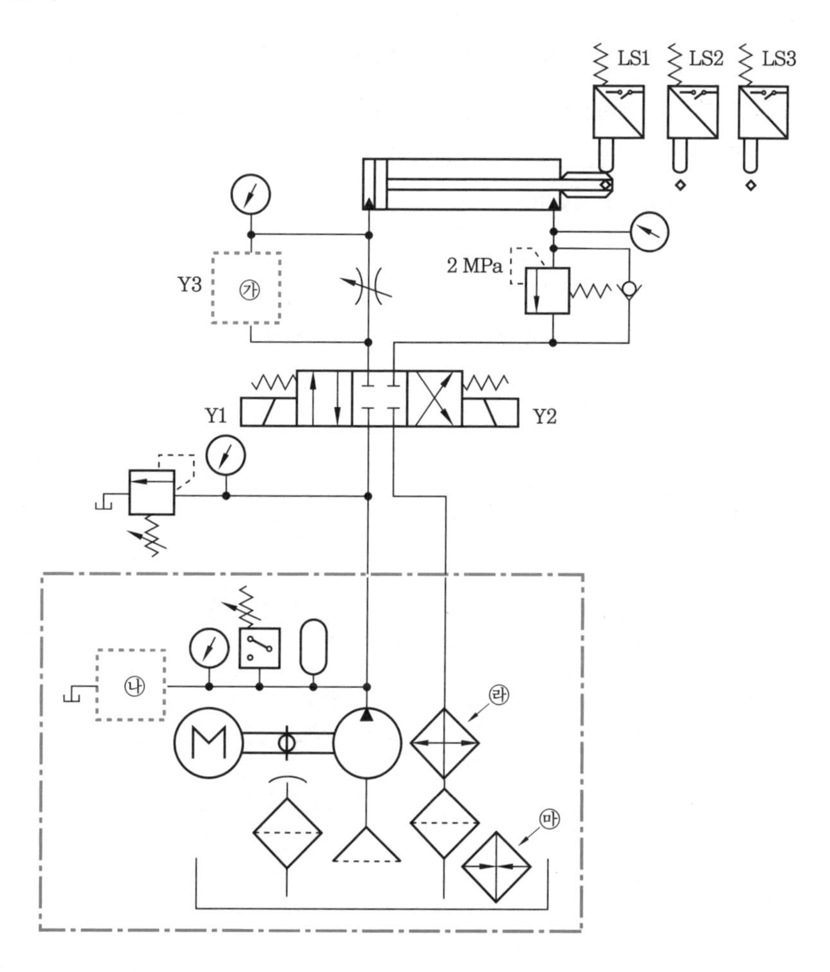
LS1
LS2
LS3
2 MPa
Y3
㉮
Y1
Y2
㉯
㉰
㉱

• 전기회로도

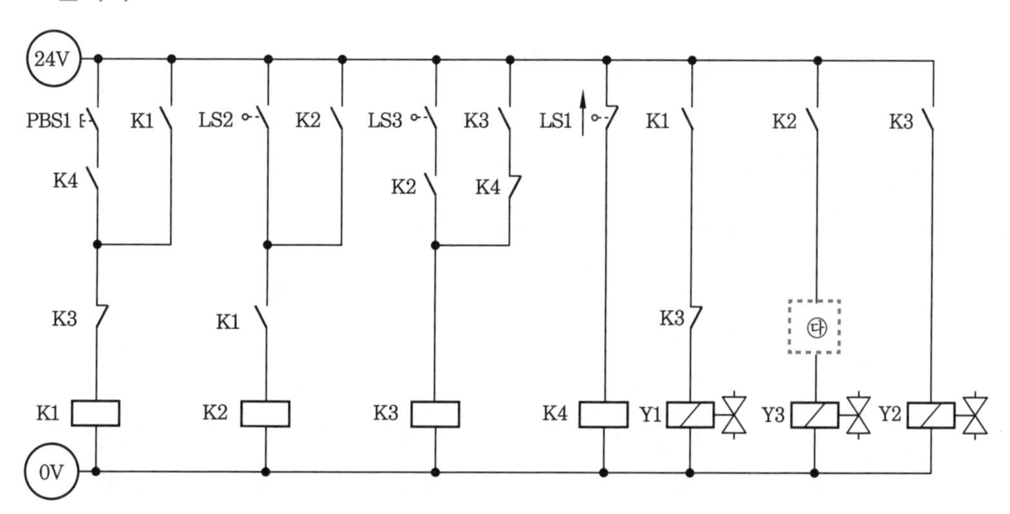
24V
PBS1
K1
LS2
K2
LS3
K3
LS1
K1
K2
K3
K4
K2
K4
K3
K1
K3
㉰
K1
K2
K3
K4
Y1
Y3
Y2
0V

답지(3)

1. 유압회로도 중 빈칸 ㉮에 들어갈 적절한 기호를 [보기(유압)]에서 골라 그 번호를 쓰시오.
2. 유압회로도 중 빈칸 ㉯에 들어갈 적절한 기호를 [보기(유압)]에서 골라 그 번호를 쓰시오.
3. 전기회로도 중 빈칸 ㉰에 들어갈 적절한 기호를 [보기(유압)]에서 골라 그 번호를 쓰시오.
4. 유압회로도 중 ㉱의 명칭을 쓰시오.
5. 유압회로도 중 ㉲의 용도를 쓰시오.

정답 **1.** ⑰ **2.** ⑩ **3.** ㊲ **4.** 냉각기 **5.** 유압 작동유 가열

유압 기본 및 응용회로도 정답

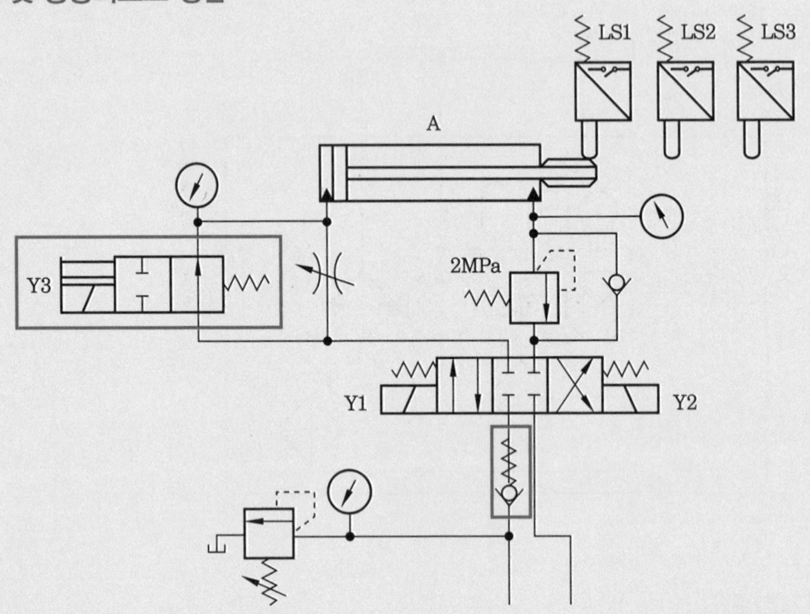

전기 유압 기본 및 응용회로도 정답

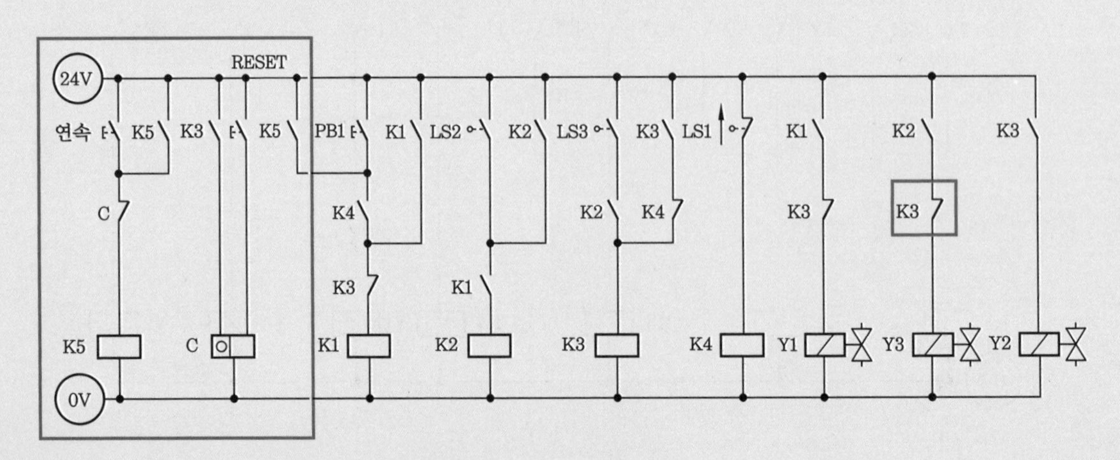

국가기술자격 실기시험 문제 ⑦

자격종목	공유압기능사	과제명	공압회로 구성 및 조립작업

※ 1과제와 2과제의 시험시간, 요구사항 및 수험자 유의사항 등은 국가기술자격 실기시험 문제 ①과 공통되므로 생략한다.

■ 제2과제 : 공압회로 구성 및 조립작업

(2) 응용과제

① 감독위원이 지정한 압력(0.2~0.5MPa 범위에서 지정)으로 변경하시오.

② 실린더 A 후진 시 급속배기밸브를 사용하여 속도를 제어하고, 실린더 B 후진 시 일방향 유량조절밸브(모듈형)를 사용하여 meter-out 회로가 되도록 속도를 제어하시오.

③ 전기타이머를 사용하여 실린더 B가 전진 완료 후 2초간 정지한 후에 다음 동작이 이루어지도록 전기회로를 구성하고 동작시키시오.

3 도면(공압회로)

① 제어조건 : 소재 공급 매거진에서 PBS1을 ON-OFF하면 실린더 A의 전진 동작으로 소재를 공급한 후, 실린더 B의 전 · 후진 동작으로 소재를 용기에 넣은 다음 실린더 A가 복귀하도록 한다.

• 위치도

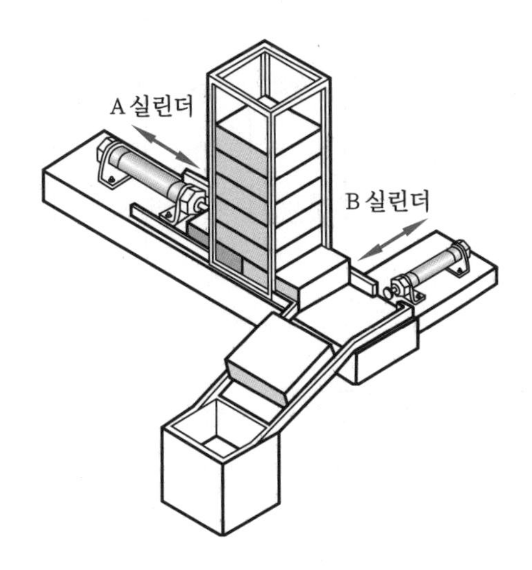

• 공압회로도

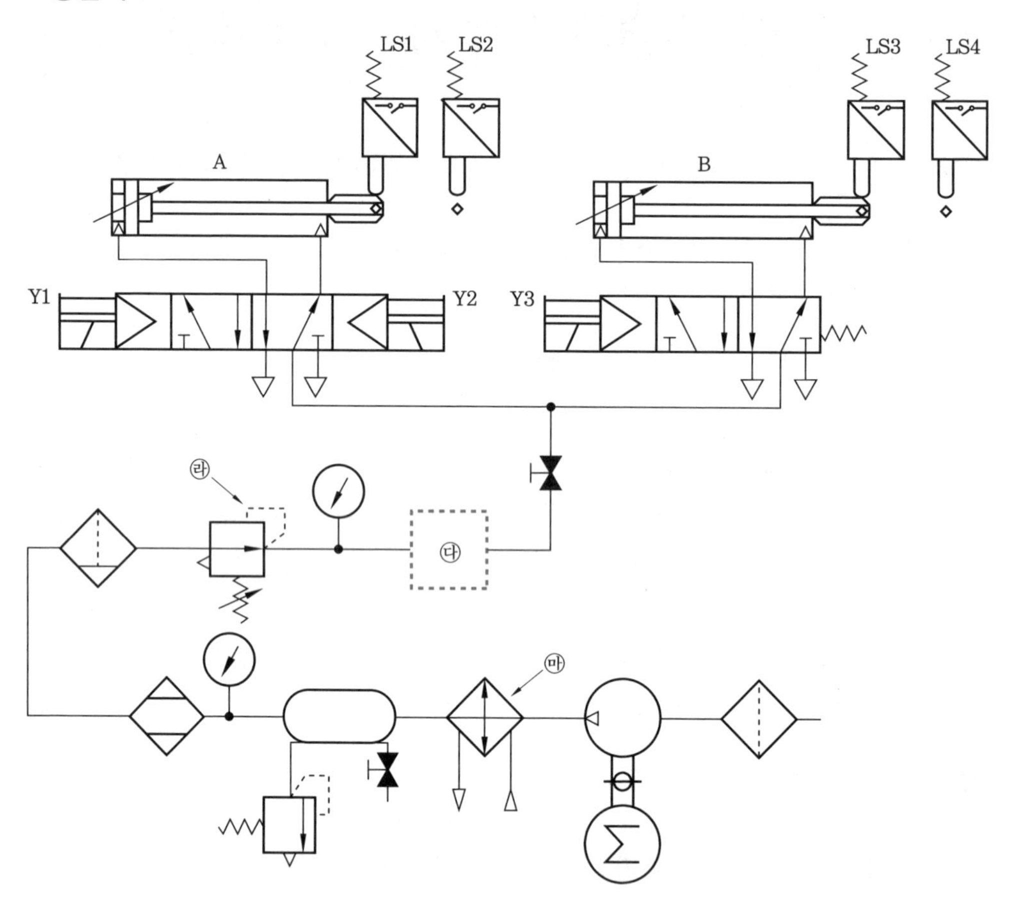
LS1
LS2
LS3
LS4
A
B
Y1
Y2
Y3
㉣
㉢
㉤

• 전기회로도

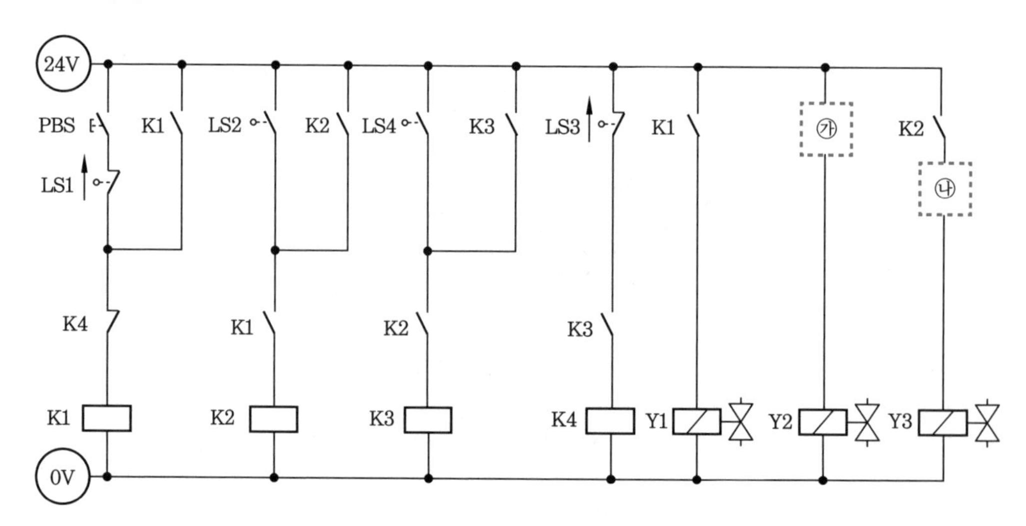
24V
PBS
K1
LS2
K2
LS4
K3
LS3
K1
㉮
K2
LS1
㉯
K4
K1
K2
K3
K1
K2
K3
K4
Y1
Y2
Y3
0V

답지(1)

1. 전기회로도 중 빈칸 ㉮에 들어갈 적절한 기호를 [보기(공압)]에서 골라 그 번호를 쓰시오.
2. 전기회로도 중 빈칸 ㉯에 들어갈 적절한 기호를 [보기(공압)]에서 골라 그 번호를 쓰시오.
3. 공압회로도 중 빈칸 ㉰에 들어갈 적절한 기호를 [보기(공압)]에서 골라 그 번호를 쓰시오.
4. 공압회로도 중 ㉱의 용도를 쓰시오.
5. 공압회로도 중 ㉲의 명칭을 쓰시오.

정답 **1.** ㉝　**2.** ㊱　**3.** ⑤　**4.** 작동 압력 설정　**5.** 공기 냉각기

답지(2)

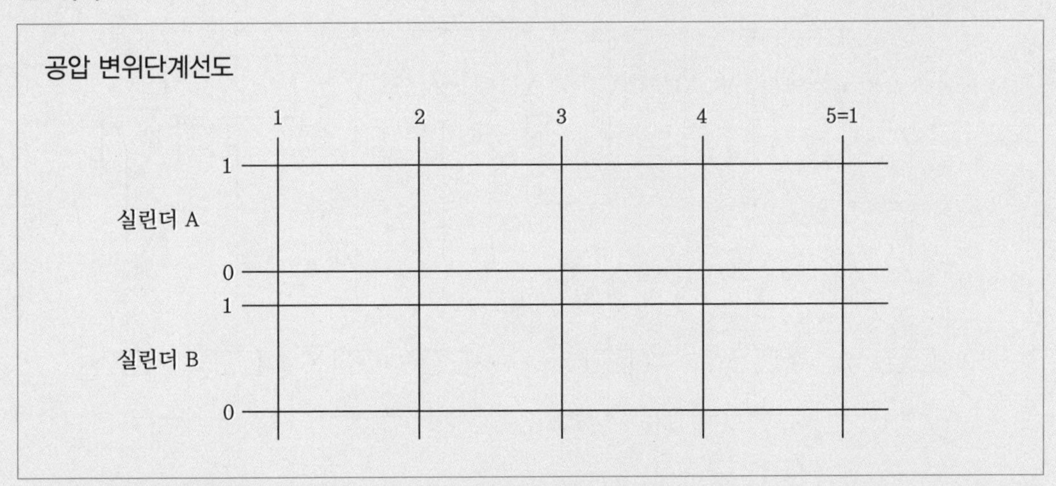

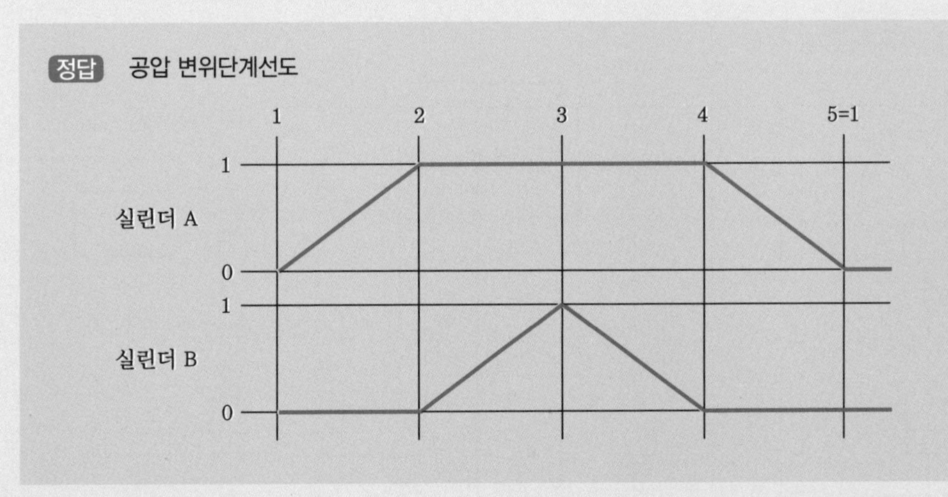

공압 응용회로도 정답

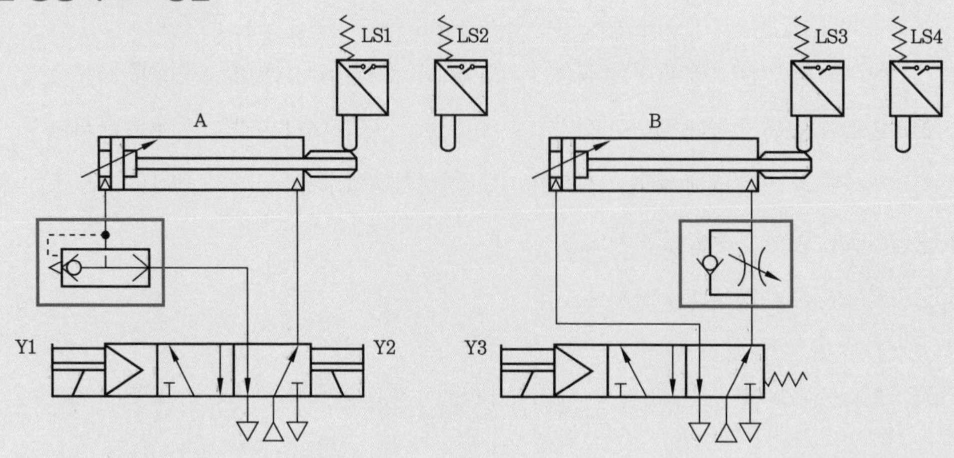

전기 공압 기본회로도 정답

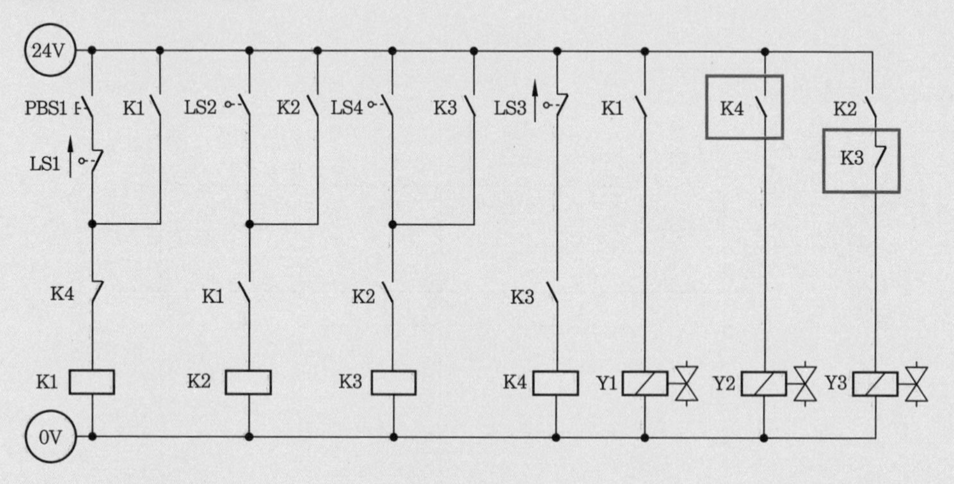

전기 공압 응용회로도 정답

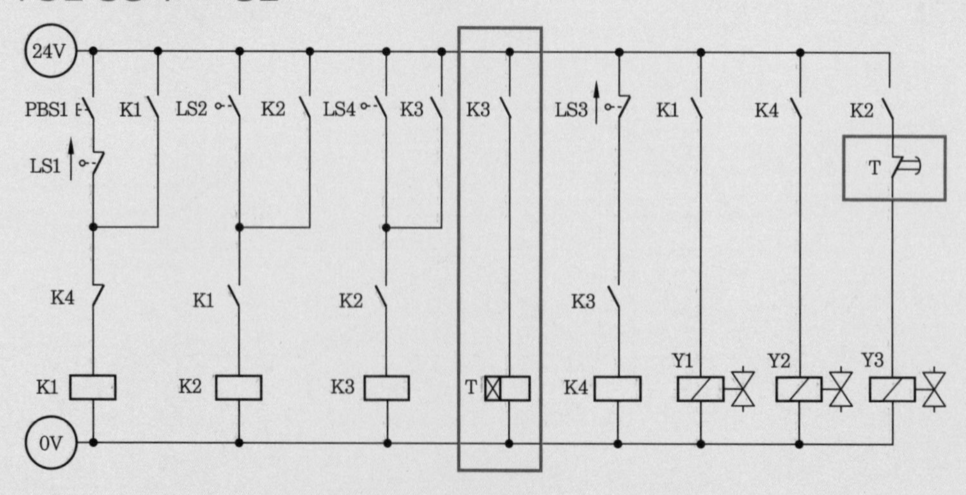

자격종목	공유압기능사	과제명	유압회로 구성 및 조립작업

※ 3과제와 4과제의 시험시간, 요구사항 및 수험자 유의사항 등은 국가기술자격 실기시험 문제 ①과 공통되므로 생략한다.

■ 제4과제 : 유압회로 구성 및 조립작업

(2) 응용과제

① 실린더의 전진 운동을 일방향 유량조절밸브를 사용하여 meter-in 방식으로 회로를 변경하여 실린더의 속도를 제어하시오.

② 유압회로 내에 압력 공급을 위한 솔레노이드 밸브 Y3가 작동될 때 램프가 점등되도록 전기회로를 구성하고 동작시키시오.

3 도면(유압회로)

① 제어조건 : 그물로 덮인 소재를 세척조에 세척을 하려고 한다. START 버튼(PBS)을 ON-OFF하면 실린더 A가 전진을 완료하여 소재를 세척조에 1차 세척 후 후진하여 중간의 리밋 스위치(LS2)를 작동시키면 다시 전진하여 2차 세척 작업을 완료한 후 후진하여 작업을 완료한다. (단, 유압회로도에서 반드시 릴리프밸브와 체크밸브를 사용하여 카운터 밸런스 회로(설정압력은 3MPa(±0.2MPa))를 구성하여야 합니다.)

• 위치도

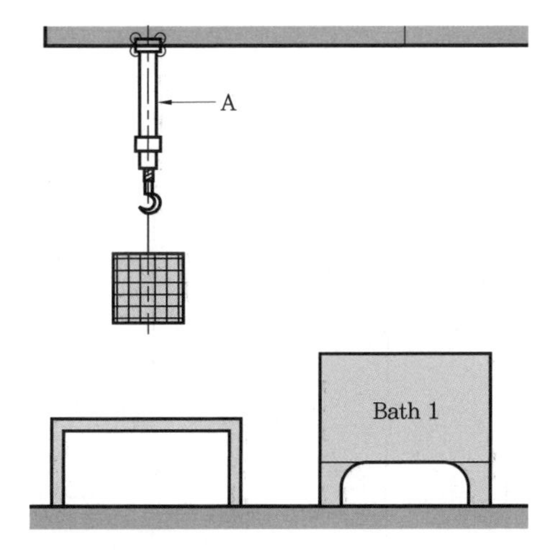

• 유압회로도

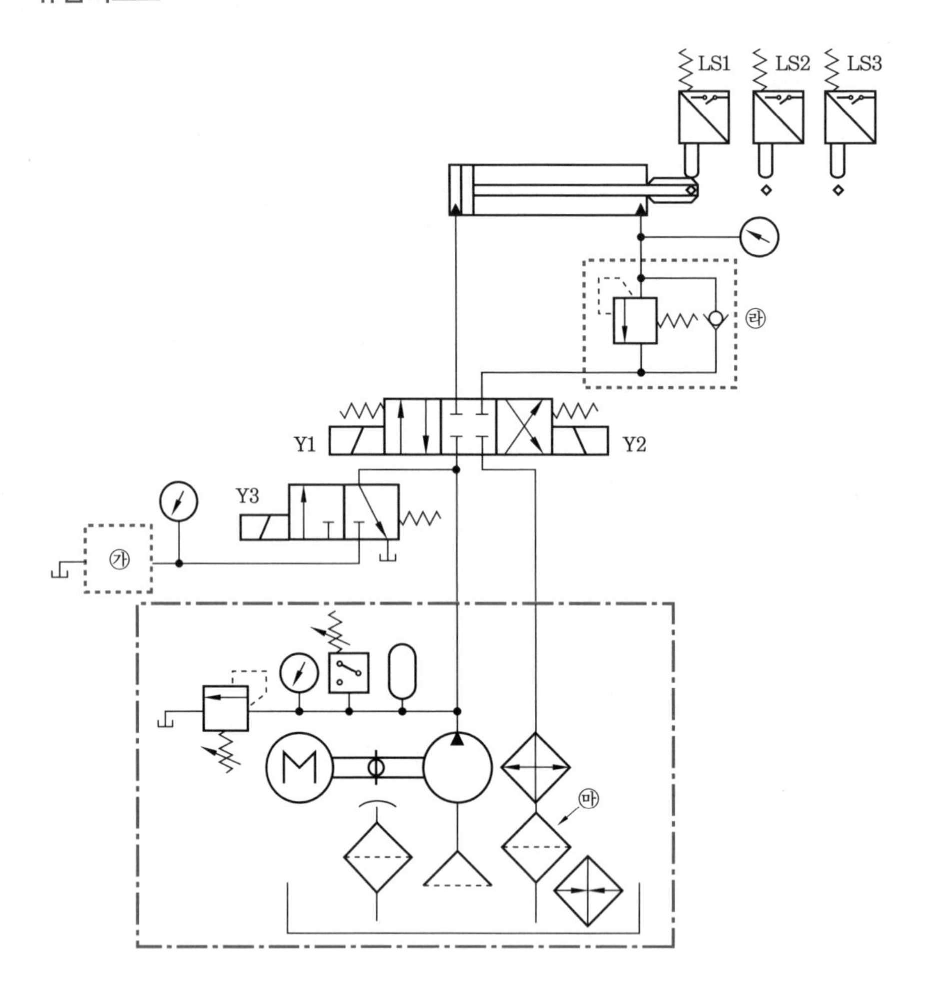
LS1
LS2
LS3
㉣
Y1
Y2
Y3
㉮
㉯

• 전기회로도

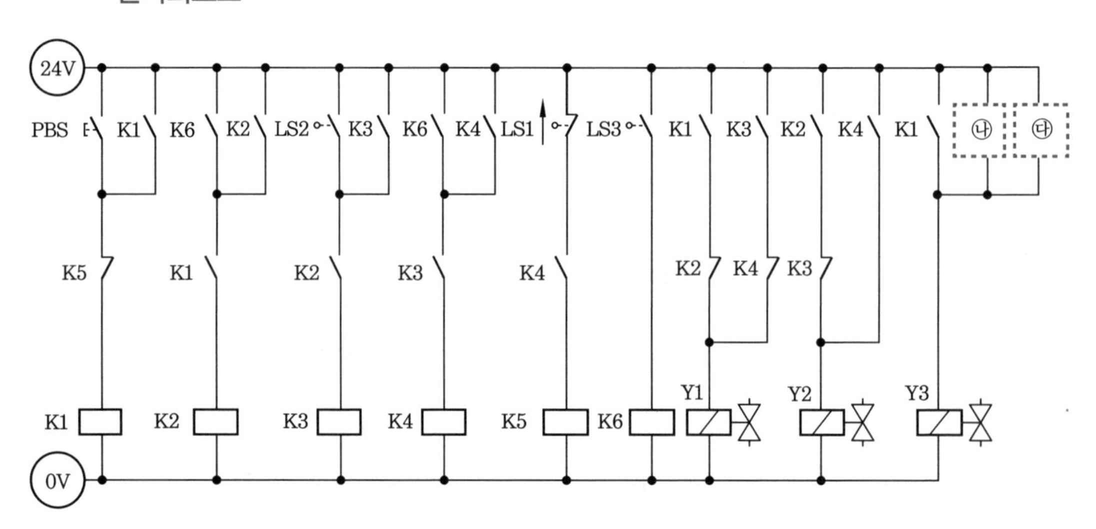
24V
0V
PBS
K1
K6
K2
LS2
K3
K4
LS1
LS3
K5
㉯
㉰
Y1
Y2
Y3

답지(3)

1. 유압회로도 중 빈칸 ㉮에 들어갈 적절한 기호를 [보기(유압)]에서 골라 그 번호를 쓰시오.
2. 유압회로도 중 빈칸 ㉯에 들어갈 적절한 기호를 [보기(유압)]에서 골라 그 번호를 쓰시오.
3. 전기회로도 중 빈칸 ㉰에 들어갈 적절한 기호를 [보기(유압)]에서 골라 그 번호를 쓰시오.
4. 유압회로도 중 ㉱의 명칭을 쓰시오.
5. 유압회로도 중 ㉲의 용도를 쓰시오.

정답 **1.** ⑩ **2.** ㉝ **3.** ㉞ **4.** 복귀 필터 **5.** 자유 낙하 방지

유압 기본 및 응용회로도 정답

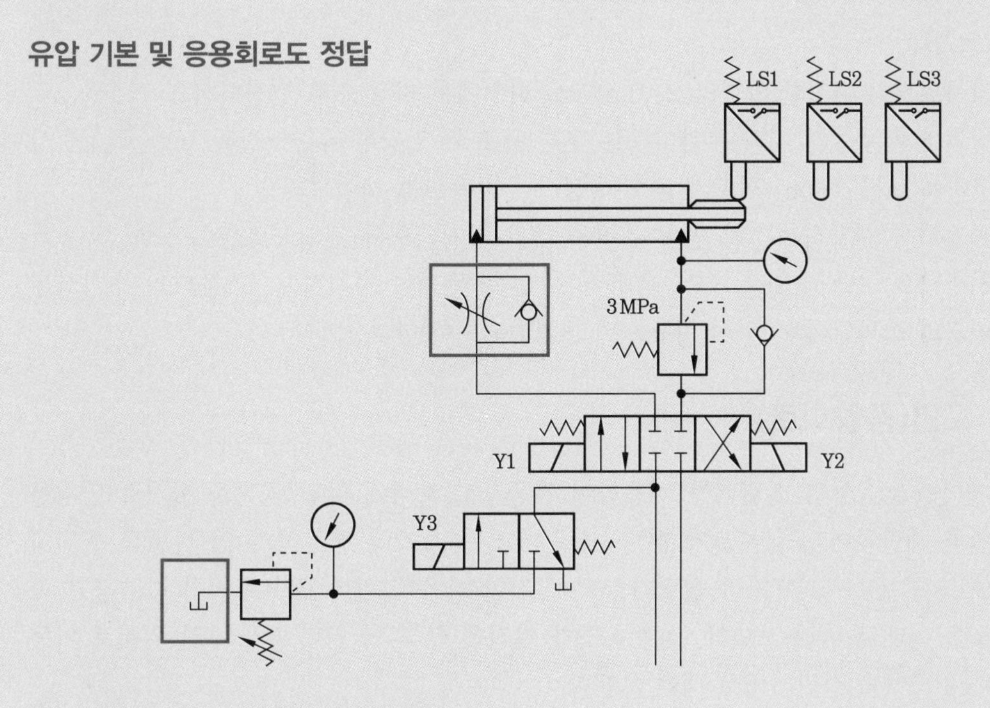

전기 유압 기본 및 응용회로도 정답

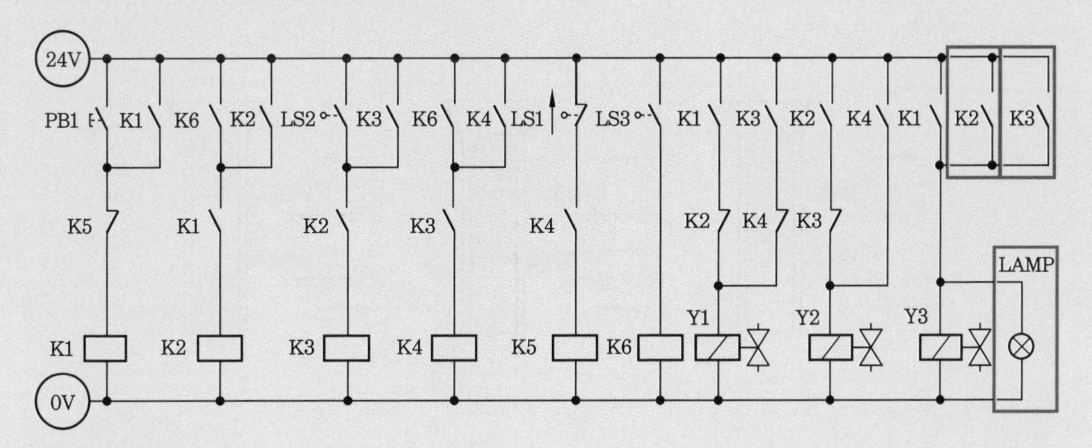

국가기술자격 실기시험 문제 ⑧

자격종목	공유압기능사	과제명	공압회로 구성 및 조립작업

※ 1과제와 2과제의 시험시간, 요구사항 및 수험자 유의사항 등은 국가기술자격 실기시험 문제 ①과 공통되므로 생략한다.

■ 제2과제 : 공압회로 구성 및 조립작업

(2) 응용과제

① 감독위원이 지정한 압력(0.2~0.5MPa 범위에서 지정)으로 변경하시오.

② 실린더 A는 전진 시와 실린더 B는 후진 시 모두 일방향 유량조절밸브(모듈형)를 사용하여 meter-out 회로가 되도록 실린더의 속도를 제어하시오.

③ 카운터를 사용하여 5회 연속 운전을 하고 정지되도록 전기회로를 구성한 후 동작시키시오. (단, PBS를 ON-OFF하면 연속 동작이 시작하고, 카운터의 초기화는 별도의 스위치 추가 없이 자동으로 초기화되도록 한다.)

3 도면(공압회로)

① 제어조건 : 공압 실린더를 이용하여 자동으로 호퍼에 담긴 곡물을 아래로 일정량만큼 계량하여 공급하고자 한다. 실린더 B는 초기에 전진하여 있고 동작 스위치(PBS)를 ON-OFF하면 실린더 A가 전진한 다음 실린더 B가 후진하여 계량된 곡물을 아래로 내려 보낸다. 실린더 B가 전진을 한 후 실린더 A가 후진 위치로 이동하여 곡물을 실린더 B로 내려 보낸다.

• 위치도

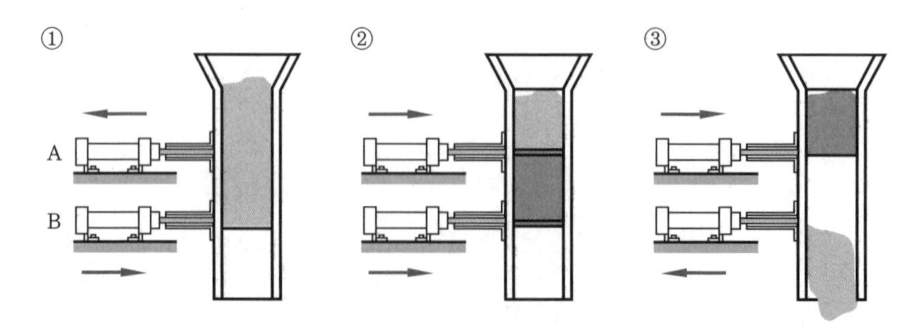

• 공압회로도

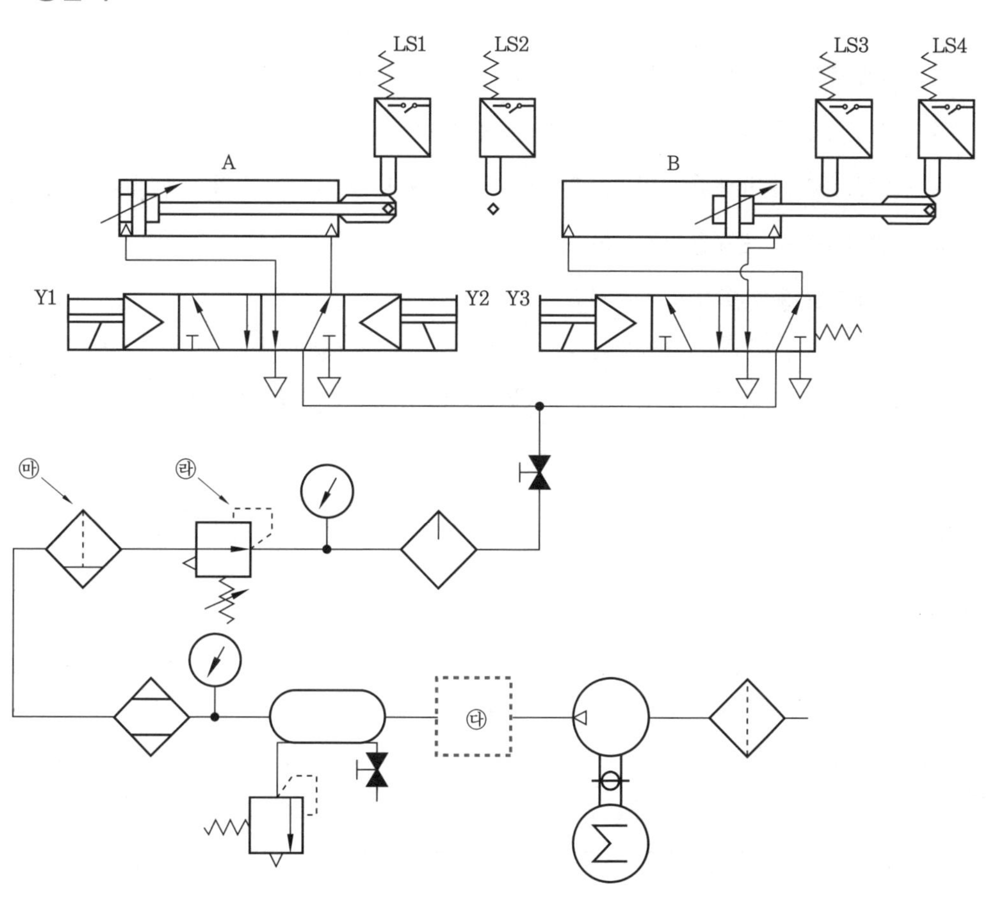
LS1
LS2
LS3
LS4
A
B
Y1
Y2
Y3
㉮
㉯
㉰
㉱
㉲

• 전기회로도

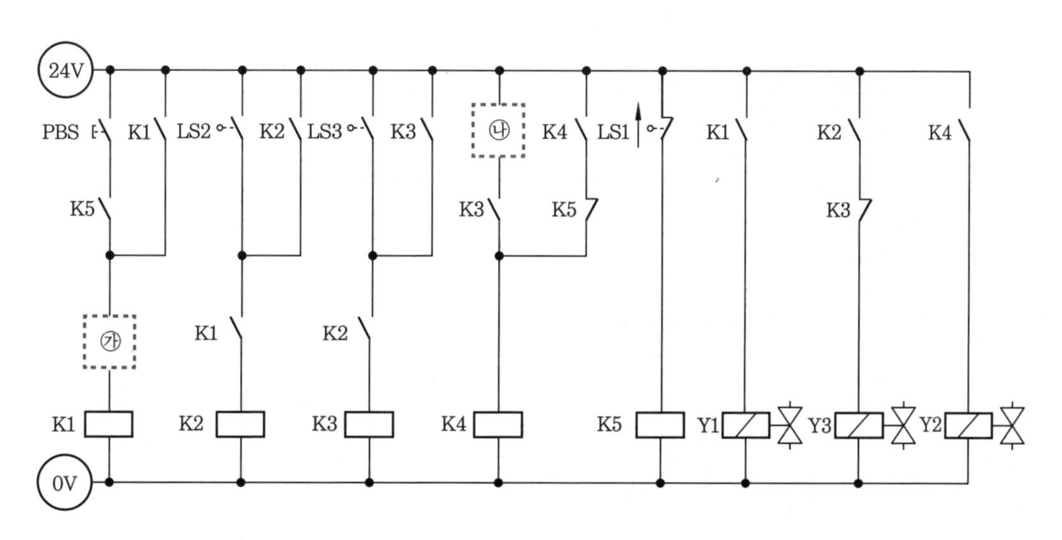
24V
0V
PBS
K1
LS2
K2
LS3
K3
㉯
K4
LS1
K5
Y1
Y3
Y2
㉮

답지(1)

1. 전기회로도 중 빈칸 ㉮에 들어갈 적절한 기호를 [보기(공압)]에서 골라 그 번호를 쓰시오.
2. 전기회로도 중 빈칸 ㉯에 들어갈 적절한 기호를 [보기(공압)]에서 골라 그 번호를 쓰시오.
3. 공압회로도 중 빈칸 ㉰에 들어갈 적절한 기호를 [보기(공압)]에서 골라 그 번호를 쓰시오.
4. 공압회로도 중 ㉱의 용도를 쓰시오.
5. 공압회로도 중 ㉲의 명칭을 쓰시오.

정답 **1.** ㊲ **2.** ㉙ **3.** ④ **4.** 작동 압력 설정 **5.** 드레인 붙이 에어 필터

답지(2)

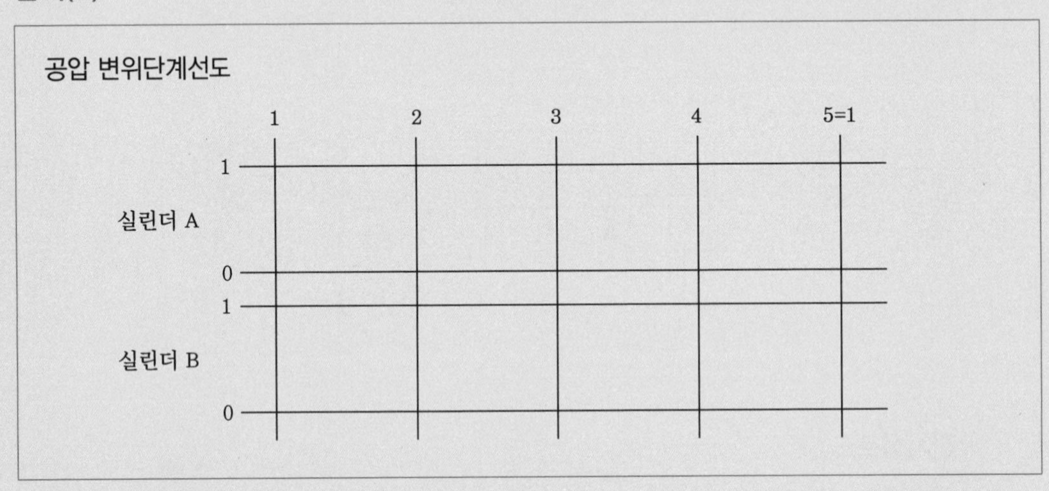

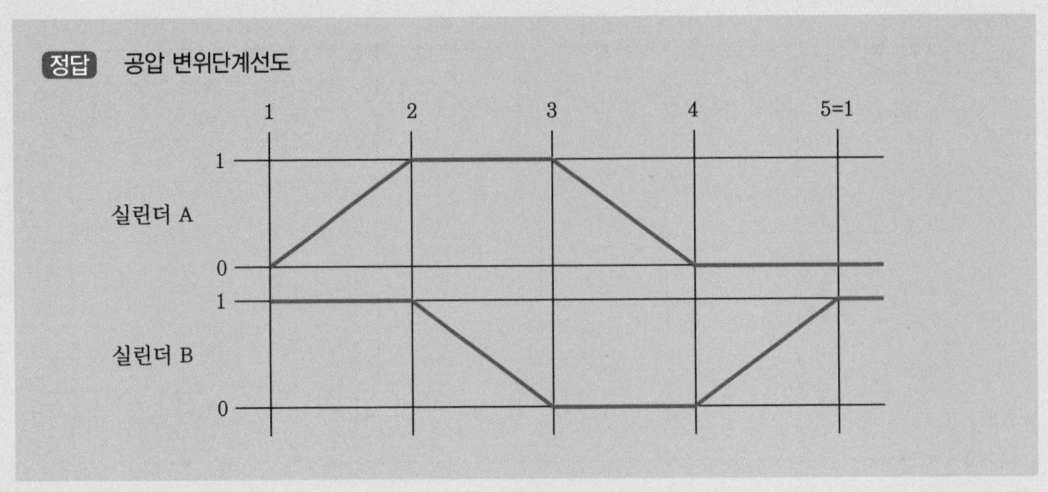

공압 응용회로도 정답

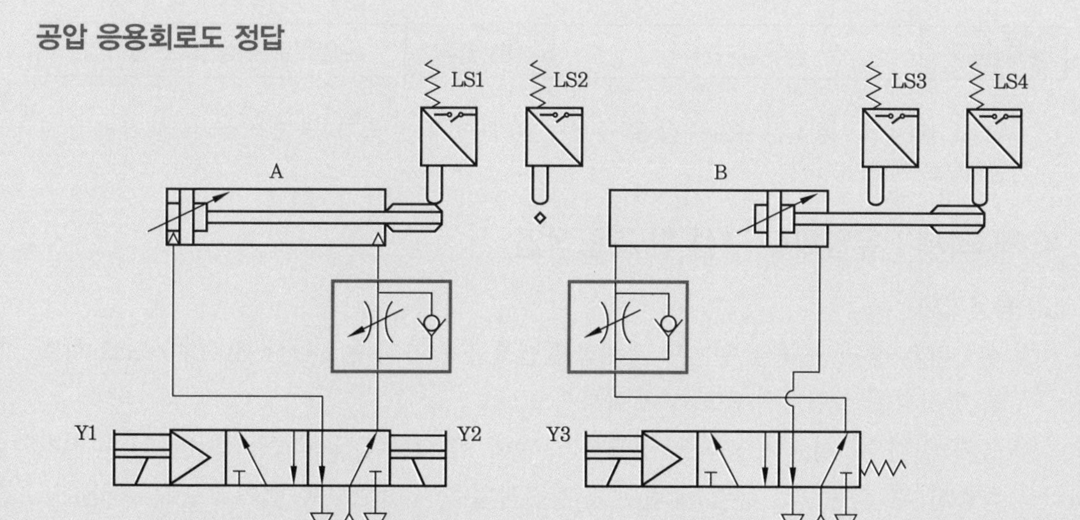

전기 공압 기본 및 응용회로도 정답

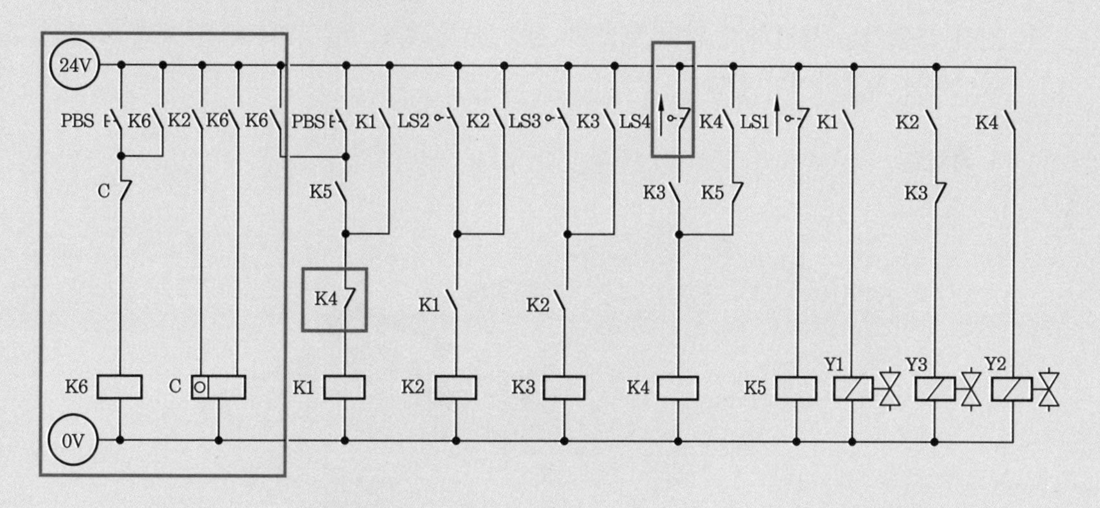

자격종목	공유압기능사	과제명	유압회로 구성 및 조립작업

※ 3과제와 4과제의 시험시간, 요구사항 및 수험자 유의사항 등은 국가기술자격 실기시험 문제 ①과 공통되므로 생략한다.

■ 제4과제 : 유압회로 구성 및 조립작업

(2) 응용과제

① 실린더의 후진 운동을 일방향 유량조절밸브를 사용하여 meter-in 방식으로 회로를 변경하여 실린더의 속도를 제어하시오.

② 초기 전진 시 실린더 동작을 경고하기 위해 PBS1을 ON-OFF하면 3초간 버저가 작동된 후 자동으로 유압 실린더가 전진작업을 시작하도록 전기회로를 구성하고 동작시키시오.

3 도면(유압회로)

① 제어조건 : 유압 바이스를 제작하려고 한다. 전진 버튼(PBS1)을 계속 누르고 있으면 실린더가 전진 운동을 하다가 작동압력이 압력 스위치의 설정압력에 도달하면 전진 스위치는 동작하지 않고 램프가 점등한다. 후진 버튼(PBS2)을 계속 누르면 실린더는 복귀하여야 한다.

• 위치도

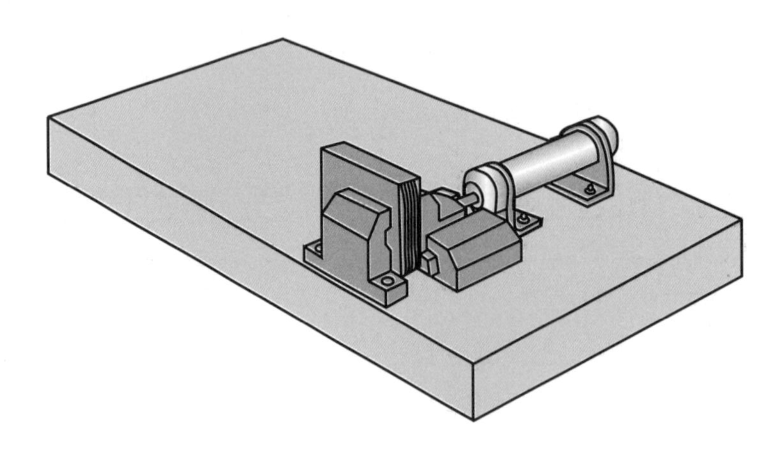

• 유압회로도

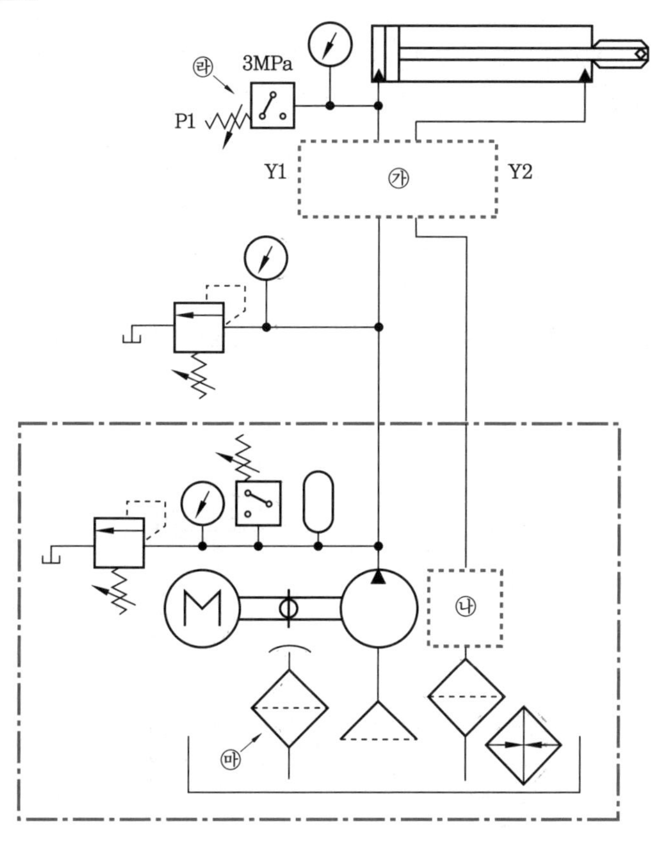

• 전기회로도

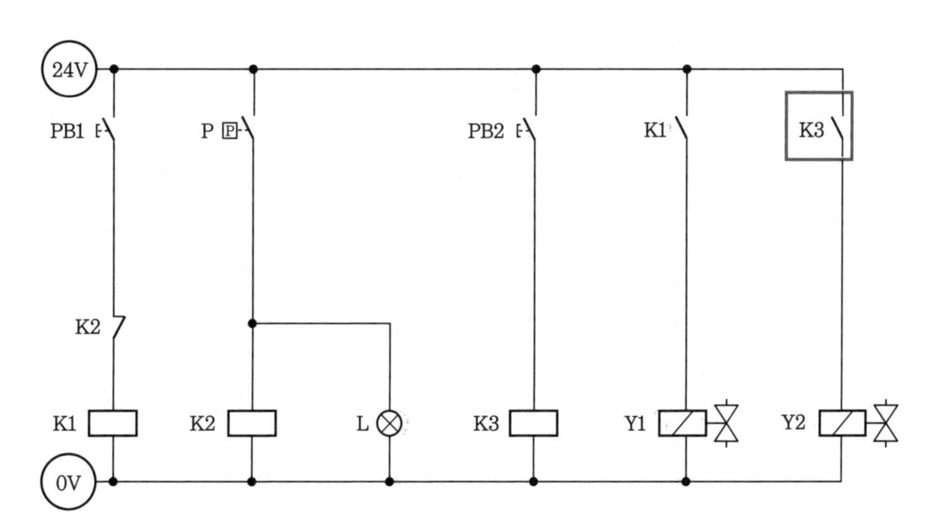

답지(3)

1. 유압회로도 중 빈칸 ㉮에 들어갈 적절한 기호를 [보기(유압)]에서 골라 그 번호를 쓰시오.
2. 유압회로도 중 빈칸 ㉯에 들어갈 적절한 기호를 [보기(유압)]에서 골라 그 번호를 쓰시오.
3. 전기회로도 중 빈칸 ㉰에 들어갈 적절한 기호를 [보기(유압)]에서 골라 그 번호를 쓰시오.
4. 유압회로도 중 ㉱의 명칭을 쓰시오.
5. 유압회로도 중 ㉲의 용도를 쓰시오.

정답 **1.** ㉔ **2.** ④ **3.** ㉞ **4.** 압력 스위치 **5.** 오일탱크 내의 압력 안정화

유압 기본 및 응용회로도 정답

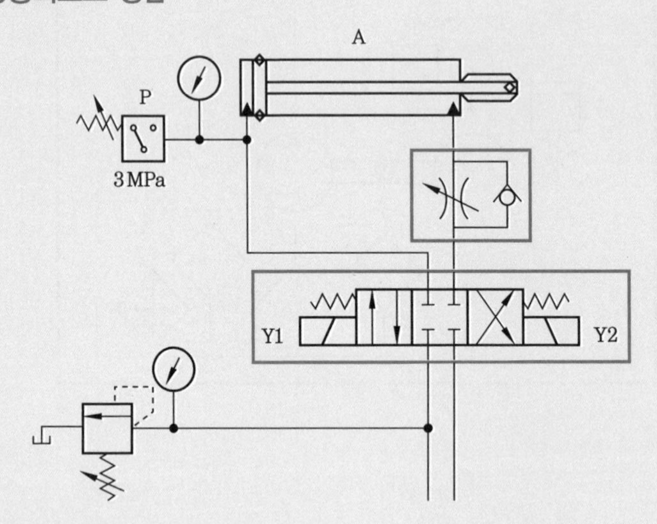

전기 유압 기본 및 응용회로도 정답

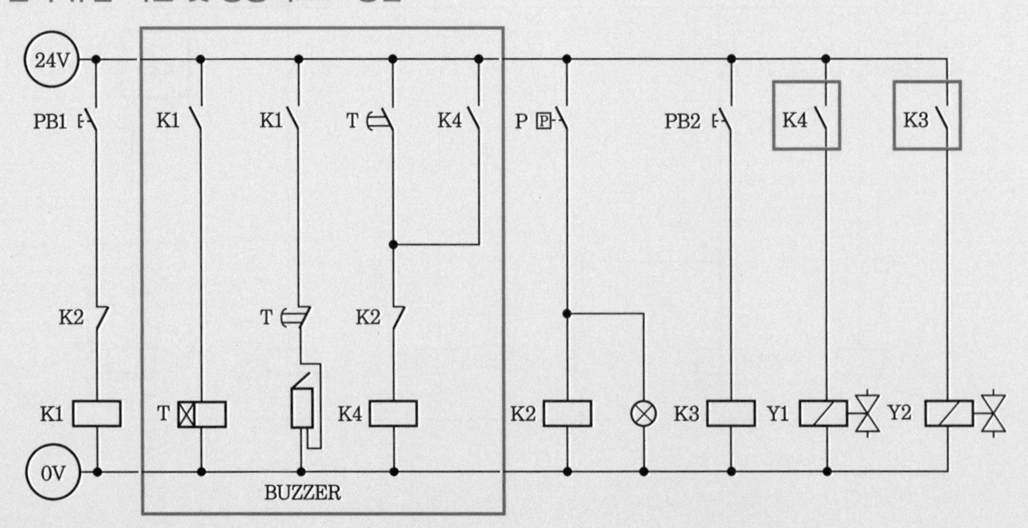

국가기술자격 실기시험 문제 ⑨

자격종목	공유압기능사	과제명	공압회로 구성 및 조립작업

※ 1과제와 2과제의 시험시간, 요구사항 및 수험자 유의사항 등은 국가기술자격 실기시험 문제 ①과 공통되므로 생략한다.

■ 제2과제 : 공압회로 구성 및 조립작업

(2) 응용과제

① 감독위원이 지정한 압력(0.2~0.5 MPa 범위에서 지정)으로 변경하시오.

② 실린더 B 전진 시 과도한 압력으로 공작물이 파손되는 것을 방지하기 위하여 압력조절밸브(감압밸브)와 압력게이지를 사용하여 (0.2±0.05) MPa로 압력을 변경하시오.

③ 전기타이머를 사용하여 실린더가 전진 완료 후 5초간 정지한 후 후진하도록 전기회로를 구성하고 동작시키시오.

3 도면(공압회로)

① 제어조건 : 공압 실린더를 이용하여 목공선반을 자동으로 운전하고자 한다. 실린더 A, B는 초기에 모두 후진하여 있고 동작 스위치(PBS)를 ON-OFF하면 실린더 A가 전진하여 공작물을 고정하고 실린더 B가 전진 및 후진하여 공작물을 가공한다. 그리고 가공을 완료한 후 실린더 A가 후진하여 고정을 해제한다.

• 위치도

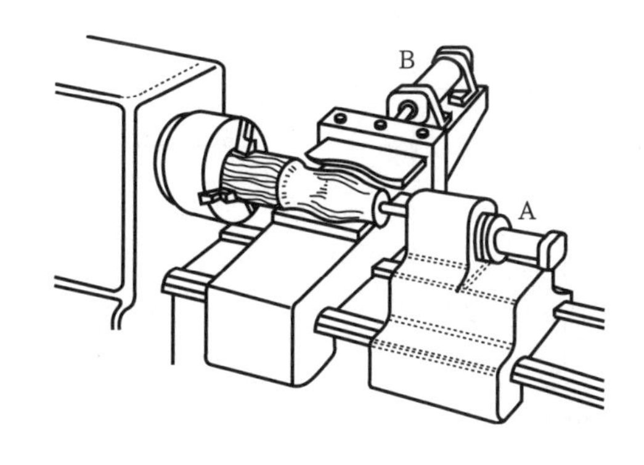

• 공압회로도

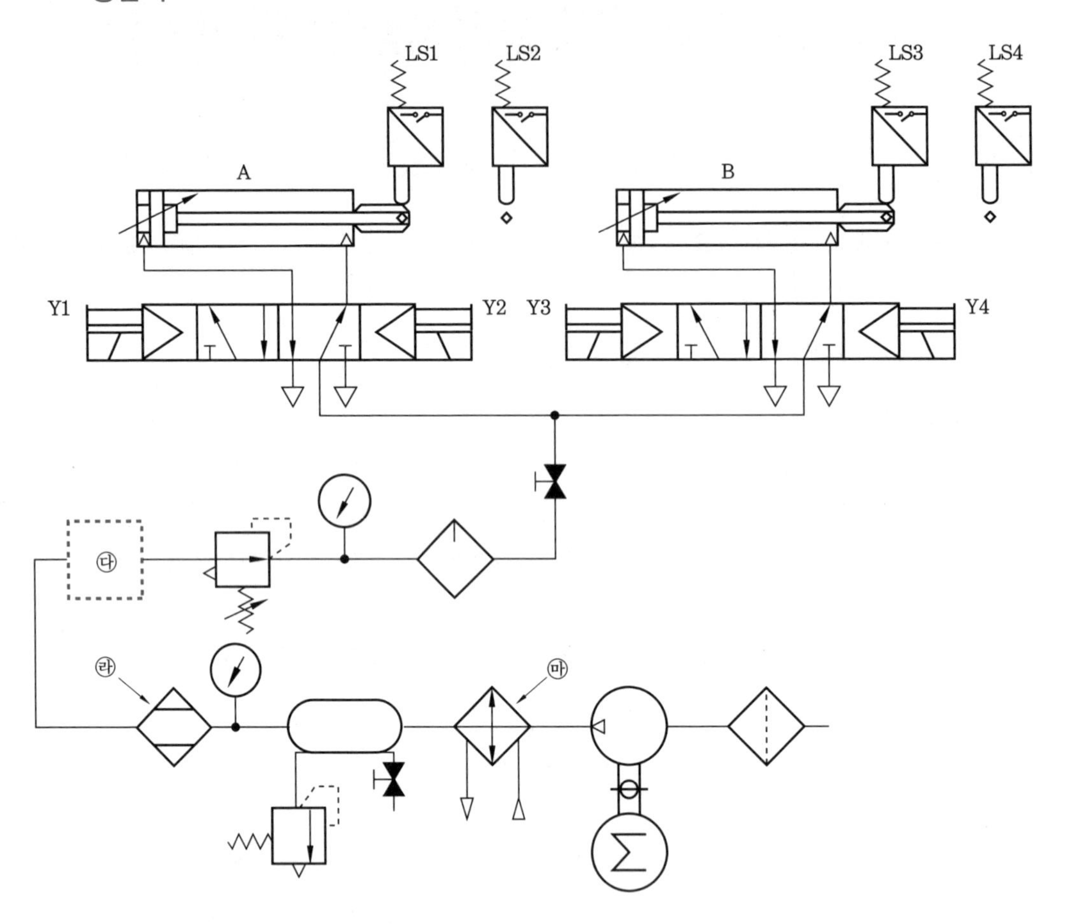
LS1
LS2
LS3
LS4
A
B
Y1
Y2
Y3
Y4
㉰
㉱
㉲

• 전기회로도

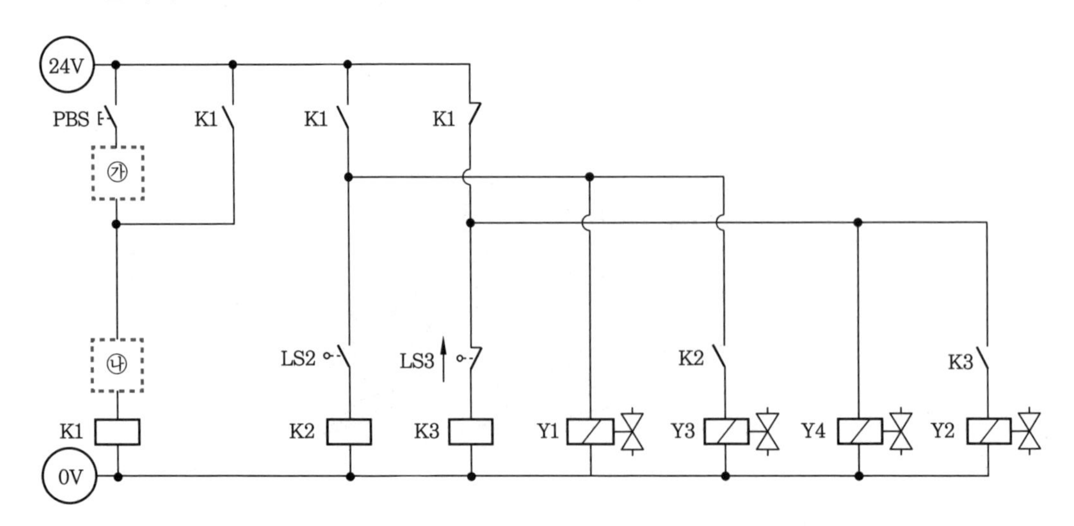
24V
PBS
K1
K1
K1
㉮
㉯
LS2
LS3
K2
K3
K1
K2
K3
Y1
Y3
Y4
Y2
0V

답지(1)

1. 전기회로도 중 빈칸 ㉮에 들어갈 적절한 기호를 [보기(공압)]에서 골라 그 번호를 쓰시오.
2. 전기회로도 중 빈칸 ㉯에 들어갈 적절한 기호를 [보기(공압)]에서 골라 그 번호를 쓰시오.
3. 공압회로도 중 빈칸 ㉰에 들어갈 적절한 기호를 [보기(공압)]에서 골라 그 번호를 쓰시오.
4. 공압회로도 중 ㉱의 용도를 쓰시오.
5. 공압회로도 중 ㉲의 명칭을 쓰시오.

정답 **1.** ㉙ **2.** ㉗ **3.** ⑥ **4.** 공기 건조 **5.** 애프터 쿨러(냉각기)

답지(2)

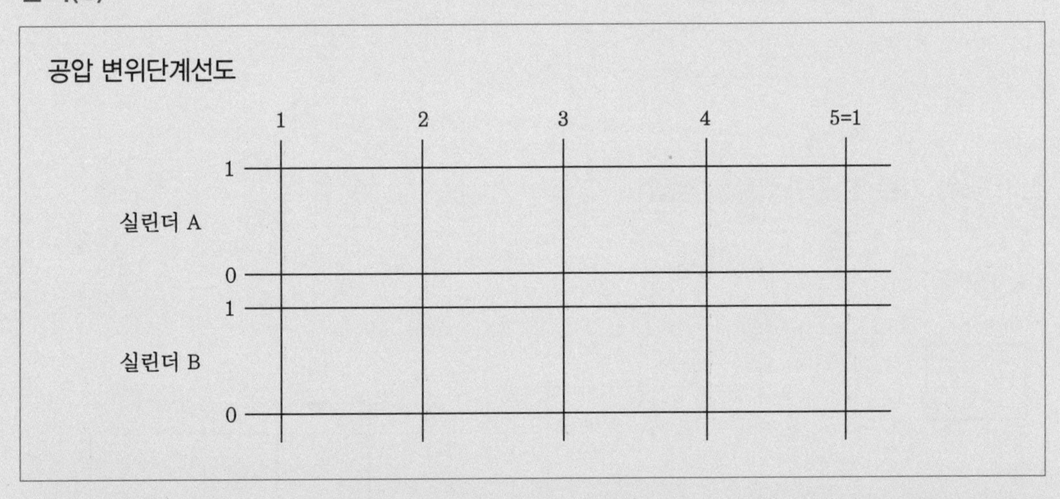

정답 공압 변위단계선도

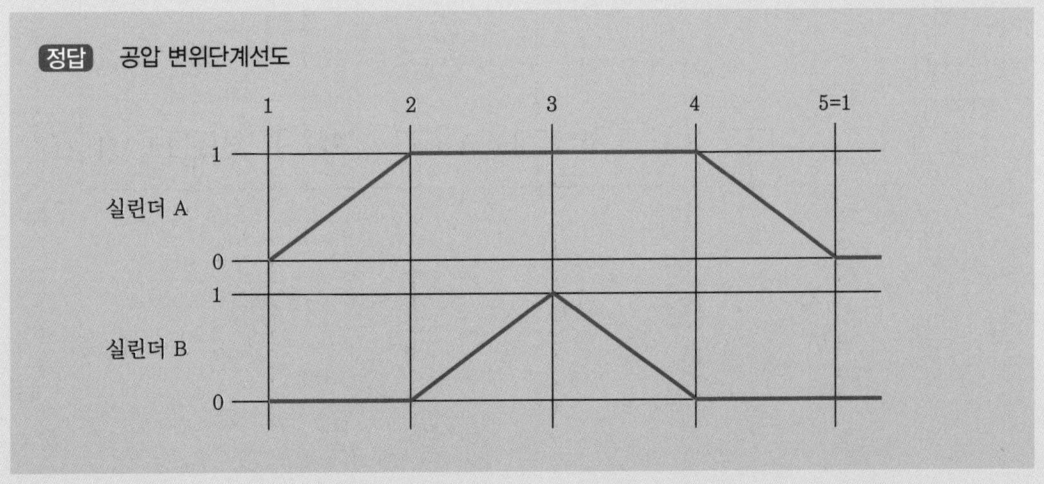

공압 응용회로도 정답

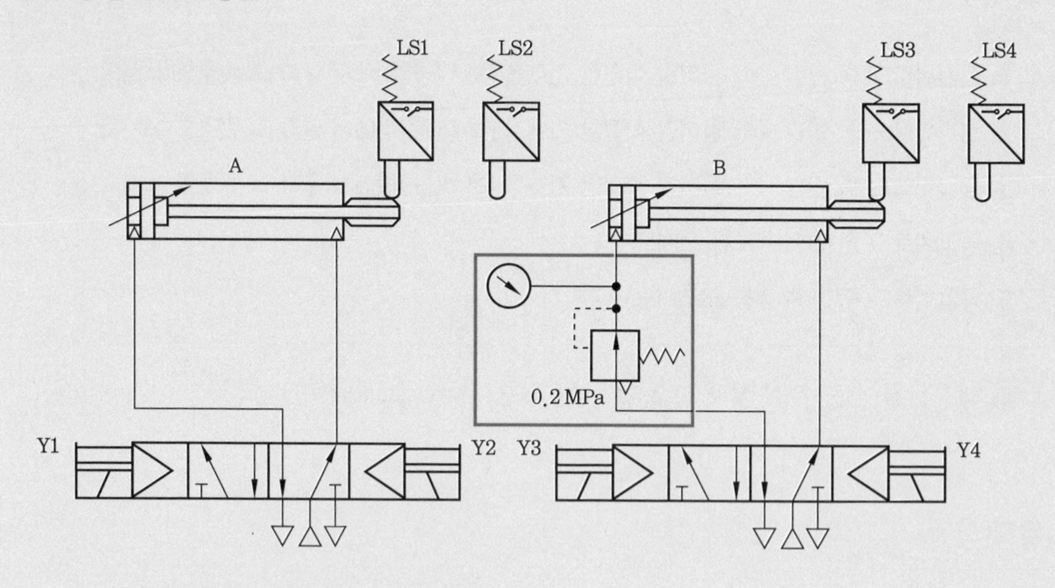

전기 공압 기본 및 응용회로도 정답

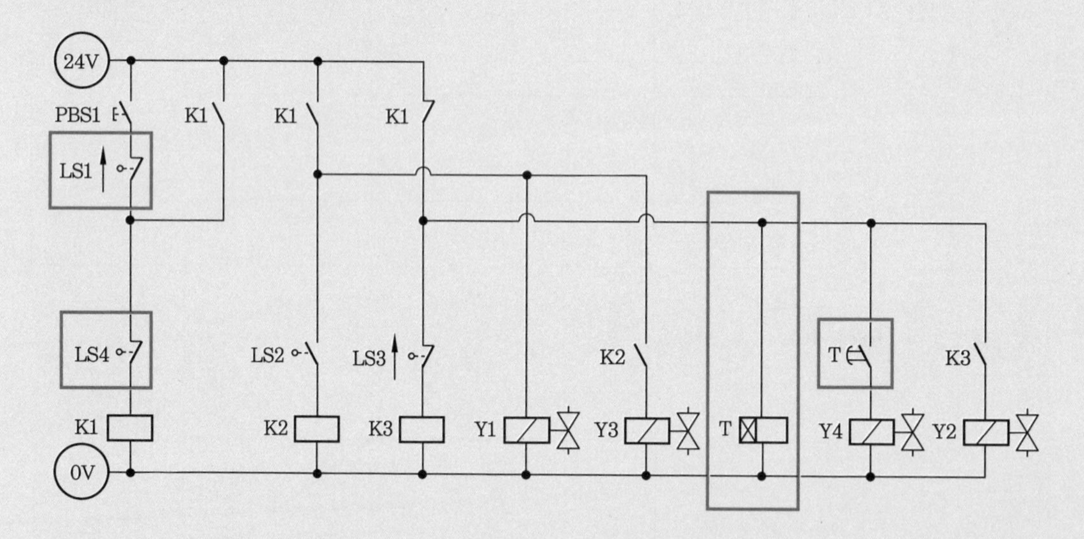

자격종목	공유압기능사	과제명	유압회로 구성 및 조립작업

※ 3과제와 4과제의 시험시간, 요구사항 및 수험자 유의사항 등은 국가기술자격 실기시험 문제 ①과 공통되므로 생략한다.

■ 제4과제 : 유압회로 구성 및 조립작업

(2) 응용과제

① 실린더의 전진 운동을 양방향 유량조절밸브를 사용하여 bleed-off 방식으로 회로를 변경하여 속도를 제어하시오.

② 회로도에서 실린더의 왕복운동을 제어하기 위하여 4/2way 스프링 복귀형 솔레노이드 밸브를 사용하였다. 이를 메모리 기능이 있는 4/2way 복동 솔레노이드 밸브를 사용하여 회로를 재구성한 후 동작시키시오.

3 도면(유압회로)

① 제어조건 : 유압 탁상 프레스를 제작하려고 한다. 전진 버튼(PBS1)을 누르면 실린더가 전진하며 정지 스위치(PBS2) 또는 리밋 스위치(LS1)가 작동되면 자동으로 후진하게 되어 있다. 실린더 전진 시 급속하강을 위하여 카운터 밸런스 밸브의 압력을 조절할 수 있도록 하여야 한다. (단, 유압회로도에서 반드시 릴리프밸브와 체크밸브를 사용하여 카운터 밸런스 회로(설정압력은 3 MPa(±0.2 MPa))를 구성하여야 합니다.)

• 위치도

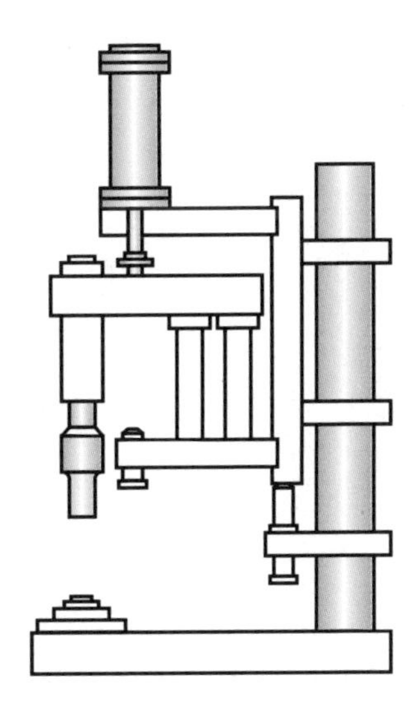

• 유압회로도

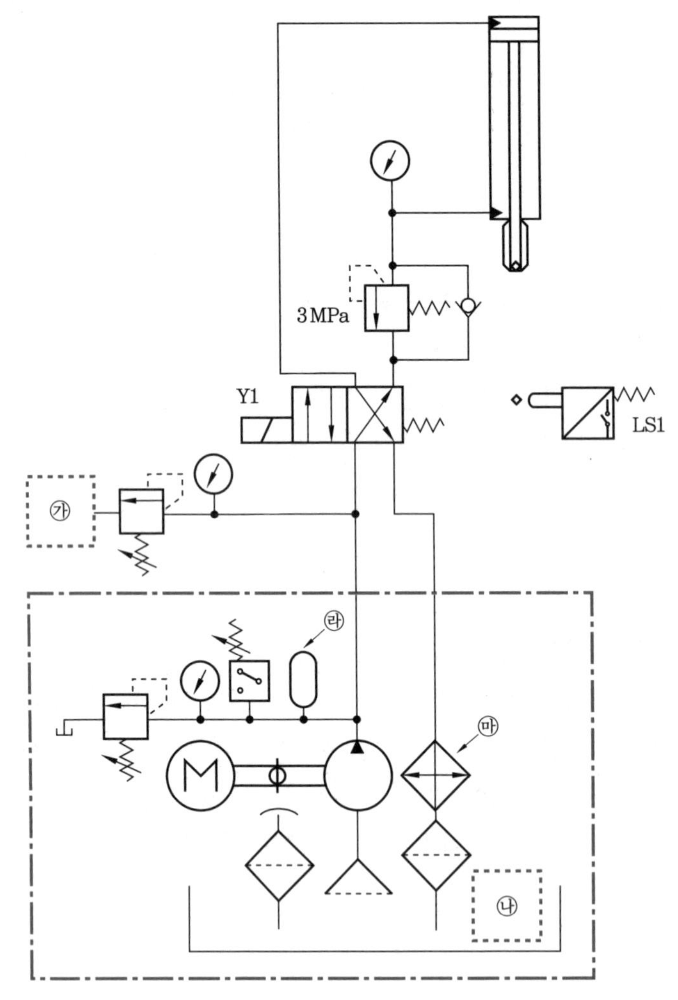

• 전기회로도

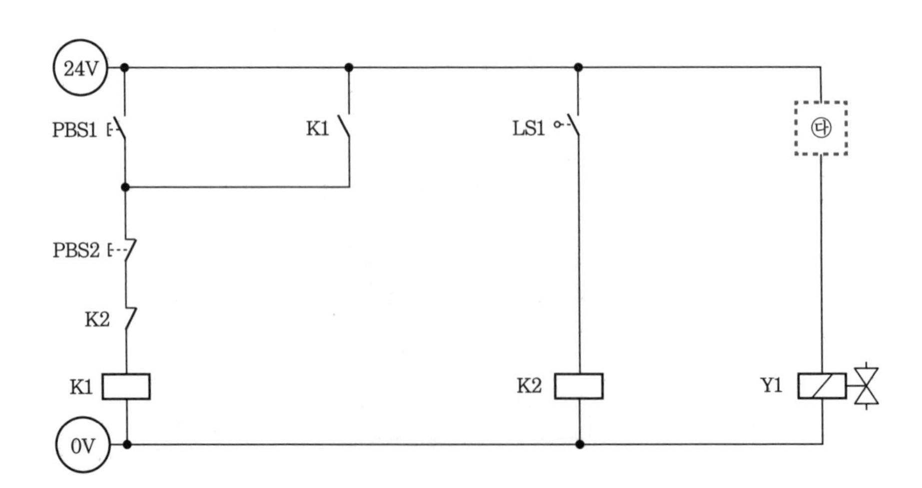

답지(3)

1. 유압회로도 중 빈칸 ㉮에 들어갈 적절한 기호를 [보기(유압)]에서 골라 그 번호를 쓰시오.
2. 유압회로도 중 빈칸 ㉯에 들어갈 적절한 기호를 [보기(유압)]에서 골라 그 번호를 쓰시오.
3. 전기회로도 중 빈칸 ㉰에 들어갈 적절한 기호를 [보기(유압)]에서 골라 그 번호를 쓰시오.
4. 유압회로도 중 ㉱의 명칭을 쓰시오.
5. 유압회로도 중 ㉲의 용도를 쓰시오.

정답 1. ① 2. ⑤ 3. ㉜ 4. 어큐뮬레이터(축압기) 5. 유압 작동유 냉각

유압 기본 및 응용회로도 정답

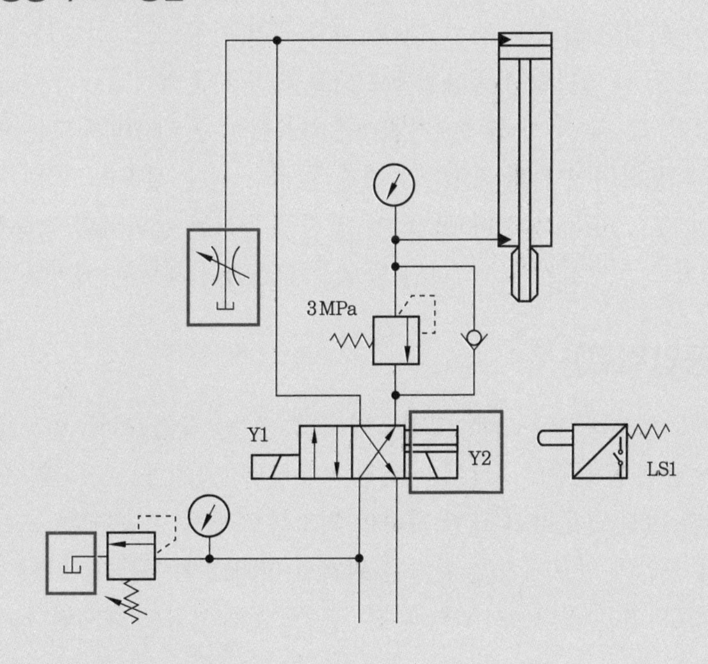

전기 유압 기본 및 응용회로도 정답

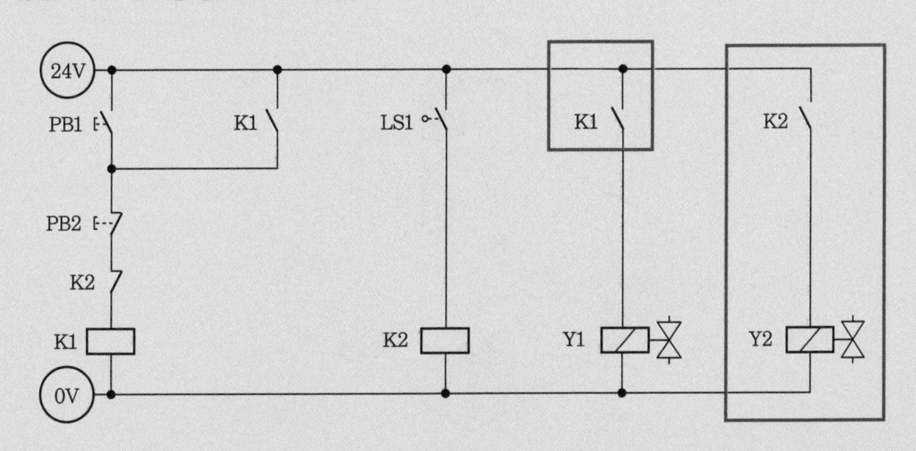

국가기술자격 실기시험 문제 ⑩

자격종목	공유압기능사	과제명	공압회로 구성 및 조립작업

※ 1과제와 2과제의 시험시간, 요구사항 및 수험자 유의사항 등은 국가기술자격 실기시험 문제 ①과 공통되므로 생략한다.

■ 제2과제 : 공압회로 구성 및 조립작업

(2) 응용과제

① 감독위원이 지정한 압력(0.2~0.5 MPa 범위에서 지정)으로 변경하시오.

② 실린더 B 전진 시 일방향 유량조절밸브(모듈형)를 사용하여 meter-out 회로가 되도록하고, 실린더 A 후진 시 급속배기밸브를 사용하여 실린더의 속도를 제어하시오.

⑧ 타이머를 사용하여 실린더 A(1A)가 전진 후 3초 뒤에 실린더 B(2A)가 전진하도록 하고, 에어 제트 3Z는 실린더 B(2A)가 전진 운동하는 동안에만 작동하도록 전기회로를 구성하고 동작시키시오. (다만 회로구성상 에어 제트는 버저로 대체하시오.)

3 도면(공압회로)

① 제어조건 : 소재는 수동으로 고정구에 삽입된다. 작업 시작 버튼(PBS)을 ON-OFF 하면 클램핑 실린더 A(1A)가 전진 운동한다. 소재가 고정되면 드릴 이송 실린더 B(2A)가 전진 운동하여 드릴 가공이 되도록 드릴을 이송한다. 드릴 이송이 완료되어 드릴 작업이 완료되면 실린더는 원래의 위치로 복귀한다. 드릴 이송 실린더의 복귀가 완료되면 실린더 A(1A)의 후진 운동으로 클램핑도 해제된다.

• 위치도

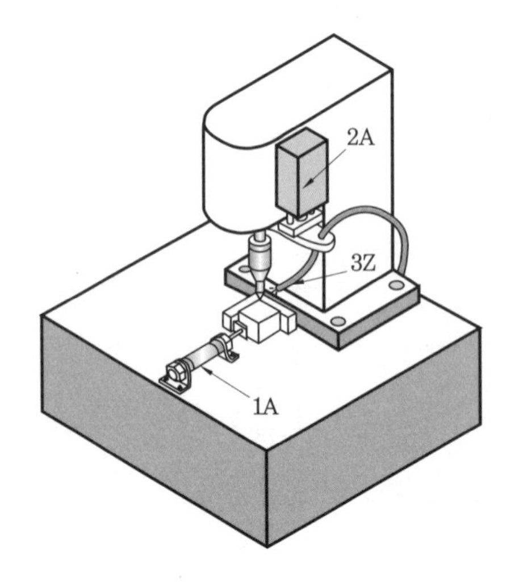

• 공압회로도

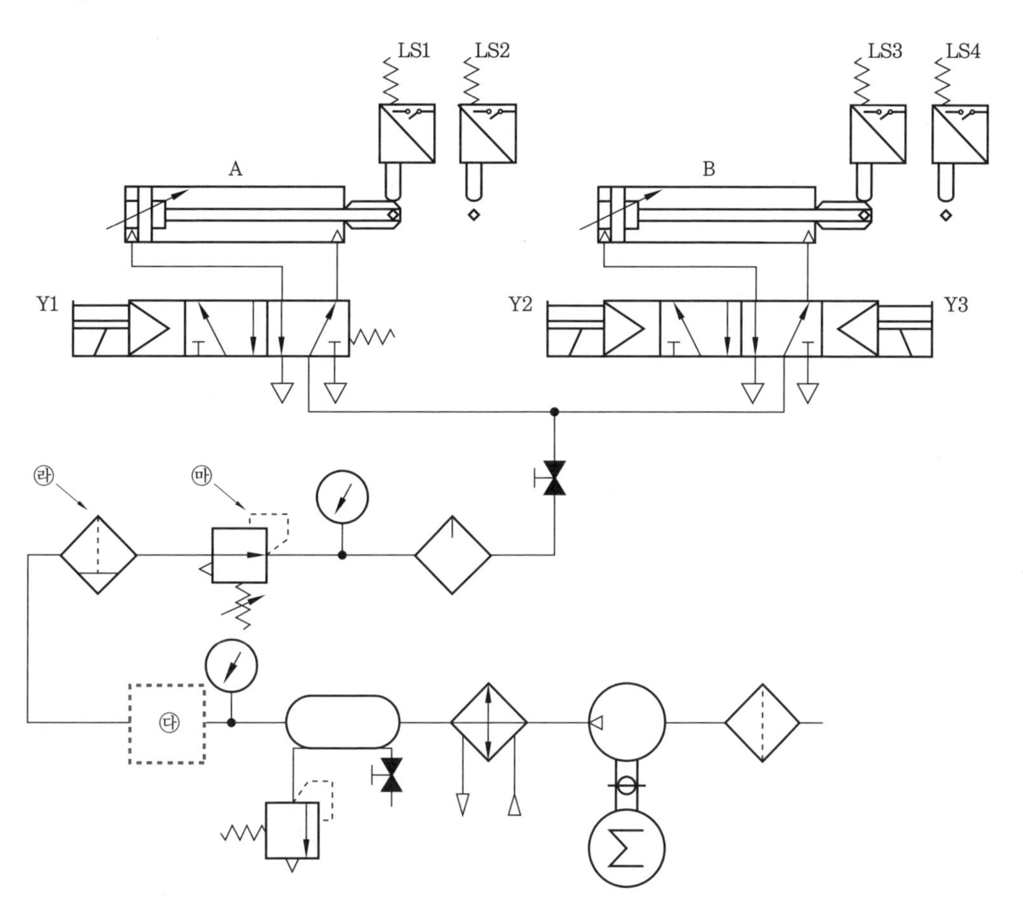
LS1
LS2
LS3
LS4
A
B
Y1
Y2
Y3
㉣
㉤
㉢

• 전기회로도

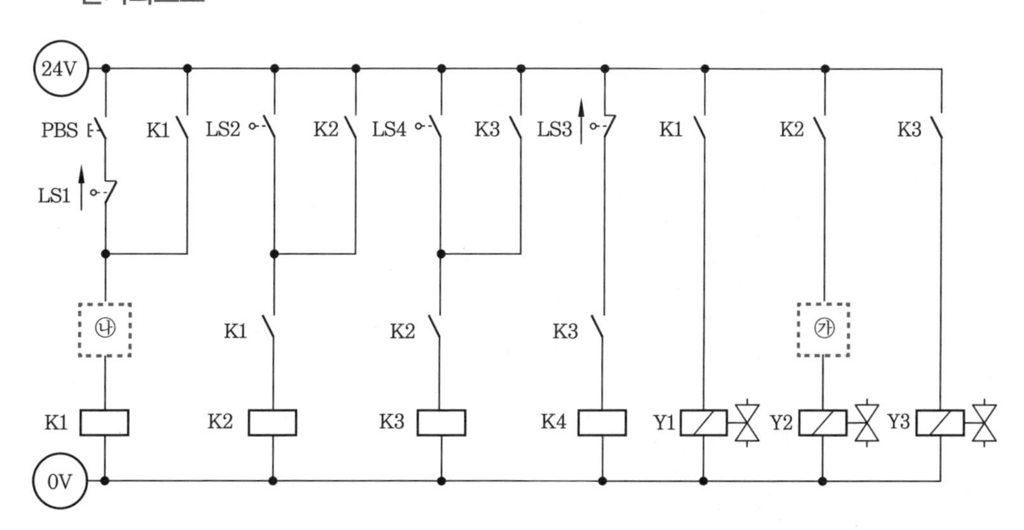
24V
PBS
LS1
K1
LS2
K2
LS4
K3
LS3
㉡
㉮
K4
Y1
Y2
Y3
0V

답지(1)

1. 전기회로도 중 빈칸 ㉮에 들어갈 적절한 기호를 [보기(공압)]에서 골라 그 번호를 쓰시오.
2. 전기회로도 중 빈칸 ㉯에 들어갈 적절한 기호를 [보기(공압)]에서 골라 그 번호를 쓰시오.
3. 공압회로도 중 빈칸 ㉰에 들어갈 적절한 기호를 [보기(공압)]에서 골라 그 번호를 쓰시오.
4. 공압회로도 중 ㉱의 용도를 쓰시오.
5. 공압회로도 중 ㉲의 명칭을 쓰시오.

정답 **1.** ㊱ **2.** ㊲ **3.** ③ **4.** 이물질 제거(응축수 배출) **5.** 압력조절밸브(감압밸브)

답지(2)

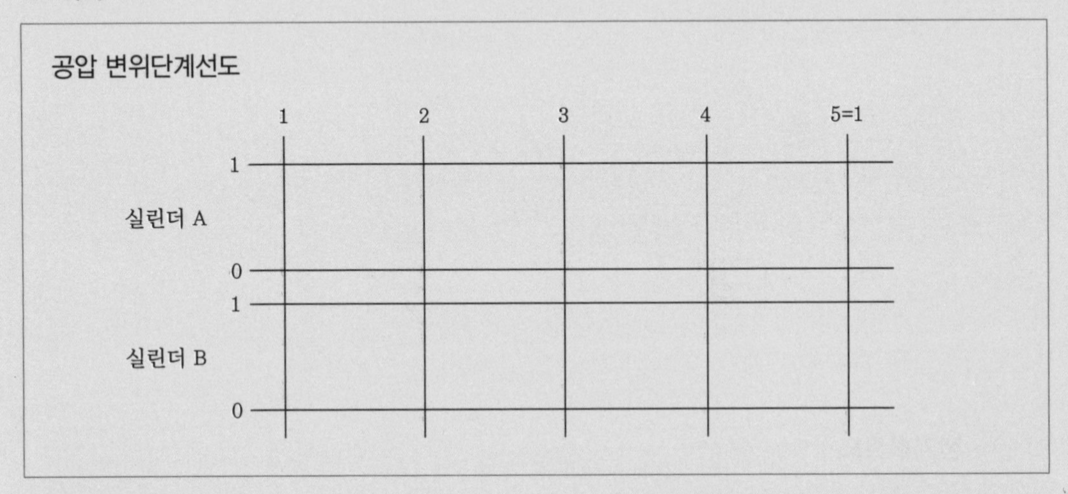

정답 공압 변위단계선도

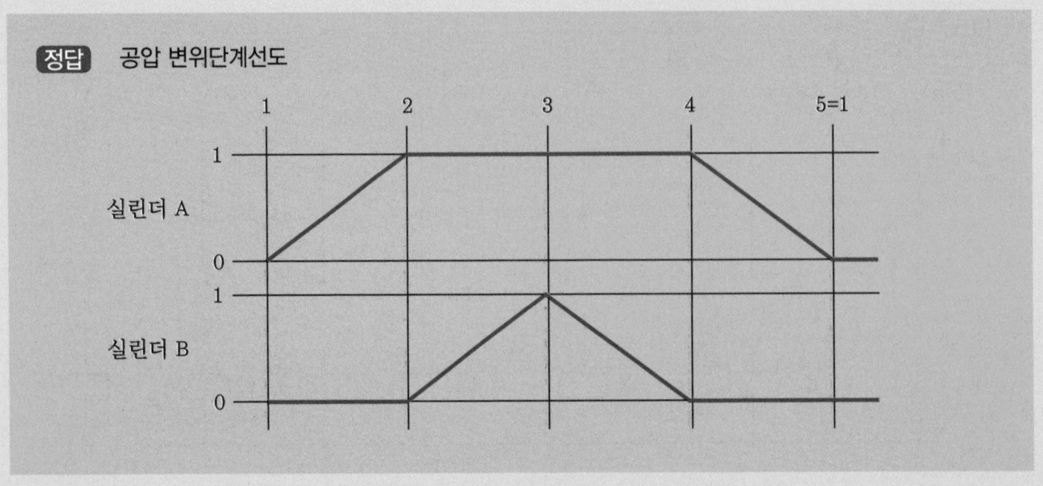

공압 응용회로도 정답

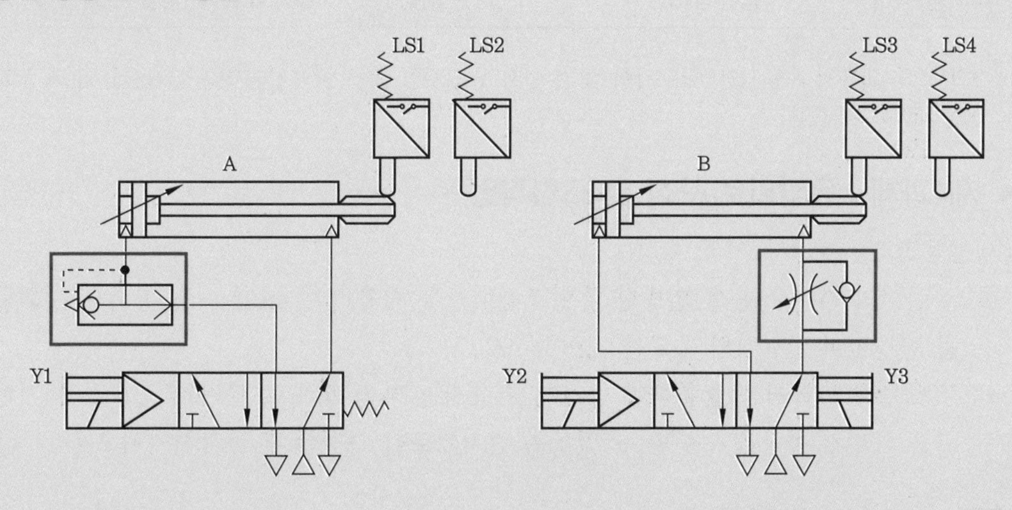

전기 공압 기본 및 응용회로도 정답

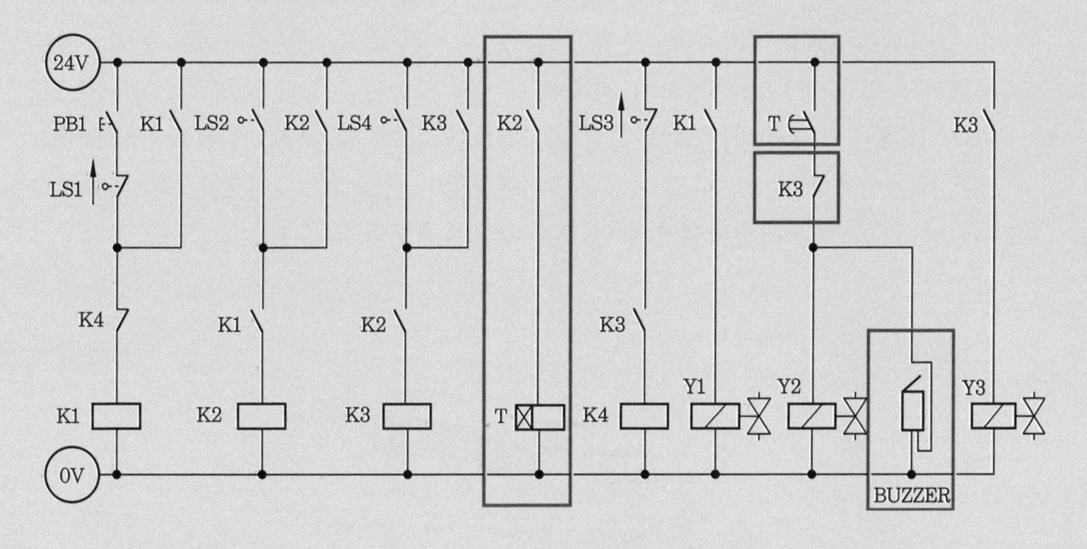

자격종목	공유압기능사	과제명	유압회로 구성 및 조립작업

※ 3과제와 4과제의 시험시간, 요구사항 및 수험자 유의사항 등은 국가기술자격 실기시험 문제 ①과 공통되므로 생략한다.

■ 제4과제 : 유압회로 구성 및 조립작업

(2) 응용과제

① 실린더의 후진 운동을 일방향 유량조절밸브를 사용하여 meter-in 방식으로 회로를 변경하여 실린더의 속도를 제어하시오.

② 컨트롤밸브가 처음 출발하여 중간 위치까지는 빠른 속도로 열린 후 3초간 정지한 다음 나머지 동작을 수행할 수 있도록 전기회로를 수정한 후 동작시키시오.

3 도면(유압회로)

① 제어조건 : 석유화학공정에서 배관의 컨트롤밸브와 유압 복동 실린더를 이용하여 작동하려고 한다. 컨트롤밸브는 처음 출발하여 중간 위치까지는 빠른 속도로 열릴 수 있어야 하고, 나머지 반은 조절할 수 있는 느린 속도로 운동하여야 한다. 컨트롤밸브의 열림 정도를 측정하기 위하여 레버에 의하여 작동하는 리밋 스위치(LS1, LS2, LS3)를 사용한다. "밸브 열림"과 "밸브 닫힘"의 두 푸시 버튼 스위치(PBS1, PBS2)를 사용하며 실린더의 운동은 이 버튼들이 작동하고 실린더는 각각의 초기 위치에 있는 것을 확인하여야 한다. 단, 컨트롤밸브를 닫을 때는 속도를 조절하지 않는다.

• 위치도

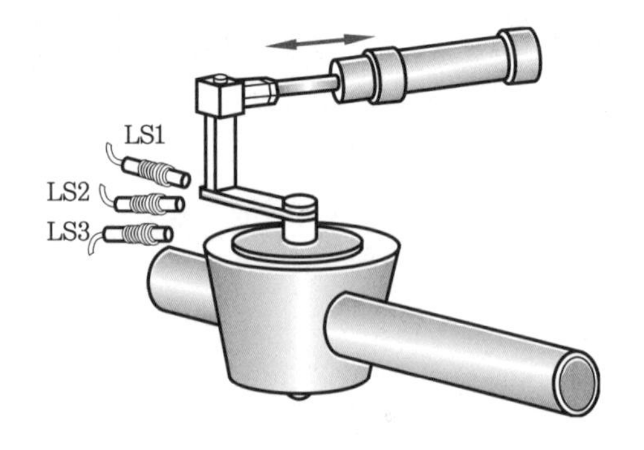

• 유압회로도

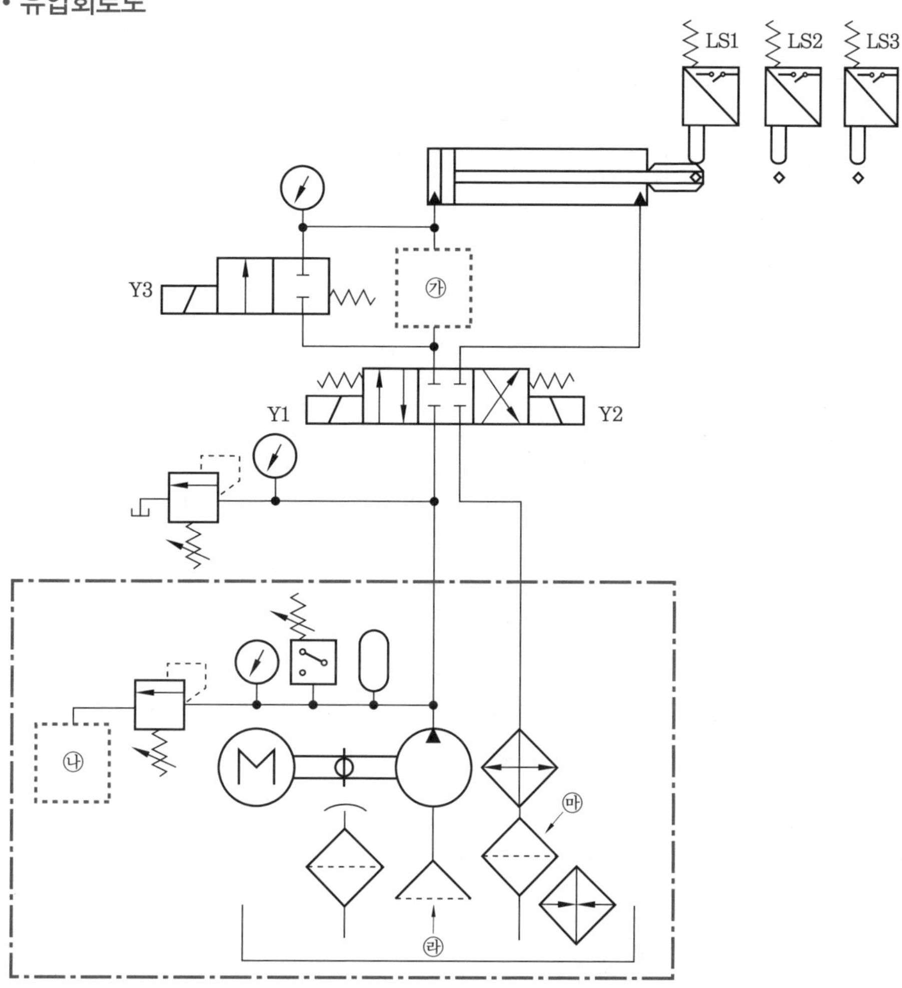
LS1
LS2
LS3
Y3
㉮
Y1
Y2
㉯
㉰
㉱

• 전기회로도

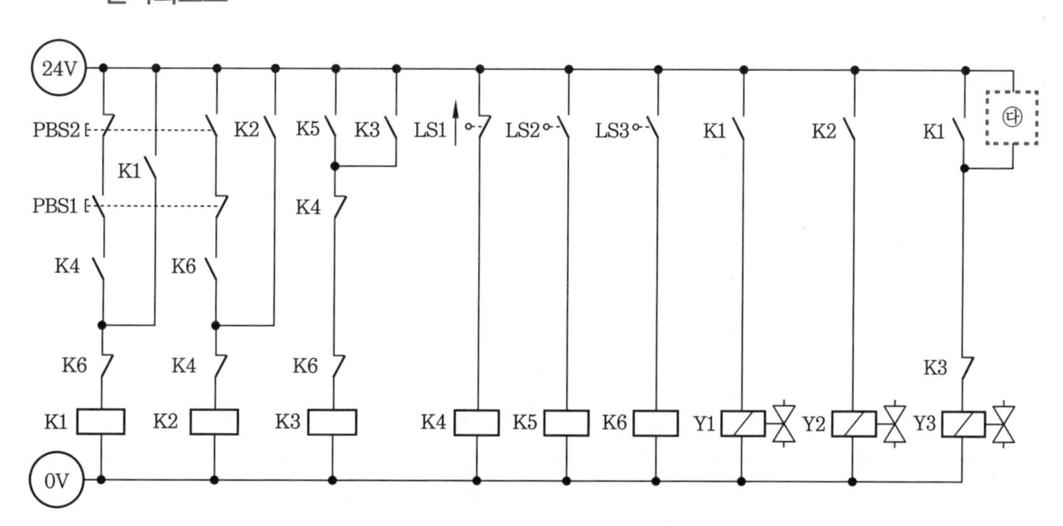
24V
0V
PBS2
PBS1
K1
K2
K3
K4
K5
K6
LS1
LS2
LS3
Y1
Y2
Y3
㉰

답지(3)

1. 유압회로도 중 빈칸 ㉮에 들어갈 적절한 기호를 [보기(유압)]에서 골라 그 번호를 쓰시오.
2. 유압회로도 중 빈칸 ㉯에 들어갈 적절한 기호를 [보기(유압)]에서 골라 그 번호를 쓰시오.
3. 전기회로도 중 빈칸 ㉰에 들어갈 적절한 기호를 [보기(유압)]에서 골라 그 번호를 쓰시오.
4. 유압회로도 중 ㉱의 명칭을 쓰시오.
5. 유압회로도 중 ㉲의 용도를 쓰시오.

정답 1. ⑬ 2. ① 3. ㉝ 4. 흡입필터 5. 이물질 흡입 방지

유압 기본 및 응용회로도 정답

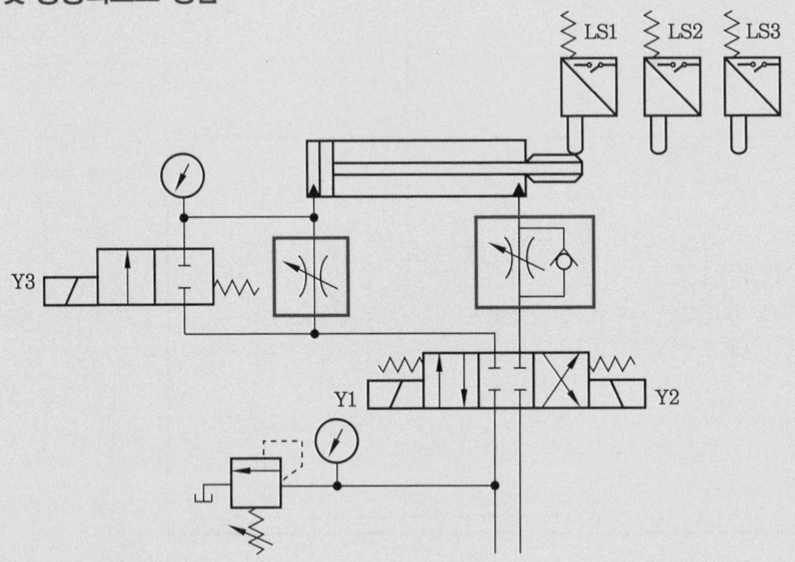

전기 유압 기본 및 응용회로도 정답

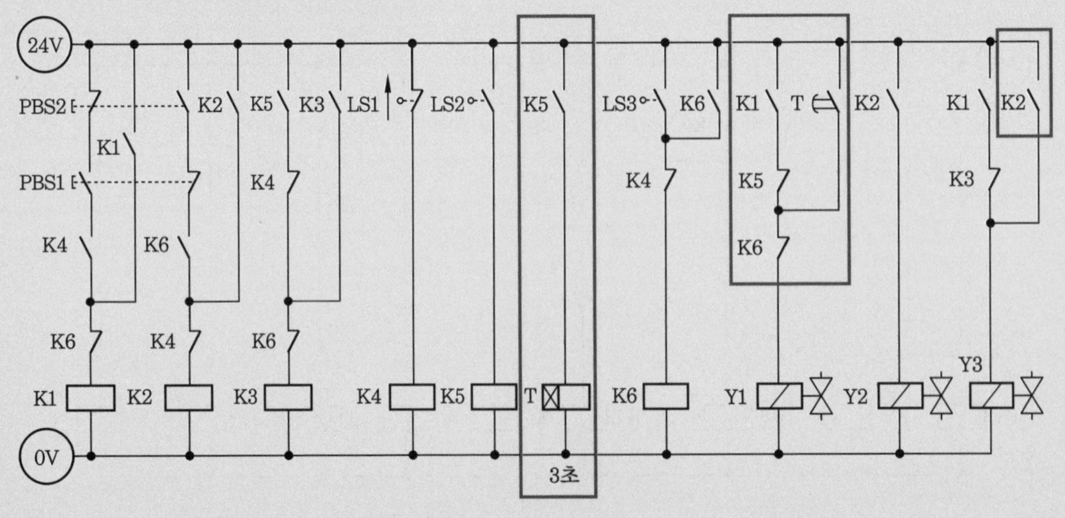

국가기술자격 실기시험 문제 ⑪

자격종목	공유압기능사	과제명	공압회로 구성 및 조립작업

※ 1과제와 2과제의 시험시간, 요구사항 및 수험자 유의사항 등은 국가기술자격 실기시험 문제 ①과 공통되므로 생략한다.

■ 제2과제 : 공압회로 구성 및 조립작업

(2) 응용과제

① 감독위원이 지정한 압력(0.2~0.5MPa 범위에서 지정)으로 변경하시오.

② 실린더 A 전진 시 일방향 유량조절밸브(모듈형)를 사용하여 meter-out 회로가 되도록 하고, 실린더 B 후진 시 급속배기밸브를 사용하여 실린더의 속도를 제어하시오.

③ 회로도에서 A 실린더의 왕복운동을 제어하기 위하여 스프링 복귀형의 솔레노이드 밸브를 사용하였다. 이를 메모리 기능이 있는 복동 솔레노이드 밸브를 사용하여 회로를 재구성하고 작동시키시오.

3 도면(공압회로)

① 제어조건 : 소재는 수동으로 성형 프레스 작업기에 삽입된다. 작업 시작 버튼(PBS)을 ON-OFF하면 실린더 A가 전진 운동하여 작업을 수행한다. 작업이 끝나고 실린더 A가 원래의 위치로 복귀하면 실린더 B가 전진 운동하여 작업이 완성된 소재를 제거하고 원래의 위치로 복귀한다.

• 위치도

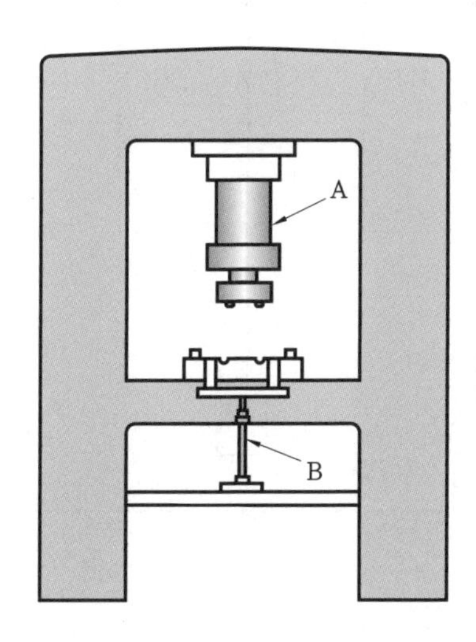

• 공압회로도

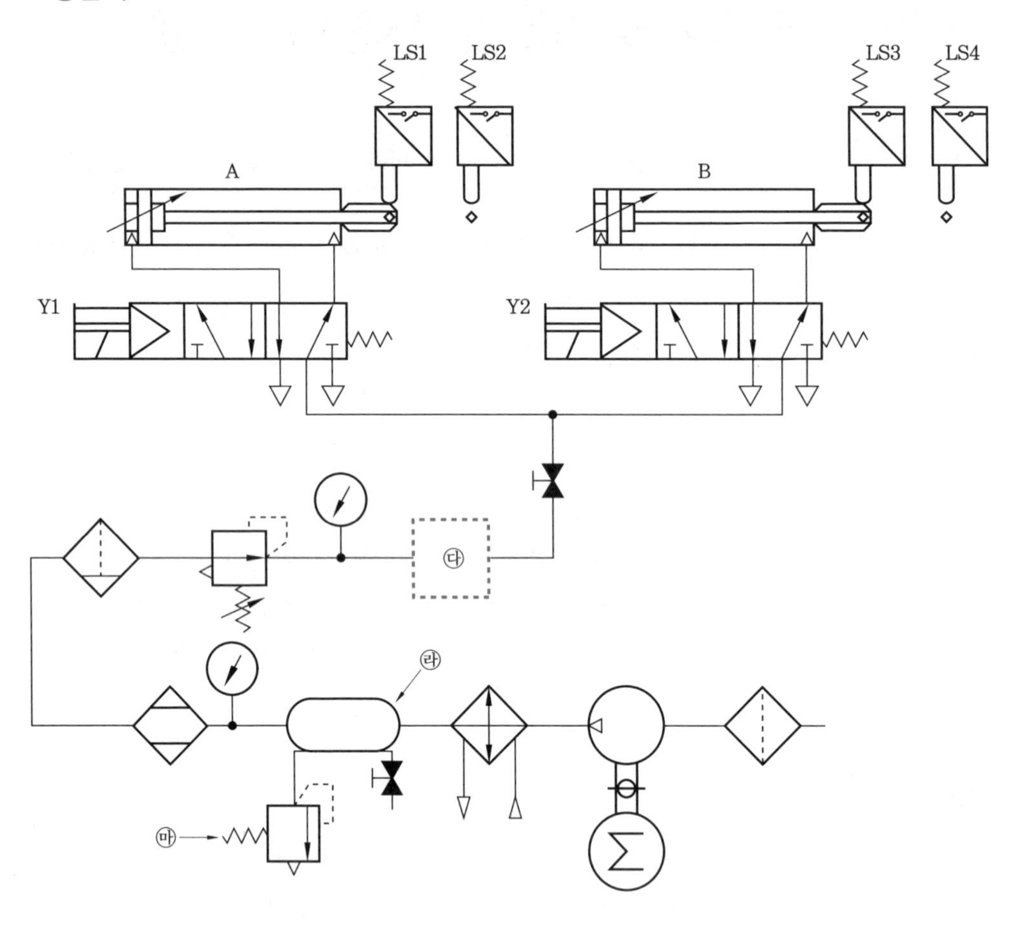
LS1
LS2
LS3
LS4
A
B
Y1
Y2
㉰
㉱
㉲

• 전기회로도

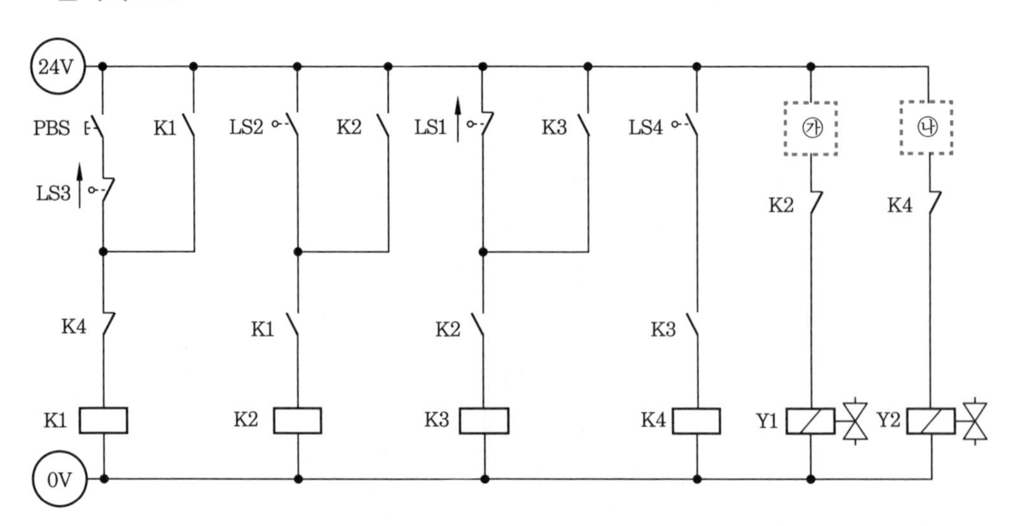
24V
PBS
K1
LS2
K2
LS1
K3
LS4
㉮
㉯
LS3
K2
K4
K4
K1
K2
K3
K1
K2
K3
K4
Y1
Y2
0V

답지(1)

1. 전기회로도 중 빈칸 ㉮에 들어갈 적절한 기호를 [보기(공압)]에서 골라 그 번호를 쓰시오.
2. 전기회로도 중 빈칸 ㉯에 들어갈 적절한 기호를 [보기(공압)]에서 골라 그 번호를 쓰시오.
3. 공압회로도 중 빈칸 ㉰에 들어갈 적절한 기호를 [보기(공압)]에서 골라 그 번호를 쓰시오.
4. 공압회로도 중 ㉱의 용도를 쓰시오.
5. 공압회로도 중 ㉲의 명칭을 쓰시오.

정답 **1.** ㉚ **2.** ㉜ **3.** ⑤ **4.** 압축공기 저장 **5.** 안전밸브

답지(2)

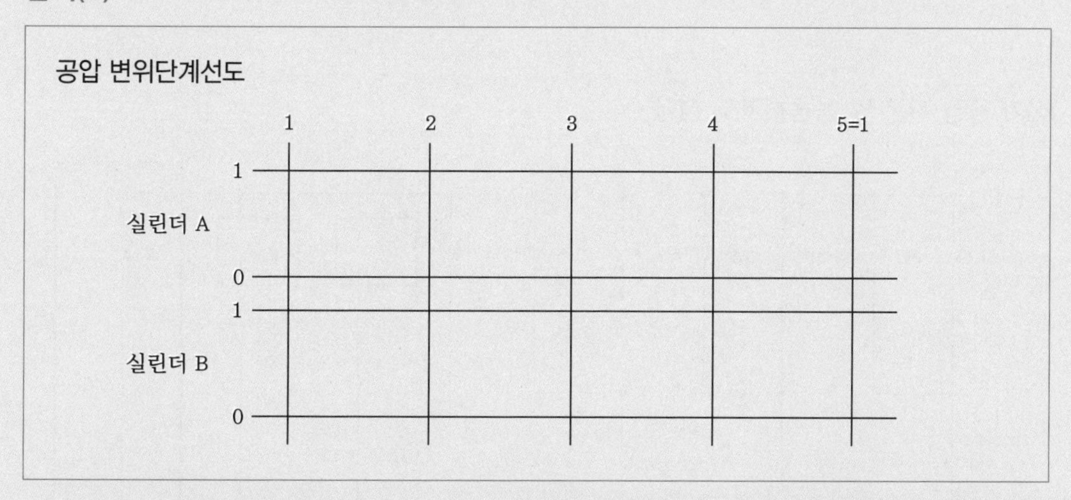

정답 공압 변위단계선도

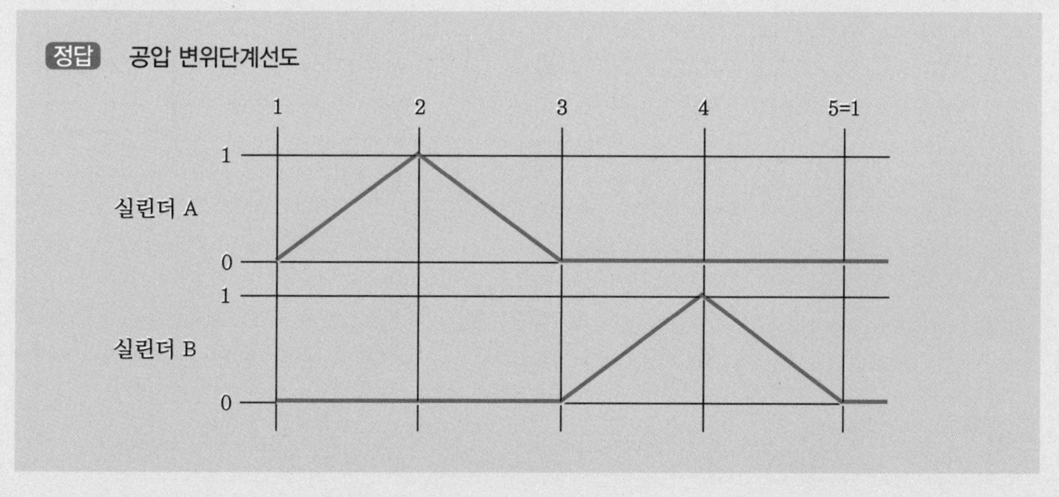

공압 응용회로도 정답

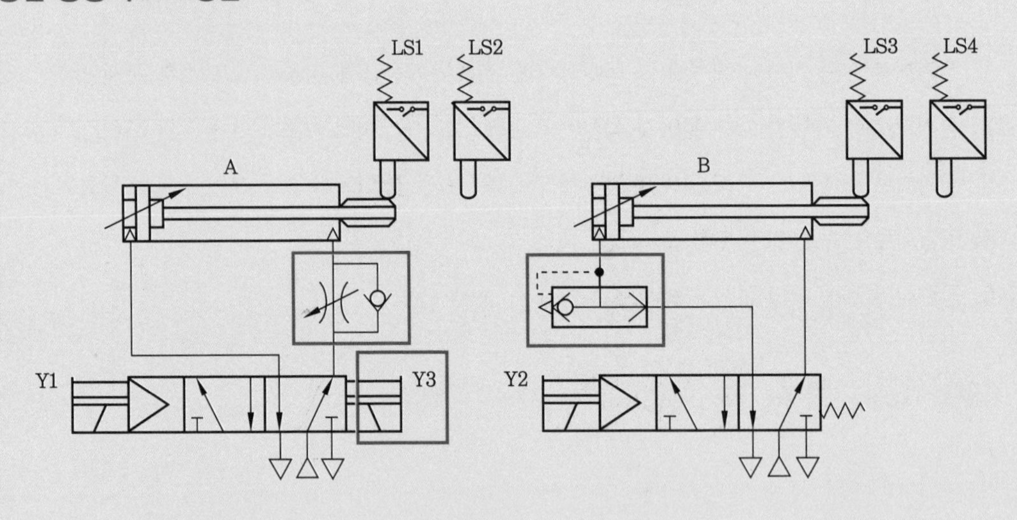

전기 공압 기본 및 응용회로도 정답

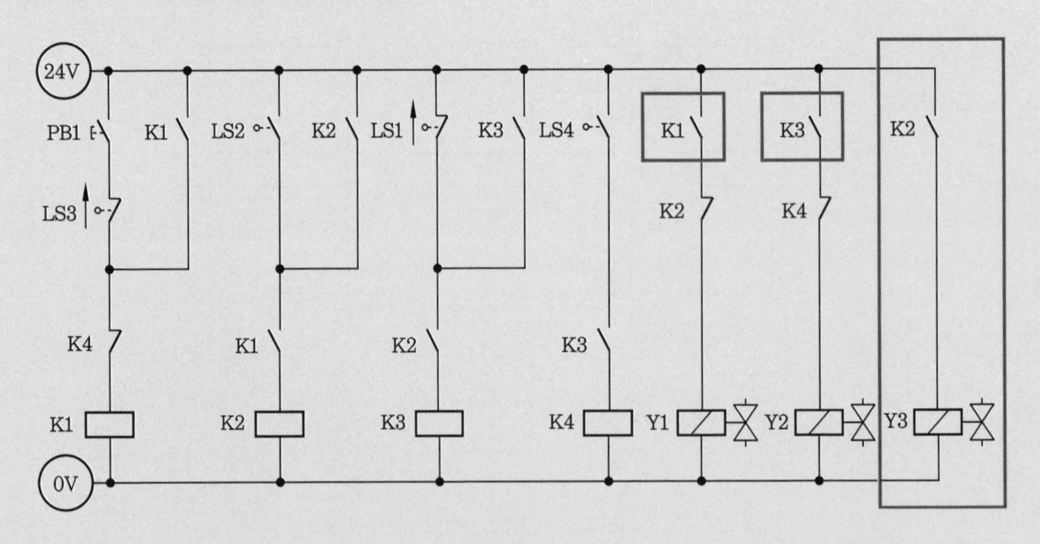

자격종목	공유압기능사	과제명	유압회로 구성 및 조립작업

※ 3과제와 4과제의 시험시간, 요구사항 및 수험자 유의사항 등은 국가기술자격 실기시험 문제 ①과 공통되므로 생략한다.

■ 제4과제 : 유압회로 구성 및 조립작업

(2) 응용과제

① 실린더 로드 측에 안전회로를 구성하고 압력을 3MPa로 설정하시오.

② 실린더의 전진 위치와 후진 위치에 리밋 스위치를 각각 설치하고 PBS1을 ON-OFF하면 전진 운동을 하고, PBS2를 ON-OFF하면 후진 운동을 할 수 있도록 전기회로를 재구성하시오. 이때 비상정지 스위치(유지형 타입, PBS3)를 추가하여 실린더의 전 · 후진 동작 중 비상정지 스위치를 ON하면 실린더가 즉시 후진할 수 있게 하시오.

3 도면(유압회로)

① 제어조건 : 유압 복동 실린더를 이용하여 소각로의 문을 개폐하려 한다. 실린더가 전진 운동된 상태이면 문은 닫혀 있고, 실린더가 후진 운동된 상태이면 문은 열려 있는 상태이다. 문의 개폐를 위한 스위치는 열림 스위치(PBS1)와 닫힘 스위치(PBS2)를 각각 사용하며, 이 두 스위치는 상호 인터록(interlock)된 상태로 제어되어야 하고 스위치를 누르는 동안 문이 작동하여야 한다. 또한 문은 임의의 위치에서 정지할 수 있어야 한다.

• 위치도

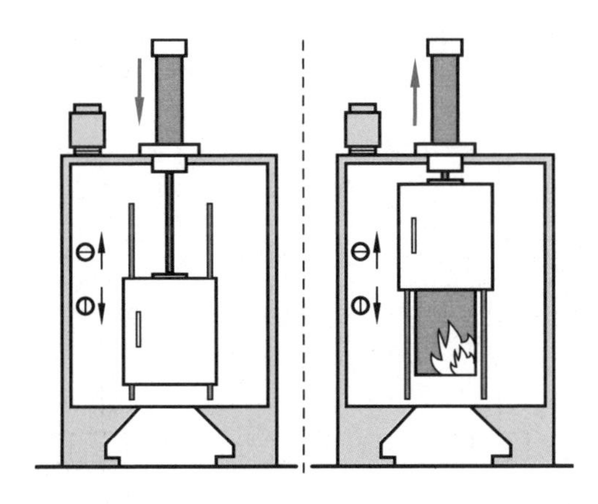

• 유압회로도

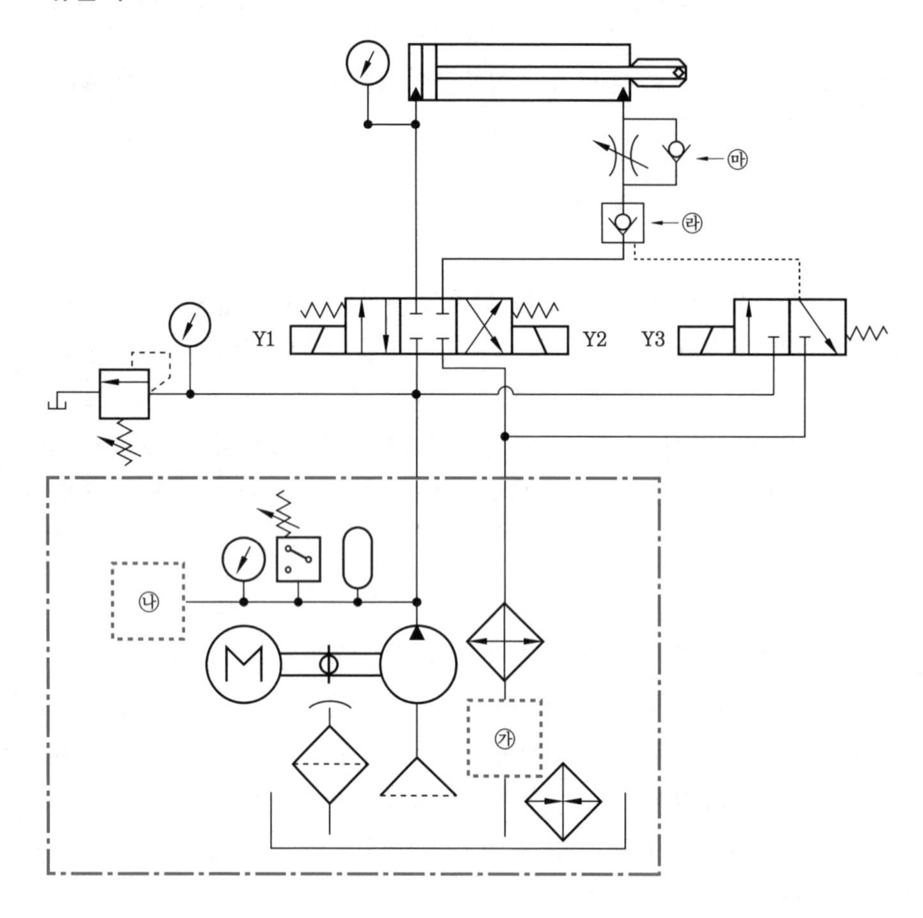

• 전기회로도

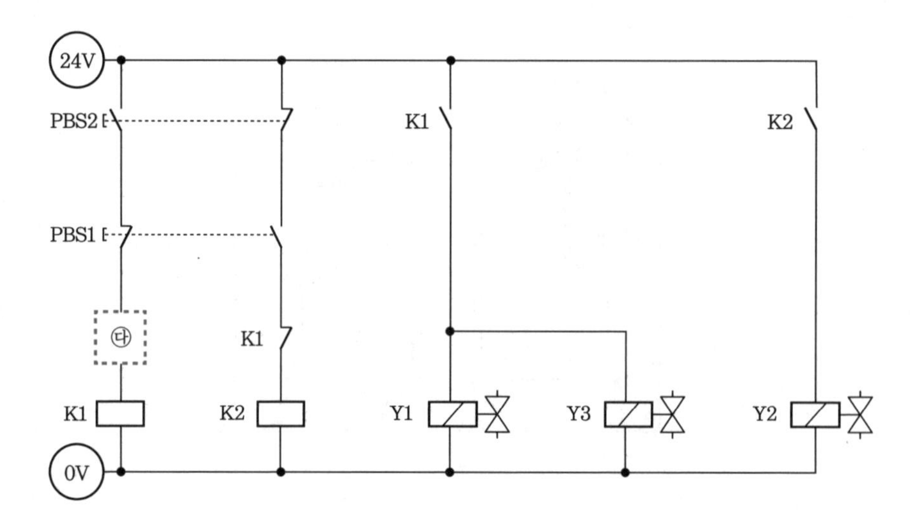

답지(3)

1. 유압회로도 중 빈칸 ㉮에 들어갈 적절한 기호를 [보기(유압)]에서 골라 그 번호를 쓰시오.
2. 유압회로도 중 빈칸 ㉯에 들어갈 적절한 기호를 [보기(유압)]에서 골라 그 번호를 쓰시오.
3. 전기회로도 중 빈칸 ㉰에 들어갈 적절한 기호를 [보기(유압)]에서 골라 그 번호를 쓰시오.
4. 유압회로도 중 ㉱의 명칭을 쓰시오.
5. 유압회로도 중 ㉲의 용도를 쓰시오.

정답 **1.** ⑥ **2.** ⑧ **3.** ㊱ **4.** 파일럿 체크밸브 **5.** 미터 아웃 전진 속도 제어

유압 응용회로도 정답

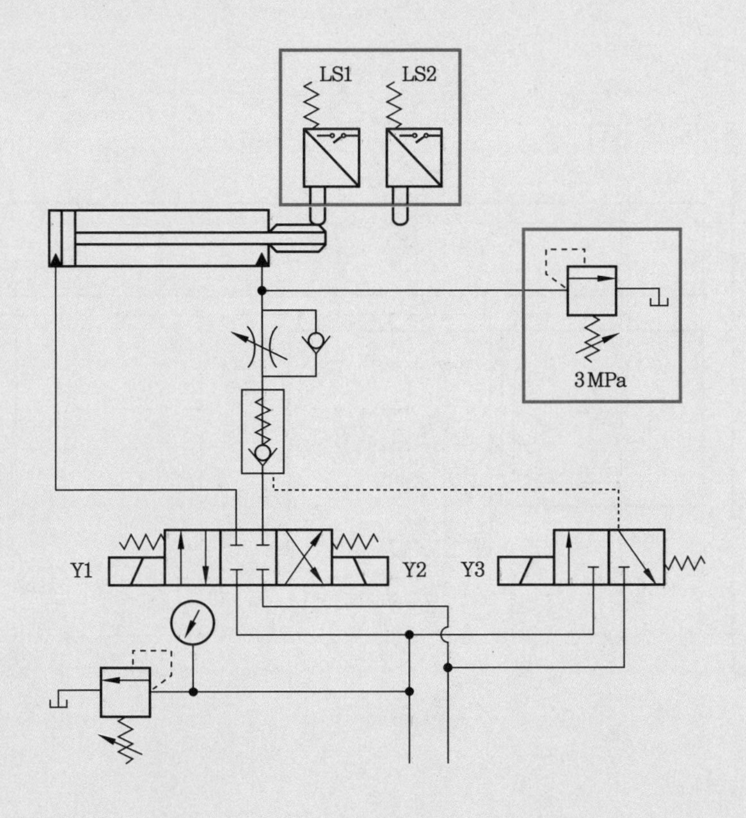

전기 유압 기본회로도 정답

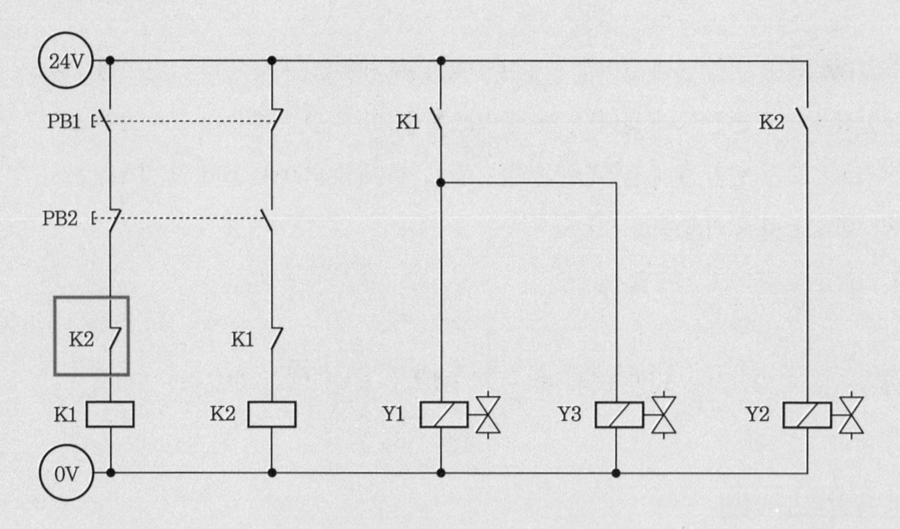

전기 유압 응용회로도 정답

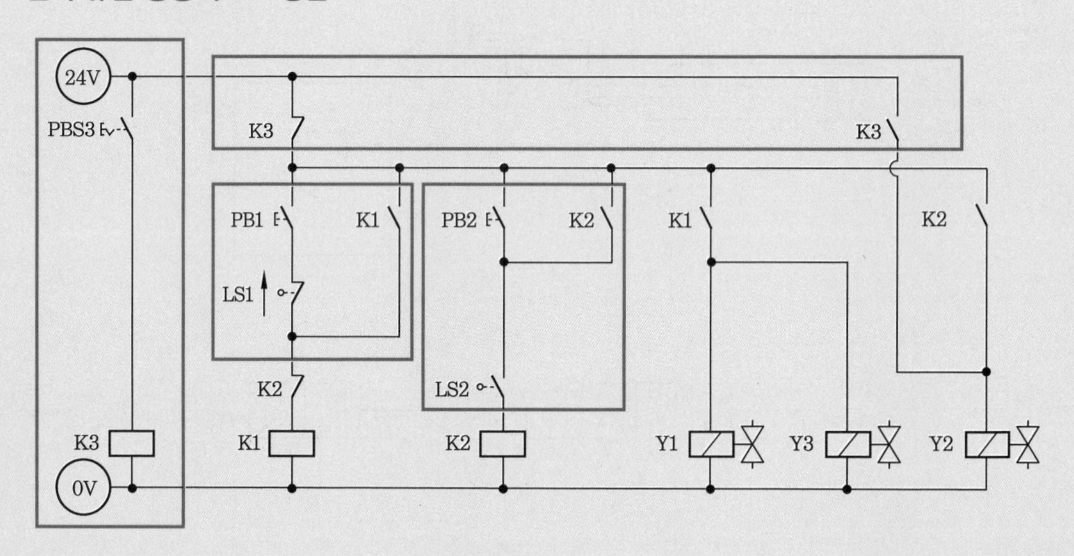

국가기술자격 실기시험 문제 ⑫

자격종목	공유압기능사	과제명	공압회로 구성 및 조립작업

※ 1과제와 2과제의 시험시간, 요구사항 및 수험자 유의사항 등은 국가기술자격 실기시험 문제 ①과 공통되므로 생략한다.

■ 제2과제 : 공압회로 구성 및 조립작업

(2) 응용과제

① 감독위원이 지정한 압력(0.2~0.5MPa 범위에서 지정)으로 변경하시오.

② 실린더 B 전진 시 일방향 유량조절밸브(모듈형)를 사용하여 meter-out 회로가 되도록 하고, 실린더 B 후진 시 급속배기밸브를 사용하여 실린더의 속도를 제어하시오.

③ 비상정지 스위치(유지형 타입, PBS3)와 버저를 추가하여 실린더의 동작 중 비상정지 스위치를 ON하면 버저가 울리면서 동시에 모든 실린더가 즉시 후진하고, 비상정지 스위치를 해제하면 초기화할 수 있도록 전기회로를 재구성하시오.

3 도면(공압회로)

① 제어조건 : 작업물은 수동으로 클램핑 장치에 삽입된다. 클램핑 작업은 누름 버튼 스위치(PBS)를 ON-OFF하면 실린더 A가 전진하여 작업물이 고정되면, 실린더 B에 의해 드릴 작업이 수행된다. 드릴 작업 수행이 완료되면 실린더 B가 후진하고, 이후 실린더 A가 후진하여 고정이 해제된다.

• 위치도

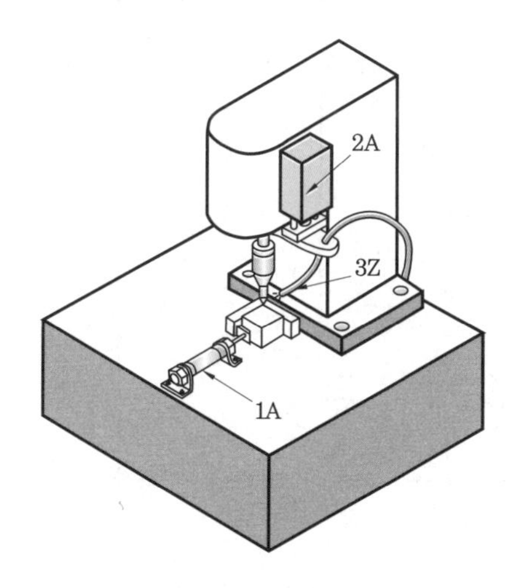

• 공압회로도

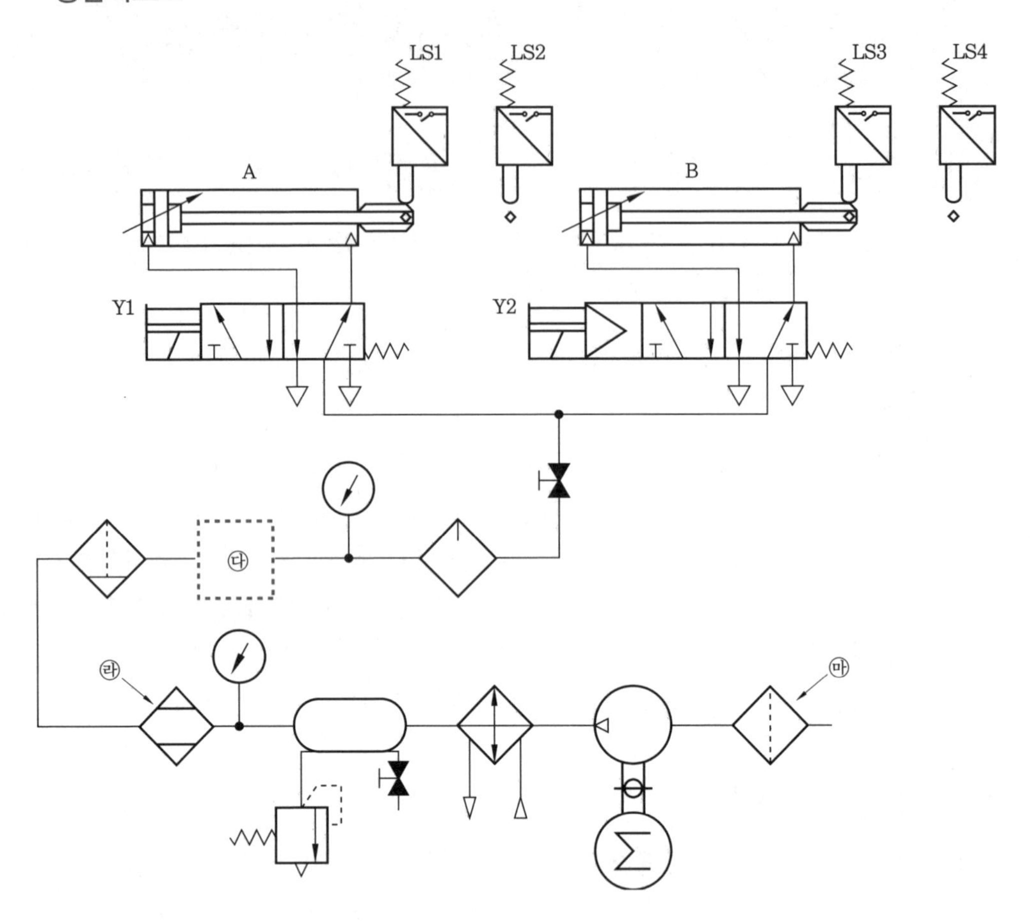
LS1
LS2
LS3
LS4
A
B
Y1
Y2
㉯
㉱
㉲

• 전기회로도

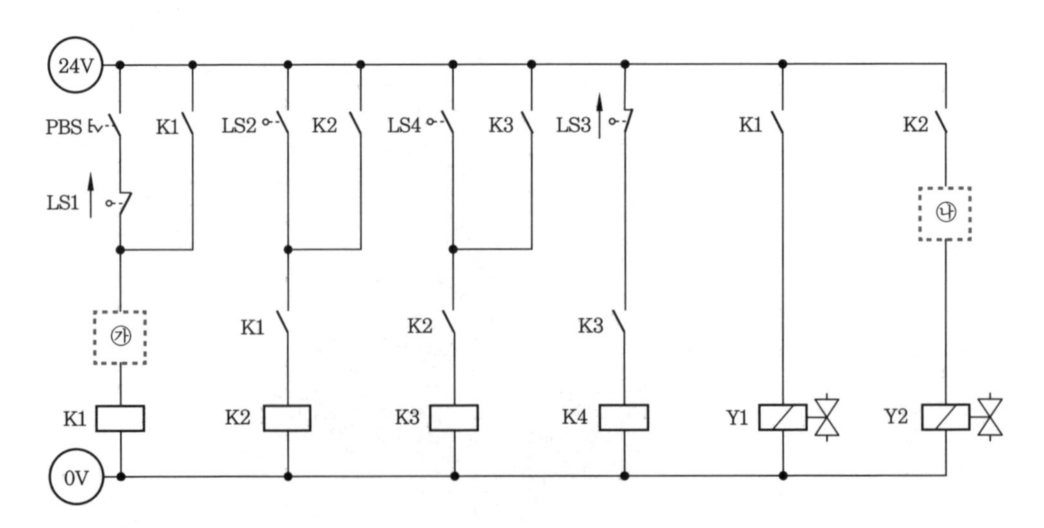
24V
PBS
K1
LS2
K2
LS4
K3
LS3
K1
K2
LS1
㉯
㉮
K1
K2
K3
K1
K2
K3
K4
Y1
Y2
0V

답지(1)

1. 전기회로도 중 빈칸 ㉮에 들어갈 적절한 기호를 [보기(공압)]에서 골라 그 번호를 쓰시오.
2. 전기회로도 중 빈칸 ㉯에 들어갈 적절한 기호를 [보기(공압)]에서 골라 그 번호를 쓰시오.
3. 공압회로도 중 빈칸 ㉰에 들어갈 적절한 기호를 [보기(공압)]에서 골라 그 번호를 쓰시오.
4. 공압회로도 중 ㉱의 용도를 쓰시오.
5. 공압회로도 중 ㉲의 명칭을 쓰시오.

정답 **1.** ㊲ **2.** ㊱ **3.** ⑧ **4.** 공기 건조 **5.** 흡입필터

답지(2)

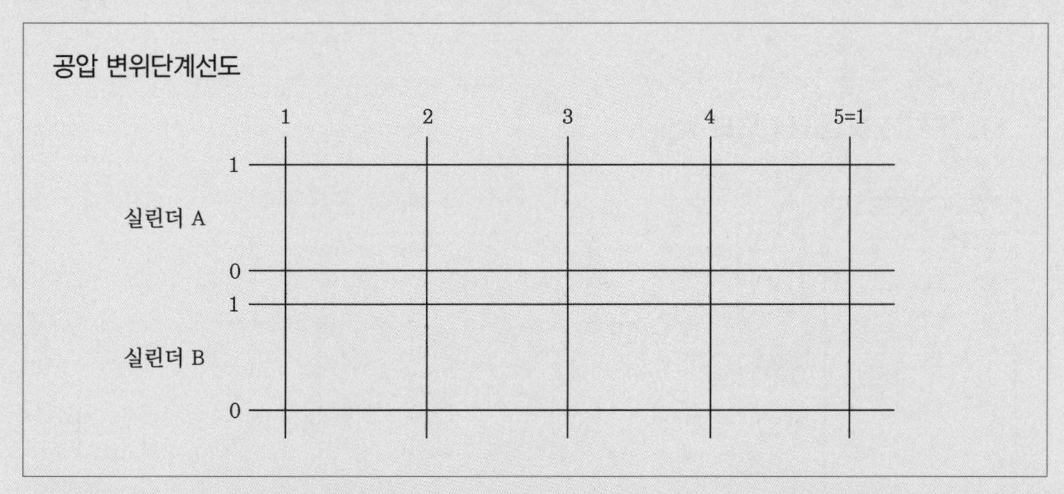

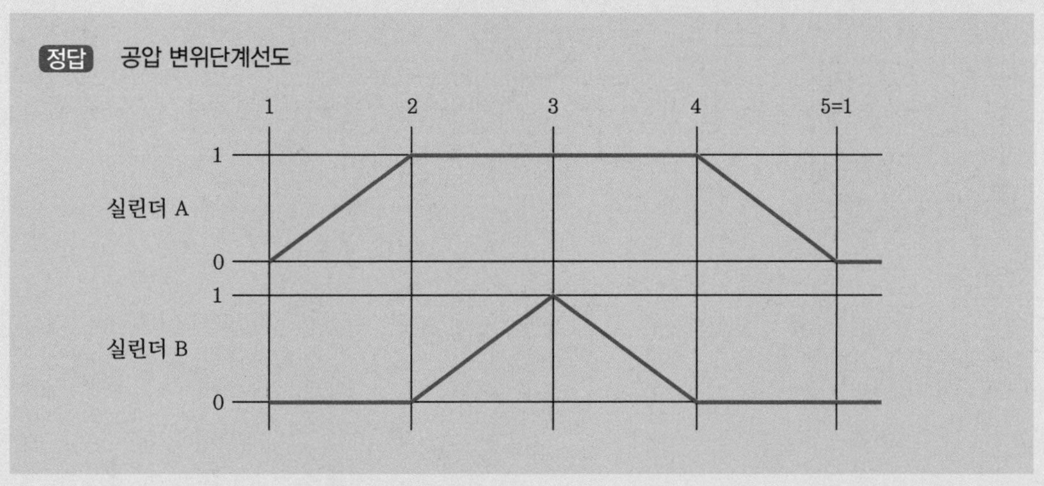

공압 응용회로도 정답

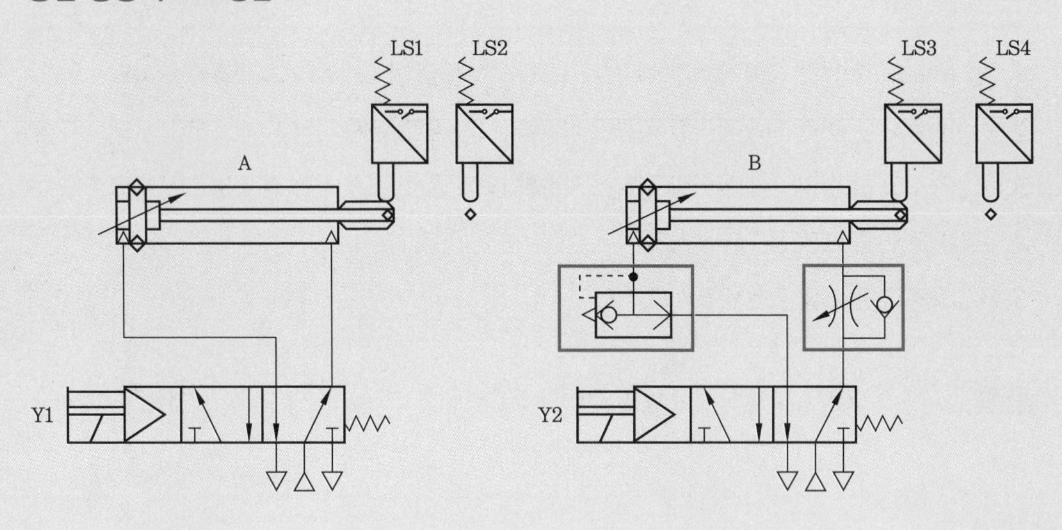

전기 공압 기본 및 응용회로도 정답

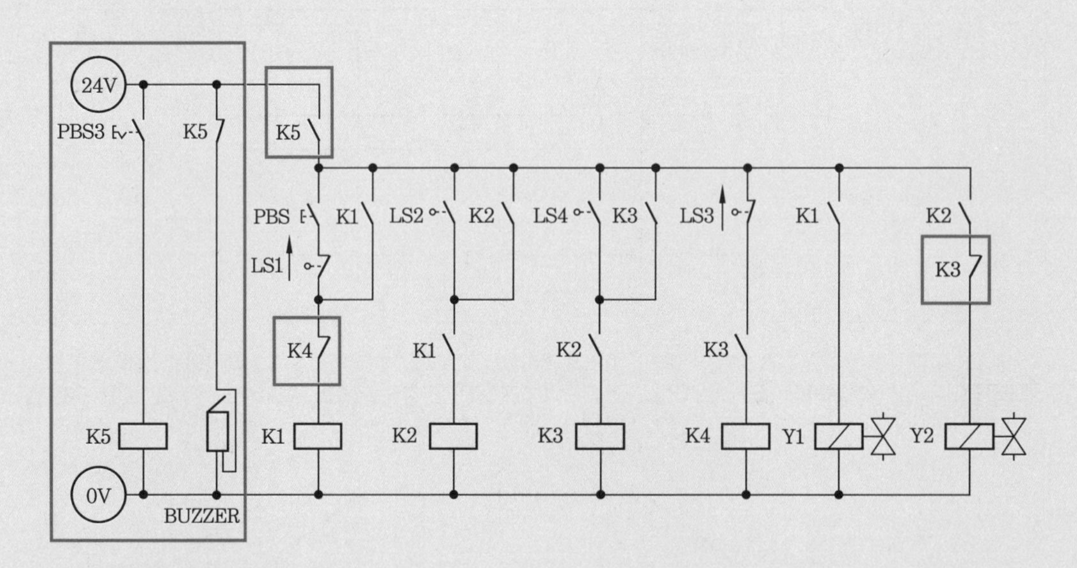

자격종목	공유압기능사	과제명	유압회로 구성 및 조립작업

※ 3과제와 4과제의 시험시간, 요구사항 및 수험자 유의사항 등은 국가기술자격 실기시험 문제 ①과 공통되므로 생략한다.

■ 제4과제 : 유압회로 구성 및 조립작업

(2) 응용과제

① 실린더의 전진 운동을 일방향 유량조절밸브를 사용하여 meter-out 방식으로 회로를 변경하여 속도를 제어하시오.

② PBS2와 PBS3 스위치를 추가하여 연속 및 연속 정지작업이 가능하도록 전기회로를 재구성하시오. (단, 유지형 스위치를 사용하지 말 것)

3 도면(유압회로)

① 제어조건 : 작업물의 가장자리를 모떼기 작업을 하려 한다. PBS1 스위치를 ON-OFF하면 실린더가 전진하여 모떼기 작업을 수행하고, 전진을 완료하면 리밋 스위치에 의하여 후진을 한다.

• 위치도

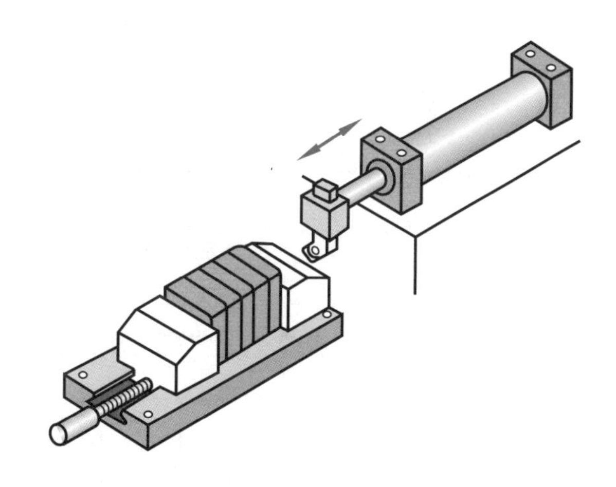

• 유압회로도

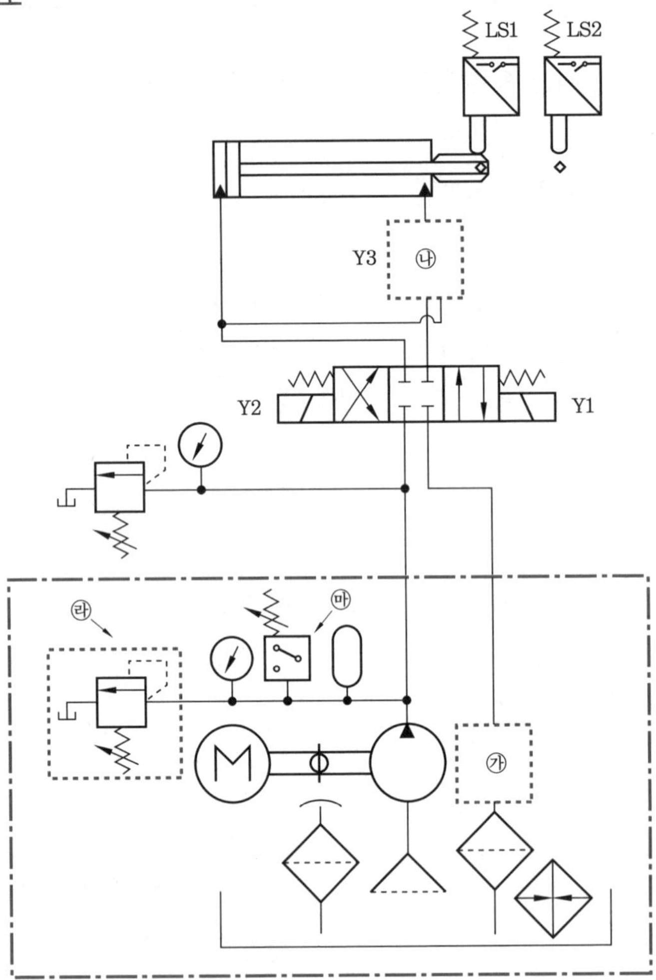
LS1
LS2
Y3
㉯
Y2
Y1
㉱
㉲
㉮

• 전기회로도

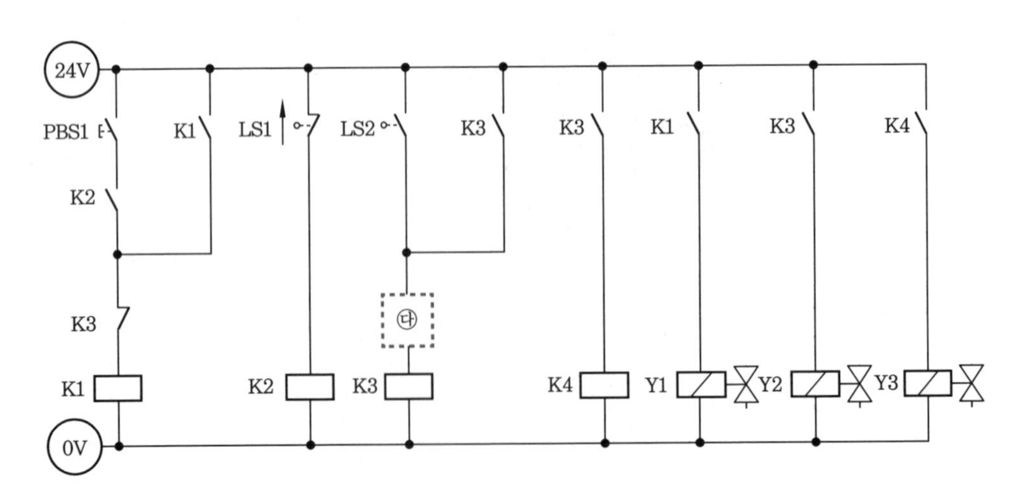
24V
PBS1
K1
LS1
LS2
K3
K3
K1
K3
K4
K2
K3
㉰
K1
K2
K3
K4
Y1
Y2
Y3
0V

답지(3)

1. 유압회로도 중 빈칸 ㉮에 들어갈 적절한 기호를 [보기(유압)]에서 골라 그 번호를 쓰시오.
2. 유압회로도 중 빈칸 ㉯에 들어갈 적절한 기호를 [보기(유압)]에서 골라 그 번호를 쓰시오.
3. 전기회로도 중 빈칸 ㉰에 들어갈 적절한 기호를 [보기(유압)]에서 골라 그 번호를 쓰시오.
4. 유압회로도 중 ㉱의 명칭을 쓰시오.
5. 유압회로도 중 ㉲의 용도를 쓰시오.

정답 1. ④ 2. ⑱ 3. ㊱ 4. 릴리프밸브 5. 압력 에너지를 전기 신호로 변환

유압 기본 및 응용회로도 정답

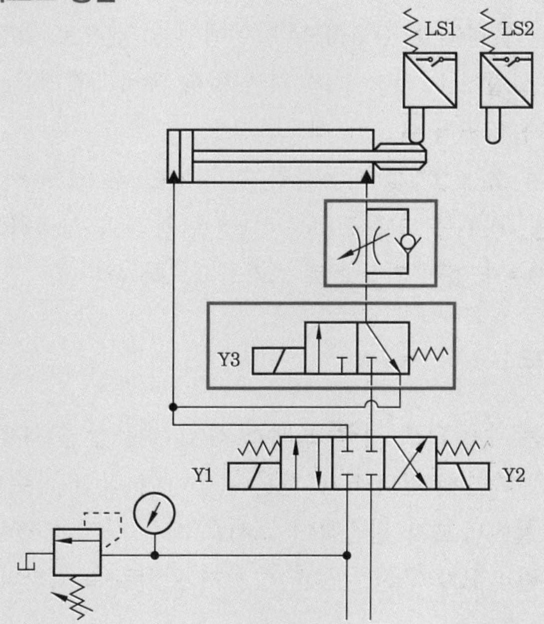

전기 유압 기본 및 응용회로도 정답

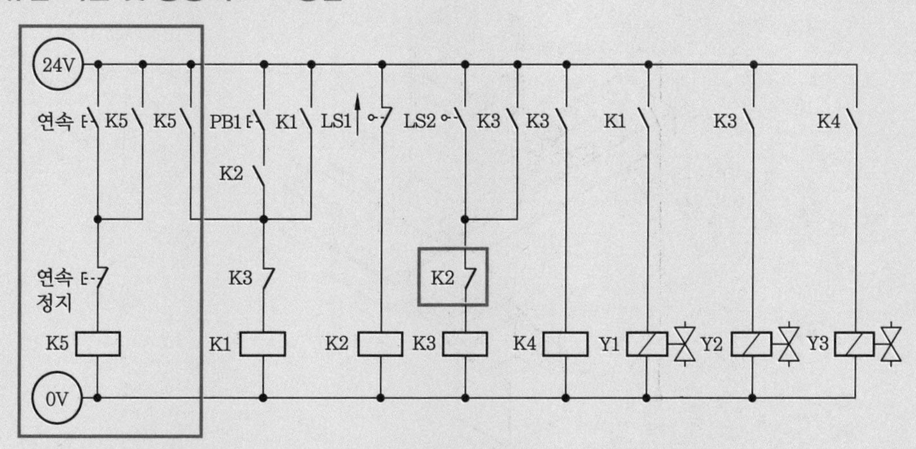

국가기술자격 실기시험 문제 ⑬

자격종목	공유압기능사	과제명	공압회로 구성 및 조립작업

※ 1과제와 2과제의 시험시간, 요구사항 및 수험자 유의사항 등은 국가기술자격 실기시험 문제 ①과 공통되므로 생략한다.

■ 제2과제 : 공압회로 구성 및 조립작업

(2) 응용과제

① 감독위원이 지정한 압력(0.2~0.5MPa 범위에서 지정)으로 변경하시오.

② 실린더 A 전진과 실린더 B 전진 동작 시 일방향 유량조절밸브(모듈형)를 사용하여 meter-out 회로가 되도록 속도를 제어하시오.

③ 카운터를 사용하여 소재 3개를 이동시킨 후 정지할 수 있게 전기회로를 구성한 후 동작시키시오. (단, PBS를 ON-OFF하면 연속 동작이 시작하고, 카운터의 Reset은 별도의 스위치 추가 없이 자동으로 초기화되도록 한다.)

3 도면(공압회로)

① 제어조건 : 소재는 수동으로 성형 프레스 작업기에 삽입된다. 누름 버튼 스위치(PBS)를 ON-OFF하면 실린더 B가 전진 운동하여 작업을 수행한다. 실린더 B가 전진한 상태에서 실린더 A가 전진하여 소재를 제품 상자에 떨어뜨린 후 원래의 위치로 복귀하면 실린더 B가 후진 운동하여 초기 위치로 복귀한다.

• 위치도

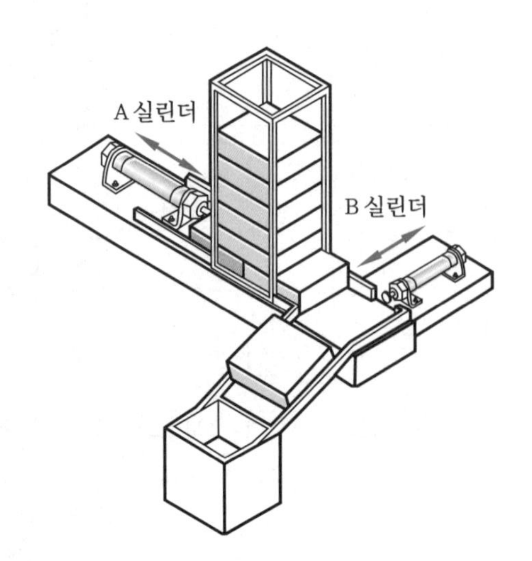

• 공압회로도

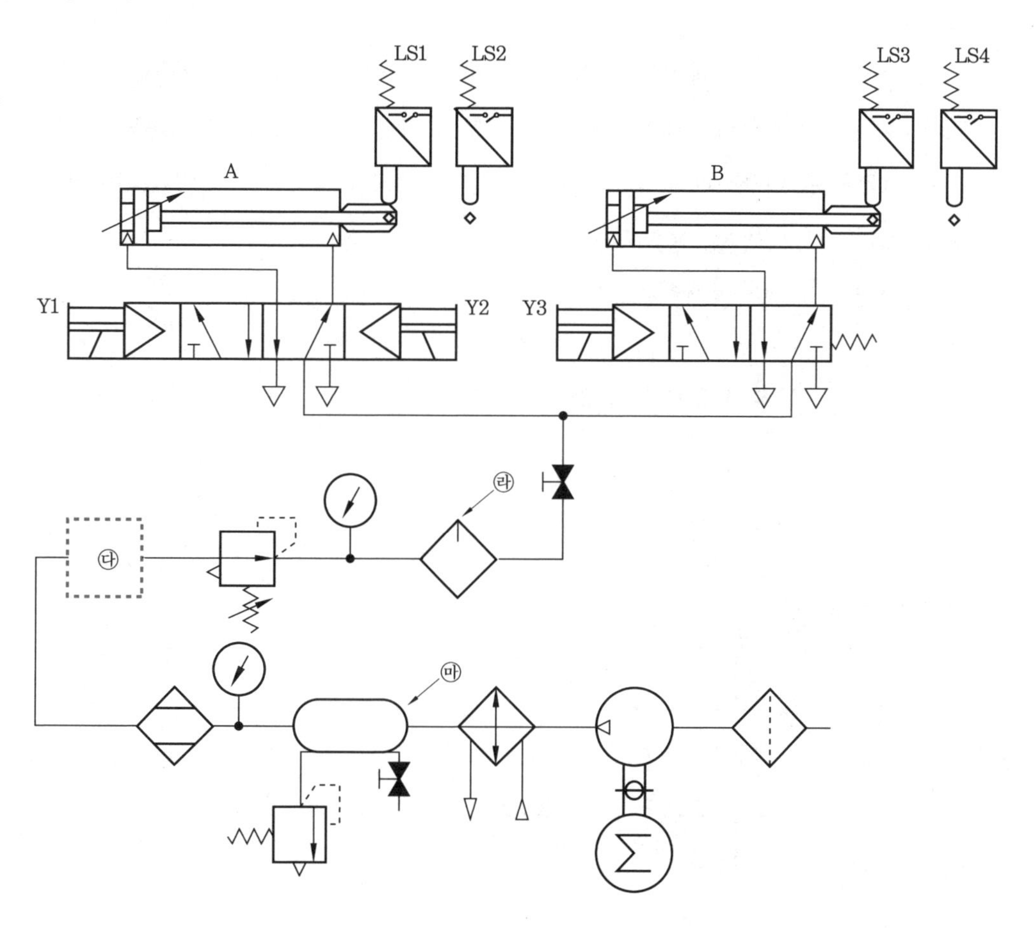
LS1
LS2
LS3
LS4
A
B
Y1
Y2
Y3
㉮
㉱
㉰
㉯

• 전기회로도

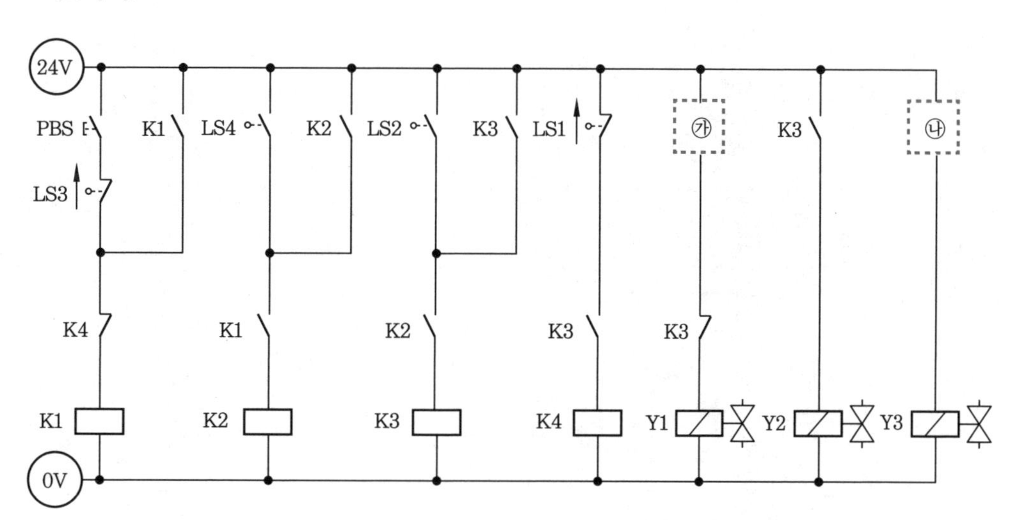
24V
PBS
K1
LS4
K2
LS2
K3
LS1
㉮
K3
㉯
LS3
K4
K1
K2
K3
K3
K1
K2
K3
K4
Y1
Y2
Y3
0V

답지(1)

1. 전기회로도 중 빈칸 ㉮에 들어갈 적절한 기호를 [보기(공압)]에서 골라 그 번호를 쓰시오.
2. 전기회로도 중 빈칸 ㉯에 들어갈 적절한 기호를 [보기(공압)]에서 골라 그 번호를 쓰시오.
3. 공압회로도 중 빈칸 ㉰에 들어갈 적절한 기호를 [보기(공압)]에서 골라 그 번호를 쓰시오.
4. 공압회로도 중 ㉱의 용도를 쓰시오.
5. 공압회로도 중 ㉲의 명칭을 쓰시오.

정답 **1.** ㉛ **2.** ㉚ **3.** ⑥ **4.** 공압기기 윤활 **5.** 공기 탱크

답지(2)

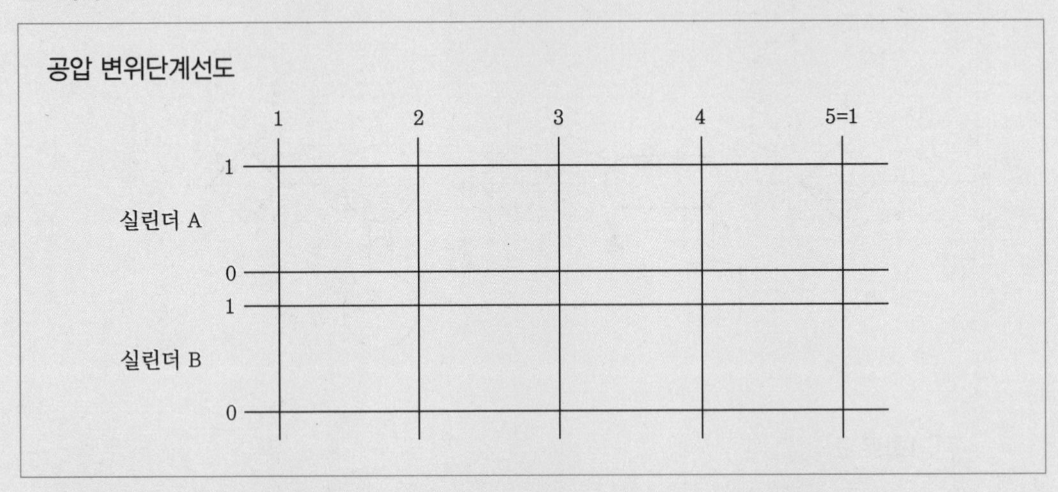

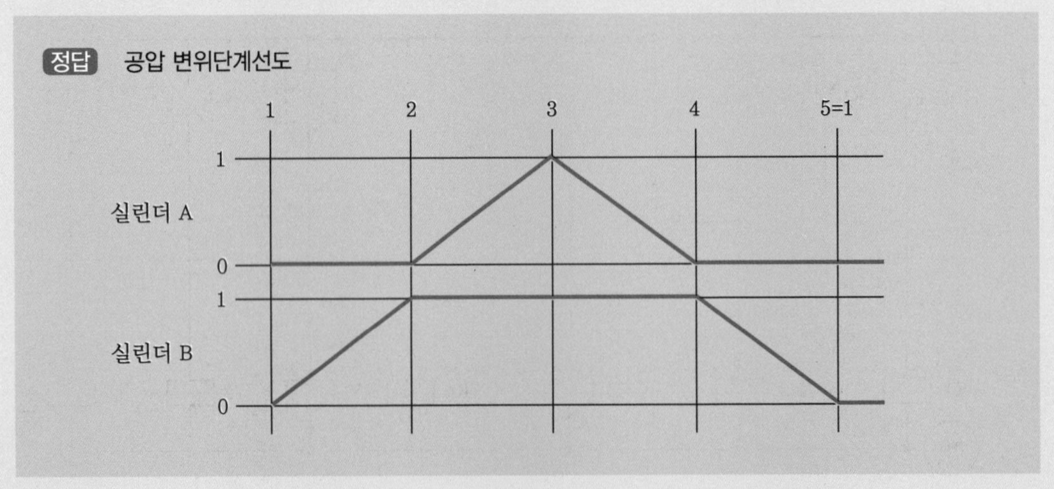

공압 응용회로도 정답

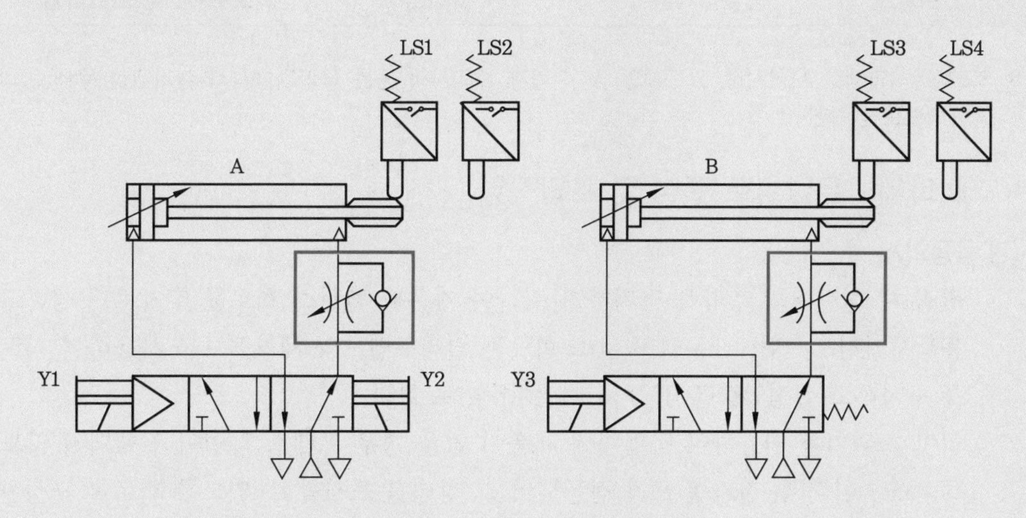

전기 공압 기본 및 응용회로도 정답

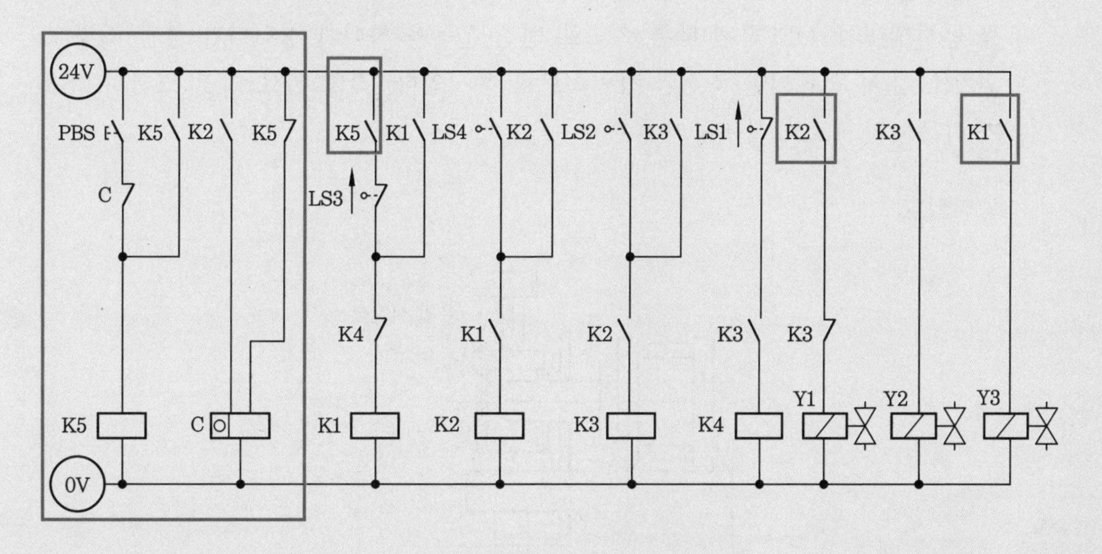

자격종목	공유압기능사	과제명	유압회로 구성 및 조립작업

※ 3과제와 4과제의 시험시간, 요구사항 및 수험자 유의사항 등은 국가기술자격 실기시험 문제 ①과 공통되므로 생략한다.

■ 제4과제 : 유압회로 구성 및 조립작업

(2) 응용과제

① 전진 시 실린더의 추락을 방지하기 위하여 카운터 밸런스 회로를 추가로 구성하고 동작시키시오. (단, 카운터 밸런스 회로는 릴리프밸브와 체크밸브를 사용하여 회로를 구성하고 설정압력은 3MPa(±0.2MPa)로 한다.)

② 리밋 스위치를 이용하여 작업대에 제품이 없을 경우 프레스 작업이 진행되지 않도록 하고, 이 경우 전기 램프가 점등되어 그 상태를 표시할 수 있도록 회로를 구성한 후 동작시키시오. (리밋 스위치는 전기 선택 스위치로 대용)

3 도면(유압회로)

① 제어조건 : 탁상 유압프레스를 제작하려고 한다. 누름 버튼 스위치 PBS1과 PBS2를 동시에 ON-OFF하면 빠른 속도로 전진 운동을 하다가 실린더가 중간 리밋 스위치(LS2)가 작동되면 조정된 작업속도로 움직인다. 작업 완료 리밋 스위치(LS3)가 작동되면 빠르게 복귀하여야 한다.

• 위치도

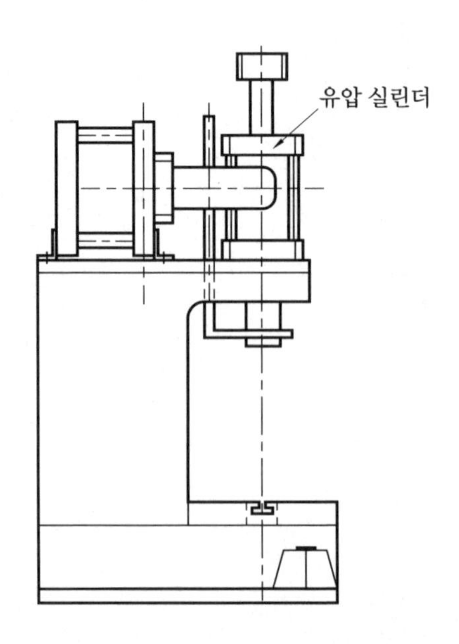

• 유압회로도

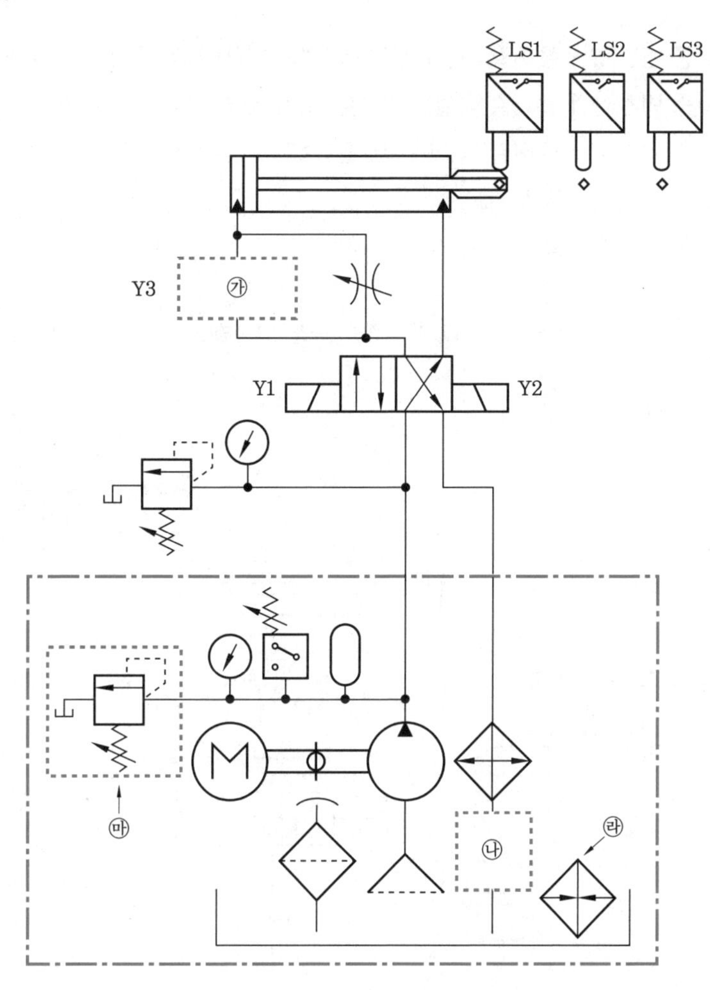
LS1
LS2
LS3
Y3
㉮
Y1
Y2
㉯
㉰
㉱
㉲

• 전기회로도

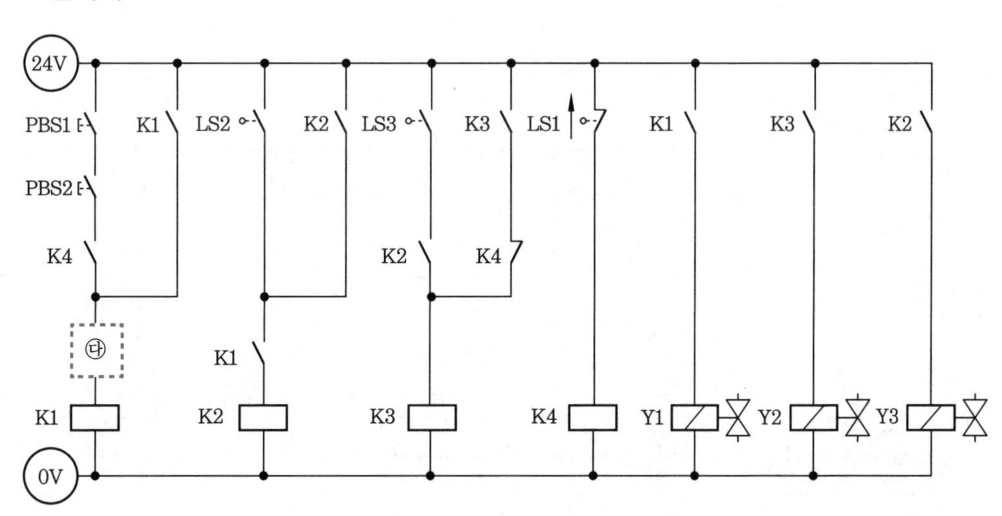
24V
PBS1
PBS2
K4
K1
LS2
K2
LS3
K3
LS1
K1
K3
K2
K2
K4
㉰
K1
K1
K2
K3
K4
Y1
Y2
Y3
0V

답지(3)

1. 유압회로도 중 빈칸 ㉮에 들어갈 적절한 기호를 [보기(유압)]에서 골라 그 번호를 쓰시오.
2. 유압회로도 중 빈칸 ㉯에 들어갈 적절한 기호를 [보기(유압)]에서 골라 그 번호를 쓰시오.
3. 전기회로도 중 빈칸 ㉰에 들어갈 적절한 기호를 [보기(유압)]에서 골라 그 번호를 쓰시오.
4. 유압회로도 중 ㉱의 명칭을 쓰시오.
5. 유압회로도 중 ㉲의 용도를 쓰시오.

정답 **1.** ⑰ **2.** ⑥ **3.** ㊲ **4.** 가열기 **5.** 시스템 압력 설정

유압 기본 및 응용회로도 정답

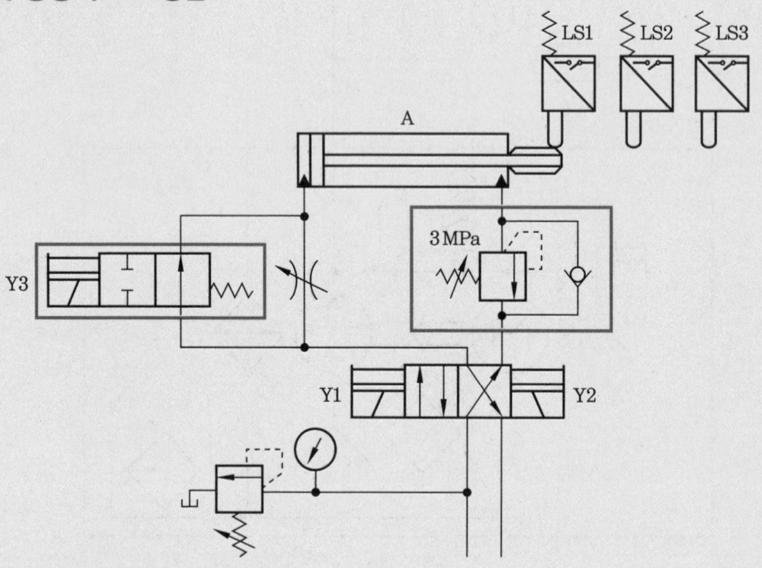

전기 유압 기본 및 응용회로도 정답

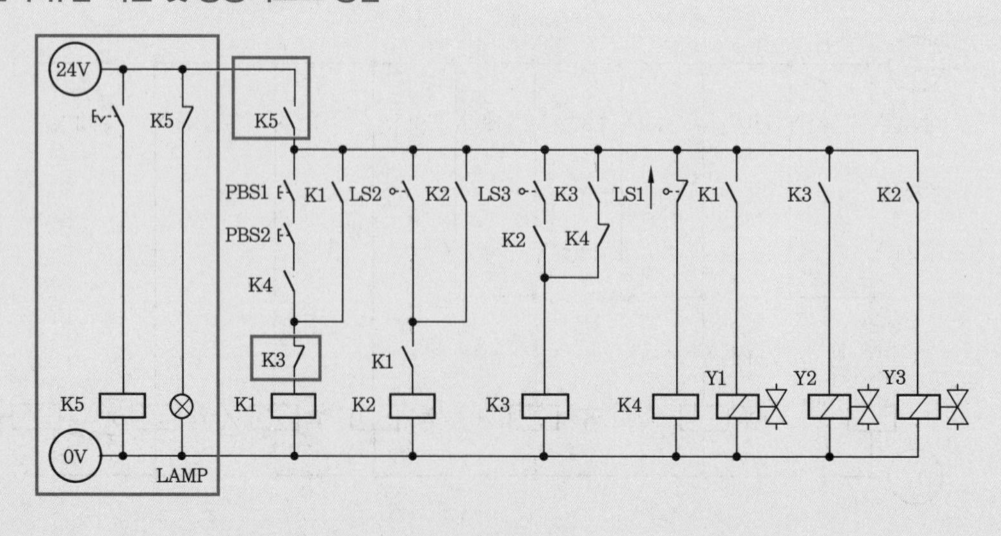

국가기술자격 실기시험 문제 ⑭

자격종목	공유압기능사	과제명	공압회로 구성 및 조립작업

※ 1과제와 2과제의 시험시간, 요구사항 및 수험자 유의사항 등은 국가기술자격 실기시험 문제 ①과 공통되므로 생략한다.

■ 제2과제 : 공압회로 구성 및 조립작업

(2) 응용과제

① 감독위원이 지정한 압력(0.2~0.5MPa 범위에서 지정)으로 변경하시오.

② 실린더 A 전진 시 일방향 유량조절밸브(모듈형 타입)를 사용하여 meter-out 회로가 되도록 하고, 실린더 B 후진 시 급속배기밸브를 사용하여 실린더의 속도를 제어하시오.

③ 전기타이머를 사용하여 실린더 A가 전진 후 3초 뒤에 실린더 B가 후진하도록 전기회로를 구성하고 동작시키시오.

3 도면(공압회로)

① 제어조건 : 공압 실린더를 이용하여 자동으로 호퍼에 담긴 사료를 아래로 일정량만큼 공급하고자 한다. 실린더 A와 B는 초기에 전진하여 있고(위치도 ①), 누름 버튼 스위치(PBS)를 1회 ON-OFF하면 실린더 A가 후진하여 사료를 실린더 B로 내려 보낸 다음(위치도 ②) 전진한다. 그 후 실린더 B가 후진하여 곡물을 아래로 내려 보낸 후(위치도 ③) 전진한다.

• 위치도

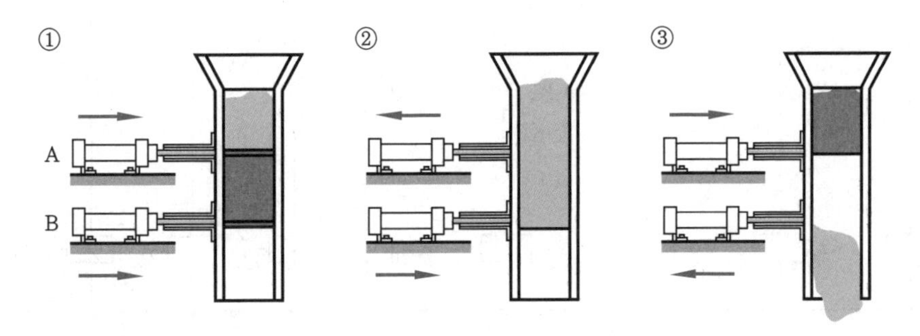

• 공압회로도

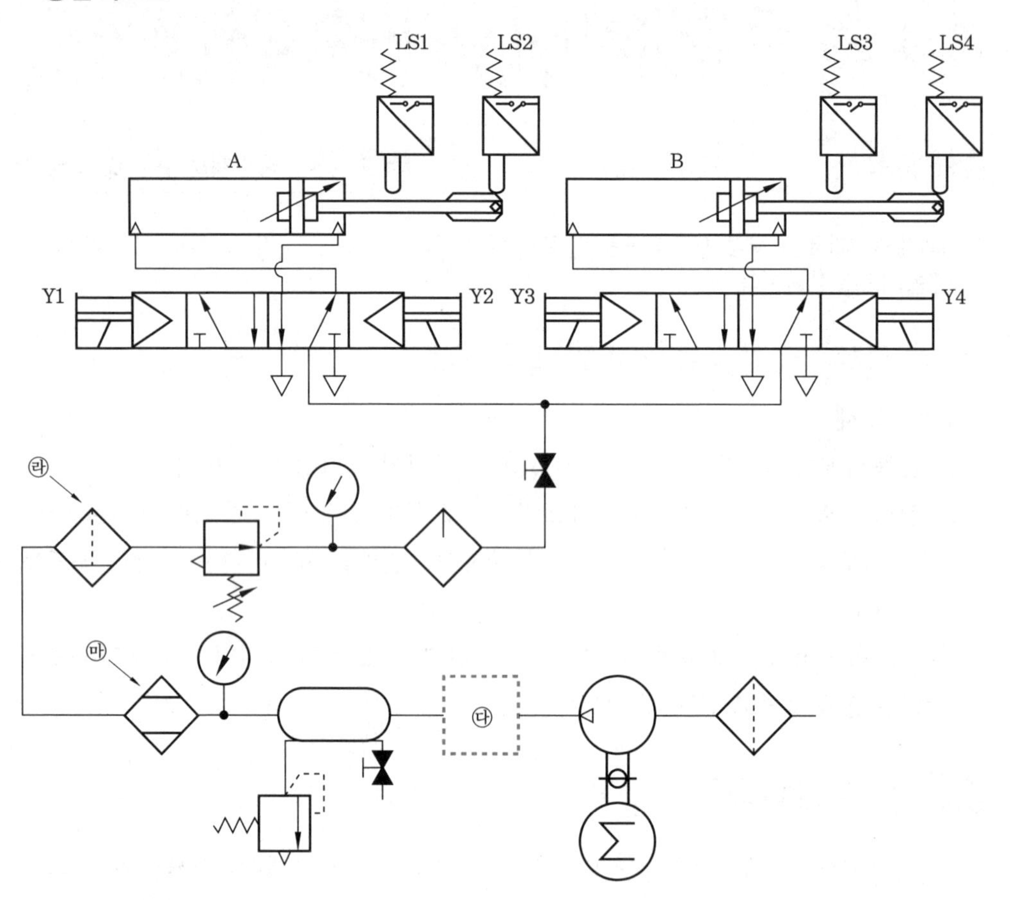
LS1
LS2
LS3
LS4
A
B
Y1
Y2
Y3
Y4
㉣
㉤
㉢

• 전기회로도

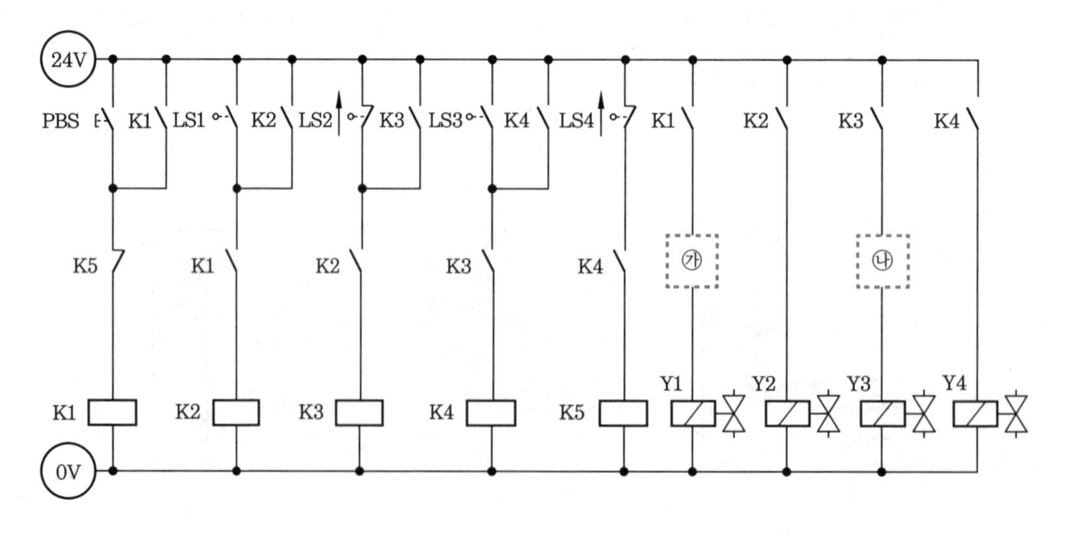
24V
PBS
K1
LS1
K2
LS2
K3
LS3
K4
LS4
K1
K2
K3
K4
K5
K1
K2
K3
K4
㉮
㉯
Y1
Y2
Y3
Y4
K1
K2
K3
K4
K5
0V

답지(1)

1. 전기회로도 중 빈칸 ㉮에 들어갈 적절한 기호를 [보기(공압)]에서 골라 그 번호를 쓰시오.
2. 전기회로도 중 빈칸 ㉯에 들어갈 적절한 기호를 [보기(공압)]에서 골라 그 번호를 쓰시오.
3. 공압회로도 중 빈칸 ㉰에 들어갈 적절한 기호를 [보기(공압)]에서 골라 그 번호를 쓰시오.
4. 공압회로도 중 ㉱의 용도를 쓰시오.
5. 공압회로도 중 ㉲의 명칭을 쓰시오.

정답 **1.** ㉟ **2.** ㊲ **3.** ④ **4.** 이물질 제거 및 응축수 배출 **5.** 공기 건조기(에어 드라이어)

답지(2)

공압 변위단계선도

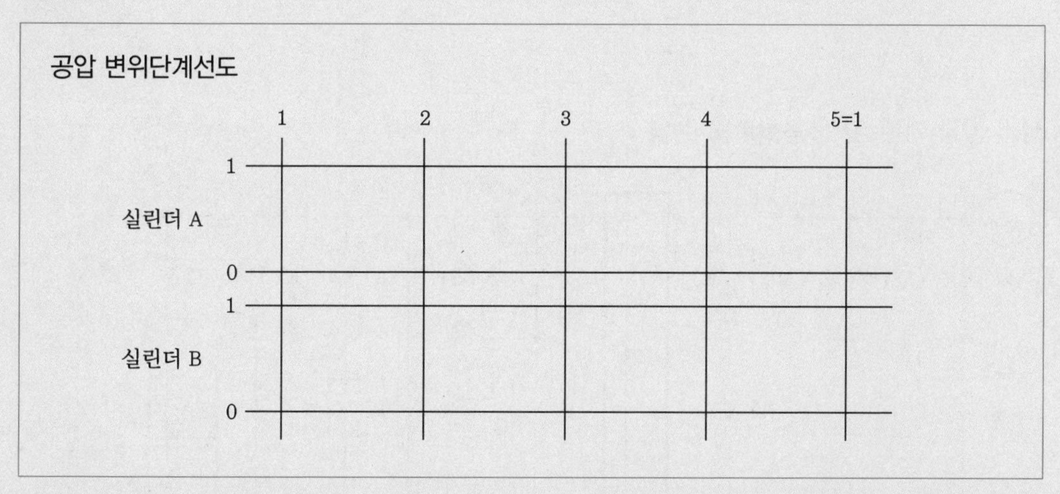

정답 공압 변위단계선도

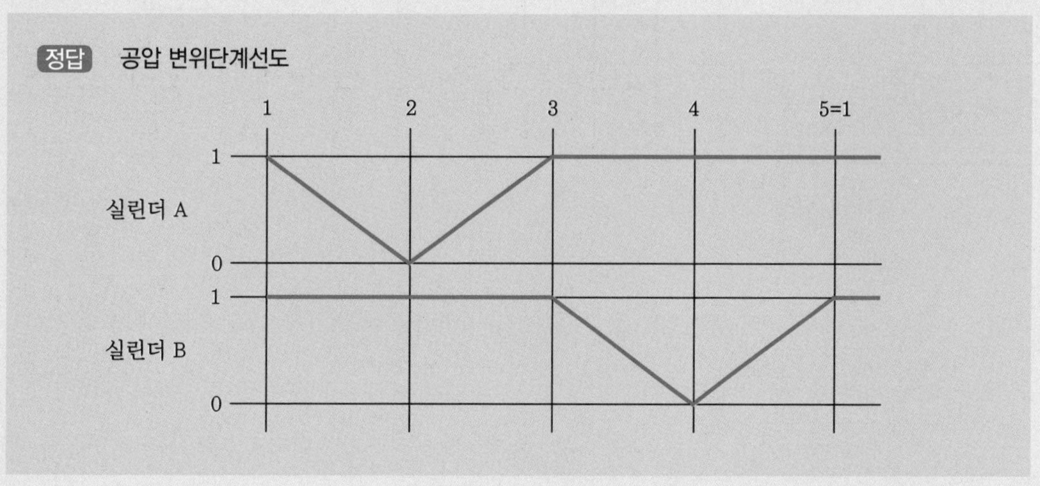

공압 응용회로도 정답

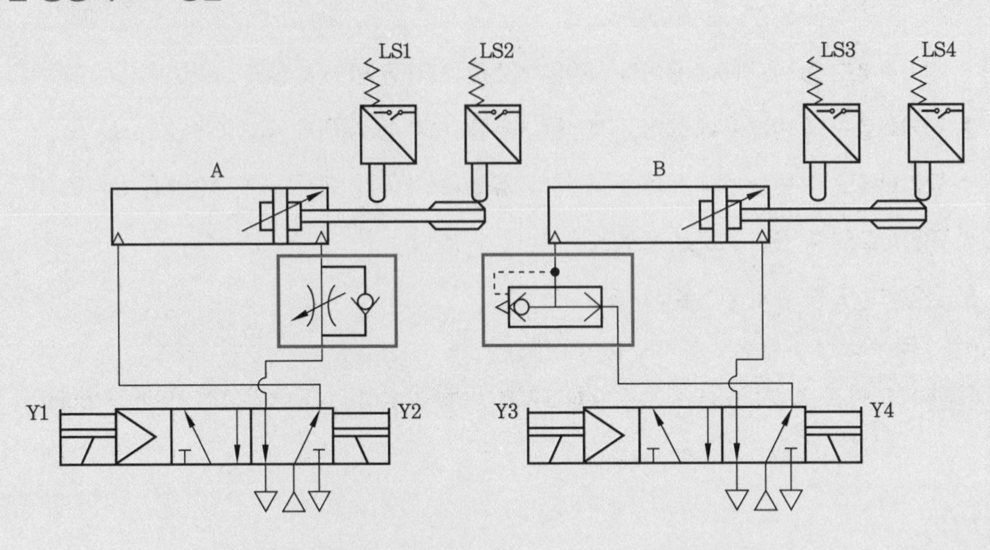

전기 공압 기본 및 응용회로도 정답

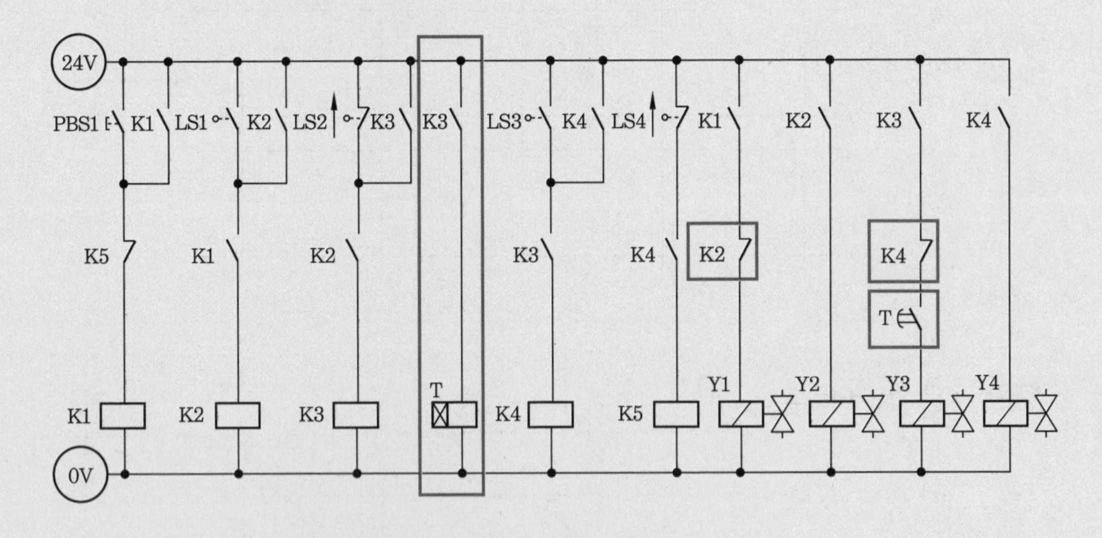

자격종목	공유압기능사	과제명	유압회로 구성 및 조립작업

※ 3과제와 4과제의 시험시간, 요구사항 및 수험자 유의사항 등은 국가기술자격 실기시험 문제 ①과 공통되므로 생략한다.

■ 제4과제 : 유압회로 구성 및 조립작업

(2) 응용과제

① 실린더의 전진 시 과도한 압력에 의하여 공작물이 파손되는 것을 방지하기 위하여 감압밸브와 압력게이지를 사용하여 압력을 (2±0.2)MPa로 변경하시오.

② 비상정지 스위치(PBS3)와 버저를 사용하여 실린더의 동작 중 비상정지 스위치(PBS3)를 ON-OFF하면 실린더가 즉시 정지하고, 버저가 ON하여 비상정지 상태를 나타내도록 하고, 비상정지 해제 스위치(PBS4)를 ON-OFF하면 버저가 OFF되고, 실린더가 후진하여 초기화되도록 전기회로를 재구성하시오.

3 도면(유압회로)

① 제어조건 : 유압 바이스를 제작하려고 한다. 누름 버튼 PBS1 스위치를 ON-OFF하면 램프1이 켜지면서 실린더가 전진 운동을 하고, 누름 버튼 PBS2 스위치를 ON-OFF하면 램프2가 점등되고 실린더는 후진한다. 후진이 완료되면 램프2가 소등된다.

• 위치도

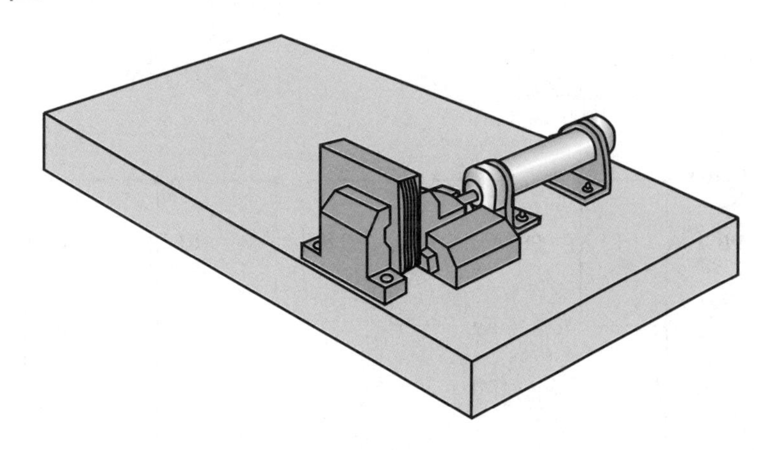

• 유압회로도

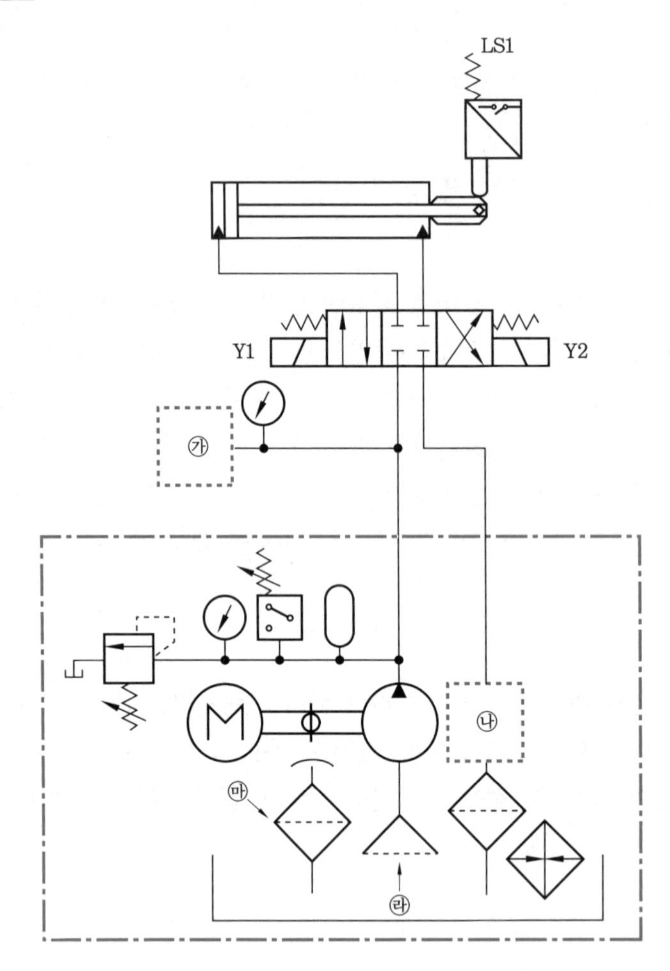

• 전기회로도

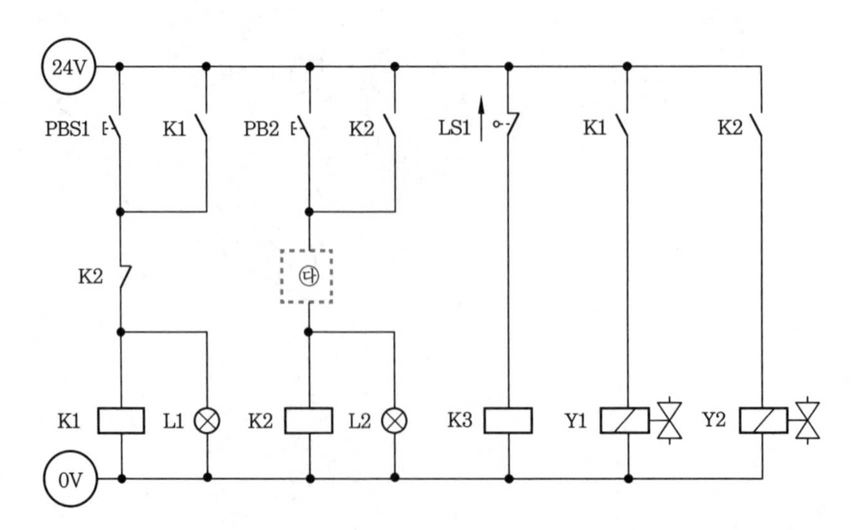

답지(3)

1. 유압회로도 중 빈칸 ㉮에 들어갈 적절한 기호를 [보기(유압)]에서 골라 그 번호를 쓰시오.
2. 유압회로도 중 빈칸 ㉯에 들어갈 적절한 기호를 [보기(유압)]에서 골라 그 번호를 쓰시오.
3. 전기회로도 중 빈칸 ㉰에 들어갈 적절한 기호를 [보기(유압)]에서 골라 그 번호를 쓰시오.
4. 유압회로도 중 ㉱의 명칭을 쓰시오.
5. 유압회로도 중 ㉲의 용도를 쓰시오.

정답 **1.** ⑧ **2.** ④ **3.** ㊲ **4.** 흡입필터(스트레이너) **5.** 오일탱크 내의 압력 안정화

유압 기본 및 응용회로도 정답

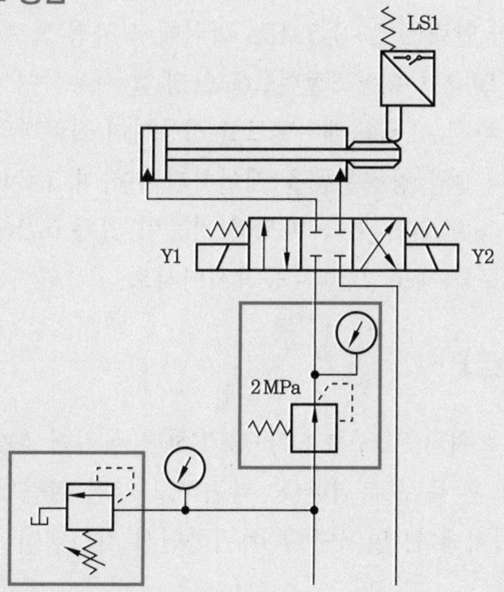

전기 유압 기본 및 응용회로도 정답

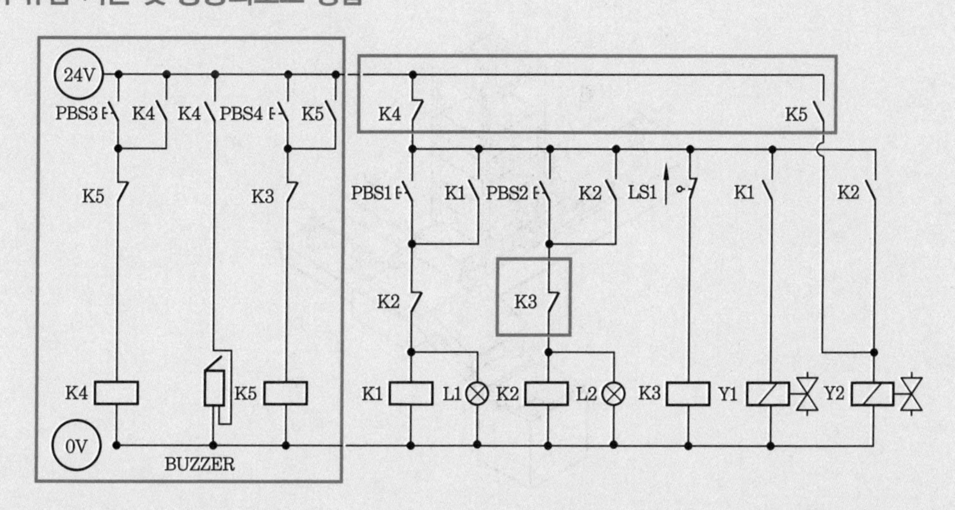

국가기술자격 실기시험 문제 ⑮

자격종목	공유압기능사	과제명	공압회로 구성 및 조립작업

※ 1과제와 2과제의 시험시간, 요구사항 및 수험자 유의사항 등은 국가기술자격 실기시험 문제 ①과 공통되므로 생략한다.

■ 제2과제 : 공압회로 구성 및 조립작업

(2) 응용과제

① 감독위원이 지정한 압력(0.2~0.5MPa 범위에서 지정)으로 변경하시오.

② 실린더 B 전진 시 일방향 유량조절밸브(모듈형)를 사용하여 meter-out 회로가 되도록하고, 실린더 A 후진 시 급속배기밸브를 사용하여 실린더의 속도를 제어하시오.

③ 회로도에서 실린더 B의 왕복운동을 제어하기 위하여 5/2way 스프링 복귀형 솔레노이드 밸브를 사용하였다. 이를 메모리 기능이 있는 5/2way 복동 솔레노이드 밸브를 사용하여 회로를 재구성한 후 동작시키시오.

3 도면(공압회로)

① 제어조건 : 시작 스위치(PBS)를 ON-OFF하면 실린더 A가 중력 매거진에서 떨어진 부품을 밀어낸 후 즉시 복귀한다. 복귀하고 나면 실린더 B가 전진을 해서 부품을 아래 칸으로 밀어낸다. 밀어낸 후 복귀하면서 시스템이 종료된다.

• 위치도

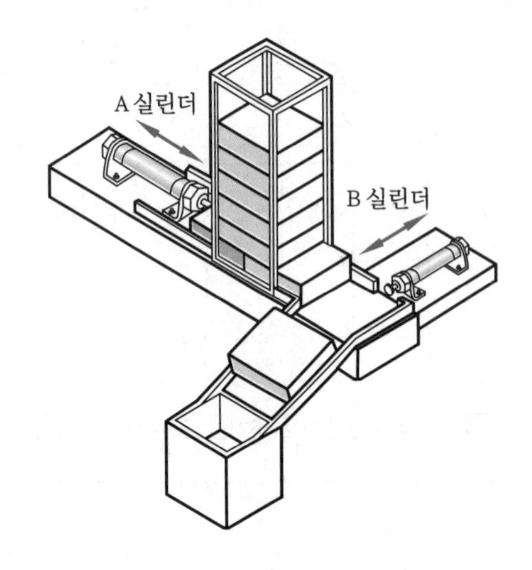

• 공압회로도

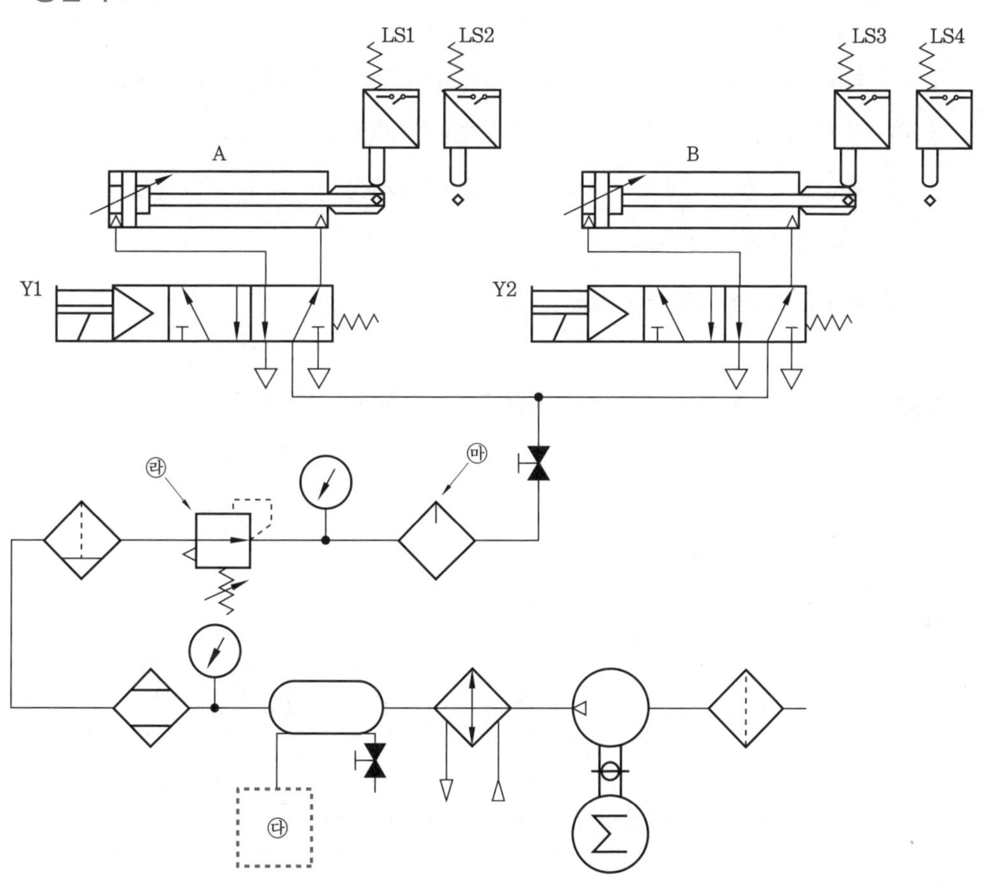
LS1
LS2
LS3
LS4
A
B
Y1
Y2
㉣
㉤
㉢

• 전기회로도

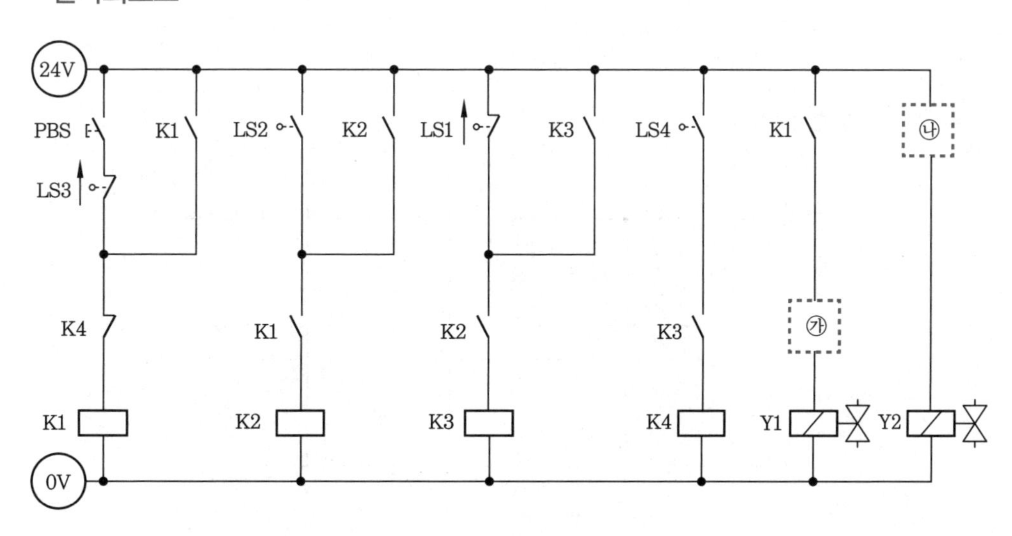
24V
PBS
LS3
K1
LS2
K2
LS1
K3
LS4
K1
㉯
K4
K1
K2
K3
㉮
K1
K2
K3
K4
Y1
Y2
0V

답지(1)

1. 전기회로도 중 빈칸 ㉮에 들어갈 적절한 기호를 [보기(공압)]에서 골라 그 번호를 쓰시오.
2. 전기회로도 중 빈칸 ㉯에 들어갈 적절한 기호를 [보기(공압)]에서 골라 그 번호를 쓰시오.
3. 공압회로도 중 빈칸 ㉰에 들어갈 적절한 기호를 [보기(공압)]에서 골라 그 번호를 쓰시오.
4. 공압회로도 중 ㉱의 용도를 쓰시오.
5. 공압회로도 중 ㉲의 명칭을 쓰시오.

정답 **1.** ㉟ **2.** ㉜ **3.** ⑨ **4.** 작동 압력 설정 **5.** 윤활기(루브리케이터)

답지(2)

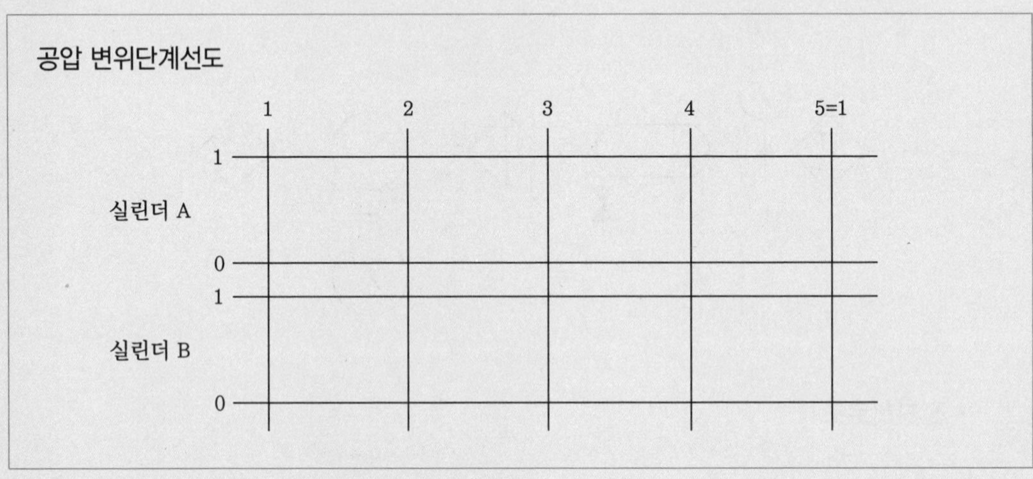

정답 공압 변위단계선도

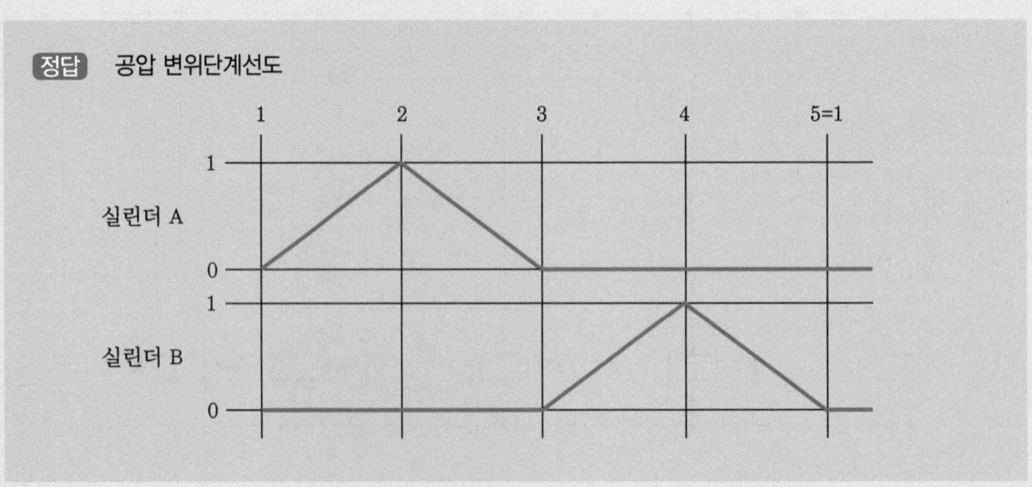

공압 응용회로도 정답

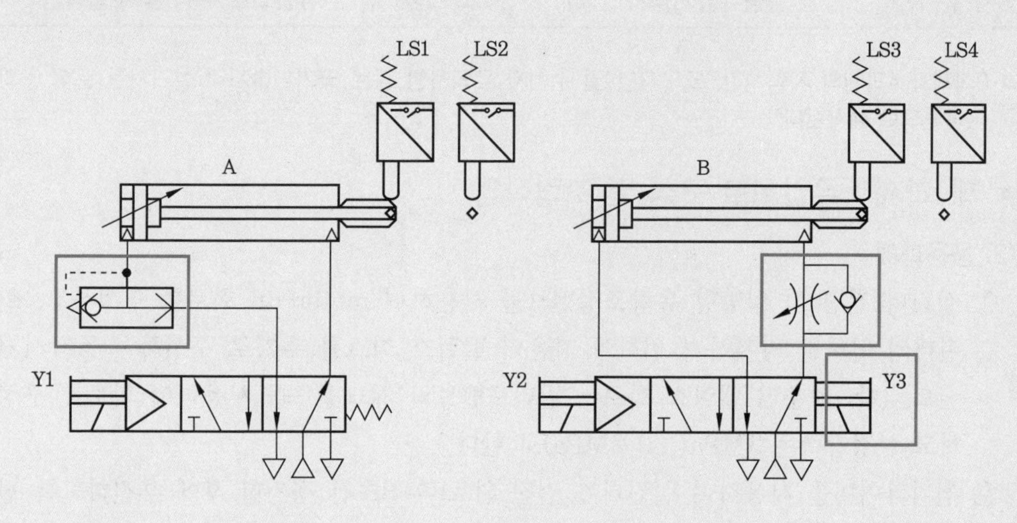

전기 공압 기본 및 응용회로도 정답

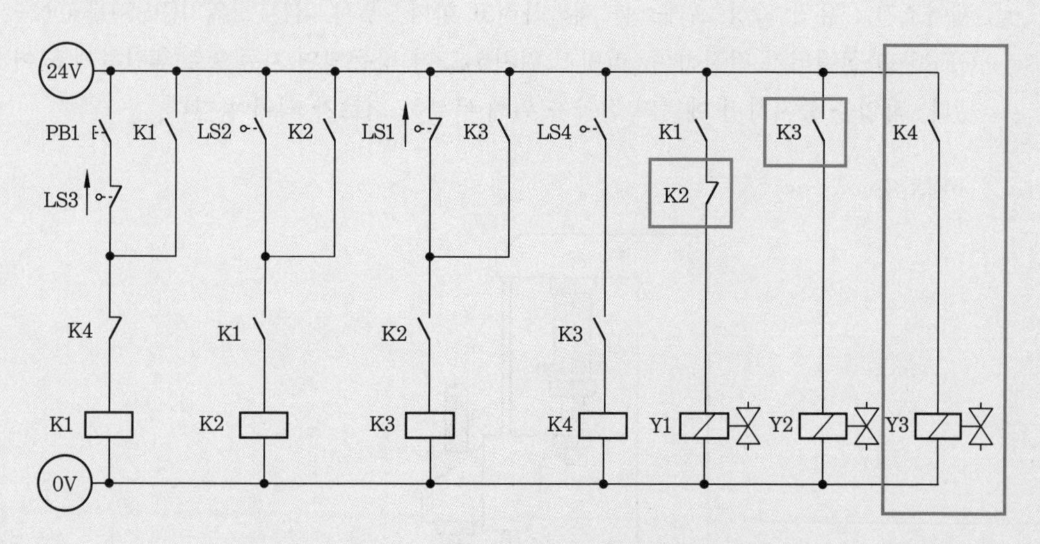

자격종목	공유압기능사	과제명	유압회로 구성 및 조립작업

※ 3과제와 4과제의 시험시간, 요구사항 및 수험자 유의사항 등은 국가기술자격 실기시험 문제 ①과 공통되므로 생략한다.

■ 제4과제 : 유압회로 구성 및 조립작업

(2) 응용과제

① 실린더 전진 시 일방향 유량조정밸브를 사용하여 meter-in 회로를 구성하고, 실린더의 낙하를 방지하기 위하여 카운터 밸런스 회로를 추가로 구성하여 동작시키시오. (단, 카운터 밸런스 회로는 릴리프밸브와 체크밸브를 사용하여 회로를 구성하고 설정압력은 3MPa(±0.2MPa)로 한다.)

② 전기타이머를 사용하여 실린더가 전진 완료 후 3초간 정지한 후에 후진하도록 전기회로를 구성하고 동작시키시오.

3 도면(유압회로)

① 제어조건 : 유압 탁상 프레스를 제작하려고 한다. 푸시 버튼 스위치(PBS)를 ON-OFF하면 실린더가 전진하며, 리밋 스위치 LS2가 작동되면 자동으로 후진하게 되어 있다. 작업을 중지하면 에너지 절약을 위해 무부하 회로가 되어야 한다.

• 위치도

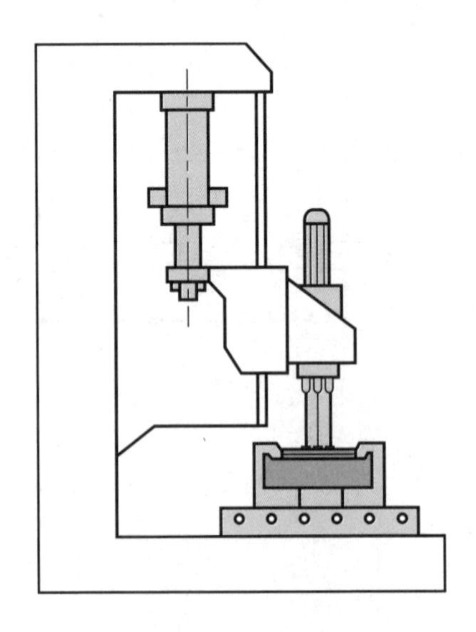

• 유압회로도

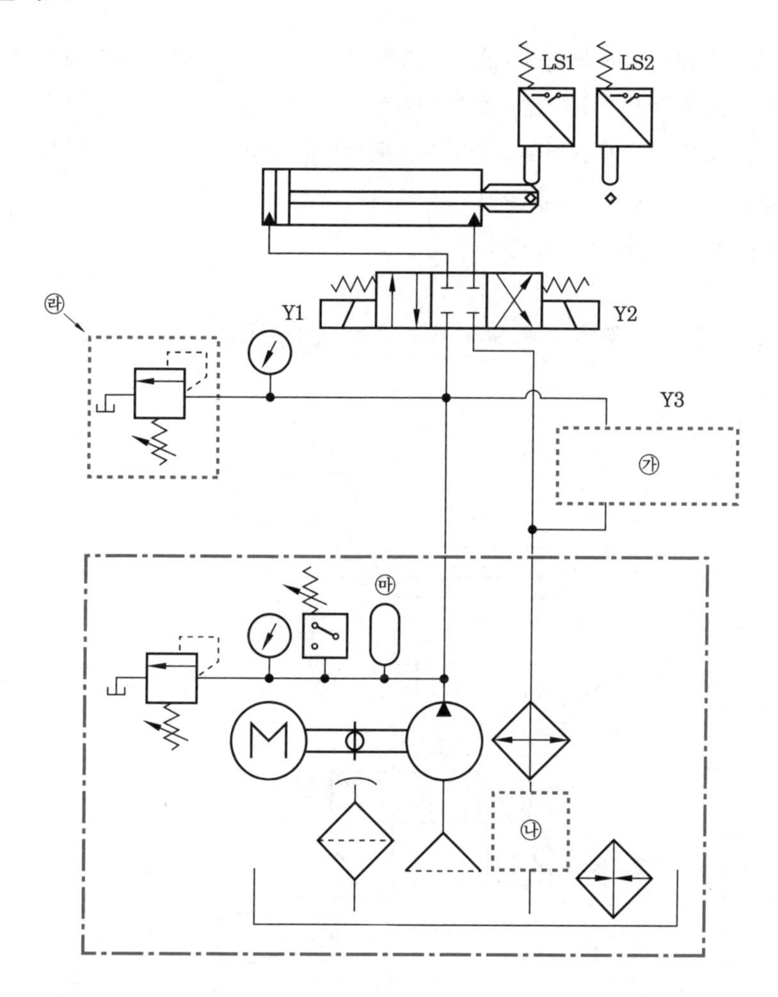
LS1
LS2
Y1
Y2
Y3
㉮
㉯
㉰
㉱
㉲

• 전기회로도

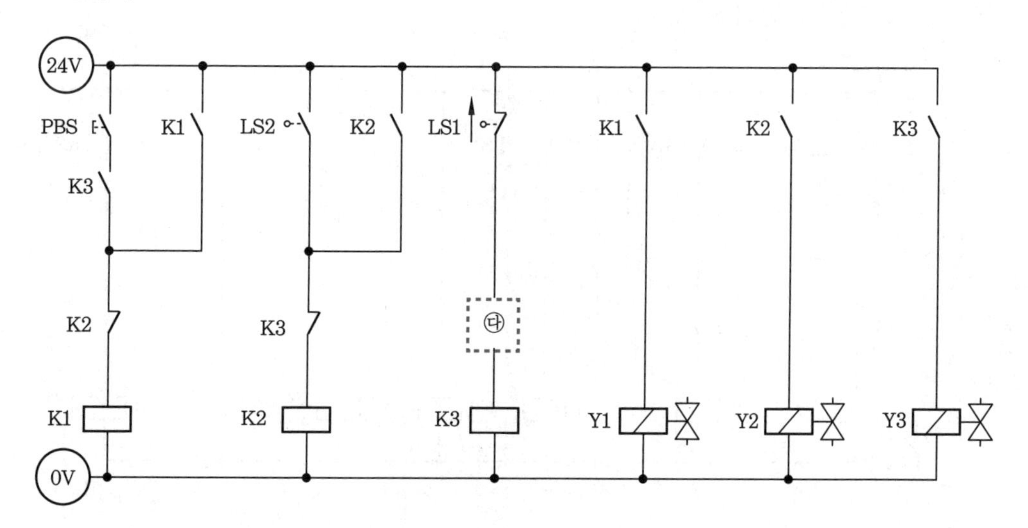
24V
PBS
K1
LS2
K2
LS1
K1
K2
K3
K3
K2
K3
㉰
K1
K2
K3
Y1
Y2
Y3
0V

답지(3)

1. 유압회로도 중 빈칸 ㉮에 들어갈 적절한 기호를 [보기(유압)]에서 골라 그 번호를 쓰시오.
2. 유압회로도 중 빈칸 ㉯에 들어갈 적절한 기호를 [보기(유압)]에서 골라 그 번호를 쓰시오.
3. 전기회로도 중 빈칸 ㉰에 들어갈 적절한 기호를 [보기(유압)]에서 골라 그 번호를 쓰시오.
4. 유압회로도 중 ㉱의 명칭을 쓰시오.
5. 유압회로도 중 ㉲의 용도를 쓰시오.

정답 **1.** ⑰ **2.** ⑥ **3.** ㉟ **4.** 릴리프밸브 **5.** 에너지 저장

유압 기본 및 응용회로도 정답

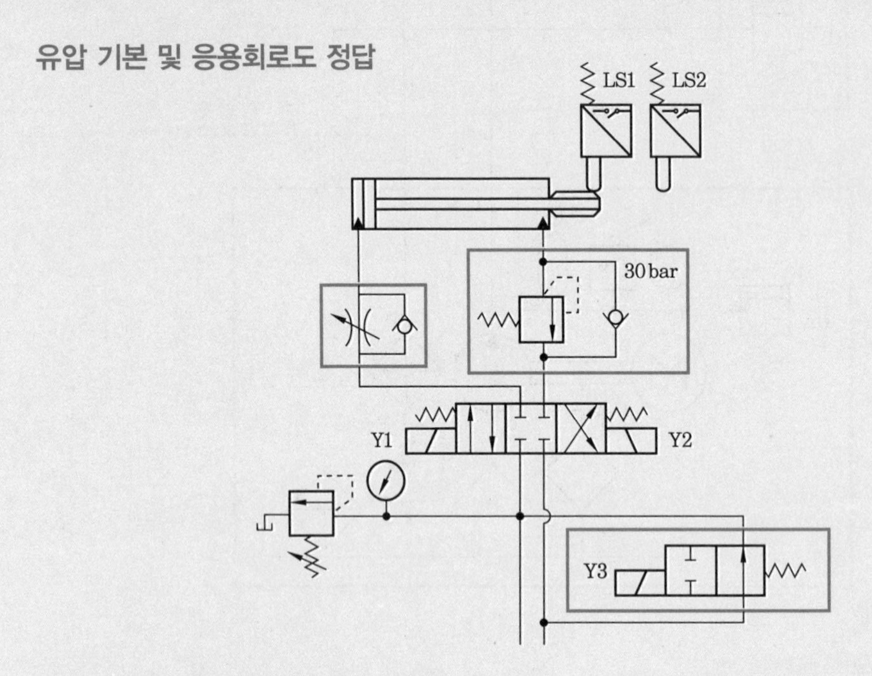

전기 유압 기본 및 응용회로도 정답

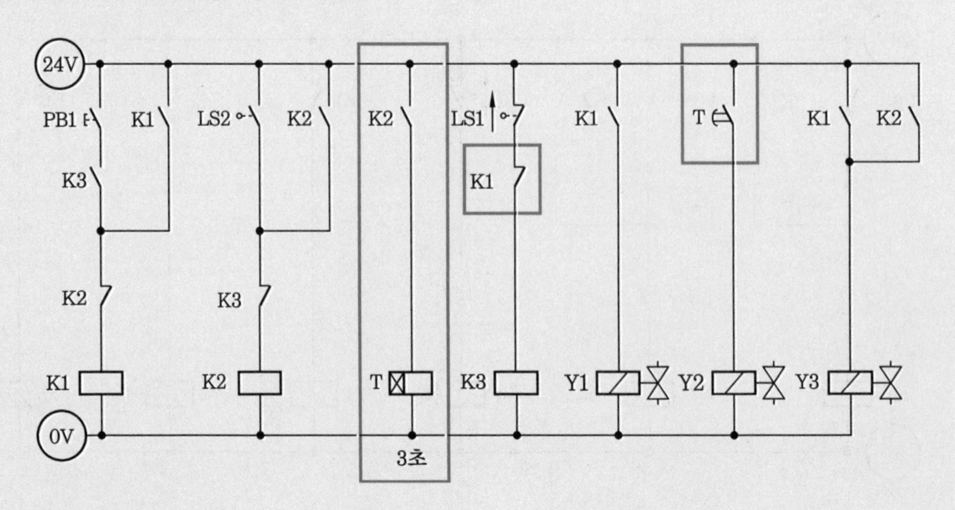

국가기술자격 실기시험 문제 ⑯

자격종목	공유압기능사	과제명	공압회로 구성 및 조립작업

※ 1과제와 2과제의 시험시간, 요구사항 및 수험자 유의사항 등은 국가기술자격 실기시험 문제 ①과 공통되므로 생략한다.

■ 제2과제 : 공압회로 구성 및 조립작업

(2) 응용과제

① 감독위원이 지정한 압력(0.2~0.5MPa 범위에서 지정)으로 변경하시오.

② 실린더 B 전진 시 일방향 유량조절밸브(모듈형)를 사용하여 meter-out 회로가 되도록 하고, 실린더 A 후진 시 급속배기밸브를 사용하여 실린더의 속도를 제어하시오.

③ 실린더 B가 전진하기 위해 카운터와 별도의 스위치(PBS)를 설치하여 스위치(PBS)를 2회 ON-OFF할 경우 실린더 B가 전진하는 회로를 구성하고 동작시키시오. (단, 스위치(PBS)를 2회 ON-OFF하지 않을 경우 실린더 B는 전진하지 않는다.)

3 도면(공압회로)

① 제어조건 : 알루미늄 소재에 1개의 드릴 작업을 행하려 한다. 소재는 수동으로 공급된다. START 스위치를 ON-OFF하면 A 실린더에 의해서 드릴 작업 위치까지 이송시키며 클램핑까지 하게 된다. 클램핑 후 드릴 실린더인 B 실린더가 전진을 해서 드릴 작업을 마치고 복귀 후에 A 실린더가 후진하여 클램핑을 해제한다.

• 위치도

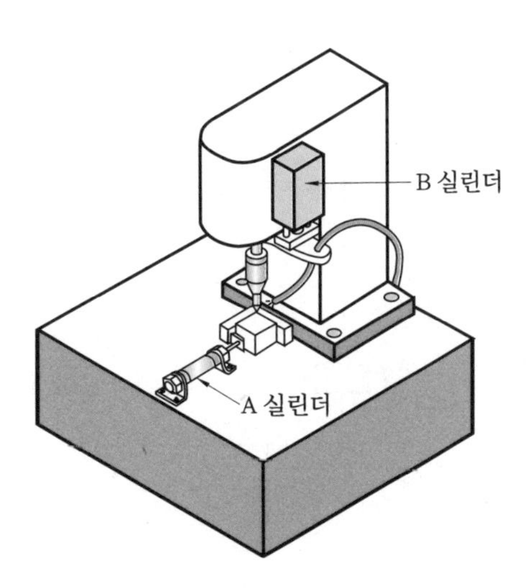

• 공압회로도

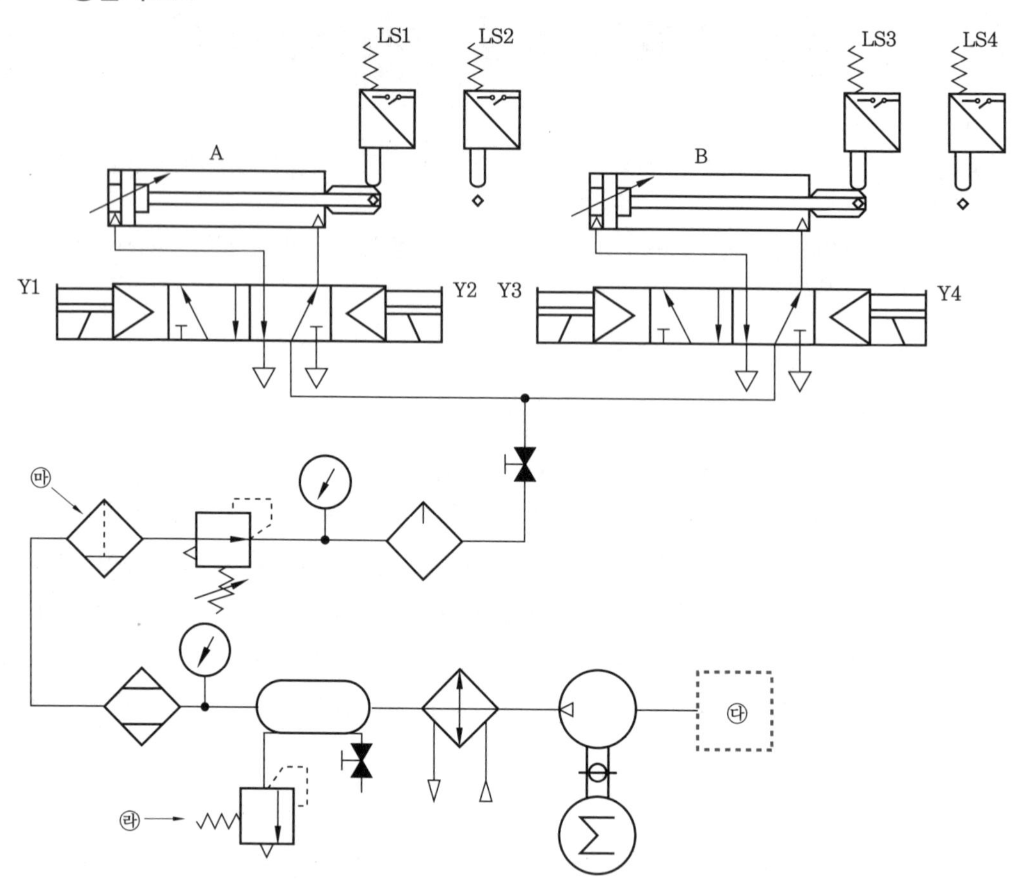
LS1
LS2
LS3
LS4
A
B
Y1
Y2
Y3
Y4
㉮
㉯
㉰

• 전기회로도

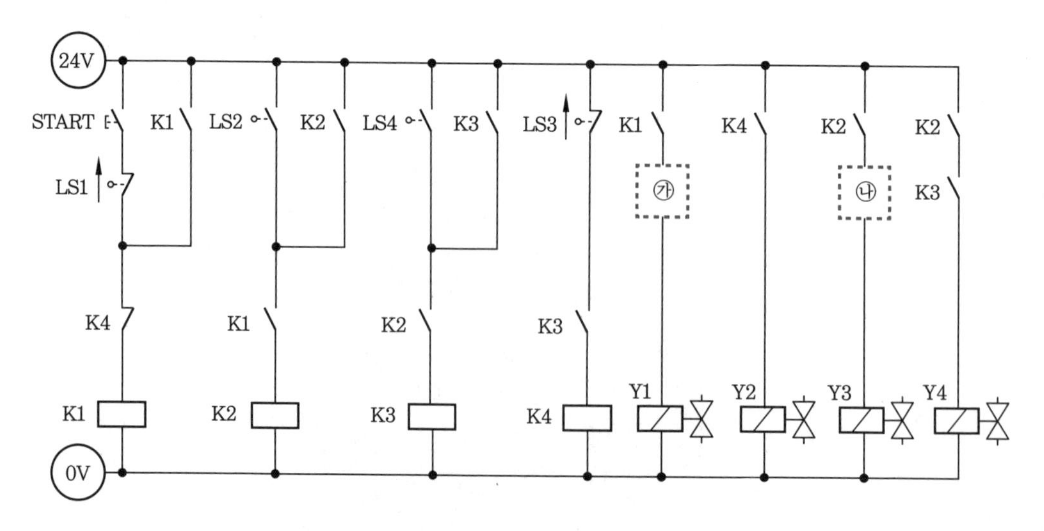
24V
START
K1
LS2
K2
LS4
K3
LS3
K1
K4
K2
K2
LS1
㉮
㉯
K3
K4
K1
K2
K3
K1
K2
K3
K4
Y1
Y2
Y3
Y4
0V

답지(1)

1. 전기회로도 중 빈칸 ㉮에 들어갈 적절한 기호를 [보기(공압)]에서 골라 그 번호를 쓰시오.
2. 전기회로도 중 빈칸 ㉯에 들어갈 적절한 기호를 [보기(공압)]에서 골라 그 번호를 쓰시오.
3. 공압회로도 중 빈칸 ㉰에 들어갈 적절한 기호를 [보기(공압)]에서 골라 그 번호를 쓰시오.
4. 공압회로도 중 ㉱의 용도를 쓰시오.
5. 공압회로도 중 ㉲의 명칭을 쓰시오.

정답 **1.** ㊲ **2.** ㊱ **3.** ② **4.** 공기 탱크내 최대허용압력 초과 방지 **5.** 드레인 붙이 공기 필터

답지(2)

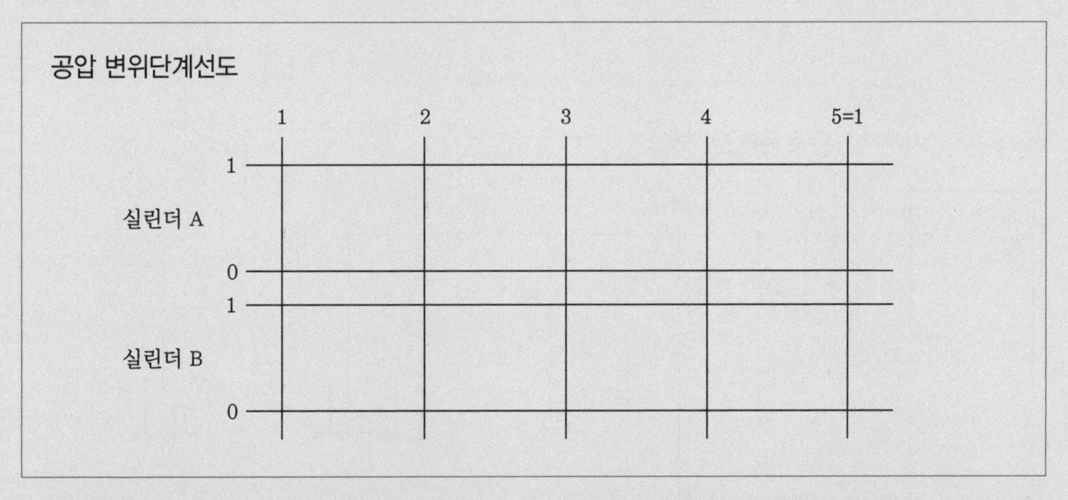

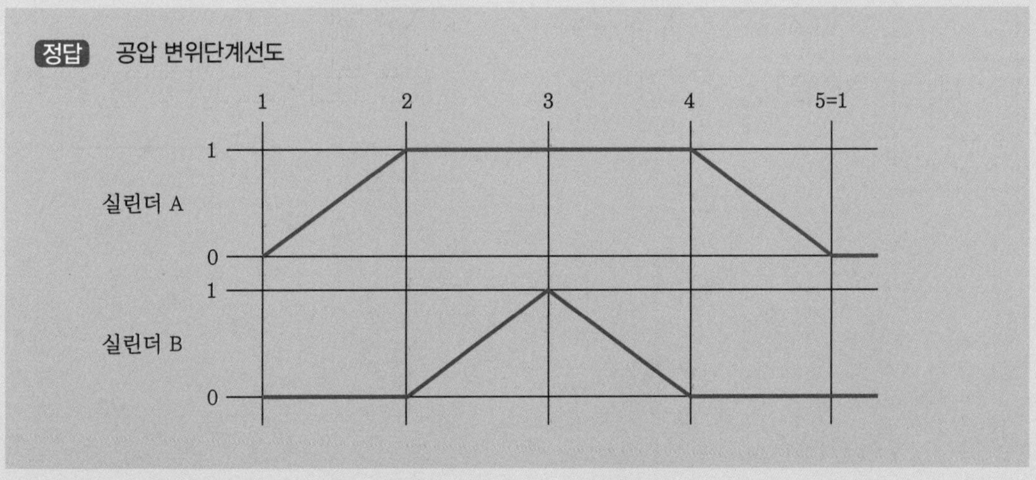

공압 응용회로도 정답

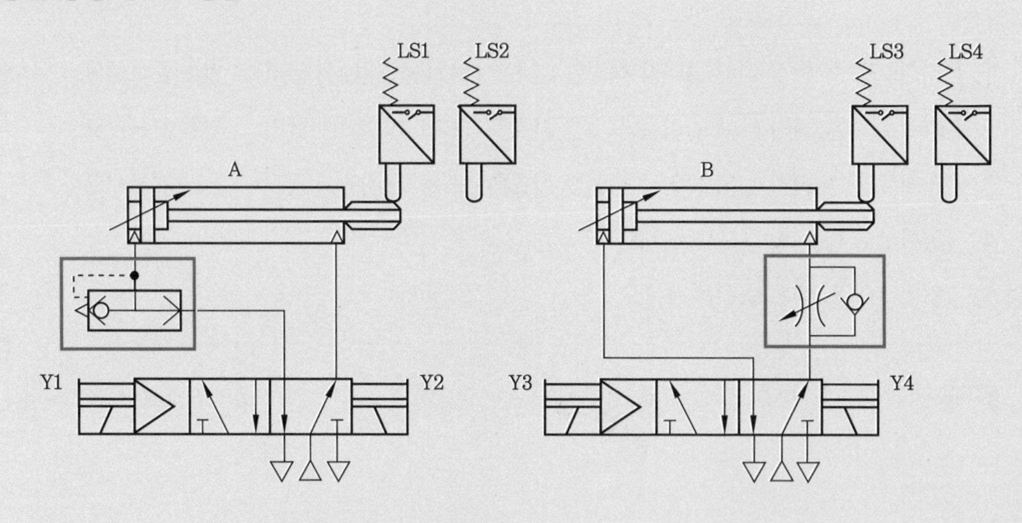

전기 공압 기본 및 응용회로도 정답

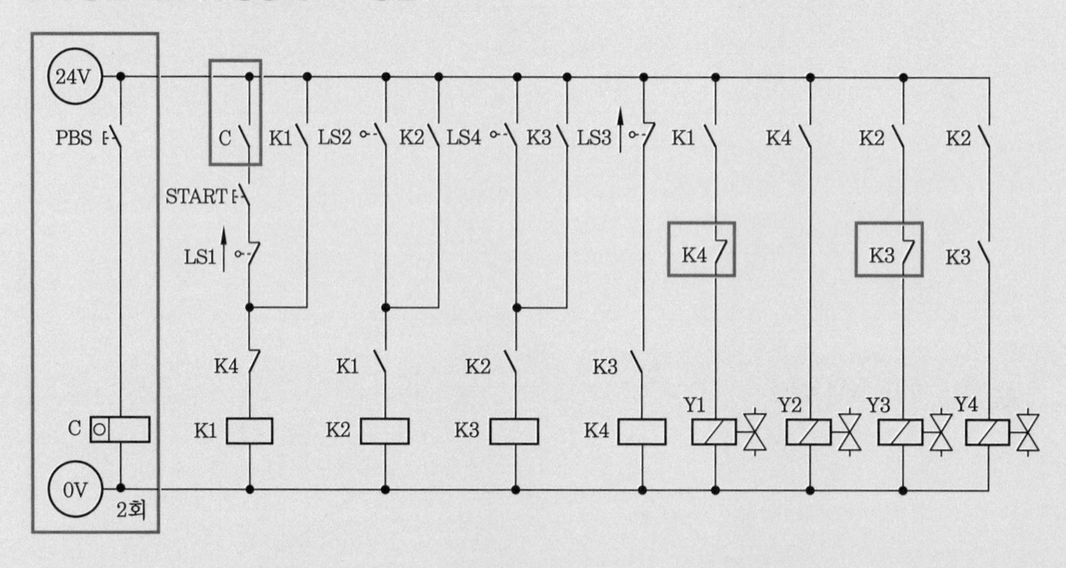

자격종목	공유압기능사	과제명	유압회로 구성 및 조립작업

※ 3과제와 4과제의 시험시간, 요구사항 및 수험자 유의사항 등은 국가기술자격 실기시험 문제 ①과 공통되므로 생략한다.

■ 제4과제 : 유압회로 구성 및 조립작업

(2) 응용과제

① 실린더 로드 측에 전진 시 과부하 방지를 위하여 압력게이지와 릴리프밸브를 추가하여 안전회로를 구성하고 압력을 (2±0.5)MPa로 설정하시오.

② 카운터를 사용하여 실린더가 3회 전 · 후진 후 정지할 수 있게 전기회로를 구성하고 동작시키시오. (단, PB2를 별도로 추가하여 PB2가 ON-OFF하면 연속 동작이 시작하고, 카운터의 Reset은 별도의 스위치 추가 없이 자동으로 초기화되도록 한다.)

3 도면(유압회로)

① 제어조건 : 원료 공급 장치를 제작하려고 한다. 누름 버튼 스위치(PBS1)를 ON-OFF하면 실린더가 전진하며 원료를 퍼올리고, 리밋 스위치(LS2)가 작동되면 자동으로 실린더가 후진하여 원료를 공급한다. 초기 상태에서 실린더는 후진 상태로 있다.

• 위치도

• 유압회로도

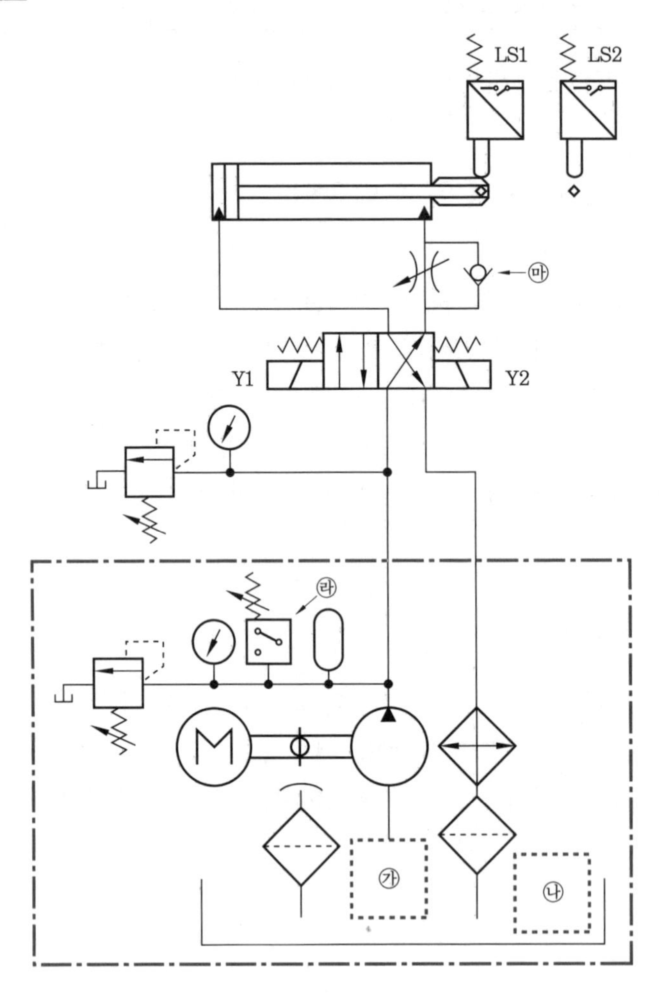

• 전기회로도

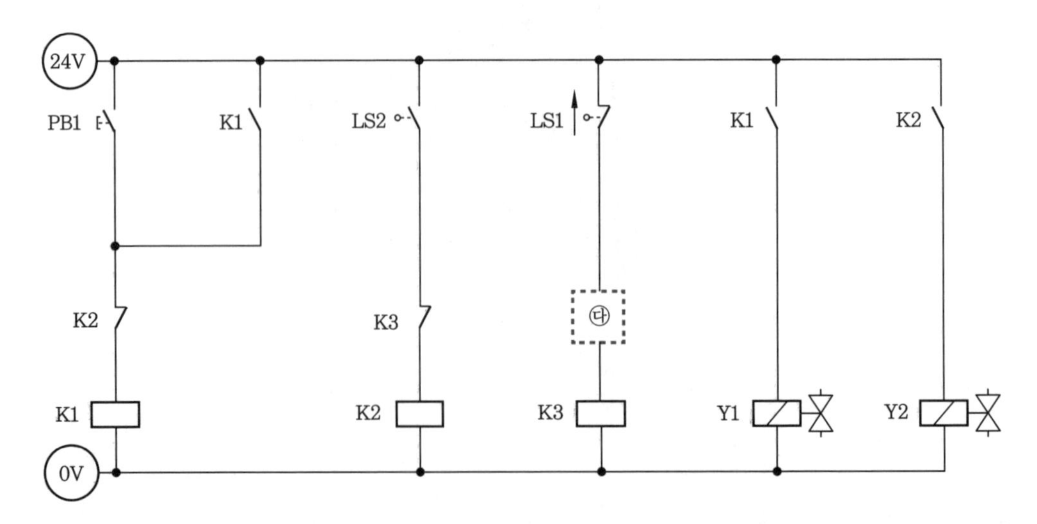

답지(3)

1. 유압회로도 중 빈칸 ㉮에 들어갈 적절한 기호를 [보기(유압)]에서 골라 그 번호를 쓰시오.
2. 유압회로도 중 빈칸 ㉯에 들어갈 적절한 기호를 [보기(유압)]에서 골라 그 번호를 쓰시오.
3. 전기회로도 중 빈칸 ㉰에 들어갈 적절한 기호를 [보기(유압)]에서 골라 그 번호를 쓰시오.
4. 유압회로도 중 ㉱의 명칭을 쓰시오.
5. 유압회로도 중 ㉲의 용도를 쓰시오.

정답 1. ⑦ 2. ⑤ 3. ㊱ 4. 압력 스위치 5. 미터 아웃 전진 속도 제어

유압 기본 및 응용회로도 정답

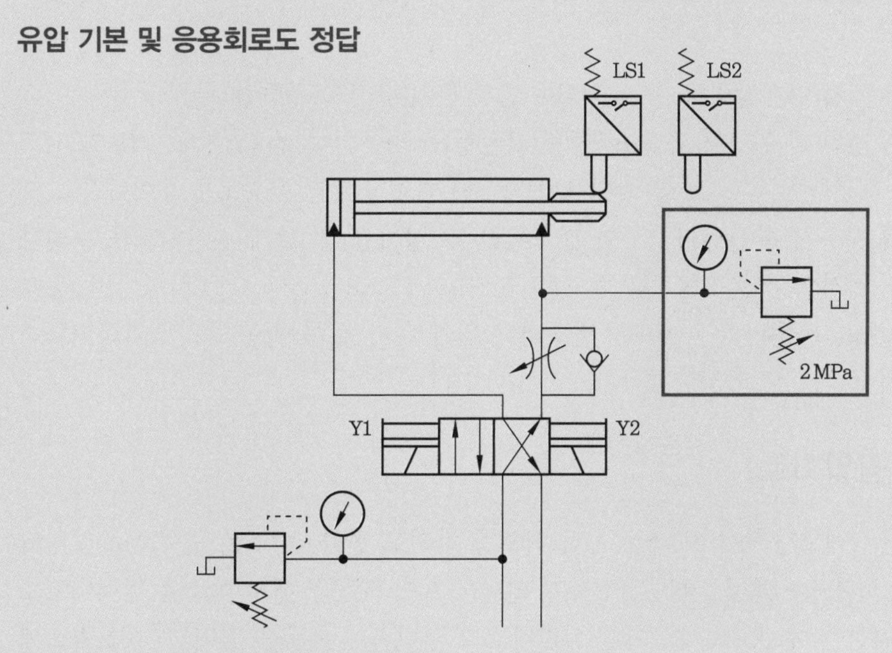

전기 유압 기본 및 응용회로도 정답

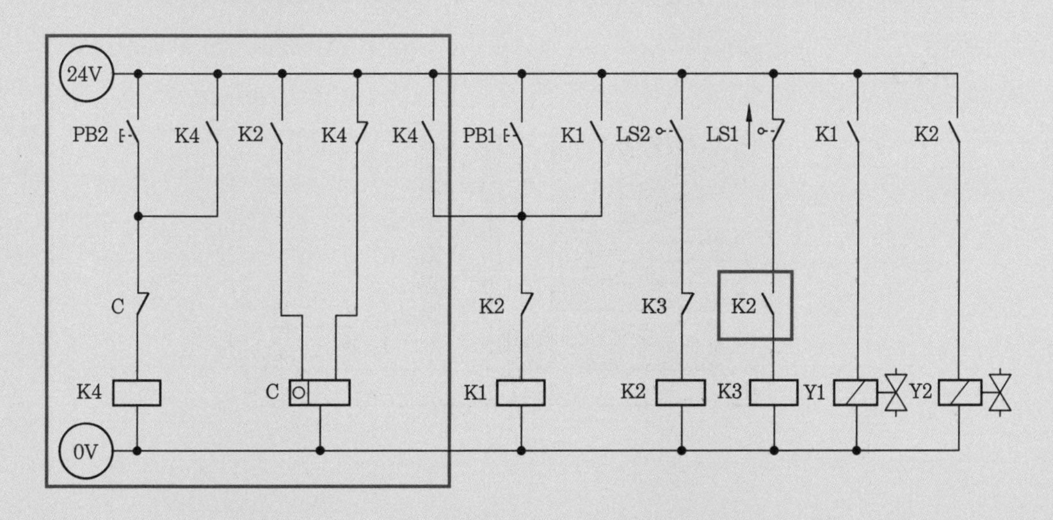

국가기술자격 실기시험 문제 ⑰

자격종목	공유압기능사	과제명	공압회로 구성 및 조립작업

※ 1과제와 2과제의 시험시간, 요구사항 및 수험자 유의사항 등은 국가기술자격 실기시험 문제 ①과 공통되므로 생략한다.

■ 제2과제 : 공압회로 구성 및 조립작업

(2) 응용과제

① 감독위원이 지정한 압력(0.2~0.5MPa 범위에서 지정)으로 변경하시오.

② 실린더 A 전진 시 일방향 유량조절밸브(모듈형)를 사용하여 meter-out 회로가 되도록 하고, 실린더 B 후진 시 급속배기밸브를 사용하여 실린더의 속도를 제어하시오.

③ 카운터를 사용하여 실린더가 3회 전 · 후진 후 정지할 수 있게 전기회로를 구성하고 동작시키시오. (단, PBS2를 별도로 추가하여 PBS2가 ON-OFF하면 연속 동작이 시작하고, 카운터의 Reset은 별도의 스위치 추가 없이 자동으로 초기화되도록 한다.)

3 도면(공압회로)

① 제어조건 : 네모난 박스에 제품 공급 작업을 하려고 한다. 박스는 중력으로 삽입되며 시작 스위치 PBS를 ON-OFF하면 실린더 A가 전진을 해서 박스를 밀어내고 2초간 정지한 후에 복귀한다. 이후 실린더 B가 전진하여 제품을 밀어 아래쪽 박스에 제품을 투입하고, 실린더 B가 후진한다.

• 위치도

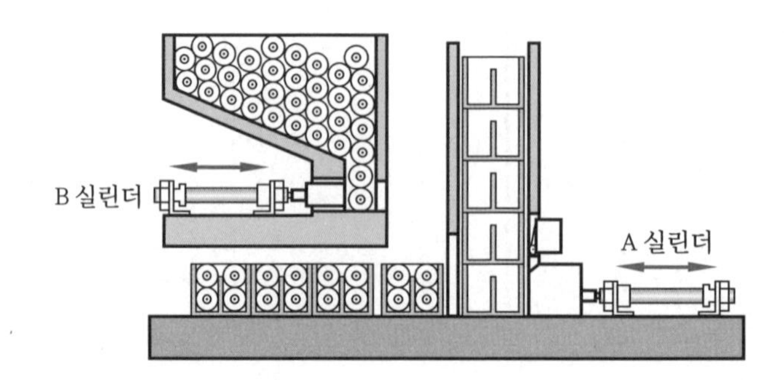

• 공압회로도

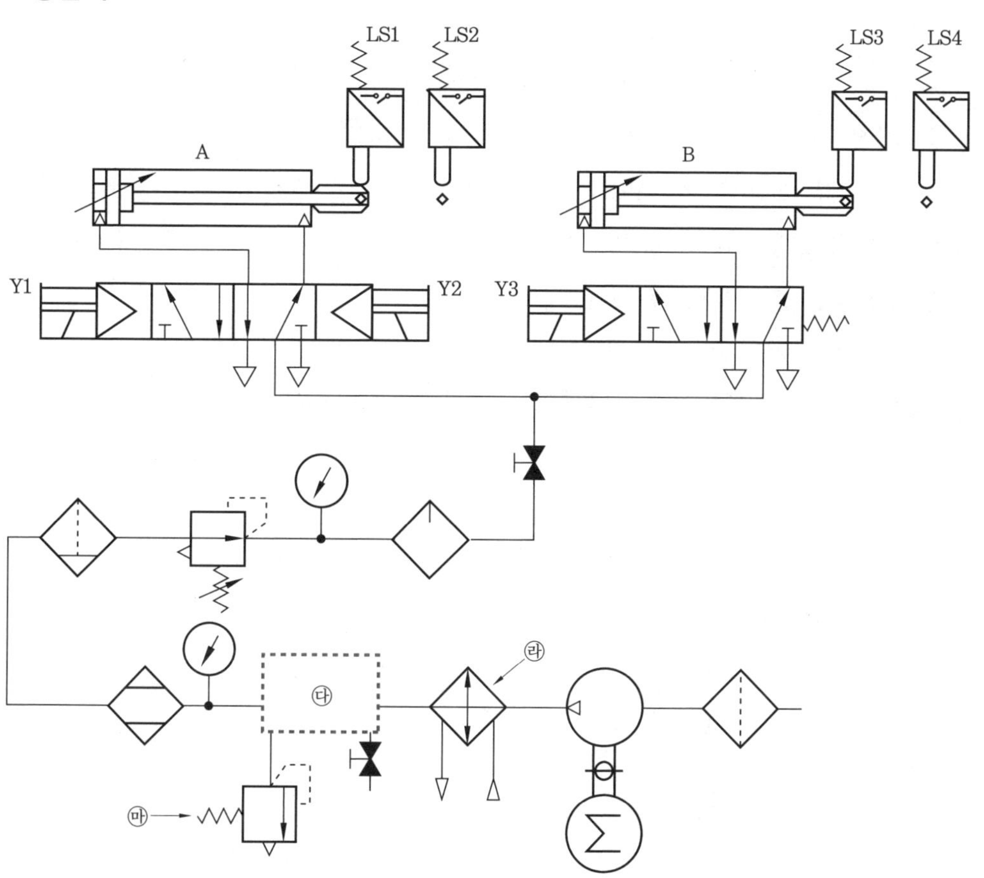
LS1
LS2
LS3
LS4
A
B
Y1
Y2
Y3
㉑
㉒
㉓

• 전기회로도

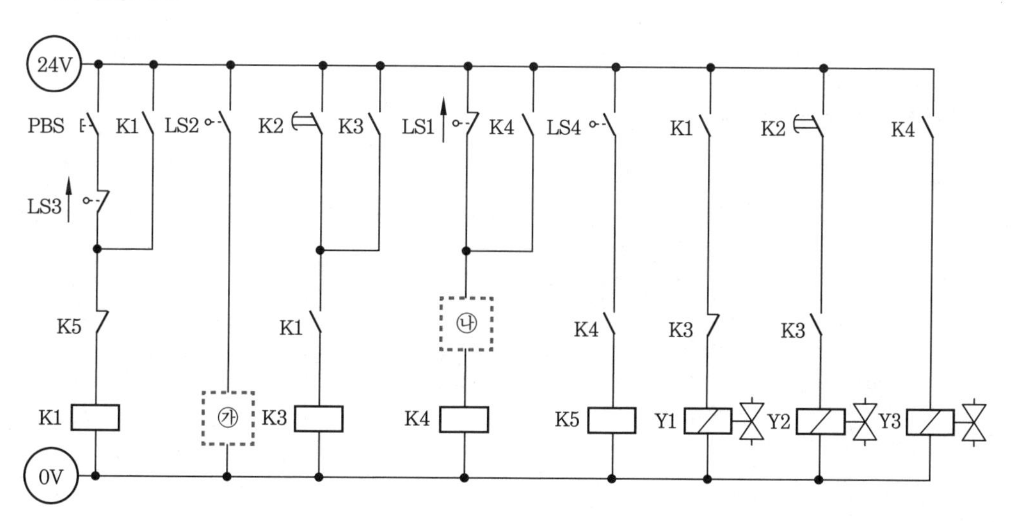
24V
PBS
K1
LS2
K2
K3
LS1
K4
LS4
K1
K2
K4
LS3
K5
K1
㉯
K4
K3
K3
K1
㉮
K3
K4
K5
Y1
Y2
Y3
0V

답지(1)

1. 전기회로도 중 빈칸 ㉮에 들어갈 적절한 기호를 [보기(공압)]에서 골라 그 번호를 쓰시오.
2. 전기회로도 중 빈칸 ㉯에 들어갈 적절한 기호를 [보기(공압)]에서 골라 그 번호를 쓰시오.
3. 공압회로도 중 빈칸 ㉰에 들어갈 적절한 기호를 [보기(공압)]에서 골라 그 번호를 쓰시오.
4. 공압회로도 중 ㉱의 용도를 쓰시오.
5. 공압회로도 중 ㉲의 명칭을 쓰시오.

정답 **1.** ㉔ **2.** ㉜ **3.** ① **4.** 압축공기 냉각 **5.** 안전밸브

답지(2)

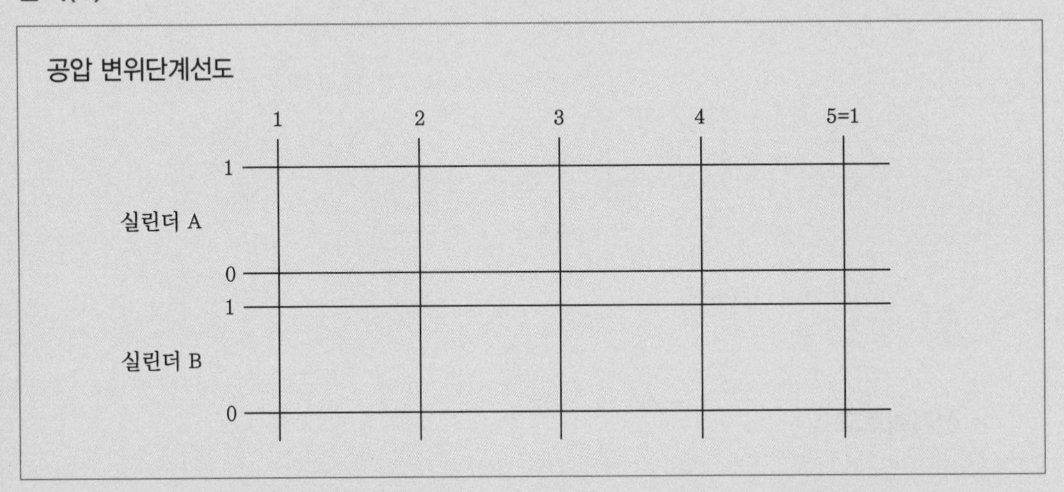

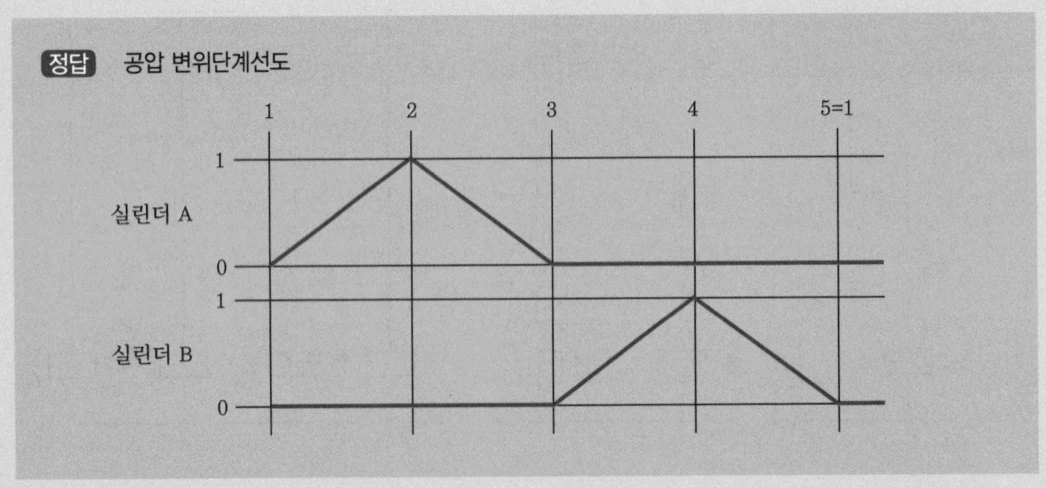

공압 응용회로도 정답

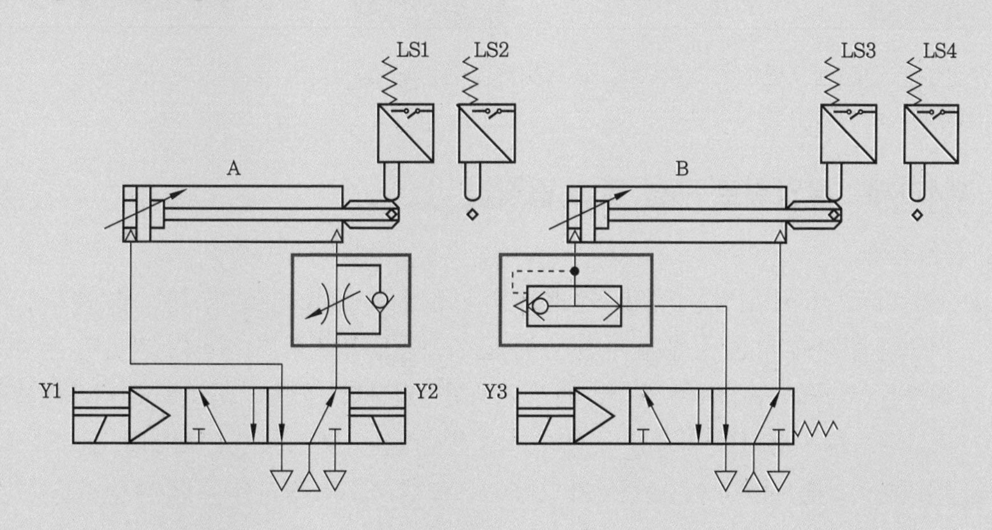

전기 공압 기본 및 응용회로도 정답

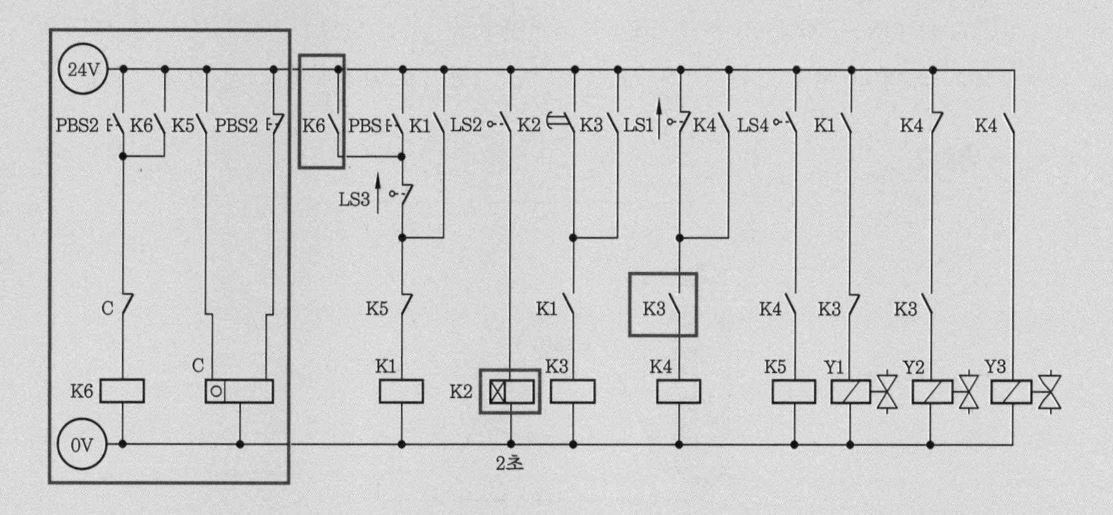

자격종목	공유압기능사	과제명	유압회로 구성 및 조립작업

※ 3과제와 4과제의 시험시간, 요구사항 및 수험자 유의사항 등은 국가기술자격 실기시험 문제 ①과 공통되므로 생략한다.

■ 제4과제 : 유압회로 구성 및 조립작업

(2) 응용과제

① 실린더 전진 시 일방향 유량조정밸브를 사용하여 meter-in 회로를 구성하고, 무게중심 변화에 따른 실린더의 전진 시 급속운동을 방지하기 위하여 카운터 밸런스 회로를 추가로 구성하여 동작시키시오. (단, 카운터 밸런스 회로는 릴리프밸브와 체크밸브를 사용하여 회로를 구성하고 설정압력은 3MPa(±0.2MPa)로 한다.)

② 전기타이머를 사용하여 실린더가 전진 완료 후 3초간 정지한 후에 후진하도록 전기회로를 구성하고 동작시키시오.

3 도면(유압회로)

① 제어조건 : 유압을 이용하여 용강 경동장치를 제작하려고 한다. 푸시 버튼 스위치(PBS)를 ON-OFF하면 유압 실린더가 전진하며, 전진 완료될 때 3MPa 이상의 압력이 도달되고 리밋 스위치 LS2가 작동되면 자동으로 후진하게 되어 있다.

• 위치도

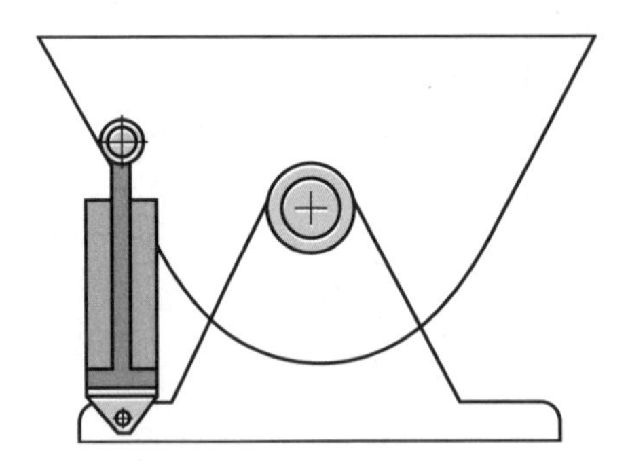

• 유압회로도

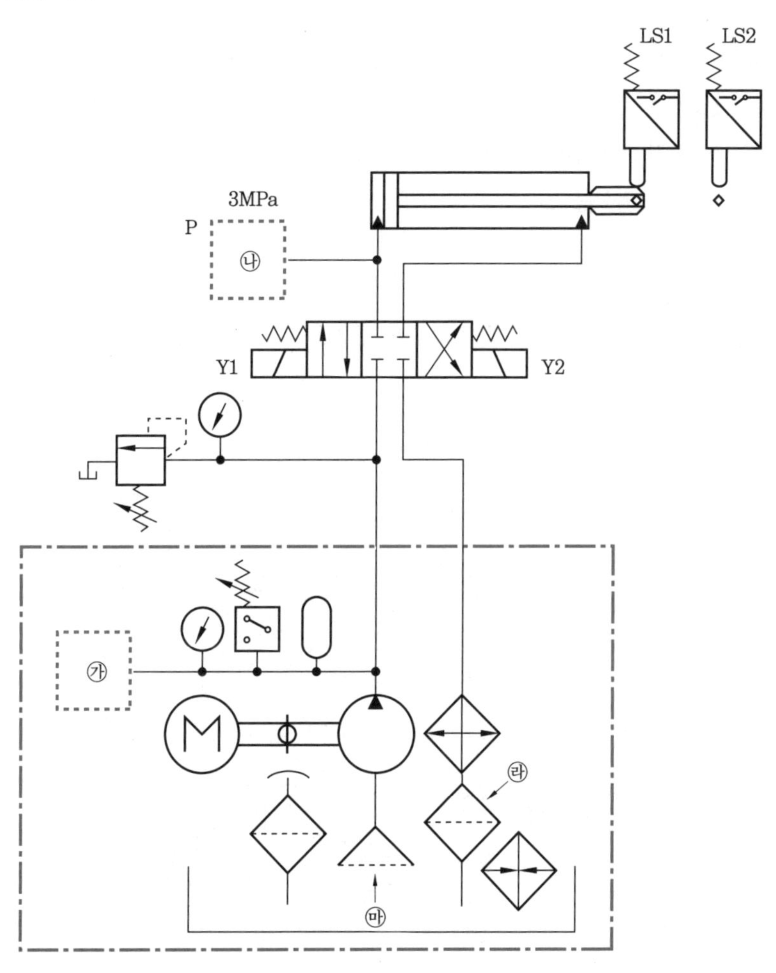
LS1
LS2
3MPa
P
㉯
Y1
Y2
㉮
㉱
㉰

• 전기회로도

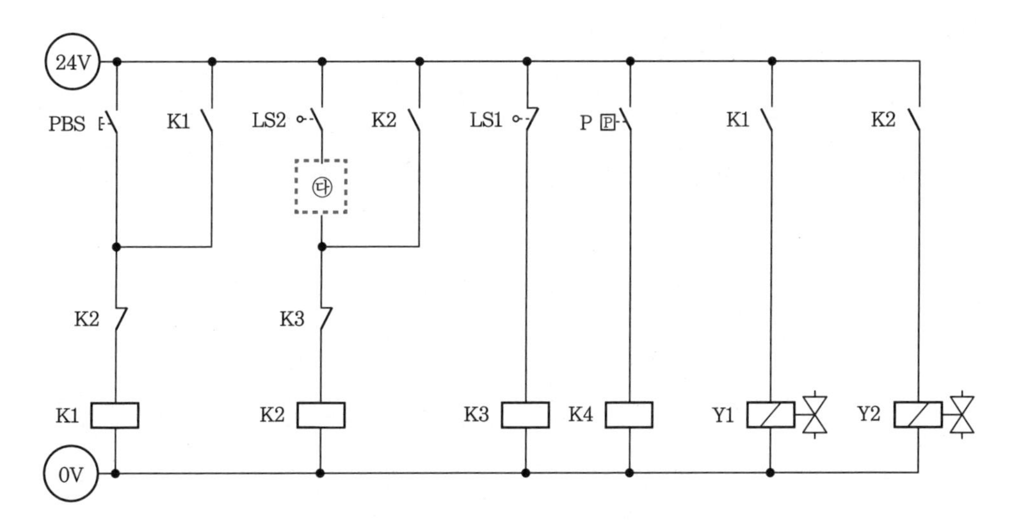
24V
PBS
K1
LS2
K2
LS1
P
K1
K2
㉰
K2
K3
K1
K2
K3
K4
Y1
Y2
0V

답지(3)

1. 유압회로도 중 빈칸 ㉮에 들어갈 적절한 기호를 [보기(유압)]에서 골라 그 번호를 쓰시오.
2. 유압회로도 중 빈칸 ㉯에 들어갈 적절한 기호를 [보기(유압)]에서 골라 그 번호를 쓰시오.
3. 전기회로도 중 빈칸 ㉰에 들어갈 적절한 기호를 [보기(유압)]에서 골라 그 번호를 쓰시오.
4. 유압회로도 중 ㉱의 명칭을 쓰시오.
5. 유압회로도 중 ㉲의 용도를 쓰시오.

정답 **1.** ⑧ **2.** ㉗ **3.** ㊲ **4.** 복귀 필터(리턴 필터) **5.** 이물질 흡입 방지

유압 기본 및 응용회로도 정답

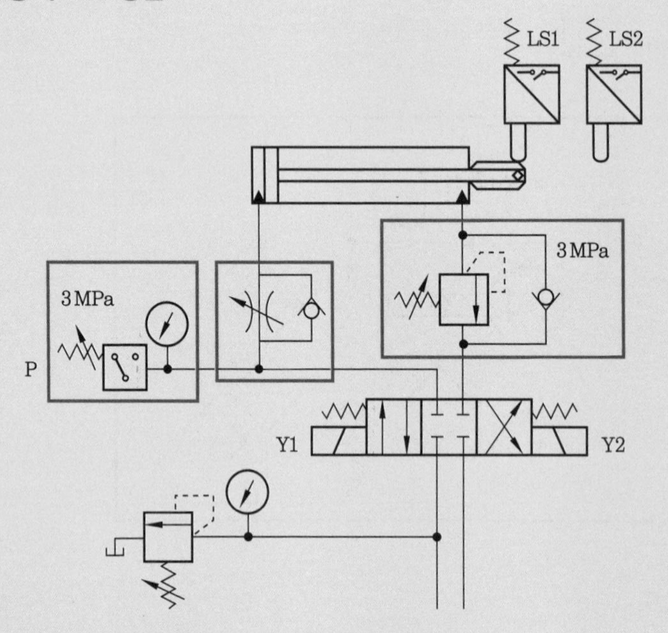

전기 유압 기본 및 응용회로도 정답

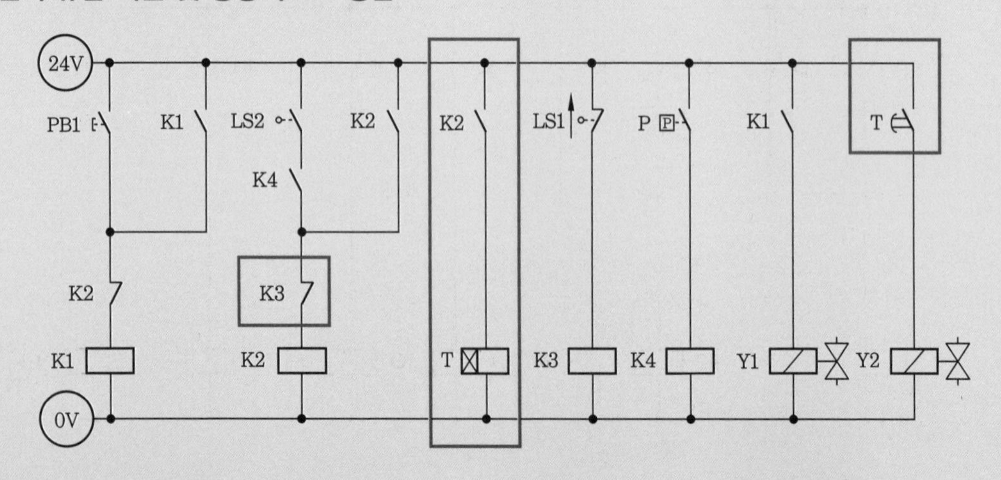

국가기술자격 실기시험 문제 ⑱

자격종목	공유압기능사	과제명	공압회로 구성 및 조립작업

※ 1과제와 2과제의 시험시간, 요구사항 및 수험자 유의사항 등은 국가기술자격 실기시험 문제 ①과 공통되므로 생략한다.

■ 제2과제 : 공압회로 구성 및 조립작업

(2) 응용과제

① 감독위원이 지정한 압력(0.2~0.5MPa 범위에서 지정)으로 변경하시오.

② 실린더 B 전진 시 과도한 압력으로 공작물이 파손되는 것을 방지하기 위하여 압력 조절밸브(감압밸브)와 압력게이지를 사용하여 (0.2±0.05)MPa로 압력을 변경하시오.

③ 회로도에서 B 실린더의 왕복운동을 제어하기 위하여 스프링 복귀형 솔레노이드 밸브를 사용하였다. 이를 메모리 기능이 있는 복동 솔레노이드 밸브를 사용하여 회로를 재구성한 후 동작시키시오.

3 도면(공압회로)

① 제어조건 : 시작 스위치(PBS)를 ON-OFF하면 실린더 A가 전진하여 재료를 이송한다. 그 후에 실린더 B가 전진하여 엠보싱을 마친 후 후진한 뒤에 A 실린더도 복귀하여 초기 상태가 되게 한다.

• 위치도

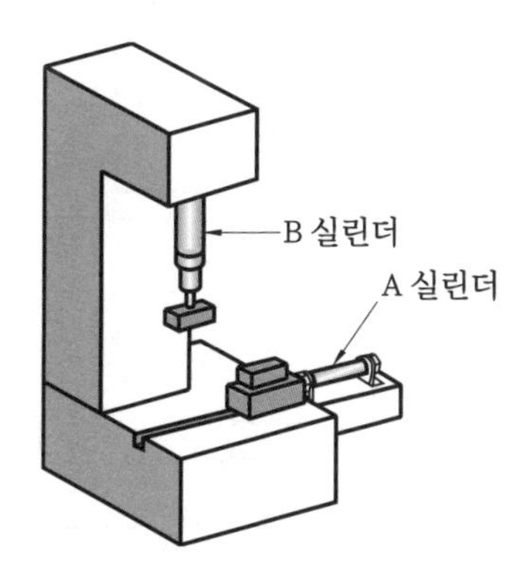

• 공압회로도

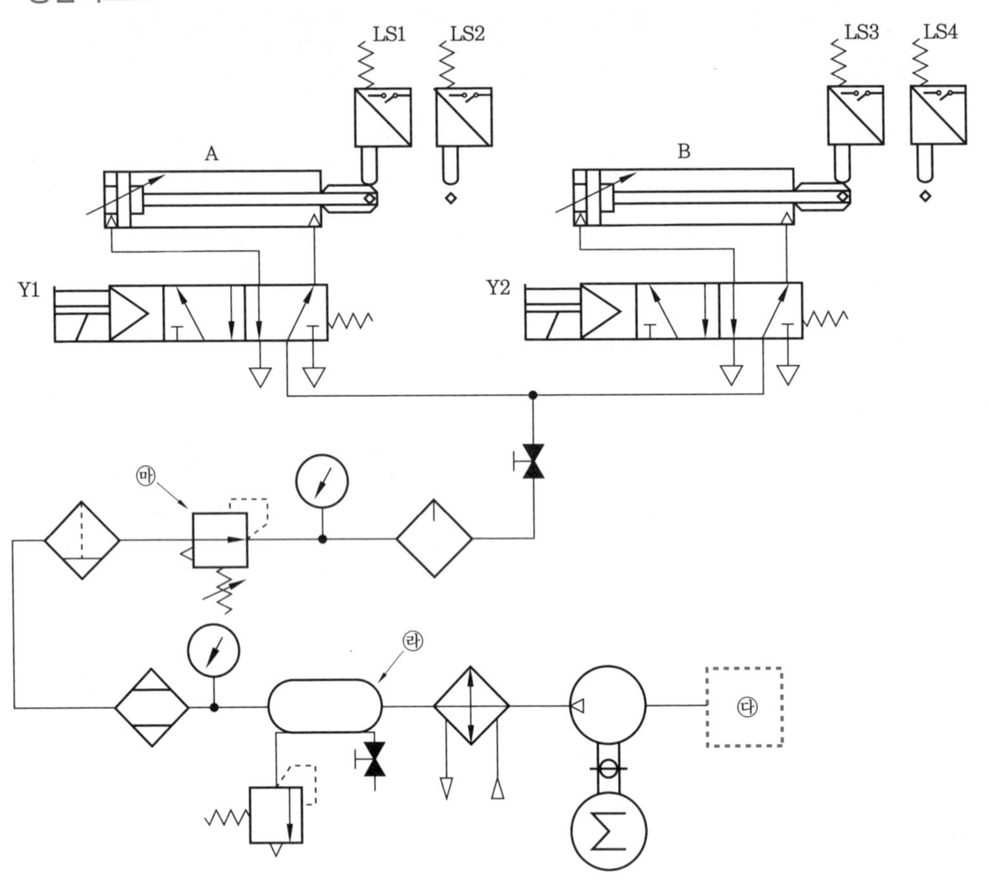
LS1
LS2
LS3
LS4
A
B
Y1
Y2
㉮
㉱
㉰

• 전기회로도

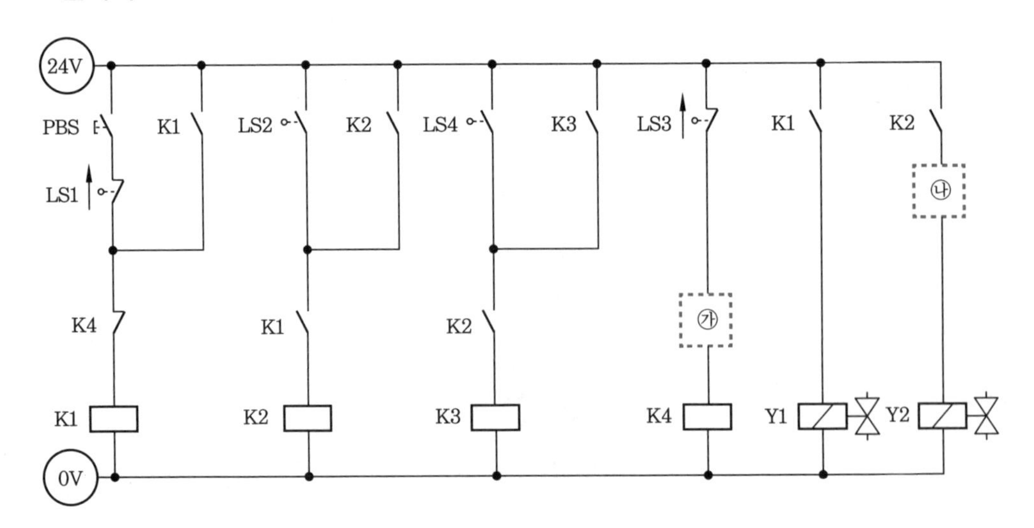
24V
PBS
LS1
K1
LS2
K2
LS4
K3
LS3
K1
K2
㉯
K4
K1
K2
㉮
K1
K2
K3
K4
Y1
Y2
0V

답지(1)

1. 전기회로도 중 빈칸 ㉮에 들어갈 적절한 기호를 [보기(공압)]에서 골라 그 번호를 쓰시오.

2. 전기회로도 중 빈칸 ㉯에 들어갈 적절한 기호를 [보기(공압)]에서 골라 그 번호를 쓰시오.

3. 공압회로도 중 빈칸 ㉰에 들어갈 적절한 기호를 [보기(공압)]에서 골라 그 번호를 쓰시오.

4. 공압회로도 중 ㉱의 용도를 쓰시오.

5. 공압회로도 중 ㉲의 명칭을 쓰시오.

정답 **1.** ㉜ **2.** ㊱ **3.** ② **4.** 압축공기 저장 **5.** 감압밸브(압력조절밸브)

답지(2)

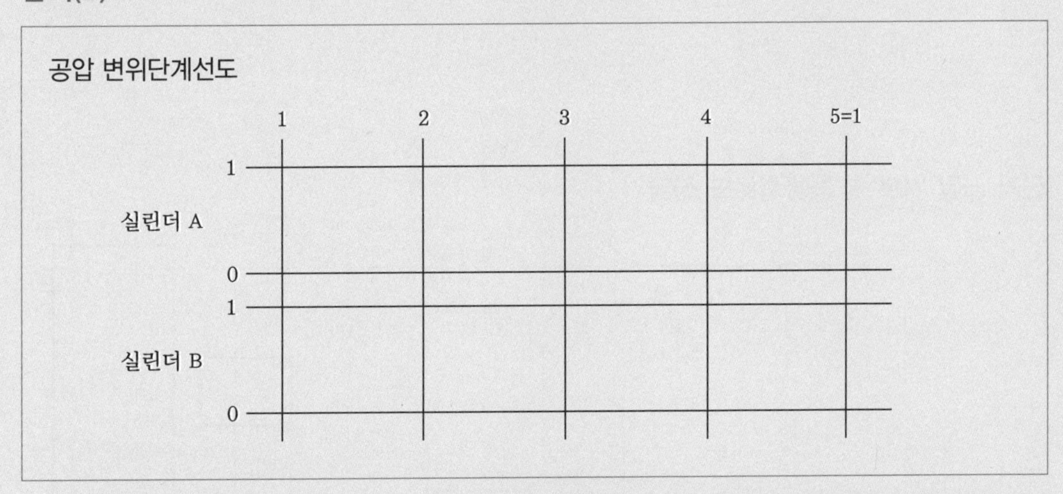

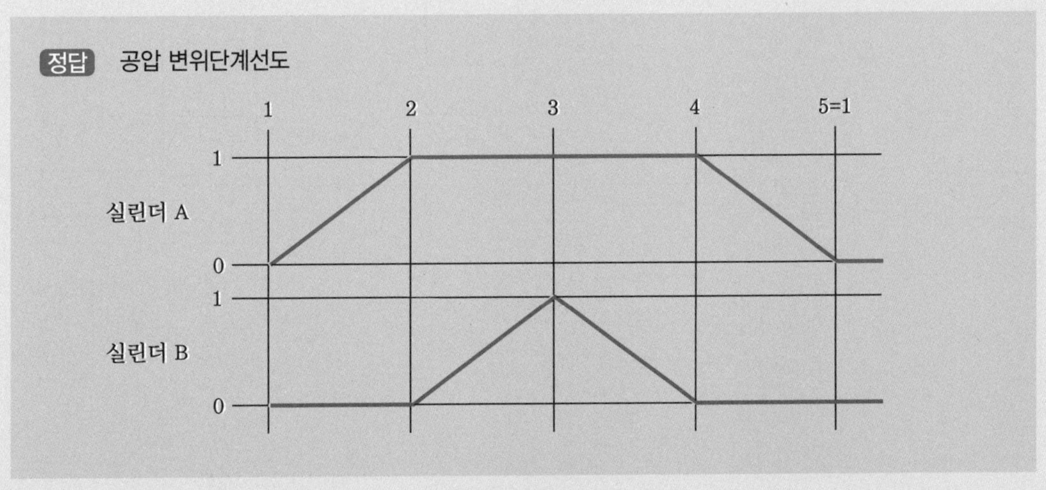

공압 응용회로도 정답

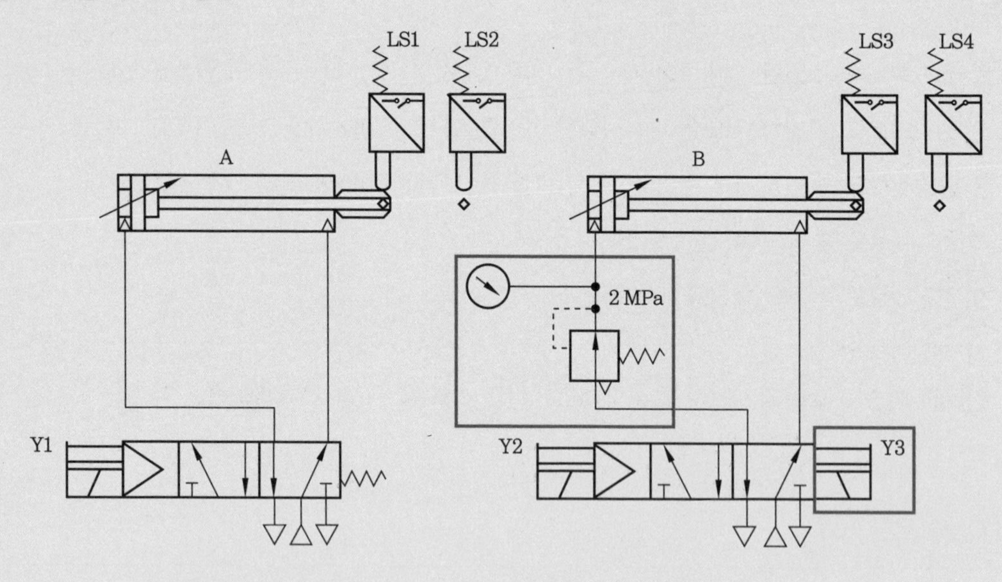

전기 공압 기본 및 응용회로도 정답

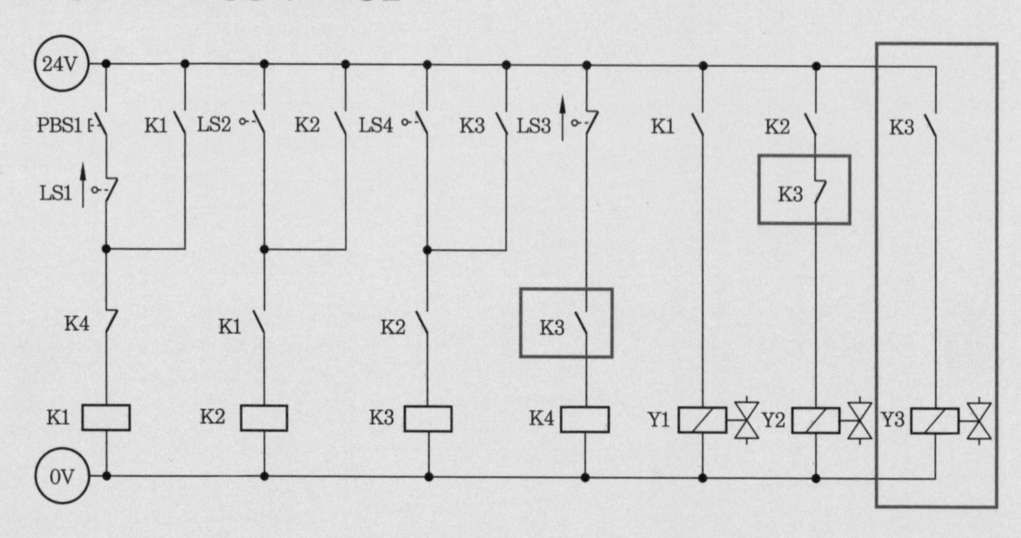

자격종목	공유압기능사	과제명	유압회로 구성 및 조립작업

※ 3과제와 4과제의 시험시간, 요구사항 및 수험자 유의사항 등은
공통되므로 생략한다.

■ 제4과제 : 유압회로 구성 및 조립작업

(2) 응용과제

① 실린더의 전진 운동을 일방향 유량조절밸브를 사용하여 meter-out 방식으로 회로를 변경하여 속도를 제어하시오.

② 전기타이머를 사용하여 실린더가 전진 완료 후 3초간 정지한 후에 후진하도록 전기회로를 구성하고 동작시키시오.

3 도면(유압회로)

① 제어조건 : 유압 리프트를 제작하려고 한다. 전진 버튼 스위치(PBS1)를 ON-OFF하면 실린더가 전진하며 리밋 스위치 LS2가 작동되면 자동으로 후진하게 되어 있다. 전진 중에 정지 버튼 스위치(PBS2)를 누르면 정지하고 다시 전진 버튼 스위치를 누르면 전진하며 리밋 스위치 LS2가 작동되면 자동으로 후진한다. 실린더 전진 시 정지를 시키면 파일럿 작동형 체크밸브에 의해 위치 제어가 될 수 있도록 하여야 한다.

- 위치도

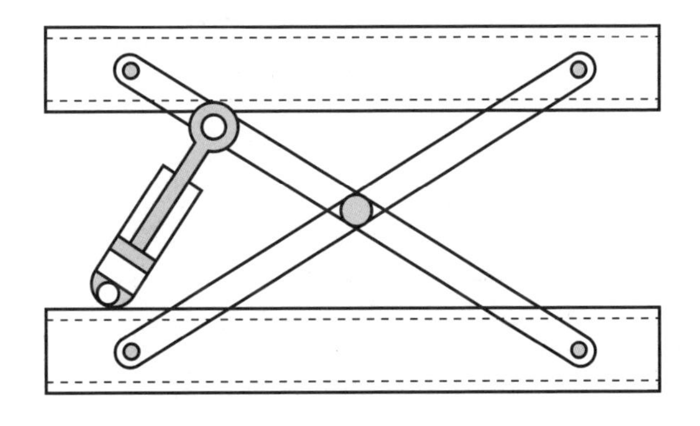

• 유압회로도

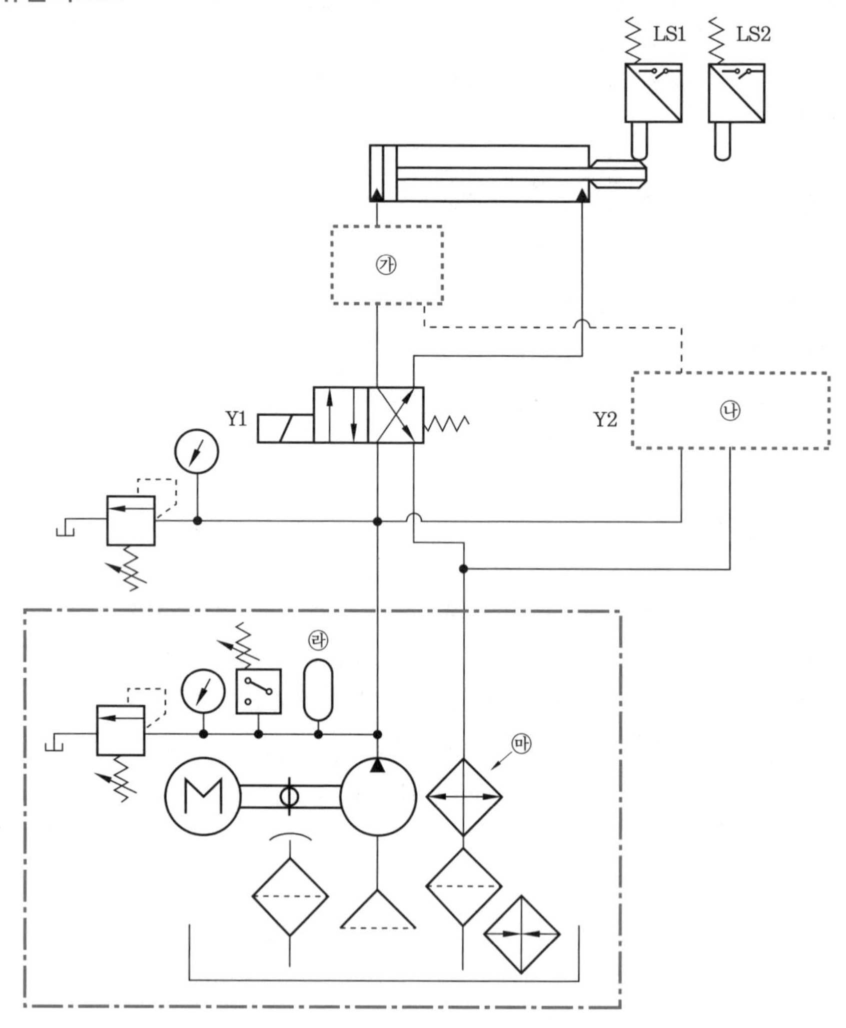
LS1
LS2
㉮
Y1
Y2
㉯
㉱
㉲

• 전기회로도

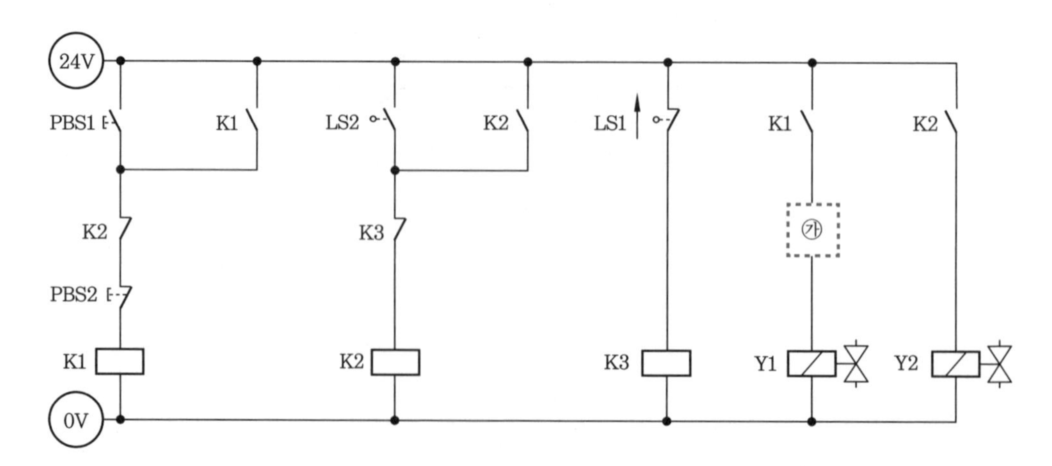
24V
PBS1
K1
LS2
K2
LS1
K1
K2
K2
K3
㉮
PBS2
K1
K2
K3
Y1
Y2
0V

답지(3)

1. 유압회로도 중 빈칸 ㉮에 들어갈 적절한 기호를 [보기(유압)]에서 골라 그 번호를 쓰시오.
2. 유압회로도 중 빈칸 ㉯에 들어갈 적절한 기호를 [보기(유압)]에서 골라 그 번호를 쓰시오.
3. 전기회로도 중 빈칸 ㉰에 들어갈 적절한 기호를 [보기(유압)]에서 골라 그 번호를 쓰시오.
4. 유압회로도 중 ㉱의 명칭을 쓰시오.
5. 유압회로도 중 ㉲의 용도를 쓰시오.

정답 1. ⑮ 2. ⑱ 3. ㊱ 4. 축압기 5. 오일 냉각

유압 기본 및 응용회로도 정답

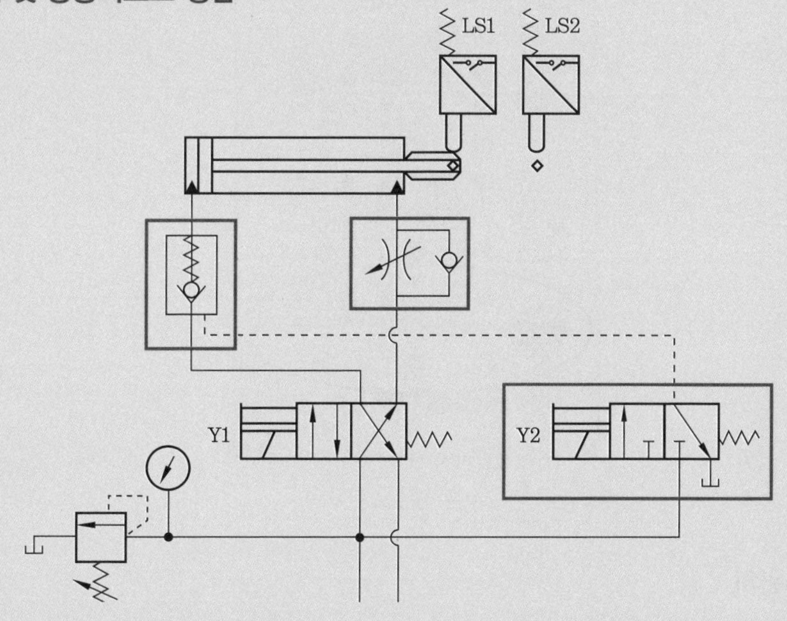

전기 유압 기본 및 응용회로도 정답

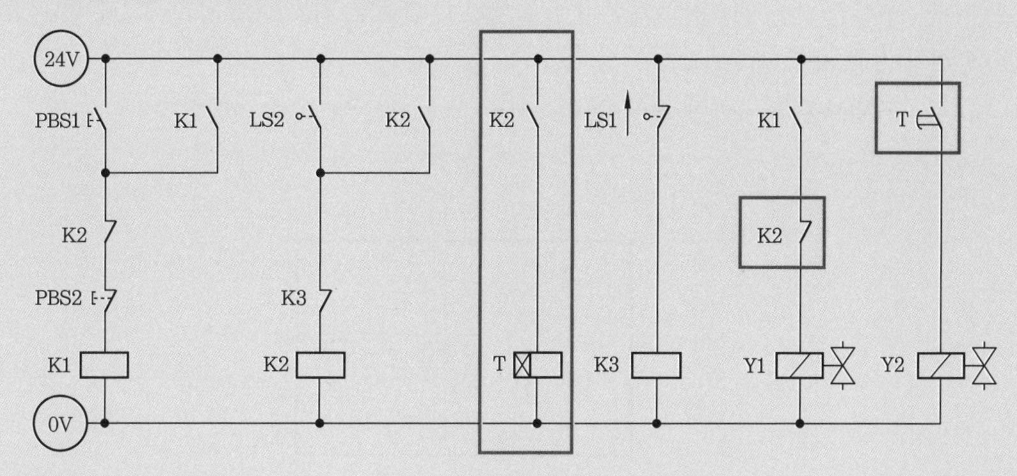

공유압 작업 KEY POINT

(1) 누름 버튼 스위치

반드시 자동복귀형 누름 버튼 스위치(그림에서 PBS-1, PBS-2)를 사용하여야 한다. 디텐트(그림에서 PBS-3, 자기유지형) 스위치를 사용하면 실격 처리된다. 단, 문제 ①(184쪽), 문제 ⑤(214쪽), 문제 ⑪(260쪽), 문제 ⑫(264쪽), 문제 ⑬(274쪽)에서는 PBS3인 디텐트 스위치를 사용한다.

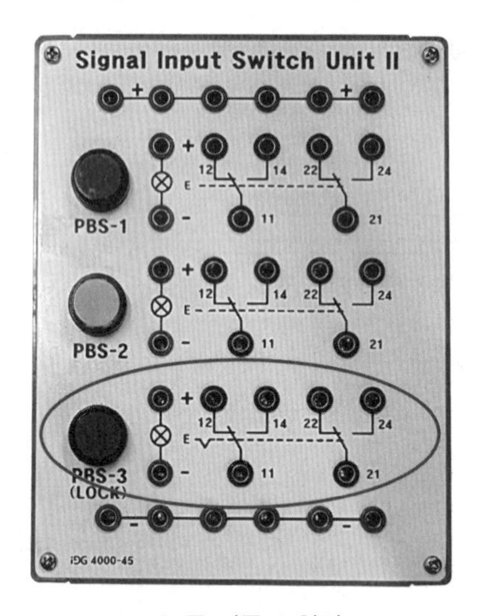

누름 버튼 스위치

(2) 압력 스위치

문제 ⑧(238쪽), 문제 ⑰(302쪽)에서 압력 스위치는 요구하는 압력으로 먼저 릴리프밸브를 조정한 다음 제2 압력게이지를 설치하고 압력 스위치를 압력게이지에 있는 포트에 설치한 후 세팅한다.

① 릴리프밸브를 설치하여 요구 압력(3 MPa 또는 2 MPa)으로 설정한다.

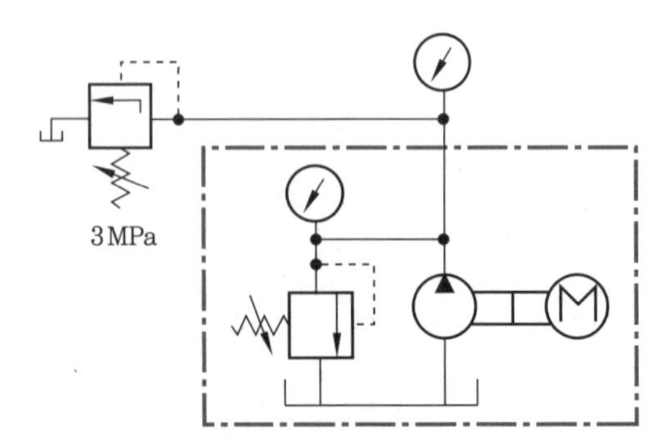

② 압력게이지와 압력 스위치를 설치하고 유압 호스로 연결한다.

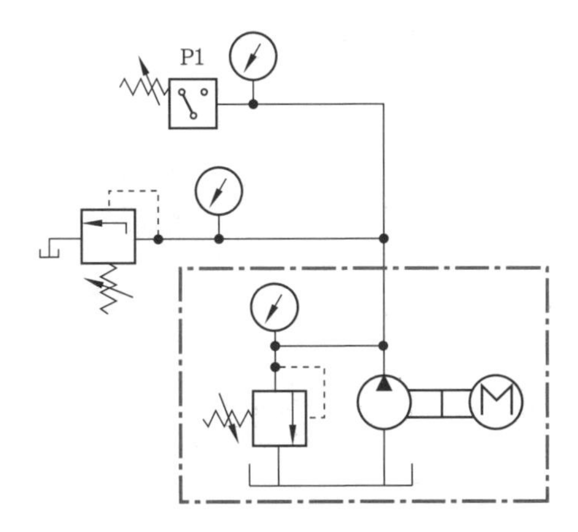

③ + 전원 라인과 압력 스위치의 COM, 압력 스위치의 NO 단자와 램프 + 단자, - 전원 라인과 램프의 - 단자를 연결한다.

④ 펌프를 가동하여 램프의 ON 상태와 OFF 상태의 중간 위치에 압력 스위치 손잡이가 오도록 조정한다.

⑤ 압력 스위치를 해체하여 도면과 같이 재설치한다.

⑥ 릴리프밸브를 4 MPa가 되도록 설정한다.

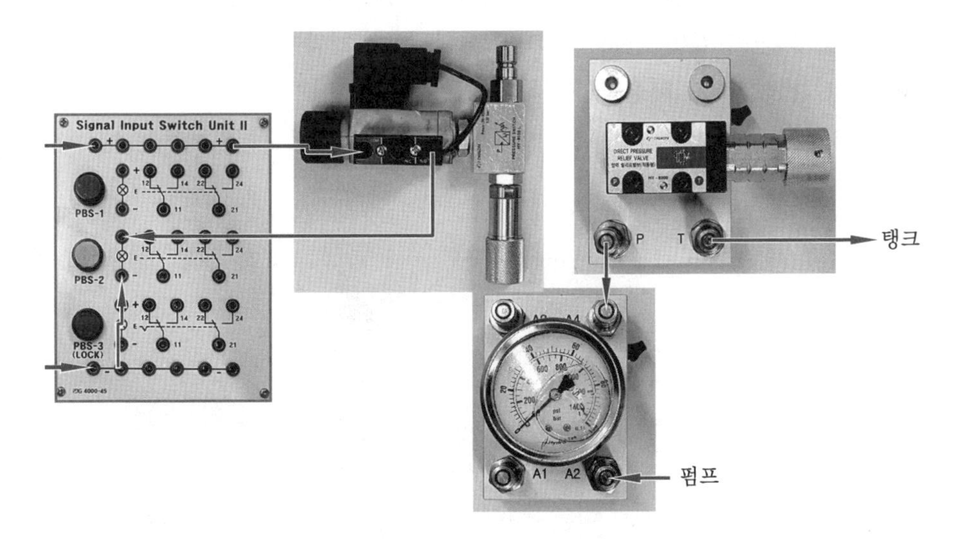

(3) 카운터 밸런스 밸브, 2개의 릴리프밸브 사용

문제 ⑪ (259쪽), 문제 ⑯ (295쪽)과 같이 서로 압력이 다른 릴리프밸브가 2개이거나, 문제 ② (196쪽), 문제 ④ (210쪽), 문제 ⑥ (224쪽), 문제 ⑦ (231쪽), 문제 ⑨ (245쪽), 문제 ⑬ (274쪽), 문제 ⑮ (288쪽), 문제 ⑰ (302쪽)과 같이 카운터 밸런스 밸브가 있는 경우에는 저압 밸브인 릴리프밸브나 카운터 밸런스 밸브를 먼저 설치하고 요구사항대로 압력을 세팅한 다음 도면과 같이 설치한 후 릴리프밸브를 추가로 설치하여 4 MPa로 세팅한다.

카운터 밸런스 밸브

(4) 감압밸브

문제 ① (189쪽), 문제 ⑨ (242쪽), 문제 ⑭ (281쪽)와 같이 감압밸브를 설치할 때에는 모든 기기를 도면과 같이 전부 설치하고, 릴리프밸브의 압력을 4 MPa로 설정한 다음 운전하면서 감압밸브의 배출구(A) 쪽에 있는 압력게이지가 요구 압력(2 MPa)이 되도록 조정하면 된다. 릴리프밸브와 달리 피팅이 3개이고 반드시 T 포트는 탱크에 연결, 드레인시켜야 한다.

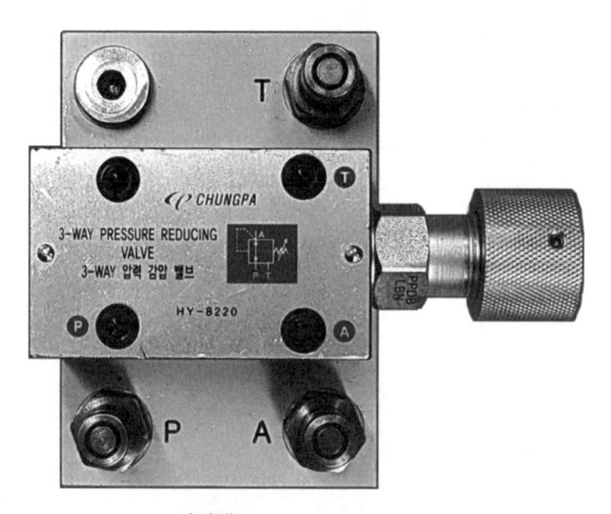

감압밸브

공유압기능사 ▶▶

부 록

과년도 출제문제

2010년 시행문제

공유압기능사

2010년 10월 3일 시행

1. 하중을 분류할 때 분류 방법이 나머지 셋과 다른 것은?

① 인장하중　② 굽힘하중
③ 충격하중　④ 비틀림하중

해설 (1) 하중이 물체에 작용하는 상태에 따른 분류 : 인장하중, 압축하중, 전단하중, 휨하중, 비틀림하중 등
(2) 하중이 물체에 작용하는 속도에 따른 분류 : 정하중, 동하중(반복하중, 교번하중), 충격하중

2. 다음 벨트의 종류에서 인장강도가 가장 큰 것은?

① 가죽 벨트　② 섬유 벨트
③ 고무 벨트　④ 강철 벨트

해설 강철 벨트 : 압연 강판으로 만든 강철 벨트(steel belt)는 보통 두께 0.3~1.1mm, 폭 15~250mm를 사용하며, 인장강도가 1000N/mm^2, 허용응력이 25N/mm^{2}로 다른 벨트보다 무게가 가볍고 강하며, 수명이 길고 연신율이 작아 정밀도가 큰 동력의 전동 벨트로 사용된다.

3. 회전축을 지지하고 있는 베어링에서 이 축과 베어링에 의하여 받쳐지고 있는 축 부분을 무엇이라 하는가?

① 리테이너　② 저널
③ 볼　④ 롤러

해설 베어링에 접촉된 축부분을 저널(journal)이라 하고 축이 작용하는 방향에 따라 분류한다.

4. 회전수를 적게 하고 빨리 조이고 싶을 때 가장 유리한 나사는?

① 1줄 나사　② 2줄 나사
③ 3줄 나사　④ 4줄 나사

해설 $L=np$이므로 피치가 크거나 줄 수가 많은 것이 리드가 커 빨리 조이거나 풀어지게 된다.

5. 브레이크의 축방향에 압력이 작용하는 브레이크는?

① 원판 브레이크　② 복식 블록 브레이크
③ 밴드 브레이크　④ 드럼 브레이크

해설 축방향 브레이크에는 원판 브레이크와 원추 브레이크가 있다.

6. 키의 종류에서 일반적으로 60mm 이하의 작은 축에 사용되고 특히 테이퍼 축에 사용이 용이하다. 키의 가공에 의해 축의 강도가 약하게 되기는 하나 키 및 키 홈 등의 가공이 쉬운 것은?

① 성크 키　② 접선 키
③ 반달 키　④ 원뿔 키

정답 1. ③　2. ④　3. ②　4. ④　5. ①　6. ③

해설 반달 모양의 반달 키(woodruff key)는 축에 키 홈이 깊게 파지므로 축의 강도가 약하게 되는 결점이 있으나, 키와 키 홈 등이 모두 가공하기 쉽고 키와 보스를 결합할 때 자동으로 키가 자리를 잡는 자동조심 작용을 하는 장점이 있어 자동차, 공작기계 등에 널리 사용된다. 일반적으로 ϕ60 mm 이하의 작은 축에 사용하며 테이퍼 축에 사용하면 편리하다.

7. 축을 설계할 때 고려되는 사항과 가장 거리가 먼 것은?

① 축의 강도 ② 응력집중
③ 축의 변형 ④ 축의 용도

해설 축 설계 시 고려 사항 : 진동, 부식, 고온, 하중, 응력집중, 표면거칠기

8. 스프링 상수 6 N/mm인 코일 스프링에 24 N의 하중을 걸면 처짐은 몇 mm인가?

① 0.25 ② 1.50
③ 4.00 ④ 25

해설 $P=k\delta$이므로 $\delta=\frac{24}{6}=4$

9. 유압기기에서 포트(port) 수에 대한 설명으로 맞는 것은?

① 유압 밸브가 가지고 있는 기능의 수
② 관로와 접촉하는 전환밸브의 접촉구의 수
③ P.S.T의 기호로 표시된다.
④ 밸브 배관의 수는 포트 수보다 1개 적다.

해설 포트 수 : 방향 제어 밸브의 사용 목적에서 변환 통로의 수가 기본 기능이고 이것을 나타내는 것이 접속구의 수, 즉 밸브 주 관로를 연결하는 접속구의 수를 포트 수라 한다.

10. 다음 중 드레인 배출기 붙이 필터를 나타내는 기호는?

① 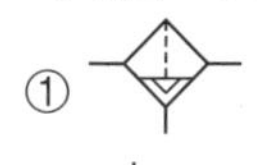 ② 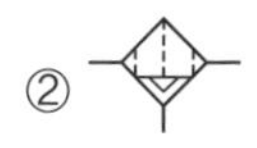

③  ④ 

해설 ② : 자동 배수기가 부착된 필터, ③ : 자동 배수기, ④ : 필터

11. 그림의 한쪽 로드형 실린더에서 부하 없이 A, B 포트에 같은 압력의 오일을 흘려 넣으면 피스톤의 움직임은?

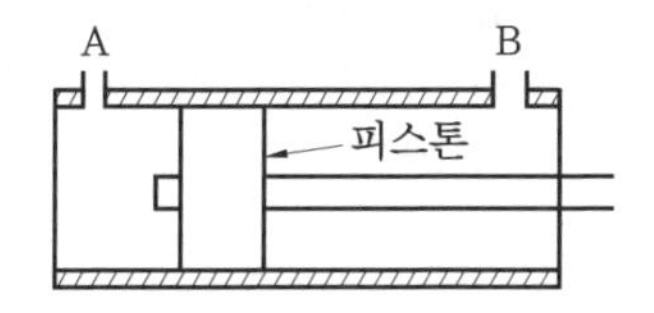

① A쪽으로 움직인다.
② B쪽으로 움직인다.
③ 제자리에서 회전한다.
④ 제자리에서 정지한다.

해설 $P_A=\frac{F_A}{A_A}$, $P_B=\frac{F_B}{A_B}$

$A_A=\frac{\pi D^2}{4}$, $A_B=\frac{\pi(D-d)^2}{A_B}$

$A_A>A_B$이므로 $P_A=P_B$이면 F_A가 더 크므로 실린더의 피스톤은 B쪽으로 움직이게 된다.

12. 다음과 같은 회로의 명칭은? (07/5)

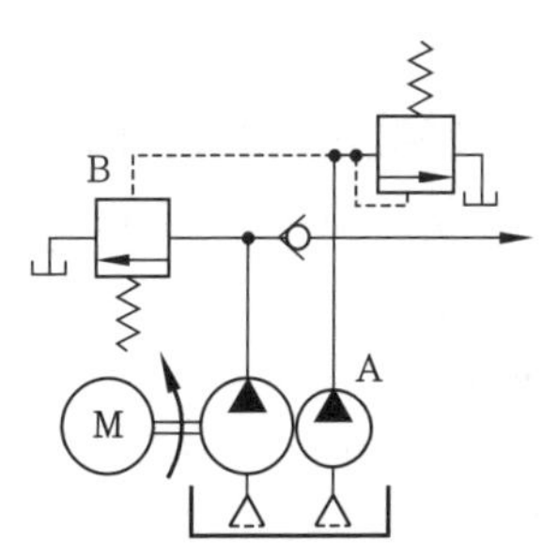

① 압력 스위치에 의한 무부하 회로

정답 7. ④ 8. ③ 9. ② 10. ① 11. ② 12. ④

② 전환 밸브에 의한 무부하 회로
③ 축압기에 의한 무부하 회로
④ Hi-Lo에 의한 무부하 회로

해설 Hi-Lo에 의한 무부하 회로 : 실린더의 피스톤을 급격히 전진시키려면 저압 대용량, 큰 힘을 얻고자 할 때에는 고압 소용량의 펌프를 필요로 하므로, 고압 소용량과 저압 대용량의 2연 펌프를 사용한 회로가 적절하다. 이때 언로드 밸브를 설치하여, 급속 이송 시에는 양 펌프의 송출량이 실린더에 전부 유입되고 이송이 끝나 실린더가 작업을 시작하면 회로 압력이 상승하므로 저압 대용량 펌프는 무부하 밸브에 의하여 자동적으로 무부하 운전되고 고압 소용량 펌프만이 작동하게 한다.

13. 다음 유압기호 중 파일럿 작동, 외부 드레인형의 감압 밸브에 해당되는 것은?

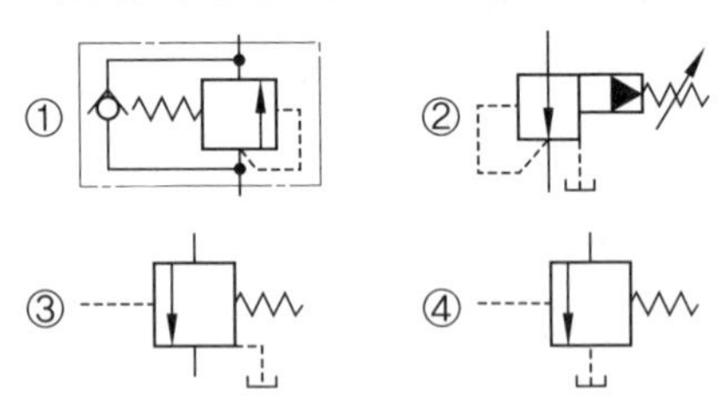

해설 ③ 시퀀스 밸브, ④ 무부하 밸브

14. 응축수 배출기의 종류가 아닌 것은?

① 플로트식(float type)
② 파일럿식(pilot type)
③ 미립자 분리식(mist separator type)
④ 전동기 구동식(motor drive type)

해설 드레인 배출 방법
(1) 수동식
(2) 자동식(auto drain) : 부구식(float type), 차압식(pilot type), 전동기 구동식(motor drive type)

15. 다음 중 복동 실린더의 공기 소모량을 계산할 때 고려하여야 할 대상이 아닌 것은 어느 것인가?

① 압축비　　② 분당 행정 수
③ 피스톤 직경　　④ 배관의 직경

해설 $Q_m = \frac{(A_1 + A_2)L(p+1.033)n}{1000}\alpha$

Q_m : 평균 공기 소비량(L/min)
n : 1분당 피스톤 왕복 횟수(회/분)
p : 공급 압력(kgf/cm²)
L : 행정의 길이(cm)
A_1 : 피스톤의 단면적(cm²)
A_2 : 피스톤 로드측 단면적(cm²)
α : 계수(1.3~1.5)

16. 다음 중 공압 모터의 특징으로 맞는 것은 어느 것인가?

① 에너지 변환 효율이 높다.
② 과부하 시 위험성이 크다.
③ 배기음이 적다.
④ 공기의 압축성에 의해 제어성은 그다지 좋지 않다.

해설 공압 모터는 에너지의 변환 효율이 낮고, 배출음이 크며, 공기의 압축성 때문에 제어성이 그다지 좋지 않고, 부하에 의한 회전 때문에 변동이 크고, 일정 속도를 높은 정확도로 유지하기가 어렵다.

17. 1차측 공기압력이 변화하여도 2차측 공기압력의 변동을 최저로 억제하여 안정된 공기압력을 일정하게 유지하기 위한 밸브는?

① 방향 제어 밸브　　② 감압 밸브
③ OR 밸브　　④ 유량 제어 밸브

해설 압력 조절 밸브(감압 밸브, reducing valve)

정답 13. ② 14. ③ 15. ④ 16. ④ 17. ②

: 압력을 일정하게 유지하는 기기로서, 배기공이 없는 압력 조절 밸브가 많이 사용되며 압축 공기는 밖으로 배기되지 않는다.

18. 공압 실린더의 속도를 증가시킬 목적으로 사용하는 밸브는?

① 교축 밸브
② 속도 제어 밸브
③ 급속 배기 밸브
④ 배기 교축 밸브

해설 급속 배기 밸브(quick release valve or quick exhaust valve) : 액추에이터의 배출 저항을 적게 하여 속도를 빠르게 하는 밸브

19. 왕복형 공기 압축기에 대한 회전형 공기 압축기의 특징 설명으로 올바른 것은 어느 것인가?

① 진동이 크다.
② 고압에 적합하다.
③ 소음이 적다.
④ 공압 탱크를 필요로 한다.

해설 왕복형 및 회전형 공기 압축기의 특징

구분	왕복형	회전형
진동	비교적 크다.	작다.
소음	크다.	작다.
맥동	크다.	비교적 작다.
토출 압력	높다.	낮다.
비용	적다.	많다.
이물질	먼지, 수분, 유분, 탄소	유분, 먼지, 수분
정기 수리 시간	3000~5000	12000~20000

20. 다음 중 실린더의 속도를 제어할 수 있는 기능을 가진 밸브는?

① 일방향 유량 제어 밸브
② 3/2-way 밸브
③ AND 밸브
④ 압력 시퀀스 밸브

21. 도면에서 ①의 밸브가 ON되면 실린더의 피스톤 운동 상태는 어떻게 되는가?

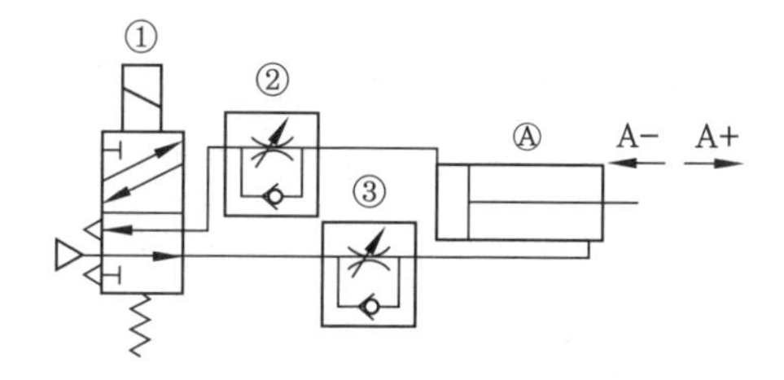

① A+ 쪽으로 전진
② A− 쪽으로 복귀
③ 왕복운동
④ 정지 상태 유지

해설 방향 제어 밸브가 전환되어 실린더 전진측에 공압이 공급되면 실린더는 전진된다.

22. 전기적인 입력신호를 얻어 전기신호를 개폐하는 기기로 반복동작을 할 수 있는 기기는?

① 압력 스위치 ② 전자 릴레이
③ 시퀀스 밸브 ④ 자동 밸브

해설 릴레이는 제어 전류를 개폐하는 스위치의 조작을 전자석의 힘으로 하는 것으로, 전압이 코일에 공급되면 전류는 코일이 감겨 있는 대로 흘러 자장이 형성되고 전기자가 코일의 중심으로 당겨진다. 가동 부분, 즉 철심의 중량이 적고 작동거리가 짧은 것이 내구성이 높다.

정답 18. ③ 19. ③ 20. ① 21. ① 22. ②

23. 다음 중 작동유의 유온이 적정 온도 이상으로 상승할 때 일어날 수 있는 현상이 아닌 것은?

① 윤활 상태의 향상
② 기름의 누설
③ 마찰 부분의 마모 증대
④ 펌프 효율 저하에 따른 온도 상승

24. 2개의 안정된 출력 상태를 가지고, 입력 유무에 관계없이 직전에 가해진 입력의 상태를 출력 상태로서 유지하는 회로는?

① 부스터 회로 ② 카운터 회로
③ 레지스터 회로 ④ 플립플롭 회로

해설 플립플롭 회로(flip-flop circuit) : 2개의 안정된 출력 상태를 가지며, 입력의 유무에 관계없이 직전에 가해진 입력의 상태를 출력 상태로 유지하는 회로로 신호(세트) 입력이 가해지면 출력이 나타나고, 그 입력이 없어져도 그 출력 상태가 유지된다. 복귀입력(리셋)이 가해지면 출력은 0으로 된다.

25. 공압 센서의 종류가 아닌 것은?

① 광 센서 ② 공기 배리어
③ 반향 감지기 ④ 배압 감지기

해설 공압 근접 감지 센서(pneumatic proximity sensing device) : 비접촉식 감지장치를 공압에서는 근접 감지장치라 하고 이의 원리에는 자유 분사 원리(free-jet principle)와 배압 감지(back-pressure sensor) 원리의 두 가지가 있다.
- 공기 배리어(air barrier)
- 반향 감지기(reflex sensor)
- 배압 감지기(back-pressure sensor)
- 공압 근접 스위치(pneumatic proximity switch)

26. 다음의 기호가 나타내는 것은?

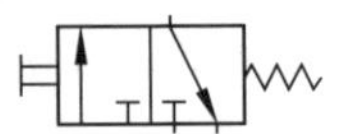

① 3/2 way 방향 제어 밸브(푸시 버튼형, N.O)
② 3/2 way 방향 제어 밸브(롤러 레버형, N.O)
③ 3/2 way 방향 제어 밸브(푸시 버튼형, N.C)
④ 3/2 way 방향 제어 밸브(롤러 레버형, N.C)

해설 이 밸브는 3/2 way 방향 제어 밸브로 인력 작동 스프링 복귀형 N.C형이다.

27. 다음 중 유압의 특징으로 맞는 것은?

① 직선운동에만 사용한다.
② 유온의 변화와 속도는 무관하다.
③ 무단변속이 가능하다.
④ 원격제어가 불가능하다.

해설 유압은 무단변속이 가능하고 원격제어가 된다.

28. 다음 중 액추에이터의 가동 시 부하에 해당하는 것으로 맞는 것은?

① 정지 마찰 ② 가속 부하
③ 운동 마찰 ④ 과주성 부하

해설 액추에이터의 가동 시 정지 마찰이 부하에 해당한다.

29. 다음 중 유압장치의 구성 요소가 아닌 것은?

① 기름 탱크 ② 유압 모터
③ 제어 밸브 ④ 공기 압축기

정답 23. ① 24. ④ 25. ① 26. ③ 27. ③ 28. ① 29. ④

해설 공기 압축기는 공압장치의 구성 요소이다.

30. 유압 펌프가 갖추어야 할 특징 중 옳은 것은?

① 토출량의 변화가 클 것
② 토출량의 맥동이 적을 것
③ 토출량에 따라 속도가 변할 것
④ 토출량에 따라 밀도가 클 것

해설 토출량의 변화는 작아야 좋다.

31. 동기 회로에서 2개의 실린더가 같은 속도로 움직일 수 있도록 위치를 제어해 주는 밸브는?

① 체크 밸브
② 분류 밸브
③ 바이패스 밸브
④ 스톱 밸브

해설 분류 밸브는 유량 제어 밸브로 액추에이터의 속도를 제어하는 역할을 한다.

32. 베르누이의 정리에서 에너지 보존의 법칙에 따라 유체가 가지고 있는 에너지가 아닌 것은?

① 위치 에너지 ② 마찰 에너지
③ 운동 에너지 ④ 압력 에너지

해설 베르누이 정리는 유압 회로를 해석하는 데 가장 좋은 관계식의 하나이며, 관 속에서 에너지 손실이 없다고 가정하면, 즉 점성이 없는 비압축성의 액체는 에너지 보존의 법칙(law of conservation of energy)으로부터 유도될 수 있다. 에너지 보존 법칙에 따라 유체가 가지고 있는 에너지는 위치 에너지(potential energy)와 운동 에너지(kinetic energy), 압력 에너지(pressure energy)로 나눌 수 있다.

33. 유압장치에서 작동유를 통과, 차단시키거나 또는 진행 방향을 바꾸어 주는 밸브는 어느 것인가?

① 유압 차단 밸브 ② 유량 제어 밸브
③ 방향 전환 밸브 ④ 압력 제어 밸브

해설 방향 제어 밸브(directional control valve) : 회로 내 유체의 흐르는 방향을 조정하는 밸브

34. 다음과 같은 유압회로의 언로드 형식은 어떤 형태로 분류되는가?

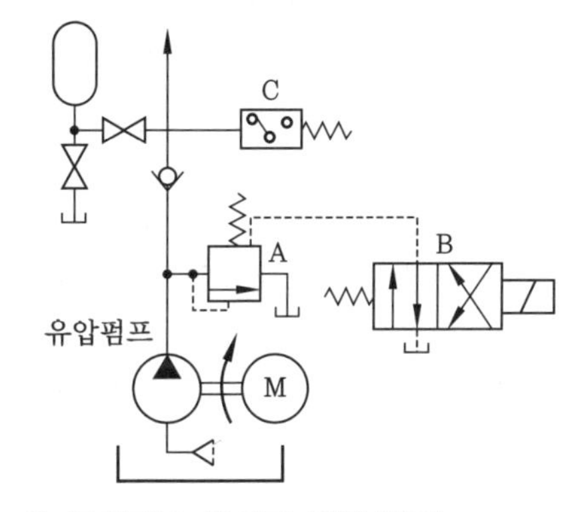

① 바이패스 형식에 의한 방법
② 탠덤 센서에 의한 방법
③ 언로드 밸브에 의한 방법
④ 릴리프 밸브를 이용한 방법

해설 릴리프 밸브를 이용한 무부하 회로 : 펌프 송출량의 전량을 저압 그대로 탱크에 귀환시키는 회로이다. 이 회로는 구성이 간단하고, 회로에 압력이 전혀 필요하지 않을 때 용이하며, 평형 피스톤형 릴리프 밸브의 벤트(vent)를 열어 시행하는 것으로 가장 많이 이용되는 방법의 하나이다.

35. 공압 시간 지연 밸브의 구성 요소가 아닌 것은?

① 공기 저장 탱크 ② 시퀀스 밸브
③ 속도 제어 밸브 ④ 3포트 2위치 밸브

정답 30. ② 31. ② 32. ② 33. ③ 34. ④ 35. ②

해설 시간 지연 밸브는 압축 공기로 작동되는 3/2-way 밸브, 속도 제어 밸브 및 탱크로 구성되어 있으나 3/2-way 밸브가 정상 상태에서 열려 있는 점이 공기 제어 블록과 다르다.

36. 다음 그림과 같은 공압 로직 밸브와 진리값에 일치하는 논리는? (04/5, 06/5)

(공압 로직 밸브)

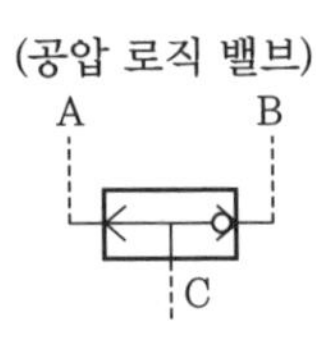

A+B=C

입력 신호		출력
A	B	C
0	0	0
0	1	1
1	0	1
1	1	1

① AND ② OR ③ NOT ④ NOR

해설 OR 회로(OR circuit) : 입력되는 복수의 조건 중 어느 한 개라도 입력 조건이 충족되면 출력이 나오는 회로

37. 유관의 안지름을 5cm, 유속을 10cm/s로 하는 경우 최대 유량은 약 몇 cm³/s인가? (06/5)

① 196 ② 250 ③ 462 ④ 785

해설 $Q=AV=\frac{\pi\times5^2}{4}\times10=196$

38. 공기 건조기에 대한 설명 중 옳은 것은 어느 것인가?

① 수분 제거 방식에 따라 건조식, 흡착식으로 분류한다.

② 흡착식은 실리카겔 등의 고체 흡착제를 사용한다.

③ 흡착식은 최대 -170℃까지의 저노점을 얻을 수 있다.

④ 건조제 재생 방법을 논블리드식이라 부른다.

해설 흡착식 공기 건조기 : 습기에 대하여 강력한 친화력을 갖는 실리카겔, 활성알루미나 등의 고체 흡착 건조제를 두 개의 타워 속에 가득 채워 습기와 미립자를 제거하여 초 건조 공기를 토출하며 건조제를 재생(제습청정)시키는 방식으로, 최대 -70℃ 정도까지의 저노점을 얻을 수 있다.

39. 가동 시 토크가 큰 것이 특징이며 전동차나 크레인과 같이 기동 토크가 큰 것을 요구하는 것에 적합한 전동기는?

① 타여자 전동기 ② 분권 전동기
③ 직권 전동기 ④ 복권 전동기

해설 직권 전동기는 직권 계자 권선과 전기자 권선이 직렬로 접속되어 있는 것으로 다른 전동기에 비해 일정한 전류에 대해 큰 토크가 발생되어 상당히 큰 기동 토크가 요구되는 전차, 전기기관차, 내연기관 기동용, 크레인 권상기 등의 운전용에 적합하다.

40. 250V, 60W인 백열 전구 10개를 5시간 동안 모두 점등하였다면, 이때의 전력량(kWh)은?

① 1 ② 2 ③ 3 ④ 4

해설 $P=VI[\mathrm{W}],\ P=I^2R=\frac{V^2}{R}[\mathrm{W}]$

$W=Pt=60\times5\times10=3000\,\mathrm{Wh}=3\,\mathrm{kWh}$

41. 전기량(Q)과 전류(I), 시간(t)의 상호 관계식이 바른 것은?

① $Q=It$ ② $Q=\frac{I}{t}$ ③ $Q=\frac{t}{I}$ ④ $I=Q$

해설 $P=\frac{VQ}{t}=VI,\ V=IR,\ \frac{VQ}{t}=VI$

$\therefore Q=It$

정답 36. ② 37. ① 38. ② 39. ③ 40. ③ 41. ①

42. 자동차용의 전자 장치는 대개 직류 12V로 동작되도록 만들어져 있는데, 사용 전압이 12V가 아닌 전자 장치를 자동차에서 사용하려면 전압을 12V로 변환시켜야 한다. 이와 같이 어떤 직류 전압을 입력으로 하여 크기가 다른 전압의 직류로 변환하는 회로는?

① 단상 인버터　② 3상 인버터
③ 사이클로 컨버터　④ 초퍼

해설 초퍼 : 직류 전류를 고빈도로 통전, 차단하는 장치를 말한다. 교류에서는 변압기를 사용하면 에너지의 손실이 거의 없이 전압과 전류를 부하에 맞추어 변화시킬 수 있는데, 직류의 경우는 초퍼를 사용하여 비슷한 역할을 수행할 수 있다.

43. 그림에서 X로 표시되는 기기는 무엇을 측정하는 것인가?

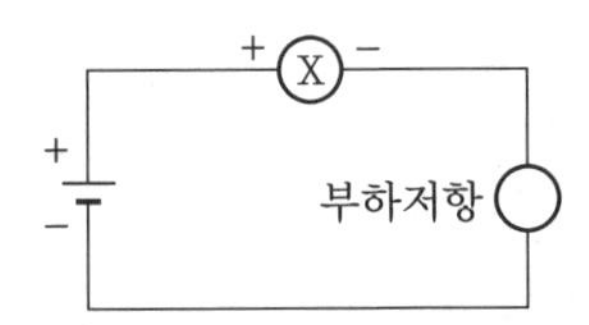

① 교류 전압　② 교류 전류
③ 직류 전압　④ 직류 전류

해설 직류는 극성을 가지고 있어 +전원은 적색 측정봉, −전원은 흑색 측정봉에 접속, 측정하여야 한다.

44. 시퀀스 제어(sequence control)를 설명한 것은?

① 출력 신호를 입력 신호로 되돌려 제어한다.
② 목표값에 따라 자동적으로 제어한다.
③ 미리 정해 놓은 순서에 따라 제어의 각 단계를 순차적으로 제어한다.
④ 목표값과 결과치를 비교하여 제어한다.

해설 시퀀스 제어는 순차 제어이다.

45. 유도 전동기의 슬립 $S=1$일 때의 회전자의 상태는?

① 발전기 상태이다.
② 무구속 상태이다.
③ 동기속도 상태이다.
④ 정지 상태이다.

해설 회전수 $N=N_s(1-S)$이므로 $S=1$이면 N은 불능 상태가 되어 정지 상태가 된다.

46. 고전압을 직접 전압계로 측정하는 것은 계기의 정격과 절연 때문에 불가능하며, 또한 고압에 대한 안전성의 문제도 있기 때문에 이를 해결하기 위하여 사용하는 계기는?

① 단로기　② 발전기
③ 전동기　④ 계기용 변압기

해설 배율기를 가동 코일 계기와 직렬로 접속한다.

47. 그림의 논리회로에서 입력 X, Y와 출력 Z 사이의 관계를 나타낸 진리표에서 A, B, C, D의 값으로 옳은 것은?

X, Y → (NAND) → Z

X	Y	Z	X	Y	Z
1	1	A	0	1	C
1	0	B	0	0	D

① A=0, B=1, C=1, D=1
② A=0, B=0, C=1, D=1
③ A=0, B=0, C=0, D=1
④ A=1, B=0, C=0, D=0

해설 이것은 NAND 논리이다.

정답 42. ④　43. ④　44. ③　45. ④　46. ④　47. ①

48. 그림과 같은 회로에서 펄스 입력 V_1에 대한 충전 전압 V_2의 시상수(ms)는?

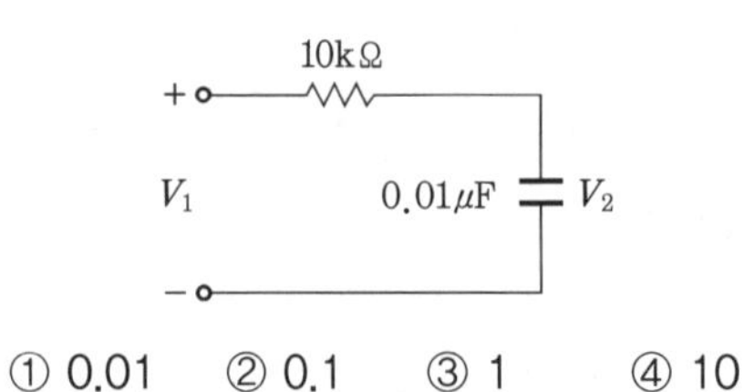

① 0.01 ② 0.1 ③ 1 ④ 10

해설 시상수 $=RC=10\text{k}\Omega\times0.01\mu\text{F}$
$=10000\times0.00000001=0.1\text{ms}$

49. 교류 전압의 순시값이 $v=\sqrt{2}V\sin\omega t$ [V]이고, 전류값이 $i=\sqrt{2}I\sin\left(\omega t+\frac{\pi}{2}\right)$ [A]인 정현파의 위상 관계는?

① 전류의 위상과 전압의 위상은 같다.

② 전압의 위상이 전류의 위상보다 $\frac{\pi}{4}$rad 만큼 앞선다.

③ 전압의 위상이 전류의 위상보다 $\frac{\pi}{2}$rad 만큼 앞선다.

④ 전압의 위상이 전류의 위상보다 $\frac{\pi}{2}$rad 만큼 뒤진다.

해설 전류가 전압보다 $\frac{\pi}{2}$rad만큼 앞선다.

50. 저항 $R[\Omega]$, 리액턴스 $X[\Omega]$인 직렬로 접속된 부하에서 역률은?

① $\cos\theta=\frac{R}{\sqrt{R^2+X^2}}$ ② $\cos\theta=\frac{\sqrt{2}R}{\sqrt{R^2+X^2}}$

③ $\cos\theta=\frac{R}{X^2}$ ④ $\cos\theta=\frac{2R}{\sqrt{R^2+X^2}}$

해설 임피던스 $Z=\sqrt{R^2+X_L^2}$
역률 $\cos\theta=\frac{R}{Z}=\frac{R}{\sqrt{R^2+X_L^2}}$

51. 다음 그림과 같은 직류 브리지의 평형 조건은? (02/5)

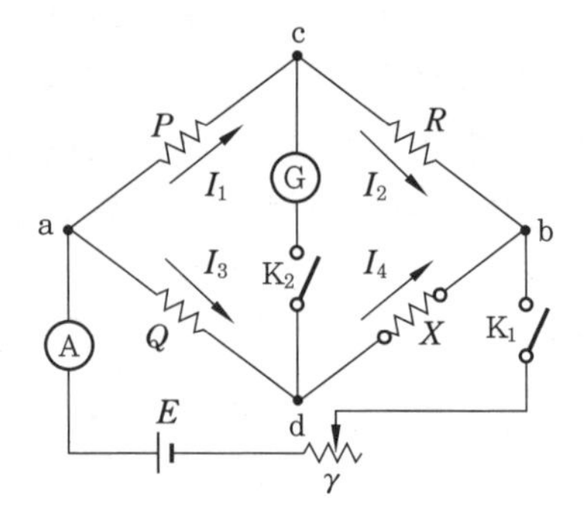

① $QX=PR$ ② $PX=QR$

③ $RX=PQ$ ④ $RX=2PQ$

해설 브리지는 서로 마주보는 저항의 곱은 같다.

52. 그림과 같은 전동기 주회로에서 THR은 무엇인가? (08/5)

① 퓨즈

② 열동 계전기

③ 접점

④ 램프

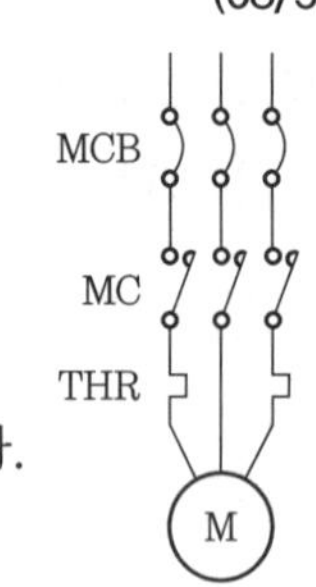

해설 THR은 열동 계전기이다.

53. 보기와 같은 KS 용접 기호의 해독으로 틀린 것은?

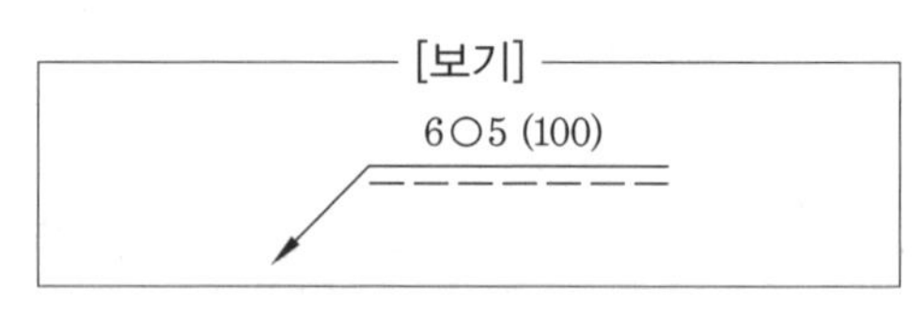

① 화살표 반대쪽 점 용접

② 점 용접부의 지름 6mm

③ 용접부의 개수(용접 수) 5개

④ 점 용접한 간격은 100mm

해설 화살표 쪽 점 용접

정답 48. ② 49. ④ 50. ① 51. ② 52. ② 53. ①

54. 기기의 동작을 서로 구속하며, 기기의 보호와 조작자의 안전을 목적으로 하는 회로는?

① 인터록 회로 ② 자기 유지 회로
③ 지연 복귀 회로 ④ 지연 동작 회로

해설 인터록 회로 : 복수의 작동일 때 어떤 조건이 구비될 때까지 작동을 저지시키는 회로로, 기기를 안전하고 확실하게 운전시키기 위한 판단 회로이다.

55. 리벳의 호칭이 "KS B 1002 둥근 머리 리벳 18×40 SV 330"로 표시된 경우 숫자 "40"의 의미는?

① 리벳의 수량 ② 리벳의 구멍치수
③ 리벳의 길이 ④ 리벳의 호칭지름

해설 리벳의 호칭 : 리벳의 호칭지름×리벳의 길이

56. 한쪽 단면도에 대한 설명으로 올바른 것은?

① 대칭형의 물체를 중심선을 경계로 하여 외형도의 절반과 단면도의 절반을 조합하여 표시한 것이다.
② 부품도의 중앙 부위 전후를 절단하여 단면을 90° 회전시켜 표시한 것이다.
③ 도형 전체가 단면으로 표시된 것이다.
④ 물체의 필요한 부분만 단면으로 표시한 것이다.

해설 한쪽 단면도는 주로 대칭 모양의 물체를 중심선을 기준으로 내부 모양과 외부 모양을 동시에 표시한 것이다.

57. 대상으로 하는 부분의 단면이 한 변의 길이가 20mm인 정사각형이라고 할 때 그 면을 직접적으로 도시하지 않고 치수로 기입하여 정사각형임을 나타내고자 할 때 사용하는 치수는?

① C20 ② t20 ③ □20 ④ SR20

해설 ① : 모따기, ② : 두께, ④ : 구의 반지름

58. 도면의 같은 장소에 선이 겹칠 때 표시되는 우선순위가 가장 먼저인 것은?

① 숨은선 ② 절단선
③ 중심선 ④ 치수보조선

해설 투상선 우선순위 : 외형선→숨은선(파선)→중심선→파단선→치수선 또는 치수보조선→해칭선

59. 도면에서 표제란과 부품란으로 구분할 때, 부품란에 기입할 사항으로 거리가 먼 것은?

① 품명 ② 재질 ③ 수량 ④ 척도

해설 척도는 표제란에 기입한다.

60. 그림과 같은 입체도를 화살표 방향을 정면으로 하여 3각법으로 정투상한 도면으로 가장 적합한 것은?

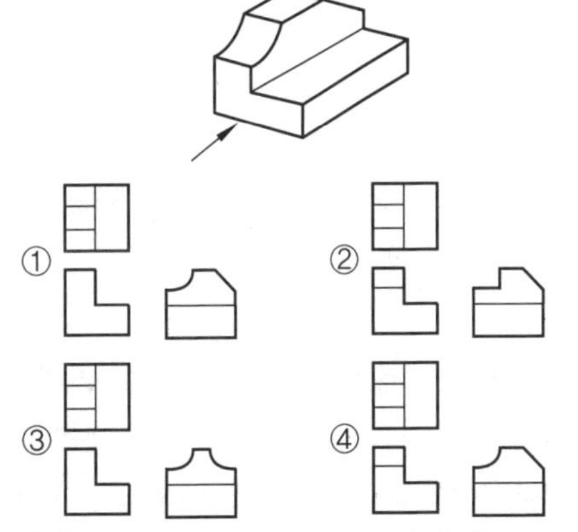

해설 ① : 평면도 오류, ② : 우측면도 오류
③ : 정면도, 우측면도 오류

2011년 시행문제

공유압기능사

2011년 10월 9일 시행

1. 비중이 약 2.7로 가볍고 내식성과 가공성이 좋으며 전기 및 열전도도가 높은 재료는 어느 것인가?

① 금(Au) ② 알루미늄(Al)
③ 철(Fe) ④ 은(Ag)

해설 Al(aluminium)은 연성이 크며, 전기 전도성 또한 좋기 때문에 고전압용 전선을 만드는 데 이용된다. 열전도성이 커서 주방 용기 등의 재료로 쓰인다. 전성이 커서 알루미늄 포일을 만드는 데 많이 쓰인다. 가볍고 튼튼하며 산화에 강해 산업 전반에 널리 쓰인다. 특히 항공 우주 분야와 교통, 건축 분야에서 많이 쓰인다. 주요한 합금으로는 두랄루민 등을 꼽을 수 있다.

2. 순철의 성질에 관한 사항 중 틀린 것은?

① 상온에서 연성과 전성이 크다.
② 용융점의 온도는 539℃ 정도이다.
③ 단접하기 쉽고 소성가공이 용이하다.
④ 용접성이 크다.

해설 순철은 906~1401℃에서는 면심입방격자가 되며, 용융점은 1530℃이다.

3. 노 내에서 페로 실리콘(Fe-Si), 알루미늄(Al) 등의 강탈산제를 첨가하여 충분히 탈산시킨 것으로서 표면에 헤어크랙이 생기기 쉬우며 상부에 수축관이 생기기 쉬운 강괴는?

① 킬드강 ② 림드강
③ 세미킬드강 ④ 캡트강

해설 킬드강은 Si 또는 Al과 같은 강한 탈산제로 탈산한 강으로 강을 만들 때에 녹은 강 속에 알루미늄이나 규소를 첨가하여 탈산 처리한 것으로 강괴 전체의 성분이나 여러 성질이 균일해져 좋다. 그러나 완전히 탈산을 하지 않으면, 강괴가 굳을 때에 가스가 방출되어 림드 강이 된다.

4. 다음 중 응력의 단위를 옳게 표시한 것은 어느 것인가?

① N/m ② N/m^2
③ N · m ④ N

해설 $\sigma = \frac{F[N]}{A[m^2]}$

5. 다음 중 자유롭게 휠 수 있는 축은?

① 전동 축 ② 크랭크 축
③ 중공 축 ④ 플렉시블 축

해설 플렉시블 축 : 자유롭게 휠 수 있게 강선을 2중, 3중으로 감은 나사 모양의 축이며, 공간상의 제한으로 일직선 형태의 축을 사용할 수 없을 때 이용된다.

6. 제강할 때 편석을 일으키기 쉬우며, 이 원소의 함유량이 0.25 % 정도 이상이 되면

정답 1. ② 2. ② 3. ① 4. ② 5. ④ 6. ①

연신율이 감소하고 냉간취성을 일으키는 원소는?

① 인 ② 황
③ 망간 ④ 규소

해설 강이 200~300℃로 가열되면 경도, 강도가 최대로 되고 연신율, 단면 수축은 줄어들어 메지게 되는 청열취성이 발생되는데, 이것은 인(P) 때문인 것으로 알려져 있다.

7. 니켈-구리계 합금 중 구리에 니켈을 60~70% 정도 첨가한 것으로 내열, 내식성이 우수하므로 터빈날개, 펌프 임펠러 등의 재료로 사용되는 것은?

① 모넬 메탈 ② 콘스탄탄
③ 로우 메탈 ④ 인코넬

해설 모넬 메탈은 니켈 60~70%, 구리 26~34%, 그 외에 소량의 철, 망간, 규소 등을 포함한다. 니켈의 내식성을 개량한 것으로, 보통강보다 강인하며 내식성을 요하는 구조 재료로서 용도가 다양하다.

8. 전동축의 회전력이 40kgf·m이고, 회전수가 300rpm일 때 전달마력은 약 몇 ps인가?

① 12.3 ② 16.8 ③ 123 ④ 168

해설 $H_p = \frac{nT}{716.2} = \frac{300 \times 40}{716.2} = 16.75$

9. 공기압 회로에서 압축 공기의 역류를 방지하고자 하는 경우에 사용하는 밸브로서, 한쪽 방향으로만 흐르고 반대 방향으로는 흐르지 않는 밸브는?

① 체크 밸브 ② 셔틀 밸브
③ 급속 배기 밸브 ④ 시퀀스 밸브

해설 체크 밸브는 역류 방지용 역지 밸브이다.

10. 공유압 변환기를 에어 하이드로 실린더와 조합하여 사용할 경우 주의사항으로 틀린 것은?

① 에어 하이드로 실린더보다 높은 위치에 설치한다.
② 공유압 변환기는 수평 방향으로 설치한다.
③ 열원의 가까이에서 사용하지 않는다.
④ 작동유가 통하는 배관에 누설, 공기 흡입이 없도록 밀봉을 철저히 한다.

해설 공유압 변환기는 액추에이터보다 높은 위치에 수직 방향으로 설치한다.

11. 유압 장치의 과부하 방지에 사용되는 기기는?

① 시퀀스 밸브 ② 카운터 밸런스 밸브
③ 릴리프 밸브 ④ 감압 밸브

해설 릴리프 밸브는 실린더 내의 힘이나 토크를 제한하여 부품의 과부하(over load)를 방지하고 최대 부하 상태로 최대의 유량이 탱크로 방출되기 때문에 작동 시 최대의 동력이 소요된다.

12. 압력 시퀀스 밸브가 하는 일을 나타낸 것은?

① 자유낙하의 방지
② 배압의 유지
③ 구동요소의 순차 작동
④ 무부하 운전

해설 시퀀스 밸브(sequence valve) : 주회로의 압력을 일정하게 유지하면서 유압 회로에 순서적으로 유체를 흐르게 하는 역할을 하여 2개 이상의 실린더를 차례대로 동작시켜 한 동작이 끝나면 다른 동작을 하도록 하는 밸브

정답 7. ① 8. ② 9. ① 10. ② 11. ③ 12. ③

13. 다음 그림의 기호가 나타내는 것은 무엇인가?

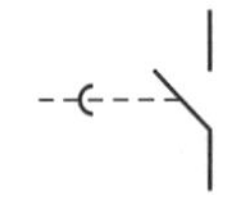

① 수동조작 스위치 a접점
② 수동조작 스위치 b접점
③ 소자 지연 타이머 a접점
④ 여자 지연 타이머 a접점

14. 공기압 유량 제어 밸브 사용상의 주의 사항으로 틀린 것은?

① 유량 제어 밸브는 되도록 제어대상에 멀리 설치하는 것이 제어성의 면에서 바람직하다.
② 공기압 실린더의 속도 제어에는 공기의 압축성을 고려하여 미터아웃 방식을 사용한다.
③ 유량 조절이 끝나면 고정용 나사를 꼭 고정하는 것을 잊지 않도록 한다.
④ 크기의 선정도 중요하다.

해설 유량 제어 밸브는 액추에이터 가까이에 설치한다.

15. 검출용 스위치 중 접촉형 스위치가 아닌 것은?

① 마이크로 스위치 ② 광전 스위치
③ 리밋 스위치 ④ 리드 스위치

해설 광전 스위치는 비접촉형 스위치이다.

16. 유압 작동유의 점도가 너무 높을 경우 유압 장치의 운전에 미치는 영향이 아닌 것은?

① 캐비테이션(cavitation)의 발생
② 배관 저항에 의한 압력 감소
③ 유압 장치 전체의 효율 저하
④ 응답성의 저하

해설 점도가 너무 높을 경우 장치의 관내 저항에 의한 압력이 증대(기계 효율 저하)된다.

17. 다음 설명 중 공기압 모터의 장점은 어느 것인가?

① 에너지의 변환 효율이 낮다.
② 제어속도를 아주 느리게 할 수 있다.
③ 큰 힘을 낼 수 있다.
④ 과부하 시 위험성이 없다.

해설 공압 모터의 특징
(1) 장점
- 값이 싼 제어 밸브만으로 속도, 토크를 자유롭게 조절할 수 있다.
- 과부하 시에도 아무런 위험이 없고, 폭발성도 없다.
- 시동, 정지, 역전 등에서 어떤 충격도 일어나지 않고 원활하게 이루어진다.
- 에너지를 축적할 수 있어 정전 시 비상용으로 유효하다.

(2) 단점
- 에너지의 변환 효율이 낮고, 배출음이 크다.
- 공기의 압축성 때문에 제어성이 그다지 좋지 않다.
- 부하에 의한 회전 때문에 변동이 크고, 일정 속도를 높은 정확도로 유지하기가 어렵다.

18. 실린더를 이용하여 운동하는 형태가 실린더로부터 떨어져 있는 물체를 누르는 형태이면 이는 어떤 부하인가?

① 저항 부하 ② 관성 부하
③ 마찰 부하 ④ 쿠션 부하

정답 13. ④ 14. ① 15. ② 16. ② 17. ④ 18. ①

해설 압축력이 작용되는 저항 부하이다.

19. **구동부가 일을 하지 않아 회로에서 작동유를 필요로 하지 않을 때 작동유를 탱크로 귀환시키는 것은?**

① AND 회로
② 무부하 회로
③ 플립플롭 회로
④ 압력 설정 회로

해설 언로드 회로(unload circuit, 무부하 회로 unloading hydraulic circuit) : 유압 펌프의 유량이 필요하지 않게 되었을 때, 즉 조작단의 일을 하지 않을 때 작동유를 저압으로 탱크에 귀환시켜 펌프를 무부하로 만드는 회로로서, 펌프의 동력이 절약되고 장치의 발열이 감소되며, 펌프의 수명을 연장시키고, 장치 효율의 증대, 유온 상승 방지, 압유의 노화 방지 등의 장점이 있다.

20. **유압 장치의 특징과 거리가 먼 것은 어느 것인가?**

① 소형 장치로 큰 힘을 발생한다.
② 작동유로 인한 위험성이 있다.
③ 일의 방향을 쉽게 변환시키기 어렵다.
④ 무단변속이 가능하고 정확한 위치 제어를 할 수 있다.

해설 유압장치의 장단점

(1) 장점
- 정확한 위치 제어와 뛰어난 제어 및 조절성
- 크기에 비해 큰 힘의 발생
- 과부하에 대한 안전성과 시동 가능
- 부하와 무관한 정밀한 운동
- 정숙한 작동과 반전 및 열 방출성

(2) 단점
- 기계장치마다 펌프와 탱크가 필요하다.
- 유온의 영향을 받는다.
- 냉각장치가 필요하고, 기름탱크가 커서 소형화가 곤란하다.
- 배관의 난이성, 폐유에 의한 주변환경이 오염될 우려가 있다.
- 화재의 위험이 있으며 고압 사용으로 인한 위험성 및 이물질에 민감하다.

21. **압력 조절 밸브 사용 시 주의사항으로 공기압 기기의 전 공기 소비량이 압력 조절 밸브에서 공급되었을 때 압력 조절 밸브의 2차 압력이 몇 % 이하로 내려가지 않도록 하는 것이 바람직한가?**

① 60 ② 70 ③ 80 ④ 90

해설 압력 제어 밸브의 유량 특성상 압력 강하는 공급압력의 80% 이상을 유지하도록 한다.

22. **다음의 기호가 나타내는 기기를 설명한 것 중 옳은 것은?**

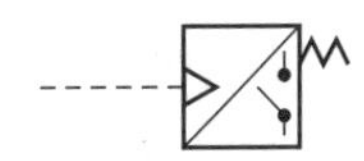

① 실린더의 로킹 회로에서만 사용된다.
② 유압 실린더의 속도 제어에서만 사용된다.
③ 회로의 일부에 배압을 발생시키고자 할 때 사용한다.
④ 유압 신호를 전기 신호로 전환시켜 준다.

해설 이 기호는 압력 스위치이다.

23. **토출 압력에 의한 분류에서 저압으로 구분되는 공기 압축기의 압력 범위는?**

① 1 kgf/cm^2 이하 ② 7~8 kgf/cm^2
③ 10~15 kgf/cm^2 ④ 15 kgf/cm^2 이상

해설 1 kgf/cm^2 이하는 송풍기, 1 kgf/cm^2 이상부터 압축기, 7~8 kgf/cm^{2}는 저압,

정답 19. ② 20. ③ 21. ③ 22. ④ 23. ②

10~15 kgf/cm^2는 중압, 15 kgf/cm^2 이상은 고압 압축기라 한다.

24. 압력 제어 밸브에 해당되는 것은?

① 셔틀 밸브 ② 체크 밸브
③ 차단 밸브 ④ 릴리프 밸브

해설 셔틀 밸브, 체크 밸브, 차단 밸브는 논리턴 밸브이다.

25. 다음 중 공기압 장치의 기본 시스템이 아닌 것은? (06/5)

① 압축공기 발생 장치
② 압축공기 조정 장치
③ 공압 제어 밸브
④ 유압 펌프

해설 유압 펌프는 유압 장치의 기본 시스템이다.

26. 펌프의 송출압력이 50 kgf/cm^2, 송출량이 20 L/min인 유압 펌프의 펌프동력은 약 얼마인가?

① 1.5 PS ② 1.7 PS
③ 2.2 PS ④ 3.2 PS

해설 $L_p = \frac{PQ}{450} = \frac{50 \times 20}{450} = 2.2\,\text{PS}$

27. 유압회로에서 어떤 부분 회로의 압력을 주회로의 압력보다 저압으로 사용하고자 할 때 사용하는 밸브는? (07/5, 08/5)

① 배압 밸브
② 감압 밸브
③ 압력보상형 밸브
④ 셔틀 밸브

28. 유압 장치에서 유량 제어 밸브로 유량을 조정할 경우 실린더에서 나타나는 효과는 어느 것인가?

① 유압의 역류 조절 ② 운동 속도의 조절
③ 운동 방향의 결정 ④ 정지 및 시동

해설 유량 제어 밸브는 속도 제어 밸브이다.

29. 압력의 크기에 의해 제어되거나 압력에 큰 영향을 미치는 것은?

① 논 리턴 밸브 ② 방향 제어 밸브
③ 압력 제어 밸브 ④ 유량 제어 밸브

해설 압력 제어 밸브는 힘을 제어하는 밸브이다.

30. 그림의 연결구를 표시하는 방법에서 틀린 부분은?

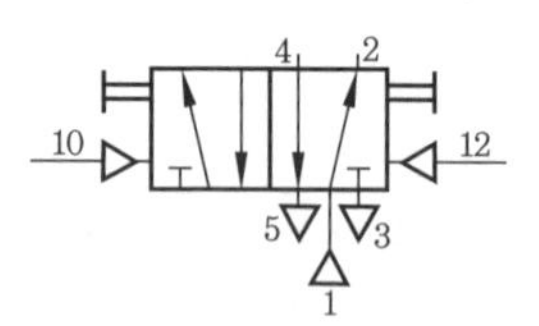

① 공급라인 : 1 ② 제어라인 : 4
③ 작업라인 : 2 ④ 배기라인 : 3

해설 ① 공급라인 : 1, ② 제어라인 : 10, 12, ③ 작업라인 : 2, 4, ④ 배기라인 : 3, 5

31. 다음은 어떤 밸브를 나타내는 기호인가?

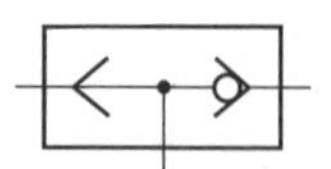

① 급속 배기 밸브 ② 셔틀 밸브
③ 2압 밸브 ④ 파일럿 조작 밸브

해설 이 밸브는 셔틀 밸브 또는 OR 밸브, 고압 우선 셔틀 밸브라 한다.

정답 24. ④ 25. ④ 26. ③ 27. ② 28. ② 29. ③ 30. ② 31. ②

32. **공기 건조 방식 중 −70℃ 정도까지의 저노점을 얻을 수 있는 공기 건조 방식은 어느 것인가?** (08/5)

① 흡수식 ② 냉각식
③ 흡착식 ④ 저온 건조 방식

해설 흡착식 공기 건조기 : 건조제를 재생(제습 청정)시키는 방식이며, 최대 −70℃ 정도까지의 저노점을 얻을 수 있다.

33. **습공기 내에 있는 수증기의 양이나 수증기의 압력과 포화상태에 대한 비를 나타내는 것은?**

① 절대 습도 ② 상대 습도
③ 대기 습도 ④ 게이지 습도

해설 상대 습도

$= \dfrac{\text{그때의 수증기 분압}}{\text{그 온도에서의 포화 수증기 분압}}$

$= \dfrac{\text{그때의 수증기량}}{\text{그 온도에서의 포화 수증기량}}$

34. **축동력을 계산하는 방법에 대한 설명으로 틀린 것은?**

① 설정압력과 토출량을 곱하여 계산한다.
② 효율은 안전을 위하여 약 75%로 한다.
③ 효율은 체적 효율만을 고려한다.
④ 단위는 kW를 사용할 수 있다.

해설 펌프의 효율은 펌프에 공급된 동력과 펌프에 의하여 얻어진 동력의 비로 나타낸다.

(1) 체적 효율(volumetric efficiency) η_v : 이론적 배출 유량과 실제 배출 유량의 비율로서 이론적 토출량 Q_{th}=무부하 시 토출량으로 구할 수 있다.

(2) 기계 효율(mechanical efficiency) η_m : 베어링 또는 기계 부품의 마찰에 의한 손실로서 패킹, 기어, 피스톤, 베인 등의 접촉 마찰손실이다.

※ 체적, 기계 효율 외에 압력 효율(η_p)이 있으며 η_p=1로 취급한다.

(3) 전체 효율(overall efficiency) η_o : 펌프의 축동력 L_s가 펌프 내부에서 일만큼 유용한 펌프 동력 L_p로 변환되었는가를 나타내는 비율로 모든 에너지 손실을 고려한 전체 효율($\eta_o = \eta_v \times \eta_m$)

35. **공압 조합 밸브로 1개의 정상상태에서 닫힌 3/2-way 밸브와 1개의 정상상태 열림 3/2-way 밸브, 2개의 속도 제어 밸브를 조정하면 여러 가지 사이클 시간을 얻을 수 있으며, 진동수는 압력과 하중에 따라 달라지게 하는 제어기기는 무엇인가?**

① 가변 진동 발생기 ② 압력 증폭기
③ 시간 지연 밸브 ④ 공유압 조합기기

해설 가변 진동 발생기

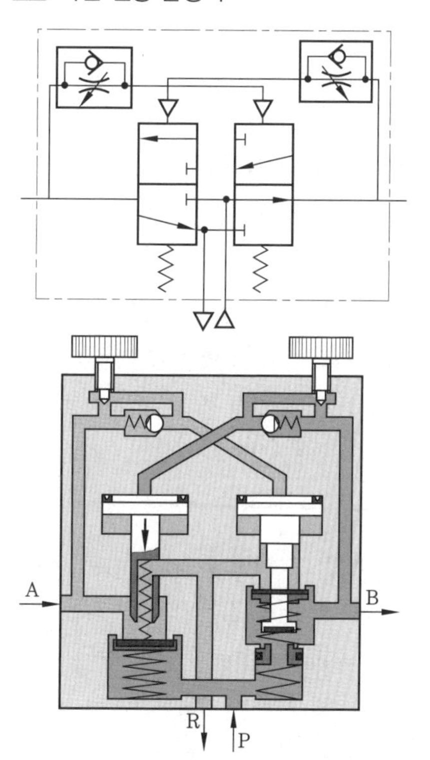

정답 32. ③ 33. ② 34. ③ 35. ①

36. 제어 작업이 주로 논리 제어의 형태로 이루어지는 AND, OR, NOT, 플립플롭 등의 기본 논리 연결을 표시하는 기호도를 무엇이라 하는가?

① 논리도 ② 회로도
③ 제어 선도 ④ 변위 단계 선도

해설 논리도 : AND, OR, NOT 등의 논리 기능을 가진 회로도

37. 공압 실린더 중 단동 실린더가 아닌 것은 어느 것인가?

① 피스톤 실린더 ② 격판 실린더
③ 벨로스 실린더 ④ 로드리스 실린더

해설 로드리스 실린더는 복동 실린더이다.

38. 축압기에 대한 설명 중 틀린 것은?

① 맥동이 발생한다.
② 압력 보상이 된다.
③ 충격 완충이 된다.
④ 유압 에너지를 축적할 수 있다.

해설 축압기는 맥동을 흡수한다.

39. 4극의 유도전동기에 50 Hz의 교류 전원을 가할 때 동기 속도(rpm)는?

① 200 ② 750 ③ 1200 ④ 1500

해설 $N_s = \frac{120f}{P} = \frac{120 \times 50}{4} = 1500\,\text{rpm}$

40. 동일한 전원에 연결된 여러 개의 전등은 다음 중 어느 경우가 가장 밝은가?

① 각 등을 직 · 병렬 연결할 때
② 각 등을 직렬 연결할 때
③ 각 등을 병렬 연결할 때
④ 전등의 연결방법에는 관계 없다.

해설 각 전등을 병렬 연결하면 밝기가 일정해진다.

41. 다음 중 지시계기의 구비 조건이 아닌 것은? (07/5)

① 눈금이 균등하거나 대수 눈금일 것
② 절연 내력이 낮을 것
③ 튼튼하고 취급이 편리할 것
④ 지시가 측정값의 변화에 신속히 응답할 것

해설 지시계기는 절연 내력이 커야 한다.

42. 사인파 교류의 순시값이 $v = V\sin\omega t$[V]이면 실효값은?(단, V는 최댓값이다.)

① $\frac{V}{\sqrt{2}}$ ② V ③ $\sqrt{2}V$ ④ $2V$

해설 $E = \frac{1}{\sqrt{2}}E_m$[V]

43. 내부저항 5 kΩ의 전압계 측정 범위를 10배로 하기 위한 방법은? (07/5)

① 15 kΩ의 배율기 저항을 병렬 연결한다.
② 15 kΩ의 배율기 저항을 직렬 연결한다.
③ 45 kΩ의 배율기 저항을 병렬 연결한다.
④ 45 kΩ의 배율기 저항을 직렬 연결한다.

해설 수정 배율$(M) = \frac{R_v + R_m}{R_v} = 1 + \frac{R_m}{R_v} = 10$

$\therefore R_m = (M-1)R_v = (10-1) \times 5 = 45\,\text{k}\Omega$

44. 임피던스 Z[Ω]인 단상 교류 부하를 단상 교류 전원 V[V]에 연결하였을 경우 흐르는 전류가 I[A]라면 단상 전력 P를 구하는 식은?(단, V : 전압, I : 전류, θ : 전압과

정답 36. ① 37. ④ 38. ① 39. ④ 40. ③ 41. ② 42. ① 43. ④ 44. ①

전류의 위상차, cos θ : 역률이라고 한다.)

① $P=VI\cos\theta$ [W]
② $P=\sqrt{3}VI\cos\theta$ [W]
③ $P=VR\cos\theta$ [W]
④ $P=VI\sin\theta$ [W]

해설 $P=EI\cos\theta$

45. 시간의 변화에 따라 각 계전기나 접점 등의 변화 상태를 시간적 순서에 의해 출력 상태를 (ON, OFF), (H, L), (1, 0) 등으로 나타낸 것은?

① 실체 배선도 ② 플로 차트
③ 논리 회로도 ④ 타임 차트

46. 정전용량 C만의 회로에 $v=\sqrt{2}V\sin\omega t$ [V]인 사인파 전압을 가할 때 전압과 전류의 위상 관계는?

① 전류는 전압보다 위상이 90° 뒤진다.
② 전류는 전압보다 위상이 30° 앞선다.
③ 전류는 전압보다 위상이 30° 뒤진다.
④ 전류는 전압보다 위상이 90° 앞선다.

47. 가동코일형 전류계에서 전류 측정 범위를 확대시키는 방법은?

① 가동코일과 직렬로 분류기 저항을 접속한다.
② 가동코일과 병렬로 분류기 저항을 접속한다.
③ 가동코일과 직렬로 배율기 저항을 접속한다.
④ 가동코일과 직·병렬로 배율기 저항을 접속한다.

해설 전압 측정 범위 확대는 코일과 배율기의 저항을 직렬로 접속시키면 된다.

48. 기기의 보호나 작업자의 안전을 위해 기기의 동작상태를 나타내는 접점으로 기기의 동작을 금지하는 회로는?

① 인칭 회로
② 인터록 회로
③ 자기 유지 회로
④ 자기 유지 처리 회로

해설 인터록 : 현재 진행 중인 동작과 상태가 끝날 때까지 다음 동작이나 상태로 수행하지 않도록 하는 것

49. 열동 계전기의 기호는?

① DS ② THR ③ NFB ④ S

50. 전력량 1 J은 몇 열량 에너지(cal)인가?

① 0.24 ② 4.2 ③ 86 ④ 860

해설 $H=0.24I^2Rt$

51. 다음 중 입력 요소는?

① 전동기 ② 전자 계전기
③ 리밋 스위치 ④ 솔레노이드 밸브

해설 전동기와 솔레노이드 밸브는 출력 요소, 전자 계전기는 제어 요소이다.

52. 하나의 회전기를 사용하여 교류를 직류로 바꾸는 것은?

① 셀렌 정류기 ② 실리콘 정류기
③ 회전 변류기 ④ 아산화동 정류기

해설 회전 변류기 : 교류를 직류로 바꾸기 위해 사용되는 회전 전기 기계

53. 직류 전동기에서 운전 중에 항상 브러시와 접촉하는 것은?

정답 45. ④ 46. ④ 47. ② 48. ② 49. ② 50. ① 51. ③ 52. ③ 53. ③

① 전기자 ② 계자 ③ 정류자 ④ 계철

해설 회전자가 회전함에 따라 브러시와 정류자편의 접촉 형태가 변하면 회전주기에 따라 전류의 공급 또한 변하게 된다.

54. 선은 굵기에 따라 가는 선, 굵은 선, 아주 굵은 선의 세 종류로 구분하는데 굵기의 비율로 가장 올바른 것은?

① 1 : 2 : 3 ② 1 : 2 : 4

③ 1 : 3 : 5 ④ 1 : 2 : 5

해설 선의 굵기 비율은 1 : 2 : 4이다.

55. 다음 그림에서 A부의 치수는 얼마인가?

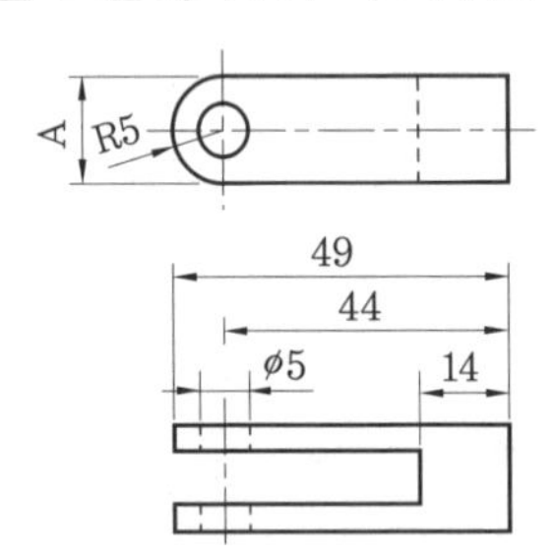

① 5 ② 10 ③ 15 ④ 14

해설 반지름이 5이므로 지름은 10이다.

56. 그림과 같은 투상도의 평면도와 우측면도에 가장 적합한 정면도는?

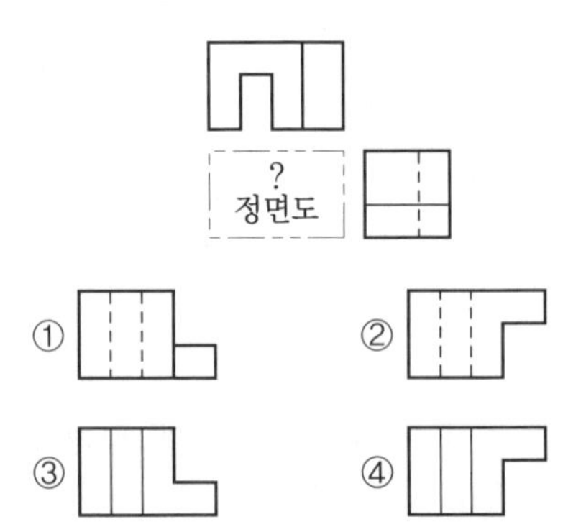

57. 도면에서 비례척이 아님을 나타내는 기호는?

① NS ② NPS ③ NT ④ PQ

해설 NS : non scale

58. KS 용접 기호 중에서 그림과 같은 용접 기호는 무슨 용접 기호인가?

① 심 용접 ② 비드 용접

③ 필릿 용접 ④ 점 용접

해설 심 용접 : , 점 용접 :

59. 그림과 같은 배관 도시 기호가 있는 관에는 어떤 종류의 유체가 흐르는가?

① 공기

② 연료가스

③ 증기

④ 물

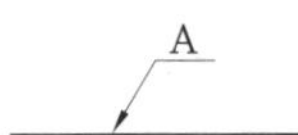

해설 공기 : A, 가스 : G, 유류 : O, 물 : W, 증기 : S

60. 개스킷, 박판, 형강 등에서 절단면이 얇은 경우 단면도 표시법으로 가장 적합한 설명은?

① 절단면을 검게 칠한다.

② 실제 치수와 같은 굵기의 아주 굵은 1점 쇄선으로 표시한다.

③ 얇은 두께의 단면이 인접되는 경우 간격을 두지 않는 것이 원칙이다.

④ 모든 인접 단면과의 간격은 0.5 mm 이하의 간격이 있어야 한다.

해설 절단면이 얇은 경우에는 절단면을 검게 칠하거나 1개의 굵은 실선으로 긋는다.

정답 54. ② 55. ② 56. ③ 57. ① 58. ③ 59. ① 60. ①

2012년 시행문제

공유압기능사 2012년 4월 8일 시행

1. 일명 로터리 실린더라고도 하며, 360° 전체를 회전할 수는 없으나 출구와 입구를 변화시키면 ±50° 정, 역회전이 가능한 것은 어느 것인가?

① 기어 모터 ② 베인 모터
③ 요동 모터 ④ 회전 피스톤 모터

해설 360° 전체를 회전시킬 수 없는 모터는 요동 모터이다.

2. 그림과 같은 공압 회로는 어떤 논리를 나타내는가?

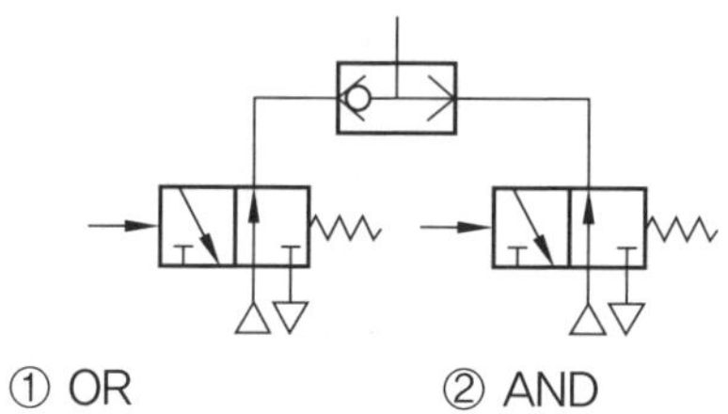

① OR ② AND
③ NAND ④ XE-OR

3. 유압장치의 장점이 아닌 것은?

① 힘을 무단으로 변속할 수 있다.
② 속도를 무단으로 변속할 수 있다.
③ 일의 방향을 쉽게 변화시킬 수 있다.
④ 하나의 동력원으로 여러 장치에 동시에 사용할 수 있다.

해설 유압은 기계장치마다 동력원, 즉 펌프와 탱크가 필요한 단점이 있다.

4. 유압장치에서 사용되고 있는 오일 탱크에 대한 설명으로 적합하지 않은 것은?

① 오일을 저장할 뿐만 아니라 오일을 깨끗하게 한다.
② 오일 탱크의 용량은 장치 내의 작동유를 모두 저장하지 않아도 되므로 사용압력, 냉각장치의 유무에 관계없이 가능한 작은 것을 사용한다.
③ 주유구에는 여과망과 캡 또는 뚜껑을 부착하여 먼지, 절삭분 등의 이물질이 오일 탱크에 혼입되지 않게 한다.
④ 공기 청정기의 통기 용량은 유압 펌프 토출량의 2배 이상으로 하고, 오일 탱크의 바닥면은 바닥에서 최소 15cm를 유지하는 것이 좋다.

해설 오일 탱크의 크기는 그 속에 들어가는 유량이 펌프 토출량의 적어도 3배 이상으로 하고, 이것은 펌프 작동 중의 유면을 적정하게 유지하고 발생하는 열을 발산하여 장치의 가열을 방지하며 오일 중에서 공기나 이물질을 분리시키는 데 충분한 크기이다.

5. 유압회로에 공기가 침입할 때 발생되는 상태가 아닌 것은?

① 공동 현상 ② 정마찰
③ 열화 촉진 ④ 응답성 저하

해설 공기가 유압 작동유에 혼입되면 공동 현

정답 1. ③ 2. ③ 3. ④ 4. ② 5. ②

상(캐비테이션)이 발생되고 응답성이 저하되며, 동마찰로 열화가 촉진된다.

6. 2개 이상의 실린더를 순차 작동시키려면 어떤 밸브를 사용해야 하는가?

① 감압 밸브 ② 릴리프 밸브
③ 시퀀스 밸브 ④ 카운터 밸런스 밸브

해설 시퀀스 밸브 : 공기압 회로에서 액추에이터를 순차적으로 작동시키고 싶을 때 사용하는 밸브

7. 압축공기를 생산하는 장치는?

① 에어 루브리케이터(air lubricator)
② 에어 액추에이터(air actuator)
③ 에어 드라이어(air dryer)
④ 에어 컴프레서(air compressor)

해설 루브리케이터는 윤활기, 액추에이터는 실린더나 모터, 드라이어는 건조기, 컴프레서는 압축기이다.

8. 유량 비례 분류 밸브의 분류 비율은 일반적으로 어떤 범위에서 사용하는가?

① 1 : 1～9 : 1 ② 1 : 1～18 : 1
③ 1 : 1～27 : 1 ④ 1 : 1～36 : 1

해설 유량 비례 분류 밸브 : 단순히 한 입구에서 오일을 받아 두 회로에 분배하며, 분배 비율은 1 : 1에서 9 : 1이다. 두 오리피스 입구의 압력과 스풀 양쪽의 압력이 같고, 오리피스를 통과하는 압력의 강하가 같기 때문에 작동에 관계없이 양쪽의 유량비가 같게 되는데, 양쪽으로 흐르는 유량비를 다르게 하려면 오리피스의 크기를 다르게 하면 된다.

9. 전기 신호를 이용하여 제어를 하는 이유로 가장 적합한 것은?

① 과부하에 대한 안전대책이 용이하다.
② 응답속도가 빠르다.
③ 외부 누설(감전, 인화)의 영향이 없다.
④ 출력유지가 용이하다.

해설 전기적인 제어 방법은 공장 자동화에 가장 많이 이용되는 방법으로 비용이 적게 들고 응답속도가 빠르며, 부품의 종류와 작동 원리가 간단하다는 장점이 있지만 약 100만 회라는 반복 수명으로 수명이 짧고 높은 신뢰성을 보장할 수 없는 단점도 있다.

10. 공압장치에서 사용되는 압축공기 필터의 공기 여과 방법으로 틀린 것은? (07/5)

① 원심력을 이용하여 분리하는 방법
② 충돌판에 닿게 하여 분리하는 방법
③ 가열하여 분리하는 방법
④ 흡습제를 사용해서 분리하는 방법

해설 공기 여과기(air filter) 여과 방식
(1) 원심력을 이용하여 분리하는 방식
(2) 충돌판에 닿게 하여 분리하는 방식
(3) 흡습제를 사용하여 분리하는 방식
(4) 냉각하여 분리하는 방식

11. 주어진 입력 신호에 따라 정해진 출력을 나타내며 신호와 출력의 관계가 기억 기능을 겸비한 회로는?

① 시퀀스 회로 ② 온 오프 회로
③ 레지스터 회로 ④ 플립플롭 회로

해설 플립플롭 회로(flip-flop circuit) : 주어진 입력 신호에 따라 정해진 출력을 내는 것으로, 기억 기능을 겸비한 것으로 되어 있다.

12. 방향 제어 밸브에서 존재할 수 있는 포

정답 6. ③ 7. ④ 8. ① 9. ② 10. ③ 11. ④ 12. ①

트의 수가 아닌 것은?

① 1　② 2　③ 3　④ 4

해설 방향 제어 밸브는 최소한 공급측 P 포트와 작업측 A 포트가 있어야 한다.

13. 다음의 기호 중 공압 실린더의 1방향 속도 제어에 주로 사용되는 밸브는 어느 것인가? (08/5)

①
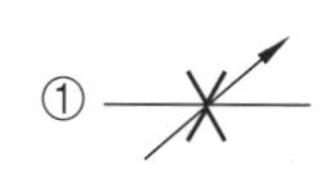

②
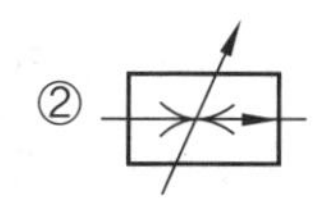

③
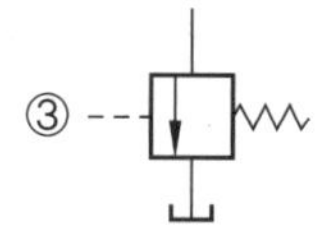

④
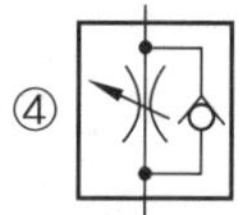

해설 ①은 양방향 유량 제어 밸브, ②는 압력 보상 유량 제어 밸브, ③은 릴리프 밸브, ④는 한방향 유량 제어 밸브이다.

14. 유압유에서 온도 변화에 따른 점도의 변화를 표시하는 것은?

① 점도 지수　② 점도
③ 비중　④ 동점도

해설 점도 지수(viscosity index) : 작동유 점도의 온도에 대한 변화를 나타내는 값으로 점도 지수가 크면 클수록 온도 변화에 대한 점도 변화가 적다. 따라서 작동유로서는 장치의 효율을 최대로 하기 위하여 점도 지수가 큰 작동유를 선정하는 편이 유리하다.

15. 유량 제어 밸브를 실린더의 입구측에 설치한 회로로서 유압 액추에이터에 유입하는 유량을 제어하는 방식으로 움직임에 대하여 정(正)의 부하가 작용하는 경우에 적합한 회로는?

① 블리드 오프 회로　② 브레이크 회로
③ 감압 회로　④ 미터 인 회로

해설 미터 인 회로(meter in circuit) : 유량 제어 밸브를 실린더의 작동 행정에서 실린더의 오일이 유입되는 입구측에 설치한 회로

16. 다음의 기호를 무엇이라 하는가?

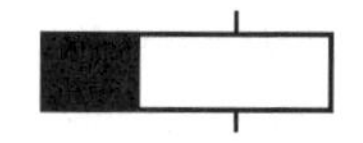

① on delay 타이머　② off delay 타이머
③ 카운터　④ 솔레노이드

해설 off delay 타이머는 소자 지연 타이머라고 한다.

17. 증압기에 대한 설명으로 가장 적합한 것은?

① 유압은 공압으로 변환한다.
② 낮은 압력의 압축공기를 사용하여 소형 유압 실린더의 압력을 고압으로 변환한다.
③ 대형 유압 실린더를 이용하여 저압으로 변환한다.
④ 높은 유압 압력을 낮은 공기 압력으로 변환한다.

해설 증압기(intensifier) : 보통의 공압 회로에서 얻을 수 없는 고압을 발생시키는 데 사용하는 기기로, 공작물의 지지나 용접 전의 이송 등에 사용된다.

18. 유압 밸브 중에서 파일럿부가 있어서 파일럿 압력을 이용하여 주 스풀을 작동시키는 것은?

① 직동형 릴리프 밸브
② 평형 피스톤형 릴리프 밸브

정답 13. ④　14. ①　15. ④　16. ②　17. ②　18. ②

③ 인라인형 체크 밸브
④ 앵글형 체크 밸브

해설 평형 피스톤형 릴리프 밸브(balanced piston type relief valve) : 일명 파일럿 작동형 릴리프 밸브(pilot operated relief valve)라고 하는 이 밸브는 상하 양면의 압력을 받은 면적이 같은 평형 피스톤을 기본으로 하여 구성된 밸브로서 조절 감도가 좋고 유량 변화에 따르는 압력 변동이 무시할 수 있는 정도로 작아 압력 오버 라이드가 극히 적고 채터링이 거의 일어나지 않는다. 이 밸브는 평형 피스톤을 스프링의 힘으로 시트에 밀착시키는 부분을 포함한 본체 부분과 유압으로 평형 피스톤의 작동을 제어하는 파일럿 밸브의 역할을 하는 윗 덮개 부분으로 나누어진다.

19. 공압 실린더가 운동할 때 낼 수 있는 힘 (F)을 식으로 맞게 표현한 것은?(단, P : 실린더에 공급되는 공기의 압력, A : 피스톤 단면적, V : 피스톤 속도이다.)

① $F=PA$ ② $F=AV$
③ $F=\frac{P}{A}$ ④ $F=\frac{A}{V}$

해설 $P=\frac{F}{A}$

20. 다음 기기들의 설명 중 틀린 것은 어느 것인가?

① 실린더 : 유압의 압력에너지를 기계적 에너지로 바꾸는 기기이다.
② 체크 밸브 : 유체를 양방향으로 흐르게 하는 기능을 한다.
③ 제어 밸브 : 유체를 정지 또는 흐르게 하는 기능을 한다.
④ 릴리프 밸브 : 장치 내의 압력이 과도하게 높아지는 것을 방지한다.

해설 체크 밸브(check valve) : 가장 간단한 것은 1방향 밸브로 한 방향으로만 허용되고, 반대 방향으로는 흐르지 못한다.

21. 다음 기호의 명칭으로 맞는 것은?

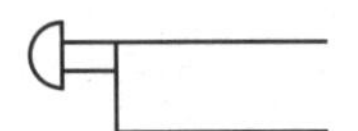

① 버튼 ② 레버 ③ 페달 ④ 롤러

22. 습기 있는 압축공기가 실리카 겔, 활성 알루미나 등의 건조제를 지나가면 건조제가 압축공기 중의 습기와 결합하여 혼합물이 형성되어 건조되는 공기 건조기는?

① 흡착식 에어 드라이어
② 흡수식 에어 드라이어
③ 냉동식 에어 드라이어
④ 혼합식 에어 드라이어

해설 흡착식 공기 건조기 : 실리카 겔, 활성알루미나 등의 고체 흡착 건조제를 두 개의 타워 속에 가득 채워 습기와 미립자를 제거하여 초 건조공기를 토출하며 건조제를 재생(제습청정)시키는 방식

23. 유압 · 공기압 도면 기호 중 접속구를 나타내었다. 아래 그림과 같은 공기 구멍에 대한 설명으로 맞는 것은?

① 연속적으로 공기를 빼는 경우
② 어느 시기에 공기를 빼고 나머지 시간은 닫아 놓는 경우
③ 필요에 따라 체크 기구를 조작하여 공기를 빼 내는 경우
④ 수압 면적이 상이한 경우

정답 19. ① 20. ② 21. ① 22. ① 23. ②

24. 공압 단동 실린더의 설명으로 틀린 것은?

① 스프링이 내장된 형식이 일반적이다.
② 클램핑, 프레싱, 이젝팅 등의 용도로 사용된다.
③ 행정거리는 복동 실린더보다 짧은 것이 일반적이다.
④ 공기 소모량은 복동 실린더보다 많다.

해설 단동 실린더 : 한방향 운동에만 공압이 사용되고 반대방향의 운동은 스프링이나, 자중 또는 외력으로 복귀된다. 일반적으로 100 mm 미만의 행정거리로 클램핑, 프레싱, 이젝팅, 이송 등에 사용되며 공기압의 특징을 반만 이용할 수 있으나, 공기 소비량이 적고 3포트 밸브 한 개로 제어가 가능하고, 실린더와 밸브 사이의 배관이 하나로 족하다. 단동 실린더에는 피스톤 실린더가 대표적이다.

25. 급속 배기 밸브의 설명으로 적합한 것은 어느 것인가?

① 순차 작동이 된다.
② 실린더 운동속도를 빠르게 한다.
③ 실린더의 진행 방향을 바꾼다.
④ 서지 압력을 완충시킨다.

해설 급속 배기 밸브(quick release valve or quick exhaust valve) : 액추에이터의 배출저항을 작게 하여 속도를 빠르게 하는 밸브로 가능한 액추에이터 가까이에 설치하며, 충격 방출기는 급속 배기 밸브를 이용한 것이다.

26. 수랭식 오일쿨러(oil cooler)의 장점이 아닌 것은?

① 소형으로 냉각 능력이 크다.
② 소음이 적다.
③ 자동 유온 조정이 가능하다.
④ 냉각수의 설비가 요구된다.

해설 ④는 단점이다.

27. 압력 제어 밸브의 핸들을 돌렸을 때 회전각에 따라 공기압력이 원활하게 변화하는 특성은?

① 압력 조정 특성 ② 유량 특성
③ 재현 특성 ④ 릴리프 특성

해설 압력 제어 밸브는 조작하여 필요 압력을 얻는 것이다.

28. 보일 · 샤를의 법칙에서 공기의 기체상수(kgf · m/kgf · K)로 맞는 것은?

① 19.27 ② 29.27
③ 39.27 ④ 49.27

해설 $PV = GRT$ [kgf · m]
여기서, G : 기체의 중량(kgf)
R : 가스상수(29.27 kgf · m/kgf · K)

29. 다음 중 일반 산업분야의 기계에서 사용하는 압축공기의 압력으로 가장 적당한 것은?

① 약 50~70 kgf/cm²
② 약 500~700 kPa
③ 약 500~700 bar
④ 약 50~70 Pa

해설 500~700 kPa ≒ 5~7 kgf/cm² ≒ 5~7 bar

30. 다음 중 기계 효율을 설명한 것으로 맞는 것은?

① 펌프의 이론 토출량에 대한 실제 토출량의 비
② 구동장치로부터 받은 동력에 대하여 펌

정답 24. ④ 25. ② 26. ④ 27. ① 28. ② 29. ② 30. ②

프가 유압유에 준 이론 동력의 비
③ 펌프가 받은 에너지를 유용한 에너지로 변환한 정도에 대한 척도
④ 펌프 동력의 축동력의 비

해설 기계 효율(mechanical efficiency)

$$\eta_m = \frac{\text{이론적 펌프 출력}(L_{th})}{\text{펌프에 가해진 동력}(L_s)} = \frac{P \cdot Q_{th}}{2 \cdot \pi \cdot n \cdot T} \times 100\%$$

31. 직류 전동기 중에서 무부하 운전이나 벨트 운전을 절대로 해서는 안 되는 전동기는? (03/5)

① 타여자 전동기 ② 복권 전동기
③ 직권 전동기 ④ 분권 전동기

해설 직권 전동기는 정출력 전동기로 큰 토크가 필요할 때에는 저속 운전하고 고속일 때에는 토크가 작아도 되는 것이다.

32. 아래 그림에서 I_1의 값은 얼마인가?

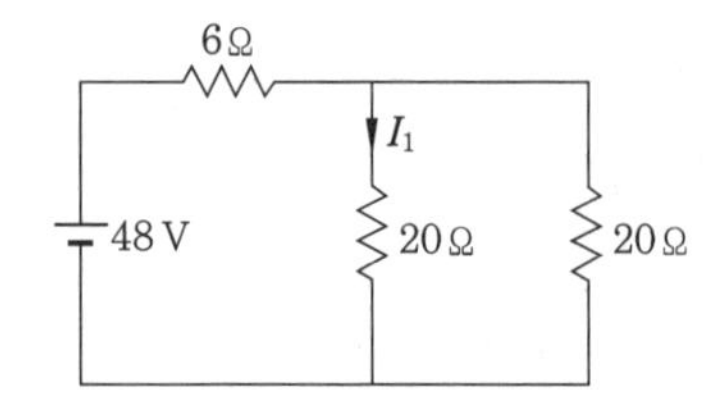

① 1.5A ② 2.4A
③ 3A ④ 8A

해설 전체 저항 $R=6+\frac{1}{\frac{1}{20}+\frac{1}{20}}=16\Omega$

전체 전류 $I=\frac{48\text{V}}{16\Omega}=3\text{A}$

$\therefore I_1=\frac{3\text{A}}{2}=1.5\text{A}$

33. 15kW 이상의 농형 유도 전동기에 주로 적용되는 방식으로, 기동 시 공급전압을 낮추어 기동전류를 제한하는 기동법은?

① $Y-\Delta$ 기동법 ② 기동 보상기법
③ 저항 기동법 ④ 직입 기동법

34. 교류에서 전압과 전류의 벡터 그림이 다음과 같다면 어떤 소자로 구성된 회로인가?

① 저항
② 코일
③ 콘덴서
④ 다이오드

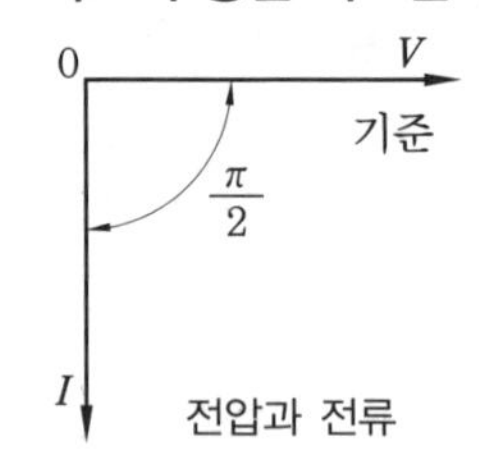

35. 시퀀스 제어용 기기로 전자 접촉기와 열동 계전기를 총칭하는 것은?

① 적산 카운터 ② 한시 타이머
③ 전자 개폐기 ④ 전자 계전기

해설 전자 개폐기는 마그네틱 개폐기이다.

36. 정류회로에 커패시터 필터를 사용하는 이유는?

① 용량 증대를 위하여
② 소음을 감소하기 위하여
③ 직류에 가까운 파형을 얻기 위하여
④ 2배의 직류값을 얻기 위하여

37. 정전용량이 0.01μF인 콘덴서의 1MHz에서의 용량 리액턴스는 약 몇 Ω인가?

① 15.9 ② 16.9
③ 159 ④ 169

해설 $X_c=\frac{1}{\omega C}=\frac{1}{2\pi fC}=\frac{1}{2\pi\times10^6\times0.01\times10^{-6}}=15.9$

정답 31. ③ 32. ① 33. ② 34. ② 35. ③ 36. ③ 37. ①

38. 리밋 스위치의 A접점은?

① —o⊥o—　② —o.o—
③ —o‾o—　④ —o_o—

해설 ① : 누름버튼 스위치 a접점, ② : 누름버튼 스위치 b접점, ④ : 리밋 스위치 b접점

39. 아래와 같은 진리표에 해당하는 회로는?(단, L : 0V, H : 5V이다.)

입력 신호		출력
A	B	X
L	L	L
L	H	L
H	L	L
H	H	H

① OR 회로
② AND 회로
③ NOT 회로
④ NOR 회로

40. 전류계를 사용하는 방법으로 틀린 것은?

① 부하 전류가 클 때에는 분류기를 사용한다.
② 전류가 흐르므로 인체에 접촉되지 않도록 주의한다.
③ 전류치를 모를 때는 높은 쪽 범위부터 측정한다.
④ 전류계 접속 시 회로에 병렬 접속한다.

해설 전류계는 직렬로 연결하고 전압계는 병렬로 연결한다.

41. 대칭 3상 교류 전압 순시값의 합은 얼마인가?

① 0V　② 50V
③ 110V　④ 220V

해설 대칭 3상 교류 전압 순시값의 합은 0이 된다.

42. 평형조건을 이용한 중저항 측정법은?

① 켈빈 더블 브리지법
② 전위차계법
③ 휘트스톤 브리지법
④ 직접 편위법

43. 100Ω의 크기를 가진 저항에 직류 전압 100V를 가했을 때, 이 저항에 소비되는 전력은 얼마인가?

① 100W　② 150W
③ 200W　④ 250W

해설 $P=\frac{V^2}{R}=\frac{100^2}{100}=100\,\text{W}$

44. 3상 유도 전동기의 회전방향을 변경하는 방법은?

① 1차측의 3선 중 임의의 1선을 단락시킨다.
② 1차측의 3선 중 임의의 2선을 전원에 대하여 바꾼다.
③ 1차측의 3선 모두를 전원에 대하여 바꾼다.
④ 1차 권선의 극수를 변환시킨다.

해설 3상 유도 전동기의 회전방향을 변경하려면 3선 중 2선을 교환하여 연결하면 된다.

45. 회로 시험기를 이용하여 측정을 하고자 한다. 틀린 방법은?

① 적색단자 막대는 +극에, 흑색단자 막대는 −극에 접속시킨다.
② 전류는 직렬로 연결하고, 전압은 병렬로 연결한다.
③ 미지의 전압과 전류 측정 시에는 측정범위가 낮은 곳부터 높은 곳으로 범위를 넓혀간다.
④ 교류를 측정할 때에는 허용치를 넘지 않

정답 38. ③　39. ②　40. ④　41. ①　42. ③　43. ①　44. ②　45. ③

는 주파수 범위 내에서 이용한다.

해설 측정 시 레인지의 선택은 높은 레인지에서부터 낮은 레인지로 선택하여야 한다.

46. 그림과 같은 솔리드 모델링에 의한 물체의 형상에서 화살표 방향의 정면도로 가장 적합한 투상도는?

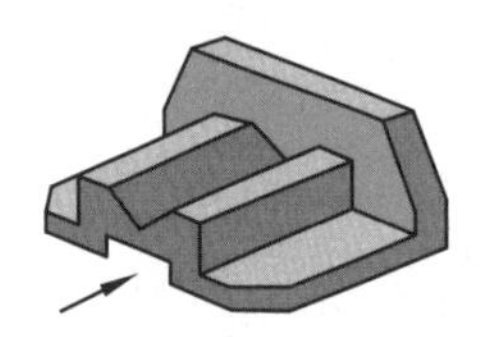

①
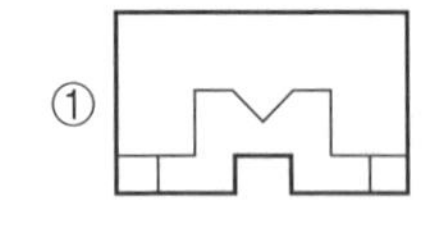

②
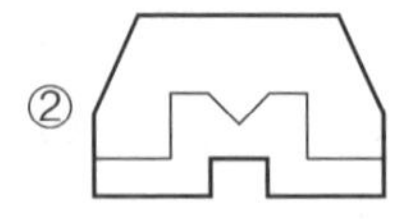

③
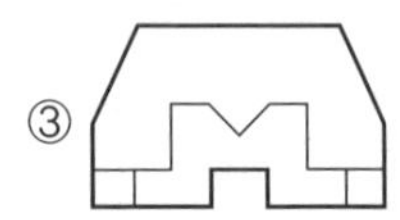

④
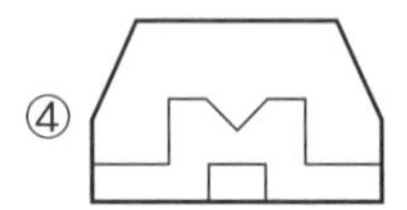

47. 암이나 리브 등의 단면을 회전 도시 단면도를 사용하여 나타낼 경우 절단한 곳의 전후를 끊어서 그 사이에 단면의 형상을 나타낼 때 사용하는 선은?

① 굵은 실선 ② 가는 1점 쇄선
③ 가는 파선 ④ 굵은 1점 쇄선

해설 계단 단면 등 일부 절단된 면을 끊어 표시할 때에는 굵은 실선으로 단면을 표시한다.

48. 그림과 같은 용접 기호에 대한 해석이 잘못된 것은?

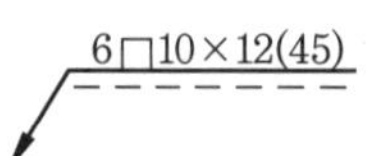

① 용접 목 길이는 10mm
② 슬롯부의 너비는 6mm
③ 용접부의 길이는 12mm
④ 인접한 용접부 간의 거리(피치)는 45mm

해설 슬롯 수는 10이다.

49. 도면의 마이크로 사진 촬영, 복사 등의 작업을 편리하게 하기 위하여 표시하는 것과 가장 관계가 깊은 것은?

① 윤곽선 ② 중심 마크
③ 표제란 ④ 재단 마크

해설 중심 마크는 도면의 4변 각 중앙에 표시하며, 그 허용차는 ±0.5mm로 한다.

50. 그림의 도면은 제3각법으로 정투상한 정면도와 우측면도일 때 가장 적합한 평면도는?

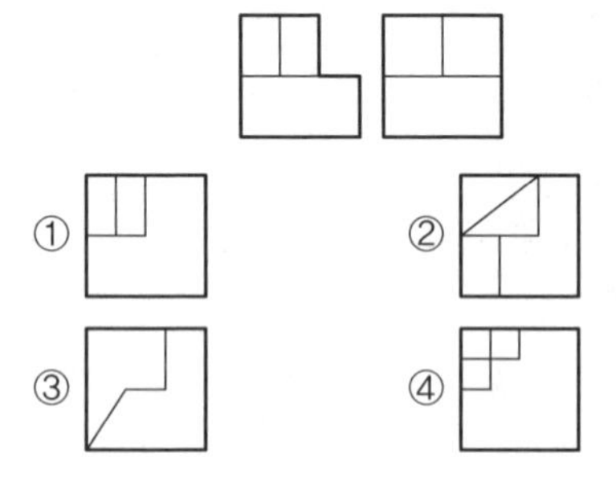

51. 기계 제도에서 가는 2점 쇄선을 사용하는 것은?

① 중심선 ② 지시선 ③ 가상선 ④ 피치선

해설 • 중심선, 피치선 : 가는 1점 쇄선
• 지시선 : 가는 실선

52. 기계 가공 도면에서 구의 반지름을 표시하는 기호는?

① ϕ ② R ③ SR ④ Sϕ

해설 ϕ : 지름, R : 반지름, SR : 구의 반지름

정답 46. ③ 47. ① 48. ① 49. ② 50. ③ 51. ③ 52. ③

53. **아이볼트에 2톤의 인장하중이 걸릴 때 나사부의 바깥지름은?(단, 허용응력 σ_a= 10kgf/mm²이고 나사는 미터 보통 나사를 사용한다.)**

① 20mm ② 30mm ③ 36mm ④ 40mm

해설 $d=\sqrt{\dfrac{2W}{\sigma}}=\sqrt{\dfrac{2\times2000}{10}}=20$

54. **맞물림 클러치의 턱 형태에 해당하지 않는 것은?**

① 사다리꼴형 ② 나선형
③ 유선형 ④ 톱니형

해설 맞물림 클러치에는 턱의 모양에 따라 삼각형 클러치, 삼각 톱니형 클러치, 스파이럴형 클러치, 직사각형 클러치, 사다리형 클러치, 사각 톱니형 클러치 등이 있다.

55. **미터 나사에 관한 설명으로 틀린 것은?**

① 미터법을 사용하는 나라에서 사용된다.
② 나사산의 각도가 60°이다.
③ 미터 보통 나사는 진동이 심한 곳의 이완방지용으로 사용된다.
④ 호칭치수는 수나사의 바깥지름과 피치를 mm로 나타낸다.

해설 미터 가는 나사는 진동이 심한 곳의 이완방지용으로 사용된다.

56. **회전력의 전달과 동시에 보스를 축방향으로 이동시킬 때 가장 적합한 키는?**

① 새들 키 ② 반달 키
③ 미끄럼 키 ④ 접선 키

해설 미끄럼 키(sliding key) : 안내 키라고도 하며, 보스가 축과 더불어 회전하는 동시에 축방향으로 미끄러져 움직일 수 있도록 한 키로 기울기가 없고 평행이며, 키의 고정은 키를 축에 고정시키는 방식과 보스에 고정시키는 방식이 있다.

57. **피치원 지름이 250mm인 표준 스퍼 기어에서 잇수가 50개일 때 모듈은?**

① 2 ② 3 ③ 5 ④ 7

해설 $m=\dfrac{D}{Z}=\dfrac{250}{50}=5$

58. **V벨트 전동장치의 장점을 맞게 설명한 것은?**

① 설치면적이 넓으므로 사용이 편리하다.
② 평 벨트처럼 벗겨지는 일이 없다.
③ 마찰력이 평 벨트보다 작다.
④ 벨트의 마찰면을 둥글게 만들어 사용한다.

해설 고속회전이 가능하며 운전 중 벗겨지지 않는다.

59. **브레이크 드럼을 브레이크 블록으로 누르게 한 것으로 단식, 복식으로 구분하며 차량, 기중기 등에 많이 사용되는 것은?**

① 가죽 브레이크 ② 블록 브레이크
③ 축압 브레이크 ④ 밴드 브레이크

해설 블록 브레이크(block brake) : 회전하는 브레이크 드럼(brake drum)을 브레이크 블록으로 누르게 한 것으로, 브레이크 블록의 수에 따라 단식과 복식으로 나뉜다.

60. **재료의 어느 범위 내에 단위 면적당 균일하게 작용하는 하중은?**

① 집중하중 ② 분포하중
③ 반복하중 ④ 교번하중

해설 분포하중 : 재료의 어느 넓이 또는 어느 길이에 걸쳐서 작용하는 하중

정답 53. ① 54. ③ 55. ③ 56. ③ 57. ③ 58. ② 59. ② 60. ②

공유압기능사 2012년 10월 20일 시행

1. **액추에이터 중 유압 에너지를 직선 운동으로 변환하는 기기는?** (03/5, 06/5)

① 유압 모터 ② 유압 실린더
③ 유압 펌프 ④ 요동 모터

해설 직선 운동은 유압 실린더, 회전 운동은 유압 모터, 간헐 운동은 요동 모터이다.

2. **유압 및 공기압 용어의 정의에 대하여 규정한 한국산업표준으로 맞는 것은?**

① KS B 0112 ② KS B 0114
③ KS B 0119 ④ KS B 0120

3. **전기 리드 스위치를 설명한 것으로 틀린 것은?**

① 자기 현상을 이용한 것이다.
② 영구 자석으로 작동한다.
③ 불활성 가스 속에 접점을 내장한 유리관의 구조이다.
④ 전극의 정전 용량의 변화를 이용하여 검출한다.

해설 정전 용량의 변화를 이용한 검출기는 용량형 센서이다.

4. **액추에이터의 공급 쪽 관로에 설정된 바이패스 관로의 흐름을 제어함으로써 속도를 제어하는 회로는?**

① 미터 인 회로 ② 미터 아웃 회로
③ 블리드 온 회로 ④ 블리드 오프 회로

해설 블리드 오프 회로는 병렬 연결이다.

5. **공압의 특징을 나타낸 것이다. 옳지 않은 것은?**

① 위치 제어가 용이하다.
② 에너지 축적이 용이하다.
③ 과부하가 되어도 안전하다.
④ 배기 소음이 발생한다.

해설 공압은 압축성 때문에 정밀 위치 제어가 곤란하다.

6. **압축 공기의 조정 유닛(unit)의 구성 기구가 아닌 것은?**

① 압축 공기 필터 ② 압축 공기 조절기
③ 압축 공기 윤활기 ④ 소음기

해설 소음기는 방향 제어 밸브 등에 있는 배기측에 설치하는 것이다.

7. **양 제어 밸브, 양 체크 밸브라고도 말하며 압축 공기 입구(X, Y)가 2개소, 출구(A)가 1개소로 되어 있으며, 서로 다른 위치에 있는 신호 밸브로부터 나오는 신호를 분류하고 제2의 신호 밸브로 공기가 누출되는 것을 방지하므로 OR 요소라고도 하는 밸브는 어느 것인가?)**

① 셔틀 밸브 ② 체크 밸브
③ 언로드 밸브 ④ 리듀싱 밸브

해설 OR 밸브는 고압 우선 셔틀 밸브라고도 한다.

8. **공압 시스템의 사이징 설계 조건으로 볼 수 없는 것은?**

① 부하의 중량
② 반복 횟수

정답 1. ② 2. ④ 3. ④ 4. ④ 5. ① 6. ④ 7. ① 8. ④

③ 실린더의 행정 거리
④ 부하의 형상

9. **사용 온도가 비교적 넓기 때문에 화재의 위험성이 높은 유압 장치의 작동유에 적합한 것은?**

① 식물성 작동유 ② 동물성 작동유
③ 난연성 작동유 ④ 광유계 작동유

해설 난연성 작동유 : 잘 타지 않는 유압유로서 화재의 위험을 최대한 예방하는 것

10. **공유압 제어 밸브를 기능에 따라 분류하였을 때 해당되지 않는 것은?**

① 방향 제어 밸브 ② 압력 제어 밸브
③ 유량 제어 밸브 ④ 온도 제어 밸브

11. **펌프가 포함된 유압 유닛에서 펌프 출구의 압력이 상승하지 않는다. 그 원인으로 적당하지 않은 것은?** (08/5)

① 릴리프 밸브의 고장
② 속도 제어 밸브의 고장
③ 부하가 걸리지 않음
④ 언로드 밸브의 고장

해설 속도 제어 밸브는 유량 조절 밸브이다.

12. **다음 그림의 기호는 무엇을 뜻하는가?**

① 압력계 ② 온도계 ③ 유량계 ④ 소음기

13. **공기압 회로에서 실린더나 액추에이터로 공급하는 공기의 흐름 방향을 변환하는 기능을 갖춘 밸브는 어느 것인가?** (08/5)

① 방향 전환 밸브 ② 유량 제어 밸브
③ 압력 제어 밸브 ④ 속도 제어 밸브

해설 방향 제어 밸브는 액추에이터의 방향을 변환시키는 밸브이다.

14. **공기 건조기에 대한 설명 중 옳은 것은?**

① 수분 제거 방식에 따라 건조식, 흡착식으로 분류한다.
② 흡착식은 실리카 겔 등의 고체 흡착제를 사용한다.
③ 흡착식은 최대 −170℃까지의 저노점을 얻을 수 있다.
④ 건조제 재생 방법을 논 블리드식이라 부른다.

해설 건조기에는 흡수식, 흡착식, 냉동식이 있으며, 흡착식은 최대 −70℃까지의 저노점을 얻을 수 있다.

15. **다음 중 압력 제어 밸브의 특성이 아닌 것은?**

① 크래킹 특성 ② 압력 조정 특성
③ 유량 특성 ④ 히스테리시스 특성

해설 크래킹 압(력) : 체크 밸브 또는 릴리프 밸브 등으로 압력이 상승하여 밸브가 열리기 시작하고 어떤 일정한 흐름의 양이 확인되는 압력

16. **구조가 간단하고 운전 시 부하 변동 및 성능 변화가 적을 뿐 아니라 유지-보수가 쉽고 내접형과 외접형이 사용되는 펌프는?**

① 기어 펌프 ② 베인 펌프
③ 피스톤 펌프 ④ 플런저 펌프

정답 9. ③ 10. ④ 11. ② 12. ② 13. ① 14. ② 15. ① 16. ①

17. 한 방향의 유동을 허용하나 역방향의 유동은 완전히 저지하는 역할을 하는 밸브는 어느 것인가?

① 체크 밸브
② 셔틀 밸브
③ 2압 밸브(AND 밸브)
④ 유량 제어 밸브

18. 유압 펌프가 기름을 토출하지 않을 때 흡입 쪽의 점검이 필요한 기기는?

① 실린더 ② 스트레이너
③ 어큐뮬레이터 ④ 릴리프 밸브

해설 스트레이너는 오일 탱크에서 펌프로 들어가는 관 입구에 설치되는 필터이다. 스트레이너가 막히면 펌프로 기름이 흡입되지 않기 때문에 기름이 토출되지 않는다.

19. 공압 장치에 부착된 압력계의 눈금이 5kgf/cm²를 지시한다. 이 압력을 무엇이라 하는가?(단, 대기 압력을 0으로 하여 측정함)

① 대기 압력 ② 절대 압력
③ 진공 압력 ④ 게이지 압력

해설 절대 압력＝게이지 압력＋대기 압력

20. 유량 제어 밸브에 속하는 것은?

① 전환 밸브 ② 체크 밸브
③ 정비 밸브 ④ 교축 밸브

해설 전환 밸브는 방향 제어 밸브이며, 체크 밸브는 논 리턴 밸브이다.

21. 공압과 유압의 조합 기기에 해당되는 것은? (09/5)

① 에어 서비스 유닛
② 스틱 앤 슬립 유닛
③ 하이드롤릭 체크 유닛
④ 벤투리 포지션 유닛

22. 공압 시스템에서 제어 밸브가 할 수 없는 것은?

① 방향 제어 ② 속도 제어
③ 압축 제어 ④ 압력 제어

해설 압축은 압축기가, 축압은 축압기가 한다.

23. 공유압 제어 밸브와 사용 목적이 틀린 것은?

① 감압 밸브 : 어떤 부분 회로의 압력을 주 회로의 압력보다 저압으로 할 때 사용된다.
② 2압 밸브 : 안전 제어, 검사 기능 등에 사용된다.
③ 압력 스위치 : 압력 신호를 높은 압력으로 만든다.
④ 시퀀스 밸브 : 다수의 액추에이터에 작동 순서를 결정한다.

해설 압력 신호를 높은 압력으로 만드는 것은 증폭기이다.

24. 유압 기기에서 스트레이너의 여과입도 중 많이 사용되고 있는 것은?

① 0.5～1μm ② 1～30μm
③ 50～70μm ④ 100～150μm

25. 유압 장치의 구성 요소 중 동력 장치에 해당되는 요소는 어느 것인가?

정답 17. ① 18. ② 19. ④ 20. ④ 21. ③ 22. ③ 23. ③ 24. ④ 25. ①

① 펌프 ② 압력 제어 밸브
③ 액추에이터 ④ 실린더

해설 압력 제어 밸브는 제어부, 액추에이터와 실린더는 구동부이다.

26. 시스템을 안전하고 확실하게 운전하기 위한 목적으로 사용하는 회로로 두 개의 회로 사이에 출력이 동시에 나오지 않게 하는 데 사용되는 회로는?

① 인터록 회로 ② 자기 유지 회로
③ 정지 우선 회로 ④ 한시 동작 회로

해설 인터록 : 위험과 이상 동작을 방지하기 위하여 어느 동작에 대하여 이상이 생기는 다른 동작이 일어나지 않도록 제어 회로상 방지하는 수단

27. 2개의 안정된 출력 상태를 가지고, 입력 유무에 관계없이 직전에 가해진 입력의 상태를 출력 상태로서 유지하는 회로는?

① 부스터 회로 ② 카운터 회로
③ 레지스터 회로 ④ 플립플롭 회로

28. 다음 그림의 회로도는 어떤 회로인가?

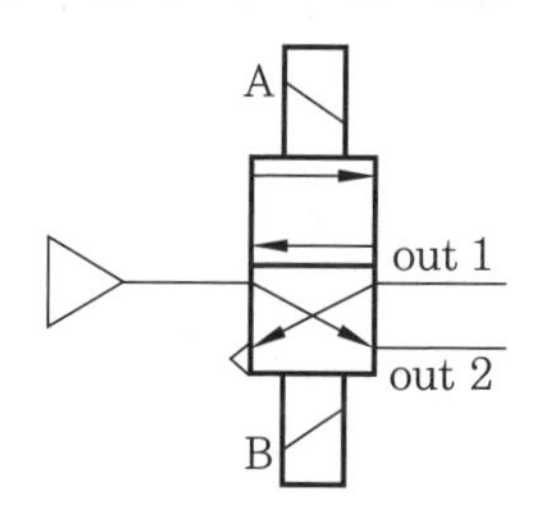

① 1방향 흐름 회로 ② 플립플롭 회로
③ 푸시 버튼 회로 ④ 스트로크 회로

29. 공기압 장치에서 사용되는 압축기를 작동원리에 따라 분류하였을 때 맞는 것은?

① 터보형 ② 밀도형
③ 전기형 ④ 일반형

해설 압축기의 분류

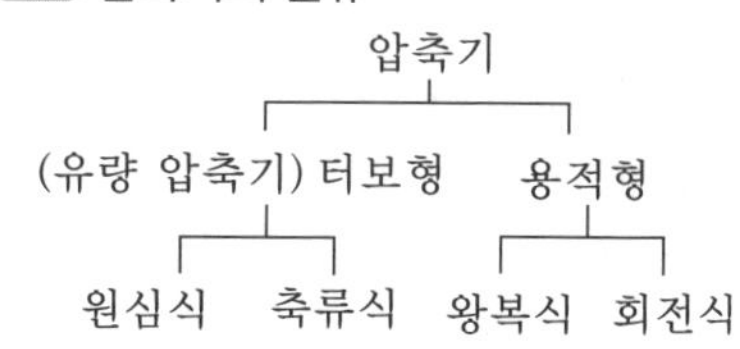

30. 로드리스(rodless) 실린더에 대한 설명으로 적당하지 않은 것은?

① 피스톤 로드가 없다.
② 비교적 행정이 짧다.
③ 설치 공간을 줄일 수 있다.
④ 임의의 위치에 정지시킬 수 있다.

31. 도체의 전기 저항은?

① 단면적에 비례하고 길이에 반비례한다.
② 단면적에 반비례하고 길이에 비례한다.
③ 단면적과 길이에 반비례한다.
④ 단면적과 길이에 비례한다.

해설 $R=\rho\frac{l}{S}[\Omega]$

32. 다음 그림과 같이 입력이 동시에 ON 되었을 때에만 출력이 ON되는 회로를 무슨 회로라고 하는가?

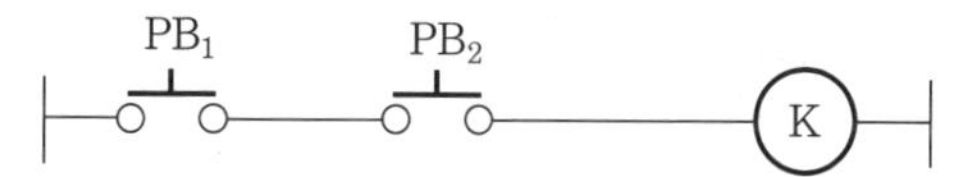

① OR 회로 ② AND 회로
③ NOR 회로 ④ NAND 회로

해설 AND 회로 : 2개 이상의 입력단과 1개의 출력단을 가지며, 모든 입력단에 입력이 가해졌을 경우에만 출력단에 출력이 나타나는 회로이다.

정답 26. ① 27. ④ 28. ② 29. ① 30. ② 31. ② 32. ②

33. 권선형 유도 전동기의 속도 제어법 중 비례 추이를 이용한 제어법으로 맞는 것은?

① 극수 변환법
② 전원 주파수 변환법
③ 전압 제어법
④ 2차 저항 제어법

34. 다음 중 검출용 스위치는?

① 푸시 버튼 스위치 ② 근접 스위치
③ 토글 스위치 ④ 전환 스위치

해설 근접 스위치 : 물체가 접근하면 그 위치를 검출하는 것

35. 교류 회로의 역률을 구하는 공식으로 맞는 것은?

① $\dfrac{\text{피상 전력}}{\text{전압} \times \text{전류}}$ ② $\dfrac{\text{무효 전력}}{\text{전압} \times \text{전류}}$

③ $\dfrac{\text{겉보기 전력}}{\text{전압} \times \text{전류}}$ ④ $\dfrac{\text{유효 전력}}{\text{전압} \times \text{전류}}$

해설 역률 $\cos\theta = \dfrac{P}{VI} = \dfrac{\text{순시 전력}}{\text{전압} \times \text{전류}}$

36. 3상 교류의 Δ 결선에서 상 전압과 선간 전압의 크기 관계를 표시한 것은?

① 상 전압<선간 전압
② 상 전압>선간 전압
③ 상 전압=선간 전압
④ 상 전압≠선간 전압

해설 3상 Δ 결선에서는 상 전압과 선간 전압이 같다. 즉, 동 전압이다.

37. 4Ω, 5Ω, 8Ω의 저항 3개를 병렬로 접속하고 50V의 전압을 가하면 5Ω에 흐르는 전류는 몇 A인가?

① 4 ② 5 ③ 8 ④ 10

해설 $I = \dfrac{V}{R} = \dfrac{50\,\text{V}}{5\,\Omega} = 10\,\text{A}$

38. 사인파 전압의 순시값 $v = \sqrt{2}V\sin\omega t$ [V]인 교류의 실효값(V)은?

① $\dfrac{V}{2}$ ② $\sqrt{2}V$ ③ V ④ $\dfrac{V}{\sqrt{2}}$

39. 백열전구를 스위치로 점등과 소등을 하는 것을 무슨 제어라고 하는가? (08/5)

① 정성적 제어 ② 되먹임 제어
③ 정량적 제어 ④ 자동 제어

해설 정성적 제어 : 일정 시간 간격을 기억시켜 제어회로를 ON/OFF 또는 유무상태만으로 제어하는 명령으로 두 개 값만 존재하며 이산 정보와 디지털 정보가 있다.

40. 직류 전동기의 속도 제어법이 아닌 것은?

① 계자 제어법 ② 발전 제어법
③ 저항 제어법 ④ 전압 제어법

41. 전류를 측정하는 기본 단위의 기호가 잘못된 것은?

① 킬로 암페어 : kA
② 밀리 암페어 : mA
③ 마이크로 암페어 : μm
④ 나노 암페어 : pA

해설 • 나노 암페어 : nA
• 피코 암페어 : pA

42. 3상 유도 전동기의 원리는?

① 블론델 법칙 ② 보일의 법칙

정답 33. ④ 34. ② 35. ④ 36. ③ 37. ④ 38. ② 39. ① 40. ② 41. ④ 42. ③

③ 아라고 원판 ④ 자기 저항 효과

해설 플레밍의 왼손 법칙과 아라고 원판의 회전 원리는 동일하다.

43. 10 A의 전류가 흘렀을 때의 전력이 100 W인 저항에 20 A의 전류가 흐르면 전력은 몇 W인가?

① 50 ② 100
③ 200 ④ 400

해설 $P=I^2R$이므로 $100=10^2\times R$
$\therefore R=1\Omega,\ P=20^2\times1=400\text{W}$

44. 전압계 사용법 중 틀린 것은?

① 전압의 크기를 측정할 때 사용된다.
② 전압계는 회로의 두 단자에 병렬로 연결한다.
③ 교류 전압 측정 시에는 극성에 유의한다.
④ 교류 전압을 측정할 시에는 교류 전압계를 사용한다.

해설 직류 전압계는 극성을 반드시 맞게 접속하여 사용하고, 교류 전압계는 극성에 관계없이 병렬로 연결하여 사용한다.

45. 시퀀스 제어의 형태가 아닌 것은?

① 시한 제어 ② 순서 제어
③ 조건 제어 ④ 되먹임 제어

해설 되먹임 제어는 자동 제어이다.

46. 단면임을 나타내기 위하여 단면 부분의 주된 중심선에 대해 45° 정도로 경사지게 나타내는 선들을 의미하는 것은?

① 호핑 ② 해칭
③ 코킹 ④ 스머징

해설 단면 부분의 표시
(1) 단면을 표시하기 위하여 해칭(hatching) 또는 스머징(smudging)을 한다.
(2) 중심선 또는 주된 외형선에 대해 45°로 가는 실선으로 등간격으로 긋는다.
(3) 해칭선의 간격은 단면의 크기에 따라 선택한다.
(4) 스머징할 때 연필 또는 색연필로 구분한다.

47. 그림과 같은 용접 보조 기호 설명으로 가장 적합한 것은?

① 일주 공장 용접
② 공장 점 용접
③ 일주 현장 용접
④ 현장 점 용접

48. 기계 제도에서 대상물의 일부를 떼어낸 경계를 표시하는 데 사용하는 선의 명칭은? (08/5)

① 가상선 ② 피치선
③ 파단선 ④ 지시선

해설 파단선 : 대상물의 일부를 파단한 경계 또는 떼어낸 경계를 표시할 때 사용하며, 불규칙한 파형의 가는 실선 또는 지그재그선이다.

49. 그림과 같은 3각법으로 정투상한 정면도와 우측면도에 가장 적합한 평면도는?

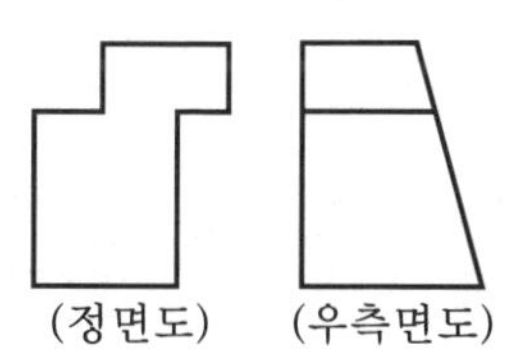

① 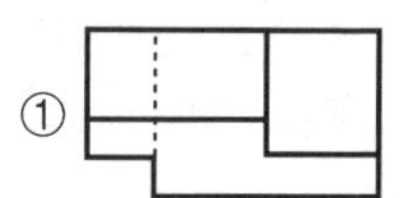
② 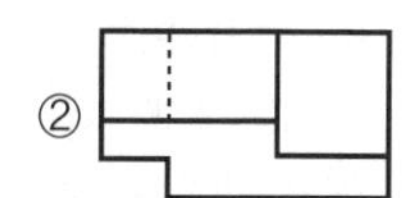

정답 43. ④ 44. ③ 45. ④ 46. ② 47. ③ 48. ③ 49. ③

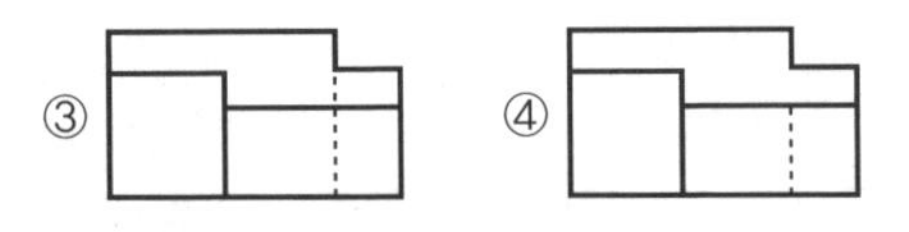

50. 그림의 치수선은 어떤 치수를 나타내는 것인가?

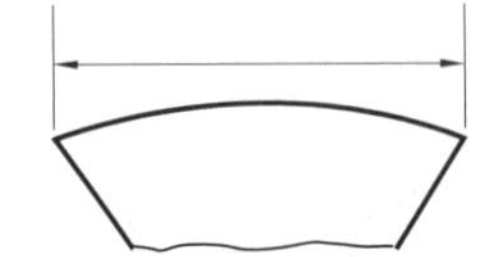

① 각도의 치수
② 현의 길이 치수
③ 호의 길이 치수
④ 반지름의 치수

51. 경사면부가 있는 대상물에서 그 경사면의 실형을 표시할 필요가 있는 경우 그 투상도로 가장 적합한 것은?

① 회전 투상도
② 부분 투상도
③ 국부 투상도
④ 보조 투상도

해설 보조 투상도(auxiliary view) : 물체의 경사면을 투상하면 축소 및 모양이 변형되어 실제 길이나 모양이 나타나지 않을 때 경사면에 나란하게 보조 투상면을 두고 필요 부분만 투상하여 실형을 도시하는 것이다.

52. 리벳의 호칭 길이를 가장 올바르게 도시한 것은?

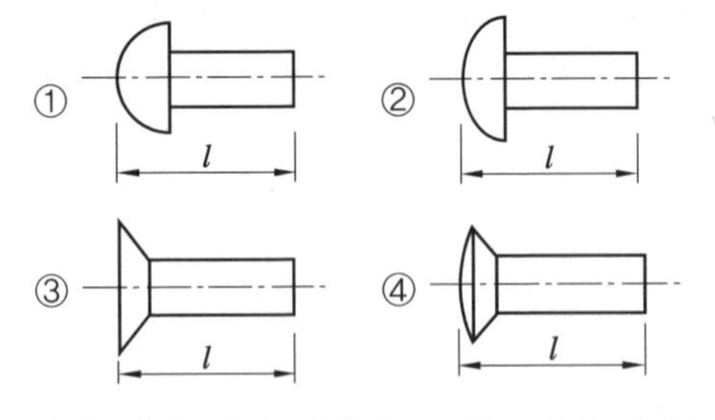

해설 접시 머리 리벳의 길이는 전체 길이로 표시하지만 둥근 머리 등은 머리 부분을 제외한 길이로 표시한다.

53. 볼트와 너트의 풀림 방지, 핸들을 축에 고정할 때 등 큰 힘을 받지 않는 가벼운 부품을 설치하기 위한 결합용 기계요소로 사용되는 것은?

① 키 ② 핀
③ 코터 ④ 리벳

해설 핀(pin)은 풀리, 기어 등에 작용하는 하중이 작을 때 설치 방법이 간단하기 때문에 키 대용으로 사용되며, 작은 핸들을 축에 고정할 때 힘이 너무 많이 걸리지 않는 부품을 설치하거나 분해 조립을 하는 부품의 위치 결정 등에 널리 사용된다. 핀은 강재로 만드나 황동, 구리, 알루미늄 등으로 만들기도 한다.

54. V벨트에서 인장 강도가 가장 작은 것은 어느 것인가?

① M형 ② A형
③ B형 ④ E형

55. 작은 스퍼 기어와 맞물리고 잇줄이 축방향과 일치하며 회전 운동을 직선 운동으로 바꾸는 데 사용하는 기어는?

① 내접 기어 ② 랙 기어
③ 헬리컬 기어 ④ 크라운 기어

해설 랙 기어는 스퍼 기어의 피치 원통 반지름이 무한대인 기어로 회전 운동을 직선 왕복운동으로 변환시킨다.

56. 끝면의 모양에 따라 45° 모따기형과 평형이 있으며 위치 결정이나 막대의 연결용으로 사용하는 핀은?

① 스프링 핀 ② 분할 핀
③ 테이퍼 핀 ④ 평행 핀

정답 50. ② 51. ④ 52. ③ 53. ② 54. ① 55. ② 56. ④

해설 평행 핀 : 끝면의 모양에 따라 A형(45° 모따기형)과 B형(평형)이 있으며, 위치 결정이나 막대의 연결용으로 사용된다.

57. 응력 변형률 선도에서 응력을 서서히 제거할 때 변형이 서서히 없어지는 성질은 무엇인가?

① 점성 ② 탄성
③ 소성 ④ 관성

58. 코일 스프링에 하중을 36 kgf 작용시킬 때 처짐량이 6 mm였다면, 스프링 상수 값은 몇 kgf/mm인가?

① 6 ② 7
③ 8 ④ 10

해설 $P=k\delta$

$$k=\frac{P}{\delta}=\frac{36}{6}=6\,\text{kgf/mm}$$

59. 나사가 축을 중심으로 한 바퀴 회전할 때 축방향으로 이동한 거리는 무엇인가?

① 피치 ② 리드
③ 리드각 ④ 백래시

60. 속도비가 $\frac{1}{3}$이고, 원동차의 잇수가 25개, 모듈이 4인 표준 스퍼 기어의 외접 연결에서 중심 거리는?

① 75 mm ② 100 mm
③ 150 mm ④ 200 mm

해설 $D_1=mz_1=25\times4=100\,\text{mm}$

$$i=\frac{D_1}{D_2}$$

$$D_2=\frac{D_1}{i}=300\,\text{mm}$$

$$C=\frac{D_1+D_2}{2}=200\,\text{mm}$$

정답 57. ② 58. ① 59. ② 60. ④

2013년 시행문제

공유압기능사

2013년 4월 14일 시행

1. 다음 그림에서 단면적이 5cm²인 피스톤에 20kgf의 추를 올려놓을 때 유체에 발생하는 압력의 크기는 얼마인가? (06/5)

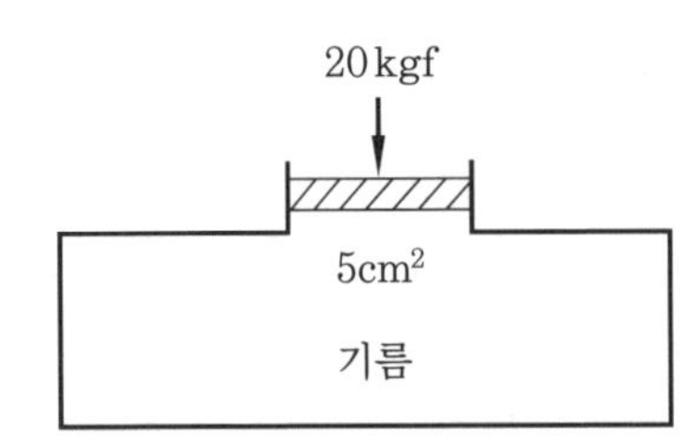

① 1kgf/cm² ② 4kgf/cm²
③ 5kgf/cm² ④ 20kgf/cm²

해설 $P=\frac{F}{A}=\frac{20}{5}=4\,\text{kgf/cm}^2$

2. 보기에 설명되는 요소의 도면 기호는 어느 것인가?

[보기]

압축 공기 필터는 압축 공기가 필터를 통과할 때에 이물질 및 수분을 제거하는 역할을 한다. 이 장치는 필터 내의 응축수를 자동으로 제거하기 위해 사용된다.

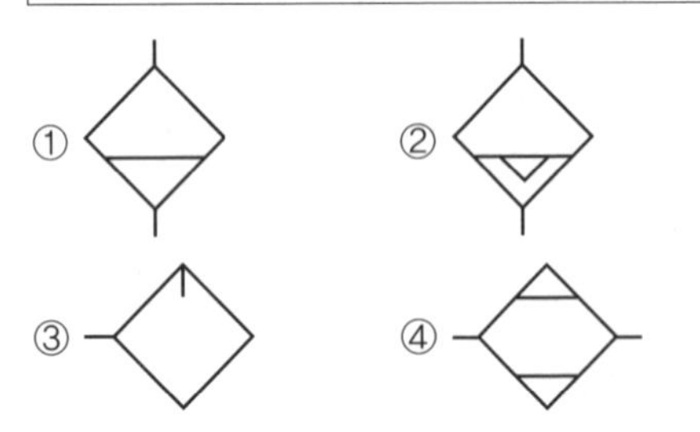

해설 ① : 수동 배출, ② : 자동 배출, ③ : 윤활기, ④ : 에어 드라이어

3. 다음 유압 기호의 명칭은?

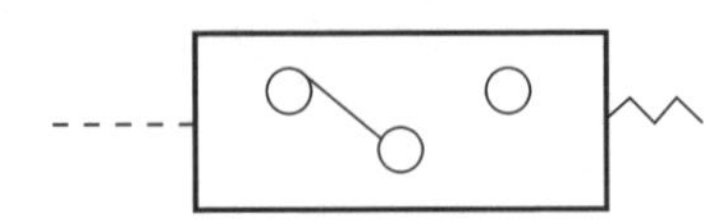

① 스톱 밸브 ② 압력계
③ 압력 스위치 ④ 축압기

4. 공압 탱크의 크기를 결정할 때 안전 계수는 대략 얼마로 하는가?

① 0.5 ② 1.2 ③ 2.5 ④ 3

5. 압력 보상형 유량 제어 밸브에 대한 설명으로 맞는 것은? (06/5)

① 실린더 등의 운동 속도와 힘을 동시에 제어할 수 있는 밸브이다.
② 밸브의 입구와 출구 압력 차이를 일정하게 유지하는 밸브이다.
③ 체크 밸브와 교축 밸브로 구성되어 한 방향으로 유량을 제어한다.
④ 유압 실린더 등의 이송 속도를 부하에 관계없이 일정하게 할 수 있다.

해설 압력 보상형 유량 제어 밸브(pressure compensated flow control valve) : 압력 보상 기구를 내장하여 압력의 변동에 의하여 유량이 변동되지 않도록 회로에 흐르는 유량을 항상 일정에게 자동적으로 유지시켜 주면서 유압 모터의 회전이나 유압 실린더의 이동 속도 등을 제어한다.

정답 1. ② 2. ② 3. ③ 4. ② 5. ④

6. 유압 장치의 작동이 불량하다. 그 원인으로 잘못된 것은?

① 무부하 상태에서 작동될 때
② 펌프의 회전이 반대일 때
③ 릴리프 밸브에 결함이 있을 때
④ 압축 라인에서 오일이 누출될 때

해설 무부하 상태에서는 유압 시스템이 가장 안정적일 때이다.

7. 공압 시퀀스 제어 회로의 운동 선도 작성 방법이 아닌 것은?

① 운동의 서술적 표현법
② 테이블 표현법
③ 기호에 의한 간략적 표시법
④ 작동 시간 표현법

해설 공압 회로 설계법에는 직관적 설계 방법과 조직적 설계 방법이 있으며 직관적 방법에 의한 회로 설계의 운동 상태 및 개폐조건의 표현 방법에는 순서별 서술적 묘사 형태, 도표 형태, 약식 기호 형태, 도식 표현 형태(변위 단계 도표, 변위 시간 도표, 제어 도표)가 있고, 조직적 설계 방법에는 캐스케이드 방식 등이 있다.

8. 두 개의 강관을 평행(일직선상)으로 연결하고자 할 때 사용되는 관 이음쇠는?

① 유니언 ② 엘보 ③ 티 ④ 크로스

해설 엘보, 티, 크로스는 유체의 흐름 방향을 바꾸거나 분기하는 배관 부품이다.

9. 급격하게 피스톤에 공기 압력을 작용시켜서 실린더를 고속으로 움직여 그 속도 에너지를 이용하는 공압 실린더는?

① 서보 실린더 ② 충격 실린더
③ 스위치 부착 실린더 ④ 터보 실린더

해설 충격 실린더는 복동 실린더로 제작된다.

10. 아래의 그림은 4포트 3위치 방향 제어 밸브의 도면 기호이다. 이 밸브의 중립 위치 형식은?

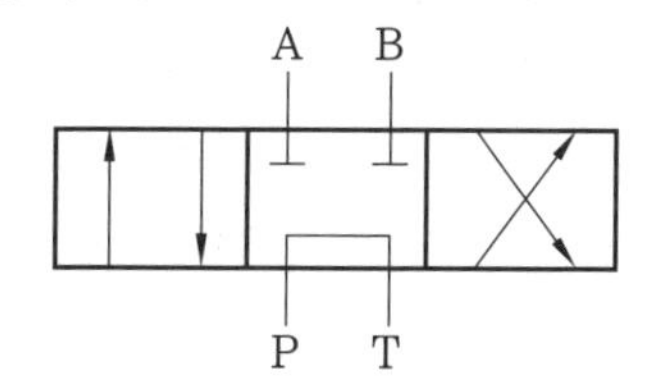

① 탠덤(tandem) 센터형
② 올 오픈(all open) 센터형
③ 올 클로즈(all close) 센터형
④ 프레셔 포트 블록(block) 센터형

11. 유압 펌프 중에서 회전 사판의 경사각을 이용하여 토출량을 가변할 수 있는 펌프는?

① 베인 펌프
② 액시얼 피스톤 펌프
③ 레이디얼 피스톤 펌프
④ 스크루 펌프

12. 광전 스위치를 설명한 것 중 잘못된 것은 어느 것인가?

① 레벨 검출, 특정 표시 식별 등에 많이 이용되며, 포토 센서, 광학적 센서라고도 한다.
② 종류에는 투과형, 미러 반사형, 확산 반사형이 있다.
③ 미러 반사형 광전 스위치는 투광부와 수광부가 각각 분리되어 있다.
④ 투과형은 투광기와 수광기를 동일 축선상에 위치시켜 사용하여야 정확한 측정이 가능하다.

해설 미러 반사형은 투광부와 수광부가 한 몸통 속에 있다.

정답 6. ① 7. ④ 8. ① 9. ② 10. ① 11. ② 12. ③

13. **유압 작동유의 점도가 너무 낮을 때 일어날 수 있는 사항이 아닌 것은?**

① 캐비테이션이 발생한다.
② 마모나 눌러 붙음이 발생한다.
③ 펌프의 용적 효율이 저하된다.
④ 펌프에서 내부 누설이 증가한다.

해설 캐비테이션은 점도가 너무 높을 때 발생된다.

14. **공기 탱크와 공기압 회로 내의 공기 압력이 규정 이상의 공기 압력으로 될 때 공기 압력이 상승하지 않도록 대기와 다른 공기압 회로 내로 빼내주는 기능을 갖는 밸브는?**

① 감압 밸브 ② 릴리프 밸브
③ 시퀀스 밸브 ④ 압력 스위치

해설 릴리프 밸브는 1차측 압력과 2차측 압력이 같으며, 감압 밸브는 1차측 압력이 더 크고, 시퀀스 밸브는 순차 작동 밸브이다.

15. **유압 작동유의 일반적인 구비 조건으로 틀린 것은?**

① 압축성이어야 한다.
② 화학적으로 안정하여야 한다.
③ 방열성이 좋아야 한다.
④ 녹이나 부식 발생이 방지되어야 한다.

해설 유압 작동유는 비압축성이다.

16. **증압기의 사용 목적으로 적합한 것은?**

① 속도의 증감 ② 에너지의 저장
③ 압력의 증대 ④ 보조 탱크의 기능

17. **다음 기호의 밸브 작동을 바르게 설명한 것은?**

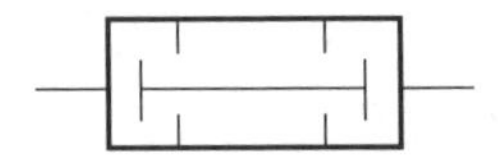

① 어느 한쪽만 유입될 때 출력된다.
② 양쪽에 공기가 유입될 때 폐쇄된다.
③ 양쪽에 공기가 유입될 때 고압 쪽이 출력된다.
④ 양쪽에 공기가 유입될 때 저압 쪽이 출력된다.

해설 그림의 밸브는 2압 밸브 또는 AND 밸브, 저압 우선형 셔틀 밸브라고도 한다.

18. **밸브의 작업 포트를 표현하는 기호는 무엇인가?**

① A ② P ③ Z ④ R

해설 공급 포트는 P, 작업 포트는 A, B 등으로 표현되며, 공압에서 배기측은 R, S로 유압에서는 T로 표현되고, 파일럿 포트는 X나 Z로 표현된다.

19. **공기 압축기를 작동 원리에 의해 분류하였을 때 터보형에 해당되는 압축기는 어느 것인가?** (04/5)

① 원심식 ② 베인식
③ 피스톤식 ④ 다이어프램식

해설 터보형 공기 압축기 : 날개를 회전시키는 것에 의해 공기에 에너지를 주어 압력으로 변환하여 사용하는 것
(1) 축류식 : 공기의 흐름이 날개의 회전축과 평행하다.
(2) 원심식 : 회전축에 대해 방사상으로 흐른다.

20. **공압 제어 밸브의 종류에 해당되지 않는 것은?** (12/5)

① 압력 제어 밸브 ② 방향 제어 밸브
③ 유량 제어 밸브 ④ 온도 제어 밸브

정답 13. ① 14. ② 15. ① 16. ③ 17. ④ 18. ① 19. ① 20. ④

21. 유압 에너지를 기계적 에너지로 변환하는 장치부는?

① 동력원 ② 제어부 ③ 구동부 ④ 배관부

해설 유압 에너지를 기계적 에너지로 변환하여 일을 하는 것을 액추에이터라 한다.

22. 펌프의 송출 압력이 50kgf/cm², 송출량이 20L/min인 유압 펌프의 펌프 동력은 약 얼마인가?

① 1.0kW ② 1.2kW ③ 1.6kW ④ 2.2kW

해설 $L_s = \frac{PQ}{612} = \frac{50 \times 20}{612} = 1.63\,\text{kW}$

23. 유압 실린더의 중간 정지 회로에 적합한 방향 제어 밸브는?

① 3/2way 밸브 ② 4/3way 밸브
③ 4/2way 밸브 ④ 2/2way 밸브

해설 중간 정지 회로에는 파일럿형 체크 밸브나 4/3way 밸브 중 올 포트 블록형 또는 탠덤 센터형이 사용된다.

24. 유온 상승 방지 및 펌프의 동력 절감을 위해 사용하는 회로는?

① 감압 회로 ② 감속 회로
③ 시퀀스 회로 ④ 무부하 회로

25. 다음의 그림은 단동 실린더 제어 회로이다. 이 회로를 설명한 것 중 옳은 것은?

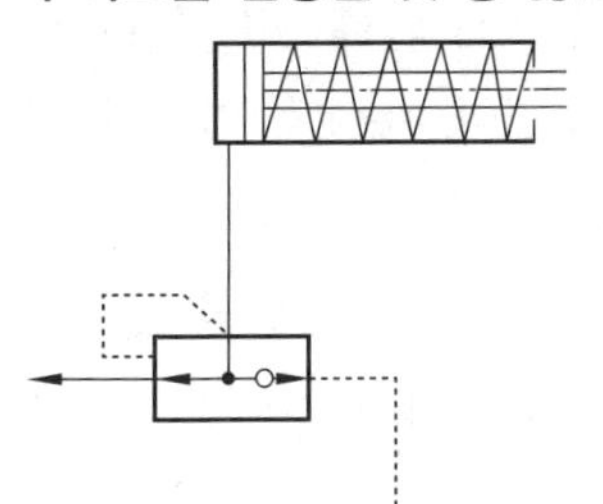

① 후진 속도 증가 회로
② 전진 속도 증가 회로
③ 전진 속도 조절 회로
④ 후진 속도 조절 회로

해설 단동 실린더 아래에 있는 밸브는 급속 배기 밸브이다.

26. 압력의 원격 조작이 가능한 밸브는?

① 유량 조정 밸브
② 파일럿 작동형 릴리프 밸브
③ 셔틀 밸브
④ 감압 밸브

27. 대기의 성분 중 가장 많은 것부터 나열한 것은?

① 산소→질소→아르곤→이산화탄소
② 산소→아르곤→질소→이산화탄소
③ 질소→이산화탄소→산소→아르곤
④ 질소→산소→아르곤→이산화탄소

28. 부하의 운동 에너지가 완충 실린더의 흡수 에너지보다 클 때에 행정 끝단에 충격에 의한 파손이 우려되어 사용되는 기기를 무엇이라 하는가?

① 유량 조정 밸브 ② 완충기
③ 윤활기 ④ 필터

해설 유압에서 완충기 역할을 하는 것은 브레이크 밸브로 릴리프 밸브를 사용한다.

29. 피스톤 모터의 특징으로 틀린 것은?

① 사용 압력이 높다. ② 출력 토크가 크다.
③ 구조가 간단하다. ④ 체적 효율이 높다.

해설 피스톤 모터는 구조가 복잡하다.

정답 21. ③ 22. ③ 23. ② 24. ④ 25. ① 26. ② 27. ④ 28. ② 29. ③

30. 공압 실린더의 배출 저항을 적게 하여 운동 속도를 빠르게 하는 밸브는 어느 것인가? (08/5)

① 급속 배기 밸브 ② 시퀀스 밸브
③ 언로드 밸브 ④ 카운터 밸런스 밸브

31. 전원이 교류가 아닌 직류로 주어져 있을 때에 어떤 직류 전압을 압력으로 하여 크기가 다른 직류를 얻기 위한 회로는 어느 것인가? (09/5)

① 인버터 회로
② 초퍼 회로
③ 사이리스터 회로
④ 다이오드 정류 회로

해설 교류에서는 변압기를 사용하면 에너지의 손실이 거의 없이 전압과 전류를 부하에 맞추어 변화시킬 수 있는데, 직류의 경우는 초퍼(chopper)를 사용하여 비슷한 역할을 수행할 수 있다.

32. 교류 회로에서 직렬 공진 시 최대가 되는 것은?

① 전압 ② 전류
③ 저항 ④ 임피던스

해설 $\omega L = \frac{1}{\omega C}$인 경우 전압과 전류는 동상이 되고, 전류의 크기는 최대가 된다. 이와 같은 상태를 직렬 공진이라 한다.

33. 유도 전동기의 슬립이 $S=1$일 때의 회전자의 상태는? (10/5)

① 발전기 상태이다.
② 무구속 상태이다.
③ 동기 속도 상태이다.
④ 정지 상태이다.

해설 회전수 $N=N_s(1-S)$이므로 $S=1$이면 N은 불능 상태가 되어 정지 상태가 된다.

34. 구조가 간단하고, 고장이 적고, 취급이 용이하며, 공장의 동력용 또는 세탁기나 냉장고뿐만 아니라 펌프, 재봉틀 등 많은 가전제품의 동력을 필요로 하는 곳에 사용되고 있는 것은?

① 변압기 ② 스테핑 모터
③ 유도 전동기 ④ 제어 정류기

35. 전류 측정 시 안전 및 유의 사항으로 거리가 먼 것은? (04/5)

① 측정 전 날씨의 조건(습도)을 확인한다.
② 직류 전류계를 사용할 때 전원의 극성을 틀리지 않도록 접속한다.
③ 회로 연결 시 그 접속에 따른 접촉 저항이 작도록 해야 한다.
④ 전류계의 내부 저항이 작을수록 회로에 주는 영향이 작고, 그 측정 오차도 작다.

해설 전류를 측정할 때 측정 전 날씨 조건은 관계가 적다.

36. 배율기를 사용하여 측정 범위를 확대하여 직류 전압을 측정하려고 한다. 배율기의 저항은 50kΩ이고, 전압계의 내부 저항은 10kΩ일 때, 전압계의 전압은 60V를 가르킨다. 측정 전압은 몇 V인가?

① 72 ② 240 ③ 360 ④ 720

해설 배율기의 배율 $m=1+\frac{R_m}{R_v}=1+\frac{50}{10}=6$이므로 측정 전압$=m\times$전압계 전압$=6\times 60=360$V이다.

정답 30. ① 31. ② 32. ② 33. ④ 34. ③ 35. ① 36. ③

37. 옥내 전등선의 절연 저항을 측정하는 데 가장 적당한 측정기는?

① 휘트스톤 브리지 ② 켈빈 더블 브리지
③ 메거 ④ 전위차계

38. 다음 그림은 전동기의 정회전, 역회전 회로이다. 전원이 투입되면 항상 ON 상태인 것은?

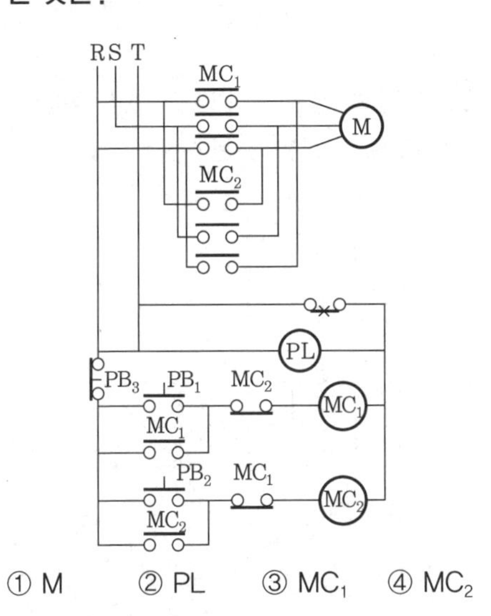

① M ② PL ③ MC_1 ④ MC_2

39. 직류기의 구조 중 정류자면에 접촉하여 전기자 권선과 외부 회로를 연결시켜 주는 것은?

① 브러시(brush)
② 정류자(commutator)
③ 전기자(armature)
④ 계자(field magnet)

해설 브러시 : 정류자 표면에 접촉하여 전기자 권선과 외부 회로를 연결해 주는 부분

40. 교류에서 1초 동안에 반복되는 사이클의 수를 무엇이라 하는가?

① 주파수 ② 전력 ③ 각속도 ④ 주기

해설 교류 파형이 반복되기까지 걸리는 시간을 주기, 이 값의 역수인 1초 동안 반복되는 사이클의 수는 주파수이다.

41. 그림과 같은 논리 기호를 논리식으로 나타내면?

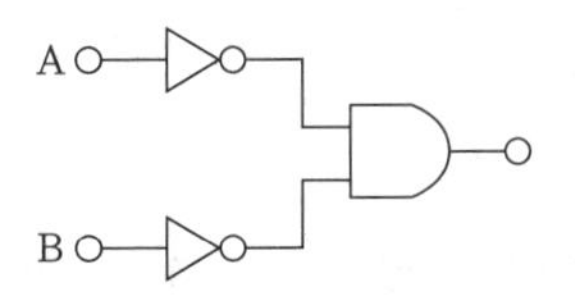

① $X=A+B$ ② $X=\overline{\overline{A}+\overline{B}}$
③ $X=\overline{A}-\overline{B}$ ④ $X=\overline{A}\cdot\overline{B}$

42. 3상 교류 전력 P[W]는?

① $P=VI\cos\theta$[W]
② $P=\sqrt{3}VI\cos\theta$[W]
③ $P=2VI\cos\theta$[W]
④ $P=\frac{1}{\sqrt{2}}VI\cos\theta$[W]

43. 자석이 가지는 자기량의 단위는?

① AT ② Wb ③ N ④ H

44. 직류 전동기를 급정지 또는 역전시키는 전기 제동 방법은?

① 플러깅
② 계자 제어
③ 워드 레오나드 방식
④ 일그너 방식

해설 전동기를 전원에 접속된 상태에서 전기자의 접속을 반대로 하고, 회전 방향과 반대 방향으로 토크를 발생시켜 급속 정지하거나 역전시키는 방법을 역전 제동(plugging)이라 한다.

정답 37. ③ 38. ② 39. ① 40. ① 41. ④ 42. ② 43. ② 44. ①

45. 다음 중 전력(electric power)을 맞게 설명한 것은?

① 도선에 흐르는 전류의 양을 말한다.
② 전원의 전기적인 압력을 말한다.
③ 단위 시간 동안에 전하가 하는 일을 말한다.
④ 전기가 할 수 있는 힘을 말한다.

해설 전력은 단위 시간당 전기 에너지이다.

46. 그림과 같은 도면에서 대각선으로 표시한 가는 실선이 나타내는 뜻은?

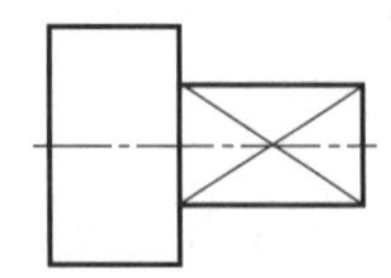

① 평면 ② 열처리할 면
③ 가공 제외 면 ④ 끼워맞춤하는 부분

47. 그림과 같은 용접 보조 기호를 가장 올바르게 설명한 것은?

① 현장 점 용접
② 전둘레 필릿 용접
③ 전둘레 현장 용접
④ 전둘레 용접

48. 그림과 같은 입체도의 화살표 방향을 정면으로 한 제3각 정투상도로 가장 적합한 것은?)

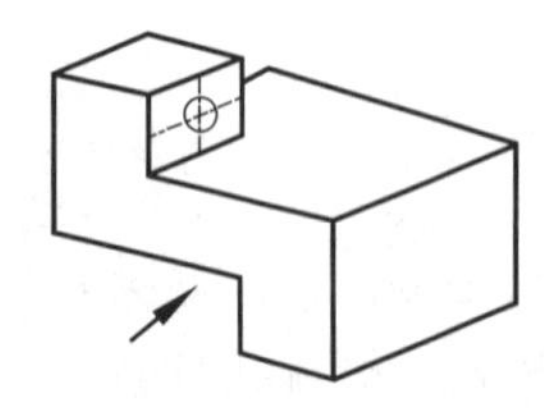

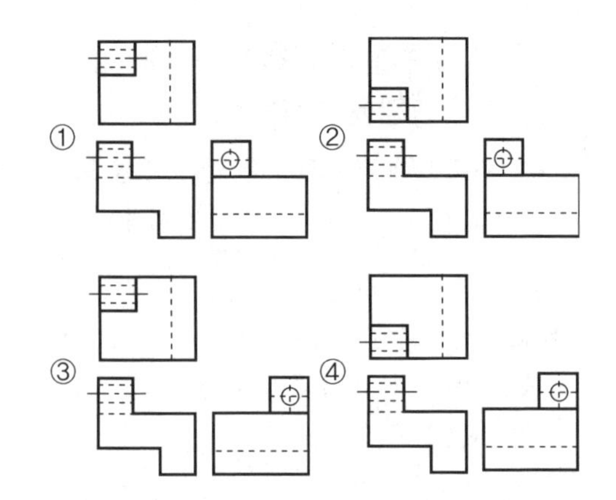

49. 그림과 같은 3각법에 의한 투상도면의 입체도로 적합한 것은?

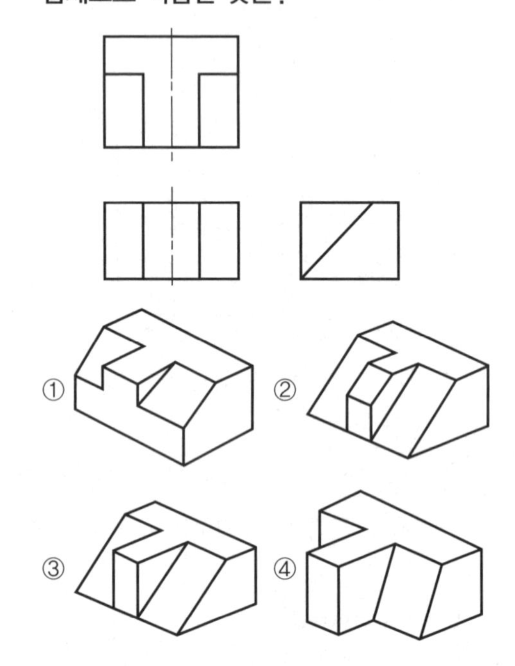

50. 기계 제도에서 제3각법에 대한 설명으로 틀린 것은?

① 눈→투상면→물체의 순으로 나타낸다.
② 평면도는 정면도의 위에 그린다.
③ 배면도는 정면도의 아래에 그린다.
④ 좌측면도는 정면도의 좌측에 그린다.

해설 배면도는 우측면도 우측에 그린다.

정답 45. ③ 46. ① 47. ③ 48. ② 49. ③ 50. ③

51. 도면에서 특정 치수가 비례 척도가 아닌 경우를 바르게 표기한 것은?

① (24) ② 24 ③ [24] ④ <u>24</u>

52. 기계 제도에서 물체의 투상에 관한 설명 중 잘못된 것은?

① 주투상도는 대상물의 모양 및 기능을 가장 명확하게 표시하는 면을 그린다.
② 보다 명확한 설명을 위하여 주투상도를 보충하는 다른 투상도는 되도록 많이 그린다.
③ 특별한 이유가 없는 경우 대상물을 가로 길이로 놓은 상태로 그린다.
④ 서로 관련된 그림의 배치는 되도록 숨은선을 쓰지 않도록 한다.

53. 스프링의 용도에 가장 적합하지 않은 것은?

① 충격 완화용 ② 무게 측정용
③ 동력 전달용 ④ 에너지 축적용

54. 재료의 전단 탄성 계수를 바르게 나타낸 것은?

① $\frac{\text{굽힘 응력}}{\text{전단 변형률}}$ ② $\frac{\text{전단 응력}}{\text{수직 변형률}}$
③ $\frac{\text{전단 응력}}{\text{전단 변형률}}$ ④ $\frac{\text{수직 응력}}{\text{전단 변형률}}$

55. 직접 전동 기계 요소인 홈 마찰차에서 홈의 각도(α)는?

① $2\alpha = 10 \sim 20°$ ② $2\alpha = 20 \sim 30°$
③ $2\alpha = 30 \sim 40°$ ④ $2\alpha = 40 \sim 50°$

56. 하중 20kN을 지지하는 훅 볼트에서 나사부의 바깥 지름은 약 몇 mm인가? (단, 허용응력 $\sigma_a = 50\text{N/mm}^2$이다.)

① 29 ② 57 ③ 10 ④ 20

해설 $d = \sqrt{\frac{2W}{\sigma}} = \sqrt{\frac{2 \times 20000}{50}}$
$= 28.28 \fallingdotseq 29\text{mm}$

57. 평기어에서 잇수가 40개, 모듈이 2.5인 기어의 피치원 지름은 몇 mm인가?

① 100 ② 125 ③ 150 ④ 250

해설 $D = mZ = 2.5 \times 40 = 100\text{mm}$

58. 축계 기계 요소에서 레이디얼 하중과 스러스트 하중을 동시에 견딜 수 있는 베어링은?

① 니들 베어링 ② 원추 롤러 베어링
③ 원통 롤러 베어링 ④ 레이디얼 볼 베어링

59. 체결하려는 부분이 두꺼워서 관통 구멍을 뚫을 수 없을 때 사용되는 볼트는?

① 탭 볼트 ② T홈 볼트
③ 아이 볼트 ④ 스테이 볼트

해설 T볼트는 밀링 머신에서 바이스 등을 부착할 때, 아이 볼트는 무거운 하중 물체를 이동시키고자 할 때, 스테이 볼트는 두 개의 물체를 일정한 간격으로 유지시키고자 할 때 사용된다.

60. 우드러프 키라고도 하며, 일반적으로 60mm 이하의 작은 축에 사용되고, 특히 테이퍼 축에 편리한 키는?

① 평 키 ② 반달 키
③ 성크 키 ④ 원뿔 키

정답 51. ④ 52. ② 53. ③ 54. ③ 55. ③ 56. ① 57. ① 58. ② 59. ① 60. ②

공유압기능사 2013년 10월 12일 시행

1. 다음 중 감지거리가 가장 짧은 공압 비접촉식 센서는?

① 배압 감지기 ② 반향 감지 센서
③ 공기 배리어 ④ 공압 리밋 밸브

해설 ① 배압 감지기 : 0~0.5mm로서 가장 짧다.
② 반향 감지 센서 : 2~15mm
③ 공기 배리어 : 두 개의 노즐이 마주보고 있으며 가장 길다.
④ 공압 리밋 밸브 : 접촉식 감지기이다.

2. 다음에 표기한 기호가 의미하는 전기 회로용 기기의 명칭은?

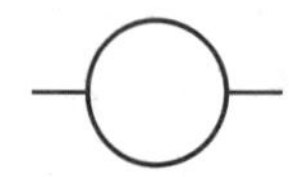

① 코일 ② 퓨즈 ③ 표시등 ④ 전동기

3. 다음은 일정 용량형 유압 모터의 기호이다. 어떤 형에 해당되는가?

① 한 방향 흐름 ② 두 방향 흐름
③ 하부 방향 흐름 ④ 우방향 흐름

해설 중심을 향하는 삼각형이 하나이면 한 방향 흐름이고 마주보고 두 개가 있으면 두 방향 흐름이다.

4. 유관의 안지름을 2.5cm, 유속을 10cm/s로 하면 최대 유량은 약 몇 cm^3/s인가?

① 49 ② 98 ③ 196 ④ 250

해설 $Q = A \cdot v = \frac{\pi d^2}{4} \cdot v$

$= \frac{3.14 \times 2.5^2}{4} \times 10 = 49$

5. 어큐뮬레이터 회로에서 어큐뮬레이터의 역할이 아닌 것은?

① 회로 내의 맥동을 흡수한다.
② 회로 내의 압력을 감압한다.
③ 회로 내의 충격압력을 흡수한다.
④ 정전 시 비상용 유압원으로 사용한다.

해설 어큐뮬레이터란 압력을 축적하는 축압기를 말한다. 압력을 일정하게 유지하는 역할을 할 수 있으므로 유량이 순간적으로 부족할 경우는 보충하는 역할을 하고 순간적으로 많은 유량이 들어오는 충격의 경우는 흡수한다. 맥동이란 부족하고 넘치는 경우가 반복되는 것을 말한다. 회로 내의 압력을 감압할 때는 감압 밸브를 사용해야 한다.

6. 유압에 의해 동력을 전달하고자 한다. 공압장치에 비해 유압장치의 장점으로 옳지 않은 것은?

① 자동화가 가능하다.
② 무단 변속이 가능하다.
③ 온도에 의한 영향을 많이 받는다.
④ 힘의 증폭 및 속도 조절이 용이하다.

해설 온도의 영향을 많이 받는다는 것은 온도가 올라갈 때 점도가 낮아져서 누유의 위험이 있고 온도가 내려갈 때는 점도가 높아져서 압력손실이 커진다는 의미이므로 장점이 아니라 단점이 되는 것이다.

정답 1. ① 2. ① 3. ① 4. ① 5. ② 6. ③

7. **파스칼의 원리에 관한 설명으로 옳지 않은 것은?**

① 각 점의 압력은 모든 방향에서 같다.
② 유체의 압력은 면에 대하여 직각으로 작용한다.
③ 정지해 있는 유체에 힘을 가하면 단면적이 작은 곳은 속도가 느리게 전달된다.
④ 밀폐한 용기 속의 유체의 일부에 가해진 압력은 유체의 모든 부분에 똑같은 세기로 전달된다.

해설 파스칼의 원리
(1) 유체의 압력은 면(面)에 대해서 직각으로 작용한다.
(2) 각 점의 압력은 모든 방향에서 동일하다.
(3) 밀폐한 용기 속의 유체의 일부에 가해진 압력은 유체의 각부에 같은 세기를 가지고 전달된다.

8. **방향 전환 밸브에서 공기의 통로를 개폐하는 밸브의 형식과 거리가 먼 것은?**

① 포핏식 ② 포트식
③ 스풀식 ④ 회전판 미끄럼식

해설 포트는 밸브에서 호스가 연결될 위치를 말한다. 포트는 모든 밸브에 반드시 있는 것이며, 밸브의 형식을 분류하는 의미로는 사용되지 않는 용어이다.

9. **포핏(poppet) 밸브의 장점이 아닌 것은 어느 것인가?**

① 밀봉이 우수하다.
② 작은 힘으로 작동된다.
③ 짧은 거리에서 밸브의 전환이 이루어진다.
④ 먼지 등의 이물질 영향을 거의 받지 않는다.

해설 포핏은 스프링을 밀어 올리며 작동되어야 하므로 큰 힘이 필요하다.

10. **실린더 입구의 분기 회로에 유량 제어 밸브를 설치하여 실린더 입구측의 불필요한 압유를 배출시켜 작동 효율을 증진시킨 속도 제어 회로는?**

① 재생 회로 ② 미터 인 회로
③ 미터 아웃 회로 ④ 블리드 오프 회로

해설 블리드 오프 회로(bleed off circuit) : 실린더 입구의 압력 쪽 분기 회로에 유량 제어 밸브를 설치하여 실린더 입구측의 불필요한 압유를 배출시켜 일정량의 오일을 블리드 오프하고 있어 작동 효율을 증진시킨 회로이다.

11. **공압 드레인 방출 방법 중 드레인의 양에 관계없이 압력 변화를 이용하여 드레인을 배출하는 것은?**

① 전동식 ② 차압식
③ 수동식 ④ 부구식

해설 드레인이란 압축공기가 냉각됨에 따라 여기에 포함되었던 수분이 응축되어서 고여 있는 것을 말한다. 드레인의 양이 많아지면 플로트가 떠올라서 아래쪽에 있는 배출구를 열어주는 것이 부구식이고, 드레인의 양과는 관계없이 압력차에 따라 열리는 것이 차압식이다.

12. **비압축성 유체의 정상 흐름에 대한 베르누이 방정식 $\frac{v_1^2}{2g}+\frac{P_1}{\gamma}+z_1=\frac{v_2^2}{2g}+\frac{P_2}{\gamma}+z_2=\text{const}$에서 $\frac{v_1^2}{2g}$항이 나타내는 에너지의 종류는 무엇인가?(단, v : 속도,**

정답 7. ③ 8. ② 9. ② 10. ④ 11. ② 12. ①

P : 압력, γ : 비중량, z : 위치)

① 속도에너지　　② 위치에너지
③ 압력에너지　　④ 전기에너지

해설 베르누이 방정식은 유체의 속도에너지, 압력에너지, 위치에너지의 합이 항상 일정함을 나타내는 방정식이다.

13. 기어 펌프에 관한 설명으로 옳지 않은 것은?

① 구조상 일반적으로 가변용량형이다.
② 고압의 기어 펌프는 베어링 하중이 크다.
③ 윤활유, 절삭유의 수송용으로 사용된다.
④ 기어 펌프는 외접식 펌프와 내접식 펌프가 있다.

해설 기어 펌프는 용적을 변경시키는 것이 불가능하므로 가변용량형으로 만들기 곤란하다. 가변용량형 펌프에는 베인 펌프와 피스톤 펌프 등이 있다.

14. 일반적으로 널리 사용되는 압축기로 사용 압력 범위는 10～100 kgf/cm² 정도이며, 냉각 방식에 따라 공랭식과 수랭식으로 분류되는 압축기는?

① 터보 압축기
② 베인형 압축기
③ 스크루 압축기
④ 왕복 피스톤 압축기

해설 공기 압축기의 종류

(1) 왕복 피스톤 압축기 : 전동기로부터 크랭크축을 회전시켜 피스톤을 왕복운동시켜 압력을 발생시킨다.

(2) 베인형 압축기 : 편심 로터가 흡입과 배출 구멍이 있는 실린더 형태의 하우징 내에서 그 편심 로터의 방사선 홈에 베인이 삽입되어 있는데, 케이싱과 베인에 의해 둘러싸인 용적에 공기가 흡입되고 회전자의 회전에 의해 압축되어 토출된다.

(3) 스크루형 압축기 : 나선형으로 된 암수 두 개의 로터가 한 쌍이 되어 이 로터가 서로 반대로 회전하여 축방향으로 들어온 공기를 서로 맞물려 회전시켜 공기를 압축한다. 이 압축기는 스크루의 개수에 따라 single screw type과 twin screw type으로 분류된다.

(4) 터보 압축기 : 공기의 유동 원리를 이용한 것으로 터보를 고속으로 회전시키면 공기도 고속으로 되어 질량×유속이 압력에너지로 바뀌어 공기를 압축시킨다.

(5) 루트 블로어 : 두 개의 회전자를 90° 위상 변화를 주고, 회전자끼리 미소한 간격을 유지하면서 서로 반대방향으로 회전하면 흡입구에서 흡입된 공기는 회전자와 케이싱 사이에서 밀폐되어 체적 변화 없이 토출구 쪽으로 이동되어 토출된다.

왕복 피스톤 압축기

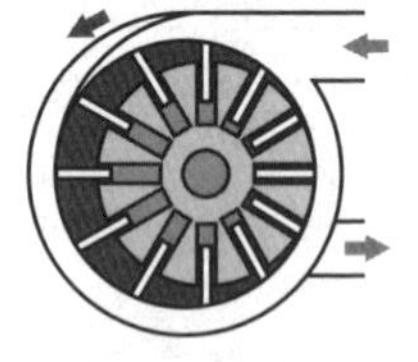
베인형 압축기

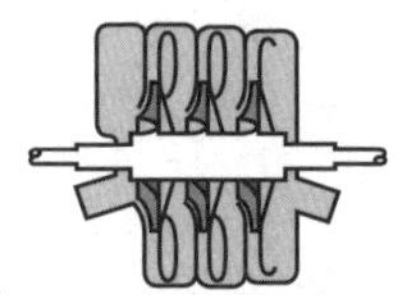
반경류 터보 압축기

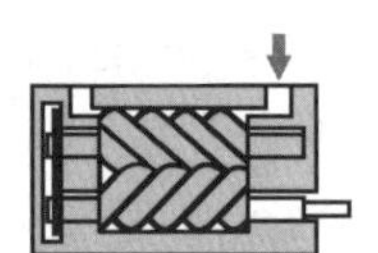
스크루 압축기

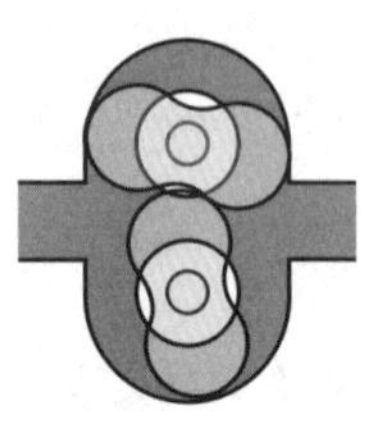
루트 블로어

정답 13. ① 14. ④

15. 다음 기호가 가지고 있는 기능을 설명한 것으로 옳은 것은?

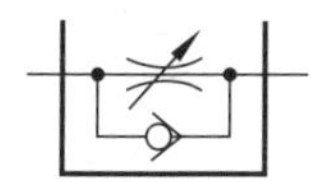

① 압력을 조정한다.
② OR 논리를 만족시킨다.
③ 실린더의 힘을 조절한다.
④ 실린더의 속도를 조절한다.

해설 1방향 유량 제어 밸브의 기호이다. 유량 제어 밸브는 속도를 제어하는 데 사용된다. 힘을 조절할 때는 압력 제어 밸브를 사용한다.

16. 공압 시퀀스 회로의 신호 중복에 관한 설명으로 옳은 것은?

① 실린더의 제어에 시간 지연 밸브가 사용될 때를 말한다.
② 실린더 제어에 2개 이상의 체크 밸브가 사용될 때를 말한다.
③ 1개의 실린더를 제어하는 마스터 밸브에 전기 신호를 주는 것을 말한다.
④ 1개의 실린더를 제어하는 마스터 밸브에 동시에 세트 신호와 리셋 신호가 존재하는 것을 말한다.

해설 세트 신호란 실린더를 전진시키는 신호이고, 리셋 신호란 실린더를 후진시키는 신호이다. 두 신호가 동시에 존재하면 시퀀스 회로가 오작동을 일으키게 된다.

17. 펌프의 용적효율 94%, 압력효율 95%, 펌프의 전효율이 85%라면 펌프의 기계효율은 약 몇 %인가?

① 85 ② 87 ③ 92 ④ 95

해설 전효율 = 용적효율 × 압력효율 × 기계효율

∴ 펌프의 기계효율 $= 0.85 \div (0.94 \times 0.95)$
$= 0.9518 ≒ 95\%$

18. 유압동력을 직선 왕복운동으로 변환하는 기구는? (03/5, 06/5, 12/5)

① 유압 모터 ② 요동 모터
③ 유압 실린더 ④ 유압 펌프

해설 직선 운동은 실린더, 회전 운동은 모터, 간헐 운동은 요동 모터이다.

19. 피스톤 로드가 양쪽에 있는 실린더는 어느 것인가?

① 램형 실린더 ② 양 로드 실린더
③ 탠덤 실린더 ④ 피스톤형 실린더

20. 유압기기에서 포트(port) 수에 대한 설명으로 옳은 것은? (10/5)

① R.S.T의 기호로 표시된다.
② 밸브 배관의 수도 포트 수보다 1개 적다.
③ 유압 밸브가 가지고 있는 기능의 수이다.
④ 관로와 접촉하는 전환 밸브의 접촉구의 수이다.

해설 밸브 주 관로를 연결하는 접속구의 수를 포트 수라 한다.

21. 과도적으로 상승한 압력의 최댓값을 무엇이라 하는가? (02/5, 08/5)

① 배압 ② 전압 ③ 맥동 ④ 서지압

해설 서지압이란 순간적으로 발생한 충격적인 압력을 말한다.

22. 유압 작동유의 점도 지수에 관한 설명으로 옳은 것은?

정답 15. ④ 16. ④ 17. ④ 18. ③ 19. ② 20. ④ 21. ④ 22. ①

① 점도 지수가 크면 유압장치의 효율을 증대시킨다.
② 점도 지수가 작은 경우, 정상 운전 시 누유량이 감소된다.
③ 점도 지수가 작은 경우, 정상 운전 시 온도 조절 범위가 넓어진다.
④ 점도 지수가 크면 온도 변화에 대한 유압작동의 점도 변화가 크다.

해설 점도 지수가 크면 온도 변화에 따른 점도 변화가 작다. 점도 지수가 큰 것이 좋은 유압유이다.

23. 다음 중 에너지 변환 효율이 가장 좋은 것은?

① 공압　② 유압
③ 전기　④ 기계

24. 다음 중 2개의 입력 신호 중에서 높은 압력만을 출력하는 OR 밸브는?

① 이압 밸브　② 셔틀 밸브
③ 체크 밸브　④ 시퀀스 밸브

25. 면적 $2\,m^2$의 평면상에 $1\,kgf/cm^2$의 압력이 균등히 작용할 때 평면에 작용하는 힘은 얼마인가?

① 5톤　② 10톤
③ 15톤　④ 20톤

해설 $F = P \cdot A = 10000 \times 2 = 20000\,kgf = 20$톤

26. 송출 압력이 $200\,kgf/cm^2$이며, 100 L/min의 송출량을 갖는 레이디얼 플런저 펌프의 소요 동력은 약 몇 PS인가?(단, 펌프 효율은 90%이다.)

① 36.31　② 39.72
③ 49.38　④ 59.48

해설 소요 동력 $L = \frac{PQ}{450\eta} = \frac{200 \times 100}{450 \times 0.9} = 49.38\,PS$

27. 다음은 어떤 회로의 진리값을 나타낸 표이다. 이 회로에 해당 논리 제어 회로는 어느 것인가? (04/5)

입력 신호		출력
A	B	C
0	0	0
0	1	0
1	0	0
1	1	1

① OR 회로　② AND 회로
③ NOT 회로　④ NOR 회로

해설 두 입력이 모두 1인 경우만 출력이 1이 되므로 AND 회로이다.

28. 다음 중 유량 제어 밸브에 해당하는 것은 어느 것인가? (12/5)

① 교축 밸브　② 시퀀스 밸브
③ 감압 밸브　④ 릴리프 밸브

29. 다음 중 액추에이터의 가속 시 부하에 해당하지 않는 것은?

① 가속 부하
② 저항성 부하
③ 정지마찰 부하
④ 운동마찰 부하

30. 공압 모터에 관한 설명으로 옳지 않은 것은?

정답 23. ③ 24. ② 25. ④ 26. ③ 27. ② 28. ① 29. ③ 30. ④

① 회전수 변동이 크다.
② 모터 자체의 발열이 적다.
③ 에너지 변환 효율이 낮다.
④ 전동기에 비해 시동과 정지 시 쇼크가 발생한다.

31. 유도 전동기의 슬립을 나타내는 식은 어느 것인가?

① $\frac{\text{동기 속도}-\text{회전자 속도}}{\text{동기 속도}}$

② $\frac{\text{회전자 속도}-\text{동기 속도}}{\text{동기 속도}}$

③ $\frac{\text{회전자 속도}-\text{동기 속도}}{\text{회전자 속도}}$

④ $\frac{\text{동기 속도}-\text{회전자 속도}}{\text{회전자 속도}}$

해설 유도 전동기는 항상 회전 자기장의 동기 속도와 회전자의 속도 사이에 차이가 생긴다. 이때 속도의 차이와 동기 속도의 비를 슬립이라고 한다.

32. 다음과 같은 측정 회로에서 전류계는 20.1 A를, 전압계는 200 V를 지시하였다. 저항 R_X의 값은 얼마인가? (단, 전압계의 내부 저항 R_V=2000Ω이다.)

R_X Ⓐ 20.1A Ⓥ R_V

① 20Ω ② 20.1Ω
③ 10Ω ④ 10.1Ω

해설 $\frac{V}{R_X}+\frac{V}{R_V}=I$ $\frac{200}{R_X}+\frac{200}{2000}=20.1$

$\frac{200}{R_X}=20.1-\frac{200}{2000}=20.1-0.1=20$

$\therefore R_X=\frac{200}{20}=10\,\Omega$

33. 전자 계전기의 종류에 해당되지 않는 것은?

① 보호 계전기
② 한시 계전기
③ 푸시 버튼 스위치
④ 전자 접촉기

34. 정격전압이 100V, 소비전력이 2kW인 전열 기구에 몇 A의 전류가 흐르는가?

① 0.2 ② 20 ③ 200 ④ 2000

해설 $P=V\cdot I$이므로 $I=\frac{P}{V}=\frac{2000}{100}=20\,\text{A}$

35. 다음 설명 중 맞는 것은?

① 일정 시간에 전기에너지가 한 일의 양을 전력이라 한다.
② 전열기는 전류의 발열 작용을 이용한 것이다.
③ kW는 전력량의 단위이다.
④ W는 전열량의 단위이다.

36. 측정 단위 중 1kW는 몇 W인가?

① 10 ② 100 ③ 1000 ④ 10000

37. 어떤 부하의 저항 성분이 8Ω, 유도 리액턴스 성분 12Ω, 용량 리액턴스 성분 12Ω이다. 이 회로에 120V 전압 공급 시 피상 전력(VA)은 얼마인가?

① 1000 ② 1200 ③ 1800 ④ 2000

해설 $Z=\sqrt{R^2+(X_L-X_C)^2}$

$=\sqrt{8^2+(12-12)^2}=8$이므로

$P=V\cdot I=\frac{V^2}{Z}=\frac{120^2}{8}=1800$

정답 31. ① 32. ③ 33. ③ 34. ② 35. ② 36. ③ 37. ③

38. SCR 설명 중 틀린 것은? (08/5)

① SCR은 교류가 출력된다.
② SCR은 한 번 통전하면 게이트에 의해서 전류를 차단할 수 없다.
③ SCR은 정류 작용이 있다.
④ SCR은 교류 전원의 위상 제어에 많이 사용된다.

해설 SCR(silicon controlled rectifier)은 실리콘 제어 정류 소자를 말하는 것으로서 직류가 출력된다.

39. 대칭 3상 교류에서 각 상의 위상차는 얼마인가? (06/5)

① 60° ② 90° ③ 120° ④ 150°

해설 대칭 3상 교류 : 크기가 같고, 120°의 위상차를 갖는 3상 교류

40. 전기적인 접점기구의 직·병렬로 미리 정해진 순서에 따라 단계적으로 기기가 조작되는 논리 판단 제어는?

① 아날로그 정량 제어
② 프로세서 제어
③ 서보기구 제어
④ 시퀀스 제어

41. 직류 발전기의 단자 전압을 조정할 때 어느 것을 조절하는가?

① 계자 저항기 ② 전류 저항기
③ 가동 저항기 ④ 전압 저항기

해설 계자 저항기의 손잡이를 돌려서 저항을 높이면 전압이 떨어지고 저항을 줄이면 전압이 올라간다. 직류 발전기를 기동 또는 정지시킬 때는 계자 저항기를 이용하여 전압을 낮춰야 하고 운전 중에는 정격 전압까지 올려 주어야 한다.

42. 교류 전압의 크기와 위상을 측정할 때 사용되는 계기는? (06/5)

① 교류 전압계 ② 전자 전압계
③ 교류 전위차계 ④ 회로 시험기

해설 전압의 정밀 측정에 사용하는 것으로 직류용, 교류용이 있는데 후자는 교류의 실효값과 위상각을 측정할 수 있다. 다시 말하면 전원의 기전력 또는 2점 간의 전위차를 측정함에 있어서 표준전지 등의 이미 알고 있는 전압과 비교하여 측정하는 것을 전위차계라고 한다.

43. 불대수의 기본적인 논리식이 잘못된 것은?

① $A \cdot A = A$ ② $A \cdot \bar{A} = 0$
③ $A \cdot (A+B) = A$ ④ $A \cdot B + A = B$

해설 $A \cdot B + A = A(B+1) = A$

44. RC 직렬 회로에서 임피던스가 5Ω, 저항 4Ω일 때 용량 리액턴스(Ω)는?

① 1 ② 2 ③ 3 ④ 4

해설 $Z = \sqrt{R^2 + X_C^2}$ 이므로

양변을 제곱하고 정리하여 X_C를 구한다.

$Z^2 = R^2 + X_C^2$

$X_C = \sqrt{Z^2 - R^2} = \sqrt{5^2 - 4^2}$

$= \sqrt{25-16} = \sqrt{9} = 3$

45. 여러 개의 입력 중에서 가장 먼저 신호가 입력되는 경우 다른 신호에 우선하여 그 회로가 동작되도록 하는 회로는 어느 것인가?

① 자기 유지 회로 ② 시간 제어 회로

정답 38. ① 39. ③ 40. ④ 41. ① 42. ③ 43. ④ 44. ③ 45. ③

③ 선입력 우선 회로 ④ 후입력 우선 회로

46. 다음과 같은 용접 도시 기호의 명칭으로 옳은 것은?

① 겹침 접합부 ② 경사 접합부
③ 표면 접합부 ④ 표면 육성

47. 모떼기의 각도가 45°일 때 치수 수치 앞에 넣는 모떼기 기호는?

① D ② C ③ R ④ ϕ

해설 C는 모떼기(chamfer)의 첫글자를 딴 기호이다. 모떼기란 제품의 모서리를 깎아주는 것을 말한다.

48. 다음 입체도를 제3각법으로 나타낼 때 정면도로 올바른 것은?(단, 화살표 방향이 정면이다.)

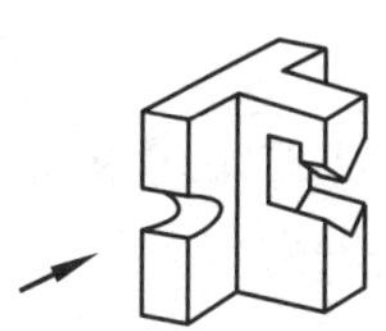

① ②

③ ④

49. 리벳의 호칭이 "KS B 1102 둥근 머리 리벳 18×40 SV330"로 표시된 경우 숫자 "40"의 의미는? (10/5)

① 리벳의 수량 ② 리벳의 구멍 치수
③ 리벳의 길이 ④ 리벳의 호칭 지름

해설 리벳의 호칭은 리벳의 호칭 지름×리벳의 길이로 표시한다.

50. 도면의 척도란에 5 : 1로 표시되었을 때 의미로 올바른 설명은? (07/5)

① 축척으로 도면의 형상 크기는 실물의 $\frac{1}{5}$이다.
② 축척으로 도면의 형상 크기는 실물의 5배이다.
③ 배척으로 도면의 형상 크기는 실물의 $\frac{1}{5}$이다.
④ 배척으로 도면의 형상 크기는 실물의 5배이다.

해설 척도에는 축척, 실척, 배척과 비례척이 아닌 NS가 있다.

51. 다음 중 선의 굵기가 가는 실선이 아닌 것은?

① 지시선 ② 치수선 ③ 해칭선 ④ 외형선

해설 외형선은 굵은 실선을 사용한다.

52. 패킹, 얇은 판, 형강 등과 같이 절단면의 두께가 얇은 경우 실제 치수와 관계없이 단면을 특정선으로 표시할 수 있다. 이 선은 무엇인가?

① 가는 실선 ② 굵은 1점 쇄선
③ 아주 굵은 실선 ④ 가는 2점 쇄선

53. 회전축의 회전방향이 양쪽 방향인 경우 2쌍의 접선키를 설치할 때 접선키의 중심

정답 46. ① 47. ② 48. ② 49. ③ 50. ④ 51. ④ 52. ③ 53. ④

각은?

① 30° ② 60° ③ 90° ④ 120°

54. 축이나 구멍에 설치한 부품이 축방향으로 이동하는 것을 방지하는 목적으로 주로 사용하며, 가공과 설치가 쉬워 소형 정밀기기나 전자기기에 많이 사용되는 기계요소는 어느 것인가?

① 키 ② 코터
③ 멈춤링 ④ 커플링

55. 나사의 풀림 방지법이 아닌 것은?

① 철사를 사용하는 방법
② 와셔를 사용하는 방법
③ 로크 너트에 의한 방법
④ 사각 너트에 의한 방법

56. 비틀림 모멘트 440N · m, 회전수 300rev/min(=rpm)인 전동축의 전달 동력(kW)은 얼마인가?

① 5.8 ② 13.8 ③ 27.6 ④ 56.6

해설 $T=9.55\times10^6\times\frac{H_{kW}}{n}$ [N · mm]에서

$$H_{kW}=\frac{Tn}{9.55\times10^6}=\frac{440\times10^3\times300}{9.55\times10^6}=13.8\text{kW}$$

57. 일반적으로 사용하는 안전율은 어느 것인가?

① $\frac{\text{사용응력}}{\text{허용응력}}$ ② $\frac{\text{허용응력}}{\text{기준강도}}$
③ $\frac{\text{기준강도}}{\text{허용응력}}$ ④ $\frac{\text{허용응력}}{\text{사용응력}}$

58. 다음 중 미끄럼 베어링의 윤활 방법이 아닌 것은?

① 적하 급유법 ② 패드 급유법
③ 오일링 급유법 ④ 그리스 급유법

59. 기어에서 이의 간섭 방지 대책으로 틀린 것은?

① 압력각을 크게 한다.
② 이의 높이를 높인다.
③ 이끝을 둥글게 한다.
④ 피니언의 이뿌리면을 파낸다.

해설 기어에서 이의 간섭은 이의 높이가 높기 때문에 발생하는 것이다. 따라서 이의 간섭을 방지하기 위해서는 이의 높이를 낮춰야 한다.

60. 결합용 기계요소인 와셔를 사용하는 이유가 아닌 것은?

① 볼트 머리보다 구멍이 클 때
② 볼트 길이가 길어 체결 여유가 많을 때
③ 자리면이 볼트 체결 압력을 지탱하기 어려울 때
④ 너트가 닿는 자리면이 거칠거나 기울어져 있을 때

정답 54. ③ 55. ④ 56. ② 57. ③ 58. ④ 59. ② 60. ②

2014년 시행문제

공유압기능사

2014년 4월 6일 시행

1. 다음 중 표준 대기압(1atm)과 다른 값은?

① 760 mmHg ② 1.0332 kgf/m^2
③ 1013 mbar ④ 101.3 kPa

해설 $1\text{atm}=1.01325\times10^5\text{Pa}=1.01325\text{bar}$
$=1.03323\text{kgf/cm}^2=1.03323\times10^4\text{mmH}_2\text{O}$

2. 다음 그림과 같은 변위 단계 선도가 나타내는 시스템의 운동 상태는?

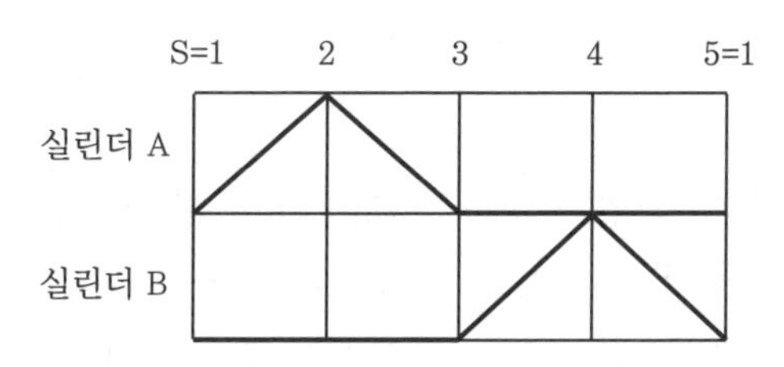

① A+, B+, B−, A−
② A+, B+, A−, B−
③ A+, A−, B+, B−
④ B+, B−, A+, A−

해설 이 변위 단계 선도는 실린더 A 전진−실린더 A 후진−실린더 B 전진−실린더 B 후진 순이다.

3. 다음 중 유압이 이용되지 않은 곳은?

① 건설기계 ② 항공기
③ 덤프차(dump car) ④ 컴퓨터

4. 실린더 안지름 50 mm, 피스톤 로드 지름 20 mm인 유압 실린더가 있다. 작동유의 유압을 35 kgf/cm^2, 유량을 10 L/min라 할 때 피스톤의 전진 행정 시 낼 수 있는 힘은 약 몇 kgf인가?

① 480 ② 575 ③ 612 ④ 687

해설 $F_1=\dfrac{p\cdot\pi\cdot D_1^2}{4}$, $F_2=\dfrac{p\cdot\pi\cdot(D_1^2-D_2^2)}{4}$

여기서, F_1 : 전진 시 실린더 출력(kgf)
F_2 : 후진 시 실린더 출력(kgf)
p : 사용 공기 압력(kgf/cm^2)
D_1 : 실린더 안지름(cm)
D_2 : 로드 지름(cm)이므로

$\therefore F=\dfrac{35\times\pi\times5^2}{4}=687.223393\text{kgf}$

5. 공압용 실린더에서 튜브와 커버를 인장력에 의해 결속시킬 때 필요한 구조장치는 무엇인가?

① 타이 로드 ② 트러니언
③ 쿠션장치 ④ 다이어프램

해설 타이 로드(tie rod) : 커버를 실린더 튜브에 부착시키는 데 사용되는 것으로 주로 합금강이 사용된다.

6. 유압 에너지의 장점이 아닌 것은?

① 온도 변화에 따른 작업 조건의 변화
② 정확한 위치 제어가 가능
③ 제어 및 조정성이 우수

정답 1. ② 2. ③ 3. ④ 4. ④ 5. ① 6. ①

④ 큰 부하 상태에서의 출발이 가능

해설 유압 에너지는 유온의 영향을 받고 작동유의 점도의 변화로 인하여 정밀한 속도 제어가 어렵다.

7. **릴레이의 코일부에 전류가 공급되었을 때에 대한 설명으로 맞는 것은?**

① 접점을 복귀시킨다.
② 가동 철편을 잡아당긴다.
③ 가동 접점을 원위치시킨다.
④ 고정 접점에 출력을 만든다.

해설 전자 릴레이는 제어 전류를 개폐하는 스위치의 조작을 전자석의 힘으로 하는 것으로, 전압이 코일에 공급되면 전류는 코일이 감겨있는 데로 흘러 자장이 형성되고 전기자가 코일의 중심으로 당겨진다. 가동 부분, 즉 철심의 중량이 작고 작동거리가 짧은 것이 내구성이 높다.

8. **9개의 입력 신호 중 어느 한 곳의 신호만 있어도 한 곳으로 출력을 발생시킬 수 있는 밸브와 그 수량은?**

① 2압 밸브, 8개　② 2압 밸브, 9개
③ 셔틀 밸브, 8개　④ 셔틀 밸브, 9개

해설 셔틀 밸브(shuttle valve, OR valve) : 3방향 체크 밸브라고도 하는데, 체크 밸브를 2개 조합한 구조로 되어 있어, 1개의 출구 A와 2개의 입구 X, Y가 있다.

9. **다음 중 유압 작동유의 종류에 속하지 않는 것은?**

① 석유계 유압유　② 합성계 유압유
③ 유성계 유압유　④ 수성계 유압유

해설 유압 작동유는 크게 석유계와 난연성 작동유의 두 가지로 구분할 수 있다.

(1) 석유계 작동유 : 일반 산업용으로 원유로부터 정제한 윤활유의 일종이며, 파라핀(paraffin)기의 원유를 증류, 분리하여 정제한 것으로 산화 방지, 방청 등의 첨가제를 첨가한 것이다.

(2) 난연성 작동유 : 내화성이 우수하여 화재의 위험이 있는 곳에 사용하며 화학적 성질에 따라 특성이 달라지는 합성형 유압유와 수성형 유압유로 구분된다.

10. **다음 그림의 기호가 나타내는 것은?**

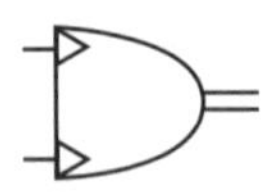

① 유압 펌프
② 공기 압축기
③ 공기 가변 용량형 펌프
④ 요동형 공기압 액추에이터

11. **유압 서보 시스템에 대한 설명으로 옳지 않은 것은?**

① 서보 기구는 토크 모터, 유압 증폭부, 안내 밸브의 3요소로 구성된다.
② 서보 유압 밸브의 노즐 플래퍼는 기계적 변위를 유압으로 변환하는 기구이다.
③ 전기 신호를 기계적 변위로 바꾸는 기구는 스풀이다.
④ 서보 시스템의 구성을 위하여 피드백 신호가 있어야 한다.

해설 서보 유압 밸브는 전기나 그 밖의 입력 신호에 따라서 비교적 높은 압력의 공급원으로부터 오일의 유량과 압력을 상당한 응답 속도로 제어하는 밸브를 말한다.

12. **다음 그림은 방향 조정 장치에 사용되**

정답 7. ② 8. ③ 9. ③ 10. ④ 11. ③ 12. ②

어 양쪽 실린더에 같은 유량이 흐르도록 하는 것이다. 이 밸브의 명칭은?

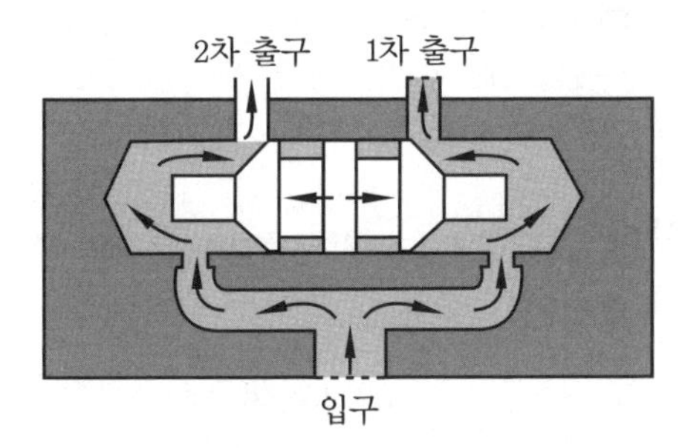

① 유량 제어 서보 밸브
② 유량 분류 밸브
③ 압력 제어 서보 밸브
④ 유량 조정 순위 밸브

해설 유량 분류 밸브는 유량을 제어하고 분배하는 기능을 하며, 작동상의 기능에 따라 유량 순위 분류 밸브, 유량 조정 순위 밸브 및 유량 비례 분류 밸브의 세 가지로 구분된다.

13. ISO-1219 표준(문자식 표현)에 의한 공압밸브의 연결구 표시 방법에 따라 A, B, C 등으로 표현되어야 하는 것은?

① 배기구 ② 제어 라인
③ 작업 라인 ④ 압축 공기 공급 라인

해설 포트 기호

연결구 약칭	라인	기호
A, B, C	작업 라인	2, 4, 6
P	공급 라인	1
R, S, T	배기 라인	3, 5, 7
L	누출 라인	9
Z, Y, X	제어 라인	12, 14, 16

14. 실린더, 로터리 액추에이터 등 일반용 공압 기기의 공기 여과에 적당한 여과기 엘리먼트의 입도는? (08/5)

① 5μm 이하 ② 5~10μm
③ 10~40μm ④ 40~70μm

해설 여과 엘리먼트 통기 틈새와 사용 기기의 관계

여과 엘리먼트 (틈새 : μm)	사용 기기	비고
40~70	실린더, 로터리 액추에이터, 그 밖의 것	일반용
10~40	공기 터빈, 공기 모터, 그 밖의 것	고속용
5~10	공기 마이크로미터, 그 밖의 것	정밀용
5 이하	순 유체 소자, 그 밖의 것	특수용

15. 미끄럼 면에서 사용되는 유체의 누설 방지용으로 사용하는 요소는?

① 램 ② 슬리브
③ 패킹 ④ 플랜지

해설 패킹(packing) : 회전 또는 왕복 운동하는 곳에 그 운동 부분의 밀봉에 사용되는 실의 총칭

16. 마름모(◇)가 기본이 되는 공유압 기호가 아닌 것은?

① 여과기 ② 열교환기
③ 차압계 ④ 루브리케이터

해설 마름모의 기호는 유체 조정 기기를 뜻하며, 필터, 드레인 분리기, 주유기, 열교환기 등이 이에 속한다.

17. 기기의 보호와 조작자의 안전을 목적

정답 13. ③ 14. ④ 15. ③ 16. ③ 17. ①

으로 기기의 동작 상태를 나타내는 접점을 이용하여 기기의 동작을 금지하는 회로는 어느 것인가? (11/5)

① 인터록 회로
② 플리커 회로
③ 정지 우선 회로
④ 시동 우선 회로

해설 인터록(interlock) 회로 : 위험과 이상 동작을 방지하기 위하여 어느 동작에 대하여 이상이 생기는 다른 동작이 일어나지 않도록 제어하는 회로

18. 유압 회로에서 주회로 압력보다 저압으로 해서 사용하고자 할 때 사용하는 밸브는 어느 것인가? (07/5, 08/5, 11/5)

① 감압 밸브
② 시퀀스 밸브
③ 언로드 밸브
④ 카운터 밸런스 밸브

해설 감압 밸브(pressure reducing valve)

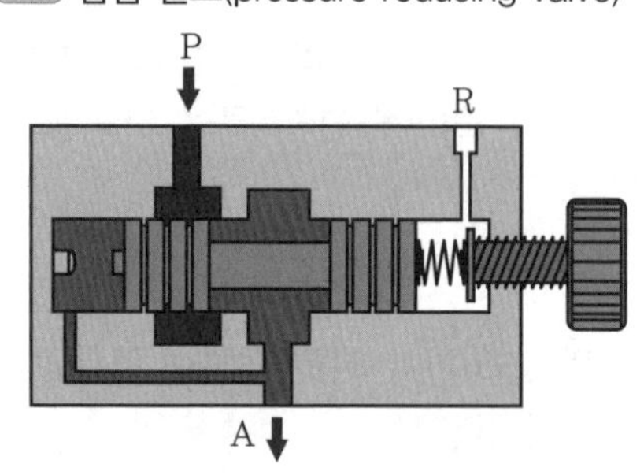

19. 메모리 방식으로 조작력이나 제어 신호를 제거하여도 정상 상태로 복귀하지 않고 반대 신호가 주어질 때까지 그 상태를 유지하는 방식을 무엇이라 하는가?

① 디텐트 방식
② 스프링 복귀 방식
③ 파일럿 방식
④ 정상 상태 열림 방식

해설 디텐트(detent) : 밸브나 스위치의 몸체를 어느 위치에 유지하는 기구로 전기 스위치에서는 로커 스위치라고도 한다.

20. 다음 그림과 같은 유압 펌프의 종류는 무엇인가?

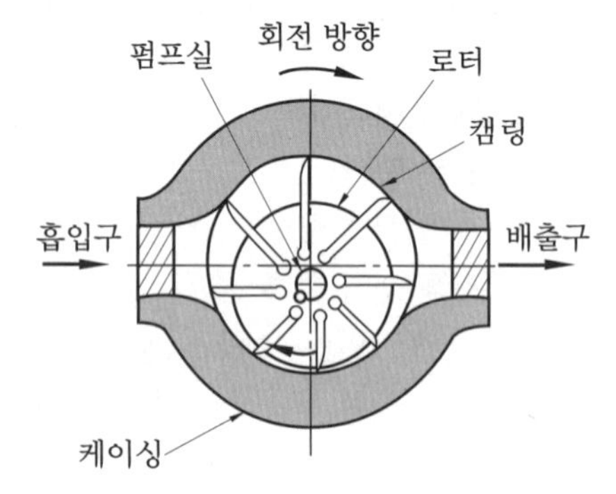

① 나사 펌프 ② 베인 펌프
③ 로브 펌프 ④ 피스톤 펌프

해설 베인 펌프(vane pump) : 케이싱(캠 링)에 접해 있는 베인을 로터 내에 설치하여 베인 사이에 흡입된 액체를 흡입 쪽으로부터 토출 쪽으로 밀어내는 형식의 펌프

21. 유압 실린더의 전진 운동 시 유압유가 공급되는 입구 쪽에 체크 밸브 위치를 차단되게 일방향 유량 제어 밸브를 설치하여 전진 속도를 제어하는 회로는?

① 재생 회로
② 미터 인 회로
③ 블리드 오프 회로
④ 미터 아웃 회로

22. 회로 내의 압력이 설정압 이상이 되면 자동으로 작동되어 탱크 또는 공압 기기의 안전을 위하여 사용되는 밸브는?

정답 18. ① 19. ① 20. ② 21. ② 22. ①

① 안전 밸브 ② 체크 밸브
③ 시퀀스 밸브 ④ 리밋 밸브

해설 안전 밸브(safety valve) : 기기나 관 등의 파괴를 방지하기 위하여 회로의 최고 압력을 한정하는 밸브

23. 압축 공기 저장 탱크의 구성 기기가 아닌 것은?

① 압력계 ② 체크 밸브
③ 유량계 ④ 안전 밸브

해설 압축 공기 저장 탱크

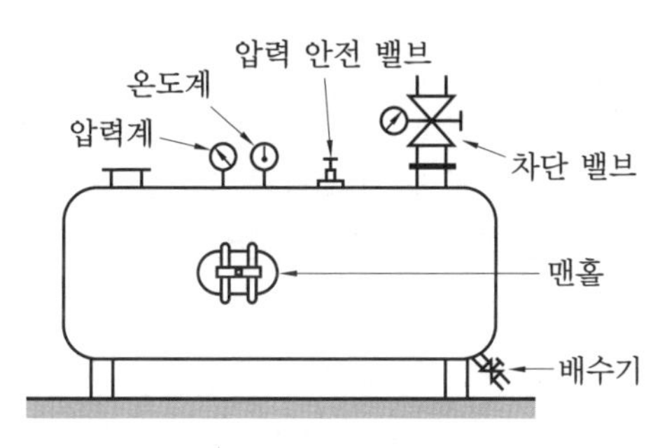

24. 다음 중 공압 소음기의 구비 조건이 아닌 것은?

① 배기음과 배기 저항이 클 것
② 충격이나 진동에 변형이 생기지 않을 것
③ 장기간의 사용에 배기 저항 변화가 작을 것
④ 밸브에 장착하기 쉬운 형상일 것

해설 소음기는 공압 밸브의 배기구에 사용되는 것으로 배기 속도와 배기음을 줄이기 위해 사용된다.

25. 시스템 내의 최대 압력을 제한해 주는 것으로 주로 유압 회로에서 많이 사용하는 것은? (03/5)

① 감압 밸브 ② 릴리프 밸브
③ 체크 밸브 ④ 시퀀스 밸브

해설 릴리프 밸브 : 정상적인 압력에서는 닫혀 있으나, 어느 제한 압력에 도달하면 열려서 펌프에서 곧바로 탱크로 흐르게 되어 회로 내의 압력 상승을 제한한다.

26. 오일 탱크의 배유구(drain plug) 위치로 가장 적절한 곳은?

① 유면의 최상단
② 탱크의 제일 낮은 곳
③ 유면의 1/2이 되는 위치
④ 탱크의 정중앙 중간 위치

해설 드레인 플러그(drain plug) : 오일 탱크 내의 오일을 전부 배출시킬 때 사용하는 것으로, 오일 탱크에서 가장 낮은 곳에 부착되어 있다.

27. 유량 제어 밸브에 관한 설명으로 옳지 않은 것은?

① 유압 모터의 회전 속도를 제어한다.
② 유압 실린더의 운동 속도를 제어한다.
③ 정용량형 펌프의 토출량을 바꿀 수 있다.
④ 관로 일부의 단면적을 줄여 유량을 제어한다.

해설 정용량형 펌프의 토출량은 일정하므로 조절하지 않는다.

28. 다음 유압 기호에 대한 설명으로 옳은 것은?

정답 23. ② 24. ① 25. ② 26. ② 27. ③ 28. ②

① 양쪽 로드형 단동 실린더이다.
② 양쪽 로드형 복동 실린더이다.
③ 한쪽 로드형 단동 실린더이다.
④ 한쪽 로드형 복동 실린더이다.

해설 양 로드 실린더 : 피스톤의 양쪽에 피스톤 로드가 있는 것으로 복동형인 경우는 왕복 모두가 같은 출력, 속도가 되도록 하는 용도에 사용된다.

29. 다음 그림의 기호가 가지고 있는 기능에 관한 설명으로 옳지 않은 것은?

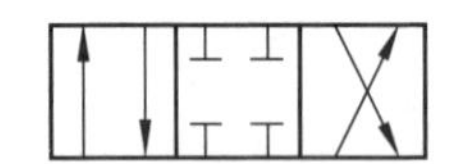

① 실린더 내의 압력을 제거할 수 있다.
② 실린더가 전진 운동할 수 있다.
③ 실린더가 후진 운동할 수 있다.
④ 모터가 정지할 수 있다.

해설 클로즈드 센터(closed center)형 밸브 : 변환 밸브의 중립 위치에서 모든 포트가 닫혀 있는 흐름의 형태의 밸브로 올포트 블록 밸브라고도 한다.

30. 다음 중 부하의 변동이 있어도 비교적 안정된 속도를 얻을 수 있는 회로는 어느 것인가?

① 미터 인 회로　② 미터 아웃 회로
③ 블리드 온 회로　④ 블리드 오프 회로

해설 미터 아웃 회로(meter out circuit) : 배기 조절 방법으로 공급 공기 교축보다 초기 속도는 불안하나 피스톤 로드에 작용하는 부하 상태에 크게 영향을 받지 않는 장점이 있다. 그리고 피스톤 로드에 인장 하중이 작용하는 경우에도 속도 조절이 가능하기 때문에 복동 실린더의 속도 제어는 거의 모두 배기 조절 방법으로 한다.

31. 다음과 같이 전력용 반도체 소자로 구성된 스위칭 회로의 이름은 무엇인가?

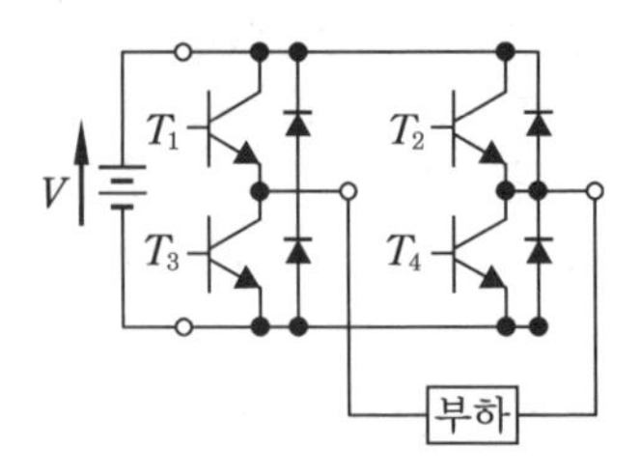

① 증폭기　② 반파정류
③ 인버터　④ 3상 컨버터

해설 인버터(inverter) : 직류 전력을 교류 전력으로 변환하는 장치로 역변환장치라고도 한다.

32. 두 개의 저항 R_1, R_2가 병렬로 접속된 회로에 R_1에 20V의 전압이 걸렸다면, R_2에는 몇 V의 전압이 걸리게 되는가?

① 20　② $20R_1$
③ $20R_2$　④ $20R_1R_2$

해설 저항의 병렬 접속에서 전압의 값은 변화가 없다.

33. 1차 전지(알칼리 건전지, 리튬 전지) 전압의 크기를 측정하고자 할 때 사용되는 계기로 적당한 것은?

① 메거　② 직류 전압계
③ 검류계　④ 교류 브리지

34. 다음 회로는 무슨 회로인가?

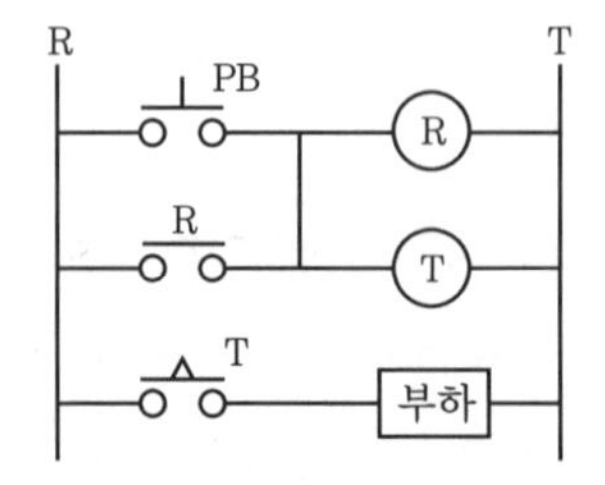

정답 29. ① 30. ② 31. ③ 32. ① 33. ② 34. ③

① 인터록 회로
② 정역 회로
③ 지연 동작 회로
④ 일정 시간 동작 회로

해설 지연 동작 회로는 타이머를 이용한 시간 지연 회로이다.

35. 직류기(DC machine) 중 기계 에너지를 전기 에너지로 변환시키는 기기는?

① 변압기 ② 직류 전동기
③ 유도 전동기 ④ 직류 발전기

해설 직류 발전기(DC generator) : 직류 전기를 발생하는 발전기

36. N극과 S극 사이의 자기장 내에 있는 도체를 상하로 움직이면 도체에 기전력이 유도되는 현상은?

① 자화 유도 현상 ② 자기 유도 현상
③ 전자 유도 현상 ④ 주파수 유도 현상

해설 전자 유도(electromagnetic induction) : 코일 중을 통과하는 자속이 변화하면 코일에 기전력이 생기는 현상과 도체가 자속을 끊었을 때 도체에 기전력이 발생하는 현상을 말한다.

37. 그림과 같이 교류 전류에 대한 저항(R)만의 회로에서 전압과 전류의 위상 관계는 어느 것인가?

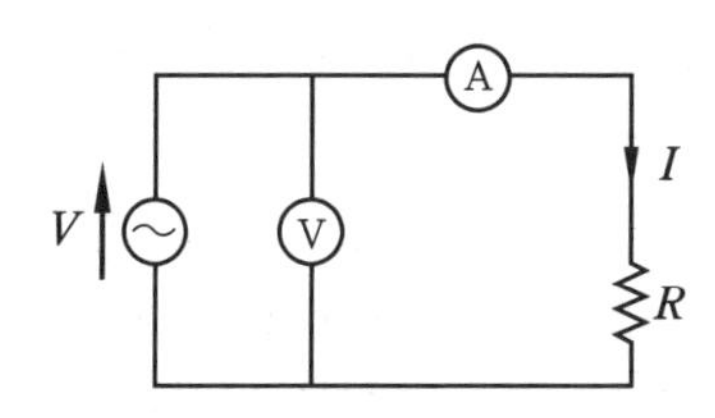

① 전압과 전류는 위상이 같다.
② 전압은 전류보다 위상이 90° 앞선다.
③ 전류는 전압보다 위상이 90° 앞선다.
④ 전압은 전류보다 위상이 180° 앞선다.

38. 저항 3Ω과 유도 리액턴스 4Ω이 직렬로 접속된 회로에 교류 전압 100V를 가할 때에 흐르는 전류는 몇 A인가?

① 14.3 ② 20 ③ 24.3 ④ 30

해설 $Z=\sqrt{R^2+X_L^2}=\sqrt{3^2+4^2}=5$

$I=\dfrac{V}{Z}=\dfrac{100}{5}=20\,\text{A}$

39. 일정 시간 동안 전기 에너지가 한 일의 양을 무엇이라고 하는가?

① 전류 ② 전압
③ 전기량 ④ 전력량

해설 전력량 : 일정 시간 동안 전류가 행한 일 또는 공급되는 전기 에너지의 총량으로 전력과 시간의 곱으로 계산할 수 있다. 전압이 V, 전류가 I, 사용 시간이 t일 때 소비되는 전력량은 $V \cdot I \cdot t$이다.

40. 정격이 5A, 220V인 전기 제품을 10시간 동안 사용하였을 때 전력량은 몇 kWh인가? (08/5)

① 1 ② 11 ③ 21 ④ 31

해설 $W=Pt=VIt=220\times5\times10$
$=11000\,\text{Wh}=11\,\text{kWh}$

41. 회로 시험기를 사용하여 저항 측정 시 전환 스위치를 $R\times100$에 놓았을 때 계기의 바늘이 30Ω을 가리켰다면 저항값은?

① 30Ω ② 100Ω

정답 35. ④ 36. ③ 37. ① 38. ② 39. ④ 40. ② 41. ④

③ 300Ω ④ 3000Ω

해설 30×100=3000Ω

42. 5a 2b의 접점을 지닌 전자 개폐기와 계전기를 사용하여 기동 스위치 1개로 3상 유도 전동기의 운전과 정지가 가능한 제어 회로를 만들고자 한다. 이때 5a 2b에서 보조 a 접점의 개수는?

① 2 ② 3 ③ 4 ④ 5

해설 5a는 a 접점이 5개이다. 이 중 3상 유도 전동기이므로 3a를 사용하기 때문에 보조 접점은 2개이다.

43. 유효 전력(ⓐ), 무효 전력(ⓑ), 피상 전력(ⓒ)의 단위를 바르게 나열한 것은?

① ⓐ Var, ⓑ W, ⓒ VA
② ⓐ W, ⓑ VA, ⓒ Var
③ ⓐ W, ⓑ Var, ⓒ VA
④ ⓐ Var, ⓑ Var, ⓒ W

해설 유효 전력의 단위가 와트(W)인 것에 대하여 무효 전력의 단위는 바(Var : volt-ampere reactive의 약자)라고 한다. 그리고 V와 I의 곱은 피상 전력이라 하며, 단위는 볼트 암페어(VA)이다.

44. 전동기의 기동 버튼을 누를 때 전원 퓨즈가 단선되는 원인이 아닌 것은?

① 코일의 단락 ② 접촉자의 접지
③ 접촉자의 단락 ④ 철심면의 오손

해설 퓨즈는 정격 전류가 일정 시간 이상 흘렀을 때 용단되는 것이며 주로 회로의 보호에 쓰인다.

45. 한 달간 사용한 전력량을 계산하였더니 100kWh를 사용하였는데, 이를 줄(J) 단위로 환산하면 얼마인가?

① 0.24 ② 746
③ 10^5 ④ 3.6×10^8

해설 $100\,\text{kWh}=100\times1000\times60\times60$
$=3.6\times10^8\,\text{J}$

46. 보기에서와 같이 입체도를 제3각법으로 그린 투상도에 관한 설명으로 옳은 것은? (03/5)

[보기]

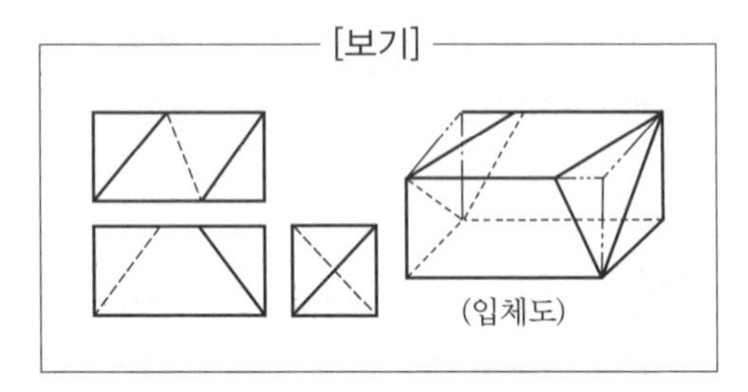

① 평면도만 틀림 ② 정면도만 틀림
③ 우측면도만 틀림 ④ 모두 올바름

해설 평면도에서 가운데에 그려진 은선은 삭제되어야 한다.

47. 도면 부품란에 "SM 45C"로 기입되어 있을 때 어떤 재료를 의미하는가?

① 탄소 주강품
② 용접용 스테인리스 강재
③ 회주철품
④ 기계 구조용 탄소 강재

해설 SM은 기계 구조용 탄소 강재를 뜻하며 45C는 탄소(C) 함유량 0.42~0.48%를 의미한다.

48. 그림과 같이 경사면부가 있는 물체에서 경사면의 실제 형상을 나타낼 수 있도록 그리는 투상도는?

정답 42. ① 43. ③ 44. ④ 45. ④ 46. ① 47. ④ 48. ①

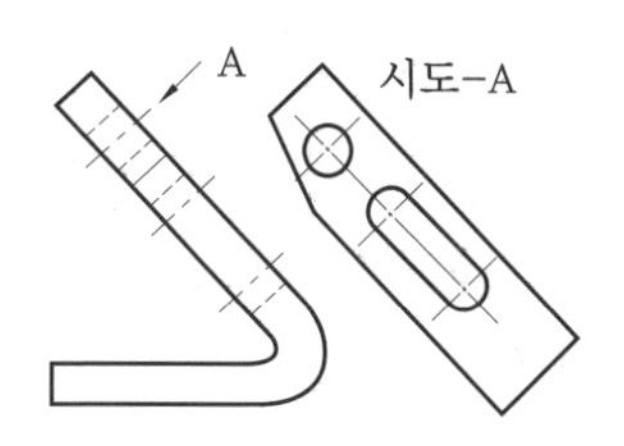

① 보조 투상도 ② 국부 투상도
③ 회전 투상도 ④ 부분 투상도

해설 보조 투상도(auxiliary view) : 물체의 경사면을 투상하면 축소 및 모양이 변형되어 실제 길이나 모양이 나타나지 않을 때 경사면에 나란하게 보조 투상면을 두고 필요 부분만 투상하여 실형을 도시하는 것

49. 원호의 반지름이 커서 그 중심 위치를 나타낼 필요가 있을 경우, 지면 등의 제약이 있을 때는 그 반지름의 치수선을 구부려서 표시할 수 있다. 이때 치수선의 표시 방법으로 맞는 것은?

① 중심점의 위치는 원호의 실제 중심 위치에 있어야 한다.
② 중심점에서 연결된 치수선의 방향은 정확히 화살표로 향한다.
③ 치수선의 방향은 중심에 관계없이 보기 좋게 긋는다.
④ 치수선에 화살표가 붙은 부분은 정확한 중심 위치를 향하도록 한다.

50. 다음 그림에서 "가"와 "나"의 용도에 의한 명칭과 선의 종류(굵기)가 바르게 연결된 것은?

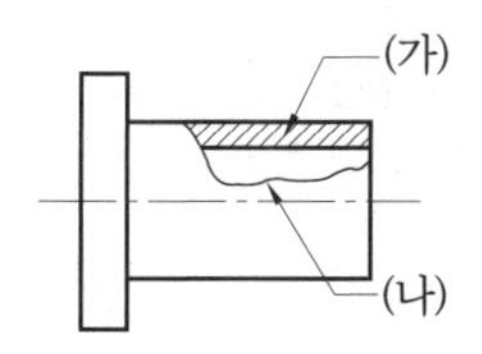

① (가) 해칭선-가는 실선, (나) 가상선-가는 실선
② (가) 해칭선-굵은 실선, (나) 파단선-굵은 실선
③ (가) 해칭선-가는 실선, (나) 파단선-굵은 실선
④ (가) 해칭선-가는 실선, (나) 파단선-가는 실선

해설 해칭선과 파단선은 가는 실선으로 작도한다.

51. 다음 투상법의 기호는 제 몇 각법을 나타내는 기호인가?

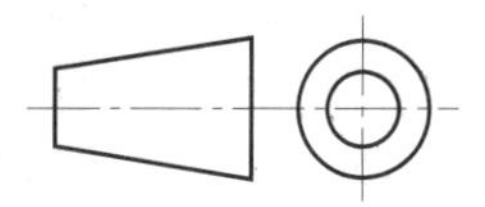

① 제1각법 ② 제2각법
③ 제3각법 ④ 제4각법

해설 투상도는 제1각법과 제3각법으로 구분하고 좌측면도가 우측에 있으면 1각법이 된다.

52. 강판을 말아서 그림과 같은 원통을 만들고자 한다. 다음 중 가장 적합한 강판의 크기(가로×세로)는?

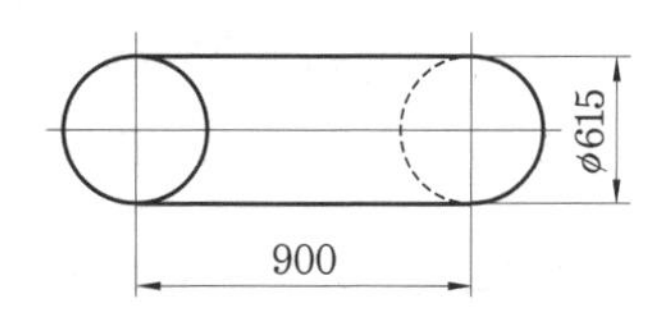

① 966×900
② 1932×900
③ 2515×900
④ 3864×900

해설 원통의 면적은 원주(πd)×길이(l)로 표시된다. 가로는 $\pi d = \pi \times 615 \fallingdotseq 1932$, 세로는 900이다.

정답 49. ④ 50. ④ 51. ① 52. ②

53. 코일 스프링의 전체의 평균 지름이 30mm, 소선의 지름이 3mm라면 스프링 지수는?

① 0.1 ② 6 ③ 8 ④ 10

해설 $C=\frac{D}{d}=\frac{30}{3}=10$

54. 양끝에 왼나사 및 오른나사가 있어서 막대나 로프 등을 조이는 데 사용하는 기계요소는 어느 것인가?

① 나비 너트 ② 캡 너트
③ 아이 너트 ④ 턴 버클

해설 턴 버클(turn buckle) : 양쪽에 각각 오른나사와 왼나사가 있어 오른쪽으로 돌리면 양끝의 수나사가 안으로 끌리게 되어 막대나 로프 등을 조이는 데 편리하다.

55. 한 변의 길이가 2cm인 정사각형 단면의 주철제 각봉에 4000N의 중량을 가진 물체를 올려놓았을 때 생기는 압축응력(N/mm^2)은?

① $10N/mm^2$ ② $20N/mm^2$
③ $30N/mm^2$ ④ $40N/mm^2$

해설 $\sigma=\frac{F}{A}=\frac{4000}{20\times 20}=10N/mm^2$

56. 기준원 위에서 원판을 굴릴 때 원판 위의 1점이 그리는 궤적으로 나타내는 선은 무엇인가?

① 쌍곡선 ② 포물선
③ 인벌류트 곡선 ④ 사이클로이드 곡선

해설 주어진 피치원의 안과 밖에서 피치원을 기초원으로 한 구름원(rolling circle)이 미끄럼 없이 구를 때, 구름원 위의 1점의 궤적을 사이클로이드 곡선이라 한다.

57. 축을 설계할 때 고려사항으로 가장 적합하지 않는 것은?

① 변형 ② 축간 거리
③ 강도 ④ 진동

해설 축 설계 시 고려할 요인 : 진동, 부식, 고온, 하중, 응력 집중, 표면 거칠기

58. 다음 중 국제단위계 SI 단위를 옳게 표현한 것은?

① 가속도 : km/h ② 체적 : kL
③ 응력 : Pa ④ 힘 : N/m^2

해설 기계 설계 관련 주요 SI 단위

양	단위 기호
면적	m^2
체적	m^3
속도	m/s
가속도	m/s^2
각속도	rad/s
힘	N
압력	Pa
응력	Pa, N/m^2

59. 보기는 무엇에 대한 설명인가?

[보기]
2개의 축이 평행하지만 축 선의 위치가 어긋나 있을 때 사용하며, 한 개의 원판 앞뒤에 서로 직각 방향으로 키 모양의 돌기를 만들어 이것을 양 축 사이의 플랜지 사이에 끼워 놓아, 한쪽의 축을 회전시키면 중앙의 원판이 홈에 따라서 미끄러지며 다른 쪽의 축에 회전력을 전달시키는 축 이음 방법이다.

① 셀러 커플링 ② 유니버설 커플링

정답 53. ④ 54. ④ 55. ① 56. ④ 57. ② 58. ③ 59. ③ 59. ③

③ 올덤 커플링　　　④ 마찰 클러치

해설 (1) 셀러 커플링(seller's coupling) : 셀러(seller)가 바깥면이 원뿔형인 주철제 안쪽 통 2개를 양쪽이 원뿔형인 주철제 바깥 통에 끼워 3개의 긴 볼트로 결합한 후, 두 축에 페더 키로 고정시키도록 머프 커플링을 개량한 커플링으로 테이퍼 슬리브 커플링(taper sleeve coupling)이라고도 한다.
(2) 자재 이음 : 두 축이 만나는 각이 수시로 변화하는 경우에 사용되는 커플링으로 유니버설 조인트(universal joint) 또는 훅 조인트(hook's joint)라고 한다.
(3) 마찰 클러치(friction clutch) : 원동축과 종동축에 붙어 있는 접촉면을 서로 강하게 접촉시켜서 생긴 마찰력에 의하여 동력을 전달하게 하는 클러치

60. 다음 중 다른 벨트에 비하여 탄성과 마찰 계수는 떨어지지만 인장강도가 대단히 크고 벨트 수명이 긴 장점을 가지고 있는 것으로 마찰을 크게 하기 위하여 풀리의 표면에 고무, 코르크 등을 붙여 사용하는 것은?

① 가죽 벨트　　　② 고무 벨트
③ 섬유 벨트　　　④ 강철 벨트

해설 (1) 가죽 벨트(leather belt) : 탄닌으로 무두질한 쇠가죽으로 만든 벨트로 쇠가죽 1장의 두께가 5~8 mm 정도이며, 5 kW 이하의 전동에 사용하고 더 큰 동력을 전달할 경우에는 2겹 이상을 사용한다.
(2) 고무 벨트(rubber belt) : 고무를 침투시킨 면직물 천을 3~8장 겹친 벨트로 열과 기름에 약하여 장시간 연속 운전에는 손상되기 쉬우나, 유연하고 밀착성이 좋아 미끄럼이 적다.
(3) 섬유 벨트(textile belt) : 삼베, 무명, 모직 등으로 만든 벨트로 가죽 벨트에 비하여 내열성이 풍부하고 이음매가 없으며, 값이 싸고 인장강도가 커 튼튼하지만, 유연성이 없어 미끄러짐이 크므로 전동 효율이 낮다.

공유압기능사　　　2014년 10월 11일 시행

1. 펌프의 토출 압력이 높아질 때 체적 효율과의 관계로 옳은 것은?

① 효율이 증가한다.
② 효율은 일정하다.
③ 효율이 감소한다.
④ 효율과는 무관하다.

해설 압력에 대한 토출량 곡선을 펌프 특성도라 하며, 이 특성도에서 압력이 증가하면 토출량이 감소하는 것을 알 수 있다.

2. 필터를 설치할 때 체크 밸브를 병렬로 사용하는 경우가 많다. 이때 체크 밸브를 사용하는 이유로 알맞은 것은?

① 기름의 충만
② 역류의 방지
③ 강도의 보강
④ 눈막힘의 보완

해설 더블 필터를 사용할 때 바이패스 용도로 체크 밸브를 설치한다.

3. 흡착식 건조기에 관한 설명으로 옳지 않은 것은?

정답 60. ④　1. ③　2. ④　3. ④

① 건조제로 실리카 겔, 활성 알루미나 등이 사용된다.
② 흡착식 건조기는 최대 −70℃ 정도까지의 저이슬점을 얻을 수 있다.
③ 건조제가 압축 공기 중의 수분을 흡착하여 공기를 건조하게 된다.
④ 냉매에 의해 건조되며 2~5℃까지 냉각되어 습기를 제거한다.

해설 흡착식은 습기에 대하여 강력한 친화력을 갖는 실리카 겔, 활성 알루미나 등의 고체 흡착 건조제를 사용하며, 최대 −70℃ 정도까지의 저노점을 얻을 수 있다.

4. 제어 작업이 주로 논리 제어의 형태로 이루어지는 AND, OR, NOT, 플립플롭 등의 기본 논리 연결을 표시하는 기호도를 무엇이라 하는가? (11/5)

① 논리도 ② 제어선도
③ 회로도 ④ 변위단계선도

5. 유압 회로에서 회로 내의 압력을 일정하게 유지시키는 역할을 하는 밸브는?

① 체크 밸브 ② 릴리프 밸브
③ 유압 펌프 ④ 솔레노이드 밸브

6. 유압장치에서 사용되고 있는 오일 탱크에 관한 설명으로 적합하지 않은 것은 어느 것인가? (12/5)

① 오일을 저장할 뿐만 아니라 오일을 깨끗하게 한다.
② 주유구에는 여과망과 캡 또는 뚜껑을 부착하여 먼지, 절삭분 등의 이물질이 오일 탱크에 혼입되지 않게 한다.
③ 공기청정기의 통기용량은 유압 펌프 토출량의 2배 이상으로 하고, 오일 탱크의 바닥면은 바닥에서 최소 15 cm를 유지하는 것이 좋다.
④ 오일 탱크의 용량은 장치 내의 작동유를 모두 저장하지 않아도 되므로 사용 압력, 냉각장치의 유무에 관계없이 가능한 작은 것을 사용한다.

해설 오일 탱크의 용량은 장치 내의 작동유가 모두 복귀하여도 지장이 없을 만큼의 크기를 가져야 한다.

7. 다음 중 공압 센서로 검출할 수 없는 것은 은 것인가?

① 물체의 유무 ② 물체의 위치
③ 물체의 재질 ④ 물체의 방향 변위

해설 공압 근접 감지 센서(pneumatic proximity sensing device) : 비접촉식 감지장치를 공압에서는 근접 감지장치라 하고 이의 원리에는 자유 분사 원리(free-jet principle)와 배압 감지(back-pressure sensor) 원리의 두 가지가 있다.

8. 습공기 중에 포함되어 있는 건조 공기 중량에 대한 수증기의 중량을 무엇이라고 하는가?

① 포화습도 ② 상대습도
③ 평균습도 ④ 절대습도

해설 (1) 절대습도

$$= \frac{\text{습공기 중의 수증기의 중량(g)}}{\text{습공기 중의 건조 공기의 중량(g)}} \times 100\%$$

$$= \frac{\text{습공기 중의 비중량}(g/m^3)}{\text{포화 증기의 비중량}(g/m^3)} \times 100\%$$

(2) 상대습도

정답 4. ① 5. ② 6. ④ 7. ③ 8. ④

$$= \frac{\text{습공기 중의 수증기의 분압}(P_w)}{\text{포화 수증기압}(P_s)} \times 100\%$$

$$= \frac{\text{습공기 중의 수증기량}(\gamma_w)}{\text{포화 수증기량}(\gamma_s)} \times 100\%$$

9. 공압장치의 공압 밸브 조작 방식이 아닌 것은?

① 수동 조작 방식
② 래치 조작 방식
③ 전자 조작 방식
④ 파일럿 조작 방식

해설 공압 밸브의 조작 방식 : 인력(수동, 족답 밸브), 공기압(파일럿 조작 밸브), 전기 전자(솔레노이드 밸브), 기계(스프링 등 기계 조작 밸브)

10. 다음 중 공압장치에 사용되는 압축 공기 필터의 공기 여과 방법으로 틀린 것은 어느 것인가? (07/5, 12/2)

① 가열하여 분리하는 방법
② 원심력을 이용하여 분리하는 방법
③ 흡습제를 사용해서 분리하는 방법
④ 충돌판에 닿게 하여 분리하는 방법

해설 공기 여과 방법에는 ②, ③, ④ 외에 냉각하여 분리하는 방법이 있다.

11. 다음 중 공기압 실린더의 지지 형식이 아닌 것은?

① 풋형 ② 플랜트형
③ 플랜지형 ④ 트러니언형

해설 실린더의 지지 형식은 실린더 본체를 설치하는 방식에 따라 고정 방식과 요동 방식으로 크게 나누어지고, 다시 설치부의 형상에 따라 풋형, 플랜지형, 트러니언형 등으로 분류된다.

12. 그림과 같은 회로도의 기능은?

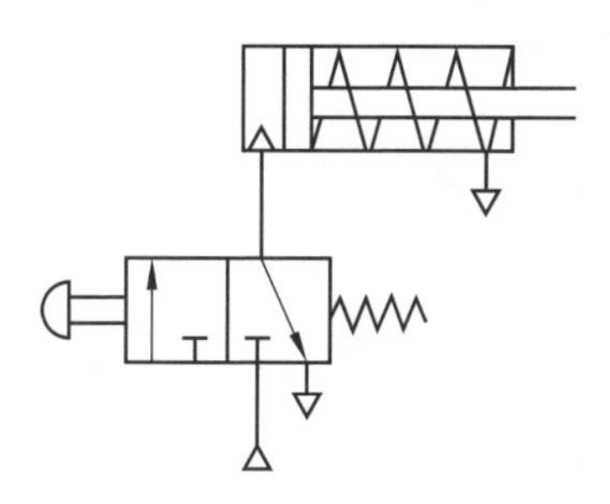

① 단동 실린더 고정 회로
② 복동 실린더 고정 회로
③ 단동 실린더 제어 회로
④ 복동 실린더 제어 회로

해설 이 회로는 단동 실린더의 전진 제어 후진 자동 복귀 회로이다.

13. 공기 압축기를 작동 원리에 따라 분류할 때 용적형 압축기가 아닌 것은?

① 축류식 ② 피스톤식
③ 베인식 ④ 다이어프램식

해설 공기 압축기의 분류
(1) 용적형
• 왕복식 : 피스톤식, 다이어프램식
• 회전식 : 베인식, 스크루식, 루츠 블로어
(2) 터보형 : 축류식, 원심식

14. 공기압 회로에서 압축 공기의 역류를 방지하고자 하는 경우에 사용하는 밸브로서, 한쪽 방향으로만 흐르고 반대 방향으로는 흐르지 않는 밸브는? (11/5)

① 체크 밸브 ② 시퀀스 밸브
③ 셔틀 밸브 ④ 급속 배기 밸브

해설 체크 밸브(check valve) : 유체를 한쪽 방향으로만 흐르게 하고, 다른 한쪽 방향으로 흐르지 않게 하는 기능을 가진 밸브

정답 9. ② 10. ① 11. ② 12. ③ 13. ① 14. ①

15. 다음 중 공기압 장치의 기본 시스템이 아닌 것은? (06/5, 11/5)

① 유압 펌프
② 압축 공기 조정장치
③ 공압 제어 밸브
④ 압축 공기 발생장치

해설 유압 펌프는 유압 장치의 기본 시스템이다.

16. 그림과 같이 2개의 3/2way 밸브를 연결한 상태의 회로는 어떠한 논리를 나타내는가?

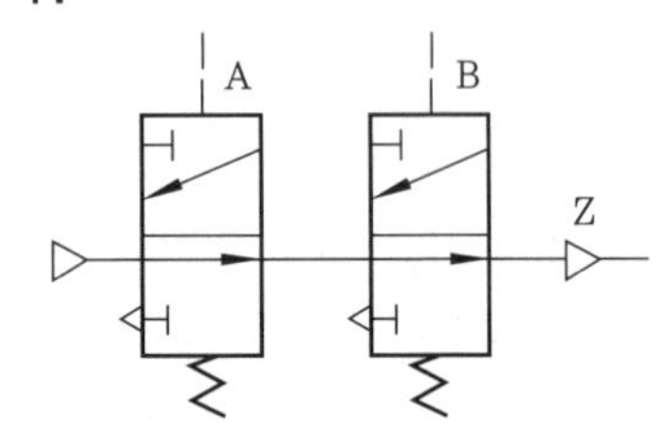

① OR 논리 ② AND 논리
③ NOR 논리 ④ NAND 논리

17. 일정량의 액체가 채워져 있는 용기의 밑면적이 받는 압력은?

① 정압 ② 절대 압력
③ 대기압 ④ 게이지 압력

해설 압력에는 측정하는 기준에 따라 게이지 압력과 절대 압력의 두 가지가 있다. 공압에서는 대기 압력을 기준으로 하는 것이 보통이다. 따라서, 대기 압력을 0으로 하여 측정한 압력을 게이지 압력(gauge pressure)이라 하고, 완전한 진공을 0으로 하여 측정한 압력을 절대 압력(absolute pressure)이라 한다.
절대 압력＝대기압＋계기 압력

18. 유압 시스템의 최고 압력을 설정할 수 있는 밸브는?

① 감압 밸브 ② 방향 제어 밸브
③ 언로딩 밸브 ④ 압력 릴리프 밸브

19. 실린더가 전진 운동을 완료하고 실린더 측에 일정한 압력이 형성된 후에 후진 운동을 하는 경우처럼 스위칭 작용에 특별한 압력이 요구되는 곳에 사용되는 밸브는?

① 시퀀스 밸브
② 3/2way 방향 제어 밸브
③ 급속 배기 밸브
④ 4/2way 방향 제어 밸브

해설 시퀀스 밸브(sequence valve) : 2개 이상의 분기 회로를 갖는 회로 중에서 그 작동 순서를 회로의 압력에 의하여 제어하는 밸브

20. 압력 80kgf/cm^2, 유량 25L/min인 유압 모터에서 발생하는 최대 토크는 약 몇 kgf·m인가?(단, 1회당 배출량은 30cc/rev이다.)

① 1.6 ② 2.2 ③ 3.8 ④ 7.6

해설 $P=80\,\text{kgf/cm}^2=80\times10^4\,\text{kgf/m}^2$

$q=30\,\text{cc}=30\,\text{cm}^3=30\times10^{-6}\,\text{m}^3$

$$T=\frac{Pq}{2\pi}=\frac{80\times10^4\times30\times10^{-6}}{2\pi}$$

$=3.8197\,\text{kgf}\cdot\text{m}$

21. 회로 중의 공기 압력이 상승해 갈 때나 하강해 갈 때에 설정된 압력이 되면 전기 스위치가 변환되어 압력 변화를 전기 신호로 나타나게 한다. 이러한 작동을 하는 기기는?

정답 15. ① 16. ③ 17. ① 18. ④ 19. ① 20. ③ 21. ①

① 압력 스위치 ② 릴리프 밸브
③ 시퀀스 밸브 ④ 언로드 밸브

해설 압력 스위치 : 일명 전공 변환기라고도 하며 회로 중의 공기 압력이 상승하거나 하강할 때 어느 압력이 되면 전기 스위치가 변환되어 압력 변화를 전기 신호로 보낸다.

22. 유압 · 공기압 도면 기호(KS B 0054)의 기호 요소 중 1점 쇄선의 용도는 어느 것인가?

① 주관로 ② 포위선
③ 계측기 ④ 회전이음

해설 1점 쇄선의 용도는 포위선이며, 2개 이상의 기호가 1개의 유닛에 포함되어 있는 경우에는 특정한 것을 제외하고, 전체를 1점 쇄선의 포위선 기호에 둘러싼다.

23. 다음 중 작동유의 구비 조건으로 옳지 않은 것은?

① 압축성일 것
② 화학적으로 안정할 것
③ 열을 방출시킬 수 있어야 할 것
④ 기름 속의 공기를 빨리 분리시킬 수 있을 것

해설 유압 작동유의 구비 조건
(1) 비압축성이어야 한다.
(2) 장치의 운전 유온 범위에서 회로 내를 유연하게 유동할 수 있는 적절한 점도가 유지되어야 한다.
(3) 장시간 사용하여도 화학적으로 안정하여야 한다.
(4) 녹이나 부식 발생 등이 방지되어야 한다.
(5) 열을 방출시킬 수 있어야 한다.
(6) 외부로부터 침입한 불순물을 침전 분리시킬 수 있고, 또 기름 중의 공기를 속히 분리시킬 수 있어야 한다.

24. 유압 · 공기압 도면 기호(KS B 0054)의 기호 요소 중 정사각형의 용도가 아닌 것은 어느 것인가?

① 필터 ② 피스톤
③ 주유기 ④ 열교환기

해설 정사각형의 용도 : 제어 기기, 전동기 이외의 원동기, 유체 조정 기기, 실린더 내의 쿠션, 어큐뮬레이터 내의 추

25. 다음 그림에 관한 설명으로 옳은 것은 어느 것인가?

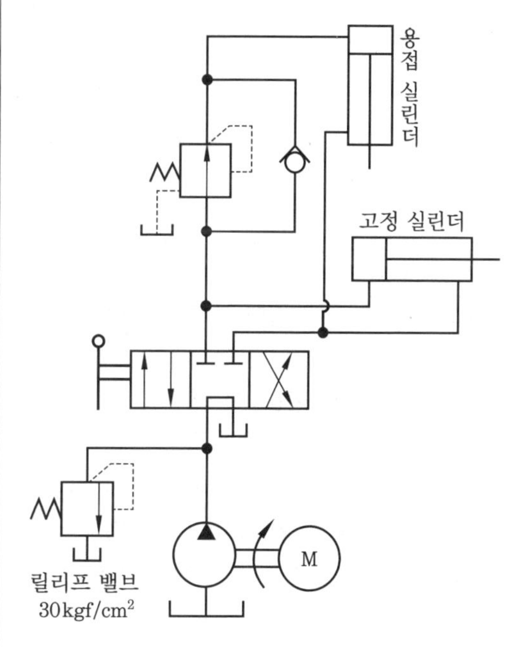

① 자유 낙하를 방지하는 회로이다.
② 감압 밸브의 설정 압력은 릴리프 밸브의 설정 압력보다 낮다.
③ 용접 실린더와 고정 실린더의 순차 제어를 위한 회로이다.
④ 용접 실린더에 공급되는 압력을 높게 하기 위한 방법이다.

해설 이 회로는 고정 실린더 측의 압력보다 용접 실린더 측의 압력을 감압하여 작업하

정답 22. ② 23. ① 24. ② 25. ②

는 자동 용접기 회로이다. ①은 카운터 밸런스 회로, ③은 시퀀스 밸브가 설치되어야 하는 시퀀스 회로에 대한 설명이며, ④는 조건이 성립되지 않는 것이다.

26. 압력 제어 밸브의 핸들을 돌렸을 때 회전각에 따라 공기 압력이 원활하게 변화하는 특성은? (12/5)

① 유량 특성 ② 릴리프 특성
③ 재현 특성 ④ 압력 조정 특성

해설 압력 제어 밸브는 조작하여 필요 압력을 얻는 것이다.

27. 복동 실린더의 미터 아웃 방식에 의한 속도 제어 회로는?

① 실린더로 공급되는 유체의 양을 조절하는 방식
② 실린더에서 배출되는 유체의 양을 조절하는 방식
③ 공급과 배출되는 유체의 양을 모두 조절하는 방식
④ 전진 시에는 공급 유체를, 후진 시에는 배출 유체의 양을 조절하는 방식

해설 미터 아웃 회로 : 실린더에서 나오는 공기를 교축시키는 회로

28. 압축 공기에 비하여 유압의 장점으로 옳지 않은 것은?

① 정확성 ② 비압축성
③ 배기성 ④ 힘의 강력성

해설 공압은 배기의 장점이 있으나 배기 소음이 크다는 단점이 있고, 유압은 사용한 유압유를 반드시 유압 탱크로 복귀시켜야 하는 단점이 있다.

29. 유압 회로에서 유압 작동유의 점도가 너무 높을 때 일어나는 현상이 아닌 것은?

① 응답성이 저하된다.
② 동력 손실이 커진다.
③ 열 발생의 원인이 된다.
④ 관내 저항에 의한 압력이 저하된다.

해설 (1) 점도가 너무 높을 경우
- 내부 마찰의 증대와 온도 상승(캐비테이션 발생)
- 장치의 관내 저항에 의한 압력 증대(기계 효율 저하)
- 동력 손실의 증대(장치 전체의 효율 저하)
- 작동유의 비활성(응답성 저하)

(2) 점도가 너무 낮을 경우
- 내부 누설 및 외부 누설(용적 효율 저하)
- 펌프 효율 저하에 따른 온도 상승(누설에 따른 원인)
- 마찰 부분의 마모 증대(기계 수명 저하)
- 정밀한 조절과 제어 곤란

30. 다음 중 유압 작동유의 적절한 점도가 유지되지 않을 경우 발생되는 현상이 아닌 것은?

① 동력 손실 증대
② 마찰 부분 마모 증대
③ 내부 누설 및 외부 누설
④ 녹이나 부식 발생의 억제

31. 전열기에 전압을 가하여 전류를 흘리면 열이 발생하게 되는데, I[A]의 전류가 저항 R[Ω]인 도체를 t[s] 동안 흘렀다면 이 도체에서 발생하는 열에너지는 몇 J인가?

① IRt ② I^2Rt
③ $4.2I^2Rt$ ④ $0.24I^2Rt$

해설 $W=VIt=I^2Rt$[J]

정답 26. ④ 27. ② 28. ③ 29. ④ 30. ④ 31. ②

32. 그림과 같은 전동기 정역 회로의 동작에 관한 설명으로 옳지 않은 것은?

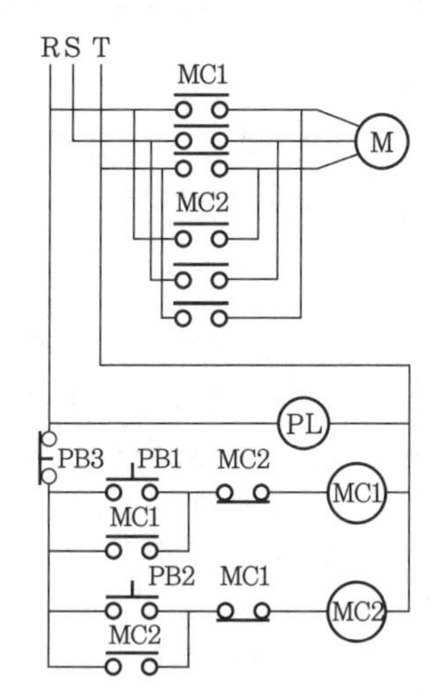

① PL은 전원이 투입되면 PB 스위치와 관계없이 항상 점등된다.

② PB1을 누르면 MC1이 여자되어 MC1-a 접점이 붙고 전동기 M이 정회전 운동을 한다.

③ PB2를 누르면 MC2가 여자되어 MC2-a 접점이 붙고 전동기 M이 역회전 운동을 한다.

④ PB3을 누르면 MC1, MC2가 여자되어 전동기 M이 자동으로 정·역회전 운동을 한다.

해설 정회전이나 역회전하고 있을 때 PB3을 ON-OFF하면 모터는 즉시 정지된다.

33. 500W의 전력을 소비하는 전기난로를 6시간 동안 사용할 때의 전력량은 어느 것인가?

① 0.3kWh ② 3kWh
③ 30kWh ④ 300kWh

해설 $W=Pt=500\times6=3000\text{Wh}=3\text{kWh}$

34. 전류의 단위로 암페어(A)를 사용한다. 다음 중 1A에 해당하는 것은?

① 1s 동안에 1C의 전기량이 이동하였다.

② 저항이 1Ω인 물체에 10V의 전압을 인가하였다.

③ 1m 높은 전위에서 1m 낮은 전위로 전기량이 흘렀다.

④ 1C의 전기량이 두 점 사이를 이동하여 1J의 일을 하였다.

해설 진공 속에 1m의 간격으로 평행하게 놓인 두 줄의 무한히 길고 극히 가는 도선을 흐를 때, 그 도체의 길이 1m마다 2×10^{-7}N의 힘이 생기는 일정한 전류의 세기를 1암페어(A)라고 한다.

35. 1Ω 미만의 저저항을 측정하기 위하여 전압 강하법을 사용하였다. 다음 중 전압 강하법을 이용한 측정 시 유의사항으로 옳지 않은 것은?

① 내부 저항이 큰 전압계를 이용한다.

② 측정 중에는 일정 온도를 유지한다.

③ 도선의 연결 단자 구성 시 접촉 저항이 작도록 한다.

④ 전원과 병렬로 가변 저항을 삽입하여 전류의 양을 조절한다.

해설 전압 강하법(전압 전류계법) : 저항에 전류를 흘리면 전압 강하가 생기는 것을 이용하여 저항값을 측정하는 방법으로 전압계와 전류계의 접속 방법에 따라 두 가지 방법이 있다. 피측정 저항이 전압계의 내부 저항에 비해 작으면 작을수록 오차는 작아지고, 피측정 저항이 전류계의 내부 저항에 비해 크면 클수록 오차는 작아진다.

36. 평형 3상 회로에서 Δ 결선의 3상 전원

정답 32. ④ 33. ② 34. ① 35. ④ 36. ③

중 2개 상의 전원만을 이용하여 3상 부하에 전력을 공급할 때 사용되는 결선은?

① Y 결선　② Δ 결선
③ V 결선　④ Z 결선

해설 V 결선(V connection) : 3상 교류를 V자형으로 결선한 것으로서, 선간 전압은 변화하지 않고 선간 전류의 크기는 서로 간의 전류의 크기와 같게 된다.

37. 다음 중 건식 정류기(금속 정류기)가 아닌 것은?

① 셀렌 정류기
② 실리콘 정류기
③ 회전 변류기
④ 아산화동 정류기

해설 금속 정류기(metal rectifier) : 전기적 도체인 금속과 반도체를 접속시켜, 그 사이의 전기 저항을 측정하면 가한 전압의 방향에 따라 통과 여부가 결정되는 성질을 이용해서 교류를 직류로 변환하는 정류기로 건식 정류기 또는 반도체 정류기라고도 한다. 아산화구리 및 셀레늄 · 게르마늄 · 실리콘 정류기 등이 있으며, 가장 일반적으로 쓰이는 정류기는 실리콘 정류기이다.

38. 다음 접점 회로가 나타내는 논리 회로는 어느 것인가?

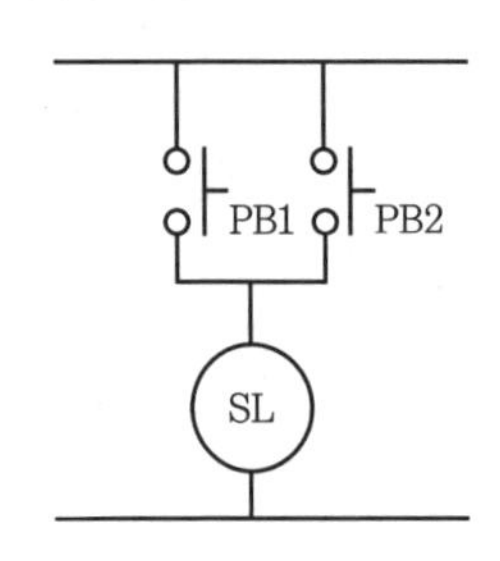

① OR 회로　② AND 회로
③ NOT 회로　④ NAND 회로

해설 OR 회로 : 2개 이상의 입력단과 1개의 출력단을 가지며, 어느 입력단에 입력이 가해져도 출력단에 출력이 나타나는 회로

39. 측정 중 또는 측정 방법으로 인해 발생할 수 있는 오차가 아닌 것은?

① 우연 오차　② 과실 오차
③ 계통 오차　④ 정밀 오차

해설 (1) 이론 오차 : 측정 원리나 이론상 발생되는 오차로서 예를 들면 탱크의 액위를 차압 액위계로 측정할 경우 설계 시와 사용 시의 밀도차에 의한 오차이다.
(2) 개인 오차 : 눈금을 읽거나 계측기를 조정할 때 개인차에 의한 오차이다.
(3) 환경 오차 : 주위 온도, 압력 등의 영향, 계기의 고정 자세 등에 의한 오차로서 일반적으로 불규칙적이다.
(4) 과실 오차 : 계측기의 이상이나 측정자의 눈금 오독 등에 의한 오차이다.

40. 직류기의 손실 중 전기자 철심 안에서 자속이 변할 때 철심부에 생기는 손실로서, 히스테리시스손, 와류손 등으로 구분되는 것은?

① 동손　② 철손
③ 기계손　④ 표류부하손

해설 철손(coreloss, ironloss) : 시간적으로 변화하는 자화력에 의해서 발생하는 철심의 전력 손실로, 히스테리시스손, 와전류손 등으로 구분된다.

41. 100Ω의 부하가 연결된 회로에 10V의 직류 전압을 인가하고 전류를 측정하면 계기에 나타나는 값은 몇 A인가?

① 10　② 1　③ 0.1　④ 0.01

정답 37. ③　38. ①　39. ④　40. ②　41. ③

해설 $I=\frac{V}{R}=\frac{10}{100}=0.1\text{A}$

42. 서보 모터에 관한 설명으로 옳지 않은 것은?

① 저속 회전이 쉽다.
② 급가감속이 어렵다.
③ 정역회전이 가능하다.
④ 저속에서 큰 토크를 얻을 수 있다.

해설 서보 모터는 기동 전압이 작으며, 토크가 크고 회전축의 관성이 작아 정지 및 반전을 신속하게 할 수 있다.

43. 단상 유도 전동기가 산업 및 가정용으로 널리 이용되는 이유로 옳지 않은 것은?

① 직류 전원을 생활 주변에서 쉽게 얻을 수 있다.
② 전동기의 구조가 간단하고 고장이 적고 튼튼하다.
③ 작은 동력을 필요로 하며 가격이 비교적 저렴하다.
④ 취급과 운전이 쉬워 다른 전동기에 비해 매우 편리하게 이용할 수 있다.

해설 생활 주변에서 쉽게 얻을 수 있는 전원은 교류이다.

44. 정현파 교류 전압의 순시값이 $200\sin\omega t$ [V]일 때 최댓값은 몇 V인가?

① 100 ② 200 ③ 300 ④ 400

해설 $v=V_m\sin\omega t$ 이므로 200V이다.

45. 정전 용량 C[F]인 콘덴서에 교류 전원을 접속하여 사용할 경우의 전류와 전압과의 위상 관계는?

① 전류와 전압은 동상이다.
② 전류가 전압보다 위상이 90° 늦다.
③ 전류가 전압보다 위상이 90° 앞선다.
④ 전류가 전압보다 위상이 120° 앞선다.

해설 교류 전류에서 콘덴서만의 회로는 전류가 전압보다 위상이 90° 앞선다.

46. 다음 입체도에서 화살표 방향의 정면도로 적합한 것은?

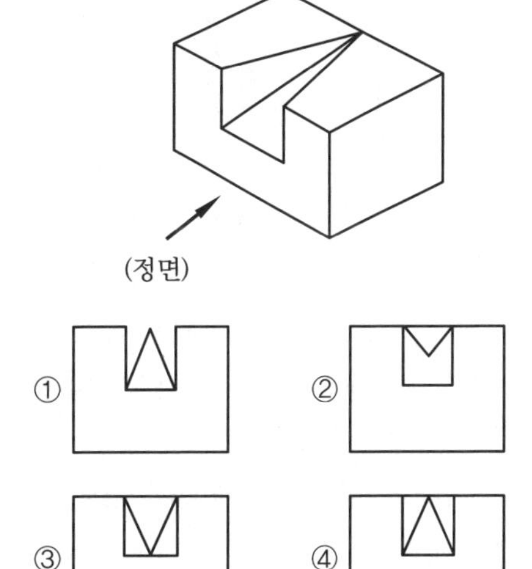

47. 그림과 같은 용접 기호에서 a5는 무엇을 의미하는가?

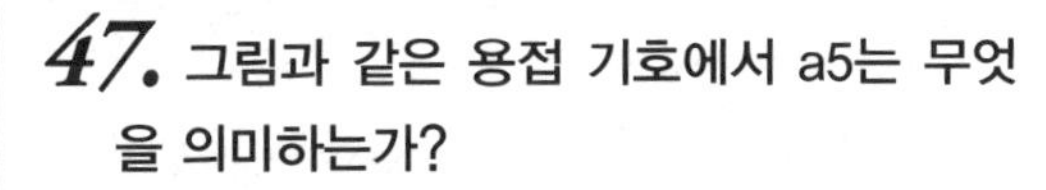

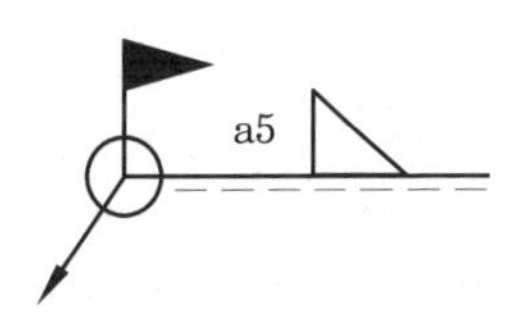

① 루트 간격이 5mm
② 필릿 용접 목 두께가 5mm
③ 필릿 용접 목 길이가 5mm

정답 42. ② 43. ① 44. ② 45. ③ 46. ④ 47. ②

④ 점 용접부의 용접 수가 5개

해설 이 기호는 전둘레 현장 필릿 용접으로 a5는 목 두께 5mm를 의미한다.

48. 3각법으로 투상한 그림과 같은 정면도와 평면도에 좌측면도로 적합한 것은?

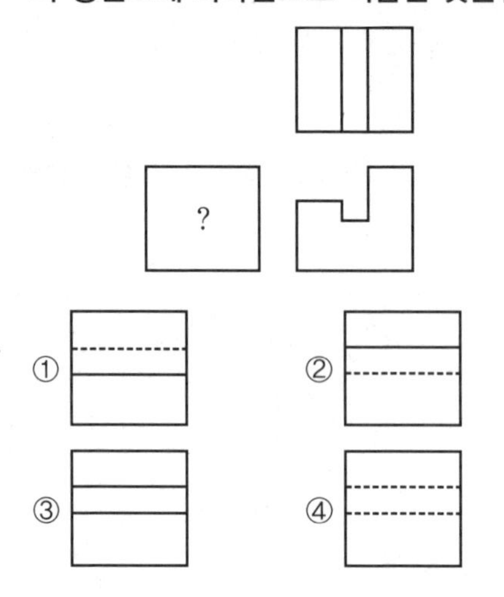

49. 기계 제도에서 척도 및 치수 기입법 설명으로 잘못된 것은?

① 치수는 되도록 주투상도에 집중하여 기입한다.
② 치수는 특별힌 명기가 없는 한 제품의 완성 치수이다.
③ 현의 길이를 표시하는 치수선은 동심 원호로 표시한다.
④ 도면에 NS로 표시된 것은 비례척이 아님을 나타낸 것이다.

해설 현의 길이 치수는 원칙적으로 측정할 방향으로 현의 직각에 치수 보조선을 긋고, 현에 평행한 치수선을 그어 치수를 기입한다.

50. 도면에서 표제란의 투상법란에 그림과 같은 투상법 기호로 표시되는 경우는 몇 각법 기호인가?

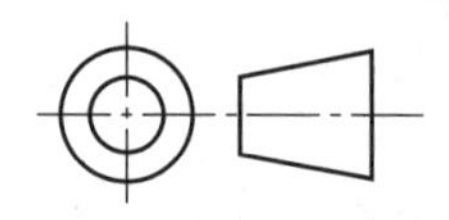

① 1각법 ② 2각법
③ 3각법 ④ 4각법

51. 그림과 같이 직육면체를 나타낼 수 있는 투상도는?

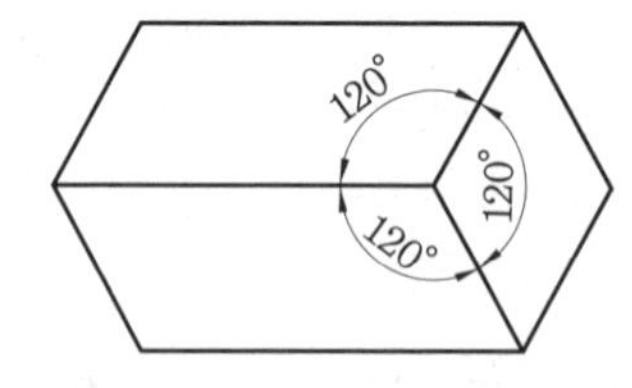

① 정투상도 ② 사투상도
③ 등각 투상도 ④ 부등각 투상도

52. 선의 종류에 의한 용도 중 가는 실선으로 표현해야 하는 선으로 틀린 것은?

① 치수선 ② 중심선
③ 지시선 ④ 외형선

해설 외형선은 대상물의 보이는 부분의 모양을 표시하는 데 쓰이며, 굵은 실선으로 표현한다.

53. 코일 스프링에 350N의 하중을 걸어 5.6cm 늘어났다면 이 스프링의 스프링 상수(N/mm)는?

① 5.25 ② 6.25
③ 53.5 ④ 62.5

해설 $K=\frac{W}{\delta}=\frac{350\text{N}}{56\text{mm}}=6.25\text{N/mm}$

54. 축에서 토크가 67.5kN · mm이고, 지

정답 48. ② 49. ③ 50. ③ 51. ③ 52. ④ 53. ② 54. ②

름 50 mm일 때 키(key)에 발생하는 전단 응력은 몇 N/mm^2인가?(단, 키의 크기는 너비×높이×길이=15 mm×10 mm×60 mm이다.)

① 2 ② 3 ③ 6 ④ 8

해설 전단 응력$(\tau)=\dfrac{2T}{d \cdot b \cdot l}$

$$=\frac{2\times 67.5\times 10^3}{50\times 15\times 60}=3\,N/mm^2$$

55. 기어에서 이끝 높이(addendum)가 의미하는 것은?

① 두 기어의 이가 접촉하는 거리
② 이뿌리원부터 이끝원까지의 거리
③ 피치원에서 이뿌리원까지의 거리
④ 피치원에서 이끝원까지의 거리

해설 ③은 이뿌리 높이(dedendum)를 의미한다.

56. 너트의 풀림 방지법이 아닌 것은?

① 턴 버클에 의한 방법
② 자동 죔 너트에 의한 방법
③ 분할 핀에 의한 방법
④ 로크 너트에 의한 방법

해설 너트의 풀림 방지법
(1) 탄성 와셔에 의한 법
(2) 로크 너트에 의한 법
(3) 핀 또는 작은 나사를 쓰는 법
(4) 철사에 의한 법
(5) 너트의 회전 방향에 의한 법
(6) 자동 죔 너트에 의한 법
(7) 세트 스크루에 의한 법

57. 1/100의 기울기를 가진 2개의 테이퍼 키를 한 쌍으로 하여 사용하는 키는?

① 원뿔 키 ② 둥근 키
③ 접선 키 ④ 미끄럼 키

해설 접선 키는 축과 보스에 축의 접선 방향으로 홈을 파서 서로 반대의 테이퍼(1/60~1/100)를 가진 2개의 키를 조합하여 끼워 넣는다.

58. 607C2P6으로 표시된 베어링에서 안지름은?

① 7 mm ② 30 mm
③ 35 mm ④ 60 mm

해설 6 : 베어링의 형식 번호(깊은 홈형 볼베어링), 0 : 치수 기호(특별 경하중용), 7 : 베어링 안지름 번호(안지름 7 mm), C2 : 틈새 기호, P6 : 정밀도 등급

59. 원동차와 종동차의 지름이 각각 400 mm, 200 mm일 때 중심거리는?

① 300 mm ② 600 mm
③ 150 mm ④ 200 mm

해설 $C=\dfrac{D_1+D_2}{2}=\dfrac{400+200}{2}=300\,mm$

60. 체결용 기계 요소가 아닌 것은?

① 나사 ② 키
③ 브레이크 ④ 핀

해설 체결용 기계요소에는 나사, 키, 핀, 코터, 리벳 등이 있으며, 브레이크는 제동용 기계요소이다.

정답 55. ④ 56. ① 57. ③ 58. ① 59. ① 60. ③

2015년 시행문제

공유압기능사 2015년 7월 19일 시행

1. 그림과 같은 유압 회로의 명칭은? (05/5)

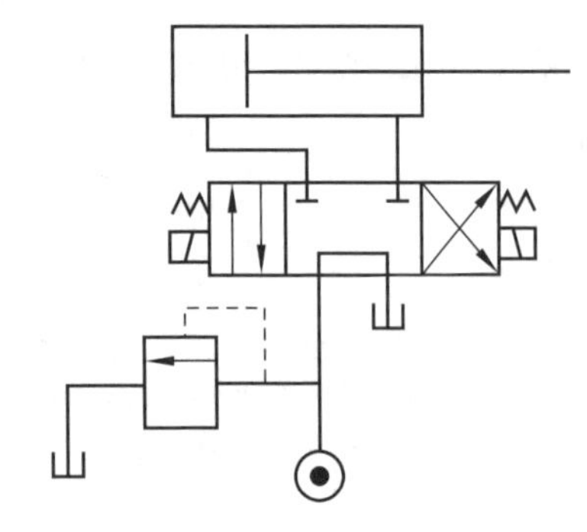

① 감속 회로
② 차동 회로
③ 로킹 회로
④ 정토크 구동 회로

해설 중립 위치에서 A, B 포트가 모두 닫히고 실린더는 임의의 위치에서 고정된다. 또 P 포트와 T 포트가 서로 통하게 되므로 펌프를 무부하시킬 수 있다.

2. 다음 중 실린더의 속도를 제어할 수 있는 기능을 가진 밸브는? (10/5)

① AND 밸브
② 3/2-way 밸브
③ 압력 시퀀스 밸브
④ 일방향 유량 제어 밸브

해설 액추에이터 속도는 배관 내의 유체 유량에 따라 제어되므로 유량 제어 밸브가 곧 속도 제어 밸브이다.

3. 공유압 변환기를 에어 하이드로 실린더와 조합하여 사용할 경우 주의사항으로 틀린 것은? (11/5)

① 열원의 가까이에서 사용하지 않는다.
② 공유압 변환기는 수평 방향으로 설치한다.
③ 에어 하이드로 실린더보다 높은 위치에 설치한다.
④ 작동유가 통하는 배관에 누설, 공기 흡입이 없도록 밀봉을 철저히 한다.

해설 공유압 변환기는 액추에이터보다 높은 위치에 수직 방향으로 설치한다.

4. 공압 실린더를 순차적으로 작동시키기 위해서 사용되는 밸브의 명칭은 무엇인가?

① 시퀀스 밸브 ② 무부하 밸브
③ 압력 스위치 ④ 교축 밸브

해설 시퀀스 밸브는 다수의 액추에이터를 순차적으로 작동시키는 데 사용된다.

5. 자기 현상을 이용한 스위치로 빠른 전환 사이클이 요구될 때 사용되는 스위치는 어느 것인가? (09/5)

① 압력 스위치 ② 전기 리드 스위치
③ 광전 스위치 ④ 전기 리밋 스위치

해설 전기 리드 스위치는 근접 스위치 중의

정답 1. ③ 2. ④ 3. ② 4. ① 5. ②

하나로 자석으로 작동이 빠른 전환 사이클이 요구될 때 적당하며, 스위치 자체는 전기 부품이지만, 실린더의 작동 검출에 사용하고 있으므로 공유압 기기의 부속 기기로 생각해도 된다.

6. **공압 밸브에 부착되어 있는 소음기의 역할에 관한 설명으로 옳은 것은?**

① 배기 속도를 빠르게 한다.
② 공압 작동부의 출력이 커진다.
③ 공압 기기의 에너지 효율이 좋아진다.
④ 압축 공기 흐름에 저항이 부여되고 배압이 생긴다.

해설 소음기는 일반적으로 배기 속도를 줄이고 배기음을 저감하기 위하여 사용되고 있으나, 소음기로 인해 공기의 흐름에 저항이 부여되고 배압이 생기기 때문에 공기압 기기의 효율 면에서는 좋지 않다.

7. **연속적으로 공기를 빼내는 공기 구멍을 나타내는 기호는?**

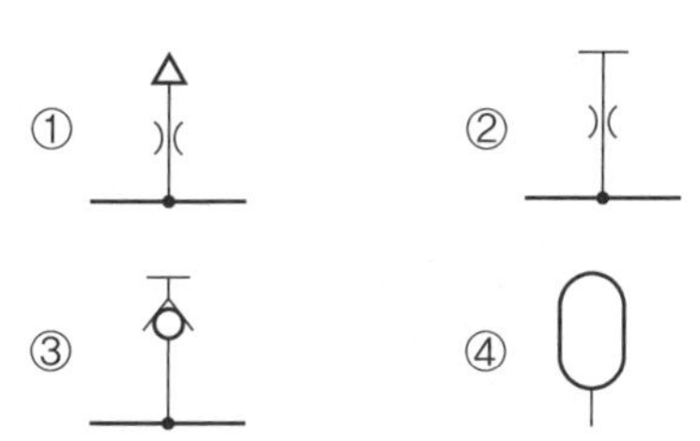

해설 ① : 연속적으로 공기를 빼는 경우
② : 어느 시기에 공기를 빼고 나머지 시간은 닫아 놓는 경우
③ : 필요에 따라 체크 기구를 조작하여 공기를 빼는 경우
④ : 어큐뮬레이터의 일반 기호

8. **공기 청정화 장치로 이용되는 공기 필터에 관한 설명으로 적합하지 않은 것은?**

① 압축 공기에 포함된 이물질을 제거하여 문제가 발생하지 않도록 사용한다.
② 압축 공기는 필터를 통과하면서 응축된 물과 오물을 제거하는 역할을 한다.
③ 투명의 수지로 되어 있는 필터통은 가정용 중성 세제로 세척하여 사용해야 한다.
④ 필터에 의하여 걸러진 응축물은 필터통에 꽉 차여져 있어야 추가적인 이물질 공급이 차단되어 효율적이다.

해설 응축수는 가급적 빨리 제거시켜 주어야 한다.

9. **유압 탱크의 구비 조건이 아닌 것은?**

① 필요한 기름의 양을 저장할 수 있을 것
② 복귀관 측과 흡입관 측 사이에 격판을 설치할 것
③ 펌프의 출구 측에 스트레이너가 설치되어 있을 것
④ 적당한 크기의 주유구와 배유구가 설치되어 있을 것

해설 스트레이너는 펌프 흡입 측에 설치한다.

10. **공압 실린더나 공압 탱크의 공기를 급속히 방출할 필요가 있을 때 또는 공압 실린더 속도를 증가시킬 필요가 있을 때 사용되는 밸브로 가장 적당한 것은?**

① 2압 밸브
② 셔틀 밸브
③ 체크 밸브
④ 급속 배기 밸브

해설 급속 배기 밸브(quick release valve or quick exhaust valve)는 가능한 액추에이터 가까이에 설치하며, 충격 방출기는 급속 배기 밸브를 이용한 것이다.

정답 6. ④ 7. ① 8. ④ 9. ③ 10. ④

11. 접속된 관로를 나타내는 기호는?

해설 관로 기호

명칭	기호
접속	
교차	

12. 루브리케이터(lubricator)에 사용되는 적정한 윤활유는?

① 기계유 1종(ISO VG 32)
② 터빈유 1종, 2종(ISO VG 32)
③ 그리스유 3종, 4종(ISO VG 32)
④ 스핀들유 3종, 4종(ISO VG 32)

해설 윤활기의 윤활유는 터빈 오일 1종(무첨가) ISO VG 32와 터빈 오일 2종(첨가) ISO VG 32를 권장하고 있다.

13. 유압 펌프의 성능을 표현하는 것으로 단위시간당 에너지를 의미하는 것은?

① 동력 ② 전력 ③ 항력 ④ 추력

해설 $L(\text{동력}) = \frac{\text{일량}}{\text{시간}}$

14. 회로 설계 시 주의하여야 할 부하 중 과주성 부하에 관한 설명으로 옳지 않은 것은 어느 것인가?

① 음의 부하이다.
② 저항성 부하이다.
③ 운동량을 증가시킨다.
④ 액추에이터의 운동 방향과 동일하게 작용한다.

15. 전기 제어의 동작 상태에 관한 설명으로 옳지 않은 것은?

① 기기의 미소 시간 동작을 위해 조작 동작되는 것을 조깅이라 한다.
② 계전기 코일에 전류를 흘려 자화 성질을 얻게 하는 것을 여자라 한다.
③ 계전기 코일에 전류를 차단하여 자화 성질을 잃게 하는 것을 소자라 한다.
④ 계전기가 소자된 후에도 동작 기능이 유효하게 하는 것을 인터록이라 한다.

해설 인터록(interlock) : 위험과 이상 동작을 방지하기 위하여 어느 동작에 대하여 이상이 생기는 다른 동작이 일어나지 않도록 제어 회로상 방지하는 수단

16. 액추에이터의 공급쪽 관로 내의 흐름을 제어함으로써 속도를 제어하는 그림과 같은 회로는 무슨 방식인가?

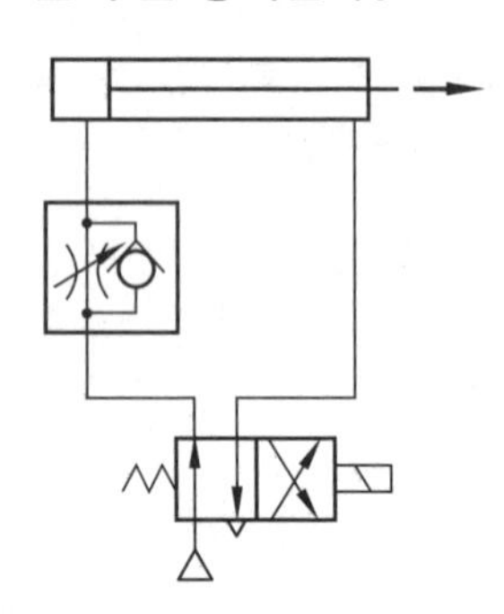

① 미터 인 ② 미터 아웃
③ 블리드 온 ④ 블리드 오프

해설 그림의 회로는 미터 인 실린더 전진 속도 제어 회로이다.

17. 다음 중 공압 모터의 장점인 것은?

① 배기음이 작다.
② 에너지 변환 효율이 높다.

정답 11. ① 12. ② 13. ① 14. ② 15. ④ 16. ① 17. ③

③ 폭발의 위험성이 거의 없다.

④ 공기의 압축성에 의해 제어성이 우수하다.

해설 공압 모터의 특징

(1) 장점

- 값이 싼 제어 밸브만으로 속도, 토크를 자유롭게 조절할 수 있다.
- 과부하 시에도 아무런 위험이 없고, 폭발성도 없다.
- 시동, 정지, 역전 등에서 어떤 충격도 일어나지 않고 원활하게 이루어진다.
- 에너지를 축적할 수 있어 정전 시 비상용으로 유효하다.

(2) 단점

- 에너지의 변환 효율이 낮고, 배출음이 크다.
- 공기의 압축성 때문에 제어성이 그다지 좋지 않다.
- 부하에 의한 회전 때문에 변동이 크고, 일정 속도를 높은 정확도로 유지하기 어렵다.

18. 유압 펌프의 동력을 산출하는 방법으로 옳은 것은?

① 힘×거리　② 압력×유량

③ 질량×가속도　④ 압력×수압면적

해설 동력$(L)=PAV=PQ$

여기서, P : 압력, A : 관의 단면적, V : 속도, Q : 유량

19. 유압 실린더가 중력으로 인하여 제어속도 이상 낙하하는 것을 방지하는 밸브는?

① 감압 밸브

② 시퀀스 밸브

③ 무부하 밸브

④ 카운터 밸런스 밸브

해설 카운터 밸런스 밸브(counter balance valve) : 회로의 일부에 배압을 발생시키고자 할 때 사용하는 밸브로, 조작 중 부하가 급속하게 제거되어 연직 방향으로 작동하는 램이 중력에 의하여 낙하하는 것을 방지하고자 할 경우에 사용한다.

20. 실린더 로드의 지름을 크게 하여 부하에 대한 위험을 줄인 실린더는?

① 램형 실린더

② 탠덤 실린더

③ 다위치 실린더

④ 텔레스코프 실린더

해설 램형 실린더 : 피스톤 지름과 로드 지름 차가 없는 수압 가동 부분을 갖는 것으로 좌굴 하중 등 강성을 요할 때 사용한다.

21. 일의 3요소에 해당되지 않는 것은?

① 크기　② 속도　③ 형상　④ 방향

해설 일의 3요소 : 힘(압력), 속도(유량), 방향

22. 유압 제어 밸브 중 회로압이 설정압을 넘으면 막이 유체압에 의해 파열되어 압유를 탱크로 귀환시키고 동시에 압력 상승을 막아 기기를 보호하는 역할을 하는 기기는 어느 것인가?

① 유체 퓨즈　② 압력 스위치

③ 감압 밸브　④ 릴리프 밸브

해설 유체 퓨즈(fluid fuse) : 전기 퓨즈와 같이 유압장치 내의 압력이 어느 한계 이상이 되는 것을 방지하는 것으로 얇은 금속막을 장치하여 회로압이 설정압을 넘으면 막이 유체압에 의하여 파열되어 압유를 탱크로 귀환시킴과 동시에 압력 상승을 막아 기기를 보호하는 역할을 한다. 그러나 맥동이 큰 유압장치에서는 부적당하다.

정답 18. ② 19. ④ 20. ① 21. ③ 22. ①

23. 다음 그림과 같은 회로도를 무엇이라고 하는가?

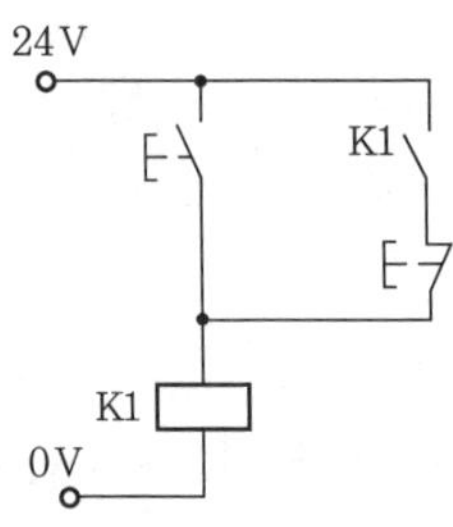

① 인터록 회로
② 플립플롭 회로
③ ON 우선 자기 유지 회로
④ OFF 우선 자기 유지 회로

해설 자기 유지 회로(기억 회로, latching circuit)는 전기 신호의 기억이 필요한 공압-전기 제어장치에 필요한 것으로, ON 우선 회로와 OFF 우선 회로가 있으며, 그림의 회로는 ON 우선 자기 유지 회로이다.

24. 압력의 크기에 의해 제어되거나 압력에 큰 영향을 미치는 것은? (11/5)

① 솔레노이드 밸브
② 방향 제어 밸브
③ 압력 제어 밸브
④ 유량 제어 밸브

해설 압력 제어 밸브는 회로 내의 유체 압력을 제한하거나 감소시킬 때, 펌프 무부하, 회로 내의 일정한 압력 유지 등을 필요로 할 때 사용한다.

25. 피스톤 로드의 중심선에 대하여 직각을 이루는 실린더의 양측으로 뻗은 1쌍의 원통 모양의 피벗으로 지지된 공압 실린더의 지지 형식을 무엇이라 하는가?

① 풋형 ② 클레비스형
③ 용접형 ④ 트러니언형

해설 트러니언형(공기압) 실린더(trunnion mounting cylinder) : 피스톤 로드의 중심선에 대하여 직각을 이루는 실린더의 양측으로 뻗은 1쌍의 원통 모양의 피벗으로 지지된 부착 형식의 공기압 실린더로 핀을 중심으로 요동을 할 수 있다.

26. 다음과 같은 회로의 명칭은?

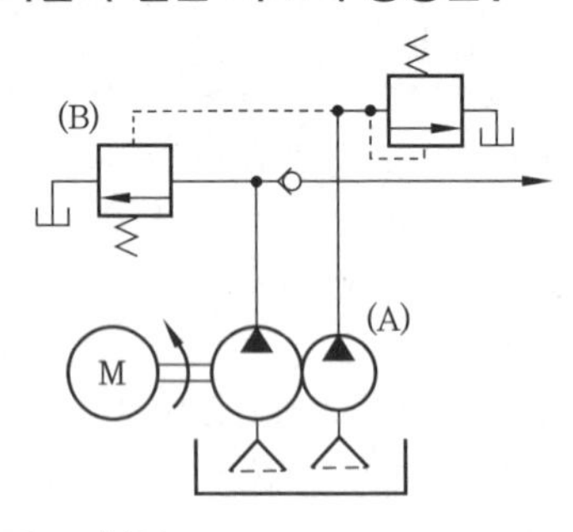

① 로크 회로
② 무부하 회로
③ 동조 회로
④ 카운터 밸런스 회로

해설 그림의 회로는 Hi-Lo에 의한 무부하 회로이다.

27. 다음 중 공기압 발생장치에 해당되지 않는 장치는?

① 송풍기 ② 진공 펌프
③ 압축기 ④ 공압 모터

해설 공압 모터는 구동 기구이다.

28. 유압 실린더나 유압 모터의 작동 방향을 바꾸는 데 사용되는 것으로 회로 내의 유체 흐름의 통로를 조정하는 것은?

① 체크 밸브 ② 유량 제어 밸브
③ 압력 제어 밸브 ④ 방향 제어 밸브

해설 방향 제어 밸브는 유체의 흐름 방향을

정답 23. ③ 24. ③ 25. ④ 26. ② 27. ④ 28. ④

제어하여 실린더로부터 기계적인 일을 얻는 데 사용한다.

29. 다음 중 공압장치의 특징으로 옳지 않은 것은? (09/5)

① 사용 에너지를 쉽게 구할 수 있다.
② 압축성 에너지이므로 위치 제어성이 좋다.
③ 힘의 증폭이 용이하고 속도 조절이 간단하다.
④ 동력의 전달이 간단하며 먼 거리 이송이 쉽다.

해설 압축성은 제어의 정밀도를 저하시킨다.

30. 공압 시스템의 사이징 설계 조건으로 볼 수 없는 것은? (12/5)

① 반복 횟수
② 부하의 형상
③ 부하의 중량
④ 실린더의 행정거리

해설 실린더를 설계할 때 부하의 형상이 아니라 부하의 크기를 고려한다.

31. 백열전구를 스위치로 점등과 소등을 하는 것을 무엇이라 하는가? (08/5, 12/5)

① 자동 제어　② 정성적 제어
③ 되먹임 제어　④ 정량적 제어

해설 정성적 제어는 높고 낮음, 많고 적음에 관계없이 흐르게 하거나 흐르지 않게 하는 제어 명령만을 자동적으로 행하는 제어로 2값 신호라 한다.

32. 전류를 측정하는 기본 단위의 표현이 틀린 것은? (12/5)

① 나노 암페어 : pA
② 밀리 암페어 : mA
③ 킬로 암페어 : kA
④ 마이크로 암페어 : μA

해설 전류의 단위에는 kA, A, mA, μA 등이 있으며, 나노 암페어 : nA, 피코 암페어 : pA이다.

33. 직류 분권 전동기의 속도 제어 방법이 아닌 것은?

① 계자 제어　② 저항 제어
③ 전압 제어　④ 주파수 제어

해설 교류의 주파수는 60Hz이고, 직류는 주파수를 제어할 수 없다.

34. 정전용량(C)만의 교류 회로에서 용량 리액턴스에 관한 설명으로 옳은 것은?

① 기호는 X_C, 단위는 H를 사용한다.
② 정전용량(C)에 각속도 ω를 곱한 값이다.
③ 정전용량(C)을 각속도 ω로 나눈 값이다.
④ 정전용량(C)에 각속도 ω를 곱한 값의 역수이다.

해설 용량 리액턴스(capacitive reactance)는 X_C로 표시하고, $X_C = \frac{1}{\omega C}$이며, 단위는 Ω이다.

35. 다음 회로는 어떠한 회로를 나타낸 것인가?

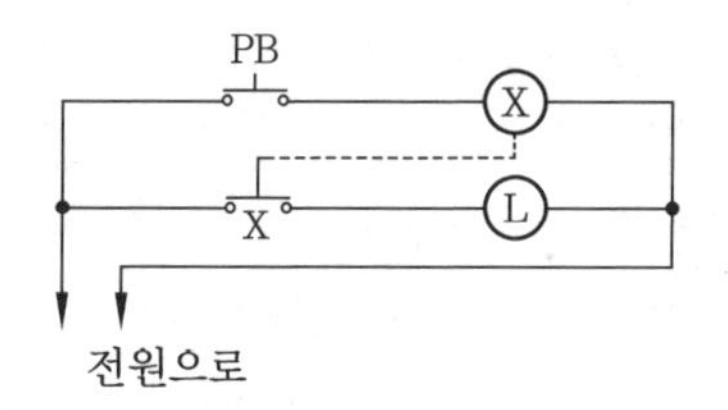

정답 29. ② 30. ② 31. ② 32. ① 33. ④ 34. ④ 35. ①

① on 회로 ② off 회로
③ c 접점 회로 ④ 인터록 회로

해설 PB 스위치와 X 접점이 a 접점이므로, PB를 눌러 통전되면 X가 여자되어 접점이 붙어 L에 출력이 있는 on 회로이다.

36. 직류 전동기가 기동하지 않을 때, 고장의 원인으로 보기에 가장 거리가 먼 것은?

① 과부하 ② 제어기의 양호
③ 퓨즈의 용단 ④ 계자권선의 단선

해설 직류 전동기의 기동 불능 원인에는 퓨즈 용단, 서머 릴레이, 노 퓨즈 브레이크 등의 작동, 단선, 기계적 과부하, 전기기기 종류의 고장, 운전 조작 잘못 등이 있다.

37. 기계 설비 조정을 위하여 순간적으로 전동기를 시동 · 정지시킬 때 이용하는 회로는?

① 정역 운전
② 리액터 기동
③ 현장 · 원격 제어
④ 촌동 운전(미동, jog)

해설 촌동 회로는 스위치가 ON 상태일 때에만 출력이 있는 회로로 믹서기 등에 이용된다.

38. 교류 고전압 측정에 주로 사용되는 것은 어느 것인가?

① 진동 검류계
② 계기용 변압기(PT)
③ 켈빈 더블 브리지
④ 계기용 변류기(CT)

해설 변압기는 전압을 변환하는 장치이며, 고전압 측정을 위하여 계기용 변압기(PT)를 사용한다.

39. 평형 3상 Y 결선의 상전압(V_P)과 선간전압(V_1)과의 관계는? (05/5)

① $V_P=V_1$ ② $V_P=\sqrt{3}V_1$
③ $V_P=3V_1$ ④ $V_P=\frac{1}{\sqrt{3}}V_1$

해설 3상 Y 결선에서 선간전압$=\sqrt{3}\times$상전압

40. 전선에 흐르는 전류에 의한 자장의 방향을 결정하는 것은 무슨 법칙인가?

① 렌츠의 법칙
② 플레밍의 왼손 법칙
③ 플레밍의 오른손 법칙
④ 앙페르의 오른나사 법칙

해설 앙페르의 오른나사 법칙 : 전선에 전류가 흐르면 주위에 자기장이 발생하는데, 전류의 방향을 나사의 진행 방향으로 하면 나사의 회전 방향이 자기장의 방향이 된다.

41. 어떤 전기 회로에 2초 동안 10C의 전하가 이동하였다면 전류는 몇 A인가?

① 0.2 ② 2.5 ③ 5 ④ 20

해설 $I=\frac{Q}{t}$[A]이므로 $I=\frac{10\text{C}}{2\text{s}}=5\text{A}$

42. 그림과 같은 기호의 스위치 명칭은?

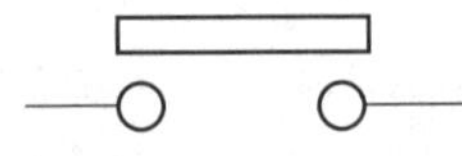

① 광전 스위치 ② 터치 스위치
③ 리밋 스위치 ④ 레벨 스위치

해설 이 기호는 전기 시퀀스 기기 중 리밋 스위치 a 접점이다.

정답 36. ② 37. ④ 38. ② 39. ④ 40. ④ 41. ③ 42. ③

43. 최댓값이 E[V]인 정현파 교류전압의 실효값은 몇 V인가?

① $\frac{1}{\sqrt{2}}E$ ② $\sqrt{2}E$ ③ $\frac{2}{\pi}E$ ④ $2E$

해설 정현파 교류의 실효값은 최대값의 $\frac{1}{\sqrt{2}}$ 배이다.

44. 교류 회로에서 위상을 고려하지 않고 단순히 전압과 전류의 실효값을 곱한 값을 무엇이라고 하는가?

① 임피던스 ② 피상 전력
③ 무효 전력 ④ 유효 전력

해설 (1) 유효 전력(effective power) : 부하에서 유효하게 이용되는 전력
(2) 무효 전력(reactive power) : 부하에서 유효하게 이용될 수 없는 전력
(3) 피상 전력(apparent power) : $P_a = VI$[VA]

45. 다음 중 직류기의 구성 요소가 아닌 것은 어느 것인가?

① 계자 ② 정류자 ③ 콘덴서 ④ 전기자

해설 직류기의 3대 구성 요소는 계자, 정류자, 전기자이다.

46. 관용 테이퍼 나사 중 테이퍼 수나사를 나타내는 표시 기호로 옳은 것은?

① G ② R ③ Rc ④ Rp

해설 관용 나사의 기호

구분	ISO 규격	KS 규격
관용 평행 나사		PF
테이퍼 수나사	R	PT
테이퍼 암나사	Rc	
평행 암나사	Rp	PS

47. 도면에 표제란과 부품란이 있을 때, 부품란에 기입할 사항으로 가장 거리가 먼 것은?

① 제도 일자 ② 부품명
③ 재질 ④ 부품 번호

해설 표제란에 도면 번호, 도명, 척도, 투상법, 제도한 곳, 도면 작성 연월일, 제도자 이름 등을 기입하고, 부품란에 품번, 품명, 재질, 수량, 무게, 공정, 비고란 등을 기입한다.

48. 그림과 같은 용접 기호에서 "40"의 의미를 바르게 설명한 것은?

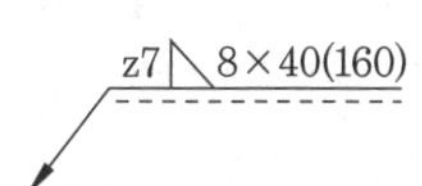

① 용접부 길이
② 용접부 수
③ 인접한 용접부의 간격
④ 용입의 바닥까지의 최소 거리

해설 필릿 용접으로 목 길이는 7, 용접부 수는 8, 용접부 길이는 40, 전체 길이는 160이다.

49. 도면에서 판의 두께를 표시하는 방법을 정해놓고 있다. 두께 3mm의 표현 방법으로 옳은 것은?

① P3 ② C3
③ t3 ④ □3

해설 P3 : 피치 3mm, C3 : 모따기 3mm, □3 : 평면이 정사각형으로 한 변의 길이가 3mm

50. 그림과 같은 입체도를 제3각법으로 투상한 도면으로 가장 적합한 것은?

정답 43. ① 44. ② 45. ③ 46. ② 47. ① 48. ① 49. ③ 50. ④

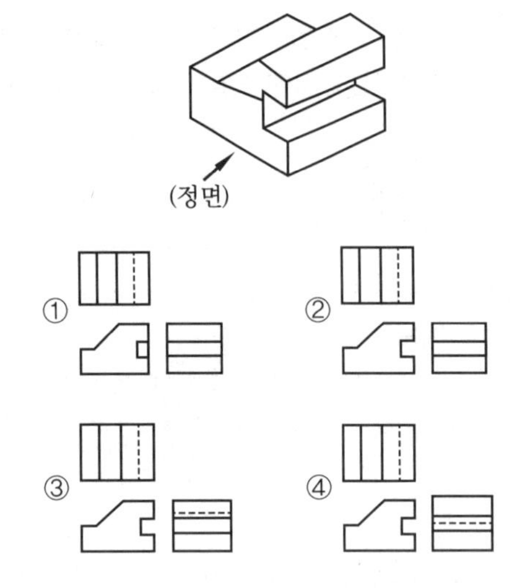

51. 물체의 구멍, 홈 등 특정 부분만의 모양을 도시하는 것으로 그림과 같이 그려진 투상도의 명칭은? (07/5)

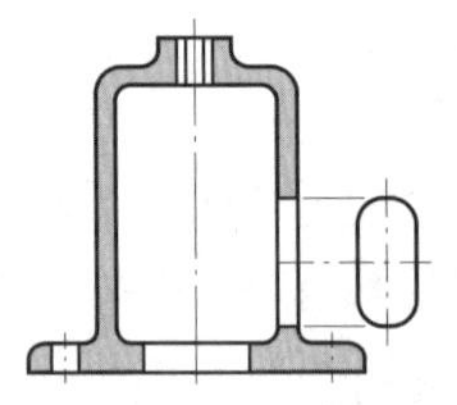

① 회전 투상도 ② 보조 투상도
③ 부분 확대도 ④ 국부 투상도

해설 전체는 온 단면도이나 우측에 국부 투상도로 나타내었다. 국부 투상도는 대상물의 구멍, 홈 등 한 부분만의 모양을 도시할 때 사용된다. 원칙적으로 투상 관계를 나타내기 위한 주투상도에는 중심선, 기준선, 치수 보조선 등으로 연결한다.

52. 곡면과 곡면, 또는 곡면과 평면 등과 같이 두 입체가 만나서 생기는 경계선을 나타내는 용어로 가장 적합한 것은?

① 전개선 ② 상관선
③ 현도선 ④ 입체선

해설 원통과 원통, 곡면과 곡면 또는 원통과 평면, 곡면과 평면이 서로 만나는 부분의 모양을 그리는 선을 상관선이라 한다.

53. 다음 제동장치 중 회전하는 브레이크 드럼을 브레이크 블록으로 누르게 한 것은 어느 것인가?

① 밴드 브레이크 ② 원판 브레이크
③ 블록 브레이크 ④ 원추 브레이크

해설 브레이크 블록의 수에 따라 단식 블록 브레이크와 복식 블록 브레이크로 나눈다.

54. 저널 베어링에서 저널의 지름이 30 mm, 길이가 40 mm, 베어링의 하중이 2400 N일 때, 베어링의 압력은 몇 MPa인가?

① 1 ② 2 ③ 3 ④ 4

해설 $W=p_a dl,\ p_a=\dfrac{W}{dl}=\dfrac{2400}{30\times40}=2\,\text{MPa}$

55. 너트 위쪽에 분할 핀을 끼워 풀리지 않도록 하는 너트는?

① 원형 너트 ② 플랜지 너트
③ 홈붙이 너트 ④ 슬리브 너트

해설 홈붙이 너트 : 너트의 풀림을 막기 위하여 분할 핀을 꽂을 수 있게 홈이 6개 또는 10개 정도 있는 것이다.

56. 두 축이 나란하지도 교차하지도 않으며, 베벨 기어의 축을 엇갈리게 한 것으로, 자동차의 차동 기어 장치의 감속 기어로 사용되는 것은?

① 베벨 기어 ② 웜 기어
③ 베벨 헬리컬 기어 ④ 하이포이드 기어

정답 51. ④ 52. ② 53. ③ 54. ② 55. ③ 56. ④

해설 하이포이드 기어(hypoid gear)는 이의 곡선을 스파이럴 곡선으로 절삭한 스큐 기어로 외관상 스파이럴 베벨 기어와 흡사하나 피니언과 기어의 중심선 연장선이 만나지 않는다.

57. 원형 나사 또는 둥근 나사라고도 하며, 나사산의 각(α)은 30°로 산마루와 골이 둥근 나사는?

① 톱니 나사　② 너클 나사
③ 볼 나사　④ 세트 스크루

해설 너클 나사(knuckle thread)는 나사산 각이 30°로 나사 봉우리와 골은 크고 둥글게 되어 있다. 먼지, 모래 등이 많은 곳에 사용되며, 박판의 원통을 전조하여 제작한다.

58. 나사에 관한 설명으로 틀린 것은 어느 것인가?

① 나사에서 피치가 같으면 줄 수가 늘어나도 리드는 같다.
② 미터계 사다리꼴 나사산의 각도는 30°이다.
③ 나사에서 리드라 하면 나사축 1회전당 전진하는 거리를 말한다.
④ 톱니 나사는 한 방향으로 힘을 전달시킬 때 사용한다.

해설 $l=np$이므로 피치가 같을 때 줄 수가 늘어나면 리드는 커진다.

59. 42500 kgf · mm의 굽힘 모멘트가 작용하는 연강 축 지름은 약 몇 mm인가?(단, 허용 굽힘 응력은 5 kgf/mm^{2}이다.)

① 21　② 36
③ 44　④ 92

해설 $M=\sigma_b \cdot Z=\sigma_b \cdot \frac{\pi d^3}{32}$에서 $\sigma_b=5$ kgf/mm^2, $M=42500$ kgf · mm이므로 축 지름 d는 약 44 mm이다.

60. 한 변의 길이가 30 mm인 정사각형 단면의 강재에 4500 N의 압축하중이 작용할 때 강재의 내부에 발생하는 압축응력은 몇 N/mm^{2}인가?

① 2　② 4
③ 5　④ 10

해설 $\sigma_t=\frac{W}{A}=\frac{4500}{30\times30}=5\,\text{N/mm}^2$

공유압기능사　2015년 10월 10일 시행

1. 압력 제어 밸브에서 상시 열림 기호는 어느 것인가?

① ② ③ ④ (기호)

해설 상시 열림 상태의 압력 제어 밸브는 감압 밸브를 말한다.

2. 유량 비례 분류 밸브의 분류 비율은 일반적으로 어떤 범위에서 사용하는가? (09/5)

① 1 : 1~36 : 1　② 1 : 1~27 : 1
③ 1 : 1~18 : 1　④ 1 : 1~9 : 1

해설 유량 비례 분류 밸브 : 단순히 한 입구에서 오일을 받아 두 회로에 분배하며, 분배 비율은 1 : 1~ 9 : 1이다.

정답 57. ② 58. ① 59. ③ 60. ③ 1. ① 2. ④

3. 그림의 회로도에서 죔 실린더의 전진 시 최대 작용 압력은 몇 kgf/cm^{2}인가?

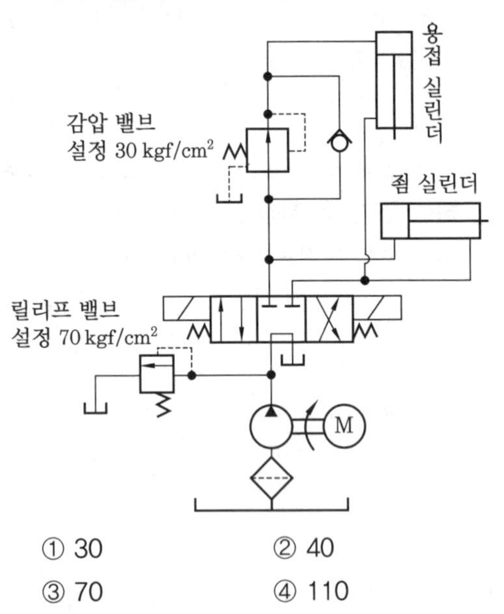

① 30 ② 40
③ 70 ④ 110

해설 이 회로의 최대 압력 설정을 위해 설치된 릴리프 밸브의 압력이 70 kgf/mm^{2}이므로 실린더에 가해지는 최대 압력은 70 kgf/mm^{2}이다.

4. 그림의 실린더는 피스톤 단면적(A)이 20 cm^2, 행정거리(s)는 10 cm이다. 이 실린더가 전진 행정을 1분 동안에 마치려면 필요한 공급 유량은 약 몇 cm^3/s인가?

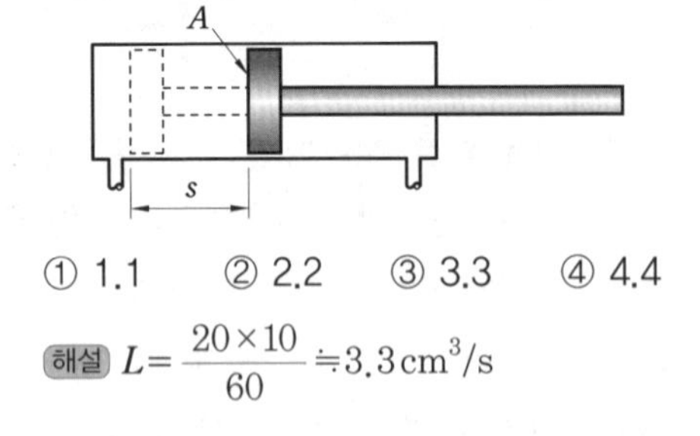

① 1.1 ② 2.2 ③ 3.3 ④ 4.4

해설 $L = \frac{20 \times 10}{60} \fallingdotseq 3.3\,\text{cm}^3/\text{s}$

5. 미리 정한 복수의 입력 신호 조건을 동시에 만족하였을 경우에만 출력에 신호가 나오는 공압 회로는?

① AND 회로 ② OR 회로
③ NOR 회로 ④ NOT 회로

해설 AND 회로 : 논리곱이라고도 하며, 입력되는 복수의 조건이 모두 충족될 경우 출력이 나오는 회로

6. 공기압 장치의 배열 순서로 옳은 것은?

① 공기 압축기→공기 탱크→에어 드라이어→공기압 조정 유닛
② 공기 압축기→에어 드라이어→공기압 조정 유닛→공기 탱크
③ 공기 압축기→공기압 조정 유닛→에어 드라이어→공기 탱크
④ 에어 드라이어→공기 탱크→공기압 조정 유닛→공기 압축기

해설 흡입 필터→압축기→냉각기→에어 탱크→건조기→서비스 유닛

7. 자동화 라인에 사용하는 공기 압력 게이지가 0.5 MPa을 나타내고 있다. 이때 사용되고 있는 공압동력장치는?

① 팬 ② 압축기
③ 송풍기 ④ 공기 여과기

해설 0.5 MPa는 5 kgf/cm^{2}이므로 압축기를 사용해야 한다.

8. 유압 실린더의 조립 형식에 의한 분류에 속하지 않는 것은?

① 일체형 방식 ② 슬라이딩 방식
③ 플랜지 방식 ④ 볼트 삽입 방식

해설 유압 실린더의 조립 형식에는 일체형, 나사형, 플랜지 조립형, 타이로드형이 있다.

정답 3. ③ 4. ③ 5. ① 6. ① 7. ② 8. ②

9. 방향 제어 밸브의 연결구 표시 중 공급 라인의 숫자 및 영문 표시(ISO 규격)는?

① 1, A ② 2, B ③ 1, P ④ 2, R

해설 연결구 표시

연결구 약칭	라인	기호
A, B, C	작업 라인	2, 4, 6
P	공급 라인	1
R, S, T	배기 라인	3, 5, 7
L	누출 라인	9
Z, Y, X	제어 라인	12, 14, 16

10. 다음 중 유체 에너지를 기계적인 에너지로 변환하는 장치는? (09/5)

① 유압 탱크 ② 액추에이터
③ 유압 펌프 ④ 공기 압축기

해설 유압 액추에이터(hydraulic actuator)는 작동유의 압력 에너지를 기계적 에너지로 바꾸는 기기를 총칭하며, 직선 운동을 유도시키는 것을 유압 실린더, 회전 운동을 유도시키는 것을 유압 모터라 한다.

11. 다음 중 요동형 액추에이터의 기호는 어느 것인가?

① 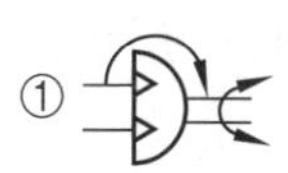 ② 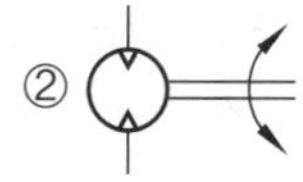

③ 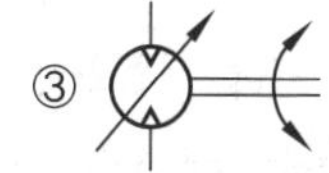 ④ 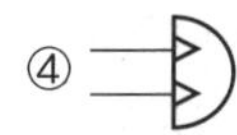

해설 ①은 요동형 액추에이터, ②는 정용량형 공압 모터, ③는 가변형 공압 모터이다.

12. 유압장치에서 작동유를 통과, 차단시키거나 또는 진행 방향을 바꾸어주는 밸브는 어느 것인가? (10/5)

① 유압 차단 밸브
② 유량 제어 밸브
③ 압력 제어 밸브
④ 방향 전환 밸브

해설 방향 제어 밸브(directional control valve) : 유압 실린더나 유압 모터의 작동 방향을 바꾸는 데 사용되며, 대부분은 스풀(spool)의 위치에 따라 방향을 조절하여 흐름의 통로가 고정되며, 수동이나 파일럿 압력 또는 전기 솔레노이드에 의해 조정되고, 2방향, 3방향 및 4방향 제어 밸브 등이 있다.

13. 공압의 특성 중 장점에 속하지 않는 것은 어느 것인가?

① 이물질에 강하다.
② 인화의 위험이 없다.
③ 에너지 축적이 용이하다.
④ 압축공기의 에너지를 쉽게 얻을 수 있다.

해설 공압은 압축성을 이용한 것이므로 물이나 기름 등이 혼입되면 제어성이 나빠지며, 다른 이물질이 혼입되면 기기 내에 고장이 쉽게 발생된다.

14. 동력에 관한 설명으로 옳은 것은 어느 것인가?

① 작용한 힘의 크기와 움직인 거리의 곱이다.
② 작용한 힘의 크기와 움직이는 속도의 곱이다.
③ 작용한 압력의 크기와 움직인 거리의 곱이다.
④ 작용한 압력의 크기와 움직이는 속도의 곱이다.

정답 9. ③ 10. ② 11. ① 12. ④ 13. ① 14. ②

해설 $\text{동력}(L) = \frac{\text{일량}}{\text{시간}} = \frac{\text{힘}(F) \times \text{거리}(S)}{\text{시간}(t)}$

$= \text{힘}(F) \times \text{속도}(V)$

15. 그림과 같은 유압 회로에서 실린더의 속도를 조절하는 방법으로 가장 적절한 것은 어느 것인가?

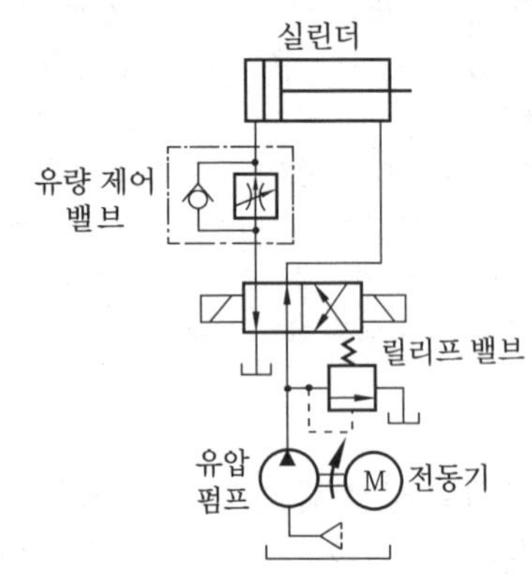

① 가변형 펌프의 사용
② 유량 제어 밸브의 사용
③ 전동기의 회전수 조절
④ 차동 피스톤 펌프의 사용

해설 이 회로는 한 방향 유량 제어 밸브를 사용한 것으로 미터 인 실린더 전진 속도 제어이다.

16. 속도 에너지를 이용하여 피스톤을 고속으로 움직이게 하는 공압 실린더는?

① 탠덤형 공압 실린더
② 다위치형 공압 실린더
③ 텔레스코프형 공압 실린더
④ 임팩트 실린더형 공압 실린더

해설 충격 실린더(impact cylinder) : 공기 탱크에서 피스톤에 공기 압력을 급격하게 작용시켜 충격 힘을 고속으로 움직여 속도 에너지를 이용하게 된 실린더로 프레스에 이용된다.

17. 다음 중 작동유의 열화 판정법으로 적절한 것은?

① 성상 시험법 ② 초음파 진단법
③ 레이저 진단법 ④ 플라스마 진단법

해설 작동유의 열화 판정법
(1) 신유(新油)의 성상(性狀)을 사전에 명확히 파악해 둔다.
(2) 사용유의 대표적 시료를 채취하여 성상을 조사한다.
(3) 신유와 사용유의 성상을 비교 · 검토한 후에 관리 기준을 정하고 교환하도록 한다.

18. 위치 검출용 스위치의 부착 시 주의사항에 관한 설명으로 옳지 않은 것은?

① 스위치 부하의 설계 선정 시 부하의 과도적인 전기 특성에 주의한다.
② 전기 용접기 등의 부근에는 강한 자계가 형성되므로 거리를 두거나 차폐를 실시한다.
③ 직렬 접속은 몇 개라도 접속이 가능하지만 스위치의 누설전류가 접속 수만큼 커지므로 주의한다.
④ 실린더 스위치는 전기 접점이므로 직접 정격 전압을 가하면 단락되어 스위치나 전기회로를 파손시킨다.

해설 위치 검출 스위치는 제어 조건에 따라 그 수가 결정된다.

19. 다음 중 유압을 발생시키는 부분은?

① 안전 밸브 ② 제어 밸브
③ 유압 모터 ④ 유압 펌프

해설 펌프는 유압 동력 공급원이다.

20. 압축공기의 저장 탱크를 구성하는 기기

정답 15. ② 16. ④ 17. ① 18. ③ 19. ④ 20. ③

가 아닌 것은? (02/5)

① 압력계 ② 차단 밸브
③ 유량계 ④ 압력 스위치

해설 압축공기 탱크에는 차단 밸브, 압력계 압력 릴리프 밸브 등이 부착되어 있고, 유량계는 부착하지 않는다.

21. 공기 마이크로미터 등의 정밀용에 사용되는 공기 여과기의 여과 엘리먼트 틈새 범위로 옳은 것은?

① 5μm 이하 ② 5~10μm
③ 10~40μm ④ 40~70μm

해설 여과 엘리먼트 통기 틈새와 사용 기기의 관계

여과 엘리먼트 (틈새 : μm)	사용 기기	비고
40~70	실린더, 로터리 액추에이터, 그 밖의 것	일반용
10~40	공기 터빈, 공기 모터, 그 밖의 것	고속용
5~10	공기 마이크로미터, 그 밖의 것	정밀용
5 이하	순 유체 소자, 그 밖의 것	특수용

22. 순수 공압 제어 회로의 설계에서 신호의 트러블(신호 중복에 의한 장애)을 제거하는 방법 중 메모리 밸브를 이용한 공기 분배 방식은?

① 3/2-way 밸브의 사용 방식
② 시간 지연 밸브의 사용 방식
③ 캐스케이드 체인 사용 방식
④ 방향성 리밋 스위치의 사용 방식

해설 캐스케이드 회로는 실린더와 이를 제어하는 전환 밸브를 그리며, 메모리 밸브를 사용하여 실린더를 제어한다.

23. 무부하 회로의 장점이 아닌 것은?

① 유온의 상승 효과
② 펌프의 수명 연장
③ 유압유의 노화 방지
④ 펌프의 구동력 절약

해설 무부하 회로(unloading hydraulic circuit) : 유압 펌프의 유량이 필요하지 않게 되었을 때, 즉 조작단의 일을 하지 않을 때 작동유를 저압으로 탱크에 귀환시켜 펌프를 무부하로 만드는 회로로서, 펌프의 동력이 절약되고, 장치의 발열이 감소되며, 펌프의 수명을 연장시키고, 장치 효율의 증대, 유온 상승 방지, 압유의 노화 방지 등의 장점이 있다.

24. 유압을 측정했더니 압력계의 지침이 50 kgf/cm^{2}일 때 절대압력은 약 몇 kgf/cm^{2}인가?

① 35 ② 40
③ 51 ④ 61

해설 절대압 = 게이지압 + 대기압
= 50 + 1 = 51 kgf/cm^2

25. 베르누이의 정리에서 에너지 보존의 법칙에 따라 유체가 가지고 있는 에너지가 아닌 것은? (10/5)

① 위치 에너지 ② 마찰 에너지
③ 운동 에너지 ④ 압력 에너지

해설 관 속에서 에너지 손실이 없다고 가정하면, 즉 점성이 없는 비압축성의 액체는 에너지 보존의 법칙(law of conservation of energy)으로부터 유도될 수 있다. 에너지

정답 21. ② 22. ③ 23. ① 24. ③ 25. ②

보존 법칙에 따라 유체가 가지고 있는 에너지는 위치 에너지(potential energy)와 운동 에너지(kinetic energy), 압력 에너지(pressure energy)로 나눌 수 있다.

26. **실린더의 동작 시간을 결정하는 요인이 아닌 것은?**

① 검출 센서의 종류
② 실린더의 피스톤에 가해지는 부하
③ 실린더 흡기측에 압력을 공급하는 능력
④ 실린더 배기측의 압력을 배기하는 능력

해설 검출 센서의 동작 시간은 검출체의 종류에 따라 정해진다.

27. **다음의 오염물질 중 밸브 몸체에 고착, 실(seal) 불량, 누적에 의한 화재 및 폭발, 오염 등의 원인이 되는 이물질은?**

① 녹 ② 유분 ③ 수분 ④ 카본

해설 공기압 기기에 대한 오염물질의 영향

오염물질	기기 등에 주는 영향
수분	솔레노이드 밸브 코일의 절연 불량, 스풀의 녹 유발로 인하여 밸브 몸체와 스풀의 고착 및 강으로 제작된 기기의 부식에 따른 성능 저하, 동결
유분	고무계 밸브의 부풀음, 기기 수명 저하, 오염, 도장 불량, 미소량의 오일로 면적의 변화, 스풀의 고착
카본	스풀과 포핏의 고착, 실 불량, 화재, 폭발, 기기 수명 저하, 오염, 도장 불량, 미소량의 오일로 면적의 변화, 스풀의 고착
녹	밸브 고착, 실 불량, 기기 수명 저하, 오염, 미소량의 오일로 면적의 변화

28. **다음 중 증압기에 관한 설명으로 옳지 않은 것은?**

① 입구측 압력은 공압으로, 출구측 압력은 유압으로 변환하여 증압한다.
② 직압식 증압기는 공압 실린더부와 유압 실린더부가 있고 이들 내부에 중압 로드가 있다.
③ 예압식 증압기는 직압식과 구조가 유사하며, 공유압 변환기가 오일 탱크 전단에 설치되어 있다.
④ 증압기는 일반적으로 증압비 10~25 정도의 것이 많으며 공기압 0.5 MPa일 때 발생하는 유압은 5~12.5 MPa 정도이다.

해설 예압식은 직압식의 구조와 같으나, 오일 탱크 대신 공유압 변환기가 접속되어 있다.

29. **입력 라인용 필터의 막힘과 이로 인한 엘리먼트의 파손을 방지할 목적으로 라인 필터에 부착하는 밸브는?** (13/2)

① 귀환 밸브 ② 릴리프 밸브
③ 체크 밸브 ④ 어큐뮬레이터

해설 릴리프 압력 제어 밸브 : 직동형 압력 제어 밸브에 보완장치를 갖춘 것으로 시스템 내의 압력이 최대 허용압력을 초과하는 것을 방지하고, 교축 밸브의 아래쪽에는 압력이 작용하도록 하여 압력 변동에 의한 오차를 감소시키며, 주로 안전 밸브로 사용된다.

30. **실린더의 귀환행정 시 일을 하지 않을 경우 귀환속도를 빠르게 하여 시간을 단축시킬 필요가 있을 때 사용하는 밸브는 어느 것인가?** (07/5)

정답 26. ① 27. ④ 28. ③ 29. ② 30. ④

① 2압 밸브 ② 셔틀 밸브
③ 체크 밸브 ④ 급속 배기 밸브

해설 급속 배기 밸브(quick release valve or quick exhaust valve)는 액추에이터의 배출 저항을 적게 하여 속도를 빠르게 하는 밸브로 가능한 액추에이터 가까이에 설치하며, 충격 방출기는 급속 배기 밸브를 이용한 것이다.

31. 그림에서 X로 표시되는 기기는 무엇을 측정하는 것인가? (10/5)

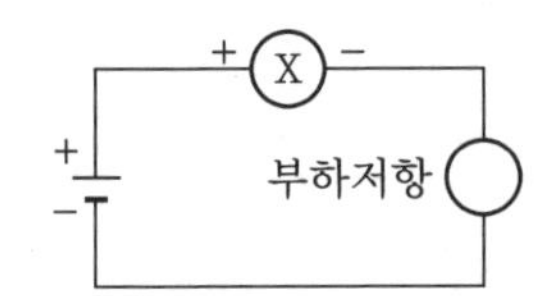

① 교류전압 ② 교류전류
③ 직류전압 ④ 직류전류

해설 전류는 직렬로 연결하여 측정하며, 직류 전류계는 +단자는 전원 +쪽에, −단자는 전원 −쪽에 연결하고 교류 전류계는 단자에 +, − 구별 없이 연결하여 측정한다.

32. 빌딩, 아파트 물탱크(수조)의 수위를 검출하는 스위치는? (06/5)

① 포토 스위치 ② 한계 스위치
③ 근접 스위치 ④ 플로트 계전기

해설 물 등의 수위를 레벨, 액면 등이라 하고 이를 측정하는 장치를 레벨계, 액면계라고 하며 플로트 스위치가 대표적이다.

33. 전력을 바르게 표현한 것은?

① 전압×저항 ② 저항/전류
③ 전압×전류 ④ 전압/저항

해설 $P=\frac{W}{t}=V\times I=\frac{V^2}{R}=I^2R$

34. 구동 회로에 가해지는 펄스 수에 비례한 회전 각도만큼 회전시키는 특수 전동기는 어느 것인가? (08/5)

① 분권 전동기
② 직권 전동기
③ 타여자 전동기
④ 직류 스테핑 전동기

해설 스테핑 모터는 계동 모터, 디지털 모터 등으로 불리며, 1개의 전기 펄스가 가해질 때 1스텝만 회전하고 그 위치에서 일정의 유지 토크로 정지하는 모터이다.

35. 자석 부근에 못을 놓으면 못도 자석이 되어 자성을 가지게 되는데 이러한 현상을 무엇이라고 하는가?

① 절연 ② 자화
③ 자극 ④ 전자력

해설 자화란 물체가 자성을 지니는 현상이다. 자기장 안의 물체가 자화되는 양상에 따라 강자성체, 상자성체, 반자성체, 페리자성체로 나뉜다.

36. RL 병렬 회로에 $100\angle 0°$[V]의 전압이 가해질 경우에 흐르는 전체 전류(I)는 몇 A인가? (단, $R=100\Omega$, $\omega L=100\Omega$이다.)

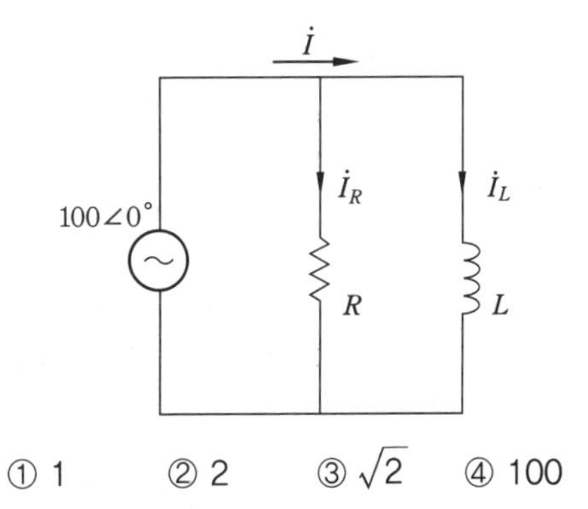

① 1 ② 2 ③ $\sqrt{2}$ ④ 100

정답 31. ④ 32. ④ 33. ③ 34. ④ 35. ② 36. ③

해설 $Z=\frac{R\times\omega L}{\sqrt{R^2+\omega L^2}}=\frac{100\times100}{\sqrt{100^2+100^2}}=50\sqrt{2}$

$\therefore I=\frac{V}{Z}=\frac{100}{5\sqrt{2}}=\sqrt{2}\,\text{A}$

37. 금속 및 전해질 용액과 같이 전기가 잘 흐르는 물질을 무엇이라 하는가? (02/5)

① 도체 ② 저항
③ 절연체 ④ 반도체

해설 자유 전자의 수가 많은 것, 즉 전기를 잘 통하는 물질을 도체라 한다.

38. 시퀀스 제어계의 구성 요소에서 검출부, 명령처리부, 조작부, 표시경보부를 총칭하여 무엇이라 하는가?

① 제어부 ② 제어대상
③ 조절기 ④ 제어명령

해설 시퀀스 제어계는 크게 입력부, 제어부, 출력부로 나누고 제어부는 입력 신호를 이용하여 원하는 동작을 만들어 출력부에 내보내는 역할을 한다.

39. 사인파 교류 파형에서 주기 T[s], 주파수 f[Hz]와 각속도 ω[rad/s] 사이의 관계식을 바르게 표기한 것은? (08/5)

① $\omega=2\pi f$ ② $\omega=2\pi T$
③ $\omega=\frac{1}{2\pi f}$ ④ $\omega=\frac{1}{2\pi T}$

해설 $T=\frac{1}{f}$, $\omega=2\pi f$

40. 발전기의 배전반에 달려 있는 계전기 중 대전류가 흐를 경우 회로의 기기를 보호하기 위한 장치는 무엇인가?

① 과전압 계전기 ② 과전력 계전기
③ 과속도 계전기 ④ 과전류 계전기

해설 변압기 보호장치
(1) 권선 보호장치 : 과전류 계전기, 차동 계전기, 비율 차동 계전기
(2) 기계적 보호장치 : 부흐홀쯔 계전기

41. 전압계 사용법 중 틀린 것은? (12/5)

① 전압의 크기를 측정할 시 사용된다.
② 교류 전압을 측정할 시에는 극성에 유의한다.
③ 전압계는 회로의 두 단자에 병렬로 연결한다.
④ 교류 전압을 측정할 시에는 교류 전압계를 사용한다.

해설 직류 전압계는 극성을 반드시 맞게 접속하여 사용하고, 교류 전압계는 극성에 관계없이 병렬로 연결하여 사용한다.

42. b 접점(break contact)에 대한 설명으로 옳은 것은?

① 간접 조작에 의해 열리거나 닫히는 접점
② 전환 접점으로 a 접점과 b 접점을 공유한 접점
③ 항상 열려 있다가 외부의 힘에 의하여 닫히는 접점
④ 항상 닫혀 있다가 외부의 힘에 의하여 열리는 접점

해설 b 접점은 항상 닫혀 있다가 외력이 가해지면 열리는 접점으로 브레이크 접점(break contact)이라 하고 영어의 머리글자를 따서 b로 표시하며 상시 닫힘 접점(normally closed contact)이라고도 한다.

43. 반도체 소자는 작은 신호를 증폭하여

정답 37. ① 38. ① 39. ① 40. ④ 41. ② 42. ④ 43. ①

큰 신호를 만들거나 신호의 모양을 바꾸는 데 사용되어 왔으며, 기술의 발전에 따라 전압과 전류의 용량을 크게 만들 수 있게 되었다. 다음 중 반도체에 관한 설명으로 옳지 않은 것은?

① 저항률이 $10^{-4}\Omega \cdot m$ 이하를 말한다.
② P형 반도체는 정공, 즉 (+)성분이 남는다.
③ 다이오드는 P형과 N형 반도체를 접합한 것이다.
④ 대표적인 반도체 소자는 다이오드, 트랜지스터, FET 등이 있다.

해설 반도체는 도체와 절연체 사이에 존재하는 물질로 가전자대와 전도대의 에너지 갭이 작아 에너지를 받으면 쉽게 가전자대의 전자가 전도대로 이동할 수 있다. 반도체의 저항률은 $10^{-4} \sim 10^{6}\Omega \cdot m$ 이다.

44. 직류기를 구성하는 주요 부분이 아닌 것은? (02/5)

① 계자 ② 필터
③ 정류자 ④ 전기자

해설 직류기는 계자(고정자), 전기자, 정류자, 공극, 브러시로 구성되어 있으며, 필터는 부착되지 않는다.

45. 3상 교류의 Δ 결선에서 상전압과 선간전압의 크기 관계를 바르게 표시한 것은 어느 것인가?

① 상전압 < 선간전압
② 상전압 > 선간전압
③ 상전압 = 선간전압
④ 상전압 ≤ 선간전압

해설 3상 교류의 Δ 결선은 상전압과 선간전압이 같다.

46. 구의 반지름을 나타내는 치수 보조 기호는? (12/2)

① Sϕ ② R ③ ϕ ④ SR

해설 Sϕ : 구의 지름, SR : 구의 반지름, R : 반지름, ϕ : 지름

47. 판금 제품을 만드는 데 필요한 도면으로 입체의 표면을 한 평면 위에 펼쳐서 그리는 도면은?

① 회전 평면도 ② 전개도
③ 보조 투상도 ④ 사투상도

해설 전개도(development drawing) : 구조물, 물품 등의 표면을 평면으로 나타내는 도면

48. A : B로 척도를 표시할 때 A : B의 설명으로 옳은 것은? (09/5)

A : B
① 도면에서의 길이 : 대상물의 실제 길이
② 도면에서의 치수값 : 대상물의 실제 길이
③ 대상물의 실제 길이 : 도면에서의 길이
④ 대상물의 크기 : 도면의 크기

해설 척도를 A : B로 표시할 때 1 : 2이면 축척, 2 : 1이면 배척을 나타낸다.
(1) 현척 : 실물과 같은 크기
(2) 축척 : 실물보다 작은 크기
(3) 배척 : 실물보다 큰 크기

49. 설명용 도면으로 사용되는 캐비닛도를 그릴 때 사용하는 투상법으로 옳은 것은?

① 정투상 ② 등각투상
③ 사투상 ④ 투시투상

해설 사투상도의 종류에는 캐비닛도(cabinet projection drawing)와 카발리에도(cavalier projection drawing)가 있다.

정답 44. ② 45. ③ 46. ④ 47. ② 48. ① 49. ③

50. 그림과 같은 입체도에서 화살표 방향을 정면으로 할 때 좌측면도로 옳은 것은?(단, 정면도에서 좌우 대칭이다.)

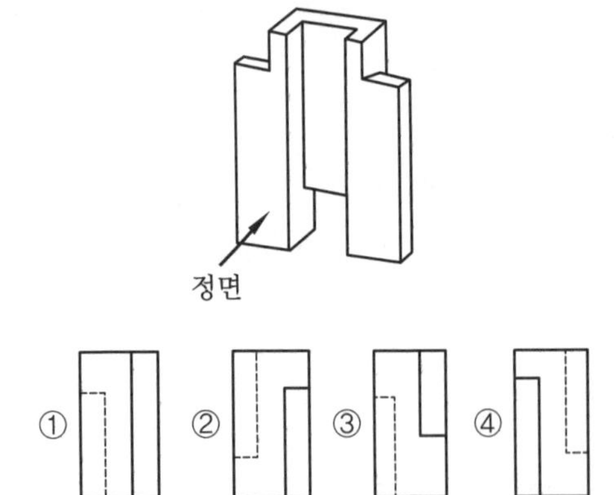

51. 일반 구조용 압연강재의 KS 기호는?

① SPCG ② SPHC
③ SS400 ④ STS304

해설 SPC : 냉간 압연강, SPHC : 열간 압연강, STS : 내충격용 합금 공구강

52. 기계 제도에서 가는 실선으로 나타내는 선은?

① 외형선 ② 피치선 ③ 가상선 ④ 파단선

해설 외형선은 굵은 실선, 피치선은 가는 1점 쇄선, 가상선은 가는 2점 쇄선, 파단선은 불규칙한 파형의 가는 실선 또는 지그재그선으로 표시한다.

53. 강도와 기밀을 필요로 하는 압력 용기에 쓰이는 리벳은?

① 접시머리 리벳
② 둥근머리 리벳
③ 납작머리 리벳
④ 얇은 납작머리 리벳

해설 보일러용 둥근머리 리벳 : 강도와 기밀을 모두 필요로 하는 압력 용기에 사용되는 리벳으로서 보일러, 고압 탱크 등에 사용한다.

54. 다음 중 가장 큰 회전력을 전달할 수 있는 것은?

① 안장 키 ② 평 키
③ 묻힘 키 ④ 스플라인

해설 전달력의 크기 순서는 스플라인>묻힘 키>평 키>안장 키이다.

55. 양끝을 고정한 단면적 2cm^2인 사각봉이 온도 −10℃에서 가열되어 50℃가 되었을 때, 재료에 발생하는 열응력은?(단, 사각봉의 탄성계수는 21 GPa, 선팽창계수는 12×10^{-6}/℃이다.)

① 15.1 MPa ② 25.2 MPa
③ 29.9 MPa ④ 35.8 MPa

해설 $\sigma = E\cdot\alpha\cdot(t_2 - t_1)$
$= 21\times10^3\times12\times10^{-6}\times\{50-(-10)\}$
$\fallingdotseq 15.1\text{MPa}$

56. 다음 중 V벨트의 단면 형상에서 단면이 가장 큰 벨트는?

① A ② C ③ E ④ M

해설 V벨트의 형상은 M, A, B, C, D, E의 6종류가 있으며, M에서 E쪽으로 갈수록 단면이 커진다.

57. 체결하려는 부분이 두꺼워서 관통 구멍을 뚫을 수 없을 때 사용되는 볼트는 어느 것인가? (13/5)

① 탭 볼트 ② T홈 볼트
③ 아이 볼트 ④ 스테이 볼트

정답 50. ② 51. ③ 52. ④ 53. ② 54. ④ 55. ① 56. ③ 57. ①

해설 탭 볼트(tap bolt) : 죄려고 하는 부분이 두꺼워서 관통 구멍을 뚫을 수 없을 때 또는 긴 구멍을 뚫었다 하더라도 구멍이 너무 길어 관통 볼트의 머리가 숨겨져 죄기가 곤란할 때 한쪽 끝에 탭을 이용하여 나사를 만든 다음 탭 볼트를 사용하여 너트 없이 나사박음을 한다.

58. 표준 기어의 피치점에서 이끝까지의 반지름 방향으로 측정한 거리는?

① 이뿌리 높이 ② 이끝 높이
③ 이끝원 ④ 이끝 틈새

해설 ① 이뿌리 높이(dedendum) : 피치점에서 이뿌리까지 반지름 방향으로 측정한 거리
② 이끝 높이(addendum) : 피치점에서 이끝까지 반지름 방향으로 측정한 거리로서 표준 기어의 경우 모듈과 같은 값을 가진다.
③ 이끝원(addendum circle) : 기어에서 모든 이끝을 연결하여 이루어진 원
④ 이끝 틈새(clearance) : 총 이 높이에서 유효 높이를 뺀 이뿌리 부분의 여유 간격

59. 풀리의 지름 200mm, 회전수 900rpm인 평벨트 풀리가 있다. 벨트의 속도는 약 몇 m/s인가?

① 9.42
② 10.42
③ 11.42
④ 12.42

해설 $V=\frac{\pi DN}{1000\times60}$

$=\frac{\pi\times200\times900}{1000\times60}\fallingdotseq9.42\,\text{m/s}$

60. 나사에서 리드(L), 피치(P), 나사 줄 수(n)와의 관계식으로 옳은 것은?

① $L=P$
② $L=2P$
③ $L=nP$
④ $L=n$

해설 리드는 나사가 1회전하여 진행한 거리를 말하며, 줄 수와 피치의 곱으로 나타낸다.

정답 58. ② 59. ① 60. ③

2016년 시행문제

공유압기능사

2016년 4월 2일 시행

1. **전기적인 입력 신호를 얻어 전기 회로를 개폐하는 기기로 반복 동작을 할 수 있는 기기는?** (10/5)

① 차동 밸브　　② 압력 스위치
③ 시퀀스 밸브　　④ 전자 릴레이

해설 전자 릴레이 : 전자 코일에 전류가 흐르면 전자석이 되어 그 전자력에 의해 접점을 개폐하는 기능을 가진 장치로 일반 시퀀스 회로의 분기나 접속, 저압 전원의 투입이나 차단 등에 사용된다.

2. **유관의 안지름을 2.5cm, 유속을 10cm/s로 하면 최대 유량(Q)은 약 몇 cm^3/s인가?** (13/5)

① 49　② 98　③ 196　④ 250

해설 단면적 $A=\frac{\pi d^2}{4}=\frac{\pi\times 2.5^2}{4}=4.9\,cm^2$,
연속의 법칙에서 $Q=AV$이므로
유량 $Q=4.9\times 10=49\,cm^3/s$이다.

3. **유압 회로에서 유량이 필요하지 않게 되었을 때 작동유를 탱크로 귀환시키는 회로는 어느 것인가?**

① 무부하 회로　　② 동조 회로
③ 시퀀스 회로　　④ 브레이크 회로

해설 무부하 회로(언로드 회로) : 유압 펌프의 유량이 필요하지 않게 되었을 때 작동유를 저압으로 탱크에 귀환시켜 펌프를 무부하로 만드는 회로

4. **유압 실린더를 그림과 같은 회로를 이용하여 단조 기계와 같이 큰 외력에 대항하여 행정의 중간 위치에서 정지시키고자 할 때 점선 안에 들어갈 적당한 밸브는?**

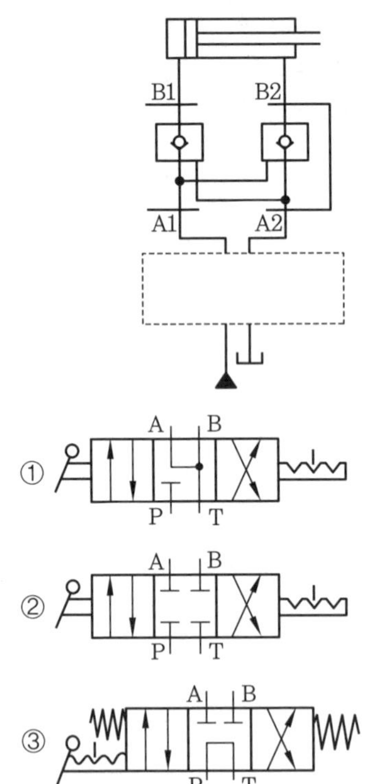

④

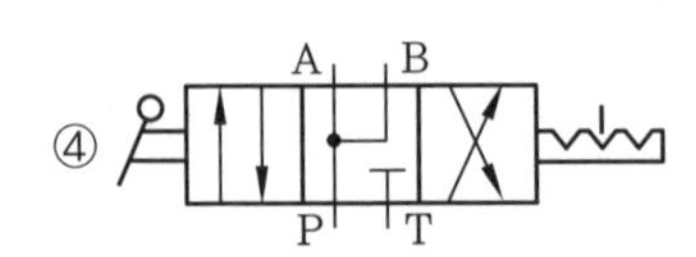

정답 1. ④　2. ①　3. ①　4. ①

해설 이 회로는 파일럿 조작 체크 밸브를 이용한 완전 로크 회로의 한 종류로 1개의 유압원으로 2조 이상의 유압 실린더를 독립적으로 자동 운전시키고자 할 때 사용하는 것이다.

5. 유압장치의 장점을 설명한 것으로 틀린 것은?

① 에너지의 축적이 용이하다.
② 힘의 변속이 무단으로 가능하다.
③ 일의 방향을 쉽게 변환할 수 있다.
④ 작은 장치로 큰 힘을 얻을 수 있다.

해설 공압장치는 에너지 축적이 우수하나 유압장치는 축압기를 이용한 1회성 에너지 축적만 가능하다.

6. 도면에서 밸브 ㉠의 입력으로 A가 on되고, ㉡의 신호 B를 off로 해서 출력 out이 on되게 한 다음 신호 A를 off로 한다면 출력은 어떻게 되는가?

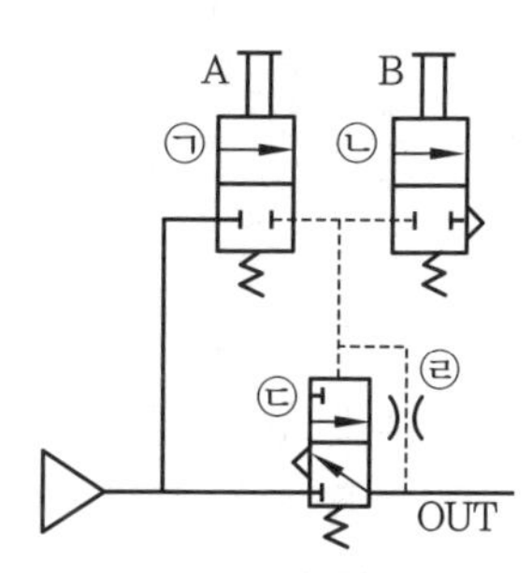

① out은 off로 된다.
② out은 on이 유지된다.
③ ㉢의 밸브가 off로 된다.
④ ㉡의 밸브에서 대기 방출이 된다.

해설 플립플롭 회로는 먼저 도달한 신호가 우선되어 작동되며, 다음 신호가 입력될 때까지 처음 신호가 유지된다.

7. 램형 실린더의 장점이 아닌 것은? (07/5)

① 피스톤이 필요 없다.
② 공기빼기장치가 필요 없다.
③ 실린더 자체 중량이 가볍다.
④ 압축력에 대한 휨에 강하다.

해설 램형 실린더 : 좌굴 등 강성을 요할 때 사용하는 실린더로 피스톤 지름과 로드 지름 차가 없는 수압 가동 부분을 갖는 것이므로 실린더 자체 중량이 무겁다.

8. 상시 개방 접점과 상시 폐쇄 접점의 2가지 기능을 모두 갖고 있는 접점은?

① 메이크 접점 ② 전환 접점
③ 브레이크 접점 ④ 유지 접점

해설 상시 개방 접점은 a 접점, 상시 폐쇄 접점은 b 접점이며, 이 두 접점을 합한 접점은 c 접점인 전환 접점이다.

9. 다음 중 흡수식 공기 건조기의 특징이 아닌 것은?

① 취급이 간편하다.
② 장비의 설치가 간단하다.
③ 외부 에너지 공급원이 필요 없다.
④ 건조기에 움직이는 부분이 많으므로 기계적 마모가 많다.

해설 흡수식은 화학적 방식이므로 기계적 마모가 적다.

10. 토크가 T[kgf · m]이고, n[rpm]으로 회전하는 공압 모터의 출력(PS)을 구하는 식은 어느 것인가?

① $\frac{nT}{716.2}$ ② $\frac{716.2}{nT}$ ③ $\frac{716.2T}{n}$ ④ $\frac{716.2n}{T}$

정답 5. ① 6. ② 7. ③ 8. ② 9. ④ 10. ①

해설 $H_{PS}=\frac{FV}{75}=\frac{T\omega}{75\times100}$

$T=\frac{450000}{2\pi}\times\frac{H_{PS}}{n}=\frac{71620H_{PS}}{n}$[kgf · cm]

$T=\frac{716.2H_{PS}}{n}$[kgf · m]

$H_{PS}=\frac{nT}{716.2}$

11. 공유압 제어 밸브를 기능에 따라 분류하였을 때 다음 중 해당되지 않는 것은 어느 것인가? (12/5, 13/2)

① 방향 제어 밸브 ② 압력 제어 밸브
③ 유량 제어 밸브 ④ 온도 제어 밸브

해설 공유압 제어 밸브는 기능에 따라 압력 제어 밸브, 유량 제어 밸브, 방향 제어 밸브 3가지로 분류한다.

12. 표와 같은 진리값을 갖는 논리 제어 회로는?

입력 신호		출력
A	B	C
0	0	0
0	1	0
1	0	0
1	1	1

① OR 회로 ② AND 회로
③ NOT 회로 ④ NOR 회로

해설 AND 회로 : 두 개의 입력 신호 A, B가 모두 있어야만 출력이 있는 논리

13. 유압 제어 밸브의 분류에서 압력 제어 밸브에 해당되지 않는 것은?

① 릴리프 밸브(relief valve)
② 스로틀 밸브(throttle valve)
③ 시퀀스 밸브(sequence valve)
④ 카운터 밸런스 밸브(counter balance valve)

해설 스로틀 밸브는 유량 제어 밸브이다.

14. 다음 중 2개의 입력 신호 중에서 높은 압력만을 출력하는 OR 밸브는?

① 셔틀 밸브 ② 이압 밸브
③ 체크 밸브 ④ 시퀀스 밸브

해설 고압 우선 셔틀 밸브는 OR 밸브 또는 셔틀 밸브라 하고, 저압 우선 셔틀 밸브는 이압 밸브, AND 밸브라고 하며, 체크 밸브는 역류 방지 밸브, 시퀀스 밸브는 순차 밸브이다.

15. 그림에 해당되는 제어 방법으로 옳은 것은?

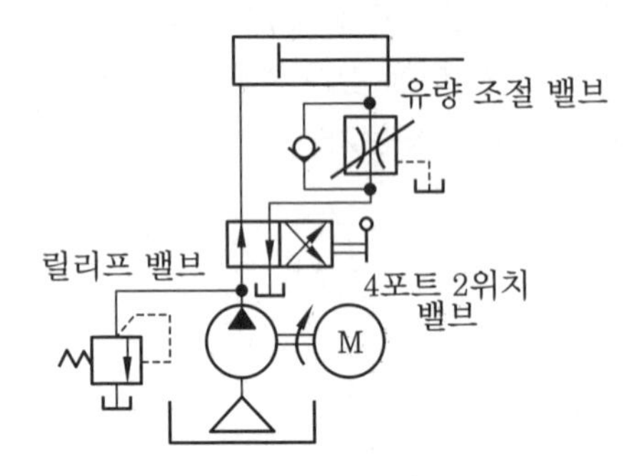

① 미터 인 방식의 전진 행정 제어 회로
② 미터 인 방식의 후진 행정 제어 회로
③ 미터 아웃 방식의 전진 행정 제어 회로
④ 미터 아웃 방식의 후진 행정 제어 회로

해설 이 회로는 한 방향 유량 제어를 한 미터 아웃 전진 속도 제어 회로이다.

16. 공기 탱크와 공기압 회로 내의 공기 압력이 규정 이상의 공기 압력으로 될 때에

정답 11. ④ 12. ② 13. ② 14. ① 15. ③ 16. ③

공기 압력이 상승하지 않도록 대기와 다른 공기압 회로 내로 빼내주는 기능을 갖는 밸브는? (13/2, 15/5)

① 감압 밸브　　② 시퀀스 밸브
③ 릴리프 밸브　　④ 압력 스위치

해설 릴리프 밸브는 정상적인 압력에서는 닫혀 있으나, 어느 제한 압력에 도달하면 열려서 회로 내의 압력 상승을 제한하는 밸브로 주로 안전 밸브로 사용된다.

17. 펌프의 송출 압력이 50kgf/cm^2, 송출량이 20L/min인 유압 펌프의 펌프 동력은 약 몇 kW인가?

① 1.0　② 1.2　③ 1.6　④ 2.2

해설 $L_{kW} = \frac{PQ}{612} = \frac{50 \times 20}{612} \fallingdotseq 1.63\,\text{kW}$

18. 방향 제어 밸브의 조작 방식 중 기계 방식의 밸브 기호는?

①　②

③　④

해설 ① : 인력 조작의 일반 기호, ② : 레버 방식, ③ : 페달 방식, ④ : 롤러 방식

19. 다음 유압 기호의 명칭으로 옳은 것은?

① 공기 탱크
② 전동기
③ 내연기관
④ 축압기

M

20. 그림에서처럼 밀폐된 시스템이 평형 상태를 유지할 경우 힘 F_1을 옳게 표현한 식은 어느 것인가? (02/5)

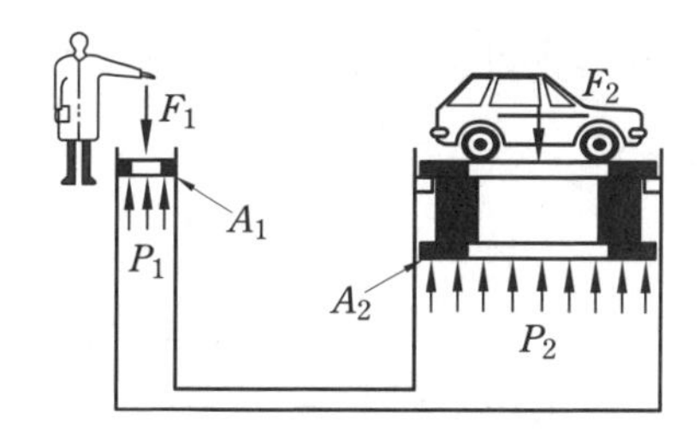

① $\frac{A_1 \times A_2}{F_2}$　② $\frac{A_1 \times F_2}{A_2}$

③ $\frac{F_2}{A_1 \times A_2}$　④ $\frac{A_2}{A_1 \times F_2}$

해설 $P = \frac{F_1}{A_1} = \frac{F_2}{A_2}$　$\therefore F_1 = \frac{A_1 F_2}{A_2}$

21. 공기 압축기를 출력에 따라 분류할 때 소형의 범위는?

① 50~180W　② 0.2~14kW
③ 15~75kW　④ 75kW 이상

해설 공기 압축기를 출력에 따라 분류할때 0.2~14kW의 것을 소형, 15~75kW의 것을 중형, 75kW 이상을 대형으로 분류한다.

22. 유압 실린더의 중간 정지 회로에 적합한 방향 제어 밸브는?

① 3/2 way 밸브
② 4/3 way 밸브
③ 4/2 way 밸브
④ 2/2 way 밸브

해설 4/3 way 밸브 중 올 포트 블록(클로즈드 센터형)이나 AB 클로즈드(탠덤 센터형)만 중간 정지가 가능하고, 그 외는 중간 정지에 사용할 수 없지만, 2/2 way 밸브를 사용하면 중간 정지가 가능하다. 그러므로 확실한 정답은 2/2 way 밸브이고, 4/3 way 밸브는 일부 정답이 된다.

정답 17. ③　18. ④　19. ②　20. ②　21. ②　22. ②, ④

23. 그림과 같은 유압 탱크에서 스트레이너를 장착할 가장 적절한 위치는?

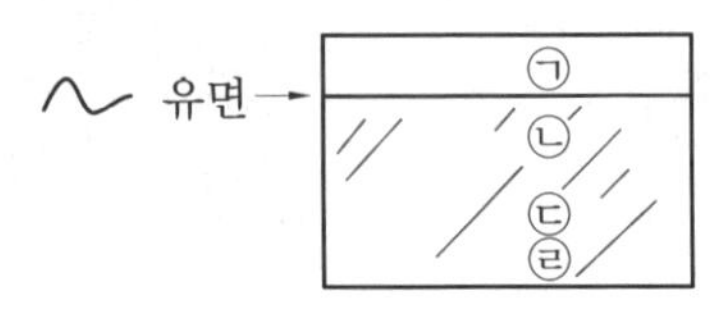

① ㉠과 같이 유면 위쪽
② ㉡과 같이 유면 바로 아래
③ ㉢과 같이 바닥에서 좀 떨어진 곳
④ ㉣과 같이 바닥

해설 스트레이너는 유면에서 10~15cm 이상, 탱크 저면에서 10cm 이상 떨어진 곳에 위치해야 한다.

24. 다른 실린더에 비하여 고속으로 동작할 수 있는 공압 실린더는? (08/5)

① 충격 실린더
② 다위치형 실린더
③ 텔레스코픽 실린더
④ 가변 스트로크 실린더

해설 충격 실린더는 공기 탱크에서 피스톤에 공기 압력을 급격하게 작용시켜 피스톤에 충격 힘을 고속으로 움직여 속도 에너지를 이용하게 된 실린더로 프레스에 이용된다.

25. 면적을 감소시킨 통로로서 길이가 단면 치수에 비하여 비교적 짧은 경우의 유동 교축부는?

① 초크(choke) ② 플런저(plunger)
③ 스풀(spool) ④ 오리피스(orifice)

해설
- 오리피스 : 면적을 줄인 부분의 길이가 단면 치수에 비하여 비교적 짧은 경우
- 초크 : 면적을 줄인 부분의 길이가 단면 치수에 비하여 비교적 긴 경우

26. 다음 기호를 보고 알 수 없는 것은?

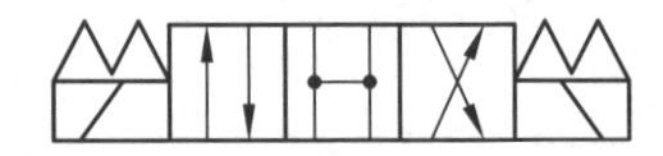

① 포트 수 ② 위치의 수
③ 조작 방법 ④ 접속의 형식

해설 포트 수는 4개, 위치 수는 3개, 조작 방법은 복동 솔레노이드와 정상 상태 스프링 복귀형이다.

27. 유압유에서 온도 변화에 따른 점도의 변화를 표시하는 것은? (12/5)

① 비중 ② 동점도
③ 점도 ④ 점도 지수

해설 점도 지수(viscosity index)는 작동유 점도의 온도에 대한 변화를 나타내는 값으로 실용상의 점도를 추정하는 척도이다.

28. 유압장치에서 유량 제어 밸브로 유량을 조정할 경우 실린더에서 나타나는 효과는 어느 것인가? (11/5)

① 정지 및 시동 ② 운동 속도의 조절
③ 유압의 역류 조절 ④ 운동 방향의 결정

해설 유량 제어 밸브는 관로 내의 유량을 제어하여 액추에이터의 운동 속도를 조절하는 밸브이다.

29. 전기 시퀀스 제어 회로를 구성하는 요소 중 동작은 수동으로 되나 복귀는 자동으로 이루어지는 것은?

① 토글 스위치(toggle switch)
② 선택 스위치(selector switch)
③ 푸시 버튼 스위치(push button switch)
④ 로터리 캠 스위치(rotary cam switch)

정답 23. ③ 24. ① 25. ④ 26. ④ 27. ④ 28. ② 29. ③

해설 푸시 버튼 스위치는 자기 유지형과 자동 복귀형이 있으며, 이 중 자동 복귀형은 수동 조작 스프링에 의한 자동 복귀의 동작을 한다.

30. **작동유가 갖고 있는 에너지의 축적 작용과 충격압력의 완충 작용도 할 수 있는 부속기기는?**

① 스트레이너 ② 유체 커플링
③ 패킹 및 개스킷 ④ 어큐뮬레이터

해설 축압기(accumulator)의 기능
(1) 유압 에너지 축적 (2) 2차 회로의 구동
(3) 압력 보상 (4) 맥동 제거
(5) 충격 완충 (6) 액체의 수송

31. **다음 중 SCR의 활용으로 옳지 않은 것은 어느 것인가?**

① 수은 정류기
② 자동 제어장치
③ 제어용 전력증폭기
④ 전류 조정이 가능한 직류 전원 설비

해설 사이리스터라고도 하는 실리콘 제어 정류기(SCR : silicon controlled rectifier)는 대전류를 제어하는 장치로 애노드, 캐소드, 게이트를 갖는 4층 pnpn 소자이다. 애노드와 캐소드는 off 상태에서 개방 회로의 역할을 하고, on 상태에서 단락 회로의 역할을 한다. SCR은 릴레이 제어, 위상 제어, 모터 제어, 히터 제어, 시간 지연 회로, 램프 조광기, 과전압 보호 회로 등을 포함하는 산업체의 전력 제어 분야에서 이용되고 있다.

32. **대칭 3상 교류 전압에서 각 상의 위상차는?** (06/5, 13/5)

① 60° ② 90°
③ 120° ④ 240°

해설 위상차는 $\frac{2\pi}{n}$이므로 $\frac{2\pi}{3}=120°$이다.

33. **3상 유도 전동기의 Y-Δ 결선 변환회로에 대한 설명으로 옳지 않은 것은 어느 것인가?**

① Y 결선으로 기동한다.
② 기동 전류가 1/3로 줄어든다.
③ 정상 운전 속도일 때 Δ 결선으로 변환한다.
④ 기동 시 상전압을 $\sqrt{3}$배 승압하여 기동한다.

해설 Y-Δ 기동법은 고정자 권선을 Y로 하여 상전압이 $\frac{1}{\sqrt{3}}=0.58$배로 줄어들고 전류도 이것에 따라 1/3로 줄어든다. 정상 속도에 도달하면 Δ결선이 되고 전 전압이 가해진다.

34. **P[W] 전구를 t시간 사용하였을 때의 전력량(Wh)은?**

① tP ② t^2P
③ $\frac{P}{t}$ ④ $\frac{P^2}{t}$

해설 전력량은 일정 시간 동안 전류가 행한 일 또는 공급되는 전기 에너지의 총량으로, 전력(P)과 시간(t)의 곱으로 계산할 수 있다.

35. **내부 저항 5kΩ의 전압계 측정 범위를 5배로 하기 위한 방법은?**

① 20kΩ의 배율기 저항을 병렬 연결한다.
② 20kΩ의 배율기 저항을 직렬 연결한다.
③ 25kΩ의 배율기 저항을 병렬 연결한다.
④ 25kΩ의 배율기 저항을 직렬 연결한다.

정답 30. ④ 31. ① 32. ③ 33. ④ 34. ① 35. ②

해설 배율기(multiplier)는 전압계의 측정 범위를 넓히기 위해 전압계에 직렬로 접속하는 저항기이다. 배율을 m이라고 하면, 배율기 저항 R_m과 전압계 내부 저항 R_V 사이에는 $R_m=(m-1)R_V$의 관계가 성립한다. 따라서 $R_m=(5-1)\times5=20\,\text{k}\Omega$의 배율기 저항을 직렬로 연결한다.

36. 교류의 크기를 나타내는 방법이 아닌 것은?

① 순시값 ② 실효값 ③ 최댓값 ④ 최솟값

해설 교류의 크기
(1) 순시값 : 시간에 따라 변화하는 임의의 순간에 있어서의 크기
(2) 실효값 : 교류의 크기를 그것과 같은 일을 하는 직류의 크기로 바꿔 놓은 값
(3) 평균값 : 교류 순시값의 1주기 동안의 평균값
(4) 최댓값 : 교류의 순시값 중 가장 큰 값

37. 가동코일형 전류계에서 전류 측정 범위를 확대시키는 방법은? (11/5)

① 가동코일과 직렬로 분류기 저항을 접속한다.
② 가동코일과 병렬로 분류기 저항을 접속한다.
③ 가동코일과 직렬로 배율기 저항을 접속한다.
④ 가동코일과 직 · 병렬로 배율기 저항을 접속한다.

해설 분류기(shunt) : 전류계의 측정 범위를 넓히기 위해 전류계와 병렬로 접속하는 저항기

38. 교류 전류에 대한 저항(R), 코일(L), 콘덴서(C)의 작용에서 전압과 전류의 위상이 동상인 회로는?

① R만의 회로
② L만의 회로
③ C만의 회로
④ R, L, C, 직 · 병렬 회로

해설 R만의 회로 : 교류 전압 $e=E_m\sin\omega t$를 가할 때 흐르는 전류 $i=\dfrac{e}{R}=\dfrac{E_m}{R}\sin\omega t$, 이 관계를 실효값으로 표시하면 $I=\dfrac{E}{R}$이며, 전압과 전류는 위상이 같다.

39. 무부하 운전이나 벨트 운전을 절대로 해서는 안 되는 직류 전동기는 어느 것인가? (03/5, 12/5)

① 직권 전동기 ② 복권 전동기
③ 분권 전동기 ④ 타여자 전동기

해설 직권 전동기는 부하가 증가함과 동시에 속도가 현저하게 감소하는 가변 속도 전동기이므로 부하가 감소하면 갑자기 속도가 상승하고, 무부하가 되면 대단히 고속도가 되어 위험하다. 따라서 무부하 운전이나 벨트 운전을 하지 않는다.

40. 그림은 어떤 회로를 나타낸 것인가?

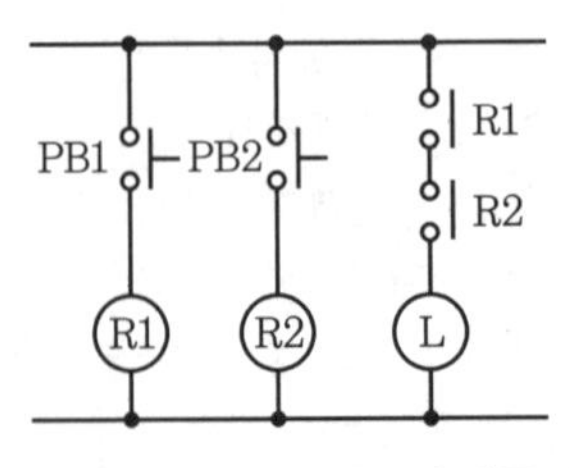

① OR 회로 ② 인터록 회로
③ AND 회로 ④ 자기 유지 회로

해설 이 회로는 PB1 스위치와 PB2 스위치를 같이 ON해야 릴레이 R1과 R2가 같이 여자되어 출력 L이 있는 AND 회로이다.

정답 36. ④ 37. ② 38. ① 39. ① 40. ③

41. 직선 전류에 의한 자기장의 방향을 알려고 할 때 적용되는 법칙은?

① 패러데이의 법칙
② 플레밍의 왼손 법칙
③ 플레밍의 오른손 법칙
④ 앙페르의 오른나사 법칙

해설 전류에 의해 만들어지는 자기장의 자력선 방향을 알아내는 방법을 Ampere의 오른나사 법칙 또는 오른손 엄지손가락 법칙이라고 한다.

42. 자석의 성질에 관한 설명으로 옳지 않은 것은?

① 자석에는 N극과 S극이 있다.
② 자극으로부터 자력선이 나온다.
③ 자기력선은 비자성체를 투과한다.
④ 자력이 강할수록 자기력선의 수가 적다.

해설 자석의 성질
(1) 북쪽은 N극, 남쪽은 S극이 가르키는 자기 현상을 가지고 있다.
(2) 두 개의 자석의 자극을 가까이 하면 서로 다른 극 사이에는 흡인력, 같은 극 사이에는 반발력이 작용한다.
(3) 자석에서 발생되는 자기장의 세기와 방향을 선으로 나타낸 것을 자기력선 또는 자력선이라 한다.
(4) 자력이 강할수록 자기력선의 수가 많다.

43. 시간의 변화에 따라 각 계전기나 접점 등의 변화 상태를 시간적 순서에 의해 출력 상태를 (ON, OFF), (H, L), (1, 0) 등으로 나타낸 것은?

① 플로 차트　　② 실체 배선도
③ 타임 차트　　④ 논리 회로도

해설 타임 차트는 횡축에 시간 또는 시간적 순서를, 종축에 2값 신호 "1", "0" 또는 "ON", "OFF"를 표시한 것이다.

44. 전압이 가해지고 일정 시간이 경과한 후 접점이 닫히거나 열리고, 전압을 끊으면 순시 접점이 열리거나 닫히는 것은?

① 전자 개폐기
② 플리커 릴레이
③ 온 딜레이 타이머
④ 오프 딜레이 타이머

해설 (1) 한시 동작 순시 복귀형(on delay timer) : 입력 신호가 들어오고 설정 시간이 지난 후 접점이 동작하며 신호 차단 시 접점이 순시 복귀되는 형태
(2) 순시 동작 한시 복귀형(off delay timer) : 입력 신호가 들어오면 순간적으로 접점이 동작하며 입력 신호가 소자하면 접점이 설정 시간 후 동작되는 형태

45. 전기저항과 열의 관계를 설명한 것으로 틀린 것은?

① 저항기는 대부분 정특성을 갖는다.
② 전구의 필라멘트는 부특성을 갖는다.
③ 온도 상승과 저항값이 비례하는 것을 정특성이라 한다.
④ 온도 상승과 저항값이 반비례하는 것을 부특성이라 한다.

해설 저항은 대부분 정특성이며, 필라멘트는 저항이므로 정특성을 갖는다.

46. 도면에서 척도의 표시가 "1 : 2"로 표시된 것은 무엇을 의미하는가?

① 배척　　② 현척
③ 축척　　④ 비례척이 아님

정답 41. ④　42. ④　43. ③　44. ③　45. ②　46. ③

해설 척도의 종류

(1) 현척 : 실물과 같은 크기로 그림
(2) 축척 : 실물보다 작게 그림
(3) 배척 : 실물보다 크게 그림

47. **다음 중 숨은선 그리기의 예로 적절하지 않은 것은?**

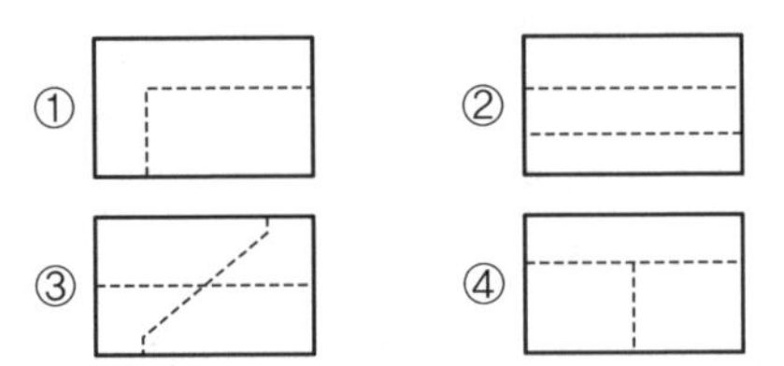

해설 숨은선 : 가는 파선 또는 굵은 파선을 사용하며 대상물의 보이지 않는 부분의 모양을 표시하는 데 쓰인다.

48. **그림과 같이 물체의 구멍, 홈 등 특정 부분만의 모양을 도시하는 것을 목적으로 하는 투상도의 명칭은?**

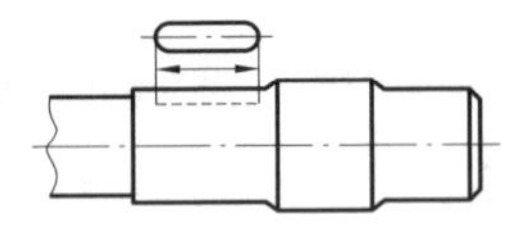

① 국부 투상도 ② 보조 투상도
③ 부분 투상도 ④ 회전 투상도

해설 국부 투상도 : 대상물의 구멍, 홈 등과 같이 한 부분의 모양을 도시하는 것으로 충분한 경우에는 그 필요한 부분만을 투상도로 도시한다.

49. **그림과 같은 입체도에서 화살표 방향을 정면으로 한다면 좌측면도로 적합한 투상도는?(단, 투상도는 제3각법을 이용한다.)**

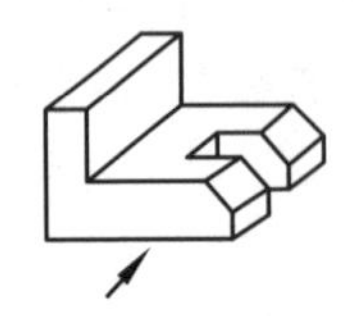

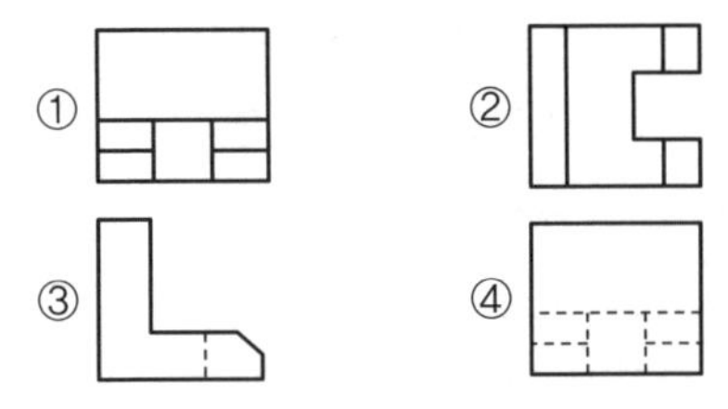

해설 ①은 우측면도, ②는 평면도, ③은 정면도, ④는 좌측면도이다.

50. **다음 그림의 치수 기입에 대한 설명으로 틀린 것은?**

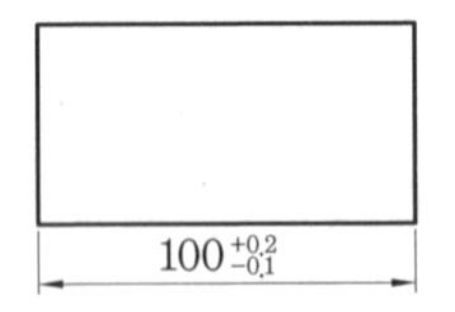

① 공차는 0.1이다.
② 기준 치수는 100이다.
③ 최대 허용 치수는 100.2이다.
④ 최소 허용 치수는 99.9이다.

해설 공차=100.2−99.9=0.3

51. **나사의 도시 방법에 관한 설명 중 틀린 것은?**

① 측면에서 본 그림 및 단면도에서 나사산의 봉우리는 굵은 실선으로 나타낸다.
② 단면도에 나타나는 나사 부품에서 해칭은 나사산의 골밑을 나타내는 선까지 긋는다.
③ 나사의 끝면에서 본 그림에서는 나사의 골밑은 가는 실선으로 그린 원주의 3/4에 거의 같은 원의 일부로 표시한다.
④ 숨겨진 나사를 표시하는 것이 필요한 곳에서는 산의 봉우리와 골밑은 가는 파선으로 표시한다.

해설 나사의 도시 방법

정답 47. ③ 48. ① 49. ④ 50. ① 51. ②

(1) 수나사의 바깥지름과 암나사의 안지름은 굵은 실선으로 그린다.
(2) 완전, 불완전 나사부의 골밑 선은 실선(안 보일 때는 중간 굵기의 파선)으로 그린다.
(3) 불완전 나사부의 골밑을 경사 직선(축선에 대하여 30°)으로 그린다.
(4) 완전, 불완전 나사부와의 경계를 나타내는 선은 굵은 실선으로 그린다.
(5) 암나사의 드릴 구멍의 끝부분은 굵은 실선으로 120°되게 그린다.
(6) 해칭은 산 봉우리 부분까지 한다.
(7) 수나사와 암나사가 결합된 부분은 수나사를 기준으로 그린다. 이때, 결합부의 단면 부분을 표시하는 해칭은 해칭 방향 또는 간격을 서로 다르게 한다.

52. **SS 400으로 표시된 KS 재료 기호의 400은 어떤 의미인가?**

① 재질 번호 ② 재질 등급
③ 최저 인장강도 ④ 탄소 함유량

해설 SS는 일반 구조용 압연 강재를 뜻하고, 400은 최저 인장강도(N/mm^2)를 의미한다.

53. **12kN · m의 토크를 받는 축의 지름은 약 몇 mm 이상이어야 하는가?(단, 허용 비틀림 응력은 50MPa이라 한다.)**

① 84 ② 107 ③ 126 ④ 145

해설 $d=\sqrt[3]{\dfrac{5.1T}{\tau}}$

$=\sqrt[3]{\dfrac{5.1\times12000000}{50}}=107\,\text{mm}$

54. **평벨트 전동장치와 비교하여 V벨트 전동장치의 장점에 대한 설명으로 틀린 것은 어느 것인가?**

① 엇걸기로도 사용이 가능하다.
② 미끄럼이 적고 속도비를 크게 할 수 있다.
③ 운전이 정숙하고 충격을 완화하는 작용을 한다.
④ 비교적 작은 장력으로 큰 회전력을 전달할 수 있다.

해설 V벨트 전동장치는 엇걸기 전동이 불가능하다.

55. **모듈이 5이고 잇수가 각각 40개와 60개인 한 쌍의 표준 스퍼 기어에서 두 축의 중심거리는?**

① 100mm ② 150mm
③ 200mm ④ 250mm

해설 $C=\dfrac{D_1+D_2}{2}=\dfrac{m(Z_1+Z_2)}{2}$

$=\dfrac{5(40+60)}{2}=250\,\text{mm}$

56. **애크미 나사라고도 하며 나사산의 각도가 인치계에서는 29°이고, 미터계에서는 30°인 나사는?**

① 사다리꼴 나사
② 미터 나사
③ 유니파이 나사
④ 너클 나사

해설 애크미 나사는 일명 사다리꼴 나사라고 한다.

구분	명칭	기호
ISO	미터 사다리꼴 나사	Tr
	미터 나사	M
	유니파이 보통 나사	UNC
	유니파이 가는 나사	UNF
KS	30° 사다리꼴 나사	TM
	29° 사다리꼴 나사	TW

정답 52. ③ 53. ② 54. ① 55. ④ 56. ①

57. 다음 중 둥근 봉을 비틀 때 생기는 비틀림 변형을 이용하여 만드는 스프링은 어느 것인가?

① 코일 스프링 ② 벌류트 스프링
③ 접시 스프링 ④ 토션 바

해설 토션 바는 비틀림 변위를 이용한 스프링으로 단위 체적당 축적 탄성 에너지가 크고 모양이 간단하여 좁은 장소에 설치할 수 있으며 자동차, 열차 등에 사용된다.

58. 다음 중 SI 단위계의 물리량과 단위가 틀린 것은?

① 힘–N ② 압력–Pa
③ 에너지–dyne ④ 일률–W

해설 에너지의 단위는 J과 erg로 표기하며, dyne은 힘의 단위이다.

59. 고압 탱크나 보일러의 리벳 이음 주위에 코킹(caulking)을 하는 주목적은 어느 것인가?

① 강도를 보강하기 위해서
② 기밀을 유지하기 위해서
③ 표면을 깨끗하게 유지하기 위해서
④ 이음 부위의 파손을 방지하기 위해서

해설 리벳 작업에서 기밀을 유지하기 위해 끝이 좁은 끌로 작업하는 코킹과 끝이 넓은 끌로 작업하는 풀러링을 하며, 두께가 5mm 이하인 철판은 패킹을 사용한다.

60. 다음 중 나사의 풀림 방지법에 속하지 않는 것은?

① 스프링 와셔를 사용하는 방법
② 로크 너트를 사용하는 방법
③ 부시를 사용하는 방법
④ 자동 조임 너트를 사용하는 방법

해설 나사의 풀림 방지법
(1) 스프링 와셔에 의한 방법
(2) 로크 너트에 의한 방법
(3) 핀 또는 작은 나사에 의한 방법
(4) 철사에 의한 방법
(5) 너트의 회전 방향에 의한 방법
(6) 자동 죔 너트에 의한 방법
(7) 세트 스크루에 의한 방법

공유압기능사 2016년 7월 10일 시행

1. 밸브의 변환 및 외부 충격에 의해 과도적으로 상승한 압력의 최댓값을 무엇이라고 하는가? (05/5)

① 배압 ② 서지 압력
③ 크래킹 압력 ④ 리시트 압력

해설 서지 압력은 회로 내에 과도적으로 발생하는 이상 압력의 최댓값으로 변환 밸브의 조작이나 부하 변동이 있을 때 발생하며 정상 압력의 4배 이상이 된다.

2. 다음 중 압력 제어 밸브의 종류에 속하지 않는 것은?

① 감압 밸브 ② 릴리프 밸브
③ 셔틀 밸브 ④ 시퀀스 밸브

해설 압력 제어 밸브의 종류에는 감압 밸브(리듀싱 밸브), 릴리프 밸브, 시퀀스 밸브, 압력 스위치, 유압 퓨즈, 언로딩 밸브 등이 있으며, 셔틀 밸브는 논 리턴 밸브이다.

정답 57. ④ 58. ③ 59. ② 60. ③ 1. ② 2. ③

3. 유압 기본 회로 중 2개 이상의 실린더가 정해진 순서대로 움직일 수 있는 회로에 속하는 것은?

① 로킹 회로 ② 언로딩 회로
③ 자동 회로 ④ 시퀀스 회로

4. 펌프가 포함된 유압 유닛에서 펌프 출구의 압력이 상승하지 않는다면 그 원인으로 적당하지 않은 것은?

① 외부 누설 증가
② 릴리프 밸브의 고장
③ 밸브 실(seal)의 파손
④ 속도 제어 밸브의 조정 불량

해설 압력 저하 또는 실린더 추력 감소의 원인
(1) 릴리프 밸브의 작동 또는 조정 불량
(2) 내부 및 외부 누설 증가
(3) 밸브 실(seal)의 파손
(4) 펌프 고장(성능 저하), 펌프 흡입 불량
(5) 구동력 부족

5. 유압장치의 장점이 아닌 것은?

① 작동이 원활하며 진동도 적다.
② 인화 및 폭발의 위험성이 없다.
③ 유량 조절로 무단 변속이 가능하다.
④ 작은 크기로도 큰 힘을 얻을 수 있다.

해설 유압장치는 가연성 기름 사용 시 화재의 위험이 있다.

6. 조작력이 작용하고 있을 때의 밸브 몸체의 최종 위치를 나타내는 용어는?

① 노멀 위치 ② 중간 위치
③ 작동 위치 ④ 과도 위치

해설 ① 노멀 위치 : 조작력 또는 제어 신호가 걸리지 않을 때의 밸브 몸체의 위치
② 중간 위치 : 초기 위치와 작동 위치의 중간의 임의의 밸브 몸체의 위치
③ 작동 위치 : 조작력이 걸려 있을 때의 밸브 몸체의 최종 위치
④ 과도 위치 : 초기 위치와 작동 위치 사이의 과도적인 밸브 몸체의 위치

7. 시스템을 안전하고 확실하게 운전하기 위한 목적으로 사용하는 회로로 2개의 회로 사이에 출력이 동시에 나오지 않게 하는 데 사용되는 회로는?

① 인터록 회로 ② 자기 유지 회로
③ 정지 우선 회로 ④ 한시 동작 회로

해설 인터록 회로는 2개의 입력 중 먼저 동작시킨 쪽의 회로가 우선으로 이루어져 기기가 동작하며, 다른 쪽에 입력(신호)이 들어오더라도 동작하지 않는 회로로서 퀴즈 문제, 정 · 역 회로, 기기의 보호 회로로서 많이 사용하고 있다.

8. 충격 완화에 사용되는 완충기에 관한 설명으로 옳지 않은 것은?

① 충격 에너지는 속도가 빠르거나 정지되는 시간이 짧을수록 커진다.
② 스프링식 완충기는 구조가 간단하고 모든 충격력을 완벽하게 흡수할 수 있다.
③ 가변 오리피스형 유압식 완충기는 동작의 시작과 종료까지 항상 일정한 저항력이 발생한다.
④ 충격력의 완화가 더욱 필요한 때는 쿠션 행정의 길이를 길게 하거나 감속 회로를 설치한다.

해설 완충장치(스토퍼) : 부하의 운동 에너지가 기기의 허용 운동 에너지보다 클 때에나 요동 각도의 정밀도가 높아야 할 때에는 부하

정답 3. ④ 4. ④ 5. ② 6. ③ 7. ① 8. ②

쪽의 지름이 큰 곳에 완충기구를 설치하여 내구성의 향상과 정지 정밀도를 확보할 수 있게 된다.

9. 밸브의 조작 방식 중 복동 가변식 전자 액추에이터의 기호는?

① ②

③ ④

해설 ① : 복동 솔레노이드, ② : 롤러, ③ : 복동 가변식 전자 액추에이터, ④ : 단동 가변식 전자 액추에이터

10. 공압 시스템 설계 시 사이징 설계를 위한 조건으로 틀린 것은?

① 부하의 종류
② 실린더의 행정거리
③ 실린더의 동작 방향
④ 압축기의 용량

해설 공압 시스템 설계 시 사이징 설계 조건
(1) 액추에이터의 종류 및 행정거리
(2) 실린더의 동작 방향
(3) 부하의 종류 및 크기
(4) 배선, 배관 길이

11. 축압기의 사용 용도에 해당하지 않는 것은?

① 압력 보상
② 충격 완충 작용
③ 유압 에너지의 축적
④ 유압 펌프의 맥동 발생 촉진

해설 축압기(accumulator)의 기능
(1) 유압 에너지 축적 (2) 2차 회로의 구동
(3) 압력 보상 (4) 맥동 제거
(5) 충격 완충 (6) 액체의 수송

12. 그림과 같은 회로에서 속도 제어 밸브의 접속 방식은? (02/5)

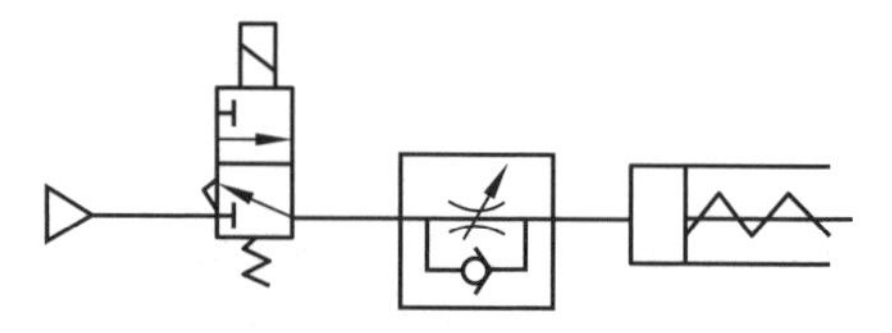

① 미터 인 방식 ② 블리드 오프 방식
③ 미터 아웃 방식 ④ 파일럿 오프 방식

해설 미터-인 회로 : 실린더로 들어가는 공기를 교축시키는 회로로 하중 변동이 직접 실린더 속도에 영향을 준다.

13. 두 개의 복동 실린더가 1개의 실린더 형태로 조립되어 출력이 거의 2배의 힘을 낼 수 있는 실린더는?

① 탠덤 실린더
② 케이블 실린더
③ 로드리스 실린더
④ 다위치 제어 실린더

해설 탠덤 실린더 : 길이 방향으로 연결된 복수의 복동 실린더를 조합시킨 것으로, 2개의 피스톤에 압축 공기가 공급되기 때문에 실린더의 출력은 두 실린더 출력의 합이 되므로 큰 힘이 얻어진다.

14. 실린더 피스톤의 운동 속도를 증가시킬 목적으로 사용하는 밸브는?

① 이압 밸브 ② 셔틀 밸브
③ 체크 밸브 ④ 급속 배기 밸브

해설 급속 배기 밸브 : 액추에이터의 배출 저항을 작게 하여 속도를 빠르게 하는 밸브로 가능한 액추에이터 가까이에 설치하며, 충격 방출기는 급속 배기 밸브를 이용한 것이다.

정답 9. ③ 10. ④ 11. ④ 12. ① 13. ① 14. ④

15. **공기 건조 방식 중 −70℃ 정도까지의 저노점을 얻을 수 있는 것은?** (08/5, 11/5)

① 흡수식　　② 냉각식
③ 흡착식　　④ 저온 건조 방식

해설 흡착식은 고체 흡착 건조제를 두 개의 타워 속에 가득 채워 습기와 미립자를 제거하여 초건조 공기를 토출하며 건조제를 재생(제습 청정)시키는 방식으로, 최대 −70℃ 정도까지의 저노점을 얻을 수 있다.

16. **다음 중 신호의 계수에 사용할 수 없는 것은?**

① 전자 카운터　　② 유압 카운터
③ 공압 카운터　　④ 메커니컬 카운터

해설 유압 카운터는 압력 종속을 이용한 것으로 신호의 계수 작업에 이용되지 않는다.

17. **압축 공기의 응축된 물과 고형 이물질을 제거하기 위하여 사용하는 필터의 기호는?**

① 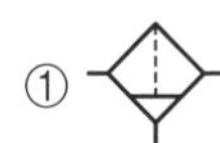　　② 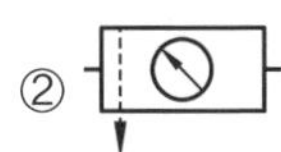

③　　④ 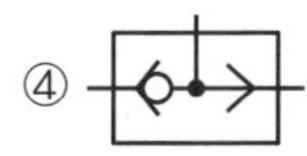

해설 ① : 드레인 배출구 붙이 필터(수동 배출), ② : 공기압 조정 유닛, ③ : AND 밸브(이압 밸브), ④ : OR 밸브(셔틀 밸브)

18. **3개의 공압 실린더를 A+, B+, C+, A−, B−, C−의 순서로 제어하는 회로를 설계하고자 할 때, 신호의 중복(트러블)을 피하려면 최소 몇 개의 그룹으로 나누어야 하는가?(단, A, B, C는 공압 실린더, "+"는 전진 동작, "−"는 후진 동작이다.)**

① 2　　② 3
③ 4　　④ 5

해설 캐스케이드 회로 설계 방법

(1) 그룹의 분리 : 하나의 그룹에 같은 실린더의 전진 또 후진 운동이 한 개만 표시되어야 한다(한 그룹 안에 같은 문자 표시 불가).
A+, B+, C+(Ⅰ그룹) / A−, B−, C−(Ⅱ그룹)

(2) 그룹의 수(릴레이의 수) : 그룹의 수가 2개이면 1개의 릴레이를 사용한다(a, b 접점을 이용). 그룹의 수가 3개 이상이면 그룹의 수만큼 릴레이를 사용한다(K1, K2, K3).

19. **공압 실린더, 제어 밸브 등의 작동을 원활하게 하기 위하여 윤활유를 분무 급유하는 기기의 명칭은?**

① 드레인　　② 에어 필터
③ 레귤레이터　　④ 루브리케이터

해설 윤활기(루브리케이터) : 공기 실린더, 제어 밸브 등의 작동을 원활하게 하고, 내구성을 향상시키기 위해 미세 급유를 하는 기기

20. **유압유로서 갖추어야 할 성질로 옳지 않은 것은?**

① 내연성이 클 것
② 점도 지수가 클 것
③ 윤활성이 우수할 것
④ 체적탄성계수가 작을 것

해설 유압유는 체적탄성계수가 커야 한다.

21. **기계적 에너지로 압축 공기를 만드는 장치는?**

① 공기 탱크　　② 공기 압축기
③ 공기 냉각기　　④ 공기 건조기

정답 15. ③　16. ②　17. ①　18. ①　19. ④　20. ④　21. ②

해설 공기 압축기는 공압 에너지를 만드는 기계로 대기압의 공기를 흡입, 압축하여 $1kgf/cm^2$ 이상의 압력을 발생시키는 것을 말한다.

22. 다음 중 액추에이터의 속도를 조절하는 밸브는? (09/5)

① 감압 밸브 ② 유량 제어 밸브
③ 방향 제어 밸브 ④ 압력 제어 밸브

해설 공기의 의해 작동되는 액추에이터 속도는 배관 내의 공기 유량에 따라 제어된다. 공기의 유량은 관로의 저항의 대소에 따라 정해지는데, 이 저항을 가지게 하는 기구를 교축이라 하고, 이 밸브를 스로틀 밸브라고 부른다. 이 스로틀 밸브는 유량의 제어를 목적으로 하고 있으므로 유량 제어 밸브라고도 부른다.

23. 공유압 변환기의 종류가 아닌 것은?

① 비가동형 ② 블래더형
③ 플로트형 ④ 피스톤형

해설 공유압 변환기의 종류
(1) 비가동형 : 10bar 미만의 저압 회로에 사용되며, 유압 탱크에 압축 공기를 직접 공급하여 유면을 가압, 동력을 전달한다.
(2) 블래더형 : 다이어프램 등에 의해 유압유와 공압이 분리되어 있고, 압축 공기가 팽창하여 작동유를 가압하여 동력을 전달한다.
(3) 피스톤형 : 피스톤이 압축 공기와 유압유를 분리시키는 구조로 고압 회로에 사용된다.

24. 공기 조정 유닛의 압력 조절 밸브에 관한 설명으로 옳은 것은? (09/5)

① 감압을 목적으로 사용한다.
② 압력 유량 제어 밸브라고도 한다.
③ 생산된 압력을 증압하여 공급한다.
④ 밸브 시트에 릴리프 구멍이 있는 것이 논 블리드식이다.

해설 서비스 유닛의 압력 조정기는 감압 밸브이다.

25. 분사 노즐과 수신 노즐이 같이 있으며 배압의 원리에 의하여 작동되는 공압 기기는 어느 것인가?

① 압력 증폭기 ② 공압 제어 블록
③ 반향 감지기 ④ 가변 진동 발생기

해설 반향 감지기는 배압의 원리에 의해 작동되며, 분사 노즐과 수신 노즐이 한데 합쳐져 있어 구조가 간단하다. 이 감지기는 먼지, 충격파, 어두움, 투명함 또는 내자성 물체의 영향을 받지 않기 때문에 프레스나 펀칭 작업에서의 검사장치, 섬유 기계, 포장 기계에서의 검사나 계수, 목공 산업에서의 나무판의 감지, 매거진 검사 등에 이용된다.

26. 그림의 유압 기호에 관한 설명으로 옳지 않은 것은?

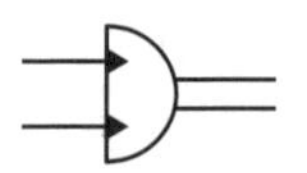

① 요동형 유압 펌프이다.
② 요동형 유압 액추에이터이다.
③ 요동 운동의 범위를 조절할 수 있다.
④ 2개의 오일 출입구에서 교대로 오일을 출입시킨다.

27. 회로의 압력이 설정압을 초과하면 격막이 파열되어 회로의 최고 압력을 제한하는 것은? (09/5)

정답 22. ② 23. ③ 24. ① 25. ③ 26. ① 27. ①

① 유체 퓨즈　　② 유체 스위치
③ 압력 스위치　　④ 감압 스위치

해설 유체 퓨즈는 전기 퓨즈와 같이 유압장치 내의 압력이 어느 한계 이상이 되는 것을 방지하는 것으로, 얇은 금속막을 장치하여 회로압이 설정압을 넘으면 막이 유체압에 의하여 파열되어 압유를 탱크로 귀환시킴과 동시에 압력 상승을 막아 기기를 보호하는 역할을 한다. 그러나 맥동이 큰 유압장치에서는 부적당하다.

28. 피스톤이 없이 로드 자체가 피스톤 역할을 하는 것으로 출력축인 로드의 강도를 필요로 하는 경우에 자주 이용되는 것은?

① 단동 실린더
② 램형 실린더
③ 다이어프램 실린더
④ 양로드 복동 실린더

해설 램형 실린더 : 피스톤 지름과 로드 지름 차가 없는 수압 가동 부분을 갖는 것으로 좌굴 하중 등 강성을 요할 때 사용한다.

29. 관로의 면적을 줄인 길이가 단면 치수에 비하여 비교적 긴 경우의 교축을 무엇이라 하는가?

① 서지　　② 초크
③ 공동　　④ 오리피스

해설 (1) 오리피스 : 면적을 줄인 부분의 길이가 단면 치수에 비하여 비교적 짧은 경우로 점도의 영향을 받지 않는다.
(2) 초크 : 면적을 줄인 부분의 길이가 단면 치수에 비하여 비교적 긴 경우로 유체의 점도에 따라 크게 영향을 받는다.

30. 유압 펌프의 동력(L_p)을 구하는 식으로 옳은 것은?(단, P는 펌프 토출압(kgf/cm^2), Q는 이론 토출량(L/min)이다.)

① $L_p = \frac{PQ}{450}$[kW]　　② $L_p = \frac{PQ}{612}$[kW]

③ $L_p = \frac{PQ}{7500}$[kW]　　④ $L_p = \frac{PQ}{12000}$[kW]

해설 $L_{PS} = \frac{PQ}{450}$[PS], $L_{kW} = \frac{PQ}{612}$[kW]

31. 다음 중 무접점 방식 시퀀스에 사용되는 것은?

① 전자 릴레이　　② 푸시 버튼 스위치
③ 사이리스터　　④ 열동형 릴레이

해설 사이리스터는 P형과 N형을 번갈아 배치한 4개의 영역을 가진 단결합의 반도체 소자로 전류 제어 기능을 가지며 인버터, 무접점 릴레이 등에 응용된다.

32. Y 결선으로 접속된 3상 회로에서 선간 전압은 상전압의 몇 배인가? (07/5)

① 2　② $\sqrt{2}$　③ 3　④ $\sqrt{3}$

해설 Y 결선에서 선간전압(V_L)은 상전압(V_p)의 $\sqrt{3}$배이며, 위상이 $\frac{\pi}{6}$[rad]=30°만큼 앞선다.

33. 직류 전동기를 급정지 또는 역전시키는 전기 제동 방법은? (13/2)

① 플러깅　　② 계자 제어
③ 워드 레오나드 방식　④ 일그너 방식

해설 전동기를 전원에 접속된 상태에서 전기자의 접속을 반대로 하고 회전 방향과 반대 방향으로 토크를 발생시켜 급속 정지하거나 역전시키는 방법을 역전 제동(plugging)이라 한다.

정답 28. ② 29. ② 30. ② 31. ③ 32. ④ 33. ①

34. 두 종류의 금속을 서로 접합하고 접합점을 서로 다른 온도의 차이를 주게 되면 기전력이 발생하여 일정한 방향으로 전류가 흐르는 현상은?

① 가우스 효과 ② 제베크 효과
③ 톰슨 효과 ④ 펠티에 효과

해설 두 종류의 금속을 접합하여 폐회로를 만들고 두 접합점의 온도차를 다르게 유지하면 금속 간에 기전력이 발생하여 전류가 흐르는 현상을 제베크 효과라 하고, 이것을 이용하여 온도를 측정하도록 만든 것을 열전대라 한다.

35. 시퀀스 제어에서 검출부에 해당되지 않는 것은?

① 리밋 스위치 ② 마이크로 스위치
③ 압력 스위치 ④ 푸시 버튼 스위치

해설 검출용 스위치는 어떤 물체의 위치나 액체의 높이, 압력, 빛, 온도, 전압, 자계 등을 검출하여 조작기기를 작동시키는 스위치이다. 따라서 검출용 스위치는 사람의 눈이나 귀 등의 감각에 응하는 작용을 하며, 구조에 따라 리밋 스위치, 마이크로 스위치, 근접 스위치, 광전 스위치, 온도 스위치, 압력 스위치, 레벨 스위치, 플로트 스위치, 플로트리스 스위치 등이 있다.

36. 도체에 전류가 흐를 때 자기력선의 방향은 어떤 법칙에 의하는가?

① 렌츠의 법칙
② 플레밍의 왼손 법칙
③ 플레밍의 오른손 법칙
④ 앙페르의 오른나사 법칙

해설 전류에 의해 만들어지는 자기장의 자력선 방향을 알아내는 방법을 Ampere의 오른나사 법칙이라고 한다.

37. 직류 200V, 1000W의 전열기에 흐르는 전류는 몇 A인가?

① 0.5 ② 5 ③ 10 ④ 50

해설 $P=VI$이므로 $I=\frac{P}{V}=\frac{1000}{200}=5\text{A}$

38. 다음 중 SCR에 대한 설명으로 틀린 것은 어느 것인가? (13/5)

① 교류가 출력된다.
② 정류 작용이 있다.
③ 교류 전원의 위상 제어에 많이 사용된다.
④ 한번 통전하면 게이트에 의해서 전류를 차단할 수 없다.

해설 실리콘 제어 정류기(SCR)는 대전류를 제어하는 장치로 애노드, 캐소드, 게이트를 갖는 4층 pnpn 소자이다. 애노드와 캐소드는 off 상태에서 개방 회로의 역할을 하고, on 상태에서 단락 회로의 역할을 한다. SCR은 릴레이 제어, 위상 제어, 모터 제어, 히터 제어, 시간 지연 회로, 램프 조광기, 과전압 보호 회로 등을 포함하는 산업체의 전력 제어 분야에서 이용되고 있다.

39. 시퀀스 제어(sequence control)의 접점 표시 중 한시 동작 한시 복귀 접점을 표시한 것은?

① ② ③ ④

해설 ① : 릴레이 자동 복귀형 a 접점
② : 한시 동작 순시 복귀형 타이머 a 접점
③ : 순시 동작 한시 복귀형 타이머 a 접점
④ : 한시 동작 한시 복귀형 타이머 a 접점

정답 34. ② 35. ④ 36. ④ 37. ② 38. ① 39. ④

40. 최대 눈금 10mA의 전류계로 1A의 전류를 측정하려면 필요한 분류기 저항은 몇 Ω인가?(단, 전류계 내부 저항은 0.5Ω이다.)

① 0.005 ② 0.05
③ 0.5 ④ 5

해설 배율을 m, 분류기 저항을 R_S, 전류계 내부 저항을 R_m이라 하면 $R_S=\dfrac{R_m}{m-1}$이므로 $R_S=\dfrac{0.5}{\dfrac{1}{0.01}-1}=0.005\Omega$이다.

41. 전기량(Q)과 전류(I), 시간(t)의 상호 관계식이 옳은 것은? (10/5)

① $Q=It$ ② $Q=\dfrac{I}{t}$
③ $Q=\dfrac{t}{I}$ ④ $I=Q$

42. 그림과 같은 RLC 직렬 회로에서 공진 주파수가 발생할 수 있는 조건은?

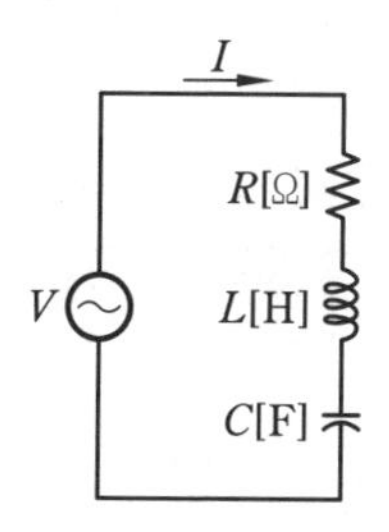

① $R=0$ ② $\omega L>\dfrac{1}{\omega C}$
③ $\omega L=\dfrac{1}{\omega C}$ ④ $\omega L<\dfrac{1}{\omega C}$

해설 (1) $\omega L>\dfrac{1}{\omega C}$인 경우 유도성으로 전류는 전압보다 위상이 θ만큼 뒤진다.
(2) $\omega L<\dfrac{1}{\omega C}$인 경우 용량성으로 전류는 전압보다 위상이 θ만큼 앞선다.
(3) $\omega L=\dfrac{1}{\omega C}$인 경우 직렬 공진 회로가 되어 전압과 전류는 동위상이 된다.

43. 자기 인덕턴스 L[H], 코일에 흐르는 전류 세기 I[A]일 때 코일에 저장되는 에너지(J)는?

① LI ② $\dfrac{1}{2}LI$ ③ $\dfrac{1}{2}LI^2$ ④ $\dfrac{1}{2}L^2I$

해설 코일에 전류가 흐르면 코일 주위에 자기장을 발생시켜 전자 에너지를 저장하게 된다. 따라서 인덕턴스 L[H]인 코일에 I[A]의 전류가 흐를 때 코일 내에 축적되는 에너지 $W=\dfrac{1}{2}LI^2$[J]이다.

44. 회로 시험기를 이용하여 저항값을 측정하고자 할 때 전환 스위치의 위치는?

① DGV ② Ω
③ ACV ④ DCmA

해설 측정하려는 저항값을 예상하여 전환 스위치를 적당한 저항(OHM)의 측정 범위에 놓는다.

45. 직류 전동기에서 자기 회로를 만드는 철심과 회전력을 발생시키는 전기자 권선으로 구성된 것은?

① 계자 ② 전기자
③ 정류자 ④ 브러시

해설 직류 전동기의 구조
① 계자 : 전기에 의해 자속을 만드는 부분
② 전기자 : 철심과 전기자 권선으로 구성되어 있고, 계자에서 만든 자속을 끊어서 기전력을 유도하는 부분
③ 정류자 : 전기자 권선에서 유도된 교류를 직렬로 바꿔주는 부분
④ 브러시 : 정류자 표면에 접촉하여 전기자 권선과 외부 회로를 연결해 주는 부분

정답 40. ① 41. ① 42. ③ 43. ③ 44. ② 45. ②

46. 가공 방법의 보조 기호 중에서 리밍(reaming) 가공에 해당하는 것은?

① FS ② FL
③ FF ④ FR

해설 ① : 스크레이핑, ② : 래핑, ③ : 줄 다듬질

47. 정사각뿔의 중심에 직립하는 원통의 구조물에 대해 보기 그림과 같이 정면도와 평면도를 나타내었다. 여기서 일부 선이 누락된 정면도를 가장 정확하게 완성한 것은 어느 것인가?

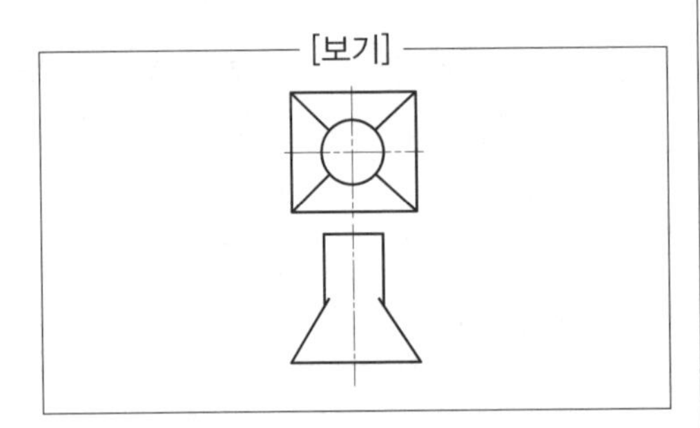

①
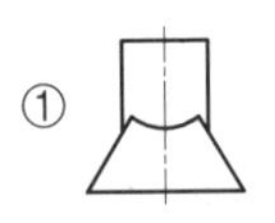

②
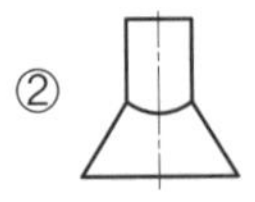

③
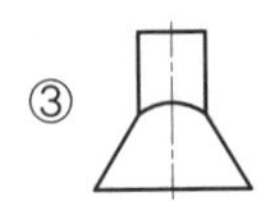

④
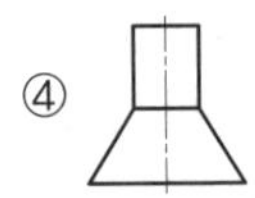

48. 그림과 같이 대상물의 구멍, 홈 등과 같이 한 부분의 모양을 도시하는 것으로 충분한 경우에는 그 필요한 부분만을 나타내는 투상도의 종류는?

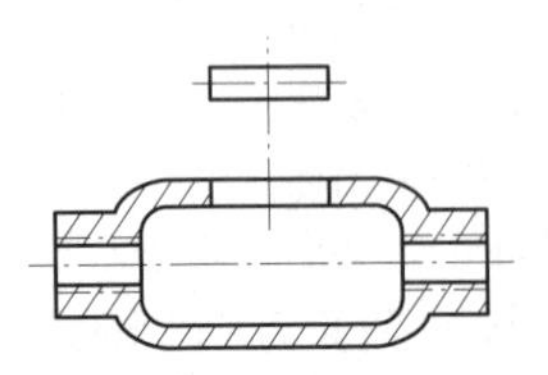

① 국부 투상도 ② 부분 투상도
③ 보조 투상도 ④ 회전 투상도

49. 도면에서 척도란에 NS로 표시된 것은 무엇을 뜻하는가?

① 축척임을 표시
② 제1각법임을 표시
③ 비례척이 아님을 표시
④ 배척임을 표시

해설 NS는 Non Scale의 약자로 비례척이 아님을 뜻한다.

50. 굵은 실선 또는 가는 실선을 사용하는 선에 해당하지 않는 것은?

① 외형선 ② 파단선
③ 절단선 ④ 치수선

해설 ① : 굵은 실선, ② : 가는 실선, ③ : 가는 1점 쇄선, ④ : 가는 실선

51. 보기 도면과 같이 지시된 치수 보조 기호의 해독으로 옳은 것은?

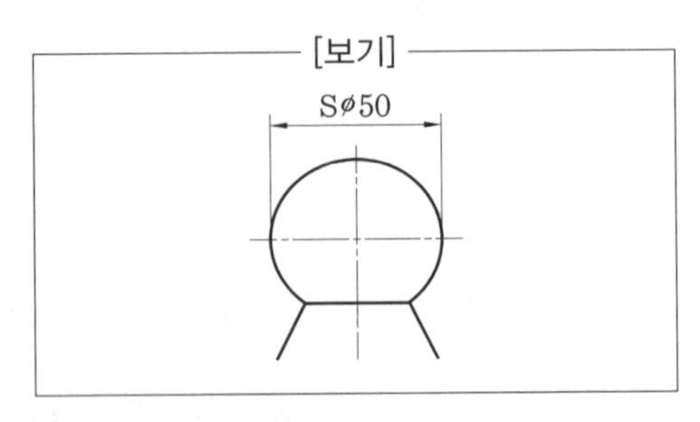

① 호의 지름이 50mm
② 구의 지름이 50mm
③ 호의 반지름이 50mm
④ 구의 반지름이 50mm

해설 원호는 길이 치수 위에 "⌒"를 표시하며

정답 46. ④ 47. ① 48. ① 49. ③ 50. ③ 51. ②

반지름은 R, 지름은 ϕ, 구의 반지름은 SR, 구의 지름은 Sϕ로 표시한다.

52. 기계 재료 표시 기호 중 탄소 공구강 강재의 KS 재료 기호는?

① SCM 415 ② STC 140
③ SM 20C ④ GC 200

해설 SCM : 크롬 몰리브덴강, SM : 기계 구조용 탄소 강재, GC : 회주철

53. 그림과 같은 스프링에서 스프링 상수가 k_1=10 N/mm, k_2=15 N/mm라면 합성 스프링 상수 값은 약 몇 N/mm인가?

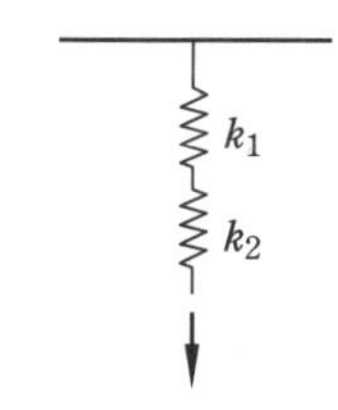

① 3 ② 6 ③ 9 ④ 25

해설 직렬 연결이므로 합성 스프링 상수

$$k = \frac{1}{\frac{1}{k_1}+\frac{1}{k_2}} = \frac{1}{\frac{1}{10}+\frac{1}{15}} = 6$$

54. 양끝에 수나사를 깎은 머리 없는 볼트로 한쪽은 본체에 조립한 상태에서, 다른 한쪽에는 결합할 부품을 대고 너트를 조립하는 볼트는?

① 탭 볼트 ② 관통 볼트
③ 기초 볼트 ④ 스터드 볼트

해설 스터드 볼트는 환봉의 양끝에 나사를 낸 것으로 기계 부품의 한쪽 끝을 영구 결합시키고 너트를 풀어 기계를 분해하는 데 쓰인다.

55. 페더 키(feather key)라고도 하며, 축 방향으로 보스를 슬라이딩 운동을 시킬 필요가 있을 때 사용하는 키는?

① 성크 키 ② 접선 키
③ 미끄럼 키 ④ 원뿔 키

해설 페더 키는 미끄럼 키, 안내 키라고도 하며, 보스가 축과 더불어 회전하는 동시에 축 방향으로 미끄러져 움직일 수 있도록 한 키로서 기울기가 없는 평행한 키이다.

56. 축 방향 및 축과 직각인 방향으로 하중을 동시에 받는 베어링은?

① 레이디얼 베어링
② 테이퍼 베어링
③ 스러스트 베어링
④ 슬라이딩 베어링

해설 축 방향 하중을 스러스트 하중, 축과 직각(수직) 방향 하중을 레이디얼 하중이라 하며, 두 방향으로 하중을 모두 받는 베어링은 원뿔(테이퍼) 베어링이다.

57. 지름 15 mm, 표점거리 100 mm인 인장 시험편을 인장시켰더니 110 mm가 되었다면 길이 방향의 변형률은?

① 9.1% ② 10%
③ 11% ④ 15%

해설 변형률$(\varepsilon) = \frac{l'-l}{l} \times 100\%$

$$= \frac{110-100}{100} \times 100\% = 10\%$$

58. 다음 중 V-벨트의 단면적이 가장 작은 형식은?

① A ② B

정답 52. ② 53. ② 54. ④ 55. ③ 56. ② 57. ② 58. ④

③ E ④ M

해설 V벨트의 단면은 M, A, B, C, D, E의 6 종류가 있으며, 단면적은 M이 가장 작고 A에서 E쪽으로 갈수록 커진다.

59. 나사의 풀림을 방지하는 용도로 사용되지 않는 것은?

① 스프링 와셔 ② 캡 너트
③ 분할 핀 ④ 로크 너트

해설 캡 너트는 유체의 누설을 막기 위하여 위가 막힌 것으로 기밀 유지에 사용된다.

60. 동력 전달을 직접 전동법과 간접 전동법으로 구분할 때, 직접 전동법으로 분류되는 것은?

① 체인 전동 ② 벨트 전동
③ 마찰차 전동 ④ 로프 전동

해설 (1) 직접 전동법 : 기어나 마찰차와 같이 두 개의 바퀴가 직접 접촉으로 동력을 전달하는 것으로 축 사이가 비교적 짧은 경우에 사용한다.
(2) 간접 전동법 : 두 개의 바퀴 사이에 벨트, 체인, 로프 등을 매개물로 한 전달장치로 축 간의 거리가 큰 경우에 사용한다.

정답 59. ② 60. ③

2017년 복원문제

공유압기능사

2017년 제1회 시행

1. OR 논리를 만족시키는 밸브는?

① 2압 밸브　② 급속배기 밸브
③ 셔틀 밸브　④ 압력 시퀀스 밸브

2. 다음과 같이 1개의 입력 포트와 1개의 출력 포트를 가지고 입력 포트에 입력이 되지 않은 경우에만 출력 포트에 출력이 나타나는 회로는?

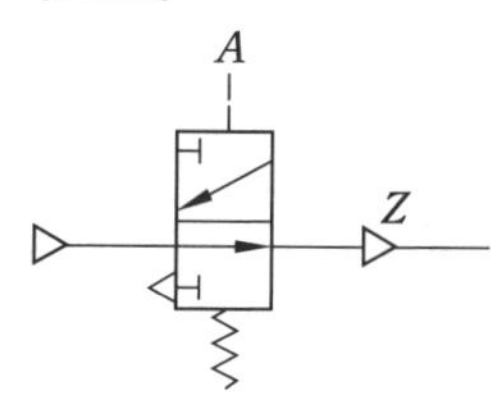

① NOR 회로　② AND 회로
③ NOT 회로　④ OR 회로

3. 다음의 변위 단계 선도에서 실린더 동작 순서가 옳은 것은?(단, + : 실린더의 전진, - : 실린더의 후진)

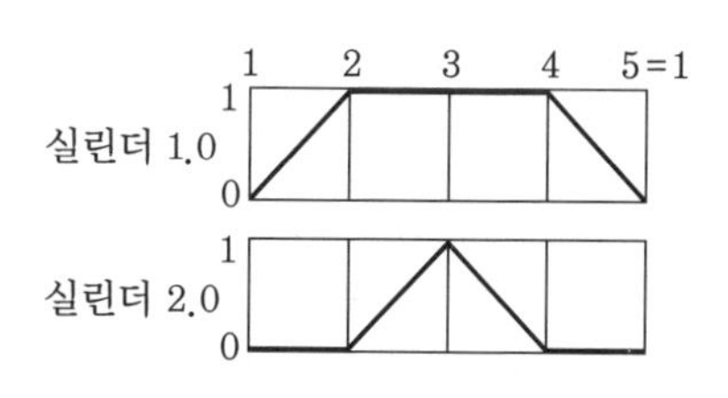

① 1.0+ 2.0+ 2.0- 1.0-
② 1.0- 2.0- 2.0+ 1.0+
③ 2.0+ 1.0+ 1.0- 2.0-
④ 2.0- 1.0- 1.0+ 2.0+

해설 실린더 A전진 → B전진 → B후진 → A후진

4. 공압장치인 서비스 유닛의 구성품으로 맞는 것은?

① 윤활기, 필터, 감압 밸브
② 윤활기, 실린더, 압축기
③ 압축기, 탱크, 필터
④ 압축기, 필터, 모터

해설 서비스 유닛 : 공기필터, 압축공기 조정기, 압력계, 윤활기가 한 조로 이루어진 것

5. 압력 제어 밸브에서 급격한 압력 변동에 따른 밸브 시트를 두드리는 미세한 진동이 생기는 현상은?

① 노킹　② 채터링
③ 해머링　④ 캐비테이션

해설 채터링(chattering) : 릴리프 밸브 등에서 밸브 시트를 두드려 비교적 높은 음을 발생시키는 일종의 자려 진동 현상

6. 유압에서 이용되는 속도 제어의 3가지 기본 회로는?

① 미터인 회로, 미터아웃 회로, 로킹 회로
② 블리드 오프 회로, 로킹 회로, 미터아웃 회로

정답 1. ③　2. ③　3. ①　4. ①　5. ②　6. ④

③ 미터아웃 회로, 블리드 오프 회로, 로킹 회로

④ 미터인 회로, 블리드 오프 회로, 미터아웃 회로

해설 공유압에서 이용되는 속도 제어의 3가지 기본 회로는 미터인 회로, 미터아웃 회로, 블리드 오프 회로 3가지가 있다.

7. 다음은 어큐뮬레이터를 설치할 때 주의사항을 열거한 것이다. 다음 중 틀린 것은 어느 것인가?

① 어큐뮬레이터와 펌프 사이에는 역류 방지밸브를 설치한다.

② 어큐뮬레이터의 기름을 모두 배출시킬 수 있는 셧–오프 밸브를 설치한다.

③ 펌프 맥동 방지용은 펌프 토출측에 설치한다.

④ 어큐뮬레이터는 수평으로 설치한다.

해설 어큐뮬레이터는 수직으로 설치한다.

8. 탠덤 실린더를 사용하여 실린더의 램을 전진시켜 높지 않은 압력으로 강력한 압축력을 얻을 수 있는 회로는?

① 시퀀스 회로 ② 무부하 회로
③ 증강 회로 ④ 블리드 오프 회로

해설 증강 회로(force multiplication circuit) : 유효 면적이 다른 2개의 탠덤 실린더를 사용하거나, 실린더를 탠덤(tandem)으로 접속하여 병렬 회로로 한 것인데 실린더의 램을 급속히 전진시켜 그리 높지 않은 압력으로 강력한 압축력을 얻을 수 있는 힘의 증대 회로

9. 방향 전환 밸브의 포핏식이 갖고 있는 특징으로 맞는 것은?

① 이동거리가 짧고, 밀봉이 완벽하다.

② 이물질의 영향을 잘 받는다.

③ 작은 힘으로 밸브가 작동한다.

④ 윤활이 필요하며 수명이 짧다.

해설 포핏식 밸브의 특징

(1) 장점
- 구조가 간단하여 이물질의 영향을 잘 받지 않는다.
- 짧은 거리에서 밸브의 개폐를 할 수 있다.
- 시트(seat)는 탄성이 있는 실에 의해 밀봉되기 때문에 공기가 새어나가기 어렵다.
- 활동부가 없어 윤활이 불필요하고 수명이 길다.

(2) 단점
- 공급압력이 밸브에 작용하기 때문에 큰 변환조작이 필요하다.
- 다방향 밸브로 되면 구조가 복잡하게 된다.

10. 입력신호 A, B에 대한 출력 C가 갖는 회로의 이름은?

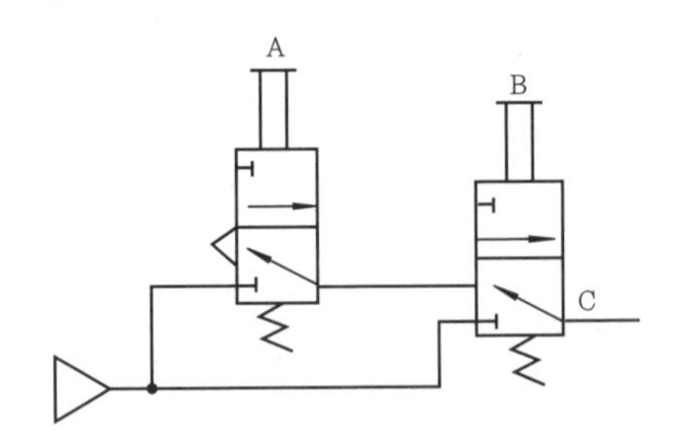

① AND 회로 ② OR 회로
③ NOT 회로 ④ NOR 회로

11. 유압 펌프에서 축 토크를 T_p[kg · cm], 축동력을 L이라 할 때 회전수 n[rev/s]을 구하는 식은?

① $n=2\pi T_p$ ② $n=\frac{T_p}{2\pi L}$

정답 7. ④ 8. ③ 9. ① 10. ② 11. ③

③ $n=\dfrac{L}{2\pi T_p}$ ④ $n=\dfrac{2\pi L}{T_p}$

해설 축동력$(L)=2\pi nT_p$이므로 $n=\dfrac{L}{2\pi T_p}$

12. 흡착식 공기 건조기에서 사용되는 고체 흡착제는?

① 암모니아 ② 실리카겔
③ 프레온 가스 ④ 진한 황산

해설 흡착식 건조기의 건조제로는 실리카겔, 활성 알루미나 등을 사용한다.

13. 다음 중 유압회로에서 주요 밸브가 아닌 것은?

① 압력 제어 밸브 ② 회로 제어 밸브
③ 유량 제어 밸브 ④ 방향 제어 밸브

해설 밸브는 기능상 압력 제어 밸브, 유량 제어 밸브, 방향 제어 밸브 3가지로 분류한다.

14. 호스 이음 재료로 틀린 것은?

① 강 ② 황동
③ 고무 ④ 스테인리스강

해설 호스 이음 재질은 강, 황동, 스테인리스강 등으로 되어 있으나, 플라스틱으로 제작된 것도 있다.

15. 공기압축기를 출력에 의해서 분류한 것 중 중형에 해당하는 것은?

① 0.2~14kW ② 15~75kW
③ 76~150kW ④ 150kW 이상

해설 (1) 출력에 의한 분류
- 소형 : 0.2~14kW
- 중형 : 15~75kW
- 대형 : 75kW 이상

(2) 토출압력에 의한 분류
- 저압 : 0.7~0.8MPa
- 중압 : 1~1.5MPa
- 고압 : 1.5MPa 이상

16. 다음의 기호를 보고 알 수 없는 것은?

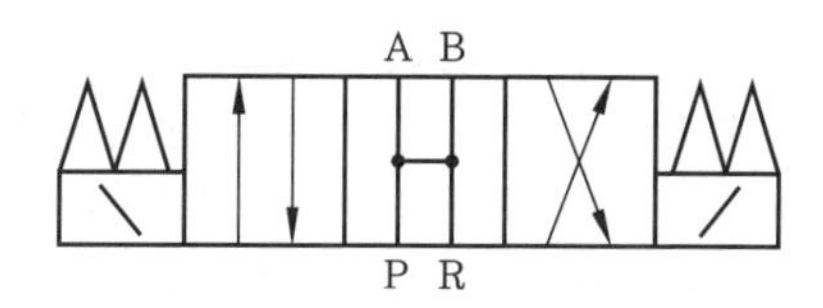

① 4 포트 밸브 ② 오픈 센터
③ 개스킷 접속 ④ 3 위치 밸브

해설 이 밸브는 오픈 센터 타입 방향 제어 밸브로 4/3way 밸브이다.

17. 다음 중 공압 발생장치의 구성상 필요 없는 장치는?

① 방향 제어 밸브 ② 공기 탱크
③ 압축기 ④ 냉각기

해설 공압 발생장치는 공기를 압축하는 공기 압축기, 압축된 공기를 냉각하여 수분을 제거하는 냉각기, 압축 공기를 저장하는 공기 탱크, 압축 공기를 건조시키는 공기 건조기 등으로 구성되어 있다.

18. 회전속도가 높고 전체 효율이 가장 좋은 펌프는 어느 것인가?

① 축방향 피스톤식 ② 베인 펌프식
③ 내접 기어식 ④ 외접 기어식

해설 피스톤 펌프(piston pump) 특징
(1) 고속, 고압의 유압장치에 적합하다.
(2) 다른 유압펌프에 비해 효율이 가장 좋다.
(3) 가변용량형 펌프로 많이 사용된다.
(4) 구조가 복잡하고 가격이 고가이다.
(5) 흡입능력이 가장 낮다.

정답 12. ② 13. ② 14. ③ 15. ② 16. ③ 17. ① 18. ①

19. 기체의 온도를 내리면 기체의 체적은 줄어든다. 체적이 0이 될 때 기체의 온도는 −273.15℃이다. 이 온도를 무엇이라고 하는가?

① 영하온도 ② 섭씨온도
③ 상대온도 ④ 절대온도

해설 켈빈 온도라고도 하며, 모든 분자가 −273.15℃에서 그 운동이 정지되며 그 이하의 온도는 존재하지 않으므로 이를 절대 0도라 하고, 이를 기점으로 켈빈(K) 단위로 나타낸 것이 절대온도이다.

20. 실린더 행정 중 임의의 위치에 실린더를 고정하고자 할 때 사용하는 회로는?

① 로킹 회로 ② 무부하 회로
③ 동조 회로 ④ 릴리프 회로

해설 로킹 회로는 실린더 피스톤을 임의 위치에서 고정하는 회로이다.

21. 다음에서 플립플롭 기능을 만족하는 밸브는?

①
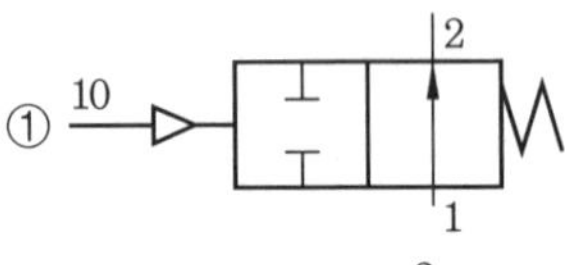

②
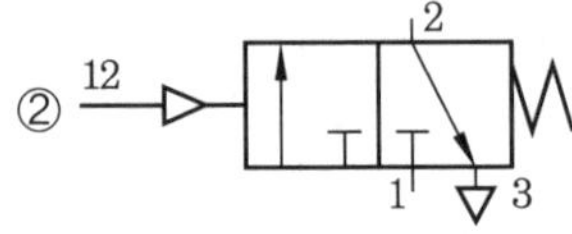

③
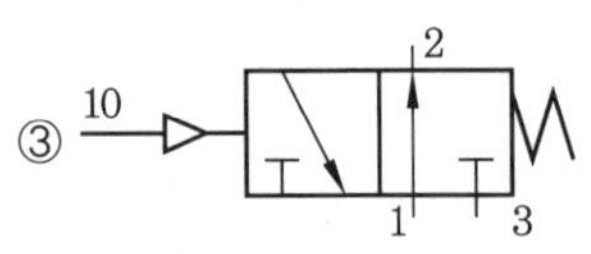

④
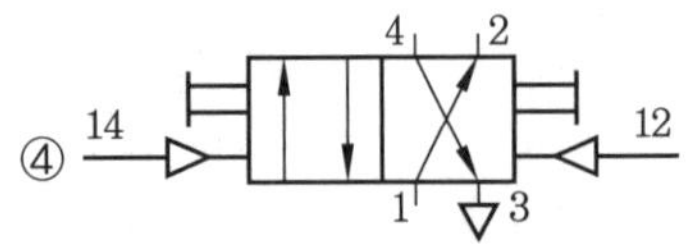

해설 플립플롭 회로(flip-flop circuit) : 주어진 입력 신호에 따라 정해진 출력을 내는 것으로, 기억(memory) 기능을 겸비한다.

22. 다음의 진리표에 따른 논리 회로로 맞는 것은?(단, 입력 신호 : a와 b, 출력 신호 : c)

진리표

입력 신호		출력
A	B	C
0	0	1
0	1	0
1	0	0
1	1	0

① OR 회로 ② AND 회로
③ NOR 회로 ④ NAND 회로

해설 NOR 회로 : 모든 입력 단자에 "0"이 입력되었을 때에만 출력 단자에 "1"을 출력하는 회로

23. 일반적으로 사용되는 압력계는 대부분 어떤 것을 택하는가?

① 게이지 압력 ② 절대압력
③ 평균압력 ④ 최고압력

해설 일반적으로 사용되는 압력계는 대부분 게이지 압력계를 사용한다.

24. 봉함능력이 좋으며 마찰력이 적은 공압 실린더는?

① 단동 실린더(피스톤식)
② 램형 실린더
③ 다이어프램 실린더(비피스톤식)
④ 복동 실린더(피스톤식)

해설 다이어프램 실린더(비피스톤식)는 미끄럼 밀봉이 필요 없고, 재료가 늘어남에 따라 생기는 마찰만 있는 실린더이다.

정답 19. ④ 20. ① 21. ④ 22. ③ 23. ① 24. ③

25. 공압 실린더의 배출 저항을 작게 하며 운동 속도를 빠르게 하는 밸브의 명칭은?

① 셔틀 제어 밸브 ② 방향 제어 밸브
③ 2압 제어 밸브 ④ 유량 제어 밸브

해설 공압 액추에이터의 작업 속도는 배관 내의 유량 조절에 의해 제어되므로 유량을 교축하는 스로틀(throttle) 기구에 의해 속도를 제어하는 밸브로 한방향 유량 제어 밸브와 양방향 유량 제어 밸브 등이 있다.

26. 다음 중 제습기의 종류가 아닌 것은?

① 냉동식 제습기 ② 흡착식 제습기
③ 흡수식 제습기 ④ 공랭식 제습기

해설 공기 건조기(air dryer)에는 냉동식과 흡수식, 흡착식이 있다.

27. 시퀀스(sequence) 밸브의 정의로 맞는 것은?

① 펌프를 무부하로 하는 밸브
② 동작을 순차적으로 하는 밸브
③ 배압을 방지하는 밸브
④ 감압시키는 밸브

해설 시퀀스 밸브(sequence valve)는 회로에 순서적으로 유체를 흐르게 하는 역할을 하여 2개 이상의 실린더를 차례대로 동작시켜 한 동작이 끝나면 다른 동작을 하도록 하는 것이다.

28. 양정은 압력을 비중량으로 나눈 값이다. 양정의 단위로 적당한 것은?

① kg ② m
③ kg/cm^2 ④ m^2/s

해설 압력을 비중량으로 나누면 길이 단위가 되며, 이를 양정(lift) 또는 수두(head)라 한다.

29. 공압 발생장치 중 $1\,kgf/cm^2$(98 kPa) 이상의 토출압력을 발생시키는 장치는?

① 송풍기 ② 팬
③ 공기 압축기 ④ 공압 모터

해설
- 공기 압축기 : 압력 98kPa 이상의 범위
- 송풍기 : 압력 9.8~98kPa의 범위
- 팬 : 압력 9.8kPa 이하의 범위

30. 체적 효율이 가장 좋은 펌프는?

① 기어 펌프 ② 베인 펌프
③ 피스톤 펌프 ④ 로터리 펌프

해설 피스톤 펌프는 고속, 고압에 적합하여 체적 효율이 좋지만, 복잡하여 수리가 곤란하고 값이 비싸다.

31. ISO 규격에 있는 관용 테이퍼 수나사의 기호는?

① R ② S ③ Tr ④ TM

해설

구분		기호
관용 테이퍼 나사	테이퍼 수나사	R
	테이퍼 암나사	Rc
	평행 암나사	Rp
관용 평행 나사		G

32. 기계 제도에 사용하는 선의 분류에서 가는 실선의 용도가 아닌 것은?

① 치수선 ② 치수 보조선
③ 지시선 ④ 외형선

해설 가는 실선은 치수선, 치수 보조선, 지시선, 회전 단면선, 중심선, 수준면선에 사용되며, 외형선은 굵은 실선을 사용한다.

33. 투상면이 각도를 가지고 있어 실험을 표시하지 못할 때에는 그림과 같이 표시할

정답 25. ④ 26. ④ 27. ② 28. ② 29. ③ 30. ③ 31. ① 32. ④ 33. ②

수 있다. 무슨 투상도인가?

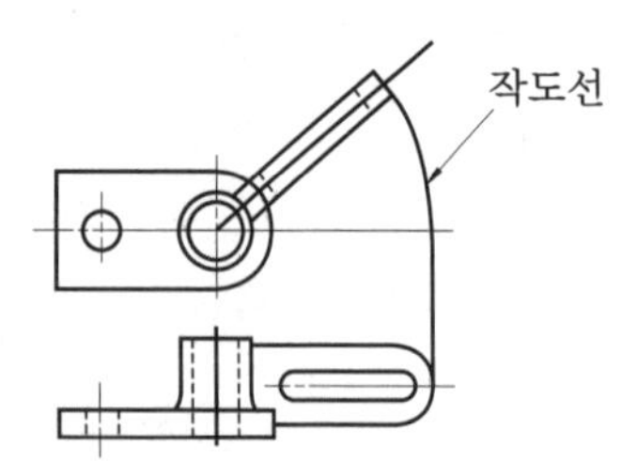

① 보조투상도 ② 회전투상도
③ 부분투상도 ④ 국부투상도

해설 회전투상도 : 각도를 가지고 있는 물체의 실제 모양을 나타내기 위한 것

34. 다음 중 방향이 변화하지 않고 일정한 방향에 반복적으로 연속하여 작용하는 하중은?

① 집중하중 ② 분포하중
③ 교번하중 ④ 반복하중

해설 반복하중 : 반복적 · 연속적으로 작용하며 방향이 일정하다.

35. 치수에 사용하는 기호로 잘못 연결된 것은?

① 정사각형의 변－□
② 구의 반지름－R
③ 지름－ϕ
④ 45° 모따기－C

해설 구의 반지름 : SR

36. 대칭형 물체의 1/4을 잘라내고 도면의 반쪽을 단면으로 나타낸 것은?

① 온(전) 단면도 ② 한쪽(반) 단면도
③ 부분 단면도 ④ 계단 단면도

해설 온 단면도는 물체를 1/2로 잘라낸 단면이다.

37. 보기와 같은 제3각 정투상도인 정면도, 평면도에 가장 적합한 우측면도는?

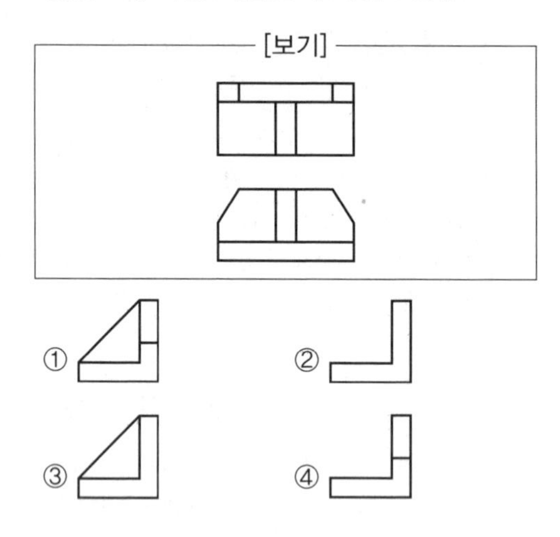

38. 일반적으로 고온에서 볼 수 있는 현상으로, 금속에 오랜 시간 외력을 가하면 시간이 경과됨에 따라 그 변형이나 변형률이 증가되는 현상은?

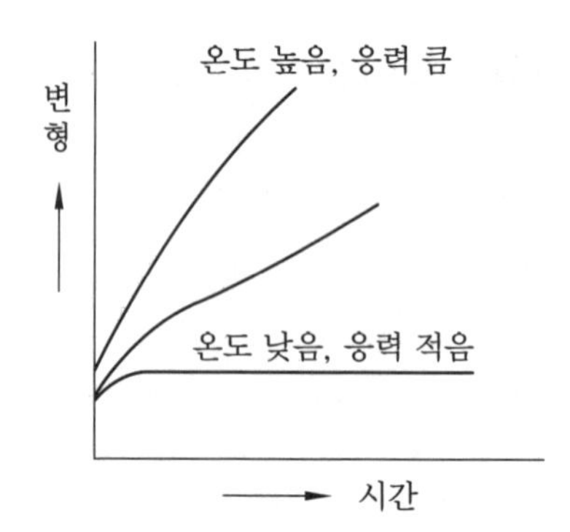

① 피로 ② 크리프
③ 허용응력 ④ 안전율

해설 크리프 : 금속이 일정한 하중하에서 시간이 지남에 따라 그 변형이 증가하는 현상으로 일반적으로 고온에서 볼 수 있다.

39. 코일 전체의 평균지름 D[mm], 소선의 지름 d[mm]라 할 때, 스프링 지수 C를 구

정답 34. ④ 35. ② 36. ② 37. ① 38. ② 39. ④

하는 식으로 옳은 것은?

① $C=d\times D$　② $C=\frac{d}{D}$

③ $C=\frac{2d}{D}$　④ $C=\frac{D}{d}$

해설 스프링 지수 $C=\frac{D}{d}=\frac{2R}{D}$

40. 다음 중 미터 나사에 관한 설명으로 잘못된 것은?

① 기호는 M으로 표시한다.
② 나사산의 각도는 60°이다.
③ 호칭은 바깥지름을 인치(inch)로 표시한다.
④ 피치는 산과 산 사이를 밀리미터(mm)로 표시한다.

해설 미터 나사 : 나사산의 각도가 60°이고 수나사의 바깥지름과 피치를 mm로 나타낸 나사로 미터 보통 나사와 미터 가는 나사가 있다.

41. 맞물림 클러치의 턱 모양이 아닌 것은?

① 톱니형　② 사다리꼴형
③ 반달형　④ 사각형

해설 맞물림 클러치에는 턱의 모양에 따라 삼각형, 삼각 톱니형, 스파이럴형, 직각형, 사다리형, 사각 톱니형 클러치 등이 있다.

42. 너트(nut)의 풀림을 방지하기 위하여 주로 사용되는 핀은?

① 평행 핀　② 분할 핀
③ 테이퍼 핀　④ 스프링 핀

해설 분할 핀 : 한쪽 끝이 두 가닥으로 갈라진 핀으로, 나사 이완을 방지하거나 축에 끼워진 부품이 빠지는 것을 막고, 핀을 때려 넣은 뒤 끝을 굽혀서 늦춰지는 것을 방지하는 핀이다. 핀이 들어가는 핀 구멍의 지름을 호칭 지름으로 하고 호칭 길이는 짧은 쪽으로 한다.

43. 평 벨트 풀리에서 벨트와 직접 접촉하여 동력을 전달하는 부분은?

① 보스　② 암
③ 림　④ 리브

해설

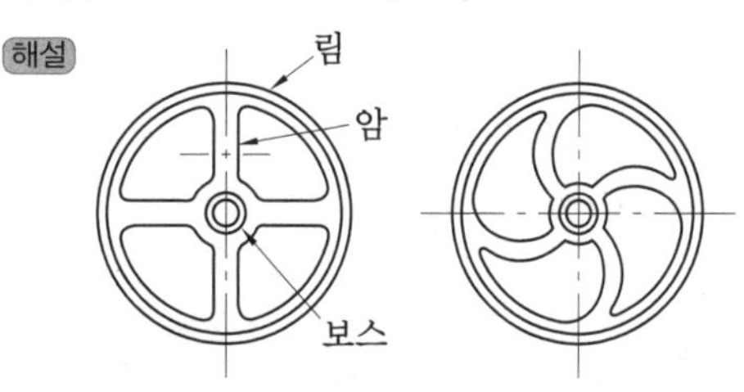

44. 회전운동을 직선운동으로 바꿀 때 사용되는 기어는?

① 스퍼 기어　② 랙과 피니언
③ 내접 기어　④ 헬리컬 기어

45. 마찰면을 원뿔형 또는 원판으로 하여 나사나 레버 등으로 축방향으로 밀어붙이는 형식의 브레이크는?

① 밴드 브레이크　② 블록 브레이크
③ 전자 브레이크　④ 원판 브레이크

해설 축방향에 밀어붙이는 형식의 종류에는 원판 브레이크, 원추 브레이크 등이 있다. 원판 브레이크는 원판이 마찰면을 축방향에 밀어붙이는 형식이다.

46. 회로 시험기 사용에서 저항 측정 시 전환 스위치를 $R\times100$에 놓았을 때 계기의 바늘이 50Ω을 가리켰다면 측정된 저항 값은?

① 50Ω　② 100Ω

정답 40. ③　41. ③　42. ②　43. ③　44. ②　45. ④　46. ④

③ 500Ω ④ 5000Ω

해설 50×100=5000Ω

47. 저항 R[Ω]과 유도 리액턴스 X_L[Ω]이 직렬로 접속된 회로의 임피던스 Z[Ω]의 값은?

① $Z=R^2+X_L$
② $Z=R^2-X_L$
③ $Z=\sqrt{R^2+X_L^2}$
④ $Z=\sqrt{R^2-X_L}$

48. 다음 중 회로 시험기를 사용할 때 극성에 주의해서 측정해야 하는 것은?

① 저항 ② 교류 전압
③ 직류 전압 ④ 주파수

해설 직류는 극성을 가지고 있어 +전원은 적색 측정봉, −전원은 흑색 측정봉에 접속, 측정하여야 한다.

49. 정전 용량이 1μF인 콘덴서 2개를 직렬로 접속했을 때의 합성 정전 용량은 병렬로 접속할 때의 몇 배인가?

① $\frac{1}{4}$ ② $\frac{1}{2}$
③ 2 ④ 4

해설 병렬 접속$(C)=C_1+C_2=1+1=2\mu F$
직렬 접속$(C)=\dfrac{1}{\frac{1}{C_1}+\frac{1}{C_2}}=\frac{1}{2}\mu F$

50. 측정 오차를 작게 하기 위한 전류계와 전압계의 내부저항에 대한 설명으로 바른 것은 어느 것인가?

① 전류계, 전압계 모두 큰 내부저항
② 전류계, 전압계 모두 작은 내부저항
③ 전류계는 작은 내부저항, 전압계는 큰 내부저항
④ 전류계는 큰 내부저항, 전압계는 작은 내부저항

해설 전압계에 흐르는 전류 I를 적게 흐르게 하기 위해서는 내부저항을 매우 크게 해야 한다. 전류계는 부하에 걸리는 전압이 낮아지므로 내부저항을 매우 작게 한다.

51. 다음 측정 단위 중 1kW는 몇 W인가?

① 10W ② 100W
③ 1000W ④ 10000W

해설 1kW=1000W

52. Δ 결선된 대칭 3상 교류 전원의 선전류는 상전류의 몇 배인가?

① $\frac{1}{2}$배 ② 1배
③ $\sqrt{2}$배 ④ $\sqrt{3}$배

해설 3상 Δ결선의 각 선전류와 각 상전류는 선전류$=\sqrt{3}\times$상전류이다.

53. 다음에 열거한 것 중 조작기기는 어느 것인가?

① 솔레노이드 밸브
② 리밋 스위치
③ 광전 스위치
④ 근접 스위치

해설 보기의 스위치들은 검출기기이다.

54. 다음 중 시퀀스 제어에 속하는 것은 어느 것인가?

정답 47. ③ 48. ③ 49. ① 50. ③ 51. ③ 52. ④ 53. ① 54. ①

① 정성적 제어
② 정량적 제어
③ 되먹임 제어
④ 닫힌 루프 제어

55. **유도 전동기에서 동기속도를 결정하는 요인은?**

① 위상, 파형
② 홈수, 주파수
③ 자극수, 주파수
④ 자극수, 전기각

해설 유도 전동기의 동기속도는 자극수와 주파수로 결정된다.

56. **그림과 같이 자석을 코일과 가까이 또는 멀리하면 검류계 지침이 순간적으로 움직이는 것을 알 수 있다. 이와 같이 코일을 관통하는 자속을 변화시킬 때 기전력이 발생하는 현상을 무엇이라 하는가?**

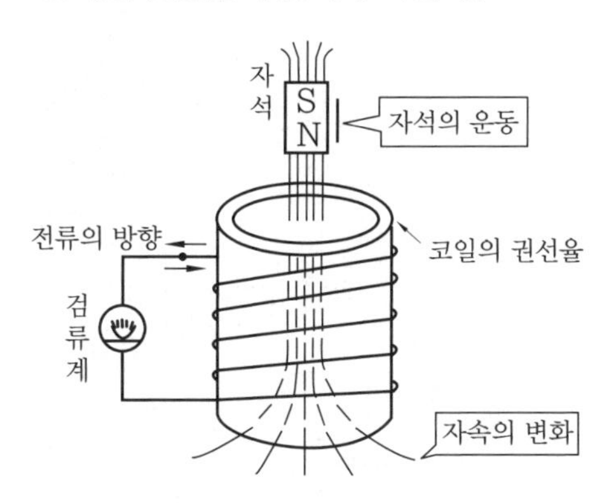

① 드리프트
② 상호 유도
③ 전자 유도
④ 정전 유도

57. **1차 전압 110V와 2차 전압 220V인 변압기의 권선비는?**

① 1 : 1　　② 1 : 2
③ 1 : 3　　④ 1 : 4

해설 변압기의 권선비는 전압에 비례한다.

$\frac{E_1}{E_2}=\frac{\eta_1}{\eta_2}$이므로 $\frac{110}{220}=\frac{1}{2}(1:2)$

58. **다음 중 정현파 교류 전압 $120\sqrt{2}\sin(120\pi t-60°)$[V]을 멀티미터로 측정할 때 전압은?**

① $120\sqrt{2}$　　② $60\sqrt{3}$
③ 120　　④ 60

59. **NOT 회로의 기호는?**

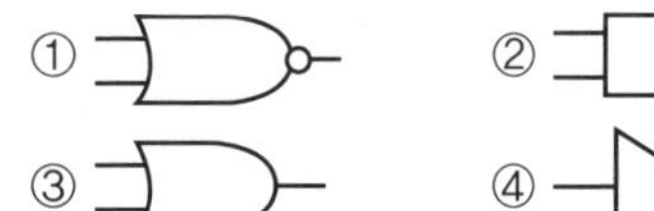

해설 ① : NOR 회로
② : NAND 회로
③ : OR 회로

60. **그림과 같은 회로의 명칭은?**

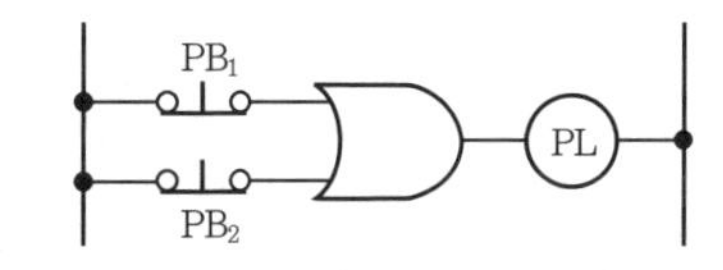

① OR 회로
② AND 회로
③ NOT 회로
④ NOR 회로

정답 55. ③　56. ③　57. ②　58. ③　59. ④　60. ①

공유압기능사 2017년 제2회 시행

1. 다음의 방향 밸브 중 3개의 작동유 접속구와 2개의 위치를 가지고 있는 밸브는 어느 것인가?

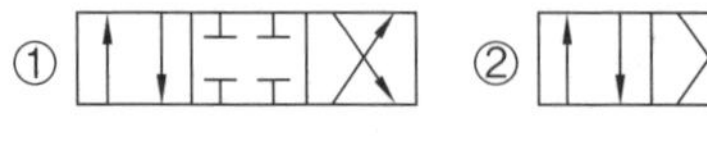

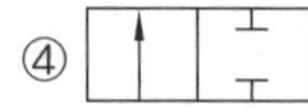

해설 ① : 4개의 접속구와 3개의 위치
② : 4개의 접속구와 2개의 위치
④ : 2개의 접속구와 2개의 위치

2. 다음 기호의 설명으로 맞는 것은?

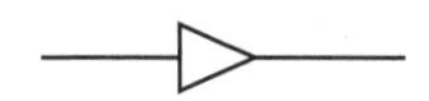

① 관로 속에 기름이 흐른다.
② 관로 속에 공기가 흐른다.
③ 관로 속에 물이 흐른다.
④ 관로 속에 윤활유가 흐른다.

해설 ▶ 기호는 유압을 나타낸다.

3. 보기에 설명되는 요소의 도면 기호는 어느 것인가?

[보기]
이 밸브는 공압, 유압 시스템에서 액추에이터의 속도를 조정하는 데 사용되며, 유량의 조정은 한쪽 흐름 방향에서만 가능하고 반대 방향의 흐름은 자유롭다.

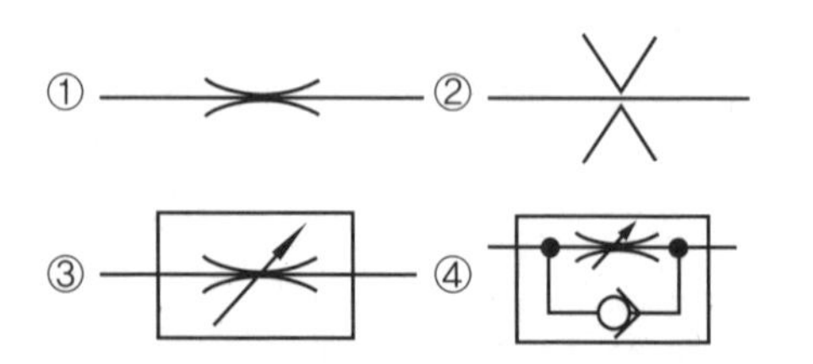

해설 속도 제어 밸브 : 유량 제어 밸브로 스로틀 밸브와 체크 밸브를 조합한 것이며 흐름의 방향에 따라 상이한 제어를 할 수 있다.

4. 점성이 지나치게 크면 어떤 현상이 생기는가?

① 마찰열에 의한 열이 많이 발생한다.
② 부품 사이에서 윤활 작용을 못한다.
③ 부품의 마모가 빠르다.
④ 각 부품 사이에서 누설손실이 크다.

해설 점성이 지나치게 큰 경우 유동의 저항이 지나치게 많아져 마찰에 의한 열이 많이 발생된다.

5. 다음은 공압 실린더의 응용회로이다. 푸시버튼 스위치를 눌렀다 놓으면 실린더는 어떻게 작동되는가?

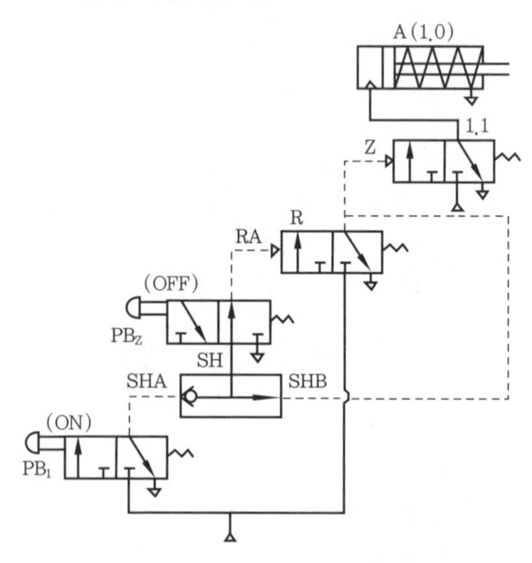

① 스위치 PB_1을 누르면 실린더가 작동되지 않는다.

② 스위치 PB_1을 누르면 실린더가 전진하고 놓으면 후진한다.

③ 스위치 PB_2를 눌렀다 놓으면 실린더가 전진상태를 유지한다.

④ 스위치 PB_1을 눌렀다 놓으면 실린더가 전진상태를 유지한다.

해설 이 회로는 공압 자기 유지 회로이다.

6. 공기 건조 방식 중 −70℃ 정도까지의 저노점을 얻을 수 있는 공기 건조 방식은?

① 흡수식 ② 냉각식

③ 흡착식 ④ 저온 건조 방식

해설 흡착식 공기 건조기는 최대 −70℃ 정도까지의 저노점을 얻을 수 있다.

7. 유압 펌프의 동력을 계산하는 방법으로 맞는 것은?

① 압력×수압면적 ② 압력×유량

③ 질량×가속도 ④ 힘×거리

해설 동력(L)=압력(P)×유량(Q)

8. 다음 중 이상적인 유압 시스템의 최적 온도는?

① −35~0℃ ② 10~30℃

③ 45~55℃ ④ 65~85℃

해설 유압유는 점도 문제로 최저 온도 20℃이고, 60℃ 이상이 되면 오일의 산화에 의해 수명이 단축되며, 70℃가 한계이다

9. 압력의 크기가 변해도 같은 유량을 유지할 수 있는 유량 제어 밸브는?

① 니들 밸브

② 유량 분류 밸브

③ 압력 보상 유량 제어 밸브

④ 스로틀 앤드 체크 밸브

해설 압력 보상부의 특성

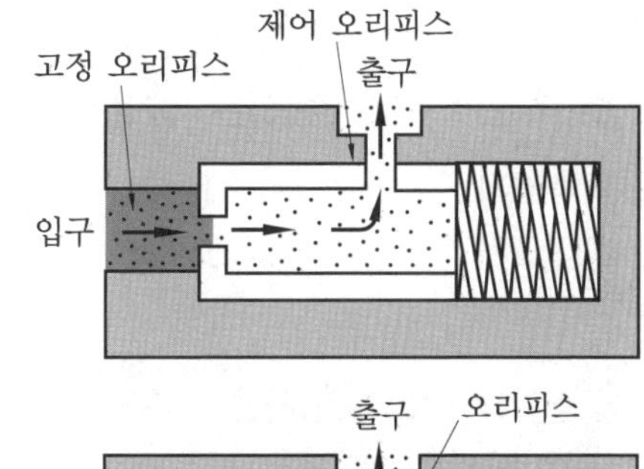

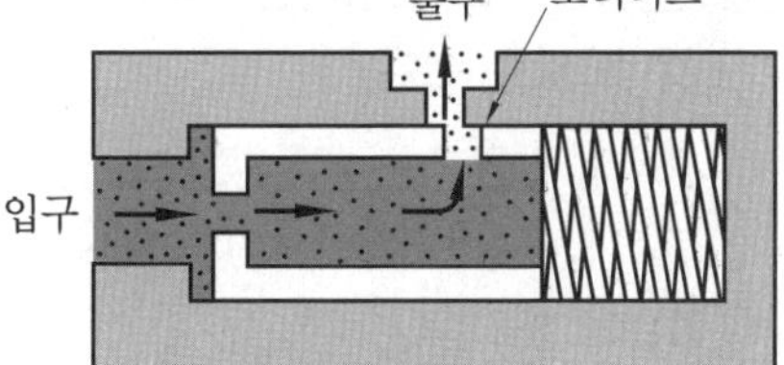

10. 전기 신호를 이용하여 제어를 하는 이유로 가장 적합한 것은?

① 과부하에 대한 안전대책이 용이하다.

② 작동속도가 빠르다.

③ 외부 누설(감전, 인화)의 영향이 없다.

④ 출력 유지가 용이하다.

해설 전기 제어의 장점 중 하나는 신호 속도가 빠르다는 것이다.

11. 관 속을 흐르는 유체에서 "$A_1V_1=A_2V_2=$일정"하다는 유체 운동의 이론은? (단, A_1A_2 : 단면적, V_1V_2 : 유체속도)

① 파스칼의 원리 ② 연속의 법칙

③ 베르누이의 정리 ④ 오일러 방정식

해설 연속의 법칙(질량 보존의 원리를 적용한 방정식) : 유체가 정상류일 때 관의 임의의 단면으로 통과하는 유체의 유량은 어느 단면에서도 일정하다.

(1) 단면적이 큰 곳에서는 유속이 늦고, 단

정답 6. ③ 7. ② 8. ③ 9. ③ 10. ② 11. ②

면적이 작은 곳에서는 유속이 빠르다.
(2) 관계식 $Q=AV[\mathrm{m^3/s}]$

12. 입구측 압력을 그와 거의 비례한 높은 출력측 압력으로 변환하는 기기는?

① 축압기 ② 차동기
③ 여과기 ④ 증압기

13. 공유압 변환기의 사용상 주의점을 열거한 것 중 맞는 것은?

① 공유압 변환기는 수직 방향으로 설치한다.
② 공유압 변환기는 액추에이터보다 낮은 위치에 설치한다.
③ 열원에 근접시켜 사용한다.
④ 작동유가 통하는 배관에는 공기 흡입이 잘 되어야 한다.

해설 공유압 변환기는 액추에이터보다 높은 위치에 수직 방향으로 설치한다.

14. 다음 중 압력 제어 밸브 및 스위치에 속하지 않는 것은?

① 압력 스위치 ② 시퀀스 밸브
③ 릴리프 밸브 ④ 유량 제어 밸브

해설 밸브의 작동상 분류 : 압력 제어 밸브, 유량 제어 밸브, 방향 제어 밸브로 나눈다.

15. 다음 중 방향 제어 밸브에 속하는 것은?

① 미터링 밸브
② 언로딩 밸브
③ 솔레노이드 밸브
④ 카운터 밸런스 밸브

해설 ①은 유량 제어 밸브, ②는 압력 제어 밸브, ④는 압력 제어 밸브이다.

16. 도면의 기호에서 A로 이어지는 기기로 타당한 것은?

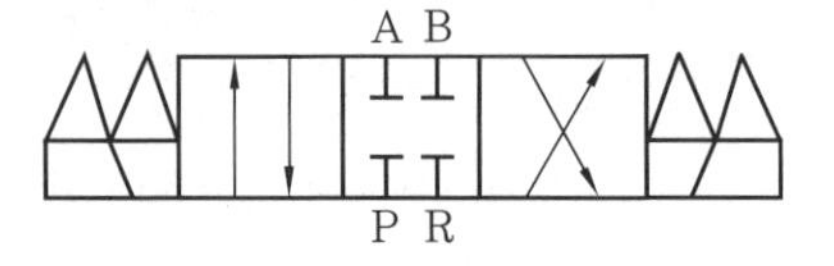

① 실린더 ② 대기
③ 펌프 ④ 탱크

해설 공유압 포트 기호
• P : 흡기구 • R, S : 배출구
• A, B : 액추에이터

17. 다음 유압 공기압 기호의 명칭은?

① 감압 밸브
② 고압 우선형 셔틀 밸브
③ 릴리프 밸브
④ 급속 배기 밸브

해설 셔틀 밸브(shuttle valve, OR valve) : 3방향 체크 밸브라고도 하며, 체크 밸브를 2개 조합한 구조로 되어 있다.

18. 공기 압축기를 출력에 의해서 분류한 것 중 중형에 해당하는 것은?

① 0.2~14kW ② 15~75kW
③ 76~150kW ④ 150kW 이상

해설 (1) 출력에 의한 분류
• 소형 : 0.2~14kW
• 중형 : 15~75kW
• 대형 : 75kW 이상
(2) 토출압력에 의한 분류
• 저압 : 0.7~0.8MPa
• 중압 : 1~1.5MPa
• 고압 : 1.5MPa 이상

정답 12. ④ 13. ① 14. ④ 15. ③ 16. ① 17. ② 18. ②

19. 다음 공압장치의 기본 요소 중 구동부에 속하는 것은?

① 애프터 쿨러 ② 여과기
③ 실린더 ④ 루브리케이터

해설 구동부는 액추에이터로 실린더와 모터를 말한다.

20. 유량 제어 밸브의 사용 목적과 거리가 먼 것은?

① 액추에이터의 속도 제어
② 솔레노이드 밸브의 신호기간 제어
③ 실린더의 배출되는 공기량 제어
④ 공기식 타이머의 시간 제어

해설 스로틀 밸브(throttle valve)는 유량의 제어를 목적으로 하고 있으므로 유량 제어 밸브라고도 부른다.

21. 다음 유압 기호의 명칭 중 옳은 것은?

① 온도계 ② 압력계
③ 유량계 ④ 유압원

22. 방향 제어 밸브에서 조작 방식에 따라 분류한 것이 아닌 것은?

① 인력식 ② 전기식
③ 기계식 ④ 포트식

해설 포트는 밸브의 접속구를 말한다.

23. 다음 중 방향 제어 밸브에 속하는 것은?

① 미터링 밸브 ② 언로딩 밸브
③ 솔레노이드 밸브 ④ 카운터 밸런스 밸브

해설 ①은 유량 제어 밸브, ④는 압력 제어 밸브이다.

24. 유압장치에서 릴리프 밸브의 역할은?

① 유체에 압력을 증가시키는 압력 제어 밸브이다.
② 유체의 유로의 방향을 변환시키는 방향 전환 밸브이다.
③ 유체의 압력을 일정하게 유지시키는 압력 제어 밸브이다.
④ 유압장치에서 유체의 압력을 감소시키는 감압 밸브이다.

해설 릴리프 밸브(relief valve) : 유압 시스템의 최고 압력을 제한하거나 설정하는 것으로, 같은 밸브라 하더라도 사용 용도에 따라 안전 밸브, 카운터 밸런스(counter balance) 밸브, 시퀀스(sequence) 밸브, 브레이크(brake) 밸브 등 다양한 이름으로 불린다.

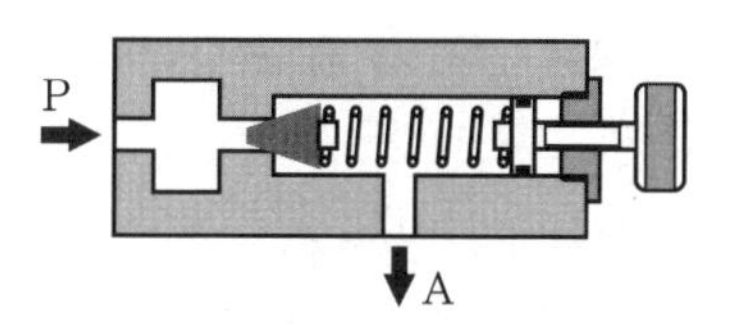

25. 공압용 방향 전환 밸브의 구멍(port)에서 'EXH'가 나타내는 것은?

① 밸브로 진입 ② 실린더로 진입
③ 대기로 방출 ④ 탱크로 귀환

해설 EXH는 대기로 방출하는 구멍의 기호로 사용한다.

26. 유압 실린더를 사용하여 일을 할 때 실린더에 작용하는 부하의 변동은 실린더의 속도가 일정하지 않은 원인이 된다. 이와 같이 부하의 변동에도 항상 일정한 속도를

정답 19. ③ 20. ② 21. ④ 22. ④ 23. ③ 24. ③ 25. ③ 26. ③

얻고자 할 때 사용하는 밸브는 다음 중 어느 것인가?

① 카운터 밸런스 밸브
② 브레이크 밸브
③ 압력 보상형 유량 제어 밸브
④ 유체 퓨즈

해설 압력 보상형 유량 제어 밸브 : 압력의 변동에 의하여 유량이 변동되지 않도록 회로에 흐르는 유량을 항상 일정하게 자동적으로 유지시켜 주는 밸브

27. 다음 중 속도 제어 회로의 종류가 아닌 것은?

① 미터 인 회로 ② 미터 아웃 회로
③ 블리드 오프 회로 ④ 블리드 온 회로

해설 기본 속도 제어 회로에는 미터 인 방식, 미터 아웃 방식, 블리드 오프 방식이 있다.

28. 공기 건조기 중 흡수식 공기 건조기의 특징이 아닌 것은?

① 설치가 간단하다.
② 기계적 마모가 적다.
③ 에너지 공급이 필요하다.
④ 취급이 용이하다.

해설 흡수식 공기 건조기는 에너지 소비가 없다.

29. 회로 설계를 하고자 할 때 부가 조건의 설명이 잘못된 것은?

① 리셋(reset) : 리셋 신호가 입력되면 모든 작동상태가 초기 위치가 된다.
② 비상정지(emergency stop) : 비상정지 신호가 입력되면 대부분의 경우 전기 제어 시스템에서는 전원이 차단되나 공압 시스템에서는 모든 작업 요소가 원위치 된다.
③ 단속 사이클(single cycle) : 각 제어 요소들을 임의의 순서대로 작동시킬 수 있다.
④ 정지(stop) : 연속 사이클에서 정지 신호가 입력되면 마지막 단계까지는 작업을 수행하고 새로운 작업을 시작하지 못한다.

해설 단속 사이클 : 시작 신호가 입력되면 제어 시스템이 첫 단계에서 마지막 단계까지 1회 동작된다.

30. 공압용 솔레노이드 밸브의 전환 빈도로 알맞는 정도를 나타낸 것은?

① 매초 1회 이하 ② 매초 10회 정도
③ 매초 20회 정도 ④ 분당 1회 이하

해설 공압용 솔레노이드 밸브는 밸브의 전환 빈도를 매초 1회 이하로 규정하고 있다.

31. 보기와 같은 정면도와 평면도의 우측면도로 가장 적합한 투상은?

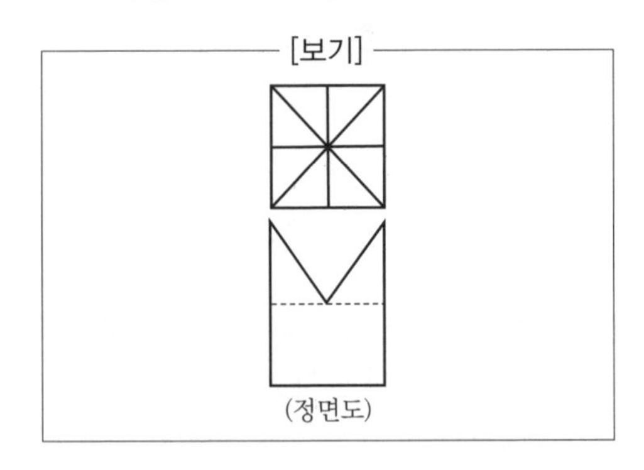

①
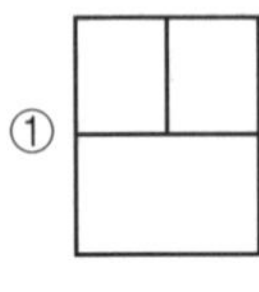

②
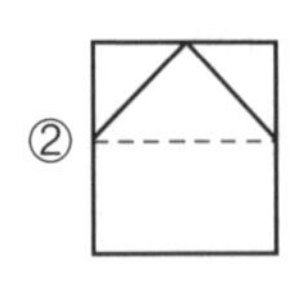

③
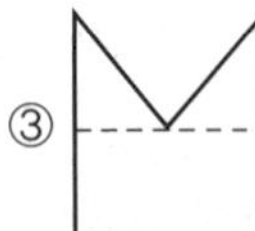

④
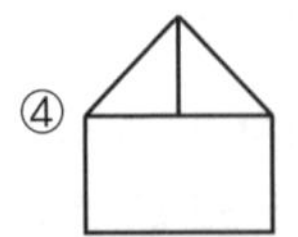

정답 27. ④ 28. ③ 29. ③ 30. ① 31. ③

32. 용접부의 비파괴 시험방법 기호를 나타낸 것 중 틀린 것은?

① 방사선 투과시험 : XT
② 초음파 탐상시험 : UT
③ 자기분말 탐상시험 : MT
④ 침투 탐상시험 : PT

해설 방사선 투과시험은 RT이다.

33. 보기 입체도의 화살표 방향이 정면이고 좌우 대칭일 때 우측면도로 가장 적합한 것은?

[보기]

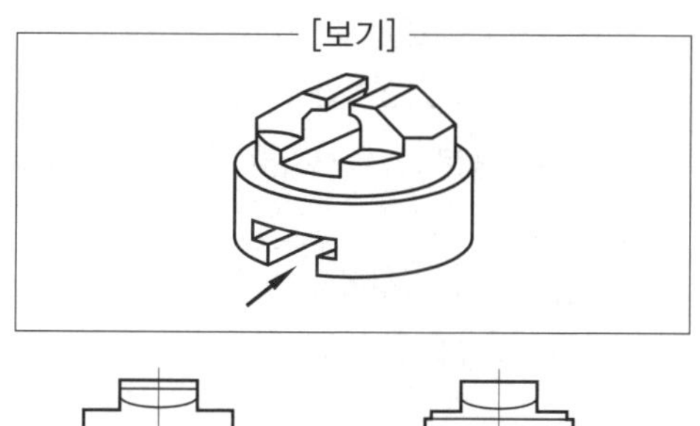

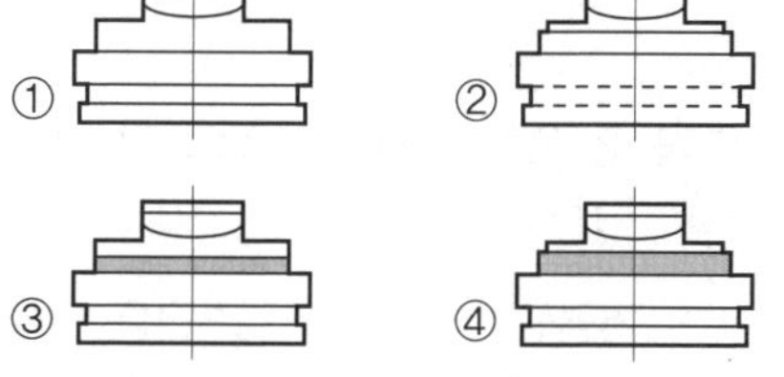

34. 보기와 같은 입체도에서 화살표 방향을 정면도로 했을 때 평면도로 가장 적합한 것은?

[보기]

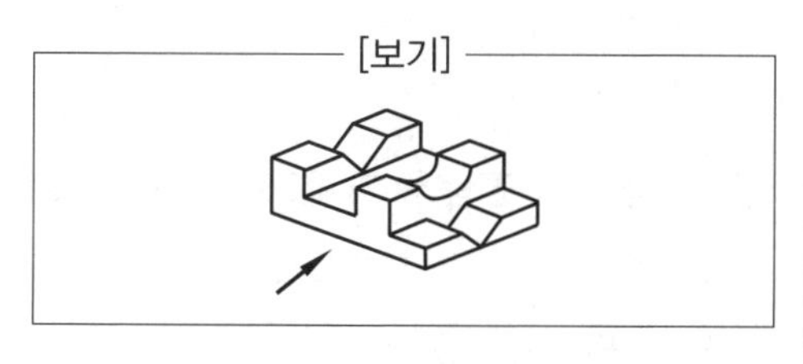

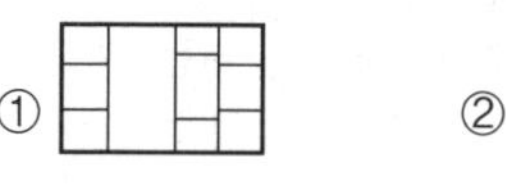

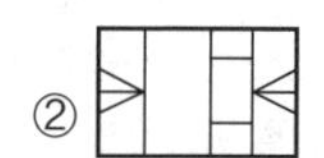

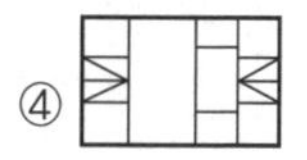

해설 평면도는 물체를 위에서 본 모양을 나타낸 도면이다.

35. 배관도에서 파이프 내에 흐르는 유체가 수증기일 때의 기호는?

① A ② G ③ O ④ S

해설 A : 공기, G : 가스, O : 기름

36. 보기 도면에서 전체 길이인 ( )의 치수는?

[보기]

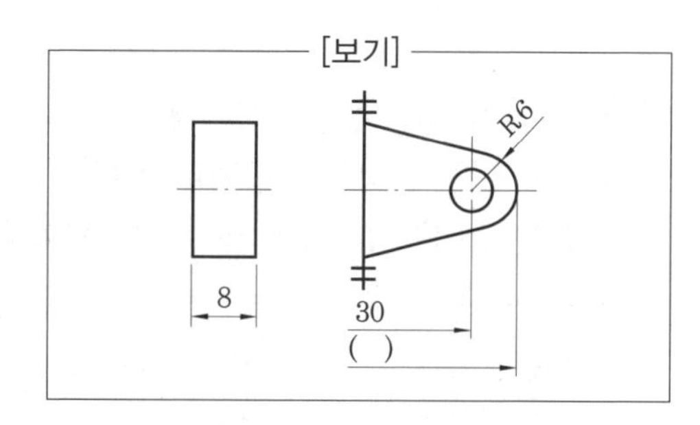

① 36 ② 42 ③ 66 ④ 72

해설 전체 길이는 R6+30+R6=42

37. 보기 용접 기호의 설명으로 올바른 것은 어느 것인가?

[보기]

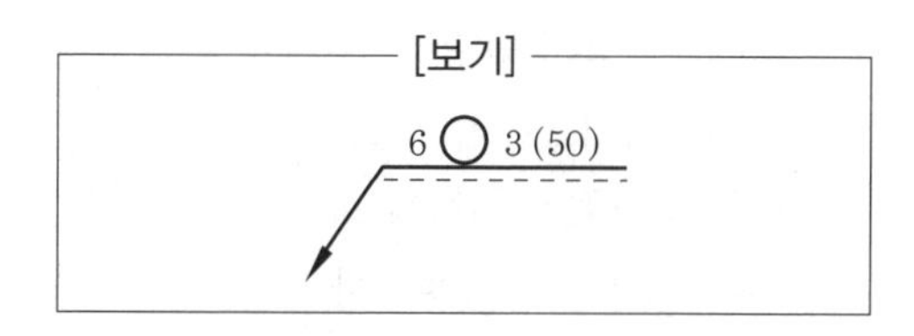

① 심 용접으로 슬롯부의 폭이 6mm
② 점 용접으로 용접수가 3개
③ 심 용접으로 용접수가 6개
④ 점 용접으로 용접길이 50mm

정답 32. ① 33. ② 34. ③ 35. ④ 36. ② 37. ②

해설 점 용접으로 슬롯부의 폭이 6mm, 용접 수가 3개, 피치가 50mm이다.

38. 기계 설계 시 연강재를 사용할 때 안전율을 가장 크게 선정해야 할 하중은?

① 정하중 ② 반복하중
③ 교번하중 ④ 충격하중

39. 파이프와 같이 두께가 얇은 곳의 결합에 이용되며, 누수를 방지하고 기밀 유지하는 데 가장 적합한 나사는?

① 미터 나사 ② 톱니 나사
③ 유니파이 나사 ④ 관용 나사

40. 벨트가 회전하기 시작하여 동력을 전달하게 되면 인장측의 장력은 커지고, 이완측의 장력은 작아지게 되는데 이 차이를 무엇이라 하는가?

① 이완장력 ② 허용장력
③ 스트레이터 ④ 유효장력

해설 유효장력＝인장장력－이완장력

41. 브레이크 블록의 구비 조건으로 적당하지 않은 것은?

① 마찰계수가 작을 것
② 내마멸성이 클 것
③ 내열성이 클 것
④ 제동 효과가 양호할 것

해설 마찰계수가 커야 한다.

42. 스플라인에 관한 설명으로 틀린 것은?

① 자동차, 공작기계, 항공기, 발전용 증기 터빈 등에 널리 쓰인다.
② 단속 키보다 훨씬 작은 토크를 전달시킨다.
③ 축의 둘레에 여러 개의 일정 간격의 키가 있다.
④ 축과 보스와의 중심축을 정확하게 맞출 수 있다.

해설 스플라인(spline)은 보스와 축의 둘레에 많은 키를 깎아 붙인 것과 같은 것으로서 일반적인 키보다 훨씬 큰 동력을 전달시킬 수 있고 내구력이 크다.

43. 마찰 클러치 설계 시 고려사항이 아닌 것은?

① 원활히 단속할 수 있도록 한다.
② 소형이며 가벼워야 한다.
③ 열을 충분히 제거하고, 고착되지 않아야 한다.
④ 접촉면의 마찰계수가 작아야 한다.

해설 마찰계수가 커야 한다.

44. 다음 중 원통 커플링에 속하지 않는 것은 어느 것인가?

① 머프 커플링 ② 마찰 원통 커플링
③ 셀러 커플링 ④ 유니버설 커플링

해설 자재이음 : 유니버설 조인트(universal joint) 또는 훅 조인트(Hook's joint)라고도 하며, 두 축이 만나는 각이 수시로 변화하는 경우에 사용되는 커플링으로 공작기계, 자동차 등의 축 이음에 쓰인다.

45. 다음 중 전동용 기계요소가 아닌 것은?

① 벨트 ② 로프
③ 코터 ④ 링크

해설 전동용 기계요소의 종류에는 마찰차, 기어, 벨트, 체인, 로프, 링크 등이 있다.

정답 38. ④ 39. ④ 40. ④ 41. ① 42. ② 43. ④ 44. ④ 45. ③

46. 버튼을 누르고 있는 동안만 회로가 동작하고, 놓으면 그 즉시 전동기가 정지하는 운전법으로, 주로 공작기계에 사용하는 방법은?

① 촌동 운전 ② 연동 운전
③ 정 · 역 운전 ④ 순차 운전

해설 입력이 있을 때만 출력이 있는 운전은 촌동 제어이다.

47. 그림에서 2Ω, 3Ω, 4Ω의 저항을 직렬로 연결하여 전압 E_T=9V를 인가할 때, 4Ω에 의한 전압강하는 얼마인가?

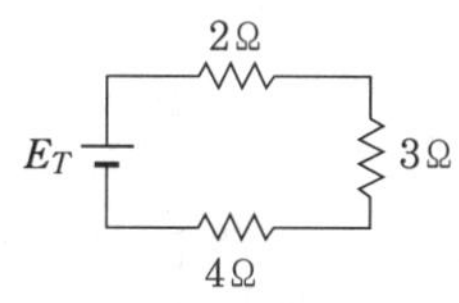

① 2 ② 3 ③ 4 ④ 5

해설 $R=2+3+4=9\Omega$, $I=\dfrac{E}{R}=\dfrac{9\text{V}}{9\Omega}=1\text{A}$
$\therefore V=IR=1\times4=4\text{V}$

48. 일반적인 도체의 저항에 대한 설명으로 잘못된 것은?

① 단면적이 크면 저항은 작아진다.
② 길이가 길면 저항은 증가한다.
③ 온도가 증가하면 저항도 증가한다.
④ 단면적, 길이, 온도와 무관하다.

해설 도체의 전기 저항 $R=\rho\dfrac{l}{S}$[Ω]이므로 도체의 길이 l에 비례하고 단면적 S에 반비례한다. 온도가 변화하면 도체의 저항도 변화한다.

49. 220V, 40W의 형광등 10개를 4시간 동안 사용했을 때의 소비전력량은?

① 8.8kWh ② 0.16kWh
③ 1.6kWh ④ 16kWh

해설 소비전력량=전력×시간
$=(0.04\times10)\times4=1.6\text{kWh}$
(40W=0.04kW이므로)

50. 전류의 유무나 전류의 세기를 측정하는 데 쓰는 실용 계기로 보통 1mA 이하의 미소 전류를 측정할 때 쓰는 계기는?

① 전위차계 ② 분류기
③ 배율기 ④ 검류계

해설 비교적 큰 전류의 크기를 측정할 때는 전류계를 사용하며, 매우 작은 전류를 측정할 때는 검류계를 이용한다.

51. 정전용량 88.4μF인 콘덴서가 연결된 교류 60Hz의 주파수에 대한 용량 리액턴스는?

① 29Ω ② 30Ω ③ 31Ω ④ 32Ω

해설 용량 리액턴스(X_C)$=\dfrac{1}{2\pi fC}$
$=\dfrac{1}{2\times\pi\times60\times88.4\times10^{-6}}=30\Omega$

52. R-C 직렬 회로에서 임피던스가 10Ω, 저항이 8Ω일 때 용량 리액턴스(Ω)는?

① 4 ② 5 ③ 6 ④ 7

해설 $Z=\sqrt{R^2+X_c^2}=\sqrt{8^2+X_c^2}=10$
$\therefore X_c=6$

53. 시퀀스 회로에서 전동기를 표시하는 것은 어느 것인가?

① M ② PL
③ MC_1 ④ MC_2

해설 ②는 램프, ③, ④는 마그네틱 S/W이다.

54. 시퀀스 제어(sequence control)의 기

정답 46. ① 47. ③ 48. ④ 49. ③ 50. ④ 51. ② 52. ③ 53. ① 54. ③

능에 대한 용어를 잘못 설명한 것은?

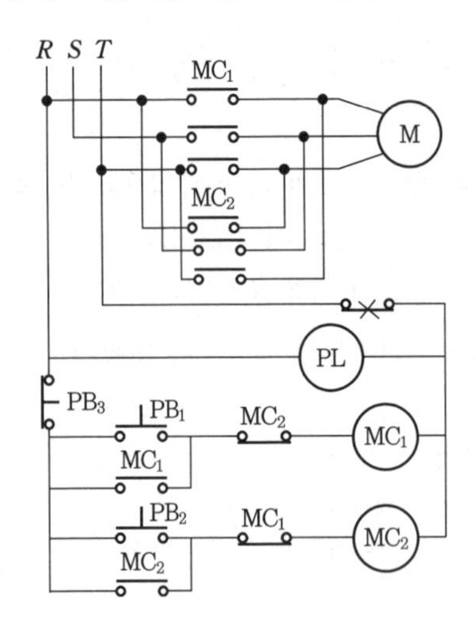

① 여자 : 릴레이 전자접촉기 등의 코일에 전류가 흘러서 전자석이 되는 것
② 소자 : 릴레이 전자접촉기 등의 코일에 흐르고 있는 전류를 차단하여 자력을 잃게 하는 것
③ 인칭 : 기계의 동작을 느리게 하기 위해 동작을 반복하여 행하는 것
④ 인터록 : 복수의 동작을 관여시키는 것으로 어떤 조건을 갖추기까지의 동작을 정지시키는 것

해설 인칭회로 : 촌동회로, 조깅회로라고도 하며, 전동기를 운전하는데 시작 스위치를 ON 하여 자기 유지시키고 계속 운전하다가 정지시키는 것이 아니라 누름버튼 스위치를 추가로 설치, 이 스위치가 ON 상태에서만 전동기가 운전되는 회로이다.

55. 교류 전원의 주파수가 60Hz이고 극수가 4극인 유도전동기의 회전수는?

① 180 rpm ② 1800 rpm
③ 240 rpm ④ 2400 rpm

해설 $N=\frac{120f}{P}=\frac{120\times 60}{4}=1800\,\text{rpm}$

56. 다음 중 동기기의 전기자 반작용에 해당되지 않는 것은?

① 교차자화작용 ② 감자작용
③ 증자작용 ④ 회절작용

해설 회절은 빛과 소음에 관한 작용이다.

57. 도선에 전류가 흐를 때 발생하는 열량은 어떻게 되는가?

① 저항의 세기에 반비례한다.
② 전류의 세기에 반비례한다.
③ 전류 세기의 제곱에 비례한다.
④ 전류 세기의 제곱에 반비례한다.

해설 $H=I^2RT$

58. 지름 20cm, 권수 100회의 원형 코일에 1A의 전류를 흘릴 때 코일 중심 자장의 세기(AT/m)는?

① 200 ② 300 ③ 400 ④ 500

해설 $H=\frac{NI}{r}=\frac{100\times 1}{20\times 10^{-2}}=500\,\text{AT/m}$

59. 다음 측정 단위 중 1kW는 몇 W인가?

① 10W ② 100W
③ 1000W ④ 10000W

해설 1kW=1000W

60. 교류 전류 중 코일만으로 된 회로에서 전압과 전류와의 위상은?

① 전압이 90° 앞선다.
② 전압이 90° 뒤진다.
③ 동상이다.
④ 전류가 180° 앞선다.

해설 인덕턴스 회로에서 전압의 위상은 전류보다 90° 앞선다.

정답 55. ② 56. ④ 57. ③ 58. ④ 59. ③ 60. ①

2018년 복원문제

공유압기능사

2018년 제1회 시행

1. 다음 그림은 무슨 기호인가?

① 분류 밸브 ② 셔틀 밸브
③ 디셀러레이션 밸브 ④ 체크 밸브

해설 체크 밸브(check valve)는 유체를 한쪽 방향으로만 흐르게 하고, 다른 한쪽 방향으로 흐르지 않게 하는 기능을 가진 밸브이다.

2. 공유압 변환기의 사용상 주의점이 아닌 것은?

① 액추에이터 및 배관 내의 공기를 충분히 뺀다.
② 공유압 변환기는 수평 방향으로 설치한다.
③ 열원의 가까이에서 사용하지 않는다.
④ 공유압 변환기는 반드시 액추에이터보다 높은 위치에 설치한다.

해설 공유압 변환기는 액추에이터보다 높은 위치에 수직 방향으로 설치한다.

3. 감압 밸브에서 1차측의 공기압력이 변동했을 때 2차측의 압력이 어느 정도 변화했는가를 나타내는 특성은?

① 크래킹 특성
② 압력 특성
③ 감도 특성
④ 히스테리시스 특성

해설 압력 특성 : 1차 압력이 변동하면 2차 압력도 따라서 변동하는 특성

4. 밸브의 변환 및 피스톤의 완성력에 의해 과도적으로 상승한 압력의 최댓값을 무엇이라고 하는가?

① 크래킹 압력 ② 서지 압력
③ 리시트 압력 ④ 배압

5. 3개의 공압 실린더를 A+, B+, A−, C+, C−, B−의 순으로 제어하는 회로를 설계하고자 할 때, 신호의 중복(트러블)을 피하려면 몇 개의 그룹으로 나누어야 하는가?(단, A, B, C, : 공압 실린더, + : 전진 동작, − : 후진 동작이다.)

① 2 ② 3 ③ 4 ④ 5

해설 (A+, B+), (A−, C+), (C−, B−) 그룹이므로 3개

6. 유량 제어 밸브의 사용 목적과 거리가 먼 것은?

① 액추에이터의 속도 제어
② 솔레노이드 밸브의 신호기간 제어
③ 실린더의 배출되는 공기량 제어

정답 1. ④ 2. ② 3. ② 4. ② 5. ② 6. ②

④ 공기식 타이머의 시간 제어

해설 이 밸브는 액추에이터의 속도 제어가 주 목적이기는 하나, 공기식 타이머의 시간 제어 등에도 사용된다.

7. 어큐뮬레이터의 용도가 아닌 것은?

① 에너지 축적 ② 서지압 방지
③ 자동 릴레이 작동 ④ 펌프 맥동 흡수

해설 어큐뮬레이터의 사용 목적
(1) 유압 에너지의 축적 (2) 2차 회로의 구동
(3) 압력 보상 (4) 맥동 제거
(5) 충격 완충 (6) 액체의 수송

8. 유압유의 점성이 지나치게 큰 경우 나타나는 현상이 아닌 것은?

① 유동의 저항이 지나치게 많아진다.
② 마찰에 의한 열이 발생한다.
③ 부품 사이의 누출 손실이 커진다.
④ 마찰 손실에 의한 펌프의 동력이 많이 소비된다.

해설 점성이 지나치게 작은 경우 누유가 발생된다.

9. 저압의 피스톤 패킹에 사용되고 피스톤에 볼트로 장착할 수 있으며 저항이 다른 것에 비해 적은 것은?

① V형 패킹 ② U형 패킹
③ 컵형 패킹 ④ 플런저 패킹

해설 컵형 패킹 : 볼트로 죄어 설치하게 되어 있다. 컵형의 끝 부분만이 실린더와 접촉하여 미끄럼 작용을 하므로 그 저항이 다른 것에 비하여 적고, 또 실린더와 피스톤 사이의 간극이 어느 정도 커도 오일이 누출되지 않는다. 그러나 고압에는 적합하지 않고, 저압용으로 사용된다.

10. 유압 모터를 선택하기 위한 고려사항이 아닌 것은?

① 체적 및 효율이 우수할 것
② 모터의 외형 공간이 충분히 클 것
③ 주어진 부하에 대한 내구성이 클 것
④ 모터로 필요한 동력을 얻을 수 있을 것

해설 유압 모터 선정 시 고려사항
(1) 체적 및 효율이 우수할 것
(2) 주어진 부하에 대한 내구성이 클 것
(3) 모터로 필요한 동력을 얻을 수 있을 것

11. 다음의 기호에 해당되는 밸브가 사용되는 경우는?

① 실린더 유량의 제어
② 실린더 방향의 제어
③ 실린더 압력의 제어
④ 실린더 힘의 제어

해설 이 밸브는 4/2way 방향 제어 밸브이다.

12. 실린더 중 양 방향의 운동에서 모두 일을 할 수 있는 것은?

① 단동 실린더(피스톤식)
② 램형 실린더
③ 다이어프램 실린더(비피스톤식)
④ 복동 실린더(피스톤식)

해설 복동 실린더 : 공기압을 피스톤 양쪽에 다 공급하여 피스톤의 왕복 운동이 모두 공기압에 의해 행해지는 것으로서 가장 일반적인 실린더이다.

정답 7. ③ 8. ③ 9. ③ 10. ② 11. ② 12. ④

13. 다음 중 같은 크기의 실린더 지름으로 보다 큰 힘을 낼 수 있는 실린더는?

① 다위치 제어 실린더 ② 케이블 실린더
③ 로드리스 실린더 ④ 탠덤 실린더

해설 탠덤 실린더 : 두 개의 복동 실린더가 1개의 실린더 형태로 길이 방향으로 연결되어 있어 실린더 출력은 거의 2배의 큰 힘을 얻을 수 있어 실린더의 지름이 한정된 단계적고 출력 제어가 가능하다.

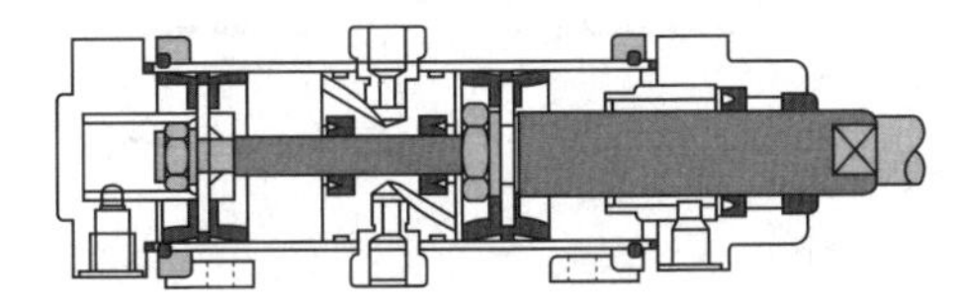

14. 다음 중 공압 모터의 특징으로 맞는 것은 어느 것인가?

① 압축공기 이외의 가스는 사용할 수 없다.
② 속도 제어와 정역회전의 변환이 복잡하다.
③ 시동정지가 원활하며, [출력/중량]비가 작다.
④ 공기의 압축성으로 회전속도는 부하의 영향을 받는다

해설 공압 모터는 공기의 압축성 때문에 제어성이 그다지 좋지 않고, 부하에 의한 회전 때문에 변동이 크며, 일정 속도를 높은 정확도로 유지하기가 어렵다.

15. 공압장치의 공압 밸브 조작 방식으로 사용되지 않는 것은?

① 인력 조작 방식 ② 래칫 조작 방식
③ 파일럿 조작 방식 ④ 전기 조작 방식

해설 공압장치의 공압 밸브 조작 방식에는 인력 조작, 파일럿 조작, 전기 조작 방식 등이 있다.

16. 피스톤의 지름과 로드의 지름이 같은 것으로 출력축인 로드의 강도를 필요로 하는 경우 자주 이용되는 것은?

① 단동 실린더
② 램형 실린더
③ 다이어프램 실린더
④ 양로드 복동 실린더

해설 램형 실린더 : 피스톤의 지름과 로드의 지름이 같은 것으로 피스톤이 없이 로드 자체가 피스톤의 역할을 하게 된다.

17. 공압 실린더의 쿠션 조절의 의미는?

① 실린더의 속도를 빠르게 한다.
② 실린더의 힘을 조절한다.
③ 전체 운동속도를 조절한다.
④ 운동의 끝부분에서 완충한다.

해설 쿠션 장치는 쿠션의 수에 따라 한쪽 쿠션과 양쪽 쿠션으로 나누어진다. 쿠션은 피스톤 행정의 끝 수 cm 앞에서 배출구가 쿠션보스에 의해서 막히면 공기는 쿠션용 니들밸브를 통해 대기 중으로 배출되고, 실린더 내 배출구 쪽의 압력(배압)이 높게 되어 피스톤의 속도가 감속되는 원리로 작동된다.

18. 공압용 솔레노이드 형태의 전환 밸브에서 밸브의 구체적인 전환 방식은?

① 레버 조작 ② 롤러 조작
③ 전기 조작 ④ 디텐트 조작

해설 솔레노이드는 전자석을 이용한 전기 제어 방식이다.

19. 그림과 같은 실린더 장치에서 A의 지름이 40mm, B의 지름이 100mm일 때 A에 16kg의 물을 올려놓는다면 B는 몇 kgf의

정답 13. ④ 14. ④ 15. ② 16. ② 17. ④ 18. ③ 19. ③

무게를 올려 놓아야 양 피스톤이 평형을 이루겠는가?

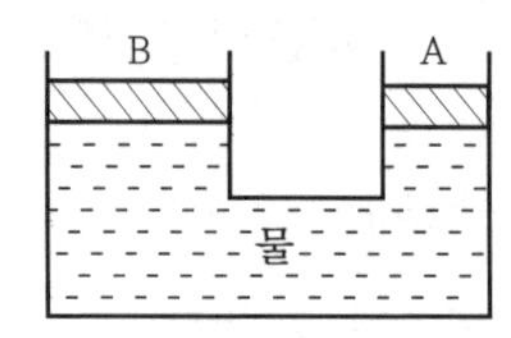

① 10kgf ② 40kgf
③ 100kgf ④ 160kgf

해설 $\frac{F_A}{A_A} = \frac{F_B}{A_B}(P_A = P_B)$이므로

$$F_B = F_A\left(\frac{A_B}{A_A}\right) = F_A\left(\frac{d_B}{d_A}\right)^2 = 16\left(\frac{100}{40}\right)^2 = 100\text{kgf}$$

20. 유압장치에서 방향 제어 밸브의 일종으로서 출구가 고압측 입구에 자동적으로 접속되는 동시에 저압측 입구를 닫는 작용을 하는 밸브는?

① 실렉터 밸브 ② 셔틀 밸브
③ 바이패스 밸브 ④ 체크 밸브

해설 셔틀 밸브 : 양쪽 제어(double control) 밸브 또는 양쪽 체크 밸브(double check valve)라고 한다. 이 논 리턴 밸브는 두 개의 입구 X와 Y를 갖고 있으며 출구는 A 하나이다.

21. 다음 중 기계 방식의 구동이 아닌 것은 어느 것인가?

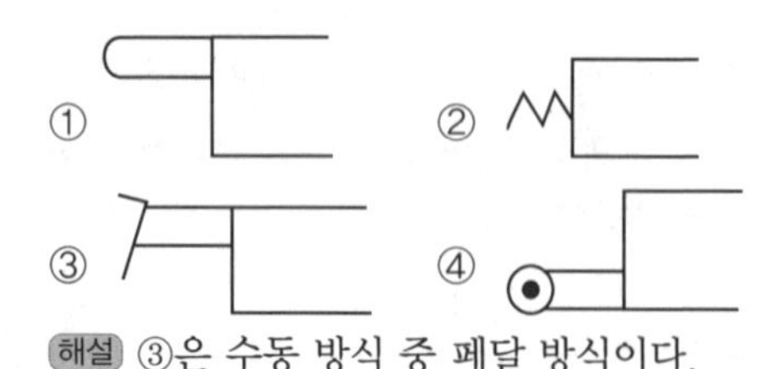

해설 ③은 수동 방식 중 페달 방식이다.

22. 다음 중 압력 제어 밸브 및 스위치에 속하지 않는 것은?

① 압력 스위치 ② 시퀀스 밸브
③ 릴리프 밸브 ④ 유량 제어 밸브

해설 밸브의 작동상 분류 : 압력 제어 밸브, 유량 제어 밸브, 방향 제어 밸브로 나눈다.

23. 다음 기호 중 오리피스를 나타내는 기호는 무엇인가?

①  ②

③ 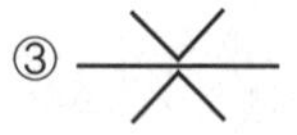

④

해설 ① : 주관로, ② : 초크, ④ : 취출 관로

24. 실린더의 지지 형식에 따른 분류가 아닌 것은?

① 풋형 ② 앵글형
③ 플랜지형 ④ 트러니언형

해설 실린더를 지지 형식에 따라 분류하면 풋형, 플랜지형, 크레비스형, 트러니언형 등이 있다.

25. 다음 중 공기압 실린더의 구성 요소가 아닌 것은?

① 피스톤(piston) ② 커버(cover)
③ 베어링(bearing) ④ 타이로드(tierod)

해설 공기압 실린더는 피스톤, 실린더 튜브, 커버, 타이로드, 로드 부싱 등으로 구성되어 있다.

26. 입력쪽 압력을 그에 비례한 높은 출구 압력으로 변환하는 기기는?

① 사출 급유기 ② 증압기
③ 공유압 변환기 ④ 소음기

정답 20. ② 21. ③ 22. ④ 23. ③ 24. ② 25. ③ 26. ②

27. **회로압이 설정압을 넘으면 막이 파열되어 압유를 탱크로 귀환시켜 압력 상승을 막아 기기를 보호하는 역할을 하는 것은?**

① 방향 제어 밸브
② 유체 퓨즈
③ 파일럿 작동형 체크 밸브
④ 감압 밸브

해설 유압 퓨즈는 전기 퓨즈와 같이 유압장치 내의 압력이 어느 한계 이상이 되는 것을 방지한다.

28. **기어 펌프의 소음 원인이 아닌 것은?**

① 기어 정밀도 불량
② 압력의 급하강으로 인한 충격
③ 밀폐 현상
④ 공기 흡입

해설 유압 펌프에서의 소음은 스트레이너, 공기 흡입, 환류관, 릴리프 밸브, 펌프, 진동이 주원인이다.

29. **공기 탱크의 기능을 나열한 것 중 틀린 것은?**

① 압축기로부터 배출된 공기 압력의 맥동을 평준화한다.
② 다량의 공기가 소비되는 경우 급격한 압력강하를 방지한다.
③ 공기 탱크는 저압에 사용되므로 법적 규제를 받지 않는다.
④ 주위의 외기에 의해 냉각되어 응축수를 분리시킨다.

해설 공기 탱크(air tank)의 기능
(1) 압축기로부터 배출된 공기 압력의 맥동을 방지하거나 평준화한다.
(2) 일시적으로 다량의 공기가 소비되는 경우 급격한 압력강하를 방지한다.
(3) 정전 시 등 비상시에도 일정 시간 공기를 공급하여 운전이 가능하게 한다.

30. **유압 펌프 중에서 가변 체적량의 제작이 용이한 펌프는?**

① 내접형 기어 펌프
② 외접형 기어 펌프
③ 평형형 베인 펌프
④ 축방향 회전 피스톤 펌프

해설 피스톤 펌프(piston pump) : 피스톤 또는 플런저를 경사판, 캠, 크랭크 왕복 운동시켜서, 액체를 흡입 쪽으로부터 토출 쪽으로 밀어내는 형식의 펌프

31. **다음 배관 도시 기호에서 밸브가 닫힌 상태를 도시한 것은?**

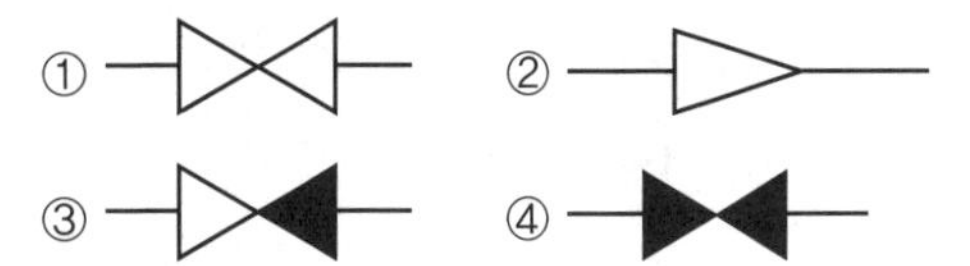

32. **다음 KS 용접 기호 중 플러그 용접 기호는 어느 것인가?**

① ⌊/ ② ○ ③ ⊓ ④ V

33. **파형의 가는 실선 또는 지그재그선을 사용하는 선은?**

① 회전단면선 ② 파단선
③ 절단선 ④ 기준선

해설 파단선 : 불규칙한 파형의 가는 실선 또는 지그재그선으로 대상물의 일부를 파단한 경계 또는 일부를 떼어낸 경계를 표시하는 데 사용한다.

정답 27. ② 28. ② 29. ③ 30. ④ 31. ① 32. ③ 33. ②

34. **보기 입체도에서 화살표 방향을 정면으로 한 제3각 정투상도로 가장 적합한 것은 어느 것인가?**

[보기]

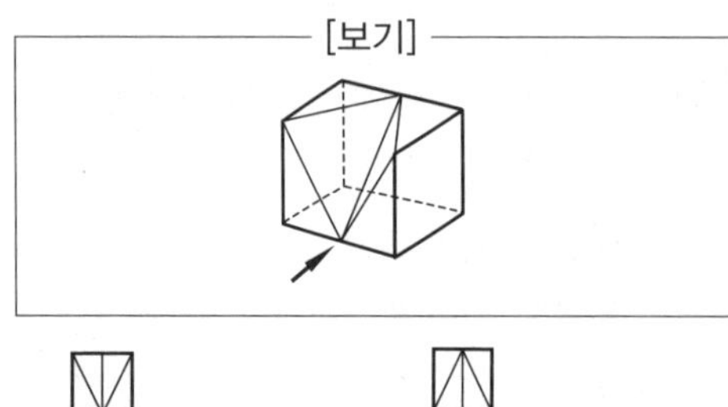

① ②

③ ④

35. **다음 용접 도시 기호를 올바르게 설명한 것은?**

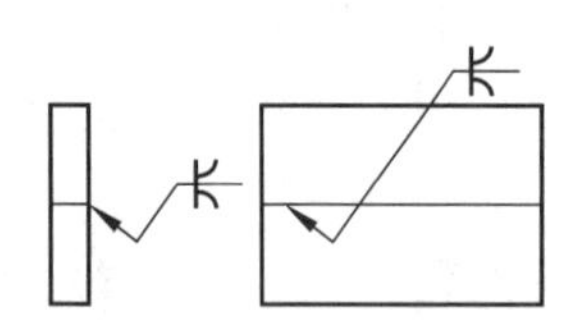

① 양면 U형 이음 맞대기 용접
② 한쪽 U형 이음 맞대기 용접
③ K형 이음 맞대기 용접
④ 양면 J형 이음 맞대기 용접

36. **기계 부품의 단면 표시법 중 옳지 않은 것은?**

① 단면부에 일정 간격으로 경사선을 그은 것을 해칭(hatching)이라 한다.
② 단면 표시로 색칠한 것을 스머징(smudging)이라 한다.
③ 단면 표시는 치수, 문자 및 기호보다 우선하므로 중단하지 않고 해칭이나 스머징을 한다.
④ 개스킷(gasket)이나 철판 등 극히 얇은 제품의 단면은 투상선을 1개의 굵은 실선으로 표시한다.

해설 단면 표시는 치수, 문자 및 기호와 중첩될 경우 이 부분은 띄어서 해칭이나 스머징을 한다.

37. **다음 중 도면에 사용되는 가는 1점 쇄선의 용도가 아닌 것은?**

① 중심선 ② 기준선
③ 피치선 ④ 해칭선

해설 해칭선은 가는 실선이다.

38. **물체에 외력(하중)이 가해졌을 때 단위면적당 작용하는 힘을 무엇이라 하는가?**

① 변형률 ② 응력
③ 탄성계수 ④ 탄성 에너지

해설 응력 : 단위면적당 작용하는 힘(내력)

39. **직경 12 mm의 환봉에 축방향으로 5000 N의 인장하중을 가하면 인장응력은 몇 N/mm²인가?**

① 44.2 ② 66.4
③ 98.6 ④ 132.6

해설 $\sigma=\frac{F}{A}=\frac{5000}{\frac{\pi}{4}\times 12^2}=44.2\text{N/mm}^2$

40. **축의 단면계수를 Z, 최대 굽힘응력을 σ라 하면 축에 작용하는 굽힘 모멘트 M은?**

① $M=\frac{Z}{\sigma}$ ② $M=\frac{\sigma}{2}$
③ $M=\sigma Z$ ④ $M=\frac{1}{2}\sigma Z$

정답 34. ④ 35. ④ 36. ③ 37. ④ 38. ② 39. ① 40. ③

해설 최대 굽힘 모멘트(M)
$=$최대 굽힘응력(σ)$\times$단면계수(Z)

41. **두께 2mm의 황동판에 지름 10mm의 구멍을 뚫는 데 필요한 힘(N)은?(단, 전단강도는 3N/mm²이다.)**

① 158.5　② 188.5
③ 204.5　④ 222.5

해설 $\tau=\dfrac{P_s}{A}$[MPa]에서
$P_s=\tau(\pi dt)=3\times(\pi\times10\times2)=188.5\text{N}$

42. **베어링에 오일 실(oil seal)의 용도를 바르게 설명한 것은?**

① 오일 등이 새는 것을 방지하고 물 또는 먼지 등이 들어가지 않도록 하기 위함이다.
② 축방향에 작용하는 힘을 방지하기 위함이다.
③ 베어링이 빠져 나오는 것을 방지하기 위함이다.
④ 열을 발산을 좋게 하기 위함이다.

해설 오일 실은 기름이 새는 것과 물이나 먼지 침입을 방지하기 위해서 사용한다.

43. **접촉면의 압력을 p, 속도를 v, 마찰계수가 μ일 때 브레이크 용량(brake capacity)을 표시하는 것은?**

① $vp\mu$　② $\dfrac{1}{\mu pv}$
③ $\dfrac{pv}{\mu}$　④ $\dfrac{\mu}{pv}$

44. **모듈이 5이고, 잇수가 24개와 56개인 두 개의 평기어가 물고 있다. 이 두 기어의 중심거리는?**

① 200mm　② 220mm
③ 250mm　④ 300mm

해설 중심거리(C)$=\dfrac{D_A+D_B}{2}=\dfrac{m(Z_A+Z_B)}{2}$
$=\dfrac{5(24+56)}{2}=200\text{mm}$

45. **원형봉에 비틀림 모멘트를 가하면 비틀림이 생기는 원리를 이용한 스프링은?**

① 코일 스프링　② 벌류트 스프링
③ 접시 스프링　④ 토션 바

해설 토션 스프링(torsion spring) : 비틀림 변위를 이용한 스프링으로 단위 체적당 축적 탄성 에너지가 크고 모양이 간단하여 좁은 장소에 설치할 수 있어 자동차, 열차 등에 사용된다.

46. **시퀀스 제어계의 일반적인 동작과정을 나타낸 것이다. A, B, C, D에 맞는 용어를 순서대로 나열한 것은?**

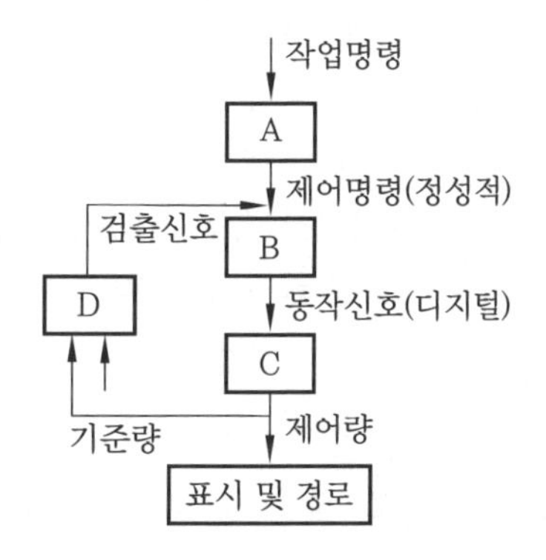

① A : 명령 처리부, B : 제어 대상, C : 조작부, D : 검출부
② A : 제어 대상, B : 검출부, C : 명령 처리부, D : 조작부
③ A : 검출부, B : 명령 처리부, C : 조작부, D : 제어 대상
④ A : 명령 처리부, B : 조작부, C : 제어

정답 41. ②　42. ①　43. ①　44. ①　45. ④　46. ④

대상, D : 검출부

47. 논리 기호에서 입력이 있으면 출력이 없고, 입력이 없으면 출력이 있는 게이트는 어느 것인가?

① OR ② AND
③ NOR ④ NOT

해설 NOT(인버터) 게이트 회로의 동작사항이다.

48. 다음 휘트스톤 브리지 회로에서 X는 몇 Ω인가?

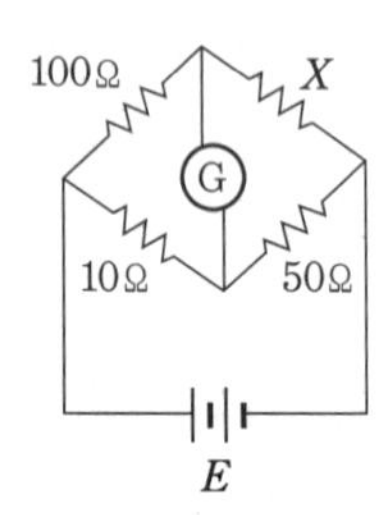

① 10 ② 50 ③ 100 ④ 500

해설 $X \times 10 = 100 \times 50$
$\therefore X = 500\,\Omega$

49. 전원이 V결선된 경우 부하에 전달되는 전력은 Δ 결선인 경우의 약 몇 %인가?

① 57.7 ② 86.6
③ 100 ④ 147

해설 $\frac{V}{\Delta} = \frac{\sqrt{3}P}{3P} \times 100\% = \frac{1}{\sqrt{3}} \times 100\%$
$= 0.577 \times 100\% = 57.7\%$

50. 유도 리액턴스를 나타내는 식은?

① $\frac{1}{\omega L}$ ② ωC ③ $2\pi fL$ ④ $\frac{1}{2\pi fC}$

해설 • 유도 리액턴스$(X_L) = \omega L = 2\pi fL$
• 용량 리액턴스$(X_C) = \frac{1}{\omega C} = \frac{1}{2\pi fC}$

51. 극성을 가지고 있으므로 교류 회로에 사용할 수 없는 콘덴서는?

① 전해 콘덴서 ② 세라믹 콘덴서
③ 마이카 콘덴서 ④ 마일러 콘덴서

해설 극성을 가지고 있으면서 교류 회로에는 쓸 수 없고 직류 회로에만 사용되는 콘덴서는 전해 콘덴서이다.

52. 유도성 리액턴스가 100 Ω인 코일에 2A의 전류를 흘릴 때의 전압 강하는?

① 50V ② 100V ③ 200V ④ 400V

해설 $I = \frac{V}{X_L} = \frac{V}{\omega L}$
$\therefore V = IX_L = 2 \times 100 = 200\,\text{V}$

53. OR 논리 시퀀스 제어 회로의 입력 스위치나 접점의 연결은?

① 직렬 ② 병렬
③ 직 · 병렬 ④ Y

해설 AND는 직렬 연결, OR은 병렬 연결이다.

54. 가장 최근 기기의 소형화, 고기능화, 저렴화, 고속화 및 프로그램 수정의 용이함을 실현한 시퀀스 제어는?

① 릴레이 시퀀스 ② PLC 시퀀스
③ 로직 시퀀스 ④ 닫힘 루프 제어

55. 3상 농형 유도 전동기의 기동법이 아닌 것은?

① 전전압 기동법 ② Y−Δ 기동법
③ 기동 보상기법 ④ Y−Y 기동법

해설 3상 유도 전동기의 기동법에는 전전압 기동법, Y−Δ 기동법, 기동 보상기법 등이 있다.

정답 47. ④ 48. ④ 49. ① 50. ③ 51. ① 52. ③ 53. ② 54. ② 55. ④

56. 3상 유도 전동기에서 기동 시에는 Y결선으로 운전 기동 전류를 감소시키고, 전동기의 속도가 점차 증가하여 정격 속도에 이르면 Δ결선으로 정상 운전하는 기동법은?

① 전전압 기동법 ② Y－Δ기동법
③ 기동 보상기법 ④ Δ－Y기동법

해설 Y－Δ기동법 : 전동기의 기동 전류를 제한하는 가장 간단한 감전압 기동법으로 기동 시에만 전동기의 고정자 전선을 Y결선으로 하고 각 상에 정격전압의 $\frac{1}{\sqrt{3}}$을 가하여 전동기가 가속되어 기동 전류가 감소하면 Δ결선으로 전환하며 직접 전원전압을 인가하여 운전해 들어가는 방식

57. 그림과 같은 접점 회로의 논리식과 등가인 것은?

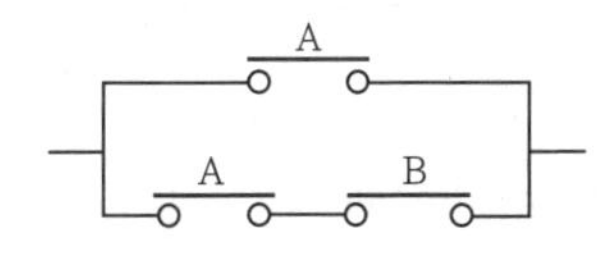

① AB ② A ③ 0 ④ 1

해설 접점 회로의 논리식 A+AB=A(1+B)=A로 나타낼 수 있다.

58. 선간 전압 220V, 선전류 5A의 Y－Y 회로에서 상전압은 얼마인가?

① 127V ② 129V ③ 133V ④ 141V

해설 $V_l=\sqrt{3}V_p$

$\therefore V_p=\frac{220}{\sqrt{3}}=127\text{V}$

59. 변압기의 온도 상승을 억제하기 위해서 갖추어야 할 변압기유의 조건으로 틀린 것은 어느 것인가?

① 절연내력이 작을 것
② 인화점이 높을 것
③ 응고점이 낮을 것
④ 화학적으로 안정될 것

해설 변압기유의 구비 조건
(1) 절연내력이 클 것
(2) 점도가 낮고 냉각효과가 클 것
(3) 인화점이 높고 응고점이 낮을 것
(4) 고온에서도 산화하지 않을 것
(5) 절연재료와 화학작용을 일으키지 않을 것

60. 다음 그림은 어떤 회로인가?

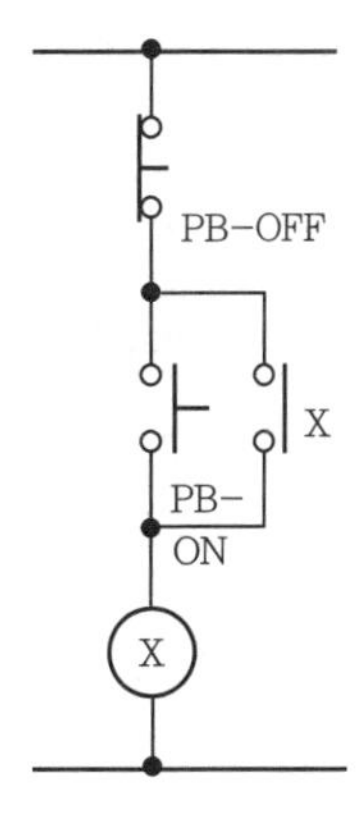

① 정지 우선 회로 ② 기동 우선 회로
③ 신호 검출 회로 ④ 인터록 회로

해설 정지 스위치가 먼저 전원 측으로 연결되어 있으므로 정지 우선 회로이다.

정답 56. ② 57. ② 58. ① 59. ① 60. ①

공유압기능사 2018년 제2회 시행

1. **유압 실린더에 작용하는 힘을 산출할 때의 원리는?**

① 보일의 법칙 ② 파스칼의 법칙
③ 가속도의 법칙 ④ 플레밍의 왼손 법칙

2. **다음과 같은 회로를 이용하여 실린더의 전·후진 운동속도를 같게 하려 한다. 점선 안에 연결되어야 할 밸브의 기호는 어느 것인가?**

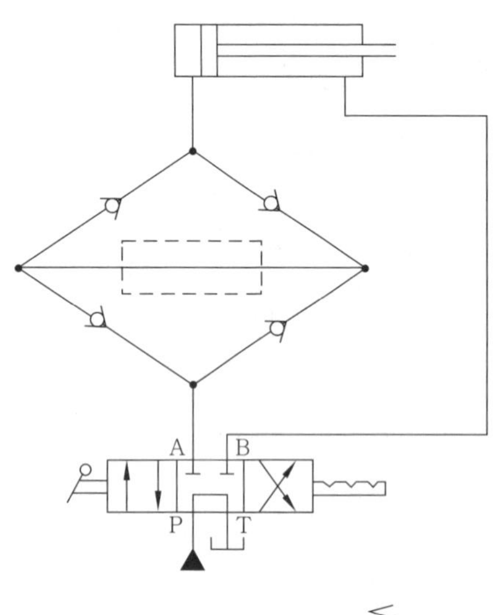

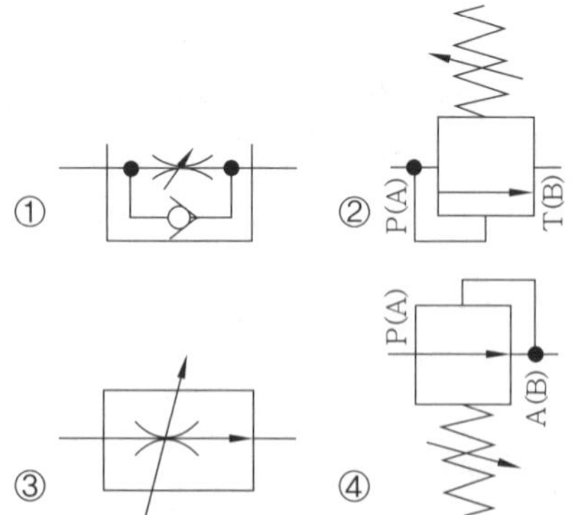

해설 이 회로는 Graetz 회로로 압력 보상형 유량 조절 밸브를 이용하여 동조할 수 있는 회로이다.

3. **유압과 비교한 공기압의 특징 설명으로 옳지 않은 것은?**

① 에너지의 축적이 어렵다.
② 동력원의 집중이 용이하다.
③ 압력 제어 밸브로 과부하 안전대책이 가능하다.
④ 보수, 관리가 용이하다.

해설 공압은 저장성(storage)이 우수하여 압축공기를 공기 탱크 등에 저장하기 쉬우며, 필요에 따라 사용할 수 있다.

4. **점성이 지나치게 크면 어떤 현상이 생기는가?**

① 마찰열에 의한 열이 많이 발생한다.
② 부품 사이에서 윤활 작용을 못한다.
③ 부품의 마모가 빠르다.
④ 각 부품 사이에서 누설손실이 크다.

해설 점성이 지나치게 큰 경우 마찰 손실에 의해서 펌프의 동력이 많이 소비되며, 마찰에 의한 열이 많이 발생된다.

5. **어큐뮬레이터 회로의 목적에 해당되지 않는 것은?**

① 저속 작동 회로 ② 압력 유지 회로
③ 압력 완충 회로 ④ 보조 동력원 회로

해설 어큐뮬레이터는 에너지의 저장, 충격 흡수, 압력의 점진적 증대 및 일정 압력의 유지에 이용된다.

정답 1. ② 2. ③ 3. ① 4. ① 5. ①

6. 오일 탱크 내의 압력을 대기압 상태로 유지시키는 역할을 하는 것은?

① 가열기　　② 분리판
③ 스트레이너　　④ 에어 브리더

해설 공기(빼기) 구멍에는 공기청정기를 부착하여 먼지의 혼입을 방지하고 오일 탱크 내의 압력을 언제나 대기압으로 유지하는 데 충분한 크기인 것으로 비말유입(飛沫流入)을 방지할 수 있어야 한다. 공기청정기의 통기 용량은 유압 펌프 토출량의 2배 이상 되면 된다.

7. 다음 도면 기호의 명칭은 무엇인가?

① 유압 펌프　　② 압축기
③ 유압 모터　　④ 공기압 모터

해설 이 기호는 한 방향 토출량 고정 유압 펌프이다.

8. 증압기에 대한 설명으로 가장 적합한 것은?

① 유압을 공압으로 변환한다.
② 낮은 압력의 압축공기를 사용하여 소형 유압 실린더의 압력을 고압으로 변환한다.
③ 대형 유압 실린더를 이용하여 저압으로 변환한다.
④ 높은 유압 압력을 낮은 공기 압력으로 변환한다.

해설 증압기(intensifier) : 보통의 공압 회로에서 얻을 수 없는 고압을 발생시키는 데 사용하는 기기

9. 다음의 공압 회로도는 공압 복동 실린더의 자동 복귀 회로이다. 1.2 스위치가 계속 작동되어 있을 경우, 복동 실린더의 작동 상태를 올바르게 설명하고 있는 것은?

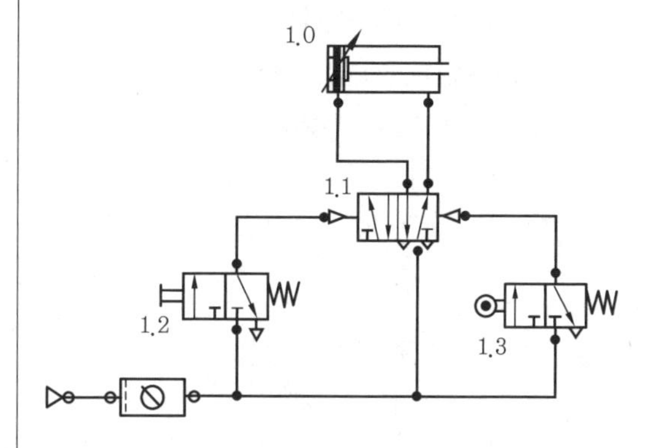

① 전진 위치에 있는 1.3 공압 리밋 스위치가 작동되면 복동 실린더는 후진하여 정지한다.
② 전진 위치에 있는 1.3 공압 리밋 스위치가 작동되면 복동 실린더는 후진한 후 동일한 작동을 반복한다.
③ 전진 위치에 있는 1.3 공압 리밋 스위치가 작동된 후 복동 실린더는 정지한다.
④ 전진 위치에 있는 1.3 공압 리밋 스위치가 작동된 후 일정 시간 경과 후 후진한다.

해설 이 회로는 자동 귀환 회로인데 전진 신호가 계속 유효하면 후진 신호인 1.3이 동작되어도 실린더는 움직이지 않게 된다.

10. 다음 중 공압 실린더가 운동할 때 낼 수 있는 힘 F를 식으로 맞게 표현한 것은?(단, P : 실린더에 공급되는 공기의 압력, A : 피스톤 단면적, V : 피스톤 속도)

① $F=P \cdot A$　　② $F=A \cdot V$
③ $F=\frac{P}{A}$　　④ $F=A+P$

해설 $P=\frac{F}{A}$

정답 6. ④　7. ①　8. ②　9. ③　10. ①

11. 다음 중 송풍기가 발생시키는 압축공기의 범위는?

① 10 kPa 미만
② 10 kPa 이상~100 kPa 미만
③ 100 kPa이상~500 kPa 미만
④ 500 kPa 이상~1 MPa 미만

해설 10 kPa 미만은 팬, 10 kPa 이상~100 kPa 미만은 송풍기, 100 kPa 이상은 압축기이다.

12. 다음과 같은 기호의 명칭은?

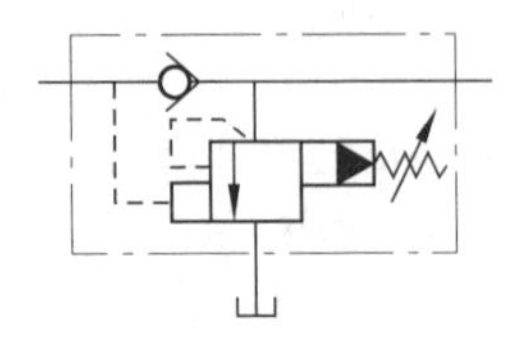

① 브레이크 밸브
② 카운터 밸런스 밸브
③ 무부하 릴리프 밸브
④ 시퀀스 밸브

13. 공압 소음기의 구비 조건이 아닌 것은?

① 배기음과 배기저항이 클 것
② 충격이나 진동에 변형이 생기지 않을 것
③ 장기간의 사용에 배기저항 변화가 작을 것
④ 밸브에 장착하기 쉬운 콤팩트한 형상일 것

해설 공압 소음기의 구비 조건
(1) 배기음과 배기저항이 작아야 한다.
(2) 충격, 진동에 변형이 없어야 한다.

14. 실린더 행정 중 임의의 위치에 실린더를 고정하고자 할 때 사용하는 회로는?

① 로킹 회로　② 무부하 회로
③ 동조 회로　④ 릴리프 회로

해설 로킹 회로는 실린더 피스톤을 임의의 위치에서 고정하는 회로이다.

15. 작동유 속에 혼입하는 불순물을 제거하기 위하여 사용하는 부품은 어느 것인가?

① 스트레이너　② 밸브
③ 패킹　④ 축압기

해설 유압회로에서 펌프의 흡입 관로에 넣는 여과기를 스트레이너라 하고, 펌프의 토출 관로나 탱크의 환류 관로에 사용되는 여과기를 필터라 한다.

16. 도면에 나타낸 유압회로에서, 실린더의 속도 조절 방법으로 적당한 것은?

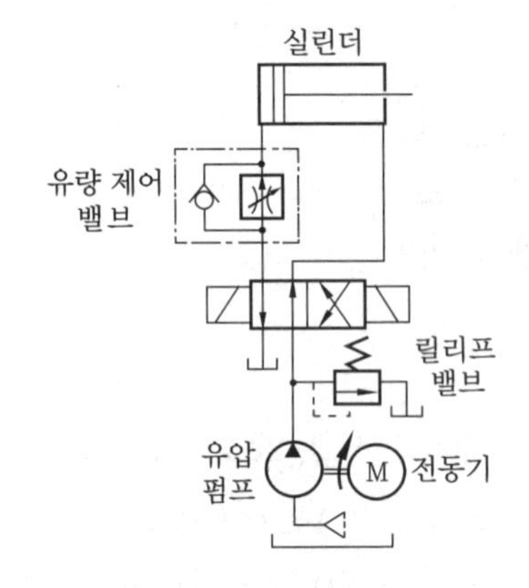

① 전동기의 회전수 조절
② 가변형 펌프의 사용
③ 유량 제어 밸브의 사용
④ 차동 피스톤 펌프의 사용

해설 유량 제어 밸브 : 실린더의 속도를 조절하는 밸브로서 교축 밸브와 속도 제한 밸브가 있으며, 속도 제한 밸브는 설치 방법에 따라 미터 인과 미터 아웃으로 나뉜다.

17. 다음 중 공유압 회로를 보고 알 수 없는 것은?

정답 11. ② 12. ③ 13. ① 14. ① 15. ① 16. ③ 17. ①

① 관로의 길이 ② 사용 공유압 기기
③ 유체 흐름의 순서 ④ 유체 흐름의 방향

해설 공유압 회로도에는 관로의 길이 치수를 기재하지 않는다.

18. 다음 그림의 기호는 어떤 밸브를 나타내는가?

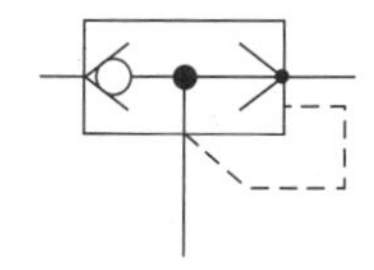

① 파일럿 조작 체크 밸브
② 고압 우선형 밸브
③ 저압 우선형 밸브
④ 급속 배기 밸브

해설 급속 배기 밸브 : 실린더의 속도를 증가시키는 목적으로 사용되는 공압 요소

19. 증압 회로를 사용하는 기계는?

① 프레스와 잭 ② 프레스와 터빈
③ 잭과 내연기관 ④ 잭과 외연기관

20. 유압유의 성질이 아닌 것은?

① 비열이 클 것
② 10% 희석되어도 유압유와 적합성이 있을 것
③ 비점이 높을 것
④ 비중이 클 것

해설 비중이 작아야 점도가 좋다.

21. 작동유의 열화를 촉진하는 원인이 될 수 없는 것은?

① 유온이 너무 높음
② 기포의 혼입
③ 플러싱 불량에 의한 열화된 기름의 잔존
④ 점도가 부적당

해설 유압 작동유는 유온의 영향을 받고 점도의 변화로 인해 정밀한 속도 제어가 어렵다.

22. 유압 모터의 종류가 아닌 것은?

① 기어형 ② 베인형
③ 피스톤형 ④ 나사형

해설 유압 모터의 종류

(1) 기어 모터(gear motor) : 유압 모터 중 구조면에서 가장 간단하며 유체 압력이 기어의 이에 작용하여 토크가 일정하다.
(2) 베인 모터(vane motor) : 구조면에서 베인 펌프와 동일하며 공급압력이 일정할 때 출력 토크 일정, 역전 가능, 무단 변속 가능, 가혹한 운전 가능 등의 장점이 있다.
(3) 회전 피스톤 모터(rotary piston motor) : 고속, 고압을 요하는 장치에 사용되는 것으로 다른 형식에 비하여 구조가 복잡하고 비싸며, 유지 관리에도 주의를 요한다.
(4) 요동 모터(rotary actuator motor) : 로터리 실린더라고도 하며, 가동 베인이 칸막이가 되어 있는 관을 왕복하면서 토크를 발생시키기는 구조이다.

23. 다음 공압 기호의 설명으로 옳은 것은?

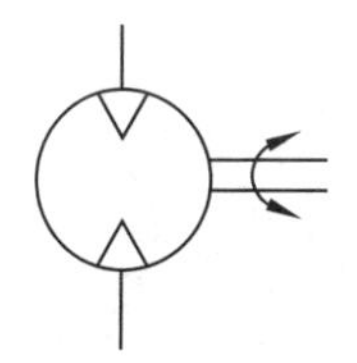

① 공기압 펌프 일반 기호
② 양방향 유동 공기압 모터
③ 1방향 유동 정용량형 모터
④ 2방향 유동 가변 용량형 모터

정답 18. ④ 19. ① 20. ④ 21. ④ 22. ④ 23. ②

해설 이 기호는 고정형으로 양방향 공압용 공압 모터이다.

24. **유압 에너지가 가진 특성이 아닌 것은?**

① 소형장치로 큰 출력을 얻을 수 있다.
② 온도 변화에 큰 영향을 받지 않는다.
③ 원격 제어가 가능하다.
④ 공기압보다 작동 속도가 늦다.

해설 유온의 영향을 받고 작동유의 점도 변화로 인하여 정밀한 속도 제어가 어렵다.

25. **그림의 기호가 나타내는 것은?**

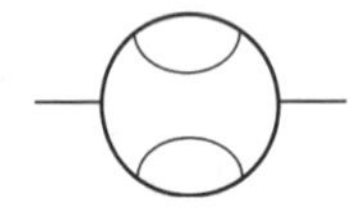

① 압력계 ② 차압계 ③ 유압계 ④ 유량계

26. **유압 작동유의 점도 지수에 대한 설명으로 올바른 것은?**

① 점도 지수가 크면 유압장치의 효율을 상승시킨다.
② 점도 지수가 크면 온도 변화에 대한 유압 작동유의 점도 변화가 크다.
③ 점도 지수가 작은 경우, 저온에서 작동할 때 예비운전시간이 짧아진다.
④ 점도 지수가 작은 경우, 정상 운전 시에 누유량이 감소된다.

해설 점도 지수가 크면 온도 변화에 대한 유압 작동유의 점도 변화가 작다.

27. **밸브의 양쪽 입구로 고압과 저압이 각각 유입될 때 고압쪽이 출력되고 저압쪽이 폐쇄되는 밸브는?**

① OR 밸브 ② 체크 밸브
③ AND 밸브 ④ 급속 배기 밸브

해설 OR 밸브는 셔틀 밸브라고도 하며, 고압 우선 밸브라고도 한다. 양쪽 입구로 고압과 저압이 유입될 때 고압이 출력된다.

28. **다음 밸브 기호의 표시 방법이 맞지 않는 것은?**

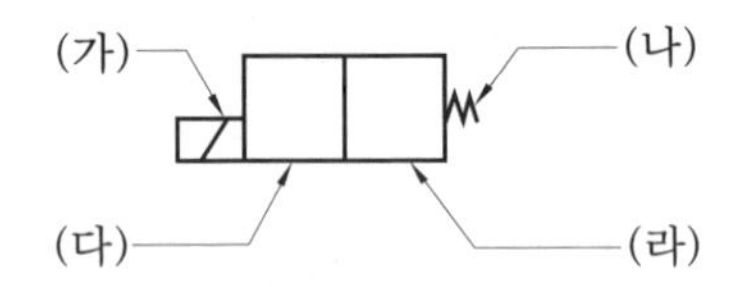

① (가)는 솔레노이드
② (나)는 스프링
③ (다)는 솔레노이드를 여자시켰을 때의 상태를 나타내는 기호 요소
④ (라)는 스프링이 작동하고 있지 않은 상태를 나타내는 기호 요소

해설 (라)는 스프링이 작동하고 있는 상태를 나타내는 기호 요소이다.

29. **구형의 용기를 사용하며, 유실과 가스실은 금속판으로 격리되어 유실에 가스의 침입이 없고, 특히 소형의 고압용 어큐뮬레이터로 이용되는 것은?**

① 추부하형 어큐뮬레이터
② 다이어프램 어큐뮬레이터
③ 스프링 부하형 어큐뮬레이터
④ 블레이드형 어큐뮬레이터

해설 다이어프램형 어큐뮬레이터(diaphragm type accumulator) : 가스와 오일을 분리하기 위하여 압력 변화에 대응하여 휘는 고무제의 엘리먼트 몰드로 되어 있는 금속 엘리먼트를 사용하고 있으며, 경량이어서 항공기 장치에도 사용된다.

정답 24. ② 25. ④ 26. ① 27. ① 28. ④ 29. ②

30. 다음 중 고압 작동에 적합한 특징을 갖는 모터는?

① 피스톤 모터
② 기어 모터
③ 압력 평형식 베인 모터
④ 압력 불평형식 베인 모터

31. 보기 입체도에서 화살표 방향이 정면으로 좌우 대칭일 때 평면도의 형상으로 가장 적합한 것은?

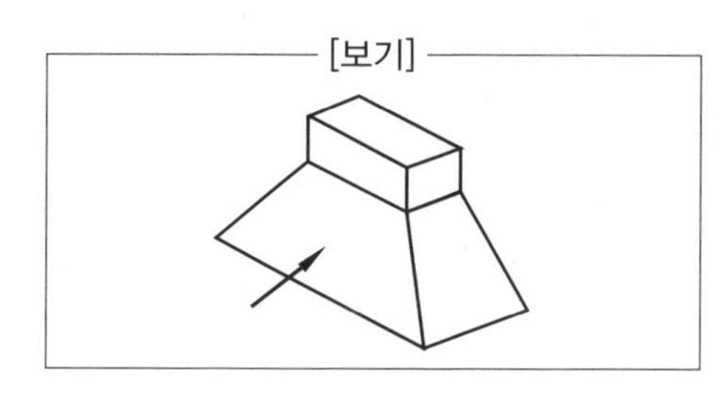

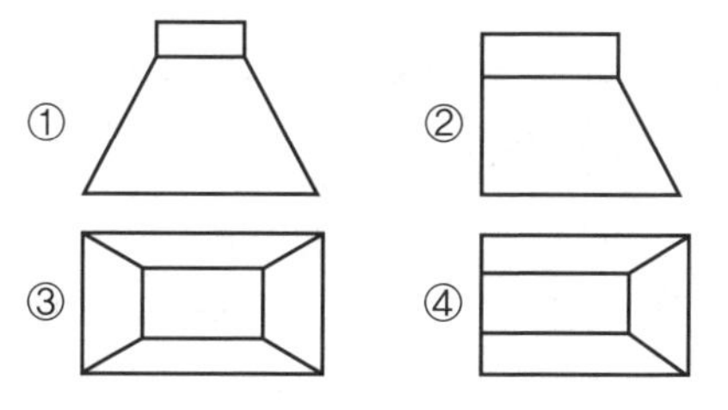

32. 제3각법으로 정투상한 보기와 같은 정면도와 평면도에 가장 적합한 우측면도는 어느 것인가?

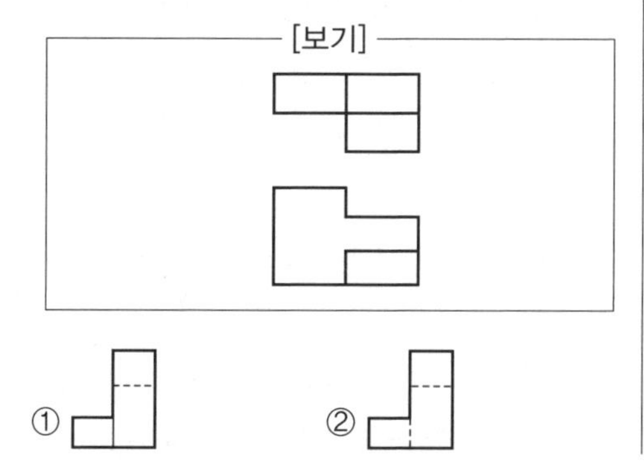

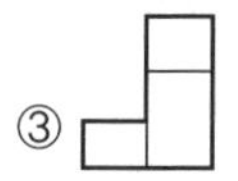

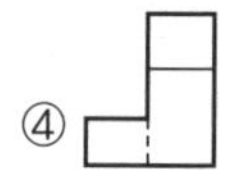

33. 용접부에 다음과 같은 시험 기호가 있을 때 해독으로 올바른 것은?

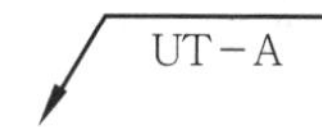

① 초음파 경사각 탐상 시험
② 초음파 수직 탐상 시험
③ 방사선 투과 부분 시험
④ 방사선 투과 2중벽 촬영 시험

해설 KS 비파괴검사 시험 기호 중 UT는 초음파 탐상 시험 기호이다.

34. 그림의 A부분과 같이 경사면부가 있는 대상물에서 그 경사면의 실형을 표시할 필요가 있는 경우 사용하는 투상도는?

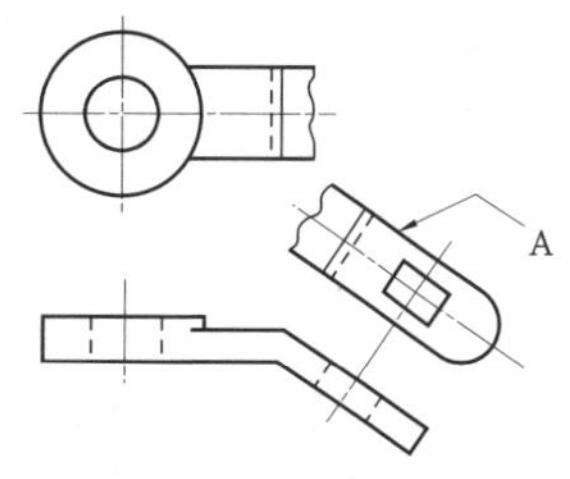

① 국부 투상도 ② 전개 투상도
③ 회전 투상도 ④ 보조 투상도

해설 보조 투상도(auxiliary view) : 물체의 경사면을 투상하면 축소 및 모양이 변형되어 실제 길이나 모양이 나타나지 않을 때 경사면에 나란하게 보조 투상면을 두고 필요 부분만 투상하여 실형을 도시하는 것

35. 다음 투상도법 중 제1각법과 제3각법이 속하는 투상도법은?

① 정투상법 ② 등각 투상법

정답 30. ① 31. ③ 32. ④ 33. ① 34. ④ 35. ①

③ 사투상법 ④ 부등각 투상법

해설 정투상법은 1각법과 3각법으로 구분한다.

36. 다음 중 지그재그 선을 사용하는 경우는 어느 것인가?

① 도면내 그 부분의 단면을 90° 회전하여 나타내는 선
② 제품의 일부를 파단한 곳을 표시하는 선
③ 인접을 참고로 표시하는 선
④ 반복을 표시하는 선

해설 제품의 일부를 파단할 경우에는 가는 실선으로 free하게 그린다.

37. 용접부의 비파괴 시험방법 기호를 나타낸 것 중 틀린 것은?

① 방사선 투과 시험 : XT
② 초음파 탐상 시험 : UT
③ 자기분말 탐상 시험 : MT
④ 침투 탐상 시험 : PT

해설 방사선 투과 시험은 RT이다.

38. 나사홈의 높이를 나사산의 높이와 같게 한 원통의 지름은?

① 호칭 지름 ② 수나사 바깥지름
③ 피치 지름 ④ 리드

해설 피치 지름 : 유효 지름이라고도 하며, 나사산의 두께와 골의 틈새가 같은 가상 원통의 지름을 말한다.

39. 호칭 번호가 6208로 표기되어 있는 구름 베어링이 있다. 이 표기 중에서 08이 뜻하는 것은?

① 틈새 기호 ② 계열 번호
③ 안지름 번호 ④ 등급 기호

해설 호칭 번호의 구성

기본 기호			
베어링 형식기호	베어링 계열기호	안지름 번호	접촉각 기호

40. 빠른 반복하중을 받는 스프링의 압축, 인장 반복속도가 고유진동수에 가까워지면 심한 진동을 일으키는데 이런 공진 현상을 무엇이라고 하는가?

① 피로 ② 서징
③ 응력 집중 ④ 감쇠

해설 빠른 반복하중을 받는 스프링에서는 반복속도가 스프링의 고유진동수에 가까워지면 심한 진동을 일으켜 스프링 파손의 원인이 된다. 이런 공진 현상을 서징이라 한다.

41. 비례한도 이내에서 응력과 변형률은 어떠한 관계인가?

① 반비례 ② 비례
③ 관계없다. ④ 조건에 따라 다르다.

해설 응력=비례상수×변형률

42. 지름 D[mm]인 코일 스프링에 하중 P[kgf]를 가할 때 δ[mm]의 변위를 일으키는 스프링 상수 K[kgf/mm]는?

① $K=\frac{P}{\delta}$ ② $K=\frac{P}{D}$
③ $K=\frac{D}{P}$ ④ $K=\frac{\delta}{P}$

해설 작용하중(P)=스프링 상수(K)×변위(δ)

43. 키의 길이가 50 mm, 접선력은 6000 N, 키의 전단응력은 20 MPa일 때 키의 폭은?

정답 36. ② 37. ① 38. ③ 39. ③ 40. ② 41. ② 42. ① 43. ①

① 6mm ② 30mm
③ 12mm ④ 9mm

해설 $\tau_k = \frac{W}{A} = \frac{W}{bl}$[MPa]에서

$b = \frac{W}{\tau_k l} = \frac{6000}{20 \times 50} = 6\text{mm}$

44. 원통에 압축하중을 가했을 때 최대 전단응력은 최대 압축응력의 몇 배인가?

① $\frac{1}{3}$ ② $\frac{1}{2}$ ③ 2 ④ 3

45. 롤링 베어링의 장점이 아닌 것은?

① 과열의 위험이 없다.
② 규격이 정해진 품종이 풍부하고 교환성이 좋다.
③ 기계의 소형화가 가능하다.
④ 소음 및 진동이 없고, 설치와 조립이 쉽다.

해설 롤링 베어링은 소음과 진동이 발생되고 설치와 조립이 어렵다.

46. 적산전력계에서 정격주파수, 정격전압을 가했을 때 무부하에서 원판이 기동하는지 여부를 시험하는 것을 무엇이라 하는가?

① 크리핑 시험 ② 오차 시험
③ 계량장치 시험 ④ 시동 전류 시험

47. 공기 중에서 자기장의 크기가 10A/m인 점에 8Wb의 자극을 둘 때, 이 자극이 작용하는 자기력은 몇 N인가?

① 80N ② 8N ③ 1.25N ④ 0.8N

해설 자기력 $F = mH = 8 \times 10 = 80\text{N}$

48. 10Ω과 20Ω의 저항이 직렬 연결된 회로에 50V의 전압을 가했을 때 10Ω의 저항에 걸리는 전압을 구하면 얼마인가?

① 5V ② 10V ③ 20V ④ 30V

해설 $I = \frac{E}{R} = \frac{50}{10+20} = 1.67\text{A}$

$V = IR = 1.67 \times 10 = 16.7 \fallingdotseq 20\text{V}$

49. 10Ω의 저항에 5A의 전류를 3분 동안 흘렸을 때 발열량은 몇 cal인가?

① 1080cal ② 2160cal
③ 5400cal ④ 10800cal

해설 $H = 0.24I^2Rt$

$= 0.24 \times 5^2 \times 10 \times 3 \times 60 = 10800\text{cal}$

50. 전압계나 전류계가 지시하는 값은?

① 최댓값 ② 순시값
③ 평균값 ④ 실효값

해설 일반적으로 교류의 전압, 전류의 크기를 나타낼 때 특별한 언급이 없는 한 실효값을 가리킨다.

51. 변압기 및 전기기기의 철심으로 얇은 철판을 겹쳐서 사용하는 이유는?

① 가공하기 쉽기 때문이다.
② 가격이 싸기 때문이다.
③ 맴돌이 전류 손에 의한 줄열 때문이다.
④ 철의 비중이 크기 때문이다.

해설 고유저항이 큰 규소강판을 사용하는 이유는 맴돌이 전류와 히스테리시스손을 감소시킴으로써 철손을 작게 하기 때문이다.

52. 평등 자장 내에 전류가 흐르는 직선 도선을 놓을 때, 전자력이 최대가 되는 도선과 자장 방향의 각도는?

① 0° ② 30° ③ 60° ④ 90°

정답 44. ② 45. ④ 46. ① 47. ① 48. ③ 49. ④ 50. ④ 51. ③ 52. ④

해설 전자력의 크기$(F)=BIl\sin\theta$이므로 $\theta=90°$이면 $\sin 90°=1$로서 최대가 된다. 여기서, B : 자속밀도(Wb/m), I : 전류, l : 도선의 길이, θ : 도선과 자계 방향각

53. 다음 제어용 기기 중 과부하 및 단락 사고인 경우 자동 차단되어 개폐기 역할을 겸하는 것은?

① 퓨즈 ② 릴레이
③ 리밋 스위치 ④ 노 퓨즈 브레이커

54. 전동기 운전 시퀀스 제어 회로에서 전동기의 연속적인 운전을 위해 반드시 들어가는 제어 회로는?

① 인터록 ② 지연 동작
③ 자기 유지 ④ 반복 동작

해설 자기 유지 회로 : 메모리 기능으로 전자릴레이에 부여된 입력 신호를 자체의 동작접점에 의해 신호가 계속 유효하도록 바이패스하는 동작 회로를 만드는 것

55. 반도체 PN 접합이 하는 작용은?

① 정류 작용 ② 증폭 작용
③ 발진 작용 ④ 변조 작용

56. 파형의 맥동 성분을 제거하기 위해 다이오드 정류회로의 직류 출력단에 부착하는 것은?

① 저항 ② 콘덴서
③ 사이리스터 ④ 트랜지스터

해설 콘덴서는 전기용량을 얻기 위해 평행한 금속판과 같은 전극을 절연체로 분리한 것으로 전기 에너지를 저장하거나 직류의 흐름을 차단하기 위해, 또는 전류의 주파수와 축전기의 용량에 따라 교류의 흐름을 조절할 때 쓰인다. 기호는 C로 표시한다.

57. 검출 스위치가 아닌 것은?

① 리밋 스위치 ② 광전 스위치
③ 버튼 스위치 ④ 근접 스위치

해설 버튼 스위치는 수동 조작 자동 복귀용 스위치이므로 검출용으로 사용할 수 없다.

58. 자기 저항의 단위는?

① Ω ② H/m
③ AT/Wb ④ N · m

59. 그림과 같은 회로의 명칭은?

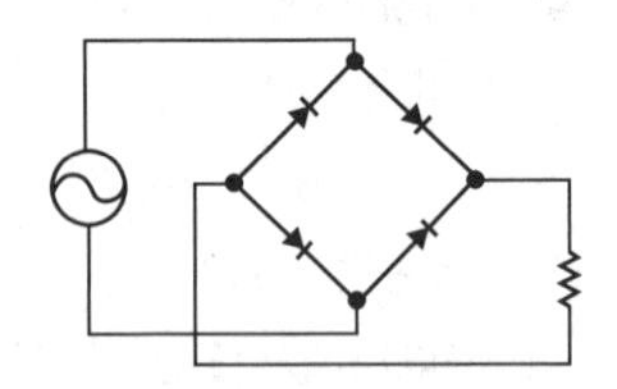

① 전파 정류 회로 ② 반파 정류 회로
③ 제어 정류 회로 ④ 정류기 필터 회로

해설 변압기 2차 측의 중간 탭이 없는 경우 정류용 다이오드를 브리지 회로로 구성하여 전파 정류할 수 있는 회로이다.

60. 다음 불대수 $Y=AC+\overline{A}C+\overline{B}C$를 간소화하면?

① C ② $\overline{A}B$ ③ AC ④ B

해설 $Y=AC+\overline{A}C+\overline{B}C$
$=C(A+\overline{A}+\overline{B})=C(1+\overline{B})=C$

정답 53. ④ 54. ③ 55. ① 56. ② 57. ③ 58. ③ 59. ① 60. ①

2019년 복원문제

공유압기능사

2019년 제1회 시행

1. 유압 실린더에 작용하는 힘을 산출할 때의 원리는?

① 보일의 법칙
② 파스칼의 법칙
③ 가속도의 법칙
④ 플레밍의 왼손 법칙

2. 동력 전달 방식 중 공압식이 전기식보다 유리한 점은?

① 동작속도 ② 에너지 효율
③ 소음 ④ 에너지 축적

해설 공압식의 장점은 에너지 축적이다.

3. 다음 유압 기호의 제어 방식 설명으로 올바른 것은?

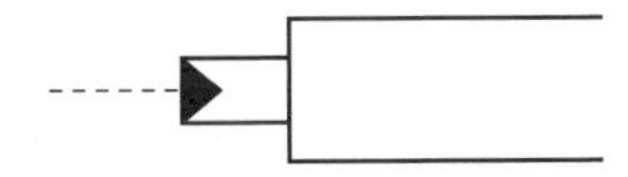

① 레버 방식이다.
② 스프링 제어 방식이다.
③ 공기압 제어 방식이다.
④ 파일럿 제어 방식이다.

4. "액체에 전해지는 압력은 모든 방향에 동일하며 그 압력은 용기의 각 면에 직각으로 작용한다."는 것은?

① 보일의 법칙 ② 파스칼의 원리
③ 줄의 법칙 ④ 베르누이의 정리

5. 다음 그림은 유압 제어 방식을 나타낸 것이다. 어떤 제어 방식인가?

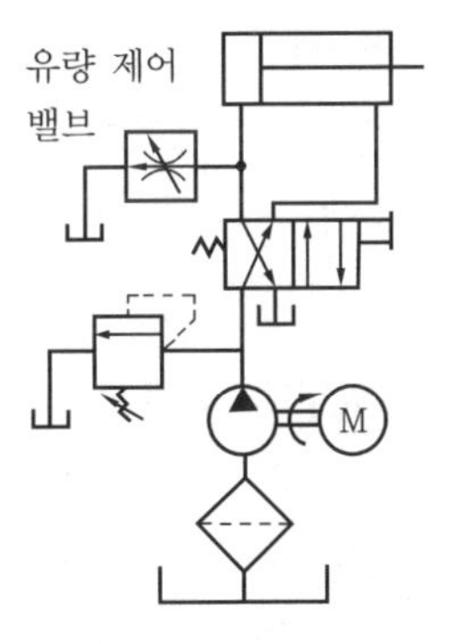

① 미터 인 회로 ② 미터 아웃 회로
③ 블리드 오프 회로 ④ 리사이클링 회로

6. 공기 저장 탱크의 기능이 아닌 것은?

① 압축기로부터 배출된 공기 압력의 맥동을 없애는 역할을 한다.
② 다량의 공기가 소비되는 경우 급격한 압력강하를 방지한다.
③ 주위의 외기에 의해 압축공기를 냉각시켜 수분을 응축시킨다.
④ 정전에 의해 압축기의 구동이 정지되었을 때 공기를 차단한다.

정답 1. ② 2. ④ 3. ④ 4. ② 5. ③ 6. ④

7. 다음 그림의 밸브 기호가 나타내는 것은?

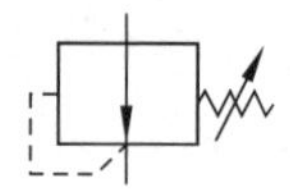

① 감압 밸브(reducing valve)
② 릴리프 밸브(relief valve)
③ 시퀀스 밸브(sequence valve)
④ 무부하 밸브(unloading valve)

해설 감압 밸브 : 유압회로에서 어떤 부분회로의 압력을 주회로의 압력보다 저압으로 해서 사용하고자 할 때 사용하는 밸브

8. 물체가 상태변화를 할 때 에너지의 전체량이 변화 없이 일정하게 유지되는 것을 무엇이라 하는가?

① 보일의 법칙　② 파스칼의 원리
③ 연속의 법칙　④ 에너지 보존의 법칙

9. 유압펌프 무부하 회로에 대한 설명으로 맞는 것은?

① 펌프의 토출압력을 일정하게 유지한다.
② 펌프의 송출량을 어큐뮬레이터로 공급하는 회로이다.
③ 부하에 의한 자유낙하를 방지하는 회로이다.
④ 간단한 방법으로 탠덤 센터형 밸브의 중립위치를 이용한다.

해설 전환밸브에 의한 무부하 회로 : 탠덤 센터(tendum center) 4/3 way 방향 제어 밸브를 사용하는 회로로 탱크측 포트와 유압탱크를 연결하여 무부하시킨다.

10. 유압 실린더의 중간 정지회로에 파일럿 작동형 체크 밸브를 사용하는 이유로 적당한 것은?

① 실린더 내부의 누설방지
② 실린더 내 압력 평형의 유지
③ 밸브 내부 누설방지
④ 무부하 상태의 유지

11. 포핏 방식의 방향 전환 밸브가 갖는 장점이 아닌 것은?

① 누설이 거의 없다.
② 밸브 이동 거리가 짧다.
③ 조작에 힘이 적게 든다.
④ 먼지, 이물질의 영향이 적다.

해설 포핏식 밸브의 특징
(1) 장점
• 구조가 간단하여 이물질의 영향을 잘 받지 않는다.
• 짧은 거리에서 밸브의 개폐를 할 수 있다.
• 시트(seat)는 탄성이 있는 실에 의해 밀봉되기 때문에 공기가 새어나가기 어렵다.
• 활동부가 없어 윤활이 불필요하고 수명이 길다.
(2) 단점
• 공급압력이 밸브에 작용하기 때문에 큰 변환조작이 필요하다.
• 다방향 밸브로 되면 구조가 복잡하게 된다.

12. 다음 중 압력 제어 밸브를 사용하지 않는 것은?

① 감압 밸브에 의한 제어 회로
② 언로드 회로
③ 시퀀스 회로
④ 차동 회로

해설 차동 회로 : 실린더의 전진 속도가 펌프의 배출 속도 이상으로 요구되는 것과 같은 특수한 경우에 사용된다.

정답 7. ①　8. ④　9. ④　10. ③　11. ③　12. ④

13. 다음 중 공동현상(cavitation)이 생겼을 때의 피해 사항으로 옳지 않은 것은 어느 것인가?

① 충격력이 감소된다.
② 진동이 발생된다.
③ 공동부가 생긴다.
④ 소음이 크게 생긴다.

해설 캐비테이션 : 액체가 국부적으로 압력이 낮아지면 용해공기가 기포로 되어 급격한 압력이 작용하면서 기포가 진공력으로 액체를 빨아들이기 때문에 기포가 초고압으로 액체에 의해 압축되어 액체 통로의 표면에 충격이 발생되어 소음과 진동이 발생하게 되는 현상

(1) 원인 : 펌프의 규정속도 이상으로 운전, 흡입필터 막힘, 유온 상승, 과부하 또는 유로 차단, 패킹부 공기 흡입
(2) 현상 : 금속 표면의 침식, 시스템 내의 소음이나 진동, 압력손실 감소와 온도 강하
(3) 방지책 : 펌프의 회전속도는 규정속도 이하로 한다. 흡입관의 굵기는 유압펌프 본체 연결구의 크기와 같은 것을 사용한다. 흡입구의 양정을 1m 이하로 한다.

14. 유압유의 필요 조건이 아닌 것은?

① 동력을 유효하게 전달하기 위해 압축되기 힘들고 고온 · 고압에서 용이하게 유동될 것
② 적당한 윤활성을 가지며 섭동부의 실(seal) 역할을 하고 내마모성일 것
③ 물, 공기, 먼지와 잘 융화되어 회로 내에 침전물이 없을 것
④ 인화점이 높고 온도 변화에 대해 점도 변화가 작을 것

해설 유압유에는 물이나 공기, 먼지 등 이물질이 있어서는 안 된다.

15. 유압에 비하여 압축공기의 장점이 아닌 것은?

① 안전성 ② 압축성
③ 저장성 ④ 신속성(동작속도)

16. 베인 펌프에서 유압을 발생시키는 주요 부분이 아닌 것은?

① 캠링 ② 베인
③ 로터 ④ 이너링

해설 베인 펌프(vane pump)의 주요 구성 요소는 입 · 출구 포트, 로터(rotor), 베인, 캠링(cam ring) 등이 카트리지(cartridge)로 되어 있다.

17. 다음 그림은 무슨 유압 · 공기압 도면 기호인가?

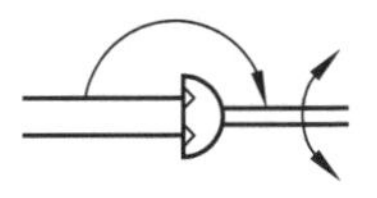

① 요동형 공기압 액추에이터
② 요동형 유압 액추에이터
③ 유압 모터
④ 공기압 모터

해설 이 기호는 2방향 요동형 공기압 액추에이터이다.

18. 파스칼의 원리를 이용하지 않은 것은?

① 유압 펌프
② 수압기
③ 공기 압축기
④ 내부 확장식 제동장치

해설 파스칼의 원리 : 밀폐된 용기 내의 임의의 한쪽에 가한 압력은 같은 크기로 모든 방향으로 전달된다는 원리이다.

정답 13. ① 14. ③ 15. ② 16. ④ 17. ① 18. ③

19. 기화기의 벤투리관에서 연료를 흡입하는 원리를 잘 설명할 수 있는 것은?

① 베르누이의 정리
② 보일 샤를의 법칙
③ 파스칼의 원리
④ 연속의 법칙

해설 베르누이의 정리 : 점성이 없는 비압축성의 액체가 수평관을 흐를 경우, 에너지 보존의 법칙에 의해 성립되는 관계식의 특성
※ 압력수두+위치수두+속도수두=일정

20. 압력의 크기가 변해도 같은 유량을 유지할 수 있는 유량 제어 밸브는?

① 니들 밸브
② 유량 분류 밸브
③ 압력 보상 유량 제어 밸브
④ 스로틀 앤드 체크 밸브

21. 윤활기의 작동 원리는?

① 파스칼의 원리
② 벤투리 원리
③ 아르키메데스의 원리
④ 보일 · 샤를의 원리

해설 윤활기는 윤활기의 입구에 유입된 압축공기의 통로를 교축시키면 교축 부분에서 유속은 빨라지고 압력은 강하하므로 이때 차압이 발생하여 용기로부터 기름을 빨아올려 공기와 혼합되어서 출구 쪽으로 나가게 되는 벤투리의 작동 원리를 이용한 것이다.

22. 다음의 진리표에 따른 논리 회로로 맞는 것은 어느 것인가?(단, 입력 신호 : a와 b, 출력 신호 : c)

진리표

입력 신호		출력
A	B	C
0	0	1
0	1	1
1	0	1
1	1	0

① OR 회로 ② AND 회로
③ NOR 회로 ④ NAND 회로

해설 NAND 회로 : AND의 부정 연산 회로로 입력 A, B가 모두 1일 때만 출력이 0이 된다.

23. 보기에 설명되는 요소의 도면 기호는 어느 것인가?

[보기]
이 밸브는 유압 시스템에서 사용하는 3위치 밸브로서, 중립 위치에서 실린더를 임의의 위치에 정지시킬 수 있으며 동시에 펌프의 부하를 경감시킨다.

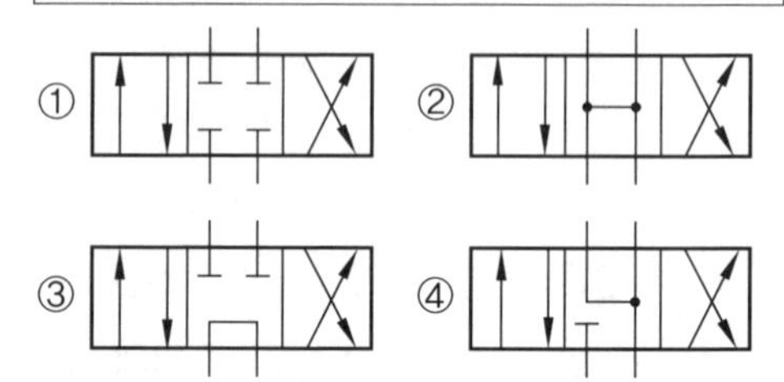

해설 ③의 방향 제어 밸브는 탠덤형 센터형으로 중립에서 위치에서 A, B 포트는 막혀 있고, 펌프 및 드레인 포트는 무부하가 되므로 언로드형이라고도 한다.

24. 유압유의 주요 기능이 아닌 것은?

① 동력을 전달한다.
② 응축수를 배출한다.
③ 마찰열을 흡수한다.
④ 움직이는 기계요소를 윤활한다.

정답 19. ① 20. ③ 21. ② 22. ④ 23. ③ 24. ②

해설 유압유는 동력을 전달하고, 마찰열을 흡수하며, 작동하는 기계요소의 윤활 등의 기능을 한다.

25. 유압 액추에이터의 종류가 아닌 것은?

① 펌프 ② 유압 실린더
③ 기어 모터 ④ 요동 모터

해설 액추에이터는 작동유의 압력 에너지를 기계적 에너지로 바꾸는 기기의 총칭으로 종류에는 실린더, 모터 등이 있다. 펌프는 유압 공급원이다.

26. 다음 중 공압 선형 액추에이터의 특징이 아닌 것은?

① 20mm/s 이하의 저속 운전 시 스틱 슬립 현상이 발생한다.
② 사용하는 압력이 높지 않아 큰 힘을 낼 수 없다.
③ 비압축성 작업 매체를 이용하므로 균일한 속도를 얻을 수 있다.
④ 일반적인 작업 속도가 1~2m/s이다.

해설 공압은 압축성 매체를 이용하므로 균일한 속도를 얻기 힘들다.

27. 유압유가 갖추어야 할 조건 중 잘못 서술한 것은 어느 것인가?

① 비압축성이고 활동부에서 실(seal)역할을 할 것
② 온도의 변화에 따라서도 용이하게 유동할 것
③ 인화점이 낮고 부식성이 없을 것
④ 물, 공기, 먼지 등을 빨리 분리할 것

해설 유압유가 갖추어야 할 조건
(1) 비압축성일 것
(2) 온도 변화에 용이하게 유동할 것
(3) 인화점이 높을 것
(4) 이물질 등을 빨리 분리할 것

28. 다음 중 방향 제어 밸브가 아닌 것은 어느 것인가?

① 2포트 전환 밸브
② 4포트 전자 파일럿 변환 밸브
③ 니들 밸브
④ 서보 밸브

29. 유회로에서 유압의 점도가 높을 때 일어나는 현상이 아닌 것은?

① 관내 저항에 의한 압력이 저하된다.
② 동력손실이 커진다.
③ 열발생의 원인이 된다.
④ 응답성이 저하된다.

해설 점성이 크면 유동 저항이 지나치게 많아져 마찰 손실에 의해서 펌프의 동력이 많이 소비된다.

30. 다음 그림은 무슨 기호인가?

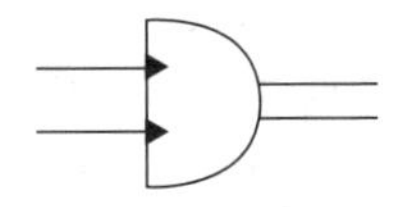

① 요동형 공기압 액추에이터
② 요동형 유압 액추에이터
③ 유압 모터
④ 공기압 모터

31. 보기의 제3각법 정투상도의 3면도를 기초로 한 입체도로 가장 적합한 것은?

정답 25. ① 26. ③ 27. ③ 28. ③ 29. ① 30. ② 31. ③

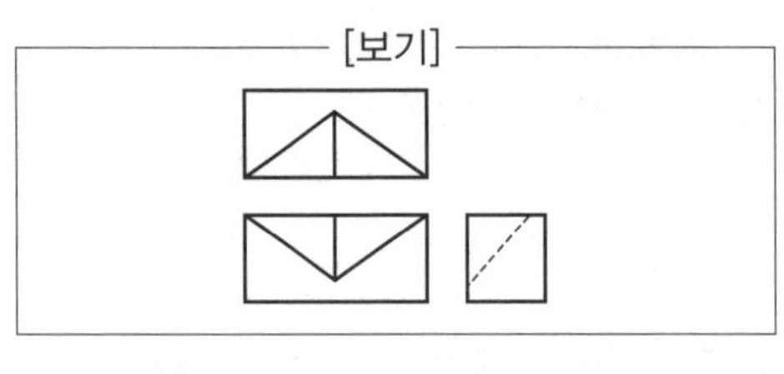

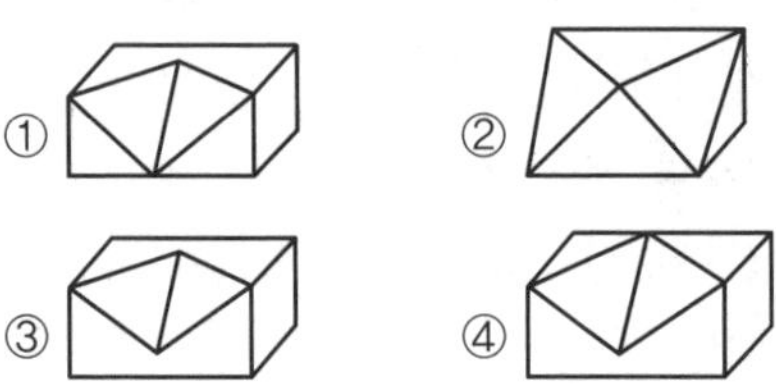

32. 보기에서와 같이 입체도를 제3각법으로 그린 투상도에 관한 설명으로 올바른 것은?

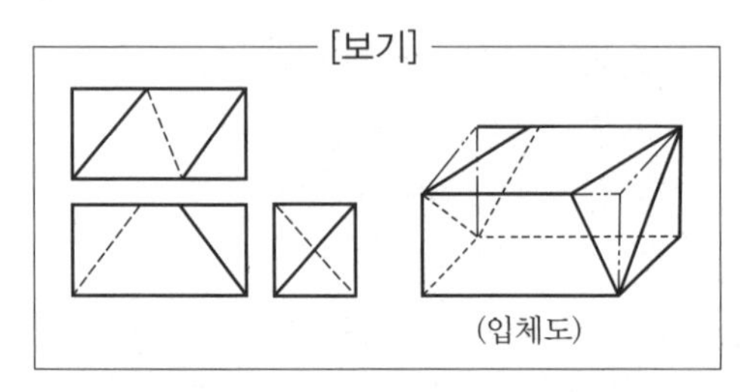

① 평면도만 틀림 ② 정면도만 틀림
③ 우측면도만 틀림 ④ 모두 올바름

해설 평면도

33. 배관의 간략 도시방법에서 파이프의 영구 결합부(용접 또는 다른 공법에 의한다.) 상태를 나타내는 것은?

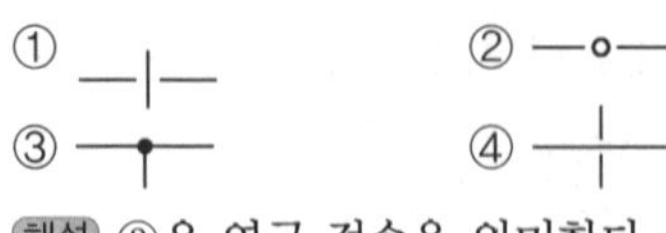

해설 ③은 영구 접속을 의미한다.

34. 배관 도시 기호 중 체크 밸브를 나타내는 것은?

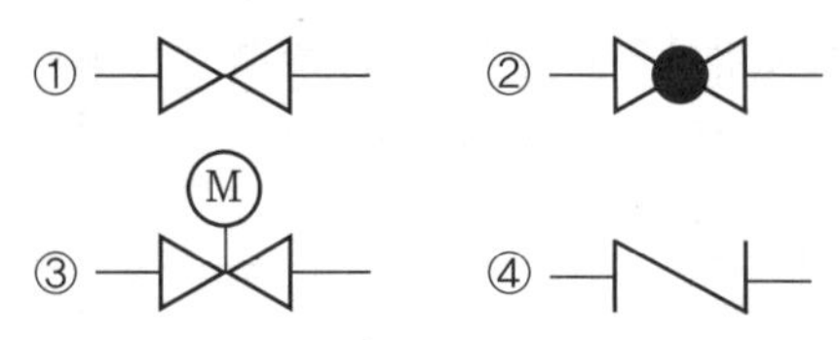

해설 ① : 밸브 일반, ② : 글로브 밸브,
③ : 모터 조작 밸브

35. 보기 그림은 배관의 간략 도시방법으로 사용하는 밸브의 도시 기호이다. 다음 중 어느 것을 표시한 것인가?

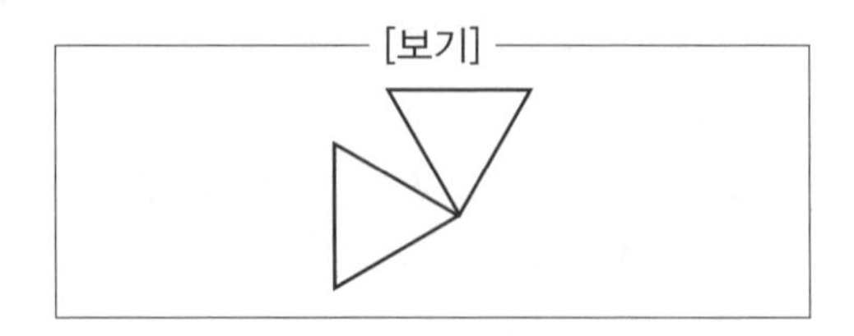

① 앵글 밸브 ② 체크 밸브
③ 볼 밸브 ④ 글로브 밸브

36. 기계 제도 치수 기입법에서 정정치수를 의미하는 것은?

① ~~50~~ ② 50 ③ (50) ④ 〈50〉

해설 치수에 밑줄은 비례척이 아님을 나타내고, 괄호 안에 있는 숫자는 참고 치수이다.

37. 공유압 배관의 간략 도시방법으로 신축관 이음의 도시 기호는?

① ②
③ ④

해설 ① : 플러그, ② : 부싱, ③ : 팽창 조인트

38. 재료에 하중이 가해져 어느 한도 이상이 되었을 때 재료에 영구 변형이 생기는 현상은?

정답 32. ① 33. ③ 34. ④ 35. ① 36. ① 37. ③ 38. ③

① 탄성 ② 인성 ③ 소성 ④ 연성

39. 내연기관의 피스톤 저널은 다음 중 어디에 속하는가?

① 레이디얼 엔드 저널
② 스러스트 엔드 저널
③ 레이디얼 중간 저널
④ 스러스트 중간 저널

40. 부품을 일정한 간격으로 유지하고 구조물 자체를 보강하는 데 사용되는 볼트는?

① 기초 볼트 ② 아이스 볼트
③ 나비 볼트 ④ 스테이 볼트

해설 스테이 볼트는 2개의 부품 간격을 일정하게 유지할 수 있게 양 끝에 나사를 만든 것이다.

41. 다음 중 모멘트의 단위는?

① kg · m/s² ② N · m
③ kW ④ kgf · m/s

42. 두 축의 이음을 임의로 단속할 수 있는 축 이음은?

① 클러치 ② 특수 커플링
③ 플랜지 커플링 ④ 플렉시블 커플링

해설 클러치는 운전 중에 수시로 원동축에서 종동축에 토크를 전달하기도 하고 이를 단절시키기도 할 경우 두 축을 간단히 결합 또는 분리시킬 필요가 있을 때 사용한다.

43. 너트의 풀림 방지법이 아닌 것은?

① 로크 너트에 의한 법
② 탄성 와셔에 의한 법
③ 접선 키에 의한 법
④ 세트 스크루에 의한 법

44. 아이 볼트(eye bolt)로 52 kN의 물체를 수직으로 들어 올리려고 한다. 이 아이 볼트 나사부의 바깥지름은 약 몇 mm인가?(단, 볼트 재료는 연강으로 하고 허용 인장응력은 60 N/mm²이다.)

① 21 ② 33 ③ 42 ④ 59

해설 $d=\sqrt{\frac{2W}{\delta}}=\sqrt{\frac{2\times52\times10^3}{60}}=41.6\,\text{mm}$

45. V벨트의 단면 형태를 표시한 것 중 단면적이 가장 큰 것은?

① A형 ② B형 ③ C형 ④ M형

해설 단면적 크기 : M<A<B<C<D<E

46. 농형 유도 전동기의 기동법으로 맞지 않는 것은?

① 2차 저항법 ② 전전압 기동법
③ Y−Δ 기동법 ④ 기동 보상기법

해설 농형 유도 전동기의 기동법에는 전전압 기동법, Y−Δ 기동법, 리액터 기동법, 기동 보상기법 등이 있다. 2차 저항법은 권선형 유도 전동기의 기동법으로 쓰인다.

47. 직류 200V, 1000W의 전열기에 흐르는 전류는 얼마인가?

① 0.5A ② 5A ③ 50A ④ 10A

해설 전력=전류×전압이므로 $P=IV$[W]에서
$I=\frac{P}{V}=\frac{1000}{200}=5\,\text{A}$

48. 권수가 300인 코일에서 2초 사이에

정답 39. ③ 40. ④ 41. ② 42. ① 43. ③ 44. ③ 45. ③ 46. ① 47. ② 48. ②

10Wb의 자속이 변화했다면, 코일에 발생되는 유도 기전력의 크기는 몇 V인가?

① 20 ② 1500
③ 3000 ④ 5000

해설 $e=N\frac{\Delta\Phi}{\Delta t}=300\times\frac{10}{2}=1500\text{V}$

49. 실효값이 E[V]인 정현파 교류 전압의 최댓값은 얼마인가?

① $\sqrt{2}E$[V] ② $\frac{1}{\sqrt{2}}E$[V]
③ $\frac{2}{\pi}E$[V] ④ $2E$[V]

해설 $E_m=\sqrt{2}E$

50. 사인파 교류 전류에서 실효값은 최댓값의 몇 배가 되는가?

① 0.27배 ② 0.5배
③ 0.707배 ④ 1.11배

해설 실효값 $I=\frac{1}{\sqrt{2}}I_m[\text{A}]=0.707\ I_m$

51. 그림과 같은 주파수 특성을 갖는 전기 소자는?

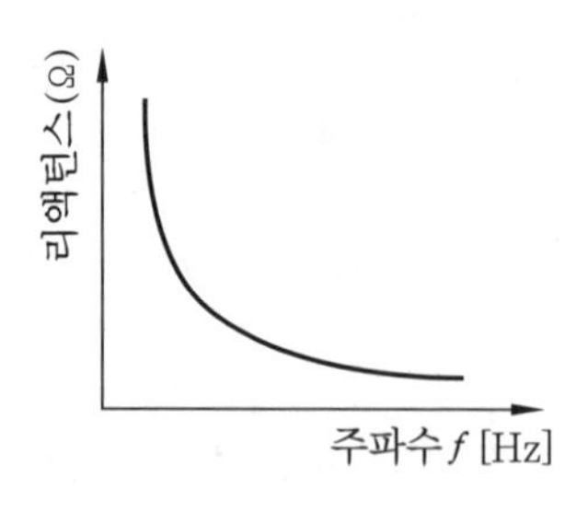

① 저항 ② 코일
③ 콘덴서 ④ 다이오드

해설 콘덴서는 주파수가 증가할수록 리액턴스가 감소된다.

52. 변압기 및 전기 기기의 철심으로 얇은 철판을 겹쳐서 사용하는 이유는 무엇을 줄이기 위함인가?

① 자기 흡인력
② 유도 기전력
③ 맴돌이 전류손
④ 상호 인덕턴스

해설 고유저항이 큰 규소강판을 사용하는 이유는 맴돌이 전류와 히스테리시스손을 감소시킴으로써 철손을 작게 하기 때문이다.

53. 유도 리액턴스를 나타내는 식은?

① $\frac{1}{\omega L}$ ② ωC
③ $2\pi fL$ ④ $\frac{1}{2\pi fC}$

해설 • 유도 리액턴스$(X_L)=\omega L=2\pi fL$
• 용량 리액턴스$(X_C)=\frac{1}{2\pi fC}$

54. 자기회로의 옴의 법칙에 대한 설명 중 맞는 것은?

① 자기회로의 기자력은 자속에 반비례한다.
② 자기회로를 통하는 자속은 자기저항에 비례하고, 기자력에 반비례한다.
③ 자기회로의 기자력은 자기저항에 반비례한다.
④ 자기회로를 통하는 자속은 기자력에 비례하고, 자기저항에 반비례한다.

해설 자속 $\phi=\frac{IN}{\frac{l}{\mu A}}=\frac{E}{R}$[Wb]

55. 다음 중 동기 전동기의 용도가 아닌 것은 어느 것인가?

① 가정용 소형 선풍기

정답 49. ① 50. ③ 51. ③ 52. ③ 53. ③ 54. ④ 55. ①

② 각종 압축기
③ 시멘트 공장의 분쇄기
④ 제지 공장의 쇄목기

56. 콜라우슈 브리지에 의하여 측정할 수 있는 것은?

① 직류 전압
② 접지 저항
③ 교류 전압
④ 절연 저항

57. 일반적인 가정에서 제일 많이 사용하는 전원 방식은?

① 단상 직류 220V
② 단상 교류 220V
③ 3상 직류 220V
④ 3상 교류 220V

해설 가정용 전기는 단상 교류 60Hz 200V이다.

58. 전기기계는 주어진 에너지가 모두 유효한 에너지로 변환하는 것이 아니고 그 중의 일부 에너지가 없어지는 손실이 발생된다. 축과 베어링, 브러시와 정류자 등의 마찰로 인한 손실을 무엇이라 하는가?

① 동손
② 철손
③ 기계손
④ 표유 부하손

해설 기계손(mechanical loss) : 기계적 원인에 의한 손실로 예를 들면 실린더와 피스톤, 축과 축받이(베어링) 사이의 마찰에 의한 손실 등을 말한다.

59. 변압기를 병렬 운전하기 위한 조건이 아닌 것은?

① 각 변압기의 중량이 같아야 한다.
② 각 변압기의 극성이 같아야 한다.
③ 각 변압기의 권수비가 같아야 한다.
④ 각 변압기의 백분율 임피던스 강하가 같아야 한다.

해설 변압기의 운전은 변압기의 무게와 관계가 없다.

60. 다음 중 단자가 3개가 아닌 것은?

① 사이리스터
② 트라이액
③ 다이오드
④ MOSFET

해설 다이오드는 애노드와 캐소드로 이루어진 2단자 소자이다.

정답 56. ② 57. ② 58. ③ 59. ① 60. ③

공유압기능사 2019년 제2회 시행

1. 도면의 유압 회로로 설계된 유압장치의 작업상 특성을 설명할 때 잘못된 설명된 것은 어느 것인가?

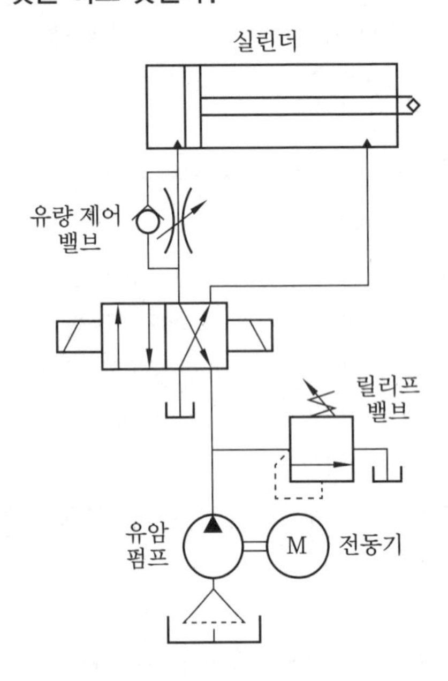

① 릴리프 밸브의 가동률이 높다.
② 미터 인 방식의 속도 제어 회로이다.
③ 압력 에너지의 손실과 유온 상승이 많다.
④ 부하의 크기에 따라 펌프 토출압력이 변화한다.

해설 이 회로에서 사용되는 펌프는 체적 고정형 펌프이다.

2. 유체의 흐름을 한쪽 방향으로만 흐르게 하고 역류할 때 곧바로 차단시키는 밸브는 어느 것인가?

① 스톱 밸브 ② 체크 밸브
③ 시퀀스 밸브 ④ 릴리프 밸브

해설 체크 밸브(check valve) : 방향 제어 밸브로 가장 간단한 것은 1방향 밸브로 한 방향으로만 허용되고, 반대 방향으로는 흐르지 못한다.

3. 유압 회로의 일부에 배압을 발생시키고자 할 때 사용하는 밸브로 적합한 것은?

① 무부하 밸브 ② 카운터 밸런스 밸브
③ 시퀀스 밸브 ④ 리듀싱 밸브

해설 카운터 밸런스 밸브(counter balance valve) : 회로의 일부에 배압을 발생시키고자 할 때 사용하는 밸브로, 조작 중 부하가 급속하게 제거되어 연직 방향으로 작동하는 램이 중력에 의하여 낙하하는 것을 방지하고자 할 경우에 사용한다.

4. 오일 탱크의 구성 요소가 아닌 것은?

① 버플 ② 유면계
③ 축압기 ④ 스트레이너

해설 오일 탱크의 부속 장치 : 입구 캡(filler cap), 유면계(oil level gauge), 버플(buffle), 출구 라인과 리턴 라인, 입구 여과기(inlet filter), 드레인 플러그(drain plug)

5. 다음 중 그 기능이 다른 유압 제어 밸브는 어느 것인가?

① 감압 밸브 ② 릴리프 밸브
③ 언로딩 밸브 ④ 유량 조절 밸브

해설 압력 제어 밸브 : 릴리프 밸브, 리듀싱 밸브, 언로딩 밸브, 카운터 밸런스 밸브

6. 단위 체적당 유체의 질량을 무엇이라 하는가?

정답 1. ④ 2. ② 3. ② 4. ③ 5. ④ 6. ②

① 비중 ② 밀도 ③ 비체적 ④ 비중량

해설 밀도 ρ[kg/m^3]는 단위 체적당 유체의 질량으로 $\rho = \frac{m}{V}$과 같이 나타낸다.

7. 밸브의 개폐 정도 또는 교축 정도 등을 변화시키기 위하여 스풀의 이동량을 구제하는 조정 기구는?

① 드레인 제한 기구
② 가변 내부 제한 기구
③ 기변 기호 제한 기구
④ 가변 행정 제한 기구

8. 유압장치에서 작동유의 압력이 국부적으로 낮아지면 용해 공기가 기포로 된다. 이 기포가 급격한 압력 상승에 의해 초고압으로 되어 액체 통로의 표면을 때려 소음과 진동이 발생하는 현상은?

① 수막현상 ② 노킹현상
③ 채터링현상 ④ 캐비테이션

9. 도면에서 (B)로 표시한 밸브의 이름은 무엇인가?

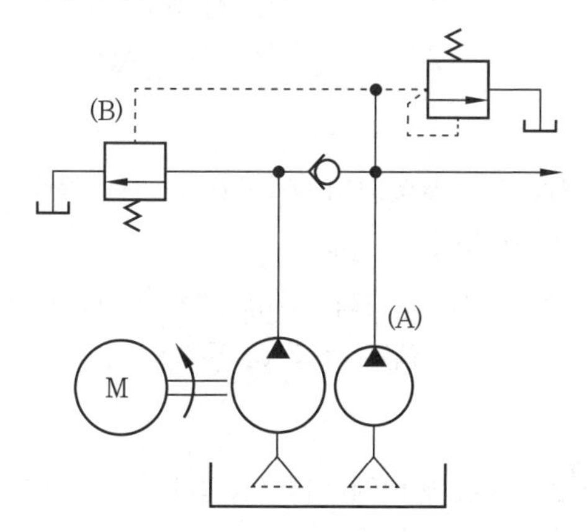

① 시퀀스 밸브 ② 릴리프 밸브
③ 언로드 밸브 ④ 유량 조절 밸브

해설 밸브의 구조는 릴리프 밸브이나 기능은 무부하 밸브이다.

10. 다음 기호의 공압 실린더에 관한 설명으로 옳은 것은?

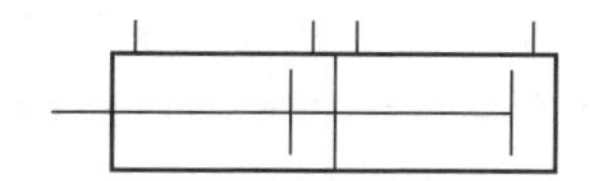

① 전 · 후진 시 추력이 같다.
② 쿠션장치가 내장되어 있다.
③ 긴 행정거리가 요구되는 경우에 주로 사용된다.
④ 같은 크기의 실린더에 비해 추력이 약 2배 크다.

해설 이 기호는 탠덤형 실린더이다.

11. 약 300° 이내의 일정한 각도 범위에서 각운동을 하는 것은?

① 각도형 액추에이터
② 복동형 액추에이터
③ 차동형 액추에이터
④ 요동형 액추에이터

12. 변동하는 공기 수요에 공급량을 맞추기 위한 압축기의 조절 방식 중 가장 간단한 방식으로 압력 안전 밸브에 의하여 압축기의 압력을 제어하며 무부하 조절 방식에 속하는 것은?

① 차단 조절 ② 흡입량 조절
③ 배기 조절 ④ 그립 – 암 조절

13. 유압에서 사용하는 제어 위치에 관한 설명으로 옳지 않은 것은?

① 정상 위치 : 밸브에 신호가 공급되었을

정답 7. ④ 8. ④ 9. ③ 10. ④ 11. ④ 12. ③ 13. ①

때의 제어 위치는 시동 조건에 의하여 결정된다.

② 구성 요소의 중립 위치 : 구성 요소에서 외력이 제거된 상태에서 스스로 갖게 되는 제어 위치

③ 초기 위치 : 구성 요소가 작업을 시작할 때에 요구되는 제어 위치, 이는 시동 조건에 의하여 결정된다.

④ 시스템의 중립 위치 : 시스템에 파워가 공급되지 않은 상태이고, 각각의 구성 요소는 제작자에 의하여 놓여지거나, 내장된 스프링 등과 같이 외력에 의하지 않고 자체적으로 갖게 되는 제어 위치에 있는 상태이다.

14. 체크 밸브 또는 릴리프 밸브 등 밸브의 입구측 압력이 상승하여 밸브가 열리기 시작하여 어떤 일정한 흐름의 양으로 안정되는 압력은?

① 최초 압력 ② 서지 압력
③ 크래킹 압력 ④ 리스트 압력

15. 공압 베인형 요동 액추에이터의 종류 중 일반적으로 사용하지 않는 것은?

① 싱글 베인형 ② 2중 베인형
③ 3중 베인형 ④ 4중 베인형

16. 유압 작동유에서 오일과 물의 분리하기 쉬운 정도를 나타내는 것은?

① 소포성 ② 방청성
③ 항유화성 ④ 산화안정성

17. 유압 요동 모터 중 피스톤형 요동 모터의 종류가 아닌 것은?

① 피스톤 체인형 ② 래크 피니언형
③ 피스톤 링크형 ④ 피스톤 케이블형

18. 기어 펌프의 측판에 토출 홈을 설치하는 이유는?

① 토출측 압력을 높이기 위해서
② 흡입측 압력을 높이기 위해서
③ 펌프의 폐입 현상을 방지하기 위해서
④ 펌프의 스팀록 현상을 방지하기 위해서

해설 폐입 현상은 2개의 기어가 서로 물림에 의해서 압유가 되돌려지는 현상으로 이 현상에 따른 결과는 기포 발생 및 진동 소음 발생, 축동력 증가, 캐비테이션 등의 나쁜 영향이 있으며 해결법으로 톱니바퀴의 맞물리는 부분의 측면에 토출 홈을 파준다.

19. 다음 그림의 기호가 나타내는 것은?

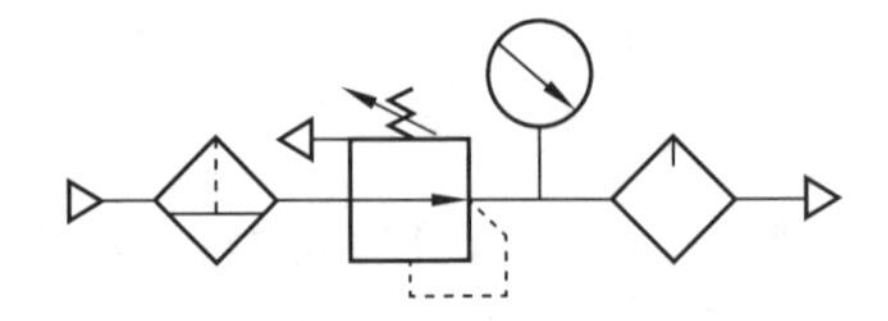

① OR 밸브 ② 서비스 유닛
③ AND 밸브 ④ 시퀀스 밸브

20. 어큐뮬레이터(축압기)의 사용 목적이 아닌 것은?

① 에너지의 축적 ② 유체의 누설 방지
③ 유체의 맥동 감쇠 ④ 충격 압력의 흡수

21. 유압 모터에 비해 공기압 모터의 특징으로 잘못된 것은?

① 부하에 의한 회전수 변동이 크다.

정답 14. ③ 15. ④ 16. ③ 17. ④ 18. ③ 19. ② 20. ② 21. ②

② 배기 소음이 작다.
③ 에너지 변환 효율이 낮다.
④ 가격이 저렴한 제어 밸브단으로 회전수, 토크를 자유롭게 조절할 수 있다.

해설 공압은 배기 소음이 큰 것이 단점이다.

22. 다음 도면 기호의 명칭은 무엇인가?

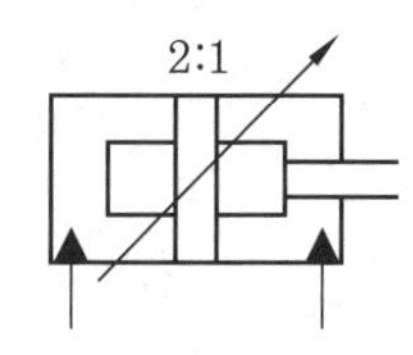

① 스프링 붙이 단동 실린더
② 양 로드형 복동 실린더
③ 복동 텔레스코프형 실린더
④ 쿠션 붙이 복동 실린더

23. 포핏(poppet)식 공압 방향 제어 밸브의 장점은?

① 밸브의 이동거리가 길다.
② 밸브 시트는 탄성이 있는 실(seal)에 의해 밀봉되어 공기 누설이 잘 안 된다.
③ 다방향 밸브로 되어도 구조가 간단하다.
④ 공급 압력이 밸브에 작동하지 않기 때문에 큰 변형 조작이 필요 없다.

24. 램형 실린더를 작동 형식에 따라 분류하였을 때 어디에 속하는가?

① 단동 실린더 ② 복동 실린더
③ 차동 실린더 ④ 다단 실린더

25. 유압유의 첨가제 중 거품성 기포의 발생 억제 및 기포의 분리가 잘 되도록 하는 것은?

① 점도지수 향상제 ② 유동점 강하제
③ 내마모제 ④ 소포제

26. 유압장치의 이음 중에서 동관 이음 시 많이 사용되며 분해 조립 시 용이한 배관 이음 방식은?

① 플레어 이음 ② 슬리브 이음
③ 나사 이음 ④ 용접 이음

27. 흡수식 에어 드라이어(공기 건조기)의 특징이 아닌 것은?

① 취급이 복잡하다.
② 장비의 설치가 간단하다.
③ 기계적 마모가 적다.
④ 외부 에너지 공급이 필요 없다.

해설 흡수식, 흡착식 건조기의 구조는 매우 간단하다.

28. 다음 기호는 유량 조절 밸브이다. 이 밸브에 대한 설명으로 옳은 것은?

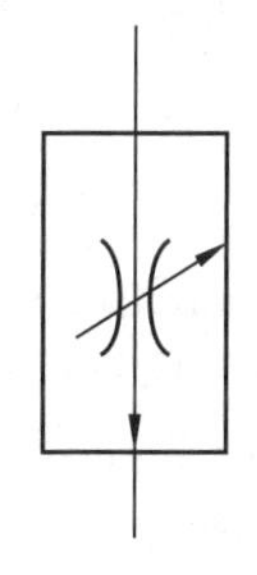

① 니들 밸브인 유량 조절 밸브를 조절하여 유량을 자유롭게 조절하는 밸브이다.
② 압력 조절 밸브와 온도 변화에 대응하기 위한 밸브이다.
③ 온도의 변화에 관계없이 유량을 설정된

정답 22. ④ 23. ② 24. ① 25. ④ 26. ① 27. ① 28. ④

값으로 유지하는 밸브이다.

④ 압력 보상 밸브를 내부에 설치하여 부하의 변동에 관계없이 유량을 일정하게 하는 밸브이다.

해설 이 기호는 압력 보상형 유량 조절 밸브이다.

29. 공기 발생장치에서 공기 탱크의 역할이 아닌 것은?

① 공기 압력의 맥동을 흡수한다.
② 압력이 급격하게 떨어지는 것을 방지한다.
③ 압축공기를 통하여 윤활유를 공급한다.
④ 압축공기를 저장한다.

해설 공압장치에서 윤활유 공급은 루브리케이터에서 한다.

30. 다음 중 유압 회로도의 종류가 아닌 것은 어느 것인가?

① 단면 회로도 ② 총식 회로도
③ 기호 회로도 ④ 상세 회로도

31. 주문할 사람에게 물품의 내용 및 가격 등을 설명하기 위한 도면은?

① 제작도 ② 주문도
③ 견적도 ④ 승인도

해설 ① 제작도(manufacture drawing, production drawing) : 건설, 제조에 필요한 모든 정보를 전달하기 위한 도면
② 주문도(drawing for order) : 주문하는 사람이 제품의 크기, 형태, 기타 요구 사항을 나타낸 도면
③ 견적도(drawing for estimate) : 견적 의뢰를 받은 사람이 주문자에게 제시하는 도면
④ 승인도(approved drawing) : 주문자 또는 기타 관계자의 승인을 얻은 도면

32. 다음과 같은 척도의 표시 중에서 배척에 해당하는 것은?

① 1 : 1 ② 1 : 5 ③ 2 : 1 ④ 1 : $\sqrt{2}$

해설 축척, 현척 및 배척의 값

척도의 종류	난	척도값
축척	1	1:2, 1:5, 1:10, 1:20, 1:50, 1:100, 1:200
	2	1:$\sqrt{2}$, 1:2.5, 1:2$\sqrt{2}$, 1:3, 1:4, 1:5$\sqrt{2}$, 1:25, 1:250
현척	–	1:1
배척	1	2:1, 5:1, 10:1, 20:1, 50:1
	2	$\sqrt{2}$:1, 25$\sqrt{2}$:1, 100:1

33. 다음 중 도형의 중심선을 나타내는 데 사용하는 선으로 맞는 것은?

① 굵은 실선 ② 가는 1점 쇄선
③ 가는 2점 쇄선 ④ 가는 파선

해설 가는 1점 쇄선은 중심선, 기준선, 피치선을 나타내는 데 사용한다.

34. 다음 그림에서 "a" 방향을 정면도로 할 때 "f" 방향에서 본 투상도의 명칭은?

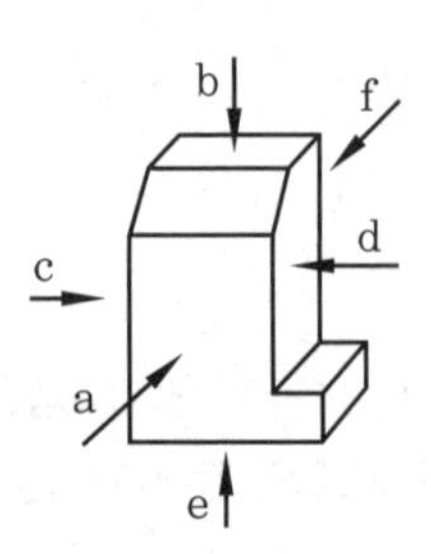

① 측면도 ② 평면도
③ 저면도 ④ 배면도

35. 투상도에 대한 설명 중 옳지 않은 것은 어느 것인가?

① 투상도 중 정면도, 평면도, 측면도를 3면도라 한다.
② 정면도는 물체의 특징이 가장 잘 나타내는 면을 그린다.
③ 보조 투상도는 경사부가 있는 물체의 경사면을 실형으로 나타낼 필요가 있을 때 그린다.
④ 회전 투상도는 투상의 일부만을 도시하여 충분한 경우에 그 필요한 부분만을 나타낼 때 사용된다.

해설 • 회전 투상도 : 각도를 가지고 있는 물체의 그 실제 모양을 나타내기 위해 도시하는 것
• 국부 투상도 : 대상물의 구멍, 홈 등과 같이 한 부분의 모양을 도시하는 것

36. 길이 방향으로 단면하여 도면에 표시해도 관계없는 것은?

① 핸들의 암 ② 구부러진 배관
③ 베어링의 볼 ④ 조립 상태의 볼트

해설 리브, 바퀴의 암, 기어의 이, 축, 핀, 볼트, 너트, 와셔, 키, 강구, 원통 롤러는 길이 방향으로 절단하여 도시하지 않는다.

37. 다음 중 코일 스프링의 도시 방법으로 옳은 것은?

① 코일 스프링을 도시할 때에는 원칙으로 무하중인 상태에서 그린다.
② 그림 안에 기입하기 힘든 사항은 일괄하여 표제란에 기입한다.
③ 코일 스프링의 양 끝을 제외한 같은 모양 부분을 일부 생략하는 경우에는 생략된 부분을 한 개의 굵은 실선으로 나타낸다.
④ 코일 스프링의 종류 및 모양만을 간략하게 도시하는 경우에는 스프링의 중심선을 가는 1점 쇄선 또는 가는 2점 쇄선으로 표시한다.

해설 스프링을 도시할 때에는 겹판 스프링만 유하중 상태로 그리고, 그 외는 무하중 상태로 작도한다.

38. 한국산업규격(KS) 중에서 "KS B"로 분류되는 부문은?

① 기계 ② 섬유
③ 전기 ④ 수송기계

39. 다음 중 체결용 기계요소가 아닌 것은?

① 볼트, 너트 ② 핀
③ 코터 ④ 체인

해설 체인은 간접 전동장치이다.

40. 다음의 나사 중 백래시(back lash)가 현저하게 감소되는 나사는?

① 미터 나사 ② 휘트워드 나사
③ 볼 나사 ④ 톱니 나사

해설 볼 나사는 나사의 효율이 좋고, 백래시를 작게 할 수 있으며, 윤활에 주의가 없어도 된다. 또한 먼지에 의한 마모가 적고, 높은 정밀도를 장시간 유지할 수 있다. 그러나 자동체결이 곤란하고, 가격이 비싸며, 피치를 작게 할 수 없어 너트의 크기가 크게 된다.

41. 구름 베어링 밀봉장치에서 밀봉 성능이

정답 35. ④ 36. ② 37. ① 38. ① 39. ④ 40. ③ 41. ③

가장 우수한 것은?

① ZZ TYPE ② UU TYPE
③ DD TYPE ④ PP TYPE

해설 • DD TYPE : 접촉형 실 형태
• UU TYPE : 비접촉형 실 형태
• ZZ TYPE : 양쪽 실드 형태

42. 벨트 내측과 풀리 외측에 같은 피치의 사다리꼴 또는 원형 모양의 돌기를 만들어 회전 중에 벨트와 벨트 풀리가 이 물림이 되어 미끄럼이 없이 정확한 회전 각속도비가 유지되는 벨트는?

① 평 벨트 ② V 벨트
③ 타이밍 벨트 ④ 사일런트 체인

43. 다음 중 브레이크(brake)의 역할이 아닌 것은?

① 기계 운동 부분의 에너지를 흡수한다.
② 기계 운동 부분의 속도를 감소시킨다.
③ 기계 운동 부분을 정지시킨다.
④ 기계 운동 부분의 마찰을 감소시킨다.

해설 브레이크는 기계의 운동 부분의 에너지를 흡수해서 속도를 낮게 하거나 정지시키는 장치이다.

44. 배관 내 유체의 흐름을 3방향으로 분기시키는 관 이음쇠는?

① 크로스(cross) ② 티(T)
③ 엘보(elbow) ④ 밴드(band)

45. 고온의 유체가 흐르는 관의 팽창 수축을 고려하여 축 방향으로 과도의 응력이 발생하지 않도록 한 관 이음 방법은?

① 용접 이음 ② 나사형 이음
③ 신축 이음 ④ 플랜지 이음

46. 다음 중 전동기 기동 불능의 원인이 아닌 것은?

① 배선의 단선 ② 전기 기기의 고장
③ 기계적 과부하 ④ 베어링 마모

해설 베어링의 마모는 전동기의 발열 원인이 된다.

47. 두 전하의 전하량을 Q_1과 Q_2[C], 두 전하 사이의 거리를 r[m]라고 할 때, 두 전하 사이에 작용하는 전기력(N)을 나타내는 식은?

① $6.33\times10^{4}\dfrac{Q_1Q_2}{r^2}$[N]

② $9\times10^{9}\dfrac{Q_1Q_2}{r^2}$[N]

③ $6.33\times10^{-4}\dfrac{Q_1Q_2}{r^2}$[N]

④ $9\times10^{-9}\dfrac{Q_1Q_2}{r^2}$[N]

48. 전동기가 기동이 안 될 때 그 원인으로 옳지 않은 것은?

① 단선
② 전원 전압의 변동
③ 전기 기기류의 고장
④ 운전 조작 잘못

49. 직류 전동기의 구조상 주요 부분이 아닌 것은?

① 코일 ② 계자
③ 전기자 ④ 정류자

해설 코일은 전기자의 한 부분이다.

정답 42. ③ 43. ④ 44. ① 45. ③ 46. ④ 47. ② 48. ② 49. ①

50. 다음 접점에 대한 설명 중 옳지 않은 것은 어느 것인가?

① 접점이란 회로가 연결되거나 떨어지는 동작을 행하는 곳을 말한다.
② 동작 상태에 따라 a 접점, b 접점, c 접점으로 나눈다.
③ a 접점은 항상 닫혀 있다가 외부의 힘에 의하여 열리는 접점을 말한다.
④ 접점부는 외부의 어떠한 힘도 작용하지 않는 상태로 나타낸다.

해설
- a 접점 스위치 : 외력이 작용하지 않는 평상시에는 접점이 열려져 있기 때문에 상시 열림형(normally open contact, N.O형) 접점이라고도 한다.
- b 접점 스위치 : a 접점 스위치와는 반대로 스위치가 작동되지 않은 평상시에는 접점이 닫혀져 있기 때문에 상시 닫힘형(normally closed contact, N.C형)접점이라고 한다.
- c 접점 스위치 : 하나의 스위치를 a 접점이나 b 접점으로 사용이 가능한 스위치이다. 이 스위치는 작동되면 접점의 전환(change-over)이 일어나기 때문에 c 접점이라 한다.

51. 다음 전기를 사용하는 액추에이터 중 직선 운동을 일으키는 액추에이터는 어느 것인가?

① 직류 전동기
② 리니어 모터
③ 동기 전동기
④ 스테핑 모터

52. 전기 저항의 역수의 명칭은?

① 저항률　② 고유 저항
③ 컨덕턴스　④ 전도율

해설 전기 저항 $R[\Omega]$의 역수는 컨덕턴스 G [℧]이다.

53. 정격 전압에서 500W의 전력을 소비하는 저항에 정격의 90%의 전압을 가할 때의 전력은 얼마인가?

① 405W　② 450W
③ 515W　④ 535W

해설 $P=\frac{V^2}{R}[\mathrm{W}]$
90%의 전압을 가할 때 소비전력을 P_{90}이라 하면, $P_{90}=\frac{(0.9V)^2}{R}=\frac{0.81V^2}{R}$
$=0.81\times500=405\mathrm{W}$

54. 최댓값을 I_m이라 할 때 사인파 교류의 실효값 I는 I_m과 어떤 관계가 있는가?

① $I=\frac{2}{\pi}I_m$　② $I=\frac{I_m}{\sqrt{2}}$
③ $I=I_m$　④ $I=\sqrt{2}I_m$

해설 $I=\frac{1}{\sqrt{2}}I_m=0.707I_m$

55. 코일의 180° 회전마다 전류의 방향을 바꾸어 주는 것은?

① 계자　② 전기자
③ 정류자　④ 브러시

해설 정류자 : 전기자 권선에서 유도된 교류를 직렬로 바꿔주는 부분

56. 정격주파수 60Hz, 6극 3상 유도 전동기에서 전부하 시 회전수가 1140rpm이면, 이때의 슬립 S는?

① 0.05　② 0.055
③ 0.07　④ 0.075

정답 50. ③ 51. ② 52. ③ 53. ① 54. ② 55. ③ 56. ①

해설 $N_S = \frac{120f}{P} = \frac{120 \times 60}{6} = 1200\text{rpm}$

$\therefore S = \frac{N_S - N_R}{N_S} = \frac{1200-1140}{1200} = 0.05$

57. 10~15kW 정도의 3상 유도 전동기의 기동 방식으로 사용하는 것은?

① 전전압 기동
② Y-Δ 기동
③ 자기 보상기를 사용한 기동
④ 반발 기동

해설 10kW 이하는 전전압 기동, 10~15kW에서는 Y-Δ 기동, 15kW 이상은 기동기 보상법을 사용한다.

58. 직류 전압을 정밀하게 측정할 수 있는 계기는 어느 것인가 ?

① 가동 코일형 전압계
② 정전형 전압계
③ 직류 전위차계
④ 진공관

59. 배율기를 이용하여 전압의 측정 범위를 확대하려면 저항을 어떻게 연결하여야 하는가?

① 직렬 접속을 한다.
② 병렬 접속을 한다.
③ 직 · 병렬 접속을 한다.
④ 혼렬 접속을 한다.

해설 배율기는 전압계에 직렬로 저항을 접속하고, 분류기는 전류계에 병렬로 저항을 접속한다.

60. 배선용 차단기에 대한 설명 중 틀린 것은 어느 것인가?

① 수동으로 on, off 조작을 한다.
② 차단기에 연결된 선로에 과전류가 흐르면 차단한다.
③ 동작하면 핸들이 on, off 중간 위치에서 정지한다.
④ 기동 전류나 일시적인 과전류에서 동작한다.

정답 57. ② 58. ③ 59. ① 60. ④

공유압기능사 필기/실기 특강

2020년 1월 10일 인쇄
2020년 1월 15일 발행

저　자 : 공유압시험연구회
펴낸이 : 이정일

펴낸곳 : 도서출판 **일진사**
www.iljinsa.com
(우) 04317 서울시 용산구 효창원로 64길 6
전화 : 704-1616 / 팩스 : 715-3536
등록 : 제1979-000009호 (1979.4.2)

값 24,000 원

ISBN : 978-89-429-1600-9